U0350268

钢-混凝土组合结构抗火设计原理

（第二版）

FIRE SAFETY DESIGN THEORY OF STEEL-CONCRETE COMPOSITE STRUCTURES

（SECOND EDITION）

韩林海　宋天诣　周　侃　著

科学出版社

北　京

内 容 简 介

本书论述了第一作者领导的课题组在钢-混凝土组合结构抗火设计原理方面开展的研究工作和取得的研究成果，具体内容包括：高温下和高温作用后组合结构构件中的钢-混凝土界面的粘结性能；组合结构构件，如型钢混凝土、中空夹层钢管混凝土、不锈钢管混凝土和FRP（fiber reinforced polymer）约束钢管混凝土等的耐火性能；全过程火灾作用下型钢混凝土构件和钢管混凝土叠合柱等的力学性能；火灾作用后钢管混凝土构件的力学性能、评估和修复方法；全过程火灾作用下组合框架梁-柱连接节点，如型钢混凝土柱-型钢混凝土梁连接节点、钢管混凝土柱-组合梁连接节点、钢管混凝土叠合柱-钢筋混凝土梁连接节点等的力学性能；钢管混凝土柱-钢梁连接节点的耐火性能和火灾作用后的滞回性能；钢-混凝土组合框架结构，如钢管混凝土柱-钢筋混凝土梁平面框架、钢管混凝土柱-型钢混凝土梁平面框架结构等的耐火性能；全过程火灾作用下型钢混凝土柱-钢筋混凝土梁平面框架、型钢混凝土柱-型钢混凝土梁平面框架等的力学性能。

本书内容具有系统性、理论性和实用性，可供土木工程领域的科研人员及高等院校土建类专业的师生参考。

图书在版编目（CIP）数据

钢-混凝土组合结构抗火设计原理/韩林海，宋天诣，周侃著. —2版. —北京：科学出版社，2017.10
ISBN 978-7-03-054769-9

Ⅰ. ①钢… Ⅱ. ①韩…②宋…③周… Ⅲ. ①钢筋混凝土结构-防火-结构设计 Ⅳ. ① TU375.04

中国版本图书馆 CIP 数据核字（2017）第 246980 号

责任编辑：童安齐/责任校对：王万红
责任印制：吕春眠/封面设计：耕者设计工作室

科学出版社 出版
北京东黄城根北街 16 号
邮政编码：100717
http://www.sciencep.com

北京中科印刷有限公司印刷
科学出版社发行 各地新华书店经销

*

2012 年 6 月第 一 版 开本：787×1092 1/16
2017 年 10 月第 二 版 印张：43 1/2
2017 年 10 月第二次印刷 字数：1 000 000
定价：**220.00 元**
（如有印装质量问题，我社负责调换〈中科〉）
销售部电话 010-62136230 编辑部电话 010-62137026（BA08）

第二版前言

近 20 年来，本书第一作者领导的课题组循序渐进且有计划地开展了钢 - 混凝土组合结构抗火设计原理研究工作。结合本书作者近年来研究工作的最新进展，对《钢 - 混凝土组合结构抗火设计原理》再版，即在原书内容的基础上进行完善和补充，以期使钢 - 混凝土组合结构抗火设计原理方面的内容更加系统和丰富。

掌握高温对钢 - 混凝土组合构件界面粘结滑移性能的影响规律，以及基本组合构件的耐火性能是进行组合结构体系抗火性能研究的基础。本次再版，补充型钢混凝土和钢管混凝土中钢 - 混凝土界面高温下和高温后的粘结性能研究成果（第 2 章）。

众所周知，建筑火灾是建筑结构在全寿命周期过程中可能发生的灾害性作用之一。实际建筑结构发生火灾时，结构或构件受到温度和荷载的共同作用，一般会经历常温下加载、升温阶段持荷、降温阶段持荷和火灾后继续工作四个阶段，这是一个考虑全过程火灾作用的过程，结构或构件可能在升温阶段、降温阶段和火灾后继续工作阶段发生破坏。在对结构或构件的火灾下和火灾后性能进行研究时，考虑全过程火灾作用的研究成果将更接近实际工况，从而提供更为安全、合理的结构抗火设计和火灾后评估、修复加固方法。本书第 3 章论述型钢混凝土构件的耐火性能和抗火设计方法，第 4 章阐述全过程火灾作用下型钢混凝土构件的力学性能。

关于普通钢管混凝土构件的耐火性能及火灾作用后的力学性能，已在专著《钢管混凝土结构——理论与实践》（科学出版社，2000 年第一版；2004 年修订版；2007 年第二版；2016 年第三版）一书中进行了论述。有关研究结果表明，组成钢管混凝土的钢管及其核心混凝土之间的协同互补使得这种结构具有良好的耐火性能，主要体现在两个方面：一是火灾作用下构件具有良好的抗火性能；二是火灾作用后构件具有较好的可修复性，因而也就具有较好的灾后功能可恢复性。也就是说，火灾下钢管混凝土柱表现出良好的"韧性"（resilience），本书不再赘述。本书第 5 章论述一些新型钢管混凝土构件，如中空夹层钢管混凝土柱、不锈钢管混凝土柱和 FRP 约束钢管混凝柱的耐火性能；第 6 章论述火灾后钢管混凝土柱的修复加固方法；第 7 章则论述钢管混凝土格构式柱耐火性能研究方面的成果。

钢管混凝土叠合柱是由核心钢管混凝土部件及其外围的钢筋混凝土部件共同组合而成的一种组合结构构件，已在高层建筑结构中得到推广应用。本书第 8 章论述了全过程火灾作用下钢管混凝土叠合柱的力学性能。

准确掌握结构体系中节点的力学性能和工作机理是进行火灾下结构体系受力全过程分析的关键。本书第 9 章论述型钢混凝土柱 - 型钢混凝土梁连接节点的耐火性能；第 10 章论述全过程火灾作用下型钢混凝土柱 - 型钢混凝土梁连接节点的力学性能；第 11 章论述钢管混凝土柱 - 钢筋混凝土梁连接节点的耐火性能；第 12 章论述全过程火灾作用下钢管混凝土柱 - 组合梁连接节点的力学性能；第 13 章论述火灾作用后钢管混凝土柱 - 钢梁连接节点的滞回性能；第 14 章则论述全过程火灾作用下钢管混凝土叠合柱 - 钢筋混凝土梁连接节点的力学性能。

本书第 15 章阐述单层、单跨钢管混凝土柱 - 钢筋混凝土梁，钢管混凝土柱 - 型钢混凝土梁平面框架和钢管混凝土柱 - 钢梁，三层、三跨型钢混凝土柱 - 型钢混凝土梁平面框架结构耐火性能的研究成果；第 16 章则论述了全过程火灾作用下单层、单跨型钢混凝土柱 - 钢筋混凝土梁、型钢混凝土柱 - 型钢混凝土梁平面框架的力学性能。

本书的研究工作先后得到国家杰出青年科学基金（项目编号：50425823）、国家自然科学基金重点项目（项目编号：50738005）、国家重点基础研究发展计划（"973"计划）课题（项目编号：2012CB719703）、国家科技支撑计划子课题（项目编号：2006BAJ06B06、2006BAJ03A03-11、2008BAJ08B014-07、2012BAJ07B014 和 2014BAL05B04）、高等学校博士学科点专项科研基金课题（项目编号：20090002110043）、公安部应用创新计划项目（项目编号：2007YYCXTXS155）、清华大学"百名人才引进计划"资助课题、清华大学自主科研计划课题（攻坚专项）（项目题号：2011THZ03）等的资助，特此致谢！

本书第一作者感谢他的合作伙伴对本书所反映的研究工作做出的重要贡献：王卫华和陶忠进行钢 - 混凝土界面高温下和高温后粘结性能的研究（第 2 章）；王卫华、谭清华和郑永乾进行型钢混凝土构件耐火性能的研究（第 3 章）；卢辉、廖飞宇、陶忠、杨有福、王志滨、陈峰、崔志强和宋谦益等进行新型钢管混凝土柱耐火性能的研究（第 5、7 章）；陶忠和林晓康进行火灾后钢管混凝土构件力学性能的研究（第 6 章）；郑永乾、王卫华和谭清华进行组合框架梁 - 柱连接节点耐火性能的研究（第 9、11 章）；霍静思进行火灾后钢管混凝土节点滞回性能的研究（第 13 章）；谭清华、江莹和侯舒兰进行全过程火灾作用下组合结构构件、节点或平面框架力学性能的研究（第 4、8、10、12、14 和 16 章）；王卫华和王广勇进行组合框架结构耐火性能的研究（第 15 章）等。作者在此谨向他（她）们致以诚挚的谢意！

作者感谢国家固定灭火系统和耐火构件质量监督检验中心、亚热带建筑科学国家重点实验室、建筑安全与环境国家重点实验室、土木工程安全与耐久教育部重点实验室、澳大利亚莫纳什大学（Monash University）土木工程系结构实验中心、澳大利亚西悉尼大学（Western Sydney University）结构实验室等单位为进行本书所反映的有关火灾试验给予的支持和帮助！

正如本书第一版前言中所述，组合结构学科所包含的内容广泛，其抗火设计原理研究的内容自然也非常丰富。本书仅结合作者所熟悉的领域和取得的阶段性研究结果进行论述，内容远非全面和系统。作者期待随着有关研究工作的不断深入，能逐步对本书的内容进行充实和完善。

由于作者学识水平所限，书中难免存在不妥之处，作者怀着感激的心情期待读者给予批评指正！

韩林海

2017 年 5 月 22 日于清华园

第一版前言

众所周知，火灾会严重威胁人类的生命财产安全，同时也会产生不良的社会影响，并对环境造成污染。在可能发生的火灾中，建筑火灾的发生最为频繁。火灾之所以对建筑结构产生危害，实际上是由建筑结构的功能属性决定的。火灾发生具有随机性，面对火灾，人类需掌握其灾变机理，深入研究建筑结构的抗火设计原理，进行科学的抗火设计，从而使建筑结构具备要求的"抗火"性能。

组合结构（composite structures）是目前在建筑结构中应用较广泛，且发展较快的一种结构形式，它是由两种或两种以上结构材料组合而成的结构。作者有幸在我国土木工程建设事业快速发展时期进行了一些组合结构方面的研究工作。关于钢管混凝土构件方面的研究成果在《钢管混凝土结构》（科学出版社，2000 年第一版；2004 年修订版；2007 年第二版）中进行了论述；有关一些新型组合结构构件、组合结构节点和平面框架、混合剪力墙结构、混合结构体系等方面的研究成果则在《现代组合结构和混合结构》（2009 年，科学出版社）中进行了阐述。本书论述作者在钢 - 混凝土组合结构抗火设计原理方面取得的研究结果。

建筑结构抗火设计的总体目标可概括为：最大限度地减少人员伤亡、降低财产的直接和间接损失、减轻对环境的污染和影响。以往，人们已在建筑结构抗火设计原理方面取得了不少成果，积累了不少工程实践经验，但对钢 - 混凝土组合结构抗火设计原理方面仍有不少问题需要继续深入研究，有关设计规程也需要制订、补充或完善。

钢 - 混凝土组合结构抗火设计原理的研究包括其耐火性能、抗火设计方法和防火保护措施等方面，其中耐火性能研究是确定抗火设计方法的前提，而如何根据工程结构的特点，"因地制宜"地采用适当的防火保护措施是最大限度地实现建筑投入经济性与结构性能有效性统一的保证，是保证实现结构抗火设计目标的基础。

掌握基本构件的耐火性能是进行组合结构体系抗火性能研究的基础。本书第 2 章论述了型钢混凝土构件的耐火性能和抗火设计方法；第 3 章论述了中空夹层钢管混凝土、不锈钢管混凝土、FRP 约束钢管混凝土和钢筋混凝土构件的耐火性能。第 4 章中论述了火灾后钢管混凝土构件修复加固方面的研究成果。

实际建筑结构多为超静定结构，因此火灾作用下单个构件的破坏并不等同于整个建筑结构的破坏。例如，在局部火灾下，即使某一构件达到耐火极限，往往也不会因为单根构件的失效而导致整体结构破坏；但节点的破坏却使得整体建筑可能从结构转变为机构，从而失去整体稳定性而倒塌。在对火灾下结构体系的力学分析中，合理地模拟节点的工作机理往往是难点，也是关键点。本书第 5 章论述了型钢混凝土柱 - 型钢混凝土梁、钢管混凝土柱 - 钢筋混凝土梁连接节点的耐火性能；第 6 章论述了考虑升、降温影响时钢管混凝土柱 - 钢梁、型钢混凝土柱 - 型钢混凝土梁连接节点火灾后的力学性能；第 7 章则论述了火灾后钢管混凝土柱 - 钢梁连接节点的滞回性能。

研究火灾下单层、单跨框架的力学性能是进行多层、多跨框架以及空间框架结构体系耐火性能和性能化抗火设计的基础。本书第 8 章论述了钢管混凝土柱 - 钢筋混凝土梁平面框架结构耐火性能的研究结果。

本书第 9 章对钢 - 混凝土组合结构抗火设计原理研究的一些关键问题进行了探讨和展望。

本书的研究工作先后得到国家杰出青年科学基金（项目编号：50425823）、国家自然科学基金重点项目（项目编号：50738005）、国家重大基础研究计划（"973"计划）（项目编号：2012CB719703）、国家科技支撑计划子课题（项目编号：2006BAJ06B06，2006BAJ03A03-11，2008BAJ08B014-07 和 2012BAJ07B014）高等学校博士学科点专项科研基金课题（项目编号：20090002110043）、公安部应用创新计划项目（项目编号：2007YYCXTXS155）、清华大学"百名人才引进计划"资助课题、清华大学自主科研计划课题（攻坚专项，课题号：2011THZ03）等的资助，特此致谢！

本书第一作者感谢他的博士后和研究生们对本书所论述内容做出的重要贡献，如王卫华、谭清华和郑永乾进行了型钢混凝土构件耐火性能的研究（第 2 章）；卢辉、廖飞宇、陶忠、杨有福、陈峰等进行了组合柱耐火性能的研究（第 3 章）；陶忠、林晓康和陈峰进行了钢管混凝土火灾后性能的研究（第 4 章）；郑永乾、王卫华和谭清华进行了组合框架梁 - 柱节点耐火性能的研究（第 5 章）；霍静思和江莹等进行了火灾后框架梁 - 柱节点力学性能的研究（第 6 章和第 7 章），王卫华和王广勇进行了组合框架结构耐火性能的研究（第 8 章和第 9 章）等。作者谨向他（她）们致以诚挚的谢意！

作者感谢公安部天津消防科学研究所、国家固定灭火系统和耐火构件质量监督检验中心，亚热带建筑科学国家重点实验室，澳大利亚莫纳什大学土木工程系结构实验中心等单位为进行本书所反映的有关火灾试验给予的支持和帮助！

组合结构学科所包含的内容广泛，其抗火设计原理研究的内容非常丰富。本书仅结合作者所熟悉的领域和取得的阶段性研究结果进行论述，内容远非全面和系统。开展本书有关研究工作的目的一则期望能解决一些具体组合结构抗火设计原理研究方面的问题；二则期望能为有关领域研究工作的进一步深入开展提供参考。随着课题组研究工作的不断深入，作者期望能对本书内容进行充实和完善。

由于作者学识水平所限，书中难免存在不妥乃至错误之处，作者怀着感激的心情期待读者给予批评指正！

2012 年 3 月 16 日于清华园

目　　录

主要符号表

a_b	梁防火保护层厚度
a_c	柱防火保护层厚度
A_c	混凝土横截面面积
A_s	钢管横截面面积；型钢横截面面积
A_{sb}	钢筋总截面面积
A_{sc}	钢管混凝土横截面面积
A_{sv}	箍筋单肢的面积
b_e	方形钢管截面有效计算宽度
b_f	钢梁的翼缘宽度
b_{slab}	楼板宽度
B	矩形截面短边边长；方形截面边长
B_b	型钢混凝土或钢筋混凝土梁截面宽度
B_i	中空夹层钢管混凝土柱内方钢管的外直径
B_o	方套方型中空夹层混凝土柱外方钢管边长
B_r	修复后外套矩形钢管横截面短边边长
c	混凝土保护层厚度；材料的比热
c_c	混凝土的比热
c_s	钢材的比热
C	组合结构构件横截面周长
d	钢筋直径；距外表面深度；栓钉直径
D	矩形截面长边边长；圆形截面外直径
D_b	型钢混凝土或钢筋混凝土梁截面高度
D_c	钢管混凝土格构式柱柱肢钢管外径
D_i	中空夹层钢管混凝土或钢管混凝土叠合柱中内圆钢管外直径
D_l	钢管混凝土格构式柱缀管钢管外径
D_o	中空夹层混凝土柱外圆钢管外直径
e	轴向荷载偏心距
e/r	柱荷载偏心率
e_o	轴向荷载初始偏心距
E_c	常温下混凝土弹性模量
E_{cT}	高温下混凝土弹性模量
E_s	常温下钢材（钢管或型钢）弹性模量

E_{sb}	钢筋的弹性模量
f_c	常温下混凝土棱柱体抗压强度
f_c'	常温下混凝土圆柱体强度
$f_c'(T)$	温度 T 时混凝土圆柱体强度
$f_{cp}'(T_{max})$	最高温度为 T_{max} 时的火灾后混凝土圆柱体抗压强度
f_{ck}	常温下混凝土抗压强度标准值
f_{cT}	高温下混凝土棱柱体抗压强度
f_{cu}	常温下混凝土立方体强度
f_{cuT}	高温下混凝土立方体强度
f_t	常温下混凝土抗拉强度
f_u	常温下钢材（型钢或钢管）的极限强度
f_{ucor}	冷弯钢材弯角处的极限强度
f_y	常温下钢材（型钢或钢管）的屈服强度
f_{yb}	常温下钢筋的屈服强度
f_{ycor}	冷弯钢材弯角处的屈服强度
h	钢梁的高度或梁拉压区边缘间距离
h_j	不锈钢管和核心混凝土的接触导热系数
h_{sc}	栓钉长度
H	节点（或框架）柱的高度
I_c	混凝土的截面惯性矩
I_s	型钢（钢管）的截面惯性矩
I_{sb}	钢筋的截面惯性矩
I_{sc}	钢管混凝土截面抗弯惯性矩
k	梁柱线刚度比
k_b	梁的线刚度
k_c	组合柱的线刚度；混凝土的导热系数
k_i	火灾下节点初始刚度变化系数
k_j	节点初始抗弯刚度
k_m	梁柱强度比
k_M	火灾下节点弯矩变化系数
k_s	钢材的导热系数
k_t	火灾下构件的承载力影响系数
k_u	火灾下梁跨中挠度变化系数
k_V	竖直向线弹簧刚度
k_θ	火灾下转角变化系数
$k_{\theta b}$	火灾下节点梁转角变化系数
$k_{\theta c}$	火灾下节点柱转角变化系数
$k_{\theta r}$	火灾下节点相对转角变化系数

$k_{\tau T}$	高温下粘结强度的变化系数
K	火灾后剩余刚度系数
K_0	第一级加载位移时的环线刚度
K_i	组合节点的初始刚度
K_j	同级变形下的环线刚度
K_r	组合节点的相对初始刚度
K_s	火灾前型钢混凝土柱的抗弯刚度
K_{sf}	火灾后型钢混凝土柱的抗弯刚度
K_{ss}	加固后型钢混凝土柱的抗弯刚度
K_{sT}	高温下极限滑移量变化系数
K_t	混凝土抗拉强度降低系数
L	构件计算长度
L_b	框架中梁的跨度
L_i	钢管和混凝土接触长度；型钢和混凝土接触长度
L_{slab}	楼板长度
m	梁荷载比
M	弯矩
M_b	节点梁极限弯矩；梁截面轴力
M_c	节点柱极限弯矩；柱截面弯矩
M_F	梁端弯矩
M_j	节点弯矩
M_p	梁的全塑性弯矩
M_u	常温下梁的抗弯极限承载力
M_{ub}	钢梁的抗弯承载力
M_{uc}	组合构件极限弯矩计算值或钢管混凝土柱的抗弯承载力
M_{ue}	组合构件的极限弯矩实测值
M_{uj}	节点的极限抗弯承载力
$M_u(t)$	火灾作用下梁的抗弯承载力
n	柱荷载比
n_o	钢管混凝土叠合柱叠合比
N	轴向荷载
N_b	梁截面轴力
N_c	混凝土承受的荷载；柱截面轴力
N_F	柱轴向荷载
N_{ur}	火灾后剩余承载力
N_u	常温下柱的极限承载力
$N_{u,cr}$	轴心受压柱的稳定承载力
N_{uc}	组合柱轴压极限承载力计算值

N_{ue}	组合柱轴压极限承载力实测值
$N_u(t)$	火灾下柱的极限承载力
P	水平荷载
P_F	梁上竖向荷载
P_{max}	水平荷载极限值
P_u	常温下梁受集中荷载时的极限承载力
P_{uc}	压弯构件（或节点、框架）计算极限水平承载力
P_{ue}	压弯构件（或节点、框架）实测极限水平承载力
P_{ur}	火灾后梁剩余承载力
P_y	屈服荷载
q_F	梁上均布荷载
q_u	常温下梁受均布荷载时的极限承载力
Q	栓钉剪力
Q_{uT}	高温下栓钉的极限抗剪承载力
R	火灾后剩余承载力系数
S	相对滑移
S_T	高温下（后）相对滑移量
S_u	极限相对滑移
S_{uT}	高温下（后）极限滑移量
t	受火时间
t_c	混凝土龄期
t_d	恒高温持续时间
t_f	钢梁的翼缘厚度
t_h	升温时间
t_i	中空夹层钢管或钢管混凝土叠合柱柱中内钢管的壁厚
t_r	修复后外套钢管壁厚
t_R	耐火极限
t_s	碳素钢管或不锈钢管壁厚
t_{sc}	钢管混凝土格构式柱柱肢钢管壁厚
t_{si}	中空夹层混凝土柱内钢管壁厚
t_{sl}	钢管混凝土格构式柱缀管钢管壁厚
t_{slab}	楼板厚度
t_{so}	中空夹层混凝土柱外钢管壁厚
t_w	钢梁的腹板厚度
T	温度
T_{cr}	临界温度
T_{act}	实际温度
T_f	火焰温度

T_{max}	火灾的最高温度
T_o	环境温度
T_s	不锈钢管与混凝土接触点的温度
T_{tar}	目标温度
u	梁的挠度
u_m	构件跨中挠度
V	剪力
V_b	梁截面剪力
V_c	柱截面剪力
V_j	节点区所受剪力
V_y	屈服剪力
W_{nx}	钢梁净截面抗弯抵抗模量
W_{scm}	构件截面抗弯模量
α_c	柱截面含钢率
α_b	梁截面含钢率
β	钢管混凝土格构式柱缀管柱肢管径比
β_H	水平向约束刚度比
β_R	平面内转动约束刚度比
β_V	竖直向约束刚度比
δ_b	梁端挠度或梁竖向变形
δ_p	节点火灾后峰值转动变形系数
δ_u	节点火灾后残余转动变形系数
Δ_c	柱轴向变形
Δ_h	水平变形
Δ_y	屈服位移
ε	综合辐射系数；应变
ε_c	混凝土的应变
ε_{ccr}	混凝土的高温徐变
ε_{cth}	混凝土的自由膨胀应变
$\varepsilon_{c\sigma}$	混凝土的应力应变
ε_o	截面形心处应变
ε_s	钢材的应变
ε_{scr}	钢材的高温瞬时蠕变
ε_{sth}	钢材的自由膨胀应变
$\varepsilon_{s\sigma}$	钢材的应力应变
ε_{tcrT}	高温下混凝土峰值拉应力对应的应变
ε_{tr}	混凝土的瞬态热应变
ε_{tT}	高温下混凝土拉应变

ε_{tuT}	高温下混凝土受拉最大应变
ε_{y}	钢材的屈服应变
ϕ	曲率
φ	轴心受压柱的稳定系数
γ	剪切角；钢梁截面塑性发展系数
λ	构件长细比
λ_{cp}	型钢混凝土柱等效长细比
λ_{i}	同级荷载强度退化系数
λ_{j}	总体荷载退化系数
μ	构件位移延性系数；框架柱计算长度系数
μ_{c0}	型钢混凝土柱等效计算长度系数
μ_{cp}	型钢混凝土火灾后计算长度系数
μ_{θ}	构件层间变形角延性系数
ν_{c}	混凝土弹性阶段的泊松比
ν_{s}	钢材弹性阶段的泊松比
θ	夹角
θ_{b}	梁端转角
θ_{c}	柱端转角
θ_{d}	层间位移角
θ_{p}	塑性转角
θ_{r}	梁柱相对转角
σ	应力
σ_{c}	混凝土应力
σ_{s}	钢材应力
σ_{to}	混凝土峰值拉应力
σ_{tT}	高温下混凝土拉应力
τ	粘结应力
τ_{T}	高温下（后）粘结应力
τ_{u}	粘结强度
τ_{uT}	高温下（后）极限粘结强度
ξ	钢管混凝土的约束效应系数 $\left(\xi = \dfrac{A_{\text{s}} \cdot f_{\text{y}}}{A_{\text{c}} \cdot f_{\text{ck}}}\right)$

第1章 绪 言

1.1 概 述

火灾是指可燃物发生燃烧并失去控制，在其蔓延发展过程中可给人类生命和财产造成危害和损失、并对环境造成污染的一种灾害性现象。火灾是一种具有自然和人为双重特征的社会灾害（李引擎，2004）。

现代建筑物的高层化、大规模化及用途复合化使得建筑火灾发生的因素随之增加，建筑火灾规模和危害也有日趋扩大的趋势。火灾导致大型建筑结构破坏甚至倒塌的例子不少，如2001年"9·11"事件中美国纽约世贸中心（WTC）两座100多层、400多米高的大楼因飞机撞击引发猛烈火灾而倒塌（NIST，2005），造成了重大人员伤亡、财产损失和不良的社会影响。2003年湖南衡阳市衡州大厦发生火灾，灭火过程中结构突然坍塌，导致20名消防官兵殉职。2006年比利时布鲁塞尔国际机场的一个飞机修理库发生火灾时结构倒塌，造成多人受伤和多架飞机被损坏等。

作为常用的建筑材料，火灾下钢材和混凝土受到高温的影响，其材料性能会发生劣化，从而造成整体结构的工作性能退化。火灾即使不引起建筑的整体倒塌，也可能造成结构的破坏。图1.1所示为火灾后某高层建筑内部结构破坏的情形。受火后，该建筑的钢-混凝土组合楼盖受损程度大，变形显著，如图1.1（a）和（b）所示；主梁-次梁连接节点及钢梁-钢柱连接节点区域也发生了明显变形，如图1.1（c）和（d）所示。

图1.2所示为某采用钢管混凝土柱、轻型钢结构屋盖的工业厂房火灾后结构发生破坏的情形。火灾后，屋盖结构挠度大，受损程度较大［如图1.2（a）所示］，钢管混凝土柱-钢梁连接区域也发生了明显变形［如图1.2（b）所示］。

众所周知，组合结构（composite structures）是由两种或两种以上结构材料组合而成的结构。组合结构构件工作的实质在于其组成材料之间的"组合作用"，即①在施工阶段：通过材料之间的合理组合，实现方便施工、简化施工程序和提高工业化建造程度的目的；②在使用阶段：通过"组合作用"，充分发挥材料各自的优点，达到取长补短、协同互补和共同工作的效果（韩林海 等，2009）。

钢-混凝土组合结构的特点使其能较好地适应现代工程结构的施工和使用要求，因而正在多、高层和超高层建筑中得到广泛应用，如天津今晚报大厦外框柱采用了钢管混凝土柱，深圳赛格广场大厦的框架柱及抗侧力体系内筒的密排柱均采用了圆钢管混凝土，杭州瑞丰国际商务大厦采用了方钢管混凝土柱，深圳京基中心采用了矩形钢管混凝土柱等。上海金茂大厦、上海环球金融中心、北京国贸三期、中央电视台新址TVCC大楼等都全部采用或部分采用了型钢混凝土结构。还有一些高层建筑工程采用了钢管混凝土叠合柱，如沈阳方圆大厦、沈阳皇朝万鑫大厦和深圳华润中心二期、广州新中国大厦、广

(a)　　　　　　　　　　　　　　　　　(b)

(c)　　　　　　　　　　　　　　　　　(d)

图 1.1　火灾后某高层建筑内部结构破坏的情景

(a)　　　　　　　　　　　　　　　　　(b)

图 1.2　某工业厂房受火后结构破坏的情景

州好世界广场、福州环球广场和北京四川大厦。近期建设的采用钢管混凝土的超高层建筑有天津 117 大厦、深圳平安金融中心大厦、武汉中心大厦、广州西塔、广州东塔以及在建的北京中国尊等。此外，钢 - 混凝土组合楼盖结构也在高层建筑中被广泛应用。

　　建筑结构抗火设计的目标总体上可概括为最大限度地减少人员（包括消防队员）伤亡、降低财产的直接和间接损失、减轻对环境的污染和影响。科学地进行钢 - 混凝土组合结构火安全设计的重要前提是掌握其抗火设计原理，具体包括组合结构的耐火性能研究、抗火设计方法、防火保护措施及其火灾后的评估、修复和加固方法。

（1）耐火性能研究

耐火性能研究指对组合结构在火灾下的工作机理研究。火灾下组合结构构件组成材料之间的相互作用是研究的关键。这种组合作用或相互作用不仅使组合结构具有良好的耐火性能，同时也导致其工作机理研究相对复杂。深入研究组合结构构件的耐火性能是进行组合结构体系性能化抗火设计的前提。

（2）抗火设计方法

基于钢 - 混凝土组合结构耐火性能研究，确定其抗火设计方法，具体包括组合结构体系抗火概念设计，以及组合结构构件耐火极限确定方法等。

（3）防火保护措施

根据建筑物抗火设计的目标，基于抗火设计方法可确定钢 - 混凝土组合结构构件、体系的各组成部件和构件的具体防火保护措施。

组合结构耐火性能研究是确定其抗火设计方法的前提，如何根据工程结构的特点，"因地制宜"地采用适当的防火保护措施是实现结构防火费用投入的经济性与结构抗火性能有效性统一的保证，是实现结构抗火设计目标的前提，三者之间的关系是循序渐进的，如图 1.3 所示。

耐火性能研究 → 抗火设计方法 → 防火保护措施

图 1.3 研究流程示意图

（4）火灾后结构的评估和修复

深入认识和掌握受火后组合结构的力学性能是进行该类结构火灾后性能评估、制订修复加固方法和措施的前提。火灾后修复成本的分析计算往往也是结构性能化抗火设计时需要考虑的问题。

1.2 组合结构抗火设计原理研究现状

关于钢 - 混凝土组合结构的抗火设计原理研究，国内外学者已开展了一些理论分析和试验工作。下面简要归纳和分析高温下（后）钢 - 混凝土界面粘接性能、结构构件、节点和框架耐火性能方面的研究结果。

1.2.1 组合结构构件

实际工程中最常见的组合结构构件类型有组合板、组合梁和组合柱等。组合结构构件常见的组成材料有钢材、混凝土和纤维增强复合材料（fiber reinforced polymer，FRP）等。

构件是结构体系的基本组成部件，了解其在火灾下的性能是深入研究结构体系在火灾下反应的前提。

（1）组合板和组合梁

组合板种类较多，压型钢板组合板是其中的一种。图 1.4（a）所示为几种常见的压型钢板组合板形式（Eurocode 4，2004）。钢 - 混凝土组合梁是通过抗剪连接件的连接

（a）组合板

（b）组合梁

图 1.4　组合板和组合梁截面示意图

图 1.5　施工过程中的钢－混凝土组合结构楼盖

使钢部件和钢筋混凝土（reinforced concrete，RC）楼板能共同承受外荷载的组合构件。图 1.4（b）所示为几种典型的组合梁截面示意图（Eurocode 4，2004）。

图 1.4（b）中（6）的钢筋混凝土翼板采用了压型钢板组合板，组成所谓的钢－混凝土组合结构楼盖，已在实际多、高层建筑中应用广泛。图 1.5 所示为采用方钢管混凝土柱、钢－混凝土组合楼盖的某结构在施工过程中

的情形。

火灾下，对于钢 - 混凝土组合楼盖结构中的外露钢结构，如压型钢板和组合梁中的钢部件，若没有防火保护层，其温度升高速率较快，从而导致钢材力学性能劣化，使组合构件的承载能力和抵抗变形能力下降。钢部件温度的升高往往又使得抗剪连接件［如图 1.4（b）所示栓钉］温度升高，又会进一步影响组合构件中各部件间的共同工作。

欧洲的学者曾较早地开展了钢 - 混凝土组合梁耐火性能的试验研究，包括钢部件带和不带防火保护层的组合简支梁、混凝土约束钢部件组合梁等（Wang，2002）。研究结果表明，组合梁中的混凝土板具有明显的热阻作用，且由于混凝土和钢材的热膨胀系数不同，火灾下混凝土和钢部件的高温膨胀变形差异明显，在火灾和外荷载的共同作用下，会导致梁端混凝土发生剪切破坏。研究结果还表明（李国强和周宏宇，2007），火灾下组合梁上的荷载比和钢部件的防火保护层厚度是影响其耐火性能的主要因素；当荷载比一定时，混凝土板的厚度、钢部件截面尺寸变化对组合梁耐火极限的影响明显。

火灾下的钢框架结构发生大变形后，其框架梁往往会表现出明显的"悬链线效应"（所谓"悬链线效应"是指火灾下结构中的受弯构件发生大挠曲变形后，主要依靠构件的轴向拉力来维持结构稳定性的现象），且约束钢梁的耐火性能明显优于无约束的情况（Liu 等，2002）。火灾下组合梁中钢部件也有类似的"悬链线效应"，从而使得组合梁抗火能力有所提高（李国强和韩林海 等，2006）。

在英国进行的 Cardington 试验结果表明（Wang，2002），火灾下钢 - 混凝土组合楼盖体系在大变形情况下表现出明显的"膜效应"（所谓"膜效应"是指火灾下楼板在垂直于其平面的方向发生大挠曲变形时，主要依靠其平面内所产生各向的拉力来抵抗外荷载。此时，楼板的变形和受力状态类似于面外刚度无限小的薄膜，因此称之为"膜效应"）。Bailey 等（2000）进行了高温下双向组合板的试验研究，表明板内也存在"膜效应"，因此构件实测的承载能力是按屈服线理论计算得到的计算值的两倍左右。

我国《建筑钢结构防火技术规范》（CECS200：2006）（2006）给出了火灾下完全抗剪连接的连续和简支组合梁耐火极限计算方法。该方法在计算构件截面的温度时，将截面分为混凝土板、钢梁上翼缘、钢梁腹板和下翼缘等几部分，根据温度确定混凝土和钢材高温下的强度；确定出截面中和轴的位置后，再计算截面抗弯承载力。CECS200：2006（2006）中还给出了组合板耐火极限计算方法。

欧洲规范 Eurocode 4（2005）给出了组合梁和组合板（截面形式如图 1.4 所示）的计算方法。对于组合梁，该规范中推荐了三种计算方法，即查表法、公式计算和数值方法。对于组合板，规范中则推荐了计算公式和数值方法。其中，查表法和计算公式适合于 ISO-834（1975）标准火灾下的情况，其他升温曲线情况下的计算则需采用数值方法进行。规范中给出了钢材和混凝土的热工、热力学性能参数，便于数值计算。此外，Eurocode 4（2005）中还给出了火灾下组合构件中抗剪连接件抗剪能力的验算方法。

（2）组合柱

实际工程中应用最多的组合柱包括型钢混凝土（steel reinforced concrete，SRC）

和钢管混凝土（concrete filled steel tube，CFST）。

1）型钢混凝土（SRC）柱。

型钢混凝土是指由型钢、混凝土和钢筋共同组成的组合结构构件，可用做框架梁或框架柱。型钢混凝土构件具有承载力高和抗震性能好等优点。在耐火性能方面，和钢结构相比，型钢混凝土构件内的型钢由于受到其外围混凝土的保护，温升较慢，因此构件具有较好的抗火能力。图 1.6 所示为几种较为常见的型钢混凝土（SRC）构件横截面示意图，分混凝土全包覆（totally encased）型和部分包覆（partially encased）型两类。

图 1.6　型钢混凝土（SRC）构件横截面示意图

20 世纪 80 年代，欧洲的学者就开始研究型钢混凝土构件的耐火性能，如 Hass（1986）进行了 40 个型钢混凝土柱耐火极限的试验，并进行了相应的数值分析。欧洲钢结构协会的设计手册 ECCS（1988）给出了型钢混凝土构件耐火极限设计方法，其适用条件为构件横截面边长小于 1m、构件计算长度小于 5m、荷载偏心距小于 5mm 且耐火极限不超过 120min。欧洲规范 Eurocode 4（2005）给出了两端铰接的全包覆型和部分包覆型［分别如图 1.6（a）和（b）所示］型钢混凝土柱耐火极限的计算表格，其中全包覆型构件的耐火极限与截面尺寸、型钢保护层厚度、钢筋保护层厚度等参数有关，与柱荷载比和构件长细比无关；部分包覆型构件的耐火极限则与柱荷载比、截面尺寸、配筋率、钢筋保护层厚度等参数有关，与构件长细比无关。Yu 等（2007）进行了型钢混凝土柱耐火性能试验研究，建立了有限元分析模型，建议了火灾下构件承载力计算公式。Huang 等（2008）进行了型钢混凝土柱耐火性能的试验研究和数值分析，研究了型钢混凝土柱的温度分布和受力特性，分析了构件截面尺寸和柱荷载比对耐火极限的影响规律。

我国现行国家标准《建筑设计防火规范》（GB50016—2014）（2014）中暂未给出型钢混凝土构件耐火极限的确定方法。

2）钢管混凝土（CFST）柱。

钢管混凝土是指在钢管中填充混凝土而形成且钢管及其核心混凝土能共同承受外

荷载作用的结构构件。

钢管混凝土有时有"狭义"和"广义"之分，传统上"狭义"的钢管混凝土结构是指在钢管中填充混凝土而形成且钢管及其核心混凝土能共同承受外荷载作用的结构构件，最常见的截面形式有圆形和方、矩形；"广义"的钢管混凝土结构是在"狭义"钢管混凝土结构的基础上发展起来的，常见的形式有中空夹层钢管混凝土、钢管混凝土叠合柱、内置型钢或钢筋的钢管混凝土和薄壁钢管混凝土等，此外还包括复合式钢管混凝土（一般由多根"狭义"或"广义"的钢管混凝土构件组合而成），如钢管混凝土格构式结构等（韩林海，2016）。

图 1.7（a）～（d）分别给出部分典型的实心钢管混凝土、中空夹层钢管混凝土、钢管混凝土叠合和钢管混凝土格构式构件的横截面示意图。

图 1.7　钢管混凝土（CFST）构件横截面示意图

(c) 钢管混凝土叠合构件

(d) 钢管混凝土格构式构件

图 1.7 （续）

　　欧洲和北美洲的学者较早地开始钢管混凝土柱耐火性能的研究。如德国 Hass（1991）采用数值方法计算了圆钢管混凝土和方钢管混凝土柱的耐火极限，钢管核心为素混凝土或配筋混凝土。加拿大的 Lie 和 Chabot（1992）先后进行了 40 多个圆、方形截面钢管混凝土柱耐火极限的试验研究，对钙质混凝土和硅质混凝土两种情况进行了研究。通过对试验结果的分析发现，混凝土骨料类型对钢管混凝土耐火极限有影响，即钙质混凝土构件耐火极限的实测结果离散性较小，而硅质混凝土构件耐火极限的实测结果离散性则相对较大。基于试验结果，提出了计算圆钢管混凝土和方钢管混凝土柱耐火极限的简化计算公式（Lie 和 Stringer，1994）。Kodur 和 Sultan（2000）研究了核心混凝土圆柱体强度达 95MPa 的钢管高强混凝土柱耐火极限，分析了核心混凝土强度对钢管混凝土柱耐火极限的影响。研究结果表明，通过在高强混凝土中配置钢纤维可以有效地提高钢管高强混凝土柱的耐火极限。

　　采用耐火钢材是提高钢管混凝土柱耐火极限的一种有效的途径，日本学者开展了有关研究工作，如 Sakumoto 等（1994）进行了采用耐火钢材的方钢管混凝土轴压和偏压柱的耐火极限试验，并与采用普通钢材的方钢管混凝土柱的耐火极限试验进行了对比。研究表明，在其他参数基本相同的条件下，采用耐火钢材钢管混凝土柱的耐火极限更高，且在火灾下柱轴向热膨胀变形明显大于相应的普通钢管混凝土构件。

　　西班牙学者 Espinos 对欧洲规范 Eurocode 4（2005）中给出钢管混凝土柱抗火设计方法进行了评估后，发现：用欧洲规范设计长细比超过 0.4 的轴向受压钢管混凝土柱时其结果是不安全的，但对于偏心受压钢管混凝土柱，其结果是保守的（Espinos 等，2010）。因此，为了改进和完善欧洲规范，Espinos 等欧洲学者基于欧洲规范进行了理论分析工作，给出更为精确的有钢筋或无钢筋钢管混凝土柱（Espinos 等，2012；Espinos 等，2013；Albero 等，2016）、椭圆形钢管混凝土柱（Espinos 等，2011）和双层钢管混凝土柱（Romero 等，2015）的抗火设计方法或简化计算模型。

　　作者曾进行了钢管混凝土柱耐火性能的研究，具体开展了试验、数值分析、参数分析、实用计算方法等方面的研究工作（韩林海，2007；韩林海，2016）。这些结果先后在一些典型工程中得到应用，并被国家标准 GB50016—2006（2006）、GB50016—2014（2014）和中国工程建设标准化协会标准 CECS 200：2006（2006）等工程建设标准采纳。此外，还研究了钢管混凝土柱在恒高温后和标准火灾升温作用后的力学性能和剩余承载力变化规律，建立了火灾作用后钢管混凝土构件的有限元分析模型。在此基础上进行了参数分析，提出了计算火灾后钢管混凝土柱剩余承载力和残余变形的实用计算方法。

　　钢管混凝土柱耐火性能的特点体现在以下几个方面。

　　① 良好的耐火性能。火灾作用下，钢管混凝土柱的核心混凝土可吸收其外围钢管传来的热量，使其外包钢管的升温滞后，有效降低钢管承载能力的损失；而钢管也可以保护混凝土不发生"爆裂"现象。火灾作用下，随着外包钢管温度的不断升高，其承载能力会不断降低，并把"卸"下的荷载传递给温升相对较慢的核心混凝土。这样，组成钢管混凝土的钢管和其核心混凝土之间具有相互贡献、协同互补和共同工作的优势，使这种结构具有较好的耐火性能。试验结果表明，在 ISO-834（1975）标准火灾作用下，钢管混凝土柱达到耐火极限时，虽然局部会发生鼓曲或褶皱，但柱构件的整体性却保持较好（韩林海，2007；韩林海，2016）。图 1.8（a）所示为一方钢管混凝土柱达到耐火极限后的情形。

　　对于带厚涂型钢结构防火涂料的钢管混凝土柱，试验结果表明，受火过程中防火保护层始终保持完整，没有脱落现象发生。试验停止时，保护层仍保持着较好的整体性，但随着试件的逐渐冷却，保护层开始收缩，在沿试件的纵向出现裂纹，并开始和钢管混凝土构件产生剥离，如图 1.8（b）所示。

(a) 方钢管混凝土柱　　　　(b) 带防火保护层的圆钢管混凝土柱（韩林海，2007）

图 1.8　火灾后钢管混凝土柱的破坏形态

　　② 火灾后的可修复性。试验研究结果和工程火灾调查结果均表明，火灾作用后，随着外界温度的降低，钢管的强度可以得到不同程度的恢复，截面的力学性能比高温下有所改善，结构的整体性良好，这不仅为结构的维修加固提供了一个较为安全的工

作环境，也可减少加固工作量，降低维修费用。

经历火灾（高温）作用后，结构构件中钢材和混凝土的材料力学性能都可能发生劣化（董毓利，2001；过镇海和时旭东，2002；吴波，2003；肖建庄，2015；王卫永和李国强，2015）。对于钢管混凝土柱，火灾后构件的强度和刚度都会发生不同程度的降低，因此有必要对其进行评估乃至修复加固。与钢筋混凝土柱不同的是，由于外部钢管的包裹作用，钢管混凝土柱中的混凝土不会出现"爆裂"和剥落现象。受火后钢管混凝土柱的修复加固一般可采用在其外包裹钢管或混凝土，即所谓的"增大截面加固法"，或者外包碳纤维加固法等（陶忠和于清，2006）。

综上所述，组成钢管混凝土的钢管及其核心混凝土之间的协同互补使得这种结构具有良好的耐火性能，主要体现在两个方面：一是火灾作用下构件具有良好的抗火性能；二是火灾作用后构件具有较好的可修复性，因而也就具有较好的灾后功能可恢复性。也就是说，火灾下钢管混凝土柱表现出良好的"韧性"。

由于钢 - 混凝土组合结构具有较好的耐火性能及火灾后可修复性能，更容易实现"发生小火时结构不破坏、在常遇火灾作用后可尽快修复，而发生大火时结构不倒塌"的目标。

1.2.2　梁 - 柱连接节点

梁 - 柱连接节点是框架结构受力的关键部位，深入认识建筑框架结构中梁 - 柱连接节点在火灾下的力学性能，是进行结构体系性能化抗火设计的重要前提和基础。

型钢混凝土柱 - 混凝土梁连接节点是实际建筑框架结构中采用的一种常见的连接节点。图 1.9（a）所示为一种型钢混凝土柱 - 型钢混凝土梁连接节点的构造示意图。图 1.9（b）所示为一型钢混凝土柱 - 混凝土梁连接节点在施工过程中的情形。

实际工程中，钢管混凝土柱 - 钢梁、组合梁连接节点，钢管混凝土柱 - 钢筋混凝土梁连接节点应用较多。图 1.10（a）和（b）所示分别为施工过程中的钢管混凝土柱 - 钢梁连接节点和钢管混凝土柱 - 钢筋混凝土梁连接节点。

(a) 构造示意图

图 1.9　型钢混凝土柱 - 型钢混凝土梁连接节点

(b) 施工过程中的节点

图 1.9 （续）

(a) 钢管混凝土柱-钢梁连接节点

(b) 钢管混凝土柱-钢筋混凝土梁连接节点

图 1.10 组合框架梁 - 柱连接节点

图 1.11 所示为采用了钢管混凝土柱 - 钢筋混凝土梁框架结构的某地铁工程在施工过程中的情形。

以往，研究者们对火灾下梁柱节点，尤其钢结构梁 - 柱连接节点试验和理论研究已取得一些成果（Al-Jabri 等，2008）。对火灾下钢结构节点性能的研究集中在以下三个方面：①节点内部及其周围相邻构件的温度场分布；②高温下节点的弯矩 - 转角关系；③节点变形和内力重分布引起的结构整体反应。

图 1.11 钢管混凝土柱 - 钢筋混凝土梁框架结构

准确地确定节点不同区域的温度场分布是进行火灾下节点力学性能研究的重要前

提。由于热传导的时效性，在受火时间相同的情况下，节点区的温度分布和与其连接的梁、柱构件都会有所不同，它取决于节点区的表面积和体积等参数。通常情况下，由于节点的体表面积比要大于与其连接的梁、柱构件的相应值，其温度要稍低。Franssen（2004）建立了有限元分析模型，计算了不同类型钢结构节点在不同火灾模式下的温度场分布，结果表明，虽然节点温度比梁柱的相应位置温度低，但仍高于完全按节点体表面积比计算得出的数值，其原因在于节点与梁柱相连，其温度场分布还要受到梁柱升温的影响。

由于结构火灾试验对试验装置、量测控制系统等都有特殊要求，进行梁柱节点试验相对难度较大，但通过研究者们的不懈努力，该问题正逐步得到解决。Lawson（1990）进行了十字形梁柱节点的试验研究，其中包括刚性节点、半刚性节点以及铰接节点，试验采用 ISO-834 标准升温曲线。研究结果表明，火灾下梁柱之间存在相互影响，研究节点的耐火性能比单纯的构件研究更接近于实际。Yu 等（2009a）研究了双腹板角钢连接的钢梁柱节点在高温下的力学性能，分析了节点在高温下的角钢撕裂和螺栓剪切破坏模式。Mao 等（2009）进行了 H 型钢梁和 H 型钢柱半刚性节点的试验，结果表明，高温下节点上作用的弯矩对节点的转动刚度影响明显，而柱所受的轴力，梁所受的轴力和剪力对节点的转动刚度影响不大。Dayan 和 Yahyai（2009）进行了钢结构梁 - 柱连接节点在 ISO 标准火灾下的试验研究，实测了节点温度场分布和温度 - 转角关系曲线。分析了梁腹板角钢连接、梁柱翼缘间隙、角钢厚度、弯矩荷载，以及螺栓强度对高温下节点温度 - 转角关系的影响。结果表明，螺栓强度对节点的高温下性能影响明显。

试验是了解节点火灾下性能最直接的方法，但由于节点种类较多且在不同的工况下其力学反应各不相同，再加上结构火灾试验费用较高，使得试验研究往往无法涵盖所有节点类型。因此，数值分析方法可以作为试验研究的有效补充，也可更细致深入地研究梁柱节点在火灾或高温作用下的工作机理。

钢结构节点在高温下弯矩 - 转角关系的模拟方法主要有：①基于对试验曲线的直接回归获得数学表达式（Leston-Jones 等，1997；Al-Jabri 等，2008）；②引入分区的概念，即分别考虑组成钢结构节点的螺栓、端板、柱翼缘及柱腹板等不同区域在温度变化情况下的受拉或受压变形，然后将这些变形合成为整体梁柱节点的变形（Al-Jabri 等，2008；Silva 等，2001）；③有限元法。即通过计算得出节点区不同部位的温度场分布，考虑材料在高温下强度和刚度的退化，计算获得节点的弯矩 - 转角关系（Liu，1999）。这三种方法中以有限元法最为细致，但计算分析工作量也最大。

Qian 等（2009）建立了基于部件的计算模型，将节点分为受剪、受拉、受压三个区域，通过将三个区域的刚度合成为节点转动刚度，从而得到弯矩 - 转角关系。Yu 等（2009b）采用屈服线理论建立了 T-stub 节点在纯拉力下的力学模型。研究结果表明，连接板和螺栓刚度的相对大小对节点破坏模式影响显著。Wang 等（2008）研究了钢梁 - 柱端板连接节点耐火极限的计算方法，确定了节点六种破坏模式，分别给出相应破坏模式的承载力计算公式。

关于钢 - 混凝土组合结构节点研究的论述相对较少。Ding 和 Wang（2007）进行了采用螺栓连接的钢管混凝土 - 钢梁柱节点在火灾下力学性能的试验研究和分析。Ding

和 Wang（2009）进行了无防火保护层钢管混凝土柱 - 钢梁节点在火灾下的试验研究，节点形式包括鳍板式节点、T 型板式节点、端板式节点以及倒槽式节点，实测了节点温度场，在此结果基础上通过温度场数值分析确定了综合辐射系数，提出了节点温度场的简化计算方法。Huang 等（2013）进行了火灾下采用倒槽式连接的钢管混凝土柱 - 钢梁节点的试验研究，发现该类节点在火灾下具有较好的延性和强度。Pascual 等（2015a，2015b）进行了采用单边螺栓连接的钢管混凝土柱 - 钢梁节点的温度场试验研究，并建立了该类连接节点火灾下的有限元分析模型。Song 等（2017）进行了采用单边螺栓连接的不锈钢管混凝土柱 - 组合梁连接节点的耐火极限试验，发现该类节点在火灾下的工作性能良好，节点的破坏主要由靠近钢管混凝土柱一端的钢梁下翼缘屈曲破坏造成。

1.2.3　框架结构

Becker 和 Bresler（1977）较早地进行了钢筋混凝土框架结构在火灾下力学性能研究。关于框架结构的耐火性能研究结果表明，火灾（高温）作用会引起框架内力的重分布（陆洲导等，1995；过镇海和时旭东，2002），因此仅研究单个构件的耐火性能不能满足实际工程结构火安全设计发展的需要。

从 20 世纪 90 年代末，英国曼彻斯特大学（Manchester University）和谢菲尔德大学（Sheffield University）开始联合研究在 ISO-834 标准火灾升温曲线作用下框架结构的力学性能（Liu 等，2002）。试验时，试件的框架梁未进行防火保护，而框架柱则进行了防火保护。试件的节点分别采用平齐式端板连接和双腹板角钢连接两种形式。试验结果表明，火灾下半刚性节点的承载能力要高于铰接节点，且随着节点刚性的增加，梁在火灾后期产生大挠度情况下的悬链效应将更为明显，节点的力学特性对整体框架结构的力学性能影响显著。El-Rimawi 等（1995）把用于钢梁火灾下性能分析的切线刚度法推广到钢框架结构的火灾性能分析，计算时考虑了节点刚度退化和轴力的二阶效应。采用上述方法，El-Rimawi 等（1999）对火灾下钢结构框架进行了参数分析，参数包括：轴力、受火位置、截面尺寸以及节点类型等。结果表明，梁柱节点的刚性对框架耐火性能和影响显著。胡克旭等（2009）研究了火灾下钢筋混凝土框架结构的全过程分析方法。赵金城和杨秀英（2009）则对钢框架结构耐火性能数值分析的模拟方法进行了研究。

英国建筑科学研究院（BRE）的 Cardington 试验室进行了一栋 8 层足尺钢结构房屋的系列火灾试验研究（Wang，2002；Foster 等，2007），采用了钢结构梁柱，压型钢板组合楼板。研究者们对这栋房屋先后共进行了多次试验，这些试验分别在房屋的不同楼层或同一楼层的不同位置进行。研究结果表明，梁柱节点附近区域的破坏模态主要有梁下翼缘的局部屈曲、梁腹板的剪切破坏和柱翼缘受压屈曲等。研究结果进一步说明了考虑建筑结构的整体性来进行结构抗火设计以及开展结构节点和结构体系耐火性能研究的重要性和必要性。Dong 和 Prasad（2009）进行了两个带楼板钢框架结构在局部火灾作用下的力学性能的试验研究，对比研究了有、无防火保护的梁 - 柱连接节点的变化规律，以及升、降温全过程中框架结构的变形规律。

以往，国内外有关研究者们对钢筋混凝土和钢结构框架耐火性能的研究结果表明，由于火灾下构件内温度场分布不均匀，其高温变形会受到相邻构件的约束，且影响因素复杂，这时框架中会产生温度内力，框架结构中各构件的内力会发生重分布，从而对框架结构的承载能力和抵抗变形能力产生影响。

1.3　本书的目的和内容

如前所述，以往研究者们已开展了一些钢 - 混凝土界面高温下（后）粘结 - 滑移性能的研究工作，但相关试验数据仍然需要补充；在组合结构构件耐火性能研究方面，对一些新型组合结构构件耐火性能的研究还有待于深入进行；而对火灾后钢 - 混凝土组合构件的力学性能和加固方法、钢 - 混凝土组合梁 - 柱连接节点、框架结构的耐火性能、火灾后钢 - 混凝土组合梁 - 柱连接节点、框架结构的力学性能等方面的研究论述尚少见。此外，我国的有关工程建设标准中尚缺乏关于钢 - 混凝土组合结构系统的抗火设计方法。

钢 - 混凝土组合结构已在实际工程中得到广泛应用，因此，深入开展其耐火性能和抗火设计原理的研究非常重要和迫切。近些年来，试验科学、计算机技术及分析计算手段的发展（袁驷 等，2006）都为细致和深入地研究钢 - 混凝土组合结构抗火设计原理创造了条件。

近 20 年来，作者一直坚持进行钢 - 混凝土组合结构构件、梁 - 柱连接节点和平面框架结构抗火设计原理的研究。有关工作大都遵循了三个阶段：第一阶段，确定组成钢 - 混凝土结构的钢材及混凝土的热工模型和热力学模型，采用数值方法计算确定组合结构的温度场分布，以及热、力共同作用下的变形全过程关系；第二阶段，有计划地进行一些必要的组合结构耐火性能试验研究。一方面通过这些试验增强对火灾下组合结构工作特性的感性认识，另一方面也进一步验证所建立的理论计算模型，使理论分析结果更为可信；第三阶段，采用数值计算模型细致分析火灾下钢 - 混凝土组合结构的工作机理，剖析组合结构各组成材料之间相互作用、协同互补的力学实质。在此基础上考虑工程实际应用的情况，对影响组合结构耐火性能的基本参数（包括物理参数、几何参数和荷载参数等）进行分析，然后对计算结果进行分析和归纳，研究火灾对组合结构力学性能指标的影响规律，并提供实用计算方法。通过这些研究工作的开展，一方面期望能解决一些具体的组合结构抗火设计原理研究方面的问题，另一方面则期望这些工作能为有关领域研究的深入进行提供参考。

图 1.12 给出了组合结构抗火设计原理研究的总体思路框图，其中，确定合适的火灾模型是开展结构耐火性能研究的前提。目前建筑结构抗火设计或研究中较常采用的室内火灾模型有 ISO-834 标准火灾模型、等效火灾模型、参数模型和经过火场模拟获得的火灾模型等。火灾下钢 - 混凝土组合结构温度场的确定是进行其火灾下工作机理研究的基础。在温度场研究的基础上，进一步对火灾下和火灾作用后结构的反应进行研究。本书作者开展研究的结构对象包括基本构件、连接节点、平面框架结构和结构体系等，且是一个渐进的过程。

在上述研究思想的指导下，作者有计划地开展了有关研究工作，研究时考虑了荷

图 1.12 研究思路示意图

载、温度和时间路径的影响,以及不同的结构形式。

（1）荷载、温度和时间路径

作者曾进行了恒定高温下和恒定高温后结构构件的力学性能,以及只考虑升温情况的 ISO-834（1975）标准火灾下钢管混凝土构件耐火性能的研究（韩林海,2007;韩林海,2016）。目前,不少国家的工程建设标准还都依据没有降温段的 ISO-834（1975）火灾曲线确定结构构件的耐火极限。但实际火灾是一个连续的过程,从火灾发生到熄灭,建筑结构的环境温度往往会经历升温和降温的过程。建筑物室内火灾的温度 - 时间关系曲线有一定的随机性,这是因为室内可燃物的燃烧性能、数量、分布以及房间开口的面积和形状等因素都会影响该曲线,因此,研究者们一直在探索合适的火灾温度 - 受火时间关系,以期供抗火试验和抗火设计时使用。考虑升、降温的火灾曲线可以是等效模型、参数模型或者模拟火灾等。一般情况下,采用标准火灾曲线进行结构耐火极限研究的结果更便于实际应用,而"非标准"火灾的情况也往往可采用适当的方法"等效"为"标准"火灾的情况。ISO-834（1980）推荐了一种升、降温曲线,如图 1.13 所示。

图 1.13 升、降温曲线示意图

图 1.13 中,粗实线代表 ISO-834 升、降温曲线。B 点为升温和降温的转折点,AB 段为升温段,BC 段为降温段,t_p 代表外界温度降至室温的时刻。当研究构件的耐火极限问题时,升温制度为 A→B→B′,即 ISO-834 曲线不出现下降段的情况（ISO-834,1975）,我国国家标准《建筑构件耐火试验方法》（GB/T 9978—2008）（2008）采用了

该升温曲线。

图 1.13 中各阶段的数学表达式如下。

1）升温段（AB B'）：

$$T = T_\circ + 345\lg(8t+1) \tag{1.1a}$$

2）降温段（BC）：

$$T = \begin{cases} T_h - 10.417(t-t_h) & t_h \leqslant 30 \\ T_h - 4.167\left(3 - \dfrac{t_h}{60}\right)(t-t_h) & 30 < t_h < 120 \\ T_h - 4.167(t-t_h) & t_h \geqslant 120 \end{cases} \tag{1.1b}$$

3）常温段（CD）：

$$T = T_\circ \tag{1.1c}$$

式中：T 为温度（℃）；t 为火灾作用时间（min）；t_h 为升温时间（min）；T_h 为升降温临界温度（℃），$T_h = T_\circ + 345\lg(8t_h+1)$；$T_\circ$ 为室温（℃），常取值为 20℃。

韩林海（2016）以"狭义"钢管混凝土构件为基本研究对象，构建了基于全寿命周期的钢管混凝土结构理论，其内容总体可概述为：①全寿命周期服役过程中钢管混凝土结构在遭受可能导致灾害的荷载（如强烈地震、火灾和撞击等）作用下的分析理论，以及考虑各种荷载作用相互耦合的分析方法；②综合考虑施工因素（如钢管制作和核心混凝土浇灌等）、长期荷载（如混凝土收缩和徐变）与环境作用影响（如氯离子腐蚀等）的钢管混凝土结构分析理论；③基于全寿命周期的钢管混凝土结构设计原理和设计方法。也就是说，火灾是建筑结构在全寿命周期过程中可能发生的一种灾害性作用。火灾下，实际结构都会承受一定的外荷载（N_F）。

发生火灾时，随着室内温度（T）的升高，结构材料的力学性能会劣化从而导致结构产生变形。随着可燃物的逐渐燃烧殆尽，即进入降温段，此时，随着受火时间（t）的增长，室内的温度不断降低。如果结构构件在升温或降温过程中没有破坏，随着材料温度的降低，钢材的强度可逐渐得到不同程度的恢复。最后构件的温度会恢复到常温，这时，需评估火灾对结构的影响，包括承载能力和变形特性等。

可见，研究火灾对组合结构影响的过程比较复杂，需要考虑荷载、温度和时间路径。考虑到实际可能发生的情况，本书把这一过程总体上分成四阶段（韩林海，2007）。以一组合柱为例，图 1.14 大致给出了这一过程，图中 t 为时间轴，T 为环境温度轴，N 为荷载轴，$T_\circ$ 为常温值，具体包括以下过程。

1）常温段（AA'）。时间 t 为 0 时刻（$t=0$），温度 T 为室温 $T_\circ$（$T=T_\circ$），荷载 N 增至设计值 N_F（$N=0 \rightarrow N_F$），如图 1.14 中 AA' 段所示。

2）升温段（A'B'）。时间 t 从 0 时刻增至设定时刻 t_h（$t=0 \rightarrow t_h$），环境温度 T 按图 1.13 所示 ISO-834 标准升温曲线上升至 T_h（$T=T_\circ \rightarrow T_h$），荷载 N_F 保持不变（$N=N_F$），如图 1.14 中 A'B' 段所示。

3）降温段（B'C'D'）。时间 t 从 t_h 时刻增至 t_p（$t=t_h \rightarrow t_p$），温度 T 按图 1.13 所示 ISO-834 标准降温曲线下降至室温 $T_\circ$（$T=T_h \rightarrow T_\circ$），荷载 N 保持设计值 N_F 不变（$N=$

N_F），如图 1.14 中 B′C′ 段所示；结构周围环境温度降到室温 T_o 后，温度 T 按图 1.13 所示常温段关系保持不变（$T=T_o$），柱截面继续降温，时间 t 从 t_p 时刻增至 t_d（$t=t_p \rightarrow t_d$），组合柱整个截面的温度在 t_d 时刻均降为室温，这一过程中同时保持设计值 N_F 不变，如图 1.14 中 C′D′ 段所示。

4）火灾后段（D′E′）。温度 T 保持室温 T_o 不变（$T=T_o$），逐步施加外荷载直至构件破坏，如图 1.14 中 D′E′ 段所示。

图 1.14 中箭头所指方向 A→A′→B′→C′→D′→E′ 是一种时间（t）-温度（T）-荷载（N）路径，该路径总体上反映了火灾作用全过程和结构受力全过程，在这种全过程火灾作用下，结构的时间（t）-温度（T）-荷载（N）路径更接近于实际的工作情况。

图 1.14 时间（t）-温度（T）-荷载（N）路径示意图

（2）结构形式

在结构形式方面，作者在进行钢-混凝土组合结构抗火设计原理的研究时，首先进行了基本构件，如钢管混凝土柱、型钢混凝土构件和钢管混凝土叠合柱等耐火性能的研究，随后逐步开始进行典型梁-柱连接节点的研究，如钢管混凝土柱-钢筋混凝土梁连接节点、钢管混凝土柱-钢梁、组合梁连接节点，型钢混凝土柱-型钢混凝土梁连接节点等；近年来则又开始进行钢管混凝土柱-钢筋混凝土梁平面框架结构等的研究。

需要指出的是，组合结构中钢和混凝土接触界面的有效的粘结是保证钢和混凝土材料共同工作的基础（韩林海，2016），已有的研究多集中在常温下的钢-混凝土界面粘结性能方面，但对高温下（后）的粘结性能研究尚少见报道，因此，本书作者有计划地开展了有关试验和分析工作。

本书论上述钢-混凝土组合结构抗火设计原理研究方面取得的阶段性成果，具体内容包括以下几个方面。

1）高温下（后）型钢混凝土、钢管混凝土的钢-混凝土界面粘结性能。

2）组合构件，如型钢混凝土、中空夹层钢管混凝土、不锈钢管混凝土和 FRP 约束钢管（筋）混凝土、钢管混凝土格构式柱等的耐火性能。

3）火灾后钢管混凝土柱的力学性能和评估、加固方法。

4）全过程火灾作用下型钢混凝土构件和钢管混凝土叠合柱的力学性能。

5）型钢混凝土节点和钢管混凝土节点的耐火性能。

6）全过程火灾作用下型钢混凝土节点、钢管混凝土节点和钢管混凝土叠合柱节点的力学性能，以及火灾后钢管混凝土节点的滞回性能。

7）钢 - 混凝土组合平面框架结构的耐火性能。

8）全过程火灾下型钢混凝土平面框架的力学性能。

参 考 文 献

董毓利，2001. 混凝土结构的火安全设计［M］. 北京：科学出版社.

过镇海，时旭东，2002. 钢筋混凝土的高温性能及其计算［M］. 北京：清华大学出版社.

韩林海，2007. 钢管混凝土结构——理论与实践［M］. 2 版. 北京：科学出版社.

韩林海，2016. 钢管混凝土结构——理论与实践［M］. 3 版. 北京：科学出版社.

韩林海，陶忠，王文达，2009. 现代组合结构和混合结构——试验、理论和方法［M］. 北京：科学出版社.

胡克旭，王剑锋，张文斌，2009. 火灾下钢筋混凝土框架结构的全过程分析方法［C］. 第五届全国钢结构防火及防腐技术研讨会暨第三届全国结构抗火学术交流会，济南：446-452.

李国强，韩林海，楼国彪，蒋首超，2006. 钢结构及钢 - 混凝土组合结构抗火设计［M］. 北京：中国建筑工业出版社.

李国强，周宏宇，2007. 钢 - 混凝土组合梁抗火性能试验研究［J］. 土木工程学报，40（10）：19-26.

李引擎，2004. 建筑防火工程［M］. 北京：化学工业出版社.

陆洲导，朱伯龙，姚亚雄，1995. 钢筋混凝土框架火灾反应分析［J］. 土木工程学报，28（6）：18-27.

陶忠，于清，2006. 新型组合结构柱——试验、理论与方法［M］. 北京：科学出版社.

王卫永，李国强，2015. 高强度 Q460 钢结构抗火设计原理［M］. 北京：科学出版社.

吴波，2003. 火灾后钢筋混凝土结构的力学性能［M］. 北京：科学出版社.

肖建庄，2015. 高性能混凝土结构抗火设计原理［M］. 北京：科学出版社.

袁驷，韩林海，滕锦光，2006. 结构工程研究的若干新进展［C］. 结构工程新进展（第一卷），北京：中国建筑工业出版社：1-6.

赵金城，杨秀英，2009. 钢结构火灾反应的数值模拟［C］. 第五届全国钢结构防火及防腐技术研讨会暨第三届全国结构抗火学术交流会，济南：1-18.

中国工程建设标准化协会标准，2006. 建筑钢结构防火技术规范：CECS 200：2006［S］. 北京：中国计划出版社.

中华人民共和国国家标准，2005. 高层民用建筑设计防火规范：GB 50045—95［S］. 国家技术监督局，中华人民共和国建设部. 北京：计划出版社.

中华人民共和国国家标准，2008. 建筑构件耐火试验方法：GB/T 9978—2008［S］. 国家质量监督检验检疫总局，国家标准化管理委员会. 北京：中国标准出版社.

中华人民共和国国家标准，2014. 建筑设计防火规范：GB 50016—2014［S］. 中华人民共和国公安部. 北京：中国计划出版社.

ALBERO V, ESPINOS A, ROMERO M L, et al., 2016. Proposal of a new method in EN1994-1-2 for the fire design of concrete-filled steel tubular columns［J］. Engineering Structures, 128：237-255.

AL-JABRI K S, DAVISON J B, BURGESS I W, 2008. Performance of beam-to-column joints in fire-A review［J］. Fire Safety Journal, 43（1）：50-62.

BAILEY C G, WHITE D S, MOORE D B, 2000. The tensile membrane action of unrestrained composite slabs simulated under fire conditions［J］. Engineering Structures, 22（12）：1583-1595.

BECKER J M, BRESLER B, 1977. Reinforced concrete frames in fire environments［J］. Journal of the Structural Division, 103（ST1）：211-224.

DAYAN A S, YAHYAI M, 2009. Behaviour of welded top-seat angle connections exposed to fire [J]. Fire Safety Journal, 44 (4): 603-611.

DING J, WANG Y C, 2007. Experimental study of structural fire behaviour of steel beam to concrete filled tubular column assemblies with different types of joints [J]. Engineering Structures, 29 (12): 3485-3502.

DING J, WANG Y C, 2009. Temperatures in unprotected joints between steel beams and concrete-filled tubular columns in fire [J]. Fire Safety Journal, 44 (1): 16-32.

DONG Y L, PRASAD K, 2009. Experimental study on the behavior of full-scale composite steel frames under furnace loading [J]. Journal of Structural Engineering, ASCE, 135 (10): 1278-1289.

ECCS-Technical Committee 3, 1988. Calculation of the fire resistance of centrally loaded composite steel-concrete columns exposed to the standard fire, Fire Safety of Steel Structures, Technical Note [M]. European Convention for Constructional Steelwork.

El-RIMAWI J A, BURGESS I W, PLANK R J, 1995. The analysis of semi-rigid frames in fire-a secant approach [J]. Journal of Constructional Steel Research, 33 (1-2): 125-146.

El-RIMAWI J A, BURGESS I W, PLANK R J, 1999. Studies of the behaviour of steel subframes with semi-rigid connections in fire [J]. Journal of Constructional Steel Research, 41 (1): 83-98.

ESPINOS A, GARDNER L, ROMERO M L, et al., 2011. Fire behaviour of concrete filled elliptical steel columns [J]. Thin-Walled Structures, 49: 239-255.

ESPINOS A, ROMERO M L, HOSPITALER A, 2010. Advanced model for predicting the fire response of concrete filled tubular columns [J]. Journal of Constructional Steel Research, 66: 1030-1046.

ESPINOS A, ROMERO M L, HOSPITALER A, 2012. Simple calculation model for evaluating the fire resistance of unreinforced concrete filled tubular columns [J]. Engineering Structures, 42: 231-244.

ESPINOS A, ROMERO M L, HOSPITALER A, 2013. Fire design method for bar-reinforced circular and elliptical concrete filled tubular columns [J]. Engineering Structures, 56: 384-395.

EUROCODE 4, EN 1994-1-1: 2004, 2004. Design of composite steel and concrete structures-Part 1-1: General rules and rules for buildings [S]. Brussels, CEN.

EUROCODE 4, EN 1994-1-2: 2005, 2005. Design of composite steel and concrete structures-part1-2: General rules-structural fire design [S]. European Committee for Standardization, Brussels.

FOSTER S, CHLADNÁ M, HSIEH C, et al., 2007. Thermal and structural behaviour of a full-scale composite building subject to a severe compartment fire [J]. Fire Safety Journal, 42 (3): 183-199.

FRANSSEN J M, 2004. Numerical determination of 3D temperature fields in steel joints [J]. Fire and Materials, 28 (1): 63-82.

HASS R, 1986. Zur Praxisgerechten brandschutz-technischen beurteilung von stützen aus stahl und beton [R]. Institut für Baustoff, Massivbau und Brandschutz der Technischen Universitat Braunschweig, Heft 69.

HASS R, 1991. On realistic testing of the fire protection technology of steel and cement supports [Z]. Melbourne, Australia: Translation BHPR/NL/T/1444.

HUANG S S, DAVISON B, BURGESS I W, 2013. Experiments on reverse-channel connections at elevated temperatures [J]. Engineering Structures, 49: 973-982.

HUANG Z F, TAN K H, TOH W S, et al., 2008. Fire resistance of composite columns with embedded I-section steel - effects of section size and load level [J]. Journal of Constructional Steel Research, 64 (3): 312-325.

ISO-834, 1975. Fire resistance tests-elements of building construction [S]. International Standard ISO 834, Geneva.

ISO-834, 1980. Fire-resistance tests-elements of building construction[S]. International Standard, ISO 834: Amendment 1, Amendment 2.

KODUR V K R, SULTAN M A, 2000. Enhancing the fire resistance of steel columns through composite construction [C]. Proceedings of the 6th ASCCS Conference, ASCCS, Los Angeles, U.S.A., 279-286.

LAWSON R M, 1990. Behaviour of steel-beam-to-column connections in fire [J]. The Structural Engineer, 68 (14): 263-271.

LESTON-JONES L C, BURGESS I M, LENNON T, et al., 1997. Elevated-temperature moment-rotation tests on steelwork connections [C]. Proceedings Inst. Civil Eng., Structures & Buildings, 122: 410-419.

LIE T T, CHABOT M, 1992. Experimental studies on the fire resistance of hollow steel columns filled with plain concrete [R]. Ottawa, Canada: NRC-CNRC Internal Report. No. 611.

LIE T T, STRINGER D C, 1994. Calculation of the fire resistance of steel hollow structural section columns filled with plain concrete [J]. Canada Journal of Civil Engineering, 21 (3): 382-385.

LIU T C H, 1999. Moment-rotation-temperature characteristics of steel/composite joints [J]. Journal of Structural Engineering, ASCE, 125 (10): 1188-1197.

LIU T C H, FAHAD M K, DAVIES J M, 2002. Experimental investigation of behaviour of axially restrained steel beams in fire [J]. Journal of Constructional Steel Research, 58 (9): 1211-1230.

MAO C J, CHIOU Y J, HSIAO P A, et al., 2009. Fire response of steel semi-rigid beam–column moment connections [J]. Journal of Constructional Steel Research, 65 (6): 1290-1303.

NIST, 2005. Federal building and fire safety investigation of the world trade center disaster: Final report on the collapse of the World Trade Center Towers [R]. National Institute of Standards and Technology, America. (http://wtc.nist.gov).

PASCUAL M A, ROMERO M L, TIZANI W, 2015a. Thermal behaviour of blind-bolted connections to hollow and concrete-filled steel tubular columns [J]. Journal of Constructional Steel Research, 107: 137-149.

PASCUAL M A, ROMERO M L, TIZANI W, 2015b. Fire performance of blind-bolted connections to concrete filled tubular columns in tension [J]. Engineering Structures, 96: 111-125.

QIAN Z H, TAN K H, BURGESS I W, 2009. Numerical and analytical investigations of steel beam-to-column joints at elevated temperatures [J]. Journal of Constructional Steel Research, 65 (5): 1043-1054.

ROMERO M L, ESPINOS A, PORTOLÉS J M, et al., 2015. Slender double-tube ultra-high strength concrete-filled tubular columns under ambient temperature and fire [J]. Engineering Structures, 99: 536-545.

SAKUMOTO Y, OKADA T, YOSHIDA M, et al., 1994. Fire resistance of concrete-filled, fire-resistant steel-tube columns [J]. Journal of Material in Civil Engineering, ASCE, 6 (2): 169-184.

SILVA L S, SANTIAGO A, VILA R P, 2001. A component model for the behaviour of steel joint at high temperatures [J]. Journal of Constructional Steel Research, 57 (11): 1169-1195.

SONG T Y, TAO Z, RAZZAZZADEH A, et al., 2017. Fire performance of blind bolted composite beam to column joints [J]. Journal of Constructional Steel Research, 132: 29-42.

WANG W Y, LI G Q, DONG Y L, 2008. A practical approach for fire resistance design of extended end-plate joints [J]. Journal of Constructional Steel Research, 64 (12): 1456-1462.

WANG Y C, 2002. Steel and composite structures-behaviour and design for fire safety [M]. Spon Press.

YU H X, BURGESS I W, DAVISON J B, et al., 2009a. Experimental investigation of the behaviour of fin plate connections in fire [J]. Journal of Constructional Steel Research, 65 (3): 723-736.

YU H X, BURGESS I W, DAVISON J B, et al., 2009b. Development of a yield-line model for endplate connections in fire [J]. Journal of Constructional Steel Research, 65 (6): 1279-1289.

YU J T, LU Z D, XIE Q, 2007. Nonlinear analysis of SRC columns subjected to fire [J]. Fire Safety Journal, 42 (1): 1-10.

第2章 高温下（后）组合构件中钢-混凝土界面的粘结性能

2.1 引　言

　　研究钢与混凝土界面的粘结性能是深入研究钢-混凝土组合结构的组合作用及不同材料之间共同工作性能的基础。火灾作用下，钢-混凝土界面的粘结会受到高温影响，从而表现出与常温下不同的性能。本章基于高温下（后）钢管混凝土（CFST）的界面性能和高温后型钢混凝土（SRC）的界面性能的系列试验研究，分析了高温对钢-混凝土界面性能的影响规律。

2.2 高温下钢管混凝土中钢管-核心混凝土界面粘结性能试验

　　本节进行了钢管混凝土试件在高温下的推出试验研究，为了对比分析，也进行了部分常温和高温后的推出试验（Song，Tao 和 Han 等，2017）。通过试验研究对高温下钢管和核心混凝土界面的粘结性能进行了深入分析，获得了钢管和核心混凝土接触界面的粘结应力（τ）-相对滑移（S）关系曲线。

2.2.1 试验概况

　　（1）试件设计和制作

　　共进行了 26 个圆形截面和 26 个方形截面钢管混凝土推出试验，其中包括高温下试验 24 个、常温下试验 12 个和高温后试验 16 个。试验参数包括钢管类型（碳素钢和不锈钢）、混凝土类型（普通和膨胀混凝土）、界面类型（普通界面、钢管内表面焊接栓钉、钢管内表面焊接内隔板）、温度（20℃、200℃、400℃、600℃和800℃）、高温持续时间（45min、90min、135min 和 180min）和柱荷载比（$n=0$、0.26 和 0.41）。

　　试件被分为 7 组，具体的试件细节和试验参数如表 2.1 和表 2.2 所示，其中 T_{tar} 是目标温度、T_{act} 是实测温度、t_d 是达到目标温度后的恒高温持续时间。试件编号中：第一个字母"C"或"S"代表圆形或方形；第二个字母"S"或"C"代表不锈钢或碳素钢管；最后一个字母"U""F"或"P"代表常温下、高温下或高温后测试的试件。

表 2.1　圆钢管混凝土试件信息

分组	试件编号	T_{tar}/℃	T_{act}/℃	t_d/min	钢管类型	混凝土类型	界面类型	n	t_c/天	f_c'/MPa	N_u/kN	τ_u/MPa	S_u/mm	曲线类型
1	CS1-U	20	—	—	不锈钢	普通混凝土	普通	—	245	42	220	0.330	3.20	C
	CC1-U	20	—	—	碳素钢				244	42	214	0.320	1.92	C
	CS1-F	800	806	90	不锈钢				789	45	0	0.000	10.00*	D
	CC1-F	800	809	90	碳素钢				791	45	43	0.064	10.00*	A
	CS1-P	800	810	90	不锈钢			0	250	42	308	0.462	0.51	B
	CC1-P	800	815	90	碳素钢			0	248	42	327	0.490	0.74	A
2	CS2-U	20	—	—	不锈钢	膨胀混凝土	普通	—	341	56	293	0.440	2.80	C
	CC2-U	20	—	—	碳素钢				346	56	515	0.771	3.33	C
	CS2-F	800	807	90	不锈钢				788	58	0	0.000	10.00*	D
	CC2-F	800	801	90	碳素钢				796	58	67	0.101	10.00*	A
	CS2-P	800	755	90	不锈钢			0	341	56	353	0.530	0.89	B
	CC2-P	800	792	90	碳素钢			0	348	56	160	0.240	2.33	B
3	CS3-U	20	—	—	不锈钢	普通混凝土	内隔板	—	342	42	1494	2.241	10.00*	A
	CS3-F	800	804	90					762	45	203	0.305	10.00*	A
	CS3-P	800	765	90				0	343	42	1257	1.885	10.00*	A
4	CS4-U	20	—	—	不锈钢	普通混凝土	栓钉	—	346	42	1011	1.517	10.00*	B
	CS4-F	800	814	90					766	45	60	0.090	10.00*	B
	CS4-P	800	785	90				0	347	42	1081	1.621	10.00*	B
5	CS5-F1	200	207	90	不锈钢	普通混凝土	普通	—	769	45	7	0.011	6.10	D
	CS5-F2	400	410	90					770	45	3	0.005	4.80	D
	CS5-F3	600	610	90					774	45	10	0.015	3.50	D
6	CS6-F1	800	804	45	不锈钢	普通混凝土	普通	—	777	45	4	0.006	4.00	D
	CS6-F2	800	803	135					781	45	8	0.012	2.00	D
	CS6-F3	800	807	180					784	45	3	0.004	6.00	D
7	CS7-P1	800	810	90	不锈钢	普通混凝土	普通	0.26	801	45	360	0.540	1.40	B
	CS7-P2	800	806	90				0.41	803	45	900	1.350	2.48	B

* S_u 取值为 10.00mm。

表 2.2　方钢管混凝土试件信息

分组	试件编号	T_{tar}/℃	T_{act}/℃	t_d/min	钢管类型	混凝土类型	界面类型	n	t_c/天	f_c'/MPa	N_u/kN	τ_u/MPa	S_u/mm	曲线类型
1	SS1-U	20	—	—	不锈钢	普通混凝土	普通	—	35	40	77	0.120	0.30	B
	SC1-U	20	—	—	碳素钢				35	40	148	0.230	0.30	A
	SS1-F	800	898	90	不锈钢				335	42	3	0.005	4.00	D
	SC1-F	800	806	90	碳素钢				805	45	50	0.078	10.00*	A
	SS1-P	800	820	90	不锈钢			0	39	41	148	0.231	0.31	B
	SC1-P	800	870	90	碳素钢			0	41	41	533	0.830	1.01	A

续表

分组	试件编号	T_{tar}/℃	T_{act}/℃	t_d/min	钢管类型	混凝土类型	界面类型	n	t_c/天	f_c'/MPa	N_u/kN	τ_u/MPa	S_u/mm	曲线类型
2	SS2-U	20	—	—	不锈钢	膨胀混凝土	普通	—	173	49	32	0.050	0.29	B
	SC2-U	20	—	—	碳素钢				175	49	232	0.361	1.22	A
	SS2-F	800	784	90	不锈钢				293	54	7	0.011	10.00*	A
	SC2-F	800	820	90	碳素钢				290	54	6	0.010	9.00	D
	SS2-P	800	781	90	不锈钢			0	242	52	296	0.462	0.68	B
	SC2-P	800	792	90	碳素钢			0	241	52	302	0.470	1.36	
3	SS3-U	20	—	—	不锈钢	普通混凝土	内隔板	—	173	41	1014	1.583	10.00*	A
	SS3-F	800	808	90					339	42	371	0.579	10.00*	A
	SS3-P	800	814	90				0	340	42	1272	1.985	10.00*	A
4	SS4-U	20	—		不锈钢	普通混凝土	栓钉	—	172	41	346	0.540	2.47	B
	SS4-F	800	805	90					798	45	122	0.190	3.97	B
	SS4-P	800	816	90				0	243	42	706	1.102	7.03	B
5	SS5-F1	200	220		不锈钢	普通混凝土	普通	—	735	45	13	0.020	2.93	C
	SS5-F2	400	410	90					739	45	7	0.011	0.20	C
	SS5-F3	600	610						741	45	19	0.030	6.70	C
6	SS6-F1	800	811	45	不锈钢	普通混凝土	普通	—	746	45	8	0.012	2.93	C
	SS6-F2	800	807	135					748	45	7	0.011	6.00	C
	SS6-F3	800	809	180					753	45	5	0.008	1.00	C
7	SS7-P1	800	808	90	不锈钢	普通混凝土	普通	0.26	48	41	621	0.970	0.91	B
	SS7-P2	800	731	90				0.41	52	41	660	1.030	1.81	B

* S_u 取值为 10.00mm。

　　试件尺寸如图 2.1 所示，圆钢管截面外直径（D）为 260mm；方钢管截面边长（B）为 200mm；圆不锈钢和碳素钢管的厚度（t_s）分别为 5.1mm 和 4.9mm，方不锈钢和碳素钢管的厚度（t_s）分别为 5.8mm 和 5.6mm，图 2.1 中括号内数值表示碳素钢管的厚度；钢管和混凝土接触长度（L_i）为 850mm。

　　试件所用钢管均为冷轧钢管，采用 350 碳素钢和 304 奥氏体不锈钢。为了研究界面类型的影响，在第 3 组试件钢管的内表面焊接环板，起到隔板的作用，增加钢管和核心混凝土界面的粘结性能，焊接的碳素钢内隔板厚度为 5.1mm。在第 4 组试件钢管的内表面焊接两列栓钉。内隔板和栓钉尺寸、位置如图 2.1 所示。

　　为了研究混凝土类型的影响，第 1 组试件采用普通混凝土，第 2 组试件采用了膨胀混凝土，膨胀混凝土的配合比与普通混凝土不同，且其中使用了膨胀添加剂。

　　（2）材料性能

　　钢材材性由标准拉伸试验确定。实测的弹性模量（E_s）、屈服强度（f_y）和极限强度（f_u）如表 2.3 所示。

图 2.1　试件尺寸（尺寸单位：mm）

表 2.3　钢材力学性能指标

钢材类型	厚度或直径 /mm	$E_s/$（$\times10^5$N/mm^2）	f_y/MPa	f_u/MPa
圆形不锈钢管	5.1	1.98	336	682
方形不锈钢管	5.8	2.05	378	648
圆形碳素钢管	4.9	2.12	394	510
方形碳素钢管	5.6	1.79	439	540
内隔板	5.1	1.97	430	515
栓钉	12.7	2.09	480	614

普通混凝土配合比为水泥：316kg/m^3；水：156kg/m^3；砂：804kg/m^3；粗骨料：903kg/m^3；粉煤灰：100kg/m^3；减水剂：1.23L/m^3；膨胀混凝土配合比为水泥：328kg/m^3；水：157kg/m^3；砂：730kg/m^3；粗骨料：898kg/m^3；粉煤灰：86kg/m^3；膨胀剂：30kg/m^3；减水剂：1.4L/m^3。进行推出试验时测量了混凝土圆柱体抗压强度（f_c'），试验时的混凝土龄期（t_c）和 f_c' 实测值如表 2.1 和表 2.2 所示。

（3）试验方法

试验在澳大利亚西悉尼大学（Western Sydney University）结构实验室进行，图 2.2 所示为高温下推出试验所用燃气炉设备。

炉膛尺寸为 640mm×630mm×880mm。推出荷载 N 通过刚性垫块直接施加在核心混凝土上部；钢管下部刚性垫块中空，可容许核心混凝土被推出。进行高温下推出试验时，试件首先被放入试验炉中，然后炉膛温度按照 40℃ /min 的升温速率升温到表 2.1 和表 2.2 所示的目标温度，达到目标温度后，保持温度恒定直到达到表 2.1 和表 2.2 所示的高温持续时间（t_d）。

图 2.3 所示为典型的实测炉温（T）-受火时间（t）关系曲线。实际试验时目标温度和实际温度（T_{act}）存在一定偏差，表 2.1 和表 2.2 也给出了 T_{act} 值。达到高温持续时

图 2.2　推出试验装置

间后，逐步增加推出荷载直到钢管和核心混凝土的相对滑移达到 20mm，加载速率大约为 0.3mm/min。推出试验过程中，钢管和核心混凝土界面的相对滑移通过设置于试件底部的位移计测得，具体位置如图 2.2 所示。

高温后试验的受火过程与高温下试验类似，高温后将试件冷却到常温再进行推出试验。为研究初始轴压荷载对高温后钢 - 混凝土界面粘结性能的影响，试件 CS7-P1、CS7-P2、SS7-P1 和 SS7-P2 在受火前施加初始荷载 N_0 在柱上端，具体荷载值分别为 920kN、1500kN、750kN 和 1200kN，且受火过程中初始荷载保持不变。

图 2.3　实测炉温（T）- 受火时间（t）关系曲线

2.2.2　试验结果及分析

（1）破坏形态

试验结果表明，钢管混凝土推出试件的破坏形态与界面类型有关，对于采用普通界面和栓钉的钢管混凝土试件，除了核心混凝土被推出外，试件表面没有发现明显的钢管屈曲。

图 2.4 所示为采用内隔板的圆形和方形钢管混凝土推出试件（CS3-P 和 SS3-F）典型破坏形态，可见采用内隔板

(a) 圆形试件（CS3-P）　　(b) 方形试件（SS3-F）

图 2.4　采用内隔板的钢管混凝土试件的破坏形态

后钢管发生了明显的局部屈曲，这主要是由外荷载作用下内隔板附近钢管壁的局部弯曲造成的。

（2）粘结应力（τ）- 相对滑移（S）关系

比较在加载端和自由端测得的常温下钢管 - 核心混凝土界面的粘结应力（τ）- 相对滑移（S）关系，发现加载端和自由端的 τ-S 关系曲线的区别主要在于达到粘结强度之前的阶段，到达粘结强度后的 τ-S 关系曲线基本重合。在本节进行的高温下试验中，由于加载端位于炉膛内，无法测量加载端的钢管和核心混凝土界面相对滑移，因此，本节中给出的 τ-S 关系曲线中的 S 特指自由端的相对滑移。

图 2.5 和图 2.6 给出了实测的圆形和方形钢管混凝土 τ-S 关系。

图 2.5　圆钢管混凝土试件粘结应力（τ）- 相对滑移（S）关系曲线

(g) 第7组（荷载比，n）

图 2.5 （续）

(a) 第1组（普通混凝土）

(b) 第2组（膨胀混凝土）

(c) 第3组（设置内隔板）

(d) 第4组（设置栓钉）

(e) 第5组（温度，T_{act}）

(f) 第6组（高温持续时间，t_{d}）

图 2.6　方钢管混凝土试件粘结应力（τ）- 相对滑移（S）关系曲线

(g) 第7组（荷载比，n)

图 2.6 （续）

实测的 τ-S 关系曲线可总体上分为 A、B、C 和 D 四种线形，分别如图 2.7 所示。A 类曲线包括初始线性段和随后的非线性段，峰值点后粘结应力开始逐步降低；B 类曲线在峰值点前的发展趋势与 A 类曲线类似，但峰值点后粘结应力明显降低然后逐步增加；C 类和 D 类曲线初始阶段同样为线性阶段，但这两类曲线没有粘结应力降低阶段。每个试件所对应的曲线类型在表 2.1 和表 2.2 中进行了标注。

(a) 类型A　　　　(b) 类型B　　　　(c) 类型C　　　　(d) 类型D

图 2.7　粘结应力（τ）- 相对滑移（S）关系曲线分类

A 类和 B 类 τ-S 关系曲线有明显的峰值点，峰值点即为钢管和核心混凝土界面的粘结强度（τ_u），与 τ_u 对应的相对滑移为极限相对滑移量（S_u）。对于没有峰值点的 C 类和 D 类曲线，参考 Jaspart（1991）给出的对没有峰值点的弯矩 - 转角关系曲线的塑性抗弯承载力的定义方法，在 τ-S 关系曲线的第二个近似线性段上做切线，该切线和坐标轴的交点即为 τ_u 或 S_u。表 2.1 和表 2.2 给出了根据以上方法确定的 τ_u 和 S_u 值，以及对应的 N_u。试验结果表明部分试件达到粘结强度时对应的 S_u 会大于 10mm，在实际中这种情况比较少见，因此对于这类试件以相对滑移为 10mm 时对应的粘结应力为粘结强度。

（3）不同参数影响分析

本节分析不同参数对钢管 - 核心混凝土接触界面粘结强度（τ_u）的影响规律。

1）钢和混凝土类型。

图 2.8 给出了钢管类型和混凝土类型对 τ_u 的影响规律。对于高温下采用普通界面的钢管混凝土推出试件，钢管和混凝土类型对高温下粘结强度影响不明显，其粘结强度通常小于 0.1MPa。

图 2.8　钢和混凝土类型对粘结强度的影响

　　Tao，Song，Uy 和 Han 等（2016）的试验结果表明：由于不锈钢管内表面比碳素钢管更为光滑，常温下不锈钢管混凝土柱的粘结强度通常低于碳素钢管混凝土柱，这与本节的试验结论一致。以方钢管混凝土为例，不锈钢管混凝土试件 SS1-U 的粘结强度为 0.120MPa，采用碳素钢的试件 SC1-U 的粘结强度为 0.230MPa。而圆形试件 CS1-U（不锈钢管）和 CC1-U（碳素钢管）的极限强度较为接近（约 0.330MPa），这主要是由于这两个试件测试时的混凝土龄期大约为 245 天，长龄期下混凝土的收缩会导致钢管和核心混凝土之间形成间隙，从而导致钢管内表面的光滑程度对粘结强度影响降低。

　　在混凝土龄期相近时，采用膨胀混凝土的钢管混凝土常温下粘结强度较普通混凝土会明显增加，例如试件 CC1-U 的粘结强度是 0.320MPa，而采用膨胀混凝土的对比试件 CC2-U 的粘结强度是 0.771MPa。从图 2.8 中也可以看出截面类型对粘结强度的影响，可见圆形钢管混凝土试件在常温下和高温后的粘结强度通常高于方形钢管混凝土对比试件。

　　2）界面类型。

　　图 2.9 给出了钢管 - 核心混凝土界面类型对粘结强度的影响规律。可见，在钢管内壁设置内隔板或者栓钉使得钢管混凝土的粘结强度提高，其中设置内隔板时该粘结强度提高的程度大于设置栓钉时粘结强度提高的程度。

图 2.9　界面类型对粘结强度的影响

3）温度和高温持续时间。

第 5 组和第 6 组试件用来研究温度和高温持续时间对高温下钢管混凝土柱粘结强度的影响规律。试验结果表明，即使目标温度只有 200℃或高温持续时间只有 45min，高温仍然会导致钢管混凝土粘结强度降低。这主要是由于钢材的热膨胀系数大于混凝土，随着火灾下温度的升高，未设置栓钉或内隔板的钢管和核心混凝土之间的间隙会逐渐增大，从而造成粘结强度降低。

2.2.3 小结

在本节所进行的试验参数范围内可知，高温下的钢管混凝土界面粘结强度会明显降低；不锈钢管混凝土的常温下和高温后的粘结强度总体上低于碳素钢管混凝土，但是当混凝土龄期超过 6 个月时，钢管类型的影响则变得不明显。使用膨胀混凝土可以提高钢管混凝土的常温下粘结强度，但对高温后粘结强度的影响尚不确定。提高高温下和高温后钢管混凝土粘结强度的最有效的方法是在钢管内壁焊接内隔板，焊接栓钉的效果次之。

2.3　高温后钢管混凝土中钢管‐核心混凝土界面粘结性能试验

Tao 和 Han 等（2011）进行了钢管混凝土试件在高温后的推出试验研究，获得了高温后钢管和核心混凝土接触界面的粘结应力（τ）‐相关滑移（S）关系曲线。

2.3.1 试验概况

（1）试件设计和制作

进行了 76 个钢管混凝土试件的推出试验，研究参数包括受火时间（0、90min 和 180min）、截面类型（圆形和方形）、截面尺寸（194～400mm）、接触界面长度与截面尺寸比值（3、5 和 7）、混凝土类型（普通混凝土和自密实混凝土）、粉煤灰等级（Ⅱ级和Ⅲ级）和混凝土养护条件（封闭养护和未封闭养护）。

表 2.4 和表 2.5 给出了所有试件的试验参数，其中 L_i 为钢管和混凝土接触长度，试件编号中第一个字母 "C" 或 "S" 表示圆形或方形截面；第二个数字 "1—9" 代表不同的试件系列；"0、90 或 180" 代表受火时间为 0、90min 或 180min；试验参数完全相同的两个试件用 "a" 或 "b" 加以区分。为了研究混凝土养护条件的影响，系列 C7 和 S7 共 8 个试件在浇灌混凝土后立刻用聚乙烯和塑料盖板密封试件两端以形成密封养护的条件，而其他试件直接在室内环境中养护。

表 2.4　钢管混凝土高温后试验试件信息表（一）

序号	编号	$D \times t_s \times L_i$（mm×mm×mm）	L_i/D	t/min	N_u/kN	τ_u/MPa	S_u/mm	曲线类型	备注
1	C1-0a	194×5.5×582	3	0	567.0	1.69	0.93	A	
2	C1-0b	194×5.5×582	3	0	634.5	1.90	1.64	A	
3	C1-90a	194×5.5×582	3	90	199.0	0.59	1.05	B	
4	C1-90b	194×5.5×582	3	90	215.8	0.64	1.28	B	

续表

序号	编号	$D \times t_s \times L_l$（mm×mm×mm）	L_l/D	t/min	N_u/kN	τ_u/MPa	S_u/mm	曲线类型	备注
5	C1-180a	194×5.5×582	3	180	500.0	1.49	3.72	A	
6	C1-180b	194×5.5×582	3	180	448.1	1.34	3.45	A	
7	C2-0	194×5.5×582	3	0	372.3	1.11	1.26	B	Ⅱ级粉煤灰
8	C2-90	194×5.5×582	3	90	122.6	0.37	0.72	B	
9	C2-180	194×5.5×582	3	180	654.2	1.96	3.55	B	
10	C3-0	194×5.5×582	3	0	929.7	2.78	2.66	A	Ⅱ级粉煤灰
11	C3-90	194×5.5×582	3	90	344.5	1.03	1.76	B	
12	C3-180	194×5.5×582	3	180	673.2	2.01	3.14	A	
13	C4-0a	377×8.1×1131	3	0	612.3	0.48	1.41	B	
14	C4-0b	377×8.1×1131	3	0	549.7	0.43	1.34	B	
15	C4-90a	377×8.1×1131	3	90	978.8	0.76	3.42	B	
16	C4-90b	377×8.1×1131	3	90	886.5	0.69	1.98	B	
17	C4-180a	377×8.1×1131	3	180	1465.0	1.14	2.22	B	
18	C4-180b	377×8.1×1131	3	180	1239.0	0.97	2.33	B	
19	C5-90a	194×5.5×582	3	90	241.0	0.72	1.23	A	
20	C5-90b	194×5.5×582	3	90	379.4	1.13	2.85	A	
21	C5-180a	194×5.5×582	3	180	515.2	1.54	6.15	A	
22	C5-180b	194×5.5×582	3	180	567.7	1.70	6.66	A	
23	C6-90a	194×5.5×582	3	90	181.0	0.54	0.56	B	普通混凝土
24	C6-90b	194×5.5×582	3	90	288.4	0.86	1.34	B	
25	C6-180a	194×5.5×582	3	180	578.4	1.73	2.96	B	
26	C6-180b	194×5.5×582	3	180	562.3	1.68	3.21	A	
27	C7-90a	194×5.5×582	3	90	170.2	0.51	0.78	B	混凝土密封养护
28	C7-90b	194×5.5×582	3	90	437.1	1.31	3.88	B	
29	C7-180a	194×5.5×582	3	180	549.0	1.64	3.57	A	
30	C7-180b	194×5.5×582	3	180	519.7	1.55	4.00	A	
31	C8-90a	194×5.5×970	5	90	522.6	0.94	2.35	A	
32	C8-90b	194×5.5×970	5	90	602.6	1.08	4.29	B	
33	C8-180a	194×5.5×970	5	180	594.2	1.07	6.40	B	
34	C8-180b	194×5.5×970	5	180	595.8	1.07	2.78	B	
35	C9-90a	194×5.5×1350	7	90	611.6	0.79	2.62	B	
36	C9-90b	194×5.5×1350	7	90	545.8	0.70	1.41	B	
37	C9-180a	194×5.5×1350	7	180	740.6	0.95	2.72	B	
38	C9-180b	194×5.5×1350	7	180	651.9	0.84	2.94	B	

表 2.5　钢管混凝土高温后试验试件信息表（二）

序号	编号	$B \times t_s \times L_i$/（mm×mm×mm）	L_i/B	t/min	N_u/kN	τ_u/MPa	S_u/mm	曲线类型	备注
39	S1-0a	200×5×600	3	0	140.3	0.31	0.52	B	
40	S1-0b	200×5×600	3	0	195.6	0.43	0.74	B	
41	S1-90a	200×5×600	3	90	126.1	0.28	2.36	A	
42	S1-90b	200×5×600	3	90	95.2	0.21	2.69	C	
43	S1-180a	200×5×600	3	180	173.2	0.38	2.52	A	
44	S1-180b	200×5×600	3	180	136.5	0.30	1.52	B	
45	S2-0	200×5×600	3	0	165.8	0.36	0.58	B	Ⅱ级粉煤灰
46	S2-90	200×5×600	3	90	164.8	0.36	2.50	B	
47	S2-180	200×5×600	3	180	347.1	0.76	2.87	A	
48	S3-0	200×5×600	3	0	148.7	0.33	0.68	B	Ⅱ级粉煤灰
49	S3-90	200×5×600	3	90	128.4	0.28	2.28	B	
50	S3-180	200×5×600	3	180	349.0	0.77	4.47	A	
51	S4-0a	400×10×1200	3	0	269.7	0.15	1.08	B	
52	S4-0b	400×10×1200	3	0	308.2	0.17	1.05	B	
53	S4-90a	400×10×1200	3	90	194.1	0.11	2.68	C	
54	S4-90b	400×10×1200	3	90	305.8	0.17	1.10	C	
55	S4-180a	400×10×1200	3	180	403.5	0.22	1.32	C	
56	S4-180b	400×10×1200	3	180	407.4	0.22	2.83	B	
57	S5-90a	200×5×600	3	90	76.8	0.17	2.92	B	
58	S5-90b	200×5×600	3	90	79.4	0.17	3.97	C	
59	S5-180a	200×5×600	3	180	71.6	0.16	1.88	A	
60	S5-180b	200×5×600	3	180	78.7	0.17	1.77	C	
61	S6-90a	200×5×600	3	90	121.6	0.27	2.83	C	普通混凝土
62	S6-90b	200×5×600	3	90	135.5	0.30	1.68	B	
63	S6-180a	200×5×600	3	180	230.3	0.51	2.88	A	
64	S6-180b	200×5×600	3	180	252.3	0.55	2.75	A	
65	S7-90a	200×5×600	3	90	78.7	0.17	1.73	C	混凝土密封养护
66	S7-90b	200×5×600	3	90	56.2	0.12	3.30	C	
67	S7-180a	200×5×600	3	180	250.6	0.55	2.89	A	
68	S7-180b	200×5×600	3	180	211.3	0.46	1.92	B	
69	S8-90a	200×5×1000	5	90	202.9	0.27	2.81	C	
70	S8-90b	200×5×1000	5	90	102.2	0.13	0.96	C	
71	S8-180a	200×5×1000	5	180	419.7	0.55	2.41	C	
72	S8-180b	200×5×1000	5	180	400.0	0.53	2.84	C	
73	S9-90a	200×5×1400	7	90	420.3	0.40	3.27	C	
74	S9-90b	200×5×1400	7	90	365.8	0.34	3.07	C	
75	S9-180a	200×5×1400	7	180	610.6	0.57	—	—	
76	S9-180b	200×5×1400	7	180	609.7	0.57	—	—	

（2）材料性能

所有的钢管均采用低碳钢板制作而成。为了研究截面尺寸的影响且保证同一系列中截面径厚比相近，共采用了 6 类不同厚度的低碳钢板，方形试件的径厚比为 40，而圆形试件的径厚比为 37.3 和 46.5。钢材材性由标准拉伸试验确定，实测的六类钢板的弹性模量（E_s）、屈服强度（f_y）和极限强度（f_u）如表 2.6 所示。

表 2.6　钢材力学性能指标

类型	钢管厚度 /mm	E_s/（×10⁵N/mm²）	f_y/MPa	f_u/MPa	所用试件系列
Ⅰ	5	1.97	320	437	S1, S5-S9
Ⅱ	5	1.95	297	368	S2, S3
Ⅲ	5.5	1.98	380	433	C1, C5-C9
Ⅳ	5.5	2.01	340	460	C2, C3
Ⅴ	8.1	1.87	363	433	C4
Ⅵ	10	2.05	427	383	S4

试件共使用了 4 类自密实混凝土（SCC-Ⅰ、SCC-Ⅱ、SCC-Ⅲ和 SCC-Ⅳ）和一类普通混凝土（NC），这 5 批次混凝土的配合比如表 2.7 所示，其中 SCC-Ⅲ 和 SCC-Ⅳ 采用了Ⅱ级粉煤灰，SCC-Ⅰ 和 SCC-Ⅱ 采用了Ⅲ级粉煤灰。

表 2.7　混凝土配合比和力学性能指标

类型	水 /（kg/m³）	水泥 /（kg/m³）	粉煤灰 /（kg/m³）	砂 /（kg/m³）	粗骨料 /（kg/m³）	减水剂 /（kg/m³）	$f_{cu, f}$/MPa	f_{cu}/MPa	E_c/（×10⁴N/mm²）	所用试件系列
SCC-Ⅰ	190	260	240	740	950	5.4	25	46	2.73	C5, S5
SCC-Ⅱ	170	380	170	800	835	6.08	45	52	2.95	C1, C4, C7-C9, S1, S4, S7-S9
SCC-Ⅲ	190	260	240	740	950	5.4	40	53	3.55	C3, S3
SCC-Ⅳ	170	380	170	800	835	6.08	57	72	3.89	C2, S2
NC	210	552	—	611	1137	—	50	63	3.45	C6, S6

表 2.7 中同时给出了对应受火时刻和进行推出试验时刻的混凝土立方体抗压强度 $f_{cu, f}$ 和 f_{cu}，E_c 为进行推出试验时的混凝土弹性模量。可见，在水胶比和水泥替换率接近时，采用Ⅱ级粉煤灰的混凝土强度会高于采用Ⅲ级粉煤灰的混凝土。另外，受火时的混凝土龄期和进行推出试验时的混凝土龄期相差大约 7 个月，因此 $f_{cu, f}$ 值明显低于 f_{cu} 值。

（3）试验方法

试件养护 4 个月后，在国家固定灭火系统和耐火构件质量监督检验中心的燃气火灾试验炉中进行升温处理，试件按照 ISO-834（1975）规定的标准升温曲线进行升温。试件为四面受火，但受火前用石棉对试件的两端进行保护，以防止热量从试件两端直接传递到钢管和混凝土界面。受火时间（t）达到表 2.4 和表 2.5 中预定的 90min 或

180min 后即停止受火，试件在炉膛中自然冷却至常温。

受火试验结束大约 7 个月后开始进行推出试验，所用试验设备与 2.2 节中采用的设备类似，推出荷载直接施加在核心混凝土上，加载速率为 0.5mm/min，并通过位移计测量钢管和混凝土界面的相对滑移。

2.3.2 试验结果及分析

（1）粘结应力（τ）- 相对滑移（S）关系

图 2.10 给出了典型的钢管和核心混凝土界面粘结应力（τ）- 相对滑移（S）关系曲线。本节的试验结果表明，与图 2.7 中给出的 A、B、C 三类曲线类似，随着参数的变化实测的 τ-S 关系曲线同样可分为 A、B 和 C 三类，表 2.4 给出了每个试件所对应的曲线类型。试件 S9-180a 和 S9-180b 的钢管在火灾下损伤较明显，导致钢管下端出现了明显的局部屈曲，无法进行推出试验，因此没有给出其 τ-S 关系曲线类型。

(a) A类和B类曲线　　　　　　　(b) C类曲线

图 2.10　典型粘结应力（τ）- 相对滑移（S）关系曲线

大多数的未受火试件或者受火时间达到 180min 的试件表现出 A 型 τ-S 关系曲线，达到粘结强度 B 点后，界面的粘结应力开始降低，试验结束时，圆形试件的残余粘结应力是粘结强度的 35%～65%，而方形试件的残余粘结应力是粘结强度的 60%～85%。约 2/3 的圆形试件和 2/5 的方形试件的 τ-S 关系曲线可以被归类为 B 型曲线，试件在 C′ 点达到了残余粘结应力的最小值，圆形试件在 C′ 点的残余粘结应力是粘结强度的 40%～80%，方形试件在 C′ 点的残余粘结应力大约是粘结强度的 50%～90%。大约 2/5 的方形试件的 τ-S 关系曲线表现出 C 型曲线，对于 C 型曲线的粘结强度按照图 2.7（c）中给出的方法进行确定。

表 2.4 和表 2.5 给出了各个试件的 τ_u 和 S_u 值，以及对应的 N_u。

（2）不同参数影响分析

1）受火时间。

图 2.11 所示为受火时间对高温后钢管混凝土的粘结应力（τ）- 相对滑移（S）关系曲线的影响规律。可以看出，受火 90min 后，钢管混凝土的粘结强度会出现降低，对于圆形试件，高温后粘结强度的折减达到 73%～77%，而方形试件的高温后粘结强度折减在 12%～34%。这种粘结强度的退化主要是由于高温对钢管 - 核心混凝土界面化学

（a）圆形试件　　　　　　　　　　　（b）方形试件

图 2.11　受火时间对粘结应力（τ）- 相对滑移（S）关系曲线的影响

粘结和摩擦力的影响。

对于受火 180min 的试件，试验结果表明高温后钢管混凝土试件的粘结强度出现了恢复，甚至对于方形试件 S3-180，其受火 180min 后的粘结强度达到了常温下的 2 倍以上。这主要是由于两个原因造成的：①对于截面尺寸较小的试件，火灾下内部温度升高，从而导致受火后残余膨胀明显；②混凝土损伤程度随着受火时间的增加而增长，在轴压荷载作用下混凝土越容易发生侧向膨胀。混凝土的环向膨胀会增加混凝土和钢管之间的接触压力和界面摩擦力，从而导致高温后钢管混凝土的粘结强度较常温下有所增加。

高温后钢管混凝土的粘结应力（τ）- 相对滑移（S）关系曲线的初始切线刚度有所降低，这主要是由于高温对钢管和核心混凝土界面的化学粘结性能的损伤造成的，一般来讲火灾所造成的初始切线刚度降低可高达常温时的 50%。本节的试验结果也表明，受火时间对初始切线刚度影响不明显，这主要是由于受火 90min 和 180min 后，钢管和核心混凝土界面的温度相接近，因此高温对钢管和混凝土界面的化学粘结性能的损伤也较接近。

2）截面尺寸。

图 2.12 所示为截面尺寸对粘结强度的影响规律。总的来说，粘结强度随着圆截面直径或方形截面边长的增加而降低，这与 Roeder 等（1999）所进行的试验研究的结果相吻合。钢管尺寸越大，混凝土收缩所致的钢管和混凝土界面的间隙越大，从而导致

（a）圆形试件　　　　　　　　　　　（b）方形试件

图 2.12　截面尺寸对粘结强度（τ_u）的影响

大尺寸钢管混凝土的粘结强度有所降低。

3）接触界面长度与截面尺寸比值。

图 2.13 所示为钢管和核心混凝土的接触界面长度与截面尺寸比值（L_i/D 或 L_i/B）对粘结强度（τ_u）的影响规律。

（a）圆形试件　　　　　　　　　　　（b）方形试件

图 2.13　L_i/D 或 L_i/B 对粘结强度（τ_u）的影响

对于圆形试件，高温后粘结强度随着 L_i/D 的增加而降低，而方形钢管混凝土试件的高温后粘结强度随着 L_i/B 的增加而增加。对于圆形试件，钢管和混凝土界面的粘结应力主要由加载端的钢管和混凝土接触界面提供，因此当接触界面长度增加时，粘结强度会有所降低。

与圆形钢管混凝土相比，方形钢管混凝土的粘结应力沿钢管长度方向分布较为均匀，因此当接触界面长度增加时，钢管和混凝土接触界面的表面不规则性影响和整体初始缺陷的影响将更为明显，从而增加了粘结强度。

4）粉煤灰类型和自密实混凝土配合比。

试验结果表明，除试件 C2-0 和 C2-90 外，采用Ⅱ级粉煤灰混凝土的钢管混凝土试件的粘结强度一般高于采用Ⅲ级粉煤灰混凝土的钢管混凝土试件，这主要是由于Ⅱ级粉煤灰与Ⅲ级粉煤灰相比能提供更高的化学粘结力和残余强度，从而改善了钢管和核心混凝土间的粘结性能。比较 C2 和 C3 系列，C2 系列中的混凝土具有更高的强度和更低的水胶比，因此试件 C2-0 和 C2-90 的粘结强度受混凝土收缩影响较明显。

从表 2.4 和表 2.5 可见，混凝土的水泥替换率和水胶比对钢管混凝土的粘结强度有一定影响。当混凝土的水泥替换率从 31% 增加到 48%，水胶比从 0.31 增加到 0.38 后，圆形钢管混凝土的粘结强度会有所增加，但这两个参数对方形钢管混凝土的影响规律相反。一般来讲，混凝土的强度随着水泥替换率或水胶比的增加而降低，这也可能会导致钢管和核心混凝土之间的化学粘结力降低，从而造成方形钢管混凝土的粘结强度降低。但是对于圆形钢管混凝土，水泥替换率和水胶比的降低可能造成更大的混凝土收缩，从而导致粘结强度降低。

5）混凝土养护方法。

钢管混凝土试件的端部被封闭起来后可以阻止混凝土水分的散发，降低钢管内混凝土的收缩，从而减少混凝土和钢管之间由于混凝土收缩造成的间隙。从表 2.6 可见，四个封闭养护的钢管混凝土试件在受火 180min 后的粘结强度会高于其对比试件，圆形试件和方形试件的高温后粘结强度分别增加了 13% 和 49%。

2.3.3　小结

在本节所进行的试验参数范围内可知，钢管混凝土中，钢管及其混凝土之间的粘结强度在受火 90min 后会明显降低，但受火 180min 会有所增加；由于混凝土收缩的影响，钢管混凝土的粘结强度受其截面尺寸的影响明显，一般来讲钢管混凝土的粘结强度随着截面尺寸的增加而降低；粉煤灰类型、水胶比和水泥替换率对采用自密实混凝土的钢管混凝土的界面粘结性能有一定影响。

2.4　高温后型钢混凝土中型钢 - 混凝土界面粘结性能试验

进行了高温后型钢混凝土构件的推出试验 Wang 和 Han 等（2017），对高温后型钢混凝土构件中型钢 - 混凝土界面的粘结滑移性能进行了分析。

2.4.1　试验概况

（1）试件设计和制作

根据实际工程情况和试验条件，共设计了 8 个型钢混凝土推出试件，其中 6 个试件为高温后试件，2 个试件为常温下对比试件。试验研究参数包括：（a）火灾类型；（b）横向配箍率。型钢混凝土推出试件的具体尺寸如表 2.8 所示，其中，B 为矩形截面短边边长；D 为矩形截面长边边长；L_i 为型钢和混凝土的接触长度。

表 2.8　型钢混凝土高温后试验试件信息

序号	编号	$B \times D \times L_i$/（mm×mm×mm）	箍筋/mm	火灾曲线	N_u/kN	τ_u/MPa	S_u/mm
1	SRC1-0	200 × 260 × 430	φ8@120	—	483	1.92	0.265
2	SRC1-60	200 × 260 × 430	φ8@120	火灾曲线 1	274	1.09	8.013
3	SRC2-60	200 × 260 × 430	φ8@120	火灾曲线 1	264	1.05	7.005
4	SRC1-40	200 × 260 × 430	φ8@120	火灾曲线 2	221	0.88	6.016
5	SRC3-0	200 × 260 × 430	φ10@75	—	421	1.67	0.323
6	SRC3-60	200 × 260 × 430	φ10@75	火灾曲线 1	295	1.17	4.049
7	SRC3-40	200 × 260 × 430	φ10@75	火灾曲线 2	309	1.23	5.033
8	SRC4-40	200 × 260 × 430	φ10@75	火灾曲线 2	253	1.01	4.002

图 2.14 所示为型钢混凝土推出试件的尺寸图，内部型钢采用了焊接工字钢，纵向钢筋为 4 根直径为 12mm 的变形钢筋。为研究横向配箍率对粘结强度的影响，试件采用两类箍筋布置方式，分别为 8mm 直径箍筋和 10mm 直径箍筋，箍筋间距分别为 120mm 和 75mm。所有的型钢混凝土推出试件的总长度均为 500mm，为方便型钢推出，试件顶部和底部分别预留 60mm 和 10mm 无混凝土包裹的区域。混凝土采用高强混凝土 C60，型钢采用 Q345C，纵筋采用 HRB335，箍筋采用 HPB235。

图 2.14　试件尺寸（尺寸单位：mm）

　　试件内所用型钢焊接完成后，为获得焊接所致的初始缺陷，测量了每个型钢的截面尺寸，具体的测量位置如图 2.15（a）所示，其中 A—A 截面为顶部截面、B—B 截面为中截面、C—C 截面为底部截面。测量得到的 h_L、h_M 和 h_R 的定义如图 2.15（b）所示。测量结果表明，焊接型钢的初始缺陷主要有三类：翼板弯曲变形［图 2.15（c）］，整体变形［图 2.15（d）］和纵向梯形化变形［图 2.15（e）］。由于焊接过程中焊缝的冷却收缩，大多数型钢的翼缘会向内弯曲，大多数试件的 h_L 和 h_R 值小于 h_M 值。

图 2.15　焊接所致型钢初始缺陷

　　表 2.9 给出了每个型钢的截面尺寸偏差 Δh_L、Δh_M 和 Δh_R（实测 h_L、h_M 和 h_R 减去型钢截面名义高度 138.6mm）。

表 2.9　型钢混凝土试件初始缺陷信息

试件	Δh_L			Δh_M			Δh_R		
	A—A	B—B	C—C	A—A	B—B	C—C	A—A	B—B	C—C
SRC1-0	−0.06	0.48	2.90	0.90	—	3.78	0.32	1.00	2.68
SRC1-60	0.82	−0.06	−0.66	1.40	—	0.44	1.02	0.02	−0.16
SRC2-60	0.04	0.02	−0.80	0.94	—	0.38	0.06	−0.18	−2.60
SRC1-40	−2.44	−0.92	−0.04	−1.18	—	0.52	−2.60	−1.30	−0.28
SRC3-0	0.84	0.82	1.70	0.66	—	1.08	−1.34	−1.06	−1.18
SRC3-60	−0.24	0.32	2.24	2.42	—	−0.02	−1.52	−0.84	1.04
SRC3-40	−0.24	−0.54	1.16	−0.36	—	0.88	−2.46	−2.46	−1.50
SRC4-40	−0.02	−0.78	−0.20	1.40	—	1.40	1.46	0.72	1.98

（2）材料性能

钢材材性由标准拉伸试验确定。实测钢板和钢筋的弹性模量（E_s）、屈服强度（f_y）和极限强度（f_u）如表 2.10 所示。型钢混凝土推出试件中所用混凝土配合比为水泥：545kg/m³；水：180kg/m³；砂：852kg/m³；粗骨料（钙质）：923kg/m³；减水剂：8kg/m³。试件在自然条件下养护，混凝土 28 天立方体抗压强度 f_{cu} 为 68MPa；试验时立方体抗压强度 f_{cu} 为 71MPa；弹性模量 E_c 为 $3.72 \times 10^4 \text{N/mm}^2$。

表 2.10　钢材力学性能指标

钢材类型	厚度或直径 /mm	$E_s/(\times 10^5 \text{N/mm}^2)$	f_y/MPa	f_u/MPa
钢板	9.3	1.88	381	535
钢板	5.7	1.94	330	477
纵向钢筋	12	1.91	367	516
箍筋	10	1.89	261	376
箍筋	8	1.82	260	434

（3）试验方法

在中国建筑科学研究院建筑安全与环境国家重点实验室的燃气火灾试验炉中进行升温试验。试件自然冷却至常温后进行推出试验，图 2.16 所示为推出试验所用装置。试件上部型钢受轴向荷载 N，试件下部设置刚性垫板，刚性垫板由两部分组成，内部预留工字形开孔，以方便推出试验过程中型钢可以从混凝土内推出。推出试验过程中采

图 2.16　试验装置（尺寸单位：mm）

图 2.17　试验采用的火灾曲线

用位移控制，加载速率为 1mm/min。对于常温下试件，直接进行推出试验。

对于高温后试件，首先将试件放入燃气火灾试验炉中进行升温。升温时试件四面受火，试件顶部裸露的型钢采用石棉包裹隔热，达到预定的升温时间后进行降温，冷却至常温后再进行推出试验。推出试验过程中，分别采用两个位移计测量加载端和刚性垫板端型钢和混凝土的相对滑移。

试验时采用的火灾曲线 1 和 2 为按某实火灾工况中型钢混凝土柱温度变化选取的典型实际火灾曲线，该类曲线包括升、降温阶段，具体温度（T）- 受火时间（t）关系曲线如图 2.17 所示。

火灾曲线 1 升温时间为 60min，初始升温速率为 43℃ /min；火灾曲线 2 升温时间为 40min，初始升温速率为 57℃ /min。降温阶段，采用火灾曲线 1 的试件保持在封闭的炉膛内，而采用火灾曲线 2 的试件的炉膛门被打开，因此火灾曲线 2 的降温速率明显高于火灾曲线 1。

高温后试件的混凝土爆裂较明显，部分试件的箍筋混凝土保护层发生了脱落，混凝土部分的破坏可能导致推出试验过程中形成偏心受力或者外包混凝土提前破坏。因此，在高温后推出试验前对受火试件外表面进行清理，小心凿除松散的混凝土层，然后在清除干净的混凝土表面涂抹界面粘结剂，以增强受火后的混凝土表面与高强聚合物砂浆之间的粘结。在混凝土破坏脱落的位置用高强聚合物砂浆进行修补，然后待聚合物砂浆达到一定强度而且干燥之后，在自由端混凝土的端部和中间位置用 50mm 宽的碳纤维布粘结包裹，防止受火后的混凝土端部因受压而开裂破碎或者聚合物砂浆与受火后的混凝土界面产生开裂脱离。

2.4.2　试验结果及分析

（1）实测温度（T）- 受火时间（t）关系

图 2.18 所示为实测的测温点温度（T）- 受火时间（t）关系。从图中可以看出，箍筋的布置方式对试件温度发展的影响不明显。比较升、降温过程中测温点的最高温度可以发现，试件 SRC3-60 和 SRC3-40 在测温点 2 的最高温度明显高于其他试件，这主要是由于这两个试件在受火过程中发生了明显的混凝土爆裂，从而导致位于箍筋上的测温点 2 温度明显升高。火灾曲线相同时，各试件在型钢腹板上的测温点 1 温度差异较小。

从图 2.18 中还可以看出，由于混凝土的导热系数较低，升温过程中内部测温点温度延迟较为明显。如图 2.18 所示，对于火灾曲线 1 和火灾曲线 2，测温点 1 的历史最高温度分别发生在 $t=150$min 和 $t=120$min 的时刻（此时火灾温度曲线处于降温阶段），对应的历史最高温度分别为 430℃ 和 370℃，而火灾升温结束时刻对应的温度分

（a）火灾曲线1　　　　　　　　　（b）火灾曲线2

图 2.18　实测温度（T）- 受火时间（t）关系曲线

别为 180℃和 130℃。因此，在研究高温后型钢混凝土中型钢和混凝土界面性能时，应该以达到的历史最高温度为依据，而不是简单根据升温时间来展开研究。

（2）破坏形态

所有试件呈现出类似的破坏形态，以试件 SRC1-0 为例，图 2.19（a）和（b）给出了试件上端和下端的破坏情况。从图中可见试件上部加载端混凝土出现明显的裂缝，而下部自由端混凝土没有明显的裂缝产生，这主要是由于下端混凝土受到刚性垫板的摩擦约束作用的影响。

（a）加载端　　　　　　　　　（b）固定端

（c）焊接型钢滑移　　　　　　（d）热轧型钢滑移

图 2.19　型钢混凝土推出试件（SRC1-0）的破坏形态

如图 2.19（a）所示，试件上端的混凝土裂缝从型钢翼缘端部延伸到纵向钢筋处或混凝土外表面，这可能是由于以下原因造成的：①泊松效应导致内部型钢在轴压荷载下发生的侧向膨胀；②型钢的初始缺陷也会造成混凝土的开裂。从图 2.19（c）可以看出，由于焊接型钢表面较为粗糙，推出试验后一些混凝土碎块会残留在型钢腹板和翼缘的焊接处，这在一定程度上增加了型钢和混凝土之间的相互咬合作用。当采用热轧型钢时，如图 2.19（d）所示，推出试验后混凝土保持了较好的整体性。

（3）粘结应力（τ）－相对滑移（S）关系

通过试验获得各个试件的粘结应力（τ）－相对滑移（S）关系，这里的粘结应力通过推出荷载除以型钢和混凝土的接触面积获得，相对滑移为测得的试件上端和下端的相对滑移平均值。试验结果表明：常温下的 τ-S 关系曲线可分为两类，如图 2.20（a）所示。两类曲线均可分为四个阶段：①初始非滑移阶段（OA 阶段）；②滑移阶段（AB 阶段）；③峰值后阶段（BC 和 BC' 阶段）；④残余阶段（CD 和 C'D' 阶段）。

图 2.20　典型粘结应力（τ）－相对滑移（S）关系曲线

在初始非滑移阶段（OA 阶段），型钢和混凝土界面之间没有发生明显的滑移，施加在型钢上的轴向荷载主要通过粘结作用来传递给混凝土，这一阶段的粘结强度和相对滑移关系接近与线性关系。达到 A 点后，型钢和混凝土之间的界面滑移加速发展，达到粘结强度（τ_u）时，试件混凝土裂缝开始形成。如果型钢的几何初始缺陷不明显，如热轧型钢，τ-S 关系曲线将迅速降低，到达 C 点，此时的相对滑移通常接近 10mm。如型钢初始缺陷影响明显，τ-S 关系曲线将按照 BC' 线形发展。由此可见，峰值点后阶段的粘结性能受型钢和混凝土界面的接触摩阻和机械咬合力影响明显。进入残余阶段后，粘结应力会保持不变（CD 阶段）或者开始增加（C'D' 阶段），这主要是受到型钢表面情况和型钢初始缺陷的影响。

总的来说，曲线 1 和曲线 2 的区别主要在于峰值点后的曲线发展趋势，采用焊接型钢的型钢混凝土试件的常温下 τ-S 关系曲线通常接近曲线 1，而采用热轧型钢的型钢混凝土试件通常接近曲线 2。

如图 2.20（b）所示，型钢混凝土推出试件的高温后 τ-S 关系曲线也可分为两类（曲线 3 和曲线 4）。采用焊接型钢的型钢混凝土推出试件在达到粘结强度（τ_u）后通常没有明显的下降段（BD' 阶段），而采用热轧型钢的型钢混凝土推出试件存在明显的软化阶段（BCD 阶段）。与未受火试件相比，高温后试件的 τ-S 关系曲线的初始刚度和粘结强度会明显降低，而对应的相对滑移（S_u）增加。

表 2.4 和表 2.5 给出了试验获得的最大推出荷载（N_u）、粘结强度（τ_u）和对应 τ_u 的相对滑移（S_u）。需要指出的是，大多数的高温后推出试件的 τ-S 关系曲线表现为图 2.20（b）所示的曲线 3 没有明显的下降段，其高温后的粘结强度（τ_u）定义为当 τ-S 曲线的切线刚度小于 1% 的初始切线刚度时对应的粘结应力。

（4）不同参数影响分析

1）火灾曲线。

图 2.21（a）给出了火灾曲线对型钢混凝土试件 τ-S 关系曲线的影响。可以看出，受火试件和未受火试件的 τ-S 关系曲线线形明显不同。未受火的 τ-S 曲线的初始刚度明显高于受火试件，这是由于高温后型钢和混凝土的弹性模量降低。另外，未受火试件的 τ-S 曲线在达到粘结强度后会有一个陡降阶段，而高温后试件没有这种情况发生。高温后试件的 S_u 值较未受火试件明显增加，通常是未受火试件的 12~30 倍。高温对 τ_u 值影响明显，τ_u 的折减系数达到 26.5%~54.2%。

（a）火灾曲线　　　　　　　　（b）箍筋配置方式

图 2.21　火灾曲线和箍筋配置方式对 τ-S 关系曲线的影响

通过比较采用火灾曲线 1 和 2 的高温后型钢混凝土试件可以发现，采用火灾曲线 1 时的粘结强度会有所恢复，其粘结强度增加量大约是采用火灾曲线 2 时的型钢混凝土试件的 16%~24%，这主要是由于火灾曲线 2 历史最高温度较高的影响。

2）箍筋配置方式。

图 2.21（b）给出了箍筋配置方式对型钢混凝土试件 τ-S 关系曲线的影响。以往研究表明通过配置箍筋，型钢和混凝土界面的峰值点后粘结性能有所改善，但对粘结强度影响不明显（Tao 和 Yu，2012）。试验结果表明未受火试件 SRC1-0 的粘结强度是 1.920MPa，而提高配箍率后，试件 SRC3-0 的粘结强度到达 1.674MPa。对于受火试件，试验结果表明箍筋配置方式对 τ-S 关系曲线的峰值点后粘结滑移性能和粘结强度影响都较为明显。当提高配箍率后，采用火灾曲线 1 和 2 的试件的粘结强度分别提高了 27.1% 和 9.7%。

3）型钢类型。

为了比较型钢类型的影响，图 2.22 给出了采用热轧型钢的型钢混凝土试件 τ-S 关系曲线（Tao 和 Yu，2012）与本节所获得的采用焊接型钢的型钢混凝土试件 τ-S 关系曲线比较。在常温下，型钢类型对粘结强度影响不明显，但对 τ-S 关系曲线的线形影响明显。

如图 2.22（a）所示，采用焊接型钢的型钢混凝土试件 τ-S 曲线没有明显下降段，但采用热轧型钢时具有明显的下降段。这主要是由于焊接型钢的表面粗糙且几何初始缺陷明显，如图 2.22（b）所示，型钢类型对高温后试件的影响规律与常温下试件类似。

(a) 常温试验　　　　　　　　　　(b) 高温后试验

图 2.22　型钢类型对 τ-S 关系曲线的影响

（5）反向推回粘结应力（τ）- 相对滑移（S）关系曲线

在滞回荷载或地震作用下，型钢和混凝土之间可能会发生往复的反向滑移。图 2.23 给出了正向推出和反向推回时的 τ-S 关系曲线比较。对于试件 SRC1-0，正向推出和反向推回获得的粘结强度较为接近，这可能是由于 SRC1-0 的初始缺陷所造成的，而其他试件在反向推回时得到的粘结强度通常会低于正向推出时获得的值，折减系数可高达 60%。

(a) 常温试验　　　　　　　　　　(b) 高温后试验

图 2.23　正向推出和反向推回时的 τ-S 关系曲线比较

2.4.3　小结

在本节所进行的试验参数范围内可知，对于型钢混凝土，其内部型钢的历史最高温度远高于火灾升温结束时刻温度，因此在研究高温后型钢混凝土中型钢 - 混凝土界面的粘结性能和确定粘结强度时应考虑型钢历史最高温度的影响；与常温情况相比，高温后型钢混凝土的粘结强度会有所降低，折减系数可高达 54.2%，而对应的相对滑移会从大约 0.3mm 增加到 4mm；由于焊接型钢的初始几何缺陷明显且表面较粗糙，采用焊接型钢的型钢混凝土的高温后粘结强度与采用热轧型钢的型钢混凝土相比会有所提高，且测得的 τ-S 关系曲线无明显下降段，而采用热轧型钢的型钢混凝土的 τ-S 关系曲线存在突然的下降段。

2.5　本 章 结 论

本章论述了高温下和高温后钢管混凝土中钢管 - 核心混凝土界面、高温后型钢混凝土中型钢 - 混凝土界面粘结性能的研究成果。研究结果表明，高温后型钢和混凝土界面的粘结强度较常温下会有明显降低；而高温后钢管混凝土界面的粘结强度会随着受火时间的增加而变化，受火时间为 90min 时粘结强度会降低，而受火时间为 180min 时粘结强度有所恢复。高温下钢管和混凝土界面的粘结强度呈现出降低的趋势。通过试验，给出了钢 - 混凝土组合结构中钢 - 混凝土界面粘结强度定量化的变化规律。

本章进行的系列试验研究为进一步深入研究钢 - 混凝土组合结构中钢 - 混凝土界面的粘接性能创造了条件。

参 考 文 献

ISO-834，1975. Fire resistance tests-elements of building construction ［S］. International Standard ISO 834，Geneva.

JASPARTJP，1991. Study of the semi-rigidity of beam-to-column joints and its influence on the resistance and stability of steel buildings ［D］. Geneva: Liège University.

ROEDER C W，CAMERON B，BROWN C B，1999. Composite action in concrete filled tubes ［J］. Journal of Structural Engineering，ASCE，125（5）：477-484.

SONG T Y，TAO Z，HAN L H，et al.，2017. Bond behavior of concrete-filled steel tubes at elevated temperatures ［J］. Journal of Structural Engineering，ASCE，143：04017147.

TAO Z，HAN L H，UY B，et al.，2011. Post-fire bond between the steel tube and concretein concrete-filled steel tubular columns ［J］. Journal of Constructional Steel Research，67（3）：484-496.

TAO Z，SONG TY，UY B，et al.，2016. Bond behaviour in concrete-filled steel tubes ［J］. Journal of Constructional Steel Research，120：81-93.

TAO Z，YU Q，2012. Residual bond strength in steel reinforced concrete columns after fire exposure ［J］. Fire Safety Journal，53：19-27.

WANG W H，HAN L H，TAN Q H，et al.，2017. Tests on the steel–concrete bond strength in steel reinforced concrete（SRC）columns after fire exposure ［J］. Fire Technology，53：917-945.

第 3 章　型钢混凝土构件的耐火性能

3.1　引　　言

型钢混凝土（SRC）在多、高层建筑结构中应用的增多，因此，研究其合理的抗火设计方法非常重要。由 1.2.2 节的论述可知，以往的研究者们已在型钢混凝土构件耐火性能研究方面取得了一些成果，这为进一步研究该类结构的抗火设计原理创造了条件。

本章建立了截面如图 1.6（a，1）和（a，2）所示的型钢混凝土构件在图 1.13 所示的 ABB′ 升温曲线作用下的耐火性能数值分析模型，并进行了必要的试验验证。采用数值模型分析了不同参数对型钢混凝土构件耐火极限的影响规律，提出了型钢混凝土构件的耐火极限实用计算方法。

3.2　数值计算模型

火灾下型钢混凝土结构的数值计算包括结构温度场和结构受力机理分析。本节分别建立了基于纤维模型法和有限元法的数值计算模型，以分析型钢混凝土构件的耐火性能。纤维模型法计算简便实用，而有限元法则更便于细致分析力和火灾共同作用下型钢与混凝土之间的相互作用。

3.2.1　纤维模型法

这里论述的"纤维模型法"实际上是一种简化的数值分析方法，采用该方法进行力和火灾共同作用下型钢混凝土构件的变形计算时，假设截面上任何一点的纵向应力只取决于该点的纵向纤维应变。合理确定组成型钢混凝土的钢材和混凝土的热 - 力本构关系模型，是采用该方法进行分析计算的关键。

（1）材料的热力学模型

1）钢材。

钢材在温度和应力共同作用下的总应变（ε_s）由三部分组成，即应力作用产生的应变（$\varepsilon_{s\sigma}$）、热膨胀应变（ε_{sth}）和高温瞬时蠕变（ε_{scr}），表达式为

$$\varepsilon_s = \varepsilon_{s\sigma} + \varepsilon_{sth} + \varepsilon_{scr} \qquad (3.1)$$

① 钢材应力 - 应变关系。常温阶段钢材的应力 - 应变关系模型可分为两类：一类为有明显屈服平台的模型，如二次塑流模型；另一类为无明显屈服平台的模型，如双折线模型（韩林海，2007；韩林海，2016）、Ramberg-Qsgood 模型（过镇海和时旭东，2003）等。高温下钢材的应力 - 应变模型中大多包含了温度为常温时的情况，多为无

明显屈服平台的形式（李国强和韩林海等，2006）。在结构高温计算时，对常温和升温阶段选用统一的应力-应变关系模型，将使不同阶段的材性过渡更为平稳，且易于收敛。

升温阶段钢材的应力-应变模型有多种，如 Ramberg-Osgood 模型、Rubert-Schaumann 模型、Poh 模型、ASCE 模型、Eurocode3 模型等。Lie 和 Denham（1993）给出的钢材高温下应力-应变模型已在钢筋混凝土构件（Lie 和 Denham，1993；Lie 和 Irwin，1990）和钢管混凝土构件（韩林海，2007；韩林海，2016）耐火性能的研究中得到应用和验证。该模型的数学表达式为

$$\sigma_s = \begin{cases} \dfrac{f(T,0.001)}{0.001}\varepsilon_{s\sigma} & \varepsilon_{s\sigma} \leqslant \varepsilon_p \\ \dfrac{f(T,0.001)}{0.001}\varepsilon_p + f\left[T,(\varepsilon_{s\sigma}-\varepsilon_p+0.001)\right] - f(T,0.001) & \varepsilon_{s\sigma} > \varepsilon_p \end{cases} \quad (3.2)$$

式中：$\varepsilon_p = 4 \times 10^{-6} f_y$；$f(T,0.001) = (50-0.04T) \times \{1-\exp[(-30+0.03T)\sqrt{0.001}]\} \times 6.9$ [式中，T 为钢材的温度（℃）]；$f[T,(\varepsilon_{s\sigma}-\varepsilon_p+0.001)] = (50-0.04T) \times \{1-\exp[(-30+0.03T)\sqrt{\varepsilon_{s\sigma}-\varepsilon_p+0.001}]\} \times 6.9$。

钢材在多轴应力状态下的弹塑性增量理论需要满足屈服准则、流动法则和硬化法则等条件。建模时钢材采用等向弹塑性模型，满足 Von Mises 屈服准则，采用相关流动法则和用于单调荷载作用下的等向强化法则。

② 钢材热膨胀。已有文献给出了钢材的热膨胀系数表达式，如 ECCS（1988）、Lie 和 Denham（1993）、Eurocode 3（2005）等。韩林海（2007）在对火灾作用下钢管混凝土柱的力学性能进行研究时，采用了 Lie 和 Denham（1993）给出的钢材热膨胀系数模型，取得了较好的计算效果，该模型的数学表达式为

$$\varepsilon_{sth} = \begin{cases} (0.004T+12) \, T \times 10^{-6} & T < 1000℃ \\ 16T \times 10^{-6} & T \geqslant 1000℃ \end{cases} \quad (3.3)$$

式中：T 为钢材的温度（℃）。

③ 钢材高温蠕变。在对结构的抗火性能进行分析时，一些学者考虑了钢材高温蠕变的影响，如 Skowroński（1993）、Zeng 等（2003）、Huang 和 Tan（2004）、Huang 等（2006）分析钢柱的耐火性能时考虑了钢材高温蠕变的影响；Bratina 等（2007）、Kodur 和 Dwaikat（2008）建立了考虑钢筋高温蠕变的钢筋混凝土梁数值分析模型；Tan 等（2002）建立了计算钢框架耐火性能的有限元模型，模型中考虑了钢材高温蠕变的影响。Bratina 等（2007）分析了钢材高温蠕变对火灾下钢筋混凝土梁耐火性能的影响，研究发现考虑钢材高温蠕变后，钢筋混凝土梁的跨中挠度-受火时间关系曲线更接近试验值。Kodur 等（2010）在综述了已有钢材高温模型的基础上，对结构分析中钢材高温蠕变的影响进行了分析，发现钢材高温蠕变对钢结构耐火性能有明显影响。

Skowroński（1993）给出了基于试验结果回归分析获得的钢材高温蠕变模型，本节在建立型钢混凝土构件火灾下的纤维模型时，采用该钢材高温蠕变模型来考虑钢材高温蠕变的影响，其表达式为

$$\varepsilon_{scr} = \mathrm{sgn}(S) \cdot |S|^m \cdot \psi\left[\exp\left(-\frac{Q}{RT}\right), t\right] \tag{3.4}$$

式中：$\psi\left[\exp\left(-\dfrac{Q}{RT}\right), t\right] = B \cdot \theta^{\frac{1}{3}}$，$\theta = \int_0^t \exp(-Q/RT)\,\mathrm{d}t$（采用与我国 Q235 相近的美国 ASTM‑A36 结构钢时，$B = 1.0534 \times 10^{-5}$）；$m = 4.1833$；$S$ 为应力（MPa）；$Q/R = 38\,900\mathrm{K}$；T 为钢材的绝对温度（摄氏温度＋273.15，K）；t 为时间（h）。

2）混凝土。

型钢混凝土构件在受力过程中，其截面上的混凝土根据受约束与否及受约束的程度可大致分为三个区域（Chen 和 Lin，2006），即无约束区（Ⅰ）、弱约束区（Ⅱ）和约束区（Ⅲ）。Ellobody 和 Young（2010）在建立数值模型时，采用了图 3.1 所示的分区方式，其中，Ⅰ区的混凝土不受约束；Ⅱ区的混凝土受到箍筋的约束；Ⅲ区的混凝土同时受到箍筋和型钢的约束。

(a) H 形型钢　　　　　　(b) I 形型钢　　　　　　(c) 十字形型钢

图 3.1　型钢混凝土柱混凝土截面划分简图

混凝土在温度和外力共同作用下的总应变（ε_c）总体上由四部分组成，即应力作用产生的应变（$\varepsilon_{c\sigma}$）、热膨胀应变（ε_{cth}）、高温徐变（ε_{ccr}）和瞬态热应变（ε_{ctr}），ε_c 可表示为

$$\varepsilon_c = \varepsilon_{c\sigma} + \varepsilon_{cth} + \varepsilon_{ccr} + \varepsilon_{ctr} \tag{3.5}$$

下面论述式（3.5）右侧各项的确定方法。

① 无约束区混凝土应力‑应变关系。采用 Lie 和 Denham（1993）给出的高温下混凝土受压应力‑应变关系模型，表达式为

$$\sigma_c = \begin{cases} f_c'(T)\left[1 - \left(\dfrac{\varepsilon_{max} - \varepsilon_{c\sigma}}{\varepsilon_{max}}\right)^2\right] & \varepsilon_{c\sigma} \leqslant \varepsilon_{max}(T) \\[3mm] f_c'(T)\left[1 - \left(\dfrac{\varepsilon_{c\sigma} - \varepsilon_{max}}{3\varepsilon_{max}}\right)^2\right] & \varepsilon_{c\sigma} > \varepsilon_{max}(T) \end{cases} \tag{3.6}$$

式中：$\varepsilon_{max}(T) = 0.0025 + (6T + 0.04T^2) \times 10^{-6}$；

$$f_c'(T) = \begin{cases} f_c' & 0°C < T < 450°C \\ f_c'\left[2.011 - 2.353\left(\dfrac{T-20}{1000}\right)\right] & 450°C \leqslant T \leqslant 874°C \\ 0 & T > 874°C \end{cases};$$

σ_c 和 $\varepsilon_{c\sigma}$ 为混凝土应力和应变；$\varepsilon_{max}(T)$ 为峰值应力对应的应变值；$f_c'(T)$ 为温度 T 时混凝土圆柱体强度；f_c' 为常温下混凝土圆柱体强度。

② 约束区混凝土应力 - 应变关系。对于图 3.1 中的部分约束区混凝土（Ⅱ）和高约束区混凝土（Ⅲ）采用 Chen 和 Lin（2006）给出的混凝土应力 - 应变关系模型，具体公式为

$$\sigma_c = \frac{f_{cc}' \, xr}{r - 1 + x^r} \tag{3.7}$$

式中

$$x = \frac{\varepsilon_c}{\varepsilon_{cc}}; \quad r = \frac{E_c}{E_c - E_{sec}}; \quad \left(E_{sec} = \frac{f_{cc}'}{\varepsilon_{cc}}\right)$$

式中：ε_{cc} 为约束区混凝土的峰值应变，$\varepsilon_{cc} = \varepsilon_{co}[1 + 5(f_{cc}'/f_{co}' - 1)]$ [ε_{co} 为无约束区混凝土的峰值应变，$\varepsilon_{co} = \varepsilon_{max}(T)$；$f_{co}'$ 为无约束区混凝土的峰值应力，$f_{co}' = f_c'(T)$]；

f_{cc}' 为约束区混凝土的峰值应力，$f_{cc}' = kf_{co}'$，其中 k 为表征混凝土约束程度的系数，$k \geqslant 1$，与型钢类型、箍筋间距和约束区域有关，按照表 3.1 确定。

表 3.1　系数 k 取值

区域	箍筋间距 /mm	H 形型钢	I 形型钢	十字形型钢
Ⅱ区混凝土	35	1.50	—	1.48
	75	1.22	1.24	1.20
	140	1.08	1.09	1.08
Ⅲ区混凝土	35	1.50	—	1.97
	75	1.24	1.24	1.90
	140	1.23	1.10	1.87

E_c 为无约束区混凝土的切线模量，取应力 - 应变曲线过原点切线的斜率。

③ 混凝土热膨胀。高温下混凝土的热膨胀较为复杂，经过与试验数据的对比验算，采用了 Lie 和 Denham（1993）给出的混凝土热膨胀应变（ε_{cth}）模型，表达式为

$$\varepsilon_{cth} = (0.008T + 6) \, T \times 10^{-6} \tag{3.8}$$

式中：T 为混凝土温度（℃）。

④ 混凝土高温徐变。过镇海和时旭东（2003）的研究结果表明，混凝土的短期徐变随温度、应力持续时间（t）的变化大致与 $\sqrt{t/t_0}$ 成正比关系，由此得到混凝土短期高温徐变（ε_{ccr}）的计算式为

$$\varepsilon_{ccr} = \frac{\sigma_c}{f_{cT}} \sqrt{\frac{t}{t_0}} \left(e^{\frac{6T}{1000}} - 1\right) \times 60 \times 10^{-6} \qquad \frac{\sigma_c}{f_{cT}} \leqslant 0.6 \tag{3.9}$$

式中：$f_{cT}=\dfrac{f_c}{1+18(T/1000)^{5.1}}$［其中 f_c 为常温下混凝土棱柱体抗压强度（MPa）；T 为混凝土温度（℃）］；t_0 为确定短期高温徐变度参数所取的持续时间，取 2h。

本节在建立型钢混凝土构件的纤维模型时，通过式（3.9）考虑混凝土高温徐变的影响。

⑤ 混凝土瞬态热应变。混凝土瞬态热应变（ε_{ctr}）是指在恒定压应力下，混凝土由于温度升高而产生的温度压缩应变，该应变只出现于升温初期。在用纤维模型法进行计算时，可通过选取适当的混凝土瞬态热应变模型，并将其产生的应变计入总应变中，即可考虑混凝土瞬态热应变的影响。

（2）耐火极限计算

1）温度场计算。

温度场计算是结构耐火极限计算的基础。采用 ABAQUS 软件平台，建立了火灾下组合结构的温度场分析模型。

火灾下外界环境通过热对流和热辐射与结构进行热量交换。升温过程中，结构外界温度高于其表面温度，热量从结构外界向结构表面传递，结构内部热量通过热传导从温度较高区域向温度较低区域传递。升温前，近似认为结构温度 T 和其外界温度 T_0 相等，没有热量转移。受火过程中，结构外界通过热辐射和热对流与结构表面进行热量交换，火灾温度按照式（1.1a）所示的升温曲线或实测温度曲线变化。

计算温度场时，材料热工参数根据 Lie and Denham（1993）给出的公式确定，钙质和硅质混凝土采用不同的热工参数，并考虑了混凝土中水分的影响。忽略钢材和混凝土之间的接触热阻，假设完全传热。钢管或型钢与混凝土之间采用面面约束，钢筋与混凝土之间采用点面约束，使得不同材料在几何位置相同的单元节点处具有同样的温度。混凝土采用八节点三维实体单元，型钢采用四节点壳单元，纵筋和箍筋采用二节点杆单元。

算例分析结果表明，有限元模型计算获得的型钢混凝土截面上温度（T）‑受火时间（t）关系与实测结果总体吻合良好。图3.2 给出一组对比结果，方形型钢混凝土柱外截面尺寸为 300mm，柱四面受火，按照式（1.1）所示的 ISO-834（1975）升温阶段曲线进行升温，升温时间 160min（ECCS，1988）。从图3.2 可见，升温初期测温点的升温速率随着距构件表面距离的增加而逐渐降低，温度场计算模型得到试验数据的验证。

2）耐火极限计算模型。

在得到了火灾下构件截面上温度场的分布，以及确定了钢材和混凝土在高温下应力‑应变关系模型的基础上，本节进行型钢混凝土构件耐火极限的计算。

图3.3（a）和（b）所示分别为简支型

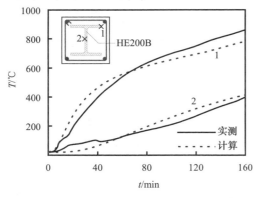

图 3.2　型钢混凝土温度（T）‑受火时间（t）
关系曲线

钢混凝土偏心受压和受弯构件变形示意图，图中 e_0 为柱端荷载初始偏心、L 为柱或梁长度、u_m 为中截面挠度、N_F 为柱轴向荷载、M_F 为梁端弯矩。

(a) 偏心受压构件　　　　　　(b) 纯弯构件

图 3.3　型钢混凝土构件变形示意图

建立模型时，采用如下基本假设。

① 高温下钢材的应力 - 应变关系按式（3.2）确定，其受压区混凝土应力 - 应变关系按无约束区、弱约束区和约束区分别确定（如图 3.1 所示），且忽略混凝土对抗拉的贡献；钢材和混凝土在高温下的蠕变和徐变分别按式（3.4）和式（3.9）确定。

② 构件截面在变形过程中始终保持为平面。

③ 钢材和混凝土之间无相对滑移。

④ 构件两端为铰接，挠曲线为正弦半波曲线。

以 H 形型钢混凝土截面为例，图 3.4 所示为混凝土和钢材单元划分示意图，其中 y_i 为所计算单元的形心坐标，ε_0 为截面形心处应变，ε_i 为所计算单元的总应变。计算时，假设每个单元内的温度均匀分布。

钢筋单元　　型钢单元　　混凝土单元

图 3.4　型钢混凝土截面单元划分及应变分布示意图

由假设④可得构件中截面的曲率 ϕ 为

$$\phi = \frac{\pi^2}{L^2} u_m \tag{3.10}$$

由平截面假定及式（3.1）和式（3.5），截面上钢和混凝土单元在应力作用下的应变 $\varepsilon_{s\sigma}$、$\varepsilon_{c\sigma}$ 分别为

$$\varepsilon_{s\sigma}=\phi y_i+\varepsilon_o-\varepsilon_{sth}-\varepsilon_{scr} \tag{3.11a}$$

$$\varepsilon_{c\sigma}=\phi y_i+\varepsilon_o-\varepsilon_{cth}-\varepsilon_{ccr} \tag{3.11b}$$

根据应变 $\varepsilon_{s\sigma}$、$\varepsilon_{c\sigma}$，即可确定对应的型钢应力 σ_{sli}、钢筋应力 σ_{sbli} 和混凝土应力 σ_{ci}，从而可得截面内弯矩 M_{in} 和内轴力 N_{in} 分别为

$$M_{in}=\sum_i\left(\sigma_{sli}y_iA_{si}+\sigma_{sbli}y_iA_{sbi}+\sigma_{ci}y_iA_{ci}\right) \tag{3.12a}$$

$$N_{in}=\sum_i\left(\sigma_{sli}A_{si}+\sigma_{sbli}A_{sbi}+\sigma_{ci}A_{ci}\right) \tag{3.12b}$$

式中：A_{si}、A_{sbi} 和 A_{ci} 分别为型钢单元面积、钢筋单元面积和混凝土单元面积。

火灾下，具有初始缺陷 u_o 和荷载偏心距 e_o 的型钢混凝土构件［如图 3.3（a）所示］的荷载 - 变形关系及其耐火极限的计算步骤如下：①计算截面参数，进行截面单元划分，确定构件横截面的温度场分布；②给定中截面挠度 u_m，由式（3.10）计算得到中截面曲率 ϕ，并假设截面形心处应变 ε_o；③由式（3.11）计算单元形心处应力作用下的应变 $\varepsilon_{s\sigma}$、$\varepsilon_{c\sigma}$，计算型钢（钢管）应力 σ_{sli}、钢筋应力 σ_{sbli} 和混凝土应力 σ_{ci}；④由式（3.12）计算内弯矩 M_{in} 和内轴力 N_{in}；⑤判断是否满足 $M_{in}/N_{in}=e_o+u_o+u_m$ 的条件，如果不满足，则调整截面形心处的应变 ε_o 并重复步骤③～④，直至满足；⑥判断是否满足 $N=N_{max}(t)$ 的条件，$N_{max}(t)$ 为 t 时刻温度场情况下，型钢混凝土构件荷载 - 变形关系曲线上峰值点对应的轴力，如果不满足，则给定下一时刻的截面温度场，并重复步骤③～⑤，直至满足，则此时刻 t 即为构件的耐火极限。

对于轴心受压柱，e_o 等于零，对于型钢混凝土柱，根据《型钢混凝土组合结构技术规程》（JGJ 138—2001）（2002），初始缺陷可取杆件附加偏心距 e_a（其值取 20mm 和偏心方向截面尺寸的 1/30 两者中的较大值）进行计算。

（3）试验验证

采用上述纤维模型法，对型钢混凝土柱耐火极限实测结果（Hass，1986）进行了验算。试验参数范围：构件截面尺寸 186～391mm；柱高度 3.68～5.71mm；混凝土抗压强度 35～67MPa：型钢屈服强度 229～459MPa；荷载偏心距 0～155mm。试件两端的边界条件为铰支或固结。

图 3.5 所示为型钢混凝土柱耐火极限实测结果与计算结果的对比情况，数值计算的耐火极限与试验值二者比值的平均值为 0.955，均方差为 0.199，可见二者总体上较为吻合。

纤维模型法计算结果与高温下钢筋混凝土梁的试验结果也吻合较好。图 3.6 给出了高温下跨中挠度（u_m）-受火时间（t）关系的比较结果。图中 D 为梁截面长边边长，B 为梁截面短边边长，c 为混凝土保护层厚度，L 为梁长度，f_{yb} 为纵向钢筋屈服强度，f_{cu} 为混凝土立方体强度，P 为作用在梁上的荷载，T_{max} 为外界空气升降温过程中的最高温度。

(a) 全包裹的型钢混凝土　　　　　　(b) 部分包裹的型钢混凝土

图 3.5　耐火极限实测结果和数值计算结果对比

(a) 试件 6JC1　　　　　　　　　　(b) 试件 1JC2

$(D×B=210×150\mathrm{mm};\ c=20\mathrm{mm};\ L=2000\mathrm{mm};$　　　$(D×B=204×158\mathrm{mm};\ c=20\mathrm{mm};\ L=2000\mathrm{mm};$

$f_{\mathrm{cu}}=33.5\mathrm{MPa};\ P=20\mathrm{kN};\ T_{\mathrm{max}}=900℃)$　　　$f_{\mathrm{cu}}=33.5\mathrm{MPa};\ P=20\mathrm{kN};\ T_{\mathrm{max}}=900℃)$

(陆洲导，1989)　　　　　　　　　(陆洲导，1989)

图 3.6　钢筋混凝土梁挠度（u_{m}）- 受火时间（t）关系曲线比较

（4）火灾下构件的承载能力计算

采用数值模型，可对火灾下型钢混凝土压弯构件的承载能力变化规律进行计算和分析。

图 3.7 所示为型钢混凝土轴心受压柱在 ISO-834（1975）标准升温火灾作用下不同升温时刻时的轴力（N）- 挠度（u_{m}）关系。图 3.8 所示为构件轴力（N）- 弯矩（M）关系。图中算例的基本计算条件是：$D×B×L=600\mathrm{mm}×400\mathrm{mm}×6928\mathrm{mm}$；工字形钢截面为：$340\mathrm{mm}×250\mathrm{mm}×9\mathrm{mm}×14\mathrm{mm}$，屈服强度 $f_{\mathrm{y}}=345\mathrm{MPa}$；钢筋屈服强度 $f_{\mathrm{yb}}=335\mathrm{MPa}$；混凝土抗压强度 $f_{\mathrm{cu}}=60\mathrm{MPa}$；配筋率 $\rho_{\mathrm{c}}=2\%$；钢筋的混凝土保护层厚度 $c=30\mathrm{mm}$。

由图 3.7 和图 3.8 可见，随着火灾持续时间的增加，型钢混凝土构件的极限承载能力不断降低，而极限荷载对应的跨中挠度则有不断增加的趋势，这与钢管混凝土构件呈现的规律类似（韩林海，2007；韩林海，2016）。

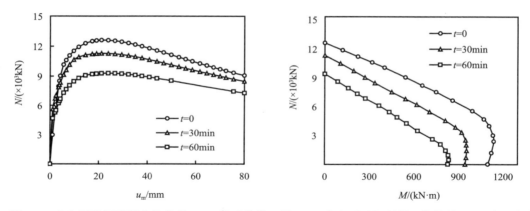

图 3.7　火灾下型钢混凝土构件的 N-u_{m} 关系曲线　图 3.8　火灾下型钢混凝土构件的 N-M 关系曲线

　　计算分析结果表明，高温徐变对型钢混凝土柱荷载 - 变形关系曲线的影响较小，考虑高温徐变影响的极限承载力比不考虑时略有降低，且随受火时间的延长轴力 - 挠度曲线的偏差略有增加；对于型钢混凝土梁，考虑高温徐变影响的构件变形发展稍快，但总体上看，考虑和不考虑高温徐变影响的跨中挠度 - 时间关系曲线非常接近，耐火极限也相差不大，例如荷载比为 0.6 的型钢混凝土梁，考虑和不考虑高温徐变影响的耐火极限相差不超过 1.5%。

3.2.2　有限元法

　　基于 ABAQUS 软件平台，建立了火灾下型钢混凝土构件力学性能分析的有限元模型。与纤维模型法类似，进行力学分析前首先建立型钢混凝土构件的温度场计算模型，然后将获得的温度场数据导入力学性能分析模型，进行其耐火性能分析。温度场计算模型的建立已在 3.2.1 节进行了论述，这里介绍型钢混凝土构件力学性能分析有限元模型的建立方法。

　　（1）材料的热力学模型

　　1）钢材。

　　① 钢材应力 - 应变关系。有限元模型中钢材常温和升温阶段的应力 - 应变关系模型同样采用 Lie 和 Denham（1993）给出的不同温度下钢材的应力 - 应变关系表达式，如式（3.2）所示。钢材的泊松比受温度影响较小，因此采用常温值，$v_{\mathrm{s}}=0.283$（李国强和韩林海等，2006）。钢材在多轴应力状态下的弹塑性增量理论需要满足屈服准则、流动法则和硬化法则等条件。建模时假设不同温度下，钢材均采用等向弹塑性模型，满足 von Mises 屈服准则，采用相关流动法则和用于单调荷载作用下的等向强化法则。

　　② 钢材热膨胀。有限元模型中钢材的升温阶段热膨胀模型同样采用 Lie 和 Denham（1993）给出模型，具体如式（3.3）所示。

　　③ 钢材高温蠕变。本节建立火灾下型钢混凝土构件的有限元分析模型时，采用 Fields 和 Fields（1991）给出的钢材高温蠕变（$\varepsilon_{\mathrm{scr}}$）模型，表达式为

$$\varepsilon_{scr}=a\left(\frac{t}{60}\right)^{b}\left(\frac{\sigma}{6.895}\right)^{c} \qquad (3.13)$$

式中：σ 为应力（MPa）；t 为时间（s）；T 为温度（℃）；

$$a=\begin{cases}0 & T<350℃\\10^{-(6.10+0.00573T)} & 350℃\leqslant T<500℃\\10^{-(13.25-0.00851T)} & 500℃\leqslant T\leqslant 650℃\end{cases};$$

$b=-1.1+0.0035T$；

$c=-2.1+0.0064T$。

以 $\sigma=100$MPa 为例，图 3.9 给出了钢材在 400℃和 500℃时的高温蠕变（ε_{scr}）-受火时间（t）关系曲线。

④ 钢材焊接残余应力。采用钢板焊接而成的型钢时，由于焊缝的收缩、冷却时间不同等因素的影响，会在型钢的内部产生焊接残余应力。目前，尚未见到常温下形成的焊接残余应力在高温下如何发展的相关论述。本节在建立有限元时，通过在型钢上施加初始应力场来考虑常温下纵向焊接残余应力对型钢混凝土性能的影响，采用的残余应力分布模型为陈骥（2006）给出的工字焊接钢梁纵向焊接残余应力分布模型。

图 3.9　钢材高温蠕变（ε_{scr}）-受火时间（t）关系曲线

2）混凝土。

① 混凝土应力-应变关系。Han 等（2009）在对型钢混凝土柱-型钢混凝土梁节点的耐火极限进行有限元计算时，采用了 Lie 和 Denham（1993）给出的常温和升温阶段的混凝土应力-应变关系模型，取得了较好的计算效果。本章在用有限元法进行计算时也采用该模型，如式（3.6）所示。

混凝土采用塑性损伤模型。该模型包括混凝土受拉开裂和受压破碎两种破坏形式，对于混凝土由受拉变为受压的情况，该模型认为由于混凝土裂缝的闭合混凝土抗压刚度恢复，并且没有刚度退化；当混凝土由受压变为受拉时，由于已形成微裂缝，混凝土抗拉刚度无法恢复，刚度退化。混凝土计算进入应力-应变曲线的下降段时，可能会由于个别积分点的不收敛而使得整个有限元模型收敛困难，对于这种情况，采用增加耗散能（dissipated energy fraction）的方法来解决局部收敛问题，在对不同的耗散能取值进行比较计算后发现，取值为 1×10^{-6} 时模型具有较好的收敛性能，并且计算结果与无耗散能时基本一致。

混凝土模型中塑性势能方程和屈服面方程的基本参数取值方法：膨胀角为 30°，流动偏心率为 0.1，混凝土双轴等压屈服强度与单轴抗压强度比值为 1.16，拉压子午线上第二应力不变量比值为 2/3。混凝土的受拉软化性能采用混凝土破坏能量准则来描述，对于 C20 混凝土，断裂能取 40N/m；对于 C40 混凝土，断裂能取为 120N/m，对于其他等级混凝土，断裂能通过内插或外插得到（Hibbitt、Karlson 和 Sorensen，Inc.，2004）；混凝土的开裂应力 σ_{to} 按照沈聚敏等（1993）给出的常温下混凝土抗拉强度公式进行计算，表达式为

$$\sigma_{to} = 0.26 \times (1.25f'_c)^{2/3}(1 - T/1000) \qquad 20℃ \leqslant T \leqslant 1000℃ \qquad (3.14)$$

式中：f'_c 为圆柱体抗压强度（MPa）；T 为温度（℃）。

② 混凝土热膨胀。有限元模型中，混凝土的热膨胀模型按照 Lie 和 Denham（1993）给出的关系式进行计算，如式（3.8）所示。

③ 混凝土高温徐变。以往研究表明，混凝土高温徐变（ε_{ccr}）与 σ_c、T 和 t 相关，在试验中很难将其作严格区分，因此，研究中有将应力作用产生的应变、高温徐变和瞬态热应变分别单独考虑的，也有将后两者作为整体考虑的，甚至有将三部分应变作为整体考虑的方法（Li 和 Purkiss，2005）。

Harmathy（1993）给出了与 σ_c、T 和 t 相关的混凝土高温徐变模型。过镇海和时旭东（2003）通过对试验数据回归，得到了混凝土的高温徐变模型。研究者在对高温下混凝土的材料性能进行试验研究时发现：混凝土的高温徐变值要远大于其常温徐变值，在 2～3h 内发生的徐变值超过常温下数十年的徐变值，但其试验的测量值与 $\varepsilon_{c\sigma}$ 或 ε_{ctr} 相比，绝对值约小一个数量级（南建林等，1997）。

Bratina 等（2007）、Kodur 和 Dwaikat（2008）采用 Harmathy（1993）的高温徐变模型研究了钢筋混凝土梁的耐火性能，发现混凝土高温徐变在混凝土总应变中所占的比例较小。

Anderberg 和 Thelandersson（1976）基于单向应力状态下的实验数据，较早提出将应力作用产生的应变、高温徐变和瞬态热应变分别单独考虑的模型，混凝土高温徐变表达式为

$$\varepsilon_{ccr} = -5.10 \times 10^{-6}\left(\frac{\sigma_c}{f'_c(T)}\right)\sqrt{t}\,e^{0.00304(T-20)} \qquad (3.15)$$

式中：T 为当前温度（℃）；σ_c 为当前应力（MPa）；$f'_c(T)$ 是温度为 T 时混凝土的圆柱体抗压强度（MPa）；t 为时间（s）。

建立火灾下型钢混凝土构件的有限元分析模型时，可通过式（3.15）单独考虑混凝土高温徐变的影响。

④ 混凝土瞬态热应变。过镇海和时旭东（2003）通过试验研究发现，在首次升温过程中，混凝土的瞬态热应随温度的升高而加速增长，其值约与应力水平成正比；在降温过程中其值变化很小，约保持最高温度时的最大瞬态热应变值，因此瞬态热应变在升温时产生，在降温时不可恢复。

Bratina 等（2007）、Kodur 和 Dwaikat（2008）、Sadaoui 和 Khennane（2009）、Sadaoui 等（2007）、Yin 等（2006）在对钢筋混凝土梁、柱、框架和钢管混凝土柱的耐火性能进行分析时均采用了 Anderberg 和 Thelanderson（1976）提出的单轴状态下混凝土的瞬态热应变模型。

过镇海和时旭东（2003）通过对应力水平（σ/f_c）为 0～0.6、升温速度为 2～5℃/min 的试验数据进行回归分析，获得单轴状态下混凝土瞬态热应变计算公式。

Thelandersson（1987）在 Anderberg 和 Thelandersson（1976）单轴应力状态下混凝土瞬态热应变模型的基础上，通过理论推导将模型扩展到多轴状态，Khennane 和 Baker（1992）、Heinfling 等（1997）和 Nechnech 等（2002）将该模型应用到混凝土的高温弹塑性模型中。

　　Bratina 等（2007）分析了瞬态热应变对火灾下钢筋混凝土梁力学反应的影响，发现瞬态热应变仅对构件变形位移量的大小有影响，对构件的耐火极限影响较小。Kodur 和 Dwaikat（2008）对火灾下钢筋混凝土梁的混凝土应变 - 时间关系曲线进行了分析，发现从受火开始到构件达到极限状态这一过程中瞬态热应变随时间的增加而逐渐增加，但其在总应变中所占比例较低，梁达到极限状态时瞬态热应变所占比例低于 12%。

　　Thelandersson（1987）给出了混凝土瞬态热应变（ε_{ctr}）的表达式（3.16）为

$$\varepsilon_{ctr} = \beta_0 \left(\frac{\sigma_c}{f_c'} \right) \varepsilon_{cth}, \quad T \leqslant 550\,^{\circ}\mathrm{C} \tag{3.16a}$$

$$\frac{\partial \varepsilon_{ctr}}{\partial T} = 0.0001 \frac{\sigma_c}{f_c'}, \quad T > 550\,^{\circ}\mathrm{C} \tag{3.16b}$$

式中：T 为当前温度（℃）；σ_c 为当前应力（MPa）；f_c' 为常温下混凝土的圆柱体抗压强度（MPa）；β_0 为常数，取值范围 1.8～2.35；ε_{cth} 为热膨胀应变。

　　在建立火灾下型钢混凝土构件的有限元分析模型时，可通过式（3.16）单独考虑混凝土瞬态热应变的影响。

　　3）钢与混凝土的界面模型。

　　① 钢筋与混凝土的粘结应力 - 相对滑移。高温后钢筋与混凝土的粘结性能多采用拔出试验进行研究，如 Milovanov 和 Salmanov（1954）、Reichel（1978）、Hertz（1982）和 Royles 和 Morley（1983）对高温后光圆钢筋和螺纹钢筋与混凝土之间的粘结性能进行了试验研究，分析了温度等级、钢筋直径、升温速率、荷载类型等参数对粘结强度的影响。

　　20 世纪 90 年代以来，研究者们开始关注冷却方式对钢筋与混凝土之间粘结性能的影响，研究了自然冷却和浸水冷却两种降温方式对高温后粘结性能的影响（Ahmed 等，1992；EI-Hawary 和 Hamoush，1996），发现浸水冷却情况下，高温后钢筋与混凝土之间的粘结剪切模量较自然冷却情况降低速度快。

　　为了给钢筋混凝土结构高温后力学性能的精确模拟提供界面模型，各国学者的研究逐步集中在对高温后钢筋和混凝土的粘结强度或粘结强度折减系数实用计算公式这两个方面，如周新刚和吴江龙（1995）、谢狄敏和钱在兹（1998）、Haddad 等（2008）给出了高温后钢筋和混凝土粘结强度的计算公式；Chiang 等（2000）、Chiang 和 Tsai（2003）、Haddad 和 Shannis（2004）、王孔藩等（2005）给出了粘结强度折减系数的计算公式或计算表格等。

　　高温下钢筋与混凝土粘结性能的研究主要是基于高温下的拔出试验确定，如 Diederichs 和 Schneider（1981）、Morley 和 Royles（1983）、袁广林等（2006）等通过高温下拔出试验测得了钢筋与混凝土界面的平均粘结应力 - 相对滑移关系曲线；朱伯龙等（1990）进行了高温下（后）拔出试验研究，发现高温冷却后试件的粘结强度不再回升，且比高温中的粘结强度下降更为明显，在试验数据基础上进一步回归得到可用于理论计算的高温下（后）螺纹和光圆钢筋与 C30 混凝土间粘结应力 - 相对滑移量关系表达式。

在建立型钢混凝土构件的火灾计算模型时，对于纵向螺纹钢筋和混凝土之间的粘结 - 滑移作用，可采用螺纹钢筋与混凝土界面的粘结应力（τ）- 相对滑移（S）关系曲线来考虑其影响。宋天诣（2011）用朱伯龙等（1990）给出的高温下（后）粘结强度变化系数（$k_{\tau T}$）和极限滑移量变化系数（k_{ST}）对徐有邻等（1994）给出的常温下表达式进行修正，获得高温下和高温后阶段的 τ-S 关系，降温阶段近似采用高温后的关系曲线。以钢筋直径 $d=20\text{mm}$，钢筋混凝土保护层厚度 $c=30\text{mm}$，混凝土 $f_{cu}=60\text{MPa}$，面积配箍率 $\rho_{sv}=0.1308\%$ 为例，图 3.10 所示为高温下和高温后的 τ-S 关系曲线。

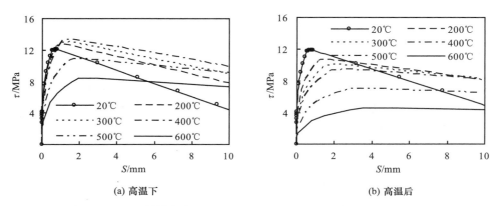

(a) 高温下　　　　　　　　　　　　　　(b) 高温后

图 3.10　高温下（后）粘结应力（τ）- 相对滑移（S）关系曲线（钢筋与混凝土之间）

② 型钢与混凝土的粘结应力 - 相对滑移。型钢混凝土结构中，型钢和混凝土之间的粘结力主要由三部分组成，即混凝土中水泥胶体与型钢表面的化学胶结力、型钢与混凝土接触面上的摩擦阻力和型钢表面粗糙不平的咬合力（张彬和李国强，2005），高温下（后）这三部分会发生变化，且与常温下有所不同。目前对于高温下（后）型钢与混凝土粘结性能的研究较少。吴兵（2006）对火灾后内配圆钢管的型钢混凝土柱的界面粘结性能进行了研究，进行了火灾后内配圆钢管的型钢混凝土试件的推出试验，考虑钢管外径（120mm 和 200mm）、受火时间（0 和 3h）等参数的影响。

宋天诣（2011）用朱伯龙等（1990）给出的高温下（后）光圆钢筋的（$k_{\tau T}$）和极限滑移量变化系数（k_{ST}）对常温下型钢和混凝土之间的粘结应力（τ）- 相对滑移（S）关系曲线进行修正，获得高温下和高温后型钢和混凝土间的 τ-S 关系，降温阶段的 τ-S 关系近似采用高温后的关系曲线。以型钢钢板厚度 $t=16\text{mm}$，钢筋混凝土保护层厚度 $c=30\text{mm}$，混凝土立方体抗压强度 $f_{cu}=60\text{MPa}$，面积配箍率 $\rho_{sv}=0.13\%$ 为例，图 3.11 所示为高温下和高温后的 τ-S 关系。

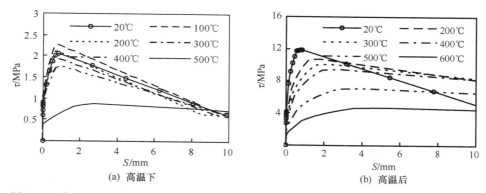

图 3.11　高温下（后）的粘结应力（τ）- 相对滑移（S）关系曲线（型钢和混凝土之间）

（2）单元划分和边界条件

混凝土采用八节点减缩积分格式的三维实体单元，型钢采用四节点减缩积分格式的壳单元，钢筋采用二节点三维线性杆单元。有限元计算时，柱两端设置刚性垫块来模拟加载端板，采用三维实体单元模拟。

在纵筋与混凝土、型钢与混凝土每个对应的节点之间设置三个弹簧单元，每个弹簧的初始长度为 0。图 3.12 所示为弹簧单元示意图，对于纵筋设置在其纵向和两个横向，对于型钢设置在其法向、纵向切向和横向切向。

图 3.12　弹簧单元示意图

纵筋与混凝土的横向弹簧用于模拟混凝土对钢筋的握裹和挤压特性，纵向弹簧用于模拟钢筋与混凝土之间的粘结滑移，非线性性能由不同温度下的力 - 变形曲线确定，粘结力 $F=\tau_T A_i$，A_i 为弹簧单元对应的接触面面积。

型钢与混凝土法向弹簧刚度设置为无穷大，纵向切向弹簧用于模拟型钢与混凝土纵向的粘结滑移。对于高温下横向切向的刚度系数或非线性特性尚未见论述。常温下，型钢翼缘可看做腹板在横向切向的锚固件，对腹板横向切向的滑移趋势有很强的约束作用，使得腹板和混凝土在横向切向上不发生滑移（杨勇，2003；王彦宏，2004），可设翼缘和腹板的横向切向弹簧刚度为无穷大。

在钢材与混凝土两单元节点之间建立弹簧单元相连，如果两个节点的相对滑移为负值时，弹簧受压，弹簧内力为正；反之弹簧受拉，其值为负。刚性垫块与混凝土之间采用法向硬接触约束，即两相接触的表面之间可以传递压力的大小不受限制，当压力为零或负值时，两个接触面产生分离，并去掉相应节点上的接触约束。

图 3.13（a）和（b）所示分别为型钢混凝土柱和梁的有限元模型及边界条件。根据构件受力情况，设置两个分析步，即首先在构件加载位置施加荷载 N 或 P，保持外荷载不变，然后在调用温度场分析结果进行升温，直至构件破坏。

(1) 构件　　　　　(2) 型钢　(3) 钢筋　(4) 弹簧单元

(a) 型钢混凝土柱

(1) 型钢　　　　　　　　　　　(2) 钢筋

(b) 型钢混凝土梁

图 3.13　型钢混凝土构件有限元模型

在有限元计算过程中主要包括三类非线性问题，即钢材和混凝土的材料非线性问题、几何非线性问题、在受力过程中截面接触条件发生变化引起的边界条件的非线性问题。非线性的问题最终归结为求解一个非线性方程组，求解方法有迭代法、增量法和增量迭代法。迭代计算中采用牛顿 - 拉夫森法（Newton-Raphson）。

众所周知，混凝土材料在高温下会发生爆裂，特别是高强混凝土，因其微观结构密实，高温下更易发生爆裂（吴波，2003）。混凝土爆裂机理比较复杂，目前存在三种解释：第一种是蒸汽压力机理，即认孔隙内的高温蒸汽压超过混凝土抗拉强度而导致了爆裂的发生（Khoury，2000；Hamarthy，1965；Kalifa 等，2000）；第二种是热应力机理，即认为混凝土的热惰性导致截面内出现温度梯度而产生了多轴热应力状态，最终引发了爆裂（Saito，1965；Dougill，1972）。第三种是蒸汽压与热应力共同作用机理，该理论认为爆裂是前两种机理的共同作用的结果（Bazant，1997）。前两种理论对爆裂的随机性，无荷载作用下仍发生爆裂以及受拉区可能发生爆裂等问题无法做出较好的解释；而蒸汽压力与热应力共同作用机理能合理的说明爆裂发生的条件，逐渐得到了广大研究者的认可（Khoury，2000）。

　　高温爆裂会减小截面的有效尺寸并使内部钢筋或型钢直接暴露在高温下，加速结构的破坏（谭清华，2012）。因此，其对构件耐火性能的影响在计算时必须加以考虑。目前，考虑爆裂问题影响的方法主要有以下三种：① 吴波等（2002）通过总结的高温爆裂规律，假定混凝土保护层在升温 35min 时（平均爆裂时间）集中统一失效；② Kodur 等（2004）基于试验结果和一定的假设，认为混凝土保护层在达到 350℃时失效，该方法可实现混凝土保护层的分层失效（即分层爆裂）；③ Dwaikat 和 Kodur（2009；2010）、Davie 等（2012）采用热 - 水 - 力耦合的方法，基于质量、能量和动量守恒以及达西定理，建立了温度和孔隙压力的方程，对可能发生爆裂的区域进行预测。前两种方法基于试验结果，宏观上近似考虑爆裂对结构产生的不利影响；第三种方法基于一定的理论假设，从微观上对爆裂问题进行预测，但目前该方法仅适用于一维分析。

　　在进行型钢混凝土构件的温度场分析和结构分析时，可根据情况考虑混凝土高温爆裂对温度场分布的影响，如试验过程中观察到爆裂的区域（面积大小和深度等）和发生的时间，在有限元软件 ABAQUS 中可采用"单元生死"技术近似考虑高温爆裂，即在计算时将发生爆裂区域的单元在爆裂发生时删除，并将热边界条件赋予里层混凝土表面（相对于爆裂的混凝土层）。

　　（3）模型验证

　　图 3.14 所示为型钢混凝土偏压构件耐火极限的有限元模型计算结果与试验结果（Hass，1986）的比较情况。计算结果与试验结果比值的平均值为 1.082，均方差为 0.176。可见，计算结果与试验结果虽存在一定偏差，但总体吻合较好。

　　已有型钢混凝土构件的火灾试验数据相对较少，因此也采用钢筋混凝土构件的火灾试验数据对模型进行验证。图 3.15 所示为火灾下钢筋混凝土柱轴向变形曲线的有限元计算结果与试验结果的比较情况，构件总长 3810mm，两端固定，受火高度为 3200mm，硅质骨料混凝土。可见，计算结果的总体趋势与试验结果基本吻合。

图 3.14　型钢混凝土柱耐火极限
计算与试验结果比较

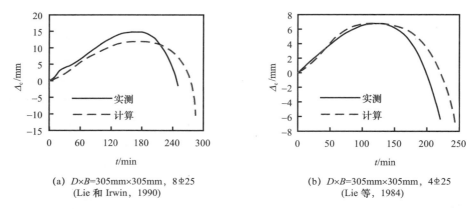

(a) $D \times B = 305\text{mm} \times 305\text{mm}$，8Φ25
(Lie 和 Irwin，1990)

(b) $D \times B = 305\text{mm} \times 305\text{mm}$，4Φ25
(Lie 等，1984)

图 3.15　钢筋混凝土柱轴向变形（Δ_c）‑受火时间（t）关系曲线有限元计算与实测结果比较

3.3　型钢混凝土柱耐火性能试验研究

本节通过对型钢混凝土柱在 ISO-834（1975）标准火灾下的耐火性能的试验（Han 等，2015），研究火灾下型钢混凝土柱截面温度‑时间关系、柱轴向变形‑时间关系的变化规律以及柱构件的破坏形态，分析荷载偏心距和柱荷载比等参数对型钢混凝土柱耐火极限的影响规律，同时也进一步验证本章 3.2 节数值分析模型的准确性。

3.3.1　试验概况

（1）试件设计和制作

四个型钢混凝土柱试件的横截面边长均为 300mm，柱高度为 3810mm。其余参数见表 3.2，其中，N_F 为火灾试验时作用在柱端的柱轴向荷载；n 为柱荷载比，可表示为

$$n = \frac{N_F}{N_u} \tag{3.17}$$

式中：N_u 为常温下的柱极限承载力。对于型钢混凝土柱，可按 JGJ 138—2001（2002）的有关方法确定，计算时，钢材和混凝土强度均取实测值。

表 3.2　型钢混凝土柱试件信息表

试件编号	荷载偏心距 e/mm	施加荷载 N_F/kN	柱荷载比 n	耐火极限 /min	
				实测	计算
SRC1-1	0	1940	0.60	>150	145
SRC1-2	75	1170	0.60	151	173
SRC2-1	0	2150	0.60	153	119
SRC2-2	75	820	0.60	165	207

型钢采用 10mm 厚的钢板焊接而成。柱两端设有比截面略大的 40mm 厚端板，预留孔洞，以便于将试件与试验炉固定，其中工字型钢柱绕强轴弯曲。在每个试件跨中截面处预埋热电偶，用来测量试件内部的温度变化，具体热电偶位置及编号如图 3.16 所示。

图 3.16　截面尺寸及热电偶位置（尺寸单位：mm）

（2）材料性能

钢材材性由标准拉伸试验确定。实测型钢的屈服强度为 $f_y=307\mathrm{MPa}$，极限强度为 $f_u=420\mathrm{MPa}$，弹性模量为 $E_s=205100\mathrm{N/mm^2}$；纵向钢筋 φ18 屈服强度为 $f_{yb}=383\mathrm{MPa}$，极限强度为 $f_{ub}=553\mathrm{MPa}$，弹性模量为 $E_{sb}=201700\mathrm{N/mm^2}$；φ8 箍筋屈服强度为 $f_{yg}=442\mathrm{MPa}$，极限强度为 $f_{ug}=551\mathrm{MPa}$，弹性模量为 $E_{sg}=189700\mathrm{N/mm^2}$。

SRC 柱中所用混凝土配合比为水泥：430kg/m³；水：210kg/m³；砂：948kg/m³；粗骨料（钙质）：1068kg/m³；Ⅱ级粉煤灰：200kg/m³；减水剂：6kg/m³。试件在自然条件下养护。进行火灾试验时混凝土的立方体抗压强度 $f_{cu}=38\mathrm{MPa}$，弹性模量 $E_c=28516\mathrm{N/mm^2}$。

（3）试验方法

试验在国家固定灭火系统和耐火构件质量监督检验中心进行。柱试验炉高度为 4m，截面尺寸为 2.6m×2.6m，柱炉上部和下部为试件约束区，用石棉保护使其不受火，中部区域为受火区，受火高度为 3m。试验设备可以通过调整炉温、炉压、曝火时间、边界条件等提供符合 ISO-834（1975）标准的火灾试验环境。试件底端固结，顶端通过球形铰与加载系统铰接。

点火前先在型钢混凝土柱上施加轴压力至 N_F，然后按照 ISO-834（1975）标准升温曲线点火升温，试验过程中保持 N_F 不变。

根据 ISO-834（1999）标准，受压构件的轴向压缩量达到 $0.01H$（mm）且轴向压缩速率超过 $0.003H$（mm/min）（H 为柱高度，单位：mm）时认为其达到耐火极限。

3.3.2　试验结果及分析

（1）试件破坏形态

试验前试件表面混凝土的颜色呈暗灰色，在受火 8min 左右时，通过观测孔可以发现试件表面有水溢出，随后蒸发。当观察不到试件表面有水溢出后，混凝土的颜色由灰青色逐渐变为灰白色，变化范围由试件角部向中间蔓延，之后混凝土角部最先变为灰白色的区域可看到有细小裂纹出现。试件受火后表面的混凝土颜色由最初的灰青色变为淡灰（灰白）色。

在受火过程中未观察到混凝土剥落现象。接近耐火极限时，最大侧移处的混凝土裂缝迅速扩展，同时可以听到混凝土破裂声。达到耐火极限时柱端位移计读数迅速增大，有时会伴随有混凝土压溃声，直到试件达到破坏，试验结束。

除试件 SRC2-2 外，其余试件在受火初期产生向上的轴向位移，约 80min 时，试件向上的膨胀位移达到最大值，随后随受火时间增加，轴向位移由向上膨胀转为向下压缩，达到耐火极限时，试件向下的轴向位移迅速增大（试件 SRC1-1 由于加载设备出现故障，未测出轴向位移急剧增加的阶段而提前终止了试验）。试件 SRC2-2 的轴向位移在受火初期并不明显，轴向变形－受火时间曲线在受火 90min 之前维持平直，受火时间超过 90min 后，轴向位移随受火时间增加而逐渐增加，且变形速度逐渐加快，临近破坏时变形迅速增大，曲线陡降。

试验后各试件的破坏特征与试验前对比如图 3.17 所示，可见除 SRC1-1 外，其他试件破坏时均发生了压弯破坏，由于试件 SRC1-1 试验结束的原因是液压加载装置过热，故图 3.17 中给出的试件变形为试件的轴向位移与试验结束时位移相同时的变形图，可见，型钢混凝土柱试件的破坏发生在最大弯曲位置，且在最大弯曲处外侧产生水平开裂，最大弯曲位置内侧产生局部压碎或开裂，但开裂裂缝的方向沿纵筋方向，说明受压区混

(1) 试验前	(2) 计算	(3) 试验后

(a) SRC1-1

(1) 试验前	(2) 计算	(3) 试验后

(b) SRC1-2

图 3.17　型钢混凝土试件受火后的破坏形态及受火前对比

（1）试验前　　　　　　（2）计算　　　　　　（3）试验后

(c) SRC2-1

（1）试验前　　　　　　（2）计算　　　　　　（3）试验后

(d) SRC2-2

图 3.17　（续）

凝土破坏时由于体积膨胀，纵筋向外侧弯曲，受到箍筋的环向约束作用，由于此时箍筋温度较高，材料性能下降，当箍筋受拉产生一定的变形之后，混凝土开裂，裂缝方向沿纵筋方向发展，当开裂扩展到一定程度后，受压区混凝土发生局部压碎脱落的现象。

图 3.18 为典型试件混凝土破坏形态，可见，混凝土受压区破坏较明显而受拉区裂缝开展不明显，这是由于内部型钢和纵向钢筋的存在承受了柱受拉区的应力，受拉裂缝较少也说明型钢和混凝土在高温下协调工作，没有明显的相对滑移。在最大弯曲处外侧的受拉区混凝土裂缝垂直于柱轴线方向，而最大弯曲处内侧的受压区混凝土则沿纵筋方向产生了开裂，总体上看，受压区混凝土的开裂长度要大于受拉区。

耐火试验结束后除去试件挠度最大处的破坏混凝土，观察其内部型钢和钢筋的破坏情况，以及型钢与混凝土之间的粘结情况。可见，型钢没有发生整体屈曲，型钢与混凝土之间保持了较好的粘结性能。图 3.19 为试验后典型试件内部的型钢和钢筋照片。

（a）弯曲位置的内表面　　　（b）弯曲位置的侧面

图 3.18　典型试件混凝土破坏（SRC2-2）

图 3.19　典型试件内部型钢和钢筋（SRC2-2）

（2）实测温度（T）- 受火时间（t）关系

试件内部温度通过预埋的热电偶测量，热电偶位置及编号如图 3.16 所示，图 3.20 给出了各试件测温点的实测温度（T）- 受火时间（t）关系曲线。可见，火灾作用下柱截面温度由内向外逐渐升高，且在 100℃左右，由于混凝土所含水分的蒸发，T-t 曲线会出现有波动的平缓上升段。

从图 3.20（a）和（b）可以看出，SRC1-1 和 SRC2-2 中测温点 1、2、3 的位置相同，从试验结果来看两个试件 3 点曲线很接近，最高温度分别达到 740℃和 747℃；SRC1-2 中 2 点曲线突然升高与 1 点曲线相重合，可能是由于试件破坏、裂缝开展所致；SRC1-2 中 1 点在相同时刻时温度低于 2、3 点，最高温度达到 211℃。

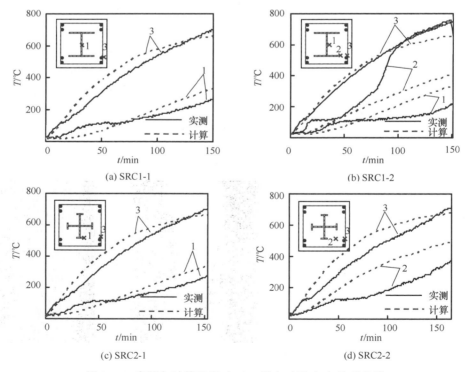

图 3.20　实测与计算温度（T）- 受火时间（t）关系曲线

比较图 3.20（c）和（d）可见，SRC2-1 和 SRC2-2 中测温点 3 位置相同，从试验结果来看两个试件 3 点曲线很接近，最高温度分别达到 705℃和 711℃；SRC2-1 中 1 点位于型钢角点处，最高温度达到 281℃，SRC2-2 中 2 点位于型钢角点和纵向钢筋之间的中点位置，最高温度高于 SRC2-1 中 1 点的温度，达到 358℃。

（3）柱轴向变形（Δ_c）- 受火时间（t）关系

图 3.21 给出了各试件实测和计算柱轴向变形（Δ_c）- 受火时间（t）关系曲线，从图中实测的 Δ_c-t 关系曲线可见如下几点。

1）Δ_c-t 关系曲线主体上可以分为三个阶段：①热膨胀段（OA）；②压缩段（AB）；③破坏段（BC）。热膨胀阶段（OA）是由于受火初期试件受热膨胀使柱轴向伸长，此时构件截面温度较低，材料性能劣化程度较低；压缩阶段（AB）是随着温度的升高，材料强度损失程度持续增加，当温度升高产生的内力和材料劣化后的抗力之和小于外荷载时，试件开始压缩；破坏阶段（BC）是指在接近耐火极限时柱轴向变形和速率大大增加，曲线呈快速下降趋势的阶段。

2）温度升高后型钢混凝土柱有很明显的热膨胀。实际建筑结构中的框架多为超静定结构，温度升高引起的热膨胀会受到约束，在柱内产生较大的温度应力，柱火灾下的荷载比与常温下的荷载比有显著不同，在抗火设计时应给予必要重视。

3）SRC1-1 柱为"工"字形钢轴向受压试件，在受火后，由于温度升高，受热膨胀而伸长，在受火 50min 左右时伸长量达到最大值 3mm，热膨胀阶段结束，进入稳定阶段，90min 后进入压缩阶段，在压缩量与膨胀量相互抵消，即轴向位移为 0 时，此时由于液压站过热试验停止，此时受火时间为 150min。

4）SRC1-2 柱截面形式与 SRC1-1 柱一致，但为偏心受压，在受火 50min 左右时伸长量达到最大值 2mm，受火 110min 后开始进入压缩阶段，135min 时压缩量与膨胀量相互抵消，140min 后柱轴向变形和速率开始变大，每 1~2min 轴向压缩就增大一个刻度，当达到耐火极限时轴向变形速率迅速增加，Δ_c-t 关系曲线呈直线下降，组合柱发生破坏。

5）SRC2-1 柱为"十"字形钢轴心受压柱，可见，SRC2-1 柱没有受热膨胀段，Δ_c-t 关系曲线直接从稳定阶段开始，在 85min 后开始进入压缩阶段，此后变形速率逐渐增加，在达到耐火极限时 Δ_c-t 关系曲线呈直线下降直到柱达到破坏。

6）SRC2-2 柱偏心受压，在受火 40min 左右时伸长量达到最大值 2mm，受火 110min 后开始进入压缩阶段，此后变形速率逐渐增加，在达到耐火极限时 Δ_c-t 关系曲线呈直线下降直到柱达到破坏。

从图 3.21 还可以看出，计算和实测的 Δ_c-t 关系曲线总体上较为吻合。

（4）耐火极限（t_R）

表 3.2 给出了各试件的耐火极限（t_R）。对于试件 SRC1-1，试验到 150min 时柱轴向位移经过热膨胀和压缩恢复到初始值，说明 SRC1-1 在柱荷载比 $n=0.53$ 时，其耐火极限大于且接近 150min。另外三个试件，在达到耐火极限时柱轴向变形速率均超过 $0.003H$（mm/min），且试验结束后可以看到明显的侧向变形。

从试验结果可以看出，在截面形式和柱荷载比相同的情况下 SRC2-1 和 SRC2-2

图 3.21　柱轴向变形（Δ_c）- 受火时间（t）关系曲线

的耐火极限相差不大，说明荷载偏心距对型钢混凝土柱耐火极限影响不大；在荷载偏心距和柱荷载比相同的情况下 SRC1-2 和 SRC2-2 的耐火极限相差不大，均在 160min 左右。通过试验后对各柱的破坏形态和 Δ_c-t 关系曲线的比较，SRC1-1 的耐火极限高于其余各柱的耐火极限值，这主要是由于其柱荷载比小于其他试件，随着柱荷载比的降低型钢混凝土柱的耐火极限会增加。柱达到耐火极限时内部型钢的临界温度均低于 300℃，说明外部混凝土可较好地保护型钢，使其内部升温变缓。

（5）试验结果与分析

本节进行的型钢混凝土柱耐火试验研究结果表明，火灾下型钢混凝土柱的型钢和混凝土之间可协调工作，二者之间没有发生明显滑移。由于外部混凝土的保护，使型钢混凝土柱不会过早地由于内部型钢温度过高而破坏。在柱荷载比相同的情况下，截面类型（工字型钢或十字型钢）和荷载偏心距对型钢混凝土柱耐火极限的影响较小。柱荷载比对型钢混凝土柱的耐火极限影响较大，随着柱荷载比的增大耐火极限会降低。

3.4　耐火性能分析

采用 3.2.2 节建立的有限元模型，可方便地分析火灾作用下型钢混凝土柱和梁的破坏形态、应力和应变分布规律等。

下面通过典型算例对火灾下型钢混凝土柱和梁的力学性能进行分析。算例的计算条件如下。

1）柱尺寸：$D \times B \times H = 600mm \times 400mm \times 6928mm$；型钢：HM350×250（340mm×250mm×9mm×14mm）；$f_y = 345MPa$；$f_{yb} = 335MPa$；$f_{cu} = 60MPa$；$e = 20mm$；纵筋 8Φ28；箍筋 ϕ10@150mm；构件两端铰支，绕强轴弯曲。

2）梁尺寸：$D_b \times B_b \times L = 600mm \times 400mm \times 6000mm$；型钢 H400mm×200mm×14mm×14mm；$f_y = 345MPa$；$f_{yb} = 335MPa$；$f_{cu} = 60MPa$；受拉纵筋 4Φ25；受压纵筋 2Φ25；箍筋 ϕ10@150mm；构件两端铰支，绕强轴弯曲。

3.4.1　破坏形态

（1）型钢混凝土柱

在不同柱荷载比（n）下，两端铰支的型钢混凝土柱变形曲线近似于正弦半波曲线。图 3.22 给出有限元计算得到的不同受火时间（t）下型钢混凝土柱挠度沿着构件长度的典型分布，H 和 L 分别为各点高度和构件总长度。可见，计算挠度沿构件长度分布规律与正弦半波曲线的变化规律相符合。

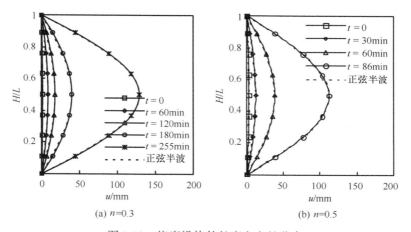

图 3.22　挠度沿构件长度方向的分布

图 3.23 所示为典型的（$n = 0.3$）型钢混凝土柱轴向变形（Δ_c）- 受火时间（t）关系曲线。可见，在常温下施加外荷载，构件产生轴向压缩变形，OA 阶段为常温下型钢混凝土柱的加载阶段。Δ_c-t 关系曲线在受火时的阶段可大致分为三个阶段：受火初期的膨胀阶段（AB）、压缩阶段（BC）和破坏阶段（C点之后）。

膨胀阶段（AB 段）是由于在高温作用下构件产生热膨胀，柱压缩量小于热膨胀产生的伸长量，因此型钢混凝土柱顶的轴向位移上升；当柱荷载比较大时柱轴向变形（Δ_c）- 受火时间（t）的 AB 会变很短，甚至可能不出

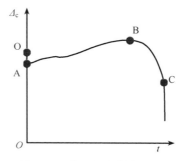

图 3.23　典型的柱轴向变形（Δ_c）- 受火时间（t）关系曲线

现膨胀段。随着受火时间增加，SRC 柱截面温度逐渐升高，混凝土和钢材的材料性能进一步劣化，柱顶膨胀位移增大的速率逐渐减小直至膨胀位移达到最大值（B点），此

后进入压缩阶段（BC 段）。截面温度场的计算结果表明，型钢混凝土柱截面上的温度梯度在接近外表面的区域较大，内部型钢和混凝土温度的增加则比较迟缓，如在升温 180min 时型钢翼缘边缘、翼缘中间和腹板中间温度分别为 273℃、214℃ 和 127℃，构件承载力损失比相应的钢筋混凝土柱慢。当型钢和钢筋温度较高，甚至达到屈服，内部混凝土性能也由于高温劣化明显，此时构件承载能力急剧下降，压缩变形超过热膨胀并迅速增加，柱轴向变形（Δ_c）- 受火时间（t）曲线下降速率增大。C 点表示型钢混凝土柱达到耐火极限。

　　图 3.24 所示为不同柱荷载比（n）作用下，型钢混凝土柱轴向变形（Δ_c）随火灾持续时间（t）的变化情况。柱荷载比（n）对耐火极限影响显著，n 越大，耐火极限越低，对于本算例，荷载比 0.3、0.4、0.5 和 0.6 对应的耐火极限分别为 255min、170min、86min 和 54min。不同 n 时轴向变形规律也不相同，如对于 $n=0.3$ 的构件，在 60min 时轴向变形稍有平缓的趋势；对于 $n>0.4$ 的构件，轴向伸长变形不明显或不出现，因为外荷载较大，热膨胀产生的伸长变形难以抵消外荷载产生的压缩变形。

　　图 3.25 所示为不同柱荷载比（n）时，型钢混凝土柱跨中挠度（u_m）- 受火时间（t）关系曲线。可见，跨中挠度随受火时间的增加而增加，在接近破坏时挠度的增长非常迅速，不同荷载比时跨中挠度变化规律基本一致。

图 3.24　柱轴向变形（Δ_c）- 受火时间（t）关系曲线

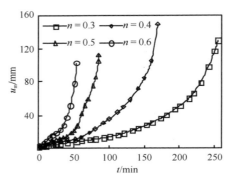

图 3.25　跨中挠度（u_m）- 受火时间（t）关系曲线

（2）型钢混凝土梁

　　采用有限元模型可对三面受火情况下型钢混凝土梁的破坏形态、应力 - 应变分布、钢材与混凝土之间相互作用力等进行分析。

　　梁荷载比（m），指火灾下梁上的荷载水平，受火过程中作用在梁上的梁弯矩（M_F）、梁集中荷载（P_F）或梁均布荷载（q_F）保持不变，表达式为

$$m=\frac{M_F}{M_u}　或　\frac{P_F}{P_u}　或　\frac{q_F}{q_u} \qquad (3.18)$$

式中：M_u 为常温下梁的抗弯承载力；P_u 为常温下梁受集中荷载时的极限承载力；q_u 为常温下梁受均布荷载时的极限承载力。

　　选取四种梁荷载比（m）的工况进行分析，$m=0.2$、0.4、0.6 和 0.8。图 3.26 所示为梁荷载比 $m=0.8$ 的型钢混凝土梁在火灾作用下其内部型钢与钢筋的 Mises 应力分布

（为了便于阅读，图中的变形放大了 5 倍）。可见，与型钢混凝土柱类似，在火灾作用下，由于内部型钢的存在，构件表现出较好的塑性变形性能，型钢没有发生局部屈曲现象。

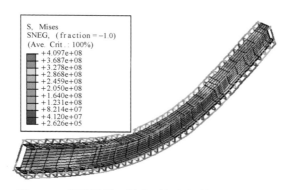

图 3.26　型钢混凝土梁中型钢与钢筋的应力状态

图 3.27 给出不同受火时间（t）下型钢混凝土梁挠度（u_m）沿着构件长度的典型分布，d 和 L 分别为各点长度和构件总长度。可见，计算的挠度沿构件长度分布规律与正弦半波曲线的变化规律相符合。

图 3.28 所示为梁荷载比（m）不同时，型钢混凝土梁跨中挠度（u_m）随受火时间（t）的变化情况。可见，m 对耐火极限影响显著，m 越大，耐火极限越低。对于本算例，荷载比为 0.2、0.4、0.6 和 0.8 时对应的耐火极限分别为 >300min、>300min、270min 和 106min。跨中挠度随受火时间的增加而增加，在接近破坏时挠度的增长迅速。

图 3.27　挠度沿构件长度方向的分布

图 3.28　跨中挠度（u_m）- 受火时间（t）关系曲线

3.4.2　应力、应变分布规律

（1）型钢混凝土柱

以柱荷载比 $n=0.5$ 的型钢混凝土柱为例，分析型钢混凝土柱在火灾下混凝土、钢筋和型钢的应力分布以及发展情况。

图 3.29 给出了常温加载结束时刻（升温时间 0）和柱达到耐火极限时刻（升温

86min）柱跨中截面混凝土的纵向应力分布等值线图，图中，f_c' 为常温下混凝土的圆柱体抗压强度。

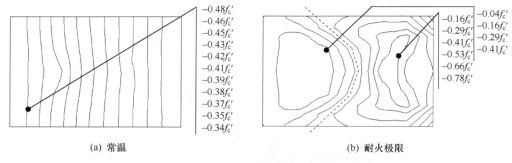

(a) 常温　　　　　　　　　　　　　(b) 耐火极限

图 3.29　不同时刻时型钢混凝土柱中截面纵向应力分布图

在常温加载结束时刻，型钢混凝土柱由于受到小偏心柱荷载的作用，跨中混凝土全截面受压，由图 3.29（a）可见，跨中截面混凝土的压应力呈带状分布，偏心一侧的混凝土压应力较高，达到 $0.48f_c'$。受火后构件的温度从内向外逐渐增加，达到耐火极限时，偏心一侧混凝土受到外荷载和高温引起结构材性劣化的共同作用，图 3.29（b）中虚线所示的左侧区域压应力超过高温下混凝土抗压强度，材料进入软化段，产生卸载，其所承受的荷载逐渐向虚线右侧转移。由于外围混凝土升温较快，其热膨胀大于内部混凝土，使得外部混凝土所分担的外荷载较大，如图 3.29（b）所示，虚线右侧混凝土的压应力从内向外逐渐增加。

图 3.30 所示为型钢混凝土柱跨中截面混凝土、纵筋和型钢不同位置点的纵向应力（σ）‑受火时间（t）关系。

由图 3.30（a）可见，对于混凝土外围温度较高的 1 点和 5 点，受火 15min 以前，混凝土热膨胀作用明显，外围混凝土承受较大荷载，压应力增加，而型钢翼缘附近 2 点和 4 点的混凝土，以及腹板位置 3 点的混凝土压应力均有减小的趋势，受火 15min 后，随着温度的升高，混凝土材性逐渐劣化，外围混凝土的压应力逐渐降低，而型钢翼缘和腹板位置的混凝土由于温度较低，在升温后期外荷载逐渐转由内部混凝土承受。由图 3.30（b）可见，升温 30min 前，纵筋上的热膨胀影响较大，钢材强度损失较小，纵筋承受荷载增加，压应力也增加。随着温度升高，钢材力学性能劣化使得压应力减小。偏心一侧外层的纵筋在 30min 后达到高温屈服强度。由图 3.30（c）可见，升温初期，由于外围高温区混凝土和钢筋压应力增加，型钢发生卸载。随着外围高温区混凝土和钢筋很快达到高温抗压强度和屈服强度，内力发生重分布，荷载主要由温度较低的型钢和内部混凝土承担，偏心一侧型钢翼缘 8 点和腹板 9 点压应力持续增长，8 点处型钢在 62min 时达到高温屈服强度，随着跨中挠度的增加，10 点处型钢翼缘压应力在接近破坏时快速减少并在 80min 时变为拉应力。

（2）型钢混凝土梁

以火灾下梁荷载比 $m=0.8$ 的三面受火型钢混凝土梁为例，分析型钢混凝土梁在火灾下混凝土、钢筋和型钢的应力分布以及发展规律。

图 3.30　型钢混凝土柱中截面点纵向应力（σ）- 受火时间（t）关系曲线

图 3.31 所示为型钢混凝土梁跨中截面混凝土、纵筋和型钢不同位置点的纵向应力（σ）- 受火时间（t）关系曲线。梁底混凝土 1 点表层升温速率较快，在受火 32min 时温度达到 635℃，此时表层混凝土膨胀变形较大，且随着温度的升高混凝土材料劣化明显，拉应力减小；受火 32min 后变化平缓，在 45min 时达到高温抗拉强度。三面受火情况下，顶层混凝土压应力逐渐增长并迅速超过抗压强度，随着挠度的不断增加，受压区高度减小，压应力逐渐减小。梁底纵筋 1 点在升温前已经接近屈服，升温初期

图 3.31　型钢混凝土梁跨中截面点纵向应力（σ）- 受火时间（t）关系曲线

(c) 型钢

图 3.31 （续）

就迅速达到屈服强度，其应力变化规律接近高温屈服强度变化曲线，受压钢筋 2 点在 30min 前也屈服。型钢下翼缘 5 点升温前接近屈服，随后迅速增长达到屈服强度，随着跨中挠度的加大，受压区高度减小，受压区部分混凝土达到抗压强度，受压钢筋屈服，此时型钢上翼缘 6 点压应力持续增长，直到 80min 时达到屈服。

图 3.32 给出 SRC 梁跨中截面混凝土纵向塑性应变（ε）-受火时间（t）关系曲线。可见，随着材料温度的升高，塑性应变分布逐渐趋于不均匀，t 超过 60min 后，型钢一侧翼缘受压屈服，混凝土的应变快速发展，随着构件挠度的加大，到 80min 时型钢左侧翼缘位置混凝土受拉，破坏时右侧混凝土表面位置和型钢翼缘中部位置压应变分别达 5425$\mu\varepsilon$ 和 5733$\mu\varepsilon$。混凝土纵向应变沿着高度变化规律与纵向应力分布规律类似。

(a) 箍筋附近   (b) 中心轴上

图 3.32 型钢混凝土梁跨中截面混凝土纵向塑性应变（ε）-受火时间（t）关系曲线

塑性拉应变分布来间接反映混凝土受拉开裂情况及发展趋势，塑性应变包括塑性压应变和塑性拉应变。混凝土在达到抗压强度前就表现出塑性，因此塑性应变图无法反映混凝土的压碎断裂。而塑性拉应变则是混凝土应力超过抗拉强度产生的应变，可由此间接考察混凝土在受力过程中的拉伸开裂，对于纯弯构件，裂缝方向垂直于主拉应力（变）方向。

图 3.33 给出混凝土塑性拉应变矢量图，为了便于阅读，其中构件变形放大 2 倍。可见，在梁荷载的作用下，升温前混凝土底部已经存在裂缝，加载点梁底之间的纯弯段形成竖直裂缝，且由矢量的大小可判断裂缝是由下而上延伸，在弯剪段出现斜裂缝。升温过程中混凝土裂缝持续发展，同时，由于高温作用，截面形成不均匀温度场，高温区域混凝土的相对变形受到低温区混凝土的约束，钢与混凝土膨胀变形不协调等会产生附加应力，引起内力重分布。在裂缝的形成以及发展过程中，构件刚度和承载能力均逐渐损失。

(a) 受火前

(b) 106 min

图 3.33　型钢混凝土梁中混凝土塑性拉应变矢量图

3.4.3　滑移影响分析

为了分析材料之间的滑移对型钢混凝土构件耐火性能的影响，采用有限元模型分别计算了钢与混凝土之间无滑移（节点固结）和有滑移（采用弹簧单元模拟滑移）两种情况下型钢混凝土柱和梁变形，图 3.34 给出了型钢混凝土柱的 Δ_c-t 和 u_m-t 关系曲线，图 3.35 给出了型钢混凝土梁的 u_m-t 关系曲线。

由图 3.34 和图 3.35 可见，在受火前期阶段不同荷载比下，考虑滑移和不考虑滑移的变形关系曲线差异不大，在邻近耐火极限时，两者的差异增加，但仍不明显。这是因为，虽然纵向钢筋的混凝土保护层厚度比型钢的小，因而纵筋升温相对较快，温

(a) 柱轴向变形 (Δ_c)–受火时间 (t) 关系曲线　　(b) 柱跨中挠度 (u_m)–受火时间 (t) 关系曲线

图 3.34　型钢混凝土柱的变形关系曲线

图 3.35　型钢混凝土梁的跨中挠度
（u_m）-受火时间（t）关系曲线

度对纵筋滑移的影响更明显，但由于型钢的存在，且钢筋的体积含量较小，滑移对型钢混凝土构件整体的变形和耐火极限影响不大。

《钢骨混凝土结构设计规程》（YB 9082—97）（1998）规定：钢骨的保护层厚度对梁宜采用 100mm，对柱宜采用 150mm，但钢骨的最小保护层厚度不得小于 50mm；JGJ 138—2001（2002）规定：型钢的混凝土保护层最小厚度，对梁不宜小于 100mm，且梁内型钢翼缘离两侧之和不宜小于截面宽度的 1/3，对柱不宜小于 120mm。因此对于工程中常见的型钢混凝土构件，型钢升温滞后明显，滑移影响较小。

3.5　承载力影响因素分析和实用计算方法

3.5.1　火灾下承载力影响因素分析

如前所述，采用数值方法可方便地计算出标准火灾下型钢混凝土柱和梁的耐火极限，但从工程应用的角度来讲，该方法还是显得较为复杂。因此，有必要提供实用计算方法。本章在参数分析的基础上给出火灾下型钢混凝土柱和梁承载力影响系数和耐火极限的实用计算方法。

（1）型钢混凝土柱

火灾作用下，随着温度的升高，型钢混凝土柱的承载力会不断降低。当构件承载力与作用在构件上的荷载相等时，即认为构件达到临界状态。为便于分析，定义火灾下型钢混凝土柱承载力的影响系数 k_t 表达式为

$$k_t = \frac{N_u(t)}{N_u} \text{或} \frac{M_u(t)}{M_u} \qquad (3.19)$$

式中：N_u 和 $N_u(t)$ 分别为常温下和火灾作用下型钢混凝土柱的极限承载力。

影响火灾下型钢混凝土柱承载力的可能因素有：截面周长（$C = 2D + 2B$，D 为截面长边边长，B 为截面短边边长）、构件长细比（λ）、受火时间（t）、荷载偏心率（e/r，其中，e 为荷载偏心距，r 为截面尺寸，绕强轴弯曲时 $r = D/2$，绕弱轴弯曲时 $r = B/2$）、型钢屈服强度（f_y）、钢筋屈服强度（f_{yb}）、混凝土强度（f_{cu}）、截面高宽比（$\beta = D/B$）、柱截面含钢率（α_c）等。其中构件长细比（λ）按下式计算为

$$\lambda = \begin{cases} \dfrac{2\sqrt{3}H}{D} & \text{绕强轴} \\[2mm] \dfrac{2\sqrt{3}H}{B} & \text{绕弱轴} \end{cases} \qquad (3.20)$$

柱截面配筋率（ρ_c）或梁截面配筋率（ρ_b）按下式计算为

$$\rho_c \quad 或 \quad \rho_b = \frac{A_{sb}}{A_c} \tag{3.21}$$

式中：A_{sb} 为柱或梁钢筋总截面面积；A_c 为柱或梁混凝土截面面积。

柱截面含钢率（α_c）或梁截面含钢率（α_b）按下式计算为

$$\alpha_c \quad 或 \quad \alpha_b = \frac{A_s}{A_c} \tag{3.22}$$

式中：A_s 为柱或梁钢材截面面积；A_c 为柱或梁混凝土截面面积。

韩林海和郑永乾（2005）、郑永乾和韩林海（2006）的计算结果表明，截面尺寸（C）和构件长细比（λ）则是影响火灾下型钢混凝土压弯构件承载力的主要因素，这是因为截面尺寸越大，混凝土的尺寸越大，构件吸热能力越强，耐火极限越长，承载力影响系数 k_t 就越大；构件长细比越大，火灾下构件弯矩作用越明显，耐火极限越低。

通过典型算例给出了各参数对 k_t 的影响。算例的计算条件是：$f_y = 345\text{MPa}$，$f_{yb} = 335\text{MPa}$，$f_{cu} = 60\text{MPa}$，$\alpha_c = 4.5\%$，$\rho_c = 2\%$，$e/r = 0$，$C = 2000\text{mm}$，$\lambda = 40$；构件升温按 ISO-834（1975）标准升温曲线进行。

图 3.36 所示为构件截面周长（C）对承载力影响系数 k_t 的影响，可见，构件截面尺寸对 k_t 有很大影响，截面尺寸越大，承载力影响系数 k_t 越大；反之，截面尺寸越小，承载力影响系数 k_t 越小。这是因为截面尺寸越大，混凝土的尺寸越大，构件吸热能力越强，而且外界温度传到内部就越慢，耐火极限越长，承载力影响系数 k_t 就越大；混凝土的尺寸越小，构件吸热能力越差，温度传到内部也越快，耐火极限越短，承载力影响系数 k_t 就越小。

图 3.37 所示为构件长细比对承载力影响系数 k_t 的影响，可见，长细比对 k_t 有较大影响，长细比越大，火灾中"二阶"效应的影响越明显，火灾下构件承载力影响系数 k_t 就越小，耐火极限也越低。

图 3.36　截面周长（C）对 k_t 的影响

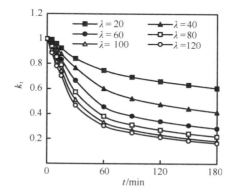

图 3.37　长细比（λ）对 k_t 的影响

（2）型钢混凝土梁

对于型钢混凝土梁，其承载力影响系数按式（3.19）计算，式中 M_u 和 $M_u(t)$ 分

图 3.38　截面尺寸对 k_t 的影响

别为常温下和火灾作用下型钢混凝土梁跨中截面的抗弯承载力。

影响火灾下型钢混凝土梁承载力系数（k_t）的主要因素有截面周长（C）和受火时间（t）。其他因素，如梁截面含钢率（α_b，按式（3.22）计算）、受拉钢筋配筋率（ρ_b）、型钢屈服强度（f_y）、钢筋屈服强度（f_{yb}）、混凝土强度（f_{cu}）、截面高宽比（β）和钢筋的混凝土保护层厚度（c）等的影响则不显著。如图 3.38 所示，构件截面周长（C）越大，相同受火时间（t）下的承载力影响系数 k_t 越大。

3.5.2　火灾下承载力实用计算方法

（1）型钢混凝土柱

如前所述，影响火灾下型钢混凝土柱承载力系数 k_t 的因素主要是：受火时间（t）、截面周长（C）和长细比（λ）。在对大量数值计算结果整理分析的基础上，可回归分析出以 t，C，λ 为参数的，ISO-834（1975）火灾下型钢混凝土柱 k_t 的简化计算公式。

在工程常用的参数范围内，即 $\alpha_c=2\%\sim15\%$，$\rho_c=1\%\sim5\%$，$f_y=200\sim500\mathrm{MPa}$，$f_{yb}=200\sim500\mathrm{MPa}$，$f_{cu}=30\sim80\mathrm{MPa}$，$C=500\sim8000\mathrm{mm}$（即短边边长 $B=125\sim2000\mathrm{mm}$），$\lambda=10\sim120$ 的情况下，k_t 用下式表示为

$$k_t=\frac{1}{1+a\cdot t_0^b} \tag{3.23}$$

其中

$$a=a_1/（1.03C_0-0.21）$$
$$b=b_1\cdot（8.79C_0+5.85）/（-1.43C_0^2+14.85C_0+1）$$

上述式中：$t_0=t/300$；$a_1=9.9-9.27\cdot\exp（-0.2\lambda_0^{2.33}）$（$\lambda_0=\lambda/40$）；$b_1=1.01-0.23\cdot\exp$（$-0.78\lambda_0^{1.42}$）；$C_0=C/2000$。

上述式中，t 和 C 分别以 min 和 mm 计入。式（3.23）适用于内部型钢为工字形、十字形或单轴对称截面的型钢混凝土柱。适用范围为：$\alpha_c=2\%\sim15\%$，$\rho_c=1\%\sim5\%$，$f_y=200\sim500\mathrm{MPa}$，$f_{yb}=200\sim500\mathrm{MPa}$，$f_{cu}=30\sim80\mathrm{MPa}$，$e/r=0\sim1.2$，$C=500\sim8000\mathrm{mm}$（即短边边长 $B=125\sim2000\mathrm{mm}$），$\lambda=10\sim120$，$t\leqslant300\mathrm{min}$。

图 3.39 所示为 k_t 简化计算结果与数值计算结果的比较。图中未给出的参数为 $f_y=345\mathrm{MPa}$，$f_{yb}=335\mathrm{MPa}$，$f_{cu}=60\mathrm{MPa}$，$\alpha_c=4.5\%$，$\rho_c=2\%$，$e/r=0$。可见简化结果与数值计算结果符合较好。

根据 JGJ 138—2001（2002）或 YB 9082—97（1998）计算型钢混凝土压弯构件的承载力，将其乘以系数 k_t 值，即可获得压弯构件标准火灾作用下不同受火时间的承载力为

(a) 工字形型钢　　　　　　　　　　　(b) 十字形型钢

(c) 单轴对称型钢

图 3.39　不同受火时间下承载力影响系数简化结果与数值结果比较

$$N_u(t) = k_1 N_u \qquad (3.24)$$

为使型钢混凝土柱满足耐火极限要求，应限制其柱荷载比（n）限值不超过火灾下承载力影响系数（k_t）。由火灾下承载力影响系数（k_t）简化公式可得到对应一定柱荷载比（n）下的耐火极限（t_R）简化计算公式为

$$t_R = 300 \left[\frac{1}{a} \cdot \left(\frac{1}{n} - 1 \right) \right]^{\frac{1}{b}} \qquad (3.25)$$

图 3.40 和图 3.41 所示分别为型钢混凝土压弯构件耐火极限简化计算结果与实测结果（Hass，1986）、简化计算结果与数值计算结果的比较情况，可见简化计算结果与实测和数值计算结果基本吻合。

（2）型钢混凝土梁

对型钢混凝土梁的耐火性能研究结果表明，影响型钢混凝土梁抗弯承载力系数 k_t 的参数是：受火时间（t）和截面周长（C）（郑永乾和韩林海等，2008）。在对大量数值计算结果整理分析的基础上，回归分析出以 t、C 为参数的标准火灾下型钢混凝土梁 k_t 的简化计算公式为

$$k_t = \frac{1}{1 + a \cdot t_0^b} \qquad (3.26)$$

式中：$a = 1/(1.7C_0 - 0.23)$（$C_0 = C/2000$）；

　　　　$b = 0.91 + 0.017C_0 + 0.021/C_0^2$；

　　　　$t_0 = t/300$。

上述式中，t 和 C 分别以 min 和 mm 代入。

　　式（3.26）的适用范围为：$\alpha_b = 3\% \sim 15\%$，$\rho_b = 0.6\% \sim 1.8\%$，$f_y = 200 \sim 500\text{MPa}$，$f_{yb} = 200 \sim 500\text{MPa}$，$f_{cu} = 30 \sim 80\text{MPa}$，$\beta = 1.5 \sim 3$，$C = 500 \sim 8000\text{mm}$，$c = 20 \sim 50\text{mm}$，$t \leqslant 300\text{min}$。

　　图 3.42 为型钢混凝土梁承载力影响系数简化计算结果与数值计算结果的比较，图中未给出的参数为 $f_y = 345\text{MPa}$，$f_{yb} = 335\text{MPa}$，$f_{cu} = 60\text{MPa}$，$\alpha_b = 4.72\%$，$\rho_b = 0.82\%$，$\beta = 1.5$。可见简化结果与数值计算结果符合良好。

图 3.40　耐火极限简化计算与实测
结果比较

图 3.41　耐火极限简化计算与
数值计算结果比较

图 3.42　型钢混凝土梁 k_t 简化结果与
数值结果比较

3.5.3　耐火极限实用计算方法

　　基于式（3.23）和式（3.26），通过限制火灾下承载力影响系数（k_t）不超过柱或梁荷载比（n 或 m），可得出型钢混凝土柱和梁的耐火极限，分别如表 3.3 和表 3.4 所示。

表 3.3　型钢混凝土柱的耐火极限

柱荷载比 n	长细比 λ	截面尺寸/（mm×mm）	耐火极限/h	长细比 λ	截面尺寸/（mm×mm）	耐火极限/h
0.3	20	300×300	3.0	60	300×300	1.3
		600×600	3.0		600×600	2.6
		900×900	3.0		900×900	3.0
		1200×1200	3.0		1200×1200	3.0
		1500×1500	3.0		1500×1500	3.0
		1800×1800	3.0		1800×1800	3.0
		2000×2000	3.0		2000×2000	3.0
	40	300×300	2.2	80	300×300	1.0
		600×600	3.0		600×600	1.8
		900×900	3.0		900×900	2.8
		1200×1200	3.0		1200×1200	3.0
		1500×1500	3.0		1500×1500	3.0
		1800×1800	3.0		1800×1800	3.0
		2000×2000	3.0		2000×2000	3.0
0.4	20	300×300	3.0	60	300×300	0.9
		600×600	3.0		600×600	1.6
		900×900	3.0		900×900	2.6
		1200×1200	3.0		1200×1200	3.0
		1500×1500	3.0		1500×1500	3.0
		1800×1800	3.0		1800×1800	3.0
		2000×2000	3.0		2000×2000	3.0
	40	300×300	1.4	80	300×300	0.7
		600×600	3.0		600×600	1.1
		900×900	3.0		900×900	1.7
		1200×1200	3.0		1200×1200	2.5
		1500×1500	3.0		1500×1500	3.0
		1800×1800	3.0		1800×1800	3.0
		2000×2000	3.0		2000×2000	3.0
0.5	20	300×300	2.0	60	300×300	0.6
		600×600	3.0		600×600	1.1
		900×900	3.0		900×900	1.7
		1200×1200	3.0		1200×1200	2.4
		1500×1500	3.0		1500×1500	3.0
		1800×1800	3.0		1800×1800	3.0
		2000×2000	3.0		2000×2000	3.0
	40	300×300	1.0	80	300×300	0.5
		600×600	2.0		600×600	0.7

续表

柱荷载比 n	长细比 λ	截面尺寸 /（mm×mm）	耐火极限 /h	长细比 λ	截面尺寸 /（mm×mm）	耐火极限 /h
0.5	40	900×900	3.0	80	900×900	1.1
		1200×1200	3.0		1200×1200	1.6
		1500×1500	3.0		1500×1500	2.2
		1800×1800	3.0		1800×1800	2.7
		2000×2000	3.0		2000×2000	3.0
	20	300×300	1.4	60	300×300	0.4
		600×600	3.0		600×600	0.7
		900×900	3.0		900×900	1.1
		1200×1200	3.0		1200×1200	1.5
		1500×1500	3.0		1500×1500	2.1
		1800×1800	3.0		1800×1800	2.7
		2000×2000	3.0		2000×2000	3.0
0.6	40	300×300	0.7	80	300×300	0.3
		600×600	1.3		600×600	0.5
		900×900	2.1		900×900	0.7
		1200×1200	3.0		1200×1200	1.0
		1500×1500	3.0		1500×1500	1.4
		1800×1800	3.0		1800×1800	1.8
		2000×2000	3.0		2000×2000	2.1

注：表内中间值可用插值法求得。

表 3.4　型钢混凝土梁的耐火极限

柱荷载比 n	截面尺寸 /（mm×mm）	耐火极限 /h	柱荷载比 n	截面尺寸 /（mm×mm）	耐火极限 /h
0.2	300×300	3.0	0.6	300×300	3.0
	600×600	3.0		600×600	3.0
	900×900	3.0		900×900	3.0
	1200×1200	3.0		1200×1200	3.0
	1500×1500	3.0		1500×1500	3.0
0.3	300×300	3.0	0.7	300×300	1.6
	600×600	3.0		600×600	3.0
	900×900	3.0		900×900	3.0
	1200×1200	3.0		1200×1200	3.0
	1500×1500	3.0		1500×1500	3.0
0.4	300×300	3.0	0.8	300×300	1.0
	600×600	3.0		600×600	2.1
	900×900	3.0		900×900	3.0
	1200×1200	3.0		1200×1200	3.0
	1500×1500	3.0		1500×1500	3.0

续表

柱荷载比 n	截面尺寸 /（mm×mm）	耐火极限 /h	柱荷载比 n	截面尺寸 /（mm×mm）	耐火极限 /h
0.5	300×300	3.0	0.9	300×300	0.4
	600×600	3.0		600×600	0.9
	900×900	3.0		900×900	1.4
	1200×1200	3.0		1200×1200	2.0
	1500×1500	3.0		1500×1500	2.6

注：表内中间值可用插值法求得。

上述成果为广东省标准《建筑混凝土结构耐火设计技术规程》（DBJ/T 15-81-2011）（2011）中型钢混凝土结构抗火设计条文的编制提供了依据。

3.6　本 章 结 论

本章通过试验研究和理论分析，论述了火灾作用下型钢混凝土构件截面温度分布及耐火极限的研究成果。研究表明，构件截面周长和长细比对火灾下型钢混凝土柱承载力影响系数的影响较为显著，其他参数的影响不明显；而截面尺寸是影响火灾下型钢混凝土梁抗弯承载力的主要因素。在参数分析结果的基础上，本章提出了 ISO-834 标准火灾作用下型钢混凝土柱和梁承载力影响系数和耐火极限的实用计算方法。

参 考 文 献

陈骥，2006. 钢结构稳定理论与设计 [M]. 3 版. 北京：科学出版社.

广东省标准，2011. 建筑混凝土结构耐火设计技术规程（DBJ/T 15-81—2011）[S]. 广州：广东省住房和城乡建设厅.

过镇海，时旭东，2003. 钢筋混凝土的高温性能及其计算 [M]. 北京：清华大学出版社.

韩林海，2007. 钢管混凝土结构——理论与实践 [M]. 2 版. 北京：科学出版社.

韩林海，2016. 钢管混凝土结构——理论与实践 [M]. 3 版. 北京：科学出版社.

韩林海，郑永乾，2005. SRC 和 RC 柱的耐火性能及抗火设计方法 [C]. 第三届全国钢结构防火及防腐技术研讨会暨第一届全国结构抗火学术交流会论文集，福州：21-56.

李国强，韩林海，楼国彪，等，2006. 钢结构及钢——混凝土组合结构抗火设计 [M]. 北京：中国建筑工业出版社.

李卫，过镇海，1993. 高温下混凝土的强度和变形性能试验研究 [J]. 建筑结构学报，14（1）：8-16.

陆洲导，1989. 钢筋混凝土梁对火灾反应的研究 [D]. 上海：同济大学.

陆洲导，朱伯龙，谭玮，1993. 钢筋混凝土梁在火灾后加固修复研究 [C]. 土木工程防灾国家重点实验室论文集：152-162.

南建林，过镇海，时旭东，1997. 混凝土的温度应力共同本构关系 [J]. 清华大学学报，37（6）：87-90.

沈聚敏，王志浩，江见鲸，1993. 钢筋混凝土有限元与板壳极限分析 [M]. 北京：清华大学出版社.

宋天诣，2011. 火灾后钢 - 混凝土组合框架梁 - 柱节点的力学性能研究 [D]. 北京：清华大学.

谭清华，2012. 火灾后型钢混凝土柱、平面框架力学性能研究 [D]. 北京：清华大学.

王孔藩，许清风，刘挺林，2005. 高温自然冷却后钢筋与混凝土之间粘结强度的试验研究 [J]. 施工技术，34（8）：6，11.

王彦宏，2004. 型钢混凝土偏压柱粘结滑移性能及应用研究 [D]. 西安：西安建筑科技大学.

吴兵，2006. 火灾前后钢管混凝土核心柱界面粘结性能的研究 [D]. 杭州：浙江大学.

吴波，2003. 火灾后钢筋混凝土结构的力学性能 [M]. 北京：科学出版社.

吴波，袁杰，李惠，周文松，2002. 高温下高强混凝土的爆裂规律与柱截面温度场计算 [J]. 自然灾害学报，11（2）：65-69.

谢狄敏，钱在兹，1998. 高温作用后混凝土抗拉强度与粘结强度的试验研究 [J]. 浙江大学学报，32（5）：597-602.

徐有邻，沈文都，汪洪，1994. 钢筋砼粘结锚固性能的试验研究 [J]. 建筑结构学报，15（3）：26-37.

杨勇，2003. 型钢混凝土粘结滑移基本理论及应用研究 [D]. 西安：西安建筑科技大学.

袁广林，郭操，吕志涛，2006. 高温下钢筋混凝土粘结性能的试验与分析 [J]. 工业建筑，36（2）：57-60.

张彬，李国强，2005. 型钢混凝土粘结性能研究现状 [J]. 结构工程师，21（5）：84-88.

郑永乾，韩林海，2006. 钢骨混凝土柱的耐火性能和抗火设计方法（Ⅰ）（Ⅱ）[J]. 建筑钢结构进展，8（2，3）：22-29，24-33.

郑永乾，韩林海，经建生，2008. 火灾下型钢混凝土梁力学性能的研究 [J]. 工程力学，9（25）：118-125.

中华人民共和国行业标准，1998. 钢骨混凝土结构设计规程：YB 9082—97 [S]. 北京：冶金工业出版社.

中华人民共和国行业标准，2002. 型钢混凝土组合结构技术规程：JGJ 138—2001 [S]. 北京：中国建筑工业出版社.

周新刚，吴江龙，1995. 高温后混凝土与钢筋粘结性能的试验研究 [J]. 工业建筑，25（5）：37-40.

朱伯龙，陆洲导，胡克旭，1990. 高温（火灾）下混凝土与钢筋的本构关系 [J]. 四川建筑科学研究，（1）：37-43.

AHMED A E, AL-SHAIKH A H, ARAFAT T I, 1992. Residual compressive and bond strengths of limestone aggregate concrete subjected to elevated temperatures [J]. Magazine of Concrete Research, 44（159）：117-125.

ANDERBERG G Y, THELANDERSSON S, 1976. Stress and deformation of concrete at hightemperatures：2 Experimental investigation and material behaviour [R]. Bulletin 54, Lund：Lund Institute of Technolgy.

BAZANT Z P, 1997. Analysis of pore pressure, thermal stress and fracture in rapidly heated concrete [C]. International workshop on fire performance of high-strength concrete, NIST Special Publication, 919：155-164.

BRATINA S, SAJE M, PLANINC I, 2007. The effectis of different strain contributions on the response of RC beams in fire [J]. Engineering Structures, （29）：418-430.

CHEN C C, LIN N J, 2006. Analysis model for predicting axial capacity and behaviour of concrete encased steel composite stub columns [J]. Journal of Constructional Steel Research, 62（5）：424-433.

CHIANG C H, TSAI C L, 2003. Time-temperature analysis of bond strength of a rebar after fire exposure [J]. Cement and Concrete Research, 33（10）：1651-1654.

CHIANG C H, TSAI C L, KAN Y C, 2000. Acoustic inspection of bond strength of steel-reinforced mortar after exposure to elevated temperatures [J]. Ultrasonics, 38（1-8）：534-536.

DAVIE C T, ZHANG H L, GIBSON A, 2012. Investigation of a continuum damage model as an indicator for the prediction of spalling in fire exposed concrete [J]. Computers and Structures, 94-95：54-69.

DIEDERICHS U, SCHNEIDER U, 1981. Bond strength at high temperautes [J]. Magazine of Concrete Research, 33（115）：75-84.

DOUGILL J W, 1972. Modes of failure of concrete panels exposed to high temperatures [J]. Magazine of Concrete Research, 24（79）：71-76.

DWAIKAT M B, KODUR V K R, 2009. Hydrothermal model for predicting fire-induced spalling in concrete structural systems [J]. Fire Safety Journal, 44（3）：425-434.

DWAIKAT M B, KODUR V K R, 2010. Fire induced spalling in high strength concrete beams [J]. Fire Technology, 46（2）：251-274.

ECCS-TECHNICAL COMMITTEE 3, 1988. Calculation of the Fire Resistance of Centrally Loaded Composite Steel-Concrete Columns Exposed to the Standard Fire, Fire Safety of Steel Structures, Technical Note [M]. European Convention for Constructional Steelwork.

EI-HAWARY M M, HAMOUSH S A, 1996. Bond shear modulus of reinforced concrete at high temperatures [J]. Engineering Fracture Mechanics, 55（6）：991-999.

ELLOBODY E, YOUNG B, 2010. Investigation of concrete encased steel composite columns at elevated temperatures [J]. Thin-Walled Structures, 48（8）：597-608.

EUROCODE 3. EN 1993-1-1：2005, 2005. Design of steel structures-part1-1：General rules and rules for buildings [S]. European Committee for Standardization, Brussels.

FIELDS B A, FIELDS R J, 1991. The prediction of elevated temperature deformation of structural steel under anisothermal conditions [R]. National Institute of Standards and Technology, Gaithersburg, MD, NCSTIR 4497, January.

HADDAD R H, AL-SALEH R J, AL-AKHRAS N M, 2008. Effect of elevated temperature on bond between steel reinforcement and fiber reinforced concrete [J]. Fire Safety Journal, 43（5）：334-343.

HADDAD R H, SHANNIS L G, 2004. Post-fire behavior of bond between high strength pozzolanic concrete and reinforcing steel [J]. Construction and Building Materials, 18 (6): 425-435.

HAMARTHY T A, 1965. Effect of moisture on the fire endurance of building elements [R]. ASTM Publication STP 385, American Society for Testing and Materials, West Conshohocken, USA.

HAN L H, TAN Q H, SONG T Y, 2015. Fire performance of steel reinforced concrete columns [J]. Journal of Structural Engineering, ASCE, 141 (4): 04014128.

HAN L H, ZHENG Y Q, TAO Z, 2009. Fire performance of steel-reinforced concrete beam-column joints [J]. Magazine of Concrete Research, 61 (7): 409-428.

HARMATHY T Z, 1993. Fire Safety Design and Concrete [M]. Longman Group UK Limited, UK.

HASS R, 1986. Zur Praxisgerechten Brandschutz-Technischen Beurteilung Von Stützen aus Stahl und Beton [R]. Institut für Baustoff, Massivbau und Brandschutz der Technischen Universitat Braunschweig, Heft 69.

HEINFLING G, REYNOUARD J M, MERABET O, et al., 1997. Thermo-elastic–plastic model for concrete at elevated temperatures including cracking and thermo-mechanical interaction strains [R]. In: Owen DR, Oñate E, Hinton E, editors. Computational plasticity: fundamentals and applications, vol. 2. Barcelona, Spain: CIMNE: 1493-1498.

HERTZ K, 1982. The anchorage capacity of reinforcing bars at normal and high temperatures [J]. Magazine of Concrete Research, 34 (121): 213-220.

HIBBITT, KARLSON and SORENSEN, Inc., 2004. ABAQUS/standard User 's Manual, Version 6.5.1 [CP]. Pawtucket, RI.

HUANG Z F, TAN K H, 2004. Effects of external bending moments and heating schemes on the responses of thermally restrained steel columns [J]. Engineering Structures, 26 (6): 769-780.

HUANG Z F, TAN K H, TING S K, 2006. Heating rate and boundary restraint effects on fire resistance of steel columns with creep [J]. Engineering Structures, 28 (6): 805-817.

ISO-834, 1975. Fire resistance tests-elements of building construction [S]. International Standard ISO 834. Switzerland, Geneva.

ISO-834, 1999. Fire resistance tests-elements of building construction-Part 1: General requirements [S]. International Standard ISO 834-1, Geneva.

KALIFA P, MENNETEAU F D, QUENARD D, 2000. Spalling and pore pressure in HPC at high temperatures [J]. Cement and Concrete Research, 30 (12): 1915-1927.

KHENNANE A, BAKER G, 1992. Thermo-plasticity models for concrete under varying temperature and biaxial stress [J]. Proc Royal Soc Lond A, 439 (1): 59-80.

KHOURY G A, 2000. Effect of fire on concrete and concrete structures [J]. Progress in Structural Engineering and Materials, 2 (4): 429-447.

KODUR V K R, DWAIKAT M, 2008. A numerical model for predicting the fire resistance of reinforced concrete beams [J]. Cement & Concrete Composites, 30 (5): 431-443.

KODUR V K R, WANG T C, CHENG F P, 2004. Predicting the fire resistance behaviour of high strength concrete columns [J]. Cement & Concrete Composites, 26 (2): 141-153.

KODUR V, DWAIKAT M, FIKE R, 2010. High-temperature properties of steel for fire resistance modeling of structures [J]. Journal of Materials in Civil Engineering, ASCE, 22 (5): 423-434.

LI L Y, PURKISS J, 2005. Stress-strain constitutive equations of concrete material at elevated temperatures [J]. Fire Safety Journal, 40 (7): 669-686.

LIE T T, DENHAM E M A, 1993. Factors affecting the fire resistance of circular hollow steel columns filled with bar-reinforced concrete [R]. NRC-CNRC Internal Report, No.651.

LIE T T, IRWIN R J, 1990. Evaluation of the fire resistance of reinforced concrete columns with rectangular cross-section [R]. NRC-CNRC Internal Report, No.601.

LIE T T, LIN T D, ALLEN D E, 1984. Fire resistance of reinforced concrete columns [R]. Division of Building Research, DBR Report, No.1167, National Research Council of Canada, Ottawa.

LU H, ZHAO X L, HAN L H, 2009. Fire behaviour of high strength self-consolidating concrete filled steel tubular stub columns [J]. Journal of Constructional Steel Research, 65 (10-11): 1995-2010.

MILOVANOV A F, SALMANOV G D, 1954. The influence of high temperatures upon the properties of reinforcing steels and upon bond strength between reinforcement and concrete [J]. Issledovanija po zharoupornym betonu i zhelezobetonu: 203-223.

MORLEY P D, ROYLES R, 1983. Response of the bond in reinforced concrete to high temperatures [J]. Magazine of Concrete Research, 35 (123): 67-74.

NECHNECH W, MEFTAH F, REYNOUARD J M, 2002. An elasto-plastic damage model for plain concrete subjected to high temperatures [J]. Engineering Structures, 24 (5): 597-611.

REICHEL V, 1978. How fire affects steel-to-concrete bond [J]. Building Research and Practice, 6 (3): 176-186.

ROYLES R, MORLEY P D, 1983. Further responses of the bond in reinforced concrete to high temperatures [J]. Magazine of Concrete Research, 35 (124): 157-163.

SADAOUI A, KACI S, KHENNANE A, 2007. Behaviour of reinforced concrete frames in a fire environment including transitional thermal creep [J]. Austrlian Journal of Structural Engineering, 7 (3): 167-184.

SADAOUI A, KHENNANE A, 2009. Effect of transient creep on the behaviour of reinforced concrete columns in fire [J]. Engineering Structures, 31 (9): 2203-2208.

SAITO H, 1965. Explosive spalling of prestressed concrete in fire [R]. Occasional Report No. 22. Japan: Building Research Institute.

SKOWROŃSKI W, 1993. Buckling fire endurance of steel columns [J]. Journal of Structural Engineering, 119 (6): 1712-1732.

SONG T Y, HAN L H, YU H X, 2010. Concrete filled steel tube stub columns under combined temperature and loading [J]. Journal of Constructional Steel Research, 66 (3): 369-384.

SONG T Y, HAN L H, YU H X, 2011, Temperature field analysis of SRC-column to SRC-beam joints subjected to simulated fire including cooling phase [J]. Advances in Structural Engineering, 14 (3): 361-373.

TAN K H, TING S K, HUANG Z F, 2002. Visco-elasto-plastic analysis of steel frames in fire [J]. Journal of Structural Engineering, ASCE, 128 (1): 105-114.

THELANDERSSON S, 1987. Modeling of combined thermal and mechanical action in concrete [J]. Journal of Engineering Mechanics, ASCE, 113 (6): 893-906.

YIN J, ZHA X X, LI L Y, 2006. Fire resistance of axially loaded concrete filled steel tube columns [J]. Journal of Constructional Steel Research, 62 (7): 723-729.

ZENG J L, TAN K H, HUANG Z F, 2003. Primary creep buckling of steel columns in fire [J]. Journal of Constructional Steel Research, 59 (8): 951-970.

第4章　全过程火灾作用下型钢混凝土构件的性能

4.1　引　言

本章建立了全过程火灾下型钢混凝土柱力学性能分析的有限元分析模型，进行了如图 1.14 所示的考虑全过程火灾作用的型钢混凝土（SRC）柱力学性能试验研究（Han 等，2016），所研究的型钢混凝土柱的截面如图 1.6（a，1）所示。在有限元分析和试验研究的基础上，本章对全过程火灾后型钢混凝土柱的力学性能进行了机理研究和参数分析，提出了型钢混凝土柱火灾后剩余承载力系数的实用计算方法，并对一实际工程进行了评估。

4.2　有限元模型

本书第 3.2.2 节已经给出了型钢混凝土构件耐火极限的有限元模型，确定了适用于钢和混凝土在常温和升温阶段的应力 - 应变关系。在进行全过程火灾后的型钢混凝土构件力学性能分析时，还需确定适合于钢和混凝土降温阶段和高温后阶段的应力 - 应变关系模型。

（1）材料的热力学模型

1）钢材应力 - 应变关系。

① 常温和升温阶段。钢材在常温和升温阶段的应力 - 应变关系采用 Lie 和 Denham（1993）给出的应力 - 应变关系模型，如式（3.2）所示。

② 降温阶段。降温段属于高温下向高温后过渡的一个中间范畴，因此材料的力学性能不仅和当前温度（T）有关，还与其历史上曾经历的最高温度（T_{max}）有关。对于降温段钢材的应力 - 应变关系模型，目前关于这方面的论述尚少见。

目前降温阶段采用的钢材材性主要有三类：第一类是 El-Rimawi 等（1996）在对钢结构进行分析时采用的 Ramberg-Osgood 模型；第二类为 Lien 等（2009）所采用的 Eurocode 3 Part 1.2 模型；这两类模型均采用了 El-Rimawi 等（1996）提出的降温段卸载假设来考虑钢材降温阶段应变反向的影响，但都没有考虑降温阶段所经历的历史最高温度对钢材当前材性的影响；第三类为韩林海（2007）和 Yang 和 Han 等（2008）采用的双折线模型，即假定钢材在降温段的应力 - 应变关系模型与高温后的形式相同，而屈服强度和屈服应变以当前温度为自变量在升温阶段和高温后阶段值之间插值获得。该模型可以考虑降温阶段钢材弹性段的材性恢复，但没有考虑强化段的材性恢复。

在韩林海（2007）和 Yang 和 Han 等（2008）采用的双折线模型基础上，本节进一步考虑了降温阶段钢材应力 - 应变关系强化段材性的恢复，假定钢材在弹性段和强化段的材性都有所恢复，即假定钢材在降温段的应力-应变关系模型与高温后的形式相同，而屈服强度和屈服应变以当前温度 T 为自变量在 T_o-T_{max} 之间插值获得，强化阶段的应力值以当前温度 T 为自变量在升温阶段和高温后阶段的应力值之间插值获得，具体表达式为

$$\sigma_s = \begin{cases} E_{sc}(T,T_{max})\,\varepsilon_s & \varepsilon_s \leqslant \varepsilon_{yc}(T,T_{max}) \\ \sigma_{sh}(T_{max}) - \dfrac{T_{max}-T}{T_{max}-T_o}\left[\sigma_{sh}(T_{max})-\sigma_{sp}(T_{max})\right] & \varepsilon_s > \varepsilon_{yc}(T,T_{max}) \end{cases} \quad (4.1)$$

式中：T 为当前温度；T_{max} 为历史最高温度；T_o 为常温，取 20℃；$E_{sc}(T,T_{max})$ 为降温过程中钢材的弹性模量，有

$$E_{sc}(T,T_{max}) = \frac{f_{yc}(T,T_{max})}{\varepsilon_{yc}(T,T_{max})}$$

其中，$f_{sc}(T,T_{max})$ 为降温过程中钢材的屈服强度，有

$$f_{yc}(T,T_{max}) = f_{yh}(T_{max}) - \frac{T_{max}-T}{T_{max}-T_o}\left[f_{yh}(T_{max})-f_{yp}(T_{max})\right]$$

$\varepsilon_{sc}(T,T_{max})$ 为降温过程中钢材的屈服应变，有

$$\varepsilon_{yc}(T,T_{max}) = \varepsilon_{yh}(T_{max}) - \frac{T_{max}-T}{T_{max}-T_o}\left[\varepsilon_{yh}(T_{max})-\varepsilon_{yp}(T_{max})\right]$$

上述式中：$f_{yh}(T_{max})$、$\varepsilon_{yh}(T_{max})$ 和 $\sigma_{sh}(T_{max})$ 为升温过程中钢材的屈服强度、屈服应变和强化阶段的应力；

$f_{yp}(T_{max})$、$\varepsilon_{yp}(T_{max})$ 和 $\sigma_{sp}(T_{max})$ 为高温后钢材的屈服强度、屈服应变和强化阶段的应。

降温阶段钢材的热膨胀和高温蠕变采用式（3.3）和式（3.13）给出的钢材的热膨胀和高温蠕变模型。

③ 高温后阶段。高温后钢材的力学性能与钢材种类、高温持续时间、冷却方式等因素有关。对于高温后不同类型钢材的应力-应变关系已有一定研究（李国强和韩林海等，2006），一般认为：高温状态下，钢材内部金相结构发生变化，强度和弹性模量随着温度的升高而不断降低，经过高温冷却后，其强度有较大程度的恢复。韩林海（2007）对火灾后钢管混凝土构件的力学性能进行研究时，对于自然冷却的结构钢的应力-应变关系采用双折线模型，取得较满意的计算效果。本章高温后钢材也采用该模型，表达式为

$$\sigma_s = \begin{cases} E_{sp}(T_{max})\,\varepsilon_s & \varepsilon_s \leqslant \varepsilon_{yp}(T_{max}) \\ f_{yp}(T_{max}) + E'_{sp}(T_{max})\left[\varepsilon_s-\varepsilon_{yp}(T_{max})\right] & \varepsilon_s > \varepsilon_{yp}(T_{max}) \end{cases} \quad (4.2)$$

式中：高温后钢材的屈服强度 $f_{yp}(T_{max})$ 按下式确定（曹文衔，1998），即

$$f_{yp}(T_{max}) = \begin{cases} f_y & T_{max} \leqslant 400℃ \\ f_y\left[1+2.33\times10^{-4}(T_{max}-20)-5.88\times10^{-7}(T_{max}-20)^2\right] & T_{max} > 400℃ \end{cases} ;$$

高温后钢材的屈服应变为

$$\varepsilon_{yp}(T_{max})=f_{yp}(T_{max})/E_{sp}(T_{max})$$

式中：T_{max} 为历史遭受的最高温度。

弹性段取：$E_{sp}(T_{max})=E_s=2.06\times10^5\,N/mm^2$；

强化段取：$E'_{sp}(T_{max})=0.01E_{sp}(T_{max})=2.06\times10^3\,N/mm^2$；

在高温冷却后，钢材的泊松比与常温相比基本不变，取 $\nu_s=0.283$。

以 Q345 钢材为例，图 4.1 给出不同阶段钢材的应力 - 应变关系模型。常温阶段温度为 20℃，升温阶段温度为 600℃，降温阶段历史最高温度为 600℃、当前温度为 400℃，高温后阶段历史最高温度为 600℃。

2）混凝土应力 - 应变关系。

① 常温和升温阶段。常温和升温阶段的混凝土应力 - 应变关系模型采用式（3.6）给出的无约束区混凝土的应力 - 应变关系模型。

图 4.1　钢材的应力（σ_s）- 应变（ε_s）关系曲线

② 降温阶段。与钢材相似，降温段混凝土的应力 - 应变关系与当前温度 T 和历史最高温度 T_{max} 都有关，所不同的是，高温后混凝土的力学性能不仅没有得到恢复，反而更加劣化。Yang 和 Han 等（2008）在对升、降温火灾作用下钢管混凝土柱的力学性能进行研究时，假定降温阶段钢管核心混凝土的力学性能与当前温度 T 无关，只与 T_{max} 有关，采用了高温后混凝土的应力 - 应变关系模型，取得了较好的计算效果。这里对于降温阶段混凝土的应力 - 应变关系同样采用高温后的模型，如式（4.3）所示。

降温阶段混凝土的热膨胀变形、高温徐变和瞬态热应变模型如第 3 章的式（3.8）、式（3.15）和式（3.16）所示。

③ 高温后阶段。考虑到材料应力 - 应变关系模型在不同阶段的连续性及计算收敛效率，高温后阶段的非约束混凝土的应力 - 应变关系采用 Lin 等（1995）模型，其方程形式与式（3.6）相同，仅将高温下的圆柱体抗压强度 $f'_c(T)$ 修改为 Lie 等（1986）中提出的高温后圆柱体抗压强度 $f_{cp}'(T_{max})$，具体公式如下式所示：

$$\frac{\sigma_c}{f'_{cp}(T_{max})}=\begin{cases}1-\left(\dfrac{\varepsilon_{op}-\varepsilon_c}{\varepsilon_{op}}\right)^2 & \varepsilon_c\leqslant\varepsilon_{op}\\[3mm]1-\left(\dfrac{\varepsilon_c-\varepsilon_{op}}{3\varepsilon_{op}}\right)^2 & \varepsilon_c>\varepsilon_{op}\end{cases}\qquad(4.3)$$

式中：ε_{op} 为高温后阶段经历最高温度 T_{max} 的混凝土的峰值应变；$f'_{cp}(T_{max})$ 为高温后阶段经历最高温度 T_{max} 的混凝土圆柱体抗压强度，其中

$$\varepsilon_{op}=0.0025+(6T_{max}+0.04T_{max}^2)\times10^{-6}$$

$$\frac{f_{cp}^{'}(T_{max})}{f_c^{'}}=\begin{cases}1-0.001\,T_{max} & 0°C<T_{max}\leqslant500°C\\1.375-0.00175T_{max} & 500°C<T_{max}\leqslant700°C\\0 & T_{max}>700°C\end{cases}$$

（2）初始条件、边界条件和界面处理

实际结构中的型钢混凝土柱存在初始缺陷，如加工和装配的误差，焊接型钢的残余应力等，在有限元模型中按照 3.2.2 节的方法考虑。

进行力学性能分析时，需保证网格划分与相应温度场分析完全一致，以便温度场分析结果被正确导入。在对本章第 4.3 节所进行的试验进行模拟时，对于发生了高温爆裂的构件，在进行力学性能分析时，采用和温度场分析类似的方法，即采用"单元生死"技术将爆裂的混凝土层删除，其爆裂区域和尺寸以及爆裂时间也与温度场分析保持一致。

当对本章第 4.3 节所开展的试验进行模拟时，力学性能分析模型中的边界与试验中试件的受火、受力及位移边界条件保持一致，柱端端板采用固结、铰接或约束端板平面内转动和水平方向的位移。

第 3.4.3 节的分析结果表明，型钢－混凝土界面的粘结滑移对型钢混凝土柱的火灾下受力性能影响较小。因此，为简化计算，对于本章所研究的型钢混凝土结构，不考虑钢和混凝土界面粘结滑移，可通过有限元程序中提供的"Tie"或"Embedded"约束来模拟型钢－混凝土、钢筋－混凝土之间的接触。

（3）不同阶段本构关系自动识别和转换的程序模块

在升、降温火灾作用下，截面内部材料将经历常温、升温、降温和高温后 4 个阶段。由于混凝土的热惰性，当环境温度进入降温阶段时，构件外部区域也已进入降温阶段，但内部区域仍可能持续升温；截面不同位置进入升、降温的临界时间和经历的历史最高温度不同，位置距受火面越远，其升、降温的临界时间越晚，经历的历史最高温度也越低。

因此，在有限元模型计算过程中需要考虑不同阶段应力－应变关系和经历的历史最高温度的影响。本节定义了代表历史最高温度和所处全过程加载不同阶段的 2 个场变量，实现了每个积分点历史最高温度和所处全过程加载的不同阶段的自动识别和转换。

编制实现上述功能的计算程序的步骤如下。

1）在场变量子程序 USDFLD 中定义 2 个场变量，分别代表历史最高温度和所处全过程加载的不同阶段。

2）通过温度膨胀应变子程序 UEXPAN 读入主程序中每个增量步 Increment 的温度增量 ΔT。不同阶段的温度增量 ΔT 的变化不同：常温阶段，$\Delta T=0$；升温阶段，$\Delta T>0$；降温阶段，$\Delta T<0$；高温后阶段，$\Delta T=0$。在计算过程中，当出现当前增量步 $\Delta T>0$ 且下一个增量步 $\Delta T<0$ 时，表明该积分点已达到最高温度，并将当前的温度（即最高温度）赋值与 field（1）；接着在场变量子程序 USDFLD 读入当前的荷载步 Step，结合荷载步 Step 和 ΔT，可用 field（2）＝1、2、3 和 4 分别代表常温、升温、降温和高温后 4 个阶段。

3）确定积分点所处的温度阶段后，根据已定义的材性标识 field（1）和 field（2），程序即可通过 field（1）和 field（2）相对应来实现自动选择不同阶段的材料模型。

需要注意的是，在定义材料本构关系时，如材料弹性模量和应力 - 应变关系，除与当前温度相关外，还需与 field（1）和 field（2）相关，以保证每个积分点材料应力 - 应变关系的自动识别和转换。

（4）考虑混凝土高温徐变和瞬态热应变的程序模块

为了将根据式（3.15）和式（3.16）获得的混凝土高温徐变（ε_{ccr}）和瞬态热应变（ε_{ctr}）引起单边变形计入有限元模型中，采用 ABAQUS 软件中提供的用户自定义热膨胀应变子程序 UEXPAN，对其进行二次开发，将高温徐变和瞬态热应变引起的应变增量叠加在热膨胀引起的应变增量中，获得等效热膨胀应变，步骤如下：

1）在材料本构定义时将材料膨胀系数选为自定义子程序 UEXPAN 和场变量子程序 USDFLD；并通过用关键字 DEPVAR 定义 SDV（solution dependent state variables）的个数，SDV 可用于存储每个增量步 INCREMENT 内与解相关的变量，如应力和应变等，可在不同子程序之间传递。

2）对于每个增量步 INCREMENT 内的初始应力 σ_{ij}^c，可通过函数 GETVRM 调用，并将其赋值给预先定义的 SDV；通过 SDV 将当前增量步下的应力值传递至子程序 UEXPAN 中；而通过子程序 UEXPAN 中可获得当前增量步的初始时间 t、时间增量 Δt、初始温度 T 和温度增量 ΔT。

采用式（3.8）、式（3.15）和式（3.16）计算将热膨胀应变增量、高温徐变应变增量和瞬态热应变增量叠加，获得等效热膨胀应变增量的分量 $(\Delta \bar{\varepsilon}_{th,c})_{ij}$。具体的计算程序参照谭清华（2012）。

图 4.2 所示为考虑高温爆裂的型钢混凝土柱网格划分情况。混凝土、刚性端板、型钢和钢筋的单元类型与第 3.2.2 节一致。通过网格敏感性分析确定网格划分方法，混凝土网格大小最终确定为：长和宽方向网格尺寸 10～20mm，高度方向为长和宽方向大

图 4.2　型钢混凝土柱的有限元模型

小的 1～2 倍。

有限元模型在计算型钢混凝土构件耐火极限时的正确性已在第 3 章得到验证，计算型钢混凝土柱火灾后剩余承载力的有限元模型得到本章第 4.3 节进行的全过程火灾后型钢混凝土柱试验结果验证。

4.3　型钢混凝土柱全过程火灾下力学性能试验研究

4.3.1　试验概况

进行了型钢混凝土柱在图 1.14 所示 A→A′→B′→C′→D′→E′ 时间 - 温度 - 荷载路径下的力学性能试验（谭清华，2012），研究型钢混凝土柱在全过程火灾作用下的耐火极限、剩余承载力、试件温度 - 受火时间关系、轴向位移 - 受火时间关系等。

（1）试件设计和制作

五个型钢混凝土柱试件高度均为 3800mm，试件具体尺寸如表 4.1 和图 4.3 所示，其中 B 为方形截面柱边长；h、b_f、t_w 和 t_f 分别为工字钢梁高度、宽度、腹板厚度和翼缘厚度；t_h 为升温时间。试件 SRCC1 和 SRCC2 为耐火极限试验；试件 SRCC3、SRCC4 和 SRCC5 为全过程火灾后试验。试验参数包括：①升温时间：先进行同一尺寸类型柱在典型荷载比作用下的耐火极限试验；全过程火灾后试验以相应的耐火极限 t_R 作参照，升温 $0.3t_R$ 或 $0.6t_R$ 后降温，降温采用自然降温；②n 为柱荷载比，按式（3.17）所示。

表 4.1　型钢混凝土柱试件信息表

试件编号	$B \times B/$（mm×mm）	$h \times b_f \times t_w \times t_f/$（mm×mm×mm）	配筋	n	N_F/kN	t_h	试验类型
SRCC1				0.50	3500	t_R	耐火极限
SRCC2				0.25	1750	t_R	耐火极限
SRCC3	300×300	150×150×9.3×9.3	4φ16	0.50	3500	$0.3t_R$	全过程火灾后
SRCC4				0.50	3500	$0.6t_R$	全过程火灾后 *
SRCC5				0.25	1750	$0.3t_R$	全过程火灾后

*试件 SRCC4 在升温过程中由于爆裂造成截面削弱，升温 42min 时即达耐火极限而破坏。

（2）材料性能

试件中使用的钢材和钢筋材性通过拉伸试验确定，获得的弹性模量（E_s）、屈服强度（f_y）、极限强度（f_u）和钢材弹性阶段的泊松比（ν_s），如表 4.2 所示。

表 4.2　钢材力学性能指标

材料类型	钢板厚度或钢筋直径 /mm	$E_s/$（×10⁵N/mm²）	$f_y/$ MPa	$f_u/$ MPa	ν_s
型钢钢板	9.3	1.88	381	535	0.269
纵筋	φ16	1.62	382	521	0.269
箍筋	Φ8	1.82	260	434	0.263

混凝土的配合比和采用的原材料如表 4.3 所示。试件浇筑完 8 个月后开展试验，测得 28 天和试验时的立方体抗压强度分别为 68MPa 和 84MPa，对应的弹性模量分别为 37 200N/mm² 和 39 400N/mm²。

表 4.3　混凝土配合比（单位：kg/m³）

	水	水泥	河砂	石（花岗岩）	减水剂
质量	180	545	852	923	8
原材料	自来水	42.5 硅酸盐	含水率 6%	含水率 0.2%	—

图 4.3　试件尺寸和测点布置（尺寸单位：mm）

（3）试验方法

试验在亚热带建筑科学国家重点实验室的垂直构件火灾试验炉内进行。图 4.4 所示为试件在炉膛内的布置情况。为维持柱两端边界条件的恒定以及保护柱上端的加载和测试装置，柱上部和下部 400mm 长度范围内包裹陶瓷纤维毯进行防火保护。

耐火极限试验方法如第 3 章所述。考虑全过程火灾作用的火灾后试验方法分四个阶段，即常温下加载至设计荷载，保持荷载恒定，炉膛平均温度按 ISO-834（1975）标准曲线升温，然后自然降温，待柱截面内部降至常温后进行火灾后加载至柱发生破坏。

试验过程中测量了炉膛平均温度、跨中截面处不同特征点的温度、柱顶轴向位移以及试件的耐火极限和火灾后剩余承载力。具体温度测点位置如图 4.3 所示。

图 4.4　柱在火灾试验炉内的布置

4.3.2　试验结果及分析

（1）试验现象与破坏特征

试件 SRCC1 和 SRCC2 为耐火极限试验，试件 SRCC3、SRCC4 和 SRCC5 为与耐火极限试验对应的全过程火灾后试验，试验现象和破坏特征如下。

1）升温阶段。

试件在升温过程中可观测到以下现象。

① 升温 30～35min（炉腔温度 720～850℃）时，柱上端板处观察到水蒸气。

② 升温过程中试件的混凝土保护层出现高温爆裂现象。升温时试验炉密封，在一侧炉壁中上部设置有观察孔，但由于观察角度和区域有限，混凝土爆裂的初爆时间及持续时间主要结合爆裂产生的声音和测点的温度曲线的升温速率发生较大变化来判断；待炉门打开后可见到由于爆裂产生的混凝土块体和碎屑，且随着爆裂程度不同炉内壁和炉内测炉温热电偶（用耐高温钢保护）也会受到不同程度的损失，由此可见爆裂所产生的冲击力。图 4.5（a，1）和（a，2）为典型试件火灾后不同位置的爆裂情形。爆裂时间多集中在受火 9～46min 内（炉腔温度 566～877℃）；爆裂区域和深度多集中在钢筋的混凝土保护层。本试验高强型钢混凝土柱的爆裂规律与吴波等（2002）采用高强混凝土的钢筋混凝土柱表现出的规律类似。

③ 试件 SRCC1 和 SRCC2 为耐火极限试验，分别在升温 109min（炉腔温度 1008℃）和 101min（炉腔温度 1004℃）时，柱端无法持荷，同时伴随较大断裂声，试验结束。由于升温时间较长（大于混凝土爆裂发生的持续时间），受火面混凝土爆裂比较充分和均匀，试件 SRCC1 和 SRCC2 发生了压弯破坏，绕型钢弱轴失稳，在靠近柱中上部（试件 SRCC1）和柱中部（试件 SRCC2）侧向挠度最大。

以 SRCC1 为例，图 4.5（a，1）给出了柱的整体压弯破坏形态。对于拟进行全过程火灾后试验的试件 SRCC4，升温至 42min 时，在高 400～1000mm 范围内，由于纵筋的混凝土保护层发生爆裂，截面有所削弱，此区域的纵筋弯曲，型钢翼缘发生轻微的局部屈曲，混凝土压碎而导致柱提前发生轴压破坏。

2）降温阶段。

炉内温度降至 100℃ 以下时，将炉门打开；观察到试件 SRCC3 和 SRCC5 在降温过程中有如下试验现象。

① 未爆裂的混凝土表面呈暗红色，表面出现间距 150～200mm 的横向裂缝。

② 对于发生了爆裂的混凝土面，在炉门打开后，骨料与空气中的水汽发生反应，导致混凝土自然掉落。

3）火灾后阶段。

对于试件 SRCC3 和 SRCC5，升温时间均在 30min 左右（小于混凝土爆裂的一般持续时间 46min），导致受火高度范围内混凝土爆裂不充分、不均匀。火灾后分级加大柱轴向荷载时，有明显爆裂发生处（试件 SRCC3 和 SRCC5 分别在其高度 2600～3400mm 和 400～1300mm 范围内），由于纵筋弯曲和混凝土压碎而导致柱发生轴压破坏，以试件 SRCC3 为例，图 4.5（b，1）为柱轴压破坏形态。试验结束时，试件 SRCC3 和 SRCC5 的火灾后剩余承载力分别为 5.068×10^3kN 和 4.857×10^3kN。

为观察破坏区域内部纵筋、混凝土和型钢的变形情况，试验后将两类破坏形态的代表构件，如试件 SRCC1 和 SRCC3，在不影响钢筋和型钢变形的情况下，将破坏区域混凝土凿开以查看内部纵筋和型钢，分别如图 4.5（a，2）和（b，2）所示。

可见，对于压弯破坏形态，由图 4.5（a，2）可知，纵筋弯曲，型钢翼缘出现局部屈曲，并且绕型钢弱轴方向失稳，破坏区域混凝土压碎并和型钢翼缘分离，其他部分混凝土与型钢、钢筋共同工作良好。

对于轴压破坏形态，由图 4.5（b，2）可知，纵筋弯曲，型钢发生轻微的局部鼓曲，破坏区域混凝土压碎并和型钢翼缘分离，其他部分混凝土与型钢、钢筋共同工作良好。

试验过程中观察到混凝土高温爆裂，通过对试验现象，如声音、温度变化等，进行仔细分析，可以近似获得各试件的混凝土爆裂开始时间、爆裂开始时炉温、爆裂结束时间和爆裂结束时炉温等参数，具体信息如表 4.4 所示，其中，P_a 为最大横截面混

（1）整体破坏形态

纵筋弯曲

型钢局部屈区

纵筋弯曲

（2）内部型钢和钢筋

（a）整体压弯破坏（SRCC1）

图 4.5　典型型钢混凝土试件破坏形态

（1）整体破坏形态　　　　　　　　　　　（2）内部型钢和钢筋

（b）轴压破坏（SRCC3）

图 4.5　（续）

凝土爆裂面积比，$P_a = \max(A_{sp}/A)$，A_{sp} 为对应某一横截面的爆裂面积，A 为未爆裂横截面面积；P_v 为混凝土爆裂体积比，$P_v = V_{sp}/V$，V_{sp} 为爆裂混凝土体积，V 为受火混凝土总体积。图 4.6 给出了对应每个试件的混凝土爆裂位置和深度示意图。

表 4.4　混凝土高温爆裂信息表

试件编号	爆裂开始时间 /min	爆裂开始时炉温 /℃	爆裂结束时间 /min	爆裂结束时炉温 /℃	P_a	P_v
SRCC1	16	655	35	784	36.67%	0.15%
SRCC2	14	574	46	793	40.00%	0.37%
SRCC3	9	566	31	823	15.56%	0.14%
SRCC4	15	650	41	877	40.00%	0.15%
SRCC5	16	655	35	784	26.67%	0.16%

（a）试件 SRCC1　　　　　　（b）试件 SRCC2　　　　　　（c）试件 SRCC3

图 4.6　型钢混凝土柱混凝土高温爆裂情况示意图（尺寸单位：mm）

(d) 试件SRCC4　　　　　　　(e) 试件SRCC5

(f) 混凝土爆裂深度统计

图 4.6　（续）

通过表 4.4 和图 4.6，可以得到如下的关于 SRC 柱混凝土高温爆裂的结论。

1）试验所进行的 5 个型钢混凝土柱均发生了高温爆裂。如表 4.4 所示，SRCC2 和 SRCC4 的 P_a 高达 40%，这表明高温爆裂对型钢混凝土柱截面的削弱作用较大。混凝土的高温爆裂主要由两个原因造成：本次试验的混凝土立方体抗压强度为 84MPa，高强混凝土在高温下更易于发生爆裂；本次试验所用混凝土的含水率为 5.98%，高含水率也会增加混凝土爆裂的可能性。

2）试验结果表明混凝土发生高温爆裂的位置较随机，各试验参数，如柱荷载比、升温时间和试验类型等，对混凝土爆裂的影响不明显。但表 4.4 的数据表明，本批型钢混凝土柱发生爆裂的平均开始时间是 14min，而平均结束时间是 38min，这可为有限元模型中考虑高温爆裂影响时提供参考依据。

图 4.7 为型钢混凝土柱整体破坏形态的计算与试验结果对比。计算考虑高温爆裂时，对于混凝土保护层爆裂比较均匀的试件，柱破坏形态为压弯破坏（试件 SRCC1 和 SRCC2），在柱截面削弱较大区域侧向挠度最大；对爆裂不均匀的试件，在爆裂造成截

（a）实测　　　　　　　　　　　　　　（b）计算

图 4.7　试件 SRCC1-SRCC5 破坏形态的计算与实测结果的对比

面削弱较大区域发生轴压破坏（试件 SRCC3、SRCC4 和 SRCC5），钢筋弯曲，型钢翼缘局部屈曲，混凝土压碎。计算得到的试件破坏形态与实测结果的规律总体上一致。

　　（2）耐火极限和火灾后剩余承载力

　　外荷载和升、降温火灾共同作用下型钢混凝土柱可能在升温、降温或火灾后加载阶段发生破坏（宋天诣，2011）。相比常温阶段，火灾后阶段的极限承载力即为火灾后柱的剩余承载力。定义在升温或降温过程中发生破坏的柱火灾后剩余承载力为 0（宋天诣，2011），则本节所述的 5 根型钢混凝土柱耐火极限或火灾后剩余承载力如表 4.5 所示。

表 4.5　型钢混凝土柱试件耐火极限和火灾后剩余承载力

试件号	SRCC1	SRCC2	SRCC3	SRCC4	SRCC5
试验类型	耐火极限	耐火极限	全过程火灾后	耐火极限	全过程火灾后
t_R 或 t_h/min	109	101	33	42	30
N_{ur}/kN	0	0	5068	0	4857
破坏类型	压弯破坏	压弯破坏	轴压破坏	轴压破坏	轴压破坏

　　图 4.8 所示为柱荷载比（n）对柱耐火极限（t_R）和火灾后剩余承载力（N_{ur}）的影响。由图 4.8（a）可知，当混凝土爆裂比较充分和均匀（即受火高度范围内混凝土截面削弱程度相近），柱发生压弯破坏时，n 对 t_R 影响较小；当受火高度范围内的混凝土爆裂不均匀，柱在爆裂造成的截面削弱较大处发生轴压破坏（脆性破坏）时，t_R 由压弯破坏时的 109min 变为轴压破坏时的 42min。

　　由图 4.8（b）可知，火灾后试件 SRCC3 和 SRCC5 试件的 N_{ur} 相差不大，前者略

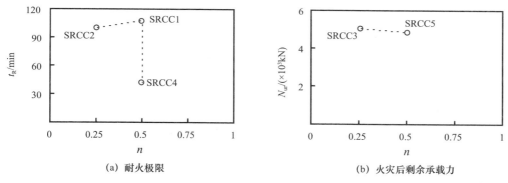

图 4.8　柱荷载比（n）对耐火极限（t_R）和火灾后剩余承载力

高 5%，这表明发生轴压破坏时，n 对 N_{ur} 影响较小；这是由于试件 SRCC3 和 SRCC5
的升温时间均为 $0.3t_R$（分别为 33min 和 30min），柱表面的混凝土保护层发生爆裂的程
度相近，且火灾后均在在截面削弱较大处发生了轴压破坏，两者 N_{ur} 相近。

　　图 4.9 所示为升温时间（t_h）对型钢混凝土柱火灾后剩余承载力的影响规律。由
图 4.9（a）可知，当 $n=0.5$，$t_h=33$min 时，其火灾后剩余承载力为 5068kN；如 t_h 达
到耐火极限（t_R）109min 时，其火灾后剩余承载力则降为 0kN。由图 4.9（b）可知，
当 $n=0.25$，$t_h=30$min 时，其火灾后剩余承载力为 4857kN；如 t_h 达到耐火极限（t_R）
101min 时，其火灾后剩余承载力降为 0。因此，升温时间越长，型钢混凝土柱火灾后
剩余承载力越低。

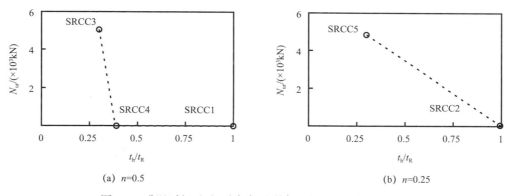

图 4.9　升温时间（t）对火灾后剩余承载力（N_{ur}）的影响

（3）温度 - 受火时间关系

　　图 4.10 为升、降温过程中实测平均炉膛温度（T）随受火时间（t）的变化曲线。
由图 4.10 可知，对于全过程火灾后试验，在升、降温 500min 后炉膛温度降至 100℃
以下。

　　图 4.11 为型钢混凝土柱试件测温点（图 4.3）的实测的和计算的温度（T）- 受火时
间（t）关系曲线，由图 4.11 可知：

　　1）比较型钢上各测点（1～3）的最高温度，可以发现在按 ISO-834 升温曲线升温
30～109min 的情况下，各测点的温度均在 400℃以下；比较同一试件中各测温点的 T-t

(a) 耐火极限试验试件　　　　　　　　　　(b) 全过程火灾后试验试件

图 4.10　实测炉膛温度（T）-受火时间（t）关系曲线

(1) 点1-3　　　　　　　　　　　　　　　(2) 点4-9

(a) 试件SRCC1

(1) 点1-3　　　　　　　　　　　　　　　(2) 点4-9

(b) 试件SRCC2

图 4.11　型钢混凝土柱试件实测温度（T）-受火时间（t）关系曲线

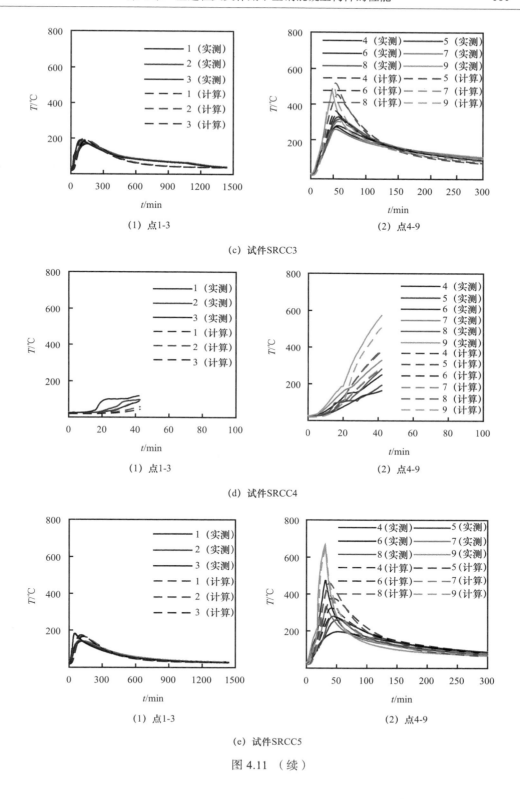

(c) 试件 SRCC3

(d) 试件 SRCC4

(e) 试件 SRCC5

图 4.11　（续）

关系曲线，型钢上测点以翼缘边缘（测点 3）最高，翼缘中心（测点 2）次之，腹板中心（测点 1）温度最低，各测点之间的温差在 30～100℃，并且升温时间越长温差越大。

2）比较纵筋和箍筋上各测点（4～9）的最高温度，其中测点 4、6、7 和 9 位于箍筋各肢中点，测点 5 和 8 位于同一对角线上的角部纵筋处。对于混凝土保护层未发生爆裂的测点，其 T-t 关系曲线和最高温度比较接近，表明柱近似为四面受火；而对于混凝土保护层发生不同程度的爆裂后的各测点，温度较相应未爆裂测点温度高，如测点 4（试件 SRCC1 和 SRCC5）、测点 8（试件 SRCC2）和测点 9（试件 SRCC1～SRCC5）；有的测点由于爆裂造成测点外露，其温度迅速提高，T-t 关系曲线接近升温曲线，如试件 SRCC2 中测点 9。

比较同一试件中各测温点的 T-t 关系曲线可知，在混凝土保护层未爆裂的情况下，测点 5（或 8）的温度要高于测点 4（或 6、7 和 9），这是由于前者处于两个受火面交界处，受热面大于后者。

3）对比图 4.11 试件 SRCC3 和 SRCC5 的 T-t 关系曲线以及图 4.10（b）的炉膛温度曲线可见：由于混凝土较大的比热容，截面内部混凝土和型钢上测点的温度峰值与炉膛温度峰值出现的时间表现出明显的滞后特性，且测点离受火面越远，其升降温临界时刻越滞后（宋天诣，2011）。以试件 SRCC3 中型钢翼缘处的测点 3 和箍筋中点处的测点 6 为例［如图 4.11（c）所示］，炉膛温度升温 33min 即达到最高温度 848℃，炉膛开始降温时测点 3 和测点 6 仍处于升温阶段；炉膛降温 15min 后，测点 6 达到最高温度 294℃，而测点 3 需待炉温降温 111min 后，才达到最高温度 168℃。

4）由试件 SRCC1、SRCC2 和 SRCC4 中测点的 T-t 关系曲线可见：曲线在 100℃附近出现平台段，越远离受火表面这种现象越明显（如测点 1、2 和 3），这是由于水分在 100℃时蒸发，并吸收热量，使升温速率降低（韩林海，2007；韩林海，2016）。

由图 4.11 还可知，考虑爆裂后，各测量温度较相应未爆裂测点温度高，如点 4（SRCC1 和 SRCC5）、点 8（SRCC2）和点 9（SRCC1～SRCC5），温度曲线的模拟结果总体上与试验结果吻合较好。

（4）轴向位移 - 受火时间关系

图 4.12 为实测的和计算的型钢混凝土柱试件轴向位移（Δ_c）- 受火时间（t）关系曲线，其中"计算 1"为不考虑爆裂得到的结果，"计算 2"为考虑爆裂时得到的结果。由图 4.12 可知，升温过程中柱端有一定的热膨胀位移，对于荷载比为 0.5 的试件（SRCC1、SRCC3 和 SRCC4），热膨胀引起的位移不足 3mm；对于荷载比为 0.25 的试件（SRCC2 和 SRCC5），试件 SRCC2 在发生轴压破坏前一直处于热膨胀阶段，最大膨胀位移达 7.7mm，试件 SRCC5 在升温阶段的膨胀位移达 2.6mm。

对于全过程火灾作用后的试件（SRCC3 和 SRCC5）的 Δ_c-t 曲线，在升温阶段（图中用 Ⅰ 表示）柱表现为膨胀位移，膨胀位移随荷载比大小的不同而有所差别；降温阶段（图中用 Ⅱ 表示）前期柱顶位移表现为压缩且随降温时间的增加而变大，但在 600min 后柱顶压缩位移变化幅度较小。火灾后阶段（图中用 Ⅲ 表示）柱轴向位移增加较快直至柱发生轴压破坏［在爆裂明显区域，纵筋弯曲，型钢翼缘发生局部屈曲，混

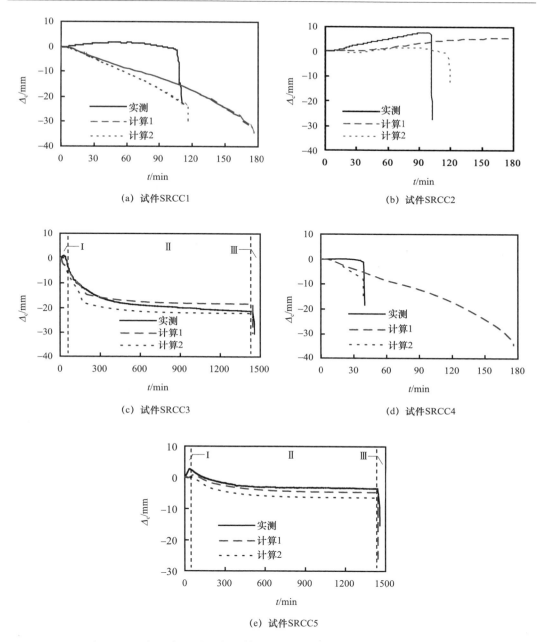

图 4.12　型钢混凝土柱试件柱轴向变形（Δ_{c}）-受火时间（t）关系曲线

凝土压溃，如图 4.5（b，2）所示]。

　　升温阶段柱位移表现为膨胀，这是由于截面内温度升高使材料产生的膨胀变形大于外荷载作用产生的压缩变形。降温阶段的柱顶位移增量由柱截面内部材料性能劣化区域扩大而产生的压缩位移和材料降温产生的收缩位移两部分组成（宋天诣，2011）。降温阶段结束时试件 SRCC3 和 SRCC5 的柱端轴压位移增量分别达到 18.2mm 和

6.16mm，是两个试件相应升温阶段的 12.4 和 2.3 倍。

由图 4.12 还可知，对耐火极限试验试件（SRCC1、SRCC2 和 SRCC4），由于混凝土爆裂对截面的削弱，考虑爆裂时计算得到的耐火极限比相应不考虑爆裂时的要低。

对于耐火极限试件，如爆裂较均匀的发生压弯破坏的试件（SRCC1 和 SRCC2），考虑爆裂时计算得到的耐火极限仅为不考虑爆裂时的 60%；如爆裂不均匀的发生轴压破坏的试件（SRCC4），则为 25%。

对火灾后试件，爆裂也造成火灾下型钢混凝土柱轴向位移急剧增大，且火灾后剩余承载力不同程度的削弱。在受火前 20min，柱轴向位移曲线的计算结果与试验结果吻合较好，这是由于在受火前 20min 柱内温度较低，且截面未发生爆裂；受火 20min 后爆裂混凝土同时退出工作，造成柱位移增加较大，而试验中混凝土爆裂集中在受火 9～46min 阶段，截面在上述时间段内逐渐削弱，因此计算曲线在后期与实测结果存在一定偏差。

4.4　工作机理分析

基于 4.2 节建立的有限元模型，采用典型算例进一步对全过程火灾后型钢混凝土柱的工作机理进行分析，包括温度（T）- 受火时间（t）关系、荷载（N）- 柱轴向变形（Δ_c）关系和火灾后剩余承载力等。

型钢混凝土柱计算参数的确定参考某实际工程的主要型钢混凝土柱截面尺寸，以及《型钢混凝土组合结构技术规程》（JGJ 138—2001）（2002）和《钢骨混凝土结构设计规程》（YB 9082—2006）（2007）。选定的典型算例的计算条件为：柱尺寸为 $D×B×H=$ 600mm×600mm×6000mm，型钢截面为 H360mm×300mm×16mm×16mm，纵筋 12 Φ 20，箍筋 φ10@200mm，型钢屈服强度 $f_{yc}=345$MPa，钢筋屈服强度 $f_{ybc}=335$MPa，混凝土立方体抗压强度 $f_{cuc}=60$MPa；钢筋的混凝土保护层厚度为 30mm，柱两端铰支。由以上基本计算条件可进一步获得柱长细比、截面含钢率和截面配筋率等参数。

柱长细比 $λ=35$，按照式（3.20）计算；截面含钢率 $α_c=4\%$，按照式（3.22）计算；柱配筋率为 $ρ_c=1\%$，按照式（3.21）计算；柱荷载比 $n=0.2$，按照式（3.17）计算采用有限元建模计算得到常温下柱极限荷载值 $N_u=24500$kN。

由于一般建筑室内火灾升温时间处于 15～60min（李国强和韩林海 等，2006；Barnett，2002；Lennon 和 Moore，2003；Pope 和 Bailey，2006），本节典型算例取升温时间 $t_h=45$min，并按照 ISO-834（1980）火灾曲线进行升、降温。

4.4.1　温度 - 受火时间关系

图 4.13 为升温时间 $t_h=45$min 时型钢混凝土柱跨中截面上不同特征点的温度（T）- 受火时间（t）曲线。为使曲线清晰和便于分析，图中仅给出了前 600min 内的温度曲线（一般情况下，600min 左右截面内温度已降至 100℃以下），图中 B′ 和 C′ 时刻分别与图 1.14 中的两点对应：B′ 为环境升温结束时刻，C′ 为环境温度降至室温时刻。

由图 4.13 可知，在升、降温火灾下型钢混凝土柱截面温度分布具有如下特点：

(a) 混凝土　　　　　　　　　　　　　(b) 钢型

图 4.13　截面内各特征点的温度（T）- 受火时间（t）关系曲线（$t_h=45\text{min}$）

1）截面内各点达最高温度的时刻与环境温度达到最高温度的时刻相比，表现出滞后现象；以截面特征点 2 点（角部纵筋位置）为例，达到最高温度的时间比环境温度峰值点滞后约 40min；这种现象随着离受火表面的距离增加而愈加明显。温度滞后现象的存在表明：即使结构外界火灾处在降温段，结构内部温度仍会处于升温段，结构在火灾降温段仍可能因内部升温而发生破坏（韩林海等，2011）。

2）对于型钢，以翼缘边缘（测点 4）最高，翼缘中心（测点 5）次之，腹板中心（测点 6）温度最低；环境温度最高达 902℃，而内部型钢最高温度仅为 124℃，这表明混凝土保护了内部的型钢，使其在火灾后仍具有较好的工作性能。

图 4.14 为升温时间 $t_h=45\text{min}$ 并降至室温后，截面内各点经历的历史最高温度分布图。由图 4.14 可知，从受火面至截面中心，截面内各点的历史最高温度各不相同，越靠近受火面，所经历的历史最高温度越高。历史最高温度是降温阶段和火灾后阶段材料力学性能研究的基础，在柱四面均匀受火的情况下，历史最高温度的分布，近似呈现一定的层次性。本章 4.2 节编制的程序更适合图 4.14 中截面内各点历史最高温度

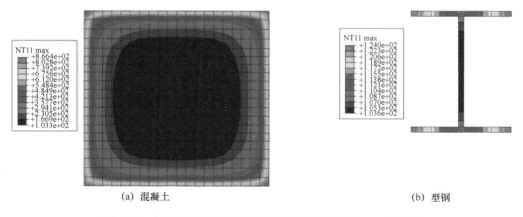

(a) 混凝土　　　　　　　　　　　　　(b) 型钢

图 4.14　截面内各点经历的历史最高温度分布（$t_h=45\text{min}$）

分布各不相同的特点。

4.4.2　荷载－柱轴向变形关系

图 4.15 为型钢混凝土柱荷载（N）- 柱轴向变形（Δ_c）关系曲线，图中 A′、D′ 和 E′ 分别与图 1.14 中各特征点对应，为便于说明问题图中轴压荷载和轴向压缩位移均取为正值。对全过程火灾后型钢混凝土柱荷载（N）- 柱轴向变形（Δ_c）关系曲线描述如下。

1）常温阶段（AA′）：常温下施加外荷载，柱产生轴向压缩位移。

2）火灾下升温膨胀阶段（A′A$_1$）：开始升温时，柱荷载比较小（如 $n=0.2$）时柱开始产生膨胀，这是由于在荷载比较小的情况下，材料性能劣化产生的压缩位移小于热膨胀产生的膨胀位移。

3）火灾下升、降温压缩阶段（A′A$_1$D′）：当温度持续升高时，由于材性劣化程度较大，压缩位移超过热膨胀，柱进入压缩阶段；当外界温度进入降温阶段时，由于截面内部仍在持续升温以及混凝土在降温段材料性能较升温段材性劣化，柱轴向压缩位移进一步增加。

4）火灾后阶段（D′D$_p$E′）：火灾后阶段增加柱荷载，其轴向压缩位移进一步增加，达峰值点 D$_p$ 后，柱荷载下降位移增加较快，柱开始破坏。

图 4.15 中另给出了常温下一次加载曲线（AA′B$_p$E）。对比全过程火灾后与常温一次加载曲线可知，火灾作用使得型钢混凝土柱的剩余承载力降低，且对应的峰值应变较常温时增大；同时在升降温过程中维持外荷载不变的情况下，由于材料性能的变化在型钢混凝土柱内产生残余应力和变形（D′ 点）。

对比韩林海等（2011）所做全过程火灾后钢管混凝土柱荷载（N）- 柱轴向变形（Δ_c）关系曲线，型钢混凝土柱在降温过程未出现由于材料性能恢复造成的变形恢复阶段。这是由于有限元模型中采用的混凝土材料模型在降温阶段材料性能并未得到恢复而是进一步劣化，钢材的性能尽管较升温阶段有一定恢复，但由于混凝土的保护作用，其温度最高为 124℃，导致其在降温段压缩变形恢复较小（温度低于 400℃，材料性能在各个阶段差别较小）。

图 4.16 为不同荷载比下型钢混凝土柱的荷载（N）- 柱轴向变形（Δ_c）关系曲线，其中 $n=0$ 表示无初始外荷载作用仅经历火灾升、降温，火灾后再加载的 N - Δ_c 曲线；而 $n=0.2$、0.4 和 0.6 时，则为考虑外荷载和升降温火灾共同作用的火灾后 N-Δ_c 曲线，即图 1.14 中全过程加载路径。由图 4.16 可知，不考虑初始外荷载作用的火灾后 N-Δ_c 曲线（$n=0$）得到的火灾后剩余承载力比相应考虑初始外荷载和火灾升、降温共同作用的（$n=0.2$、0.4 和 0.6）高 8.6%～17.9%，火灾后剩余承载力对应的峰值位移比后者小 20.2%～47.6%；这表明按不考虑初始外荷载作用的火灾后得到的火灾后剩余承载力和对应的峰值位移偏于不安全。当 $n \geq 0.4$ 时，火灾下升温膨胀变形（即图 4.15 中的 A′A$_1$ 段）不明显或不出现，这是由于外荷载较大，热膨胀产生的拉伸变形不足以抵消外荷载产生的压缩变形；荷载比越大，在升降温过程中产生的残余应力和变形越大，火灾后的剩余承载力越低，对应的峰值位移也越大。

图 4.15 典型荷载（N）-柱轴向变形（Δ_c）关系曲线

图 4.16 不同荷载比下荷载（N）-柱轴向变形（Δ_c）关系曲线

4.4.3 截面荷载分布

以荷载比 $n = 0.2$ 的型钢混凝土柱为例，分析其在受力全过程和火灾作用全过程中混凝土、钢筋和型钢分担的荷载占外荷载的比例，如图 4.17 所示。图中 A、A′、B′、C′、D′ 和 E′ 分别与图 1.14 所示的各特征点对应，其中受压荷载为正值，受拉荷载为负值。

由图 4.17 可知，在常温阶段结束时刻（对应图 4.17 中 A′），型钢混凝土柱各部分均受压，其中钢筋、混凝土和型钢分别承担外荷载的 5%、75% 和 20%。升温初期，由于混凝土热惰性导致截面温度场分布不均匀，外围混凝土和钢筋

图 4.17 型钢混凝土柱各部分承担的外荷载所占比例

温度较高，热膨胀比内部型钢大，而材料强度和弹性模量在升温初期损失不大，外围混凝土和钢筋承担较大的荷载，环境温度升温结束时刻（对应图 4.17 中 B′），钢筋、混凝土和型钢分别承担的外荷载 20%、67% 和 13%。

随着环境温度开始下降，钢筋以及混凝土保护层逐渐进入降温阶段，由于钢筋的收缩受到混凝土抑制，钢筋承担的受压荷载逐渐减小并转变为受拉荷载；同时外围高温区混凝土性能的急剧恶化使钢筋和外围的混凝土承担的荷载减小，但内部混凝土和型钢的温度仍进一步升高，荷载主要由温度较低的型钢以及内部混凝土承担，至外界温度降至常温时刻（对应图 4.17 中 C′），钢筋、混凝土和型钢分别承担外荷载的 −15%、44% 和 71%；当内部混凝土和型钢进入降温阶段后，混凝土劣化区域向内扩展，此时

型钢承担的外荷载增加，最大达外荷载的93%；至型钢混凝土柱内温度全部降至常温时（对应图4.17中D′），钢筋、混凝土和型钢分别承担外荷载的—28%、52%和76%。以上分析结果表明，在火灾升、降温和外荷载恒定的过程中，型钢混凝土截面内发生了应力重分布。

进入火灾后阶段（对应图4.17中D′E′），截面内各点已降至常温，由于混凝土材料经高温劣化后不能恢复，而钢筋和型钢屈服强度基本得到恢复（钢筋和型钢经历的历史最高温度分别为530℃和124℃），随着外荷载的增加，钢筋、混凝土和型钢均受压，分别承担外荷载的7%、68%和25%，其各部分所占比例与相应常温下各部分所承担荷载的比例相近。

4.5　型钢混凝土构件火灾后力学性能评估

本节以典型的型钢混凝土柱为分析对象，计算了不同参数下其火灾后剩余承载力系数。基于参数分析结果，给出了型钢混凝土柱火灾后剩余承载力系数实用计算方法。以某一实际工程为例，简要论述了火灾后型钢混凝土结构力学性能的评估方法。

4.5.1　火灾后剩余承载力及实用计算方法

（1）火灾后剩余承载力

对于常温下轴向荷载和弯矩共同作用下的型钢混凝土柱，可采用图4.2所示的有

图 4.18　常温下和火灾后的 N/N_u-M/M_u 相关关系曲线

限元模型计算其单向压弯（如绕强轴 x 轴）的极限状态。具体步骤是：先求其轴压状态时的极限轴压承载力 N_u 和纯弯状态时的极限抗弯承载力 M_u；当型钢混凝土柱处于压弯状态时，可通过改变轴向荷载 N，求出相应的极限抗弯承载力 M，求出一系列点（M，N），得到 N-M 相关曲线；最后将 N-M 相关曲线上点（M，N）分别除以 M_u 和 N_u，得到常温下 N/N_u-M/M_u 相关曲线，如图4.18所示。

对于火灾后的型钢混凝土柱，与常温下不同，在初始外荷载 N 和 M 以及火灾升、降温作用下，截面内产生了残余应力和变形（对应图4.17中D′）。以降温段最末状态（对应图1.14中D′）为基准，采用类似常温下的方法，可得到火灾后型钢混凝土柱的 N/N_u-M/M_u 相关曲线，如图4.18所示。

由图4.18可知，常温下和火灾后的 N/N_u-M/M_u 相关曲线形状类似，$N/N_0=0.25$ 附近对应 N/N_u-M/M_u 相关曲线的点为界限破坏的临近点，$N/N_0>0.25$ 受压破坏（小偏心受压）；$N/N_0<0.25$ 受拉破坏（大偏心受压）。型钢混凝土柱外部的混凝土由于受到高温的影响，火灾后其材料性能会有所降低，导致柱的承载能力下降；经历火灾升、降温后型钢混凝土柱的压弯相关曲线会较火灾前向内偏移，但由于外部混凝土较好的保

护了内部混凝土、型钢和钢筋，使其受到的高温损伤较小，曲线向内偏移的程度有限（韩林海等，2011）。

对于处于压弯状态下的型钢混凝土柱，定义其火灾后剩余承载力系数 R 表达式如下：

$$R = \frac{N_{ur}(t_h)}{N_u} \tag{4.4}$$

式中：N_u 和 $N_{ur}(t_h)$ 分别为型钢混凝土柱常温下的极限承载力和升温时间为 t_h 的火灾后剩余承载力。

影响型钢混凝土柱火灾后剩余承载力系数的因素有三类：①几何参数，如截面周长（$C=2D+2B$，D 和 B 分别为截面长边和短边边长）、截面高宽比（$\beta = D/B$）、长细比（λ）、截面含钢率（α_c）和截面配筋率（ρ_c）等；②荷载参数，如升温时间（t_h）、荷载偏心率（e/r，其中，e 为荷载偏心距；对于 r，绕强轴弯曲时 $r=D/2$，绕弱轴弯曲时 $r=B/2$）等；③物理参数，如柱型钢屈服强度（f_{yc}）、柱纵筋屈服强度（f_{ybc}）和柱混凝土强度（f_{cuc}）等。

在进行参数分析时，以上参数的选取均采用实际工程中常用的量值；按 ISO-834（1980）标准火灾曲线升、降温时，升温时间（t_h）考虑 0、15min、30min、45min、60min 和 90min 共 6 种。为使得计算结果具有可比性，一种参数变化时保持其他参数不变。

下面采用典型算例分析各参数对火灾后剩余承载力系数 R 的影响。算例的计算条件是：柱 $D \times B \times L = 600\text{mm} \times 600\text{mm} \times 6000\text{mm}$，型钢 H360mm$\times$300mm$\times$16mm$\times$16mm，纵筋 12$\Phi$20，箍筋 ϕ10@200mm，$f_{yc}=345\text{MPa}$，$f_{ybc}=335\text{MPa}$，$f_{cuc}=60\text{MPa}$，$\alpha_c=4\%$，$\rho_c=1\%$，$e/r=0$，$C=2400\text{mm}$，$\lambda=35$，$t_h=45\text{min}$。

1）截面周长（C）。

截面周长（C）选取 1600mm、2400mm、3200mm 和 4000mm 共 4 种。图 4.19 为 C 对火灾后剩余承载力系数 R 的影响。由图 4.19 可知，在截面周长一定的情况下，随着升温时间的增加，R 有减小的趋势；在升温时间相同的情况下，截面周长对 R 有较大影响，截面周长越大，R 越大；反之，R 越小。这是由于截面周长越大，混凝土体积越大，构件吸热能力越强，而且外界温度传到内部就越慢，R 就越大；反之，R 就越小。

2）截面高宽比（β）。

截面高宽比（$\beta = D/B$）选取常用的 1、1.5 和 2 共 3 种。图 4.20 为截面高宽比（β）

图 4.19　截面周长（C）对 R 的影响

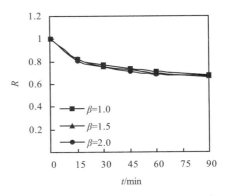

图 4.20　截面高宽比（β）对 R 的影响

对火灾后剩余承载力系数 R 的影响。由图 4.20 可知，在截面高宽比一定的情况下，随着升温时间的增加，R 有减小的趋势；在升温时间相同和截面周长一定的情况下，截面高宽比越大，混凝土面积越小，其热容越小，因此 R 有减小的趋势。总体上，截面高宽比对 R 的影响较小。

3）长细比（λ）。

长细比（λ）选取 17.5、35、52.5 和 70 共 4 种，通过调整柱高度可实现变化 λ 的目的。图 4.21 为长细比（λ）对火灾后剩余承载力系数 R 的影响。由图 4.21 可知，在长细比一定的情况下，随着升温时间的增加，R 有减小的趋势；在升温时间相同的情况下，长细比对 R 影响明显，这是由于长细比越大，"二阶"效应越明显，R 就越小。

4）柱荷载比（n）。

柱荷载比（n）选取 0.2、0.4 和 0.6 共 3 种。图 4.22 为柱荷载比（n）对火灾后剩余承载力系数 R 的影响。由图 4.22 可知，在柱荷载比一定的情况下，随着升温时间的增加，R 有减小的趋势；在升温时间相同的情况下，荷载比越大，经历火灾升、降温作用后型钢混凝土柱内的残余应力和变形越大，R 就越小。这是由于火灾后阶段开始即降温阶段结束时（图 1.14 中 D'），截面内已存在的残余应力和变形使柱截面的局部区域提前屈服，从而使柱刚度降低，因此其稳定承载力减小。总体上，柱荷载比对 R 有一定程度的影响，但不如截面周长影响明显。

图 4.21　长细比（λ）对 R 的影响

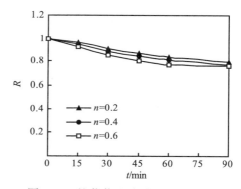
图 4.22　柱荷载比（n）对 R 的影响

5）荷载偏心率（e/r）。

荷载偏心率（e/r）选取 0、0.3、0.6、和 0.9 共 4 种。图 4.23 为荷载偏心率对火灾后剩余承载力系数 R 的影响。由图 4.23 可知，在荷载偏心率一定的情况下，随着升温时间的增加，R 有减小的趋势。在升温时间相同的情况下，当荷载偏心率 $e/r \leqslant 0.3$ 时，随着荷载偏心率的增大，受拉区混凝土开裂越明显，混凝土受压区面积减小，R 有降低的趋势；当荷载偏心率荷载偏心率 $e/r > 0.3$ 时，虽然受拉区混凝土开裂，但内部型钢特性能得到充分发挥，R 有上升的趋势（郑永乾，2007）。总体上，荷载偏心率对 R 影响较小。

6）混凝土强度（f_{cuc}）。

混凝土强度（f_{cuc}）选取常用的 40MPa、60MPa 和 80MPa 共 3 种，f_{cuc} 为 40MPa

和 60MPa 时，为普通混凝土，不考虑其高温爆裂；而对于 f_{cuc} 为 80MPa 时，采用 Kodur 等（2004）中提出的方法，认为混凝土保护层在达到 350℃时失效，考虑高温爆裂影响。

图 4.24 为混凝土强度对火灾后剩余承载力系数 R 的影响。由图 4.24 可知，当混凝土强度为 40MPa 和 60MPa 时，随着升温时间的增加 R 有减小的趋势；在升温时间一定的情况下，混凝土强度对 R 的影响较小；当混凝土强度为 80MPa 时，由于爆裂造成截面的削弱以及内部混凝土和型钢温度的升高，R 减小的程度比普通混凝土大。因此，普通混凝土和高强混凝土对 R 的影响应分别考虑。

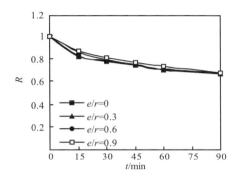

图 4.23　荷载偏心率（e/r）对 R 的影响　　　图 4.24　混凝土强度（f_{cuc}）对 R 的影响

7）型钢屈服强度（f_{yc}）。

型钢屈服强度（f_{yc}）选取常用的 235MPa、345MPa 和 420MPa 共 3 种。图 4.25 为型钢屈服强度对火灾后剩余承载力系数 R 的影响。由图 4.25 可知，在型钢屈服强度一定的情况下，随着升温时间的增加，R 有减小的趋势；在升温时间相同的情况下，随着型钢屈服强度的提高 R 有所增大，这是由于火灾后阶段型钢承担的外荷载比例达 25% 左右，型钢屈服强度对 R 有一定程度的影响。

8）纵筋屈服强度（f_{ybc}）。

纵筋屈服强度（f_{ybc}）选取常用的 235MPa、335MPa 和 400MPa 共 3 种。图 4.26 为柱纵筋屈服强度对火灾后剩余承载力系数 R 的影响。由图 4.26 可知，在纵筋屈服强

图 4.25　型钢屈服强度（f_{yc}）对 R 的影响　　　图 4.26　纵筋屈服强度（f_{ybc}）对 R 的影响

度一定的情况下，随着升温时间的增加，R 有减小的趋势；在升温时间相同的情况下，纵筋屈服强度对 R 的影响不明显。这是由于纵筋的体积含量较小，在火灾后阶段承担的外荷载比例仅为 7% 左右，总体上纵筋屈服强度变化对 R 影响较小。

9）柱截面含钢率（α_c）。

柱截面含钢率（α_c）选取 4%、6% 和 8%，通过调整柱型钢翼缘和腹板厚度可实现变化 α_c 的目的。图 4.27 为柱截面含钢率对火灾后剩余承载力系数 R 的影响。由图 4.27 可知，在柱截面含钢率相同的情况下，随着升温时间的增加，R 有减小的趋势；在升温时间相同的情况下，随着柱截面含钢率的提高 R 有所增大，这是由于火灾后阶段型钢承担的外荷载比例达 25% 左右。总体上，柱截面含钢率对 R 有一定程度的影响。

10）截面配筋率（ρ_c）。

截面配筋率（ρ_c）选取 1%、2% 和 3% 共 3 种，通过调整纵筋直径或数量可实现变化 ρ_c 的目的。图 4.28 为柱截面含钢率对火灾后剩余承载力系数 R 的影响。由图 4.28 可知，在截面配筋率一定的情况下，随着升温时间的增加，R 有减小的趋势；在升温时间相同的情况下，截面配筋率对 R 的影响不大。这是由于钢筋的体积含量较小，在火灾后阶段承担的外荷载比例仅为 7%，总体上截面配筋率的变化对 R 影响较小。

图 4.27　柱截面含钢率（α_c）对 R 的影响　　图 4.28　柱截面配筋率（ρ_c）对 R 的影响

综上所述，截面高宽比（β）、荷载偏心率（e/r）、柱纵筋屈服强度（f_{yb}）和截面配筋率（ρ_c）对型钢混凝土柱火灾后剩余承载力系数 R 的影响较小（在升温时间相同的情况下，火灾后剩余承载力系数最小值与最大值差别在 5% 以内）；柱荷载比（n）、型钢屈服强度（f_{yc}）和截面含钢率（α_c）对型钢混凝土柱火灾后剩余承载力系数的有一定程度的影响（在升温时间相同的情况下，火灾后剩余承载力系数最小值与最大值差别处于 5% 与 10% 之间）；而升温时间（t_h）、截面周长（C）、长细比（λ）和混凝土强度（f_{cuc}）则是影响型钢混凝土柱火灾后剩余承载力系数的主要因素（在升温时间相同的情况下，火灾后剩余承载力系数最小值与最大值差别大于 10%）。

（2）实用计算方法

根据参数分析的结果，可得型钢混凝土柱火灾后剩余承载力系数与主要影响因素升温时间（t_h）、截面周长（C）、长细比（λ）和混凝土强度（f_{cuc}）相关的部分计算表格，如表 4.6 所示。表 4.6 的适用范围为：$C=1600\sim4000$mm，$\lambda=17.5\sim70$，$t_h=$

0～90min［按 ISO-834（1975）升温］，$f_{cuc}=40\sim80$MPa，$f_{yc}=235\sim420$MPa，$f_{ybc}=235\sim400$MPa，$\alpha_c=4\%\sim8\%$，$\rho_c=1\%\sim3\%$，$e/r=0\sim0.9$。该表格可为火灾后型钢混凝柱的力学性能评估和修复加固提供参考，同时也为型钢混凝土框架柱的火灾后剩余承载力计算奠定基础。

在实际应用时，如已知型钢混凝土柱的截面周长（C）、长细比（λ）、混凝土强度（f_{cuc}）以及升温时间（t_h），即可获得升温时间为 t_h 时该型钢混凝土柱火灾后剩余承载力系数 R；再根据式（4.4）即可获得型钢混凝土柱火灾后的剩余承载力，其中常温下的极限承载力可根据相关规范或有限元方法获得。

表 4.6　型钢混凝土柱火灾后剩余承载力系数 R

C/mm	λ	f_{cuc}/MPa	t_h/min	R	C/mm	λ	f_{cuc}/MPa	t_h/min	R
1600	35	60	0	1.00	2400	35	40	0	1.00
			15	0.71				15	0.85
			30	0.63				30	0.81
			45	0.54				45	0.78
			60	0.50				60	0.76
			90	0.44				90	0.73
2400	35	60	0	1.00	2400	35	80	0	1.00
			15	0.82				15	0.71
			30	0.77				30	0.65
			45	0.74				45	0.61
			60	0.71				60	0.58
			90	0.67				90	0.51
3200	35	60	0	1.00	2400	17.5	60	0	1.00
			15	0.84				15	0.96
			30	0.78				30	0.92
			45	0.76				45	0.84
			60	0.71				60	0.75
			90	0.69				90	0.69
4000	35	60	0	1.00	2400	52.5	60	0	1.00
			15	0.85				15	0.89
			30	0.81				30	0.83
			45	0.77				45	0.67
			60	0.75				60	0.46
			90	0.71				90	0.38

注：表内中间值可采用插值法确定。

4.5.2　受火后结构性能的评估方法

建筑结构从进入正常使用阶段，到遭受火灾作用，直到火灾熄灭进行维修加固，其经历的历史阶段包括受力全过程和火灾全过程两个方面。

以整体结构中的柱为例，受力全过程为：①结构正常使用阶段作用在柱上的荷载；②遭受火灾时，火灾升、降温过程中，受火处材料性能变化和温度变化产生的温度内力的共同作用，使得这一阶段作用在柱上的力学荷载发生变化；③经历火灾后，结构如果没有倒塌，作用在柱上的力学荷载基本稳定，根据结构的损伤程度，对柱进行必要的修复和加固，使结构再次进入正常使用阶段。

火灾全过程为：①受火前，柱内部温度与结构外部温度基本相同，保持为常温；②火灾初期，柱周围可燃物和助燃物充足，结构外部温度升高，柱温度逐渐增加；③火灾后期，可燃物耗尽后，结构外界周围温度降低，由于热传导的滞后性柱仍有部分位置处于升温阶段，随着结构外界温度的持续降低，柱温度开始全面降低；④火灾熄灭一定时间后柱温度降为常温。

实际结构遭受火灾时，受力全过程和火灾全过程同时存在且相互作用。对火灾后结构的力学性能进行研究时，如何考虑这两个全过程将对研究结果具有重要的影响，充分考虑这两类全过程的研究方法对实际结构的抗火设计和火灾后修复加固更具有参考价值。建筑结构遭受火灾后，采用考虑受力全过程和火灾全过程的火灾后评估方法来评价结构的火灾后力学性能，进而制定合理的火灾后加固和修复方法对实际工程具有重要指导意义。基于上述思想，图 4.29 给出火灾后建筑结构力学性能评估方法框图。

对评估的具体过程和有关方法简要归纳如下。

（1）确认需评估的构件

根据受火后结构的检测报告和火灾现场调查等相关资料，将各类需要评估的梁、板、墙和柱构件分类制表。

（2）确定火荷载

根据检测报告和火灾现场调查结果，获得火灾发生时的火灾荷载和开口尺寸等参数，采用经验参数模型获得作用在结构构件上的温度‑受火时间曲线。

（3）确定作用在构件上的力

火灾发生时，作用在结构上的荷载有结构自重、活荷载以及风荷载等。确定作用在结构上的荷载组合和荷载效应（内力）是评估的关键。火灾发生时的荷载（效应）组合属偶然组合，目前设计规范暂无具体规定，因此评估时荷载参数可按最不利荷载组合标准值取用。

（4）确定构件的边界条件和初始条件

整体结构中的构件受相邻构件的约束作用，将构件隔离单独进行研究需带相应的边界条件。初始条件包括构件的初始缺陷（如初偏心、初应力）、初挠度和支座处的初位移等。

（5）对受火后构件的承载能力进行评估

当计算对象、作用在研究对象上的火灾荷载和外力以及研究对象的边界条件和初

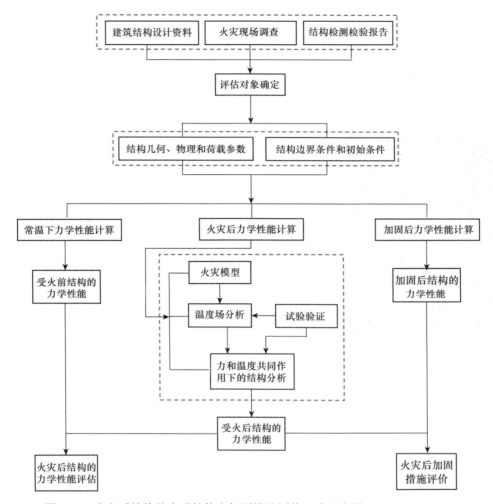

图 4.29　火灾后结构的力学性能和加固措施评估思路示意图

始条件确定后，即可对构件进行评估。计算分析的内容包括如下两部分。

1）温度场分析。

根据设计图纸、检测报告和构件的温度边界条件和初始条件等，建立构件的温度场分析模型，获得构件截面的温度场分布；基于截面经历的历史最高温度，采用简化模型，获得截面混凝土火灾后等效抗压强度。

2）力和温度耦合的全过程计算分析。

建立力构件在力和温度共同作用下的全过程分析模型，获得火灾发生时的荷载工况下［如第（3）条所确定］构件的剩余承载力和变形及其与火灾前相比的损失率，为受火后结构的加固提供依据。

（6）对加固后构件的承载能力进行评估

基于第（5）条的火灾后力学性能评估，对加固后构件的承载能力进行评估。在力和火灾共同作用后，构件内存在残余内力和变形，同时受火灾影响后材料力学性能与火灾前的常温状态不同，其火灾后的力学性能与曾经历的最高温度相关。以上都是对结构进行加固评估的初始条件。

4.5.3　工程应用

　　如图 4.30 所示为发生火灾后的某高层建筑中的型钢混凝土柱。采用图 4.29 所示的思路，对该建筑中采用的型钢混凝土结构受火后的力学性能进行了评估，下面简要介绍有关方法和主要结果。

图 4.30　受火后的型钢混凝土柱

　　（1）火灾后需评估构件分类

　　根据检测报告对火灾后主体结构中混凝土结构构件的损伤分级定义，主体结构中型钢混凝土柱、钢筋混凝土柱和钢筋混凝土梁按火灾损伤程度的不同，分为如下三类：

　　1）火损一级的构件。

　　构件无（明显）损伤，仅为烟火熏黑，对其表面进行清理即可。

　　2）火损二级的构件。

　　构件有轻微损伤，如混凝土表面龟裂、剥落等，应采取措施恢复表层混凝土耐久性能。

　　3）火损三级的构件。

　　构件表层有明显损伤、开裂，混凝土裂缝较多宽度较大，钢筋外露等；构件的承载力受到影响，应采取补强加固的处理措施。

　　本节以损伤程度较明显的三级型钢混凝土柱为例，对其火灾后性能进行评估。

　　（2）火灾时室内升、降温曲线

　　一般建筑室内火灾的发展可分为三个阶段，即初期增长阶段，全盛阶段和衰退阶段。本节采用了 Barnett（2002）提出的室内升温曲线，该曲线是根据已有的 142 个实际火灾曲线回归而成的单方程曲线。该方程需要通过确定最高温度、开口因子和曲线形状系数等参数得出。

　　与 ISO-834（1980）、Eurocode 1（2002）曲线相比，该曲线的特点是：为真实的火灾曲线，包含火灾的初期增长、猛烈燃烧和衰减阶段三个阶段；曲线形状与燃烧速率、开口因子和火灾隔间壁面材料特性紧密相关；与其他火灾曲线相比，该曲线不需要时间变换，仅用一个方程模拟了火灾的三个阶段。

　　根据检测报告和火灾现场调查得出的火灾发生时室内可燃物数量和分布情况作为室内升温曲线（Barnett，2002）的输入参数，图 4.31 所示为构件三级损伤时相应的室内升、降温火灾曲线。

　　（3）计算参数确定

　　为便于比较，根据实际柱的受力条件和变

图 4.31　室内温度（T）-受火时间（t）关系曲线

形特点，将型钢混凝土柱等效为两端铰接的标准受压柱，其柱的等效计算长度为 l_0。计算时荷载参数按照设计单位提供的截面控制内力的荷载组合设计值取用。

型钢混凝土柱的典型工作状态为压弯，根据 JGJ 138-2001（2002）和《混凝土结构设计规范》（GB 50010—2002）（2002），对偏心受压的型钢和钢筋混凝土柱的正截面承载力计算，其初始缺陷可取杆件附加偏心距（其值取 20mm 和偏心方向截面尺寸的 1/30 两者中的较大值）进行计算。

（4）拟采取的加固方案

型钢混凝土柱的截面修复施工图和补强加固施工措施如图 4.32 所示，图中 h 和 b 为受损前型钢混凝土柱截面长边和短边边长。

(a) 截面修复　　　　　　　　　　(b) 截面加固

图 4.32　型钢混凝土柱截面火灾后修复、加固示意图（尺寸单位：mm）

（5）加固方案效果评估

在火灾作用下，温度效应和结构效应是同时存在的，因此考虑同时受力全过程和火灾全过程的完全耦合分析是比较接近实际的方法，但其有限元方程中的单元矩阵或单元荷载向量包含了所有耦合场的自由度。采用顺序耦合方法，建立型钢混凝土柱的非线性有限元模型，进行火灾前、全过程火灾后（未加固）和加固后的力学性能计算，对三级型钢混凝土柱的承载能力进行评估。

1）有限元模型。

图 4.33 为型钢混凝土柱的边界条件和网格划分情况。柱上半部分和下半部分的升、降温曲线如图 4.31 所示，柱四面受火。结合已有的研究成果、温度场分析和火灾现场调查结果综合判断混凝土爆裂的位置，混凝土爆裂发生的初始时刻和持续时间约分别为 15min 和 20min。

2）型钢混凝土柱承载力计算。

按照工程设计单位提供的主体结构计算文件，型钢混凝土柱截面控制荷载组合的设计值为 $N=1.3045\times10^4$kN，弯矩 $M_X=220$kN·m 和 $M_Y=214$kN·m，取绕强轴 X 轴和绕弱轴 Y 轴方向的计算长度系数为 1.25。采用有限元模型分别计算火灾前、火灾后和加固后型钢混凝土柱绕强轴

图 4.33　有限元模型示意图

X 轴和绕弱轴 Y 轴单向压弯的 $N_u/N_{u0} \sim M_u/M_{u0}$ 相关曲线，如图 4.34 所示，其中 M_{u0} 为纯弯状态时的极限抗弯承载力、N_{u0} 为轴压状态时的极限轴压承载力、N_u 和 M_u 为柱处于前两者之间的压弯状态时，柱上的轴向荷载和相应的极限抗弯承载力。

（a）绕强轴 x 轴　　　　　　　　（b）绕弱轴 y 轴

图 4.34　型钢混凝土柱受火前、受火后和加固后 $N_u/N_{u0} \sim M_u/M_{u0}$ 相关关系曲线

不同轴向荷载比（N_u/N_{u0}）下型钢混凝土柱极限抗弯承载力损失率定义为：（$M_u -M_{uf}$）$/M_{u0} \times 100$（单位为 %），其中 N_u 为轴向荷载设计值，N_{u0} 为火灾前（常温下）轴压状态时的极限轴压承载力 N_{u0} 设计值；M_u 和 M_{uf} 分别为与 N_u 对应的火灾前和火灾后 N_u-M_u 相关曲线上的极限抗弯承载力。计算的损失率变化规律如图 4.35 所示。

（a）绕强轴 x 轴　　　　　　　　（b）绕弱轴 y 轴

图 4.35　受火后极限抗弯承载力的损失率

可见，随型钢混凝土柱轴向荷载水平不同，火灾后其抗弯承载力的降低程度也不同：相对火灾前型钢混凝土柱，对绕强轴方向，N_u/N_{u0} 为 0～0.4，火灾后型钢混凝土柱极限抗弯承载力损失率为 4%～7%；对绕弱轴方向，N_u/N_{u0} 为 0～0.4，火灾后型钢混凝土柱极限抗弯承载力损失率为 2.8%～4.5%。

定义加固后的型钢混凝土柱极限抗弯承载力的提高率（$M_{us}-M_u$）$/M_{u0} \times 100$（%），M_u 和 M_{us} 分别为与轴向荷载设计值 N_u 对应的火灾前和加固后 N_u-M_u 相关曲线上的极限抗弯承载力。图 4.36 为不同轴向荷载比（N_u/N_{u0}）下型钢混凝土柱加固后的极限抗弯承载力的提高率（%）。可见，随型钢混凝土柱轴向荷载水平不同，加固后其极限抗弯承载力的提高程度也不同：相对受火前的型钢混凝土柱，对绕强轴方向，N_u/N_{u0} 为 0～0.4，加固后型钢混凝土柱极限抗弯承载力提高率为 3.8%～9.2%；对绕弱轴方向，

(a) 绕强轴x轴　　　　　　　　　　(b) 绕弱轴y轴

图 4.36　加固后极限抗弯承载力的提高率

N_u/N_{u0} 为 0～0.4，火灾后型钢混凝土柱极限抗弯承载力提高率为 7.3%～10.9%。

3）型钢混凝土柱刚度的计算。

图 4.37 为型钢混凝土柱在火灾前、火灾后和加固后的弯矩（M）- 曲率（ϕ）关系曲线，由 M-ϕ 计算得到火灾前、火灾后和加固后型钢混凝土柱的抗弯刚度 K_s、K_{sf} 和 K_{ss} 如表 4.7 所示，其中抗弯刚度根据型钢混凝土柱的 M-ϕ 关系曲线求得，以弯矩为 0.6 倍峰值弯矩时对应的割线刚度作为其抗弯刚度。

(a) 绕强轴x轴　　　　　　　　　　(b) 绕弱轴y轴

图 4.37　型钢混凝土柱受火前、受火后和加固后弯矩（M）- 曲率
（ϕ）相关关系曲线（纯弯）

由表 4.7 可见，火灾后型钢混凝土柱的使用阶段抗弯刚度与火灾前相比有不同程度的降低：对绕强轴方向，使用阶段抗弯刚度降低 14.3%；对绕弱轴方向，使用阶段抗弯刚度降低 17.6%。加固后型钢混凝土柱的使用阶段抗弯刚度与火灾前相比有不同程度的提高：相对受火前的型钢混凝土柱，对绕强轴方向，使用阶段抗弯刚度提高 3.5%；对绕弱轴方向，使用阶段抗弯刚度提高 8%。

表 4.7　受火前、受火后和加固后构件使用阶段抗弯刚度比较

轴方向	使用阶段抗弯刚度 /（×10⁶kN·m²）			$\dfrac{K_{sf}}{K_s}$	$\dfrac{K_{ss}}{K_s}$
	火灾前 K_s	火灾后 K_{sf}	加固后 K_{ss}		
绕强轴	3.100	2.657	3.307	0.857	1.067
绕弱轴	1.298	1.070	1.401	0.824	1.080

4）对加固方案的评价。

① 当设计轴向荷载比为 0～0.4 时，相比受火前的型钢混凝土柱，加固后其极限抗弯承载力绕强轴方向提高 3.8%～9%，绕弱轴方向提高为 7%～10%。

② 加固后型钢混凝土柱的使用阶段抗弯刚度与火灾前相比有不同程度的提高：对绕强轴方向，提高 3.5%；对绕弱轴方向，提高 8%。

③ 采用的加固方案可以有效提高火灾后型钢混凝土柱的承载能力和刚度。

4.6　本 章 结 论

本章建立了全过程火灾后型钢混凝土柱的有限元模型，进行了全过程火灾后型钢混凝土柱的力学性能试验。对全过程火灾作用后的型钢混凝土柱的工作性能进行了机理分析，结果表明，按不考虑外荷载和火灾升、降温共同作用得到的火灾后剩余承载力和对应的峰值位移结果偏于不安全；在火灾升、降温和外荷载恒定的过程中，型钢混凝土截面发生了应力重分布；火灾后型钢混凝土柱的承载力较常温下有不同程度的降低，但由于外部混凝土较好的保护了内部混凝土、钢筋和型钢，型钢混凝土柱火灾后工作性能良好。

采用有限元模型，本章对型钢混凝土柱火灾后剩余承载力系数的影响因素进行了参数分析，在参数分析的基础上，给出了与主要影响因素相关的火灾后型钢混凝土柱剩余承载力系数的实用计算方法。结合某实际工程，论述了火灾后型钢混凝土结构力学性能的评估方法及其应用。

参 考 文 献

曹文衔，1998. 损伤累积条件下钢框架结构火灾反应的分析研究 [D]. 上海：同济大学.

韩林海，2007. 钢管混凝土结构——理论与实践 [M]. 2 版. 北京：科学出版社.

韩林海，2016. 钢管混凝土结构——理论与实践 [M]. 3 版. 北京：科学出版社.

韩林海，宋天诣，谭清华，2011. 钢 - 混凝土组合结构抗火设计原理研究 [J]. 工程力学，28（S2）：54-66.

江莹，2008. 火灾后方钢管混凝土柱 - 钢梁连接节点的力学性能分析 [D]. 北京：清华大学.

李国强，韩林海，楼国彪，蒋首超，2006. 钢结构及钢 - 混凝土组合结构抗火设计 [M]. 北京：中国建筑工业出版社.

宋天诣，2011. 火灾后钢 - 混凝土组合框架梁 - 柱节点的力学性能研究 [D]. 北京：清华大学.

谭清华，2012. 火灾后型钢混凝土柱、平面框架力学性能研究 [D]. 北京：清华大学.

吴波，2003. 火灾后钢筋混凝土结构的力学性能 [M]. 北京：科学出版社.

吴波，袁杰，李惠，周文松，2002. 高温下高强混凝土的爆裂规律与柱截面温度场计算 [J]. 自然灾害学报，11（2）：65-69.

郑永乾，2007. 型钢混凝土构件及梁柱连接节点耐火性能研究 [D]. 福州：福州大学.

中华人民共和国国家标准，2002. 混凝土结构设计规范：GB 50010—2002 [S]. 中华人民共和国建设部，国家质量监督检验检疫总局. 北京：中国建筑工业出版社.

中华人民共和国行业标准，2002. 型钢混凝土组合结构技术规程：JGJ 138—2001 [S]. 中华人民共和国建设部. 北京：中国建筑工业出版社.

中华人民共和国黑色冶金行业标准，2007. 钢骨混凝土结构设计规程：YB 9082—2006 [S]. 中华人民共和国国家发展和改革委员会，北京：冶金工业出版社.

BARNETT C R，2002. BFD curve: a new empirical model for fire compartment temperatures [J]. Fire Safety Journal,

37 (6-7)：437-463.

BAZANT Z P, 1997. Analysis of pore pressure, thermal stress and fracture in rapidly heated concrete [C]. International workshop on fire performance of high-strength concrete, NIST Special Publication 919：155-164.

DAVIE C T, ZHANG H L, GIBSON A. 2012. Investigation of a continuum damage model as an indicator for the prediction of spalling in fire exposed concrete [J]. Computers and Structures, 94-95：54-69.

DOUGILL J W, 1972. Modes of failure of concrete panels exposed to high temperatures [J]. Magazine of Concrete Research, 24 (79)：71-76.

DWAIKAT M B, KODUR V K R, 2009. Hydrothermal model for predicting fire-induced spalling in concrete structural systems [J]. Fire Safety Journal, 44 (3)：425-434.

DWAIKAT M B, KODUR V K R, 2010. Fire induced spalling in high strength concrete beams [J]. Fire Technology, 46 (2)：251-274.

EL-RIMAWI J A, BURGESS I W, PLANK R J., 1996. The treatment of strain reversal in structural members during the cooling phase of a fire [J]. Journal of Constructional Steel Research, 37 (2)：115-135.

EUROCODE 1, 2002. EN 1991-1-2：2002. Actions on Structures – Part 1.2：General Actions - Actions on structures exposed to fire [S]. European Committee for Standardization, Brussels.

HAMARTHY T A, 1965. Effect of moisture on the fire endurance of building elements [R]. ASTM Publication STP 385, American Society for Testing and Materials, West Conshohocken, USA.

ISO-834, 1975. Fire resistance tests-elements of building construction [S]. International Standard ISO 834, Geneva.

ISO-834, 1980. Fire-resistance tests-elements of building construction [S]. International Standard, ISO 834：Amendment 1, Amendment 2.

KALIFA P, MENNETEAU F D, QUENARD D, 2000. Spalling and pore pressure in HPC at high temperatures [J]. Cement and Concrete Research, 30 (12)：1915-1927.

KHOURY G A, 2000. Effect of fire on concrete and concrete structures [J]. Progress in Structural Engineering and Materials, 2 (4)：429-447.

KODUR V K R, WANG T C, CHENG F P, 2004. Predicting the fire resistance behaviour of high strength concrete columns [J]. Cement & Concrete Composites, 26 (2)：141-153.

LENNON T, MOORE D, 2003. The natural fire safety concept—full-scale tests at Cardington [J]. Fire Safety Journal, 38 (7)：623-643.

LIE T T, DENHAM E M A, 1993. Factors affecting the fire resistance of circular hollow steel columns filled with bar-reinforced concrete [R]. NRC-CNRC Internal Report, No.651.

LIE T T, ROWER T J, LIN T D, 1986. Residual strength of fire exposed RC columns：evaluation and repair of fire damage to concrete [R]. SP-92, American Concrete Institute, Detroit, 153-174.

LIEN K H, CHIOU Y J, WANG R Z, et al., 2009. Nonlinear behavior of steel structures considering the cooling phase of a fire [J]. Journal of Constructional Steel Research, 65 (8-9)：1776-1786.

LIN C H, CHEN S T, YANG C A, 1995. Repair of fire-damaged reinforced concrete columns [J]. ACI Structural Journal, 92 (4)：1-6.

POPE N D, BAILEY C G, 2006. Quantitative comparison of FDS and parametric fire curves with post-flashover compartment fire test data [J]. Fire Safety Journal, 41 (2)：99-110.

SAITO H, 1965. Explosive spalling of prestressed concrete in fire [R]. Occasional Report No. 22. Japan：Building Research Institute.

SONG T Y, HAN L H, YU H X, 2010. Concrete filled steel tube stub columns under combined temperature and loading [J]. Journal of Constructional Steel Research, 66 (3)：369-384.

YANG H, HAN L H, WANG Y C, 2008. Effects of heating and loading histories on post-fire cooling behaviour of concrete-filled steel tubular columns [J]. Journal of Constructional Steel Research, 64 (5)：556-570.

第5章 新型钢管混凝土柱的耐火性能

5.1 引　言

本章阐述一些新型组合柱，如中空夹层钢管混凝土、不锈钢管混凝土、FRP 约束钢管混凝土和 FRP 约束钢筋混凝土柱在图 1.13 所示的 ABB′ 升温曲线作用下的耐火性能。本章还分析比较了国内外有关钢管混凝土构件的抗火设计方法。

5.2　中空夹层钢管混凝土柱

中空夹层钢管混凝土是指在两个同心放置的钢管之间浇灌素混凝土而形成的构件，如变换内外钢管的截面形式组合，可形成多种不同截面形式的中空夹层钢管混凝土，如图 1.7（b）所示。研究结果表明，中空夹层钢管混凝土构件可发挥空心结构构件的优点，其压弯构件的静力性能和动力性能与相应的实心钢管混凝土总体上类似（韩林海等，2009），是一种有良好应用前景的新型组合结构形式。

中空夹层钢管混凝土柱在火灾作用下，其夹层混凝土受到外钢管的保护不会发生"爆裂"现象，其内钢管温度的升高则由于夹层混凝土的有效保护会大为滞后，因此，预期该类结构具有良好的耐火性能。

近年来，作者进行了中空夹层钢管混凝土短柱和长柱耐火性能的试验研究，并建立了有限元模型，在分析结果的基础上研究了中空夹层钢管混凝土柱抗火设计方法。

5.2.1　短柱耐火性能试验

（1）试验概况

Lu 和 Han 等（2010a）进行了中空夹层钢管混凝土短柱在高温下的试验，研究高温下组成中空夹层钢管混凝土短柱的外钢管、夹层混凝土和内钢管间的协同工作性能，以及短柱的耐火性能。试件截面形式包括圆套圆形截面、方套方形截面［分别如图 5.1（a）和（b）所示］，夹层填充自密实混凝土（SCC）、钢纤维或聚丙烯纤维混凝土。

共设计了 18 个试件，包括 10 个圆套圆形试件和 8 个方套方形试件。试件长度均为 800mm。表 5.1 汇总了相关试件信息。为便于描述，试件编号中第一、二部分分别代表外钢管和内钢管的类型（如表 5.2 所示）；第三部分则代表填充的夹层混凝土类型（如表 5.3 所示）；编号最后标有"Ref"的试件则为常温对比试件。如试件 C2-C4-SCC1SF-Ref 表示外钢管为 C2（$D_o \times t_{so} = 219.1mm \times 5mm$），内钢管为 C4（$D_i \times t_{si} = 101.6mm \times 3.2mm$），夹层填充钢纤维混凝土的常温对比试件。

(a) 圆套圆形截面　　　　　　　　(b) 方套方形截面

图 5.1　中空夹层钢管混凝土短柱横截面示意图

表 5.1　中空夹层钢管混凝土短柱试件信息表

序号	试件编号	空心率 χ	轴压荷载 N_F/kN	柱荷载比 n	耐火极限 t_R/min	临界温度 T_{cr}/℃
1	C1-C3-SCC2	0.42	4100	0.37	62	726
2	C1-C3- SCC2SF	0.42	4000	0.37	138	937
3	C1-C3- SCC2SFP	0.42	3400	0.31	>122	963
4	C2-C4- SCC2	0.49	1821	0.5	30	563
5	C2-C4- SCC2SF	0.49	1785	0.5	39	696
6	C2-C4- SCC2SFP	0.49	1821	0.5	27	623
7	S1-S3- SCC2	0.45	4420	0.35	79	856
8	S1-S3- SCC2SF	0.45	4420	0.36	128	918
9	S1-S3- SCC2SFP	0.45	4420	0.35	88	844
10	S2-S4- SCC2	0.47	1900	0.4	42	711
11	S2-S4- SCC2SF	0.47	1860	0.4	53	861
12	S2-S4- SCC2SFP	0.47	1900	0.4	44	710
13	C2-C4- SCC1	0.49	1923	0.6	24	566
14	C2-C4- SCC1SF	0.49	1964	0.6	26	563
15	S2-S4- SCC1	0.47	2567	0.6	18	461
16	S2-S4- SCC1SF	0.47	2615	0.6	18	400
17	C2-C4- SCC1-Ref	0.49	3333*	—	—	—
18	C2-C4- SCC1SF-Ref	0.49	3289*	—	—	—

＊常温下对比试件的承载力。

表 5.1 中，试件的空心率（χ）定义为

对于圆形截面：

$$\chi = \frac{B_i}{B_o - 2t_{so}} \tag{5.1a}$$

对于方形截面：

$$\chi = \frac{D_i}{D_o - 2t_{so}} \tag{5.1b}$$

上述式中，D_i（B_i）是内钢管的外直径（或边长）；D_o（B_o）是外钢管的外直径（或边长）；t_{so} 是外钢管的厚度，分别如图 5.1 所示。

表 5.1 中，N_F 为试验时施加在试件上的恒定轴压荷载；柱荷载比（n）按式（3.17）计算，N_u 为试件在常温下的极限承载力。

组成中空夹层钢管混凝土的内、外钢管共有八种类型，其截面尺寸以及对应钢材的屈服强度（f_y）和抗拉极限强度（f_u）如表 5.2 所示。

表 5.2 钢材力学性能指标

钢管编号	截面形状	$D(B) \times t_s/(\text{mm} \times \text{mm})$	f_y/MPa	f_u/MPa
C1	圆形	406×8	401	458
C2	圆形	219.1×5	426	469
C3	圆形	165.1×3	399	470
C4	圆形	101.6×3.2	426	476
S1	方形	350×8	514	564
S2	方形	200×6	506	591
S3	方形	150×5	504	539
S4	方形	89×3.5	506	545

夹层混凝土采用了自密实混凝土。为了比较混凝土种类对中空夹层钢管混凝土柱耐火性能的影响，分别配制了五种混凝土，其配合比分别如表 5.3 所示，其中选用的增强纤维包括钢纤维和聚丙烯纤维两种。

表 5.3 自密实混凝土配合比（单位：kg/m³）

混凝土类型	水泥	粉煤灰	矿渣	水	砂	粗骨料	外加剂/(l/m³)	钢纤维	聚丙烯纤维
SCC1	125	157	157	160	865	817	2.77	0	0
SCC1SF	125	157	157	160	865	817	2.83	42	0
SCC2	380	170	0	178	776	831	2.85	0	0
SCC2SF	380	170	0	178	776	831	3.08	42	0
SCC2SPF	380	170	0	178	776	831	3.62	42	0.9

实测的混凝土圆柱体抗压强度汇总于表 5.4。

表 5.4 混凝土圆柱体强度

混凝土类型	纤维类型	28 天时 /MPa	火灾试验时 /MPa
SCC1	—	42.7	46.6
SCC1SF	钢纤维	41.8	48.6
SCC2	—	60.8	63.4
SCC2SF	钢纤维	56.1	61.2
SCC2SPF	钢纤维和聚丙烯纤维	61.5	62.5

试验在澳大利亚莫纳什大学土木工程实验室进行。试验炉的升温采用电加热的方法，柱试件上的轴压力由千斤顶施加（Lu，Zhao 和 Han 等，2009）。试验装置如图 5.2 所示。

（2）试验结果和分析

1）实测温度（T）-受火时间（t）关系。

升温过程中采集了试件中截面上典型测点的温度变化，测点 1、2 和 3 的具体位置见图 5.1。图 5.3 给出了试件截面上各测点典型实测温度（T）-受火时间（t）关系曲线，可见在受火过程中，试件外钢管的温度比较高，内钢管由于受到其外包混凝土的保护，温度较低；夹层混凝土中部的温度与内钢管温度更接近。所有试件的外钢

图 5.2　短柱试验装置图

管最高温度范围为在 400～963℃，而内钢管的温度则只有 59～197℃。当混凝土温度达到 100℃时，其 $T\text{-}t$ 关系曲线出现一段平台段，主要是由于这一阶段混凝土内部水分蒸发，吸收热量而使混凝土温度升高有所减缓。

图 5.3　短柱截面温度（T）-受火时间（t）关系曲线

众所周知，钢纤维能改善混凝土的韧性，而聚丙烯纤维纤维则可以改善混凝土在常温下的收缩开裂及其在高温下的爆裂。Kodur 等（2003）的研究结果表明，钢纤维对混凝土温度发展影响不明显，而掺入聚丙烯纤维会稍延缓混凝土温度的升高，这是因聚丙烯在 160℃左右时开始融化并吸收热量所致。通过对比采用不同混凝土的试件的温度场变化（如 SCC2 系列和 SCC2SF 系列），发现在相同受火时间下，夹层混凝土采

用普通自密实混凝土和钢纤维自密实混凝土界面温度场没有明显差异。此外，同时添加了钢纤维和聚丙烯纤维的混凝土的试件截面温度变化也不大。

以测点 2 为例，图 5.4 和图 5.5 所示分别为夹层混凝土厚度和外钢管直径对测点温度的影响。取各试件受火 15min 和 30min 时实测的温度进行比较。可见，夹层混凝土的厚度和外钢管直径对柱截面温度的分布影响明显。夹层混凝土厚度越大和外钢管直径越大，柱子内部温度越低。

(a) 圆套圆形截面　　　　　　　　　　　　　　　　(b) 方套方形截面

图 5.4　夹层混凝土厚度对温度（T）的影响（测点 2）

(a) 圆套圆形截面　　　　　　　　　　　　　　　　(b) 方套方形截面

图 5.5　外钢管尺寸对温度（T）的影响（测点 2）

图 5.6　不同柱荷载比（n）下的钢管温度（T）

2）外钢管的临界温度（T_{cr}）。

为了便于分析，取中空夹层钢管混凝土柱达到耐火极限时外钢管的温度为临界温度（T_{cr}），如表 5.1 最后一列所示。图 5.6 所示为不同柱荷载比（n）情况下 T_{cr} 的变化情况。可见，T_{cr} 受柱 n 影响较大，n 越大，T_{cr} 越小，且 T_{cr} 随 n 的增大基本呈线性减小。图 5.6 也给出了相应的内钢管温度。可见，达到极限状态时，内钢管的温度在

150～200℃，小于 T_{cr}。

3）试件的破坏形态。

试件均发生了受压破坏，外钢管发生外凸屈曲，而内钢管则发生了内凹的屈曲形态。夹层混凝土由于受到内、外钢管的保护并没有发生断裂破坏，只是在外钢管发生屈曲混凝土局部被压碎，同时也出现了纵向裂缝。图 5.7 所示为试件外钢管、内钢管和

(1) 试件　　　　　　　(2) 内钢管　　　　　　　(3) 夹层混凝土

(a) 试件 S2-S4-SCC2SF

(1) 试件　　　　　　　(2) 内钢管　　　　　　　(3) 夹层混凝土

(b) 试件 S1-S3-SCC2SFP

(1) 试件　　　　　　　(2) 内钢管　　　　　　　(3) 夹层混凝土

(c) 试件 C2-C4-SCC1

(1) 试件　　　　　　　(2) 内钢管　　　　　　　(3) 夹层混凝土

(d) 试件 C2-C4-SCC1SF

图 5.7　短柱试件典型的破坏形态（Lu，Zhao 和 Han 等，2010b）

夹层混凝土典型的破坏形态。

　　对于两个常温下短柱对比试件，其破坏形态如图 5.8 所示。可以发现，火灾和恒定轴压荷载共同作用下短柱的破坏形态与常温下短柱的破坏状态总体上一致。试验结果表明，中空夹层钢管混凝土构件的内、外钢管及其夹层混凝土之间可协同互补，共同工作。

(a) 试件　　　　　　　　　　　　　(b) 内钢管

图 5.8　常温下短柱试件的破坏形态（Lu，Zhao 和 Han 等，2010b）

　　4）柱轴向变形（Δ_c）-受火时间（t）关系。

　　图 5.9 所示为典型柱轴向变形（Δ_c）-受火时间（t）关系实测结果。可见，在升温初期，短柱试件的轴向变形不大，且稍有膨胀，这是因为试验初期外钢管温度升高较快，受热膨胀较大，而本试验荷载比比较大，受热膨胀后由于材料高温劣化，承载力下降，外钢管难以独自承担轴向荷载，因而膨胀变形较小。而且随着受火时间的延长，柱试件逐渐发生轴向压缩变形，使得外钢管和内部的夹层混凝土以及内钢管共同受力，于是变形趋于稳定。接近耐火极限时，材料劣化程度较大，难以继续承担轴向荷载，轴向变形开始迅速增加。

(a) C1-C3-SCC2SF　　　　　　　　　　(b) S1-S3-SCC2-SFP

图 5.9　短柱的柱轴向变形（Δ_c）-受火时间（t）关系曲线

　　5）耐火极限（t_R）。

　　表 5.1 列出了试件实测的耐火极限（t_R）。图 5.10 所示为柱荷载比（n）对耐火极限（t_R）的影响。可见，随着 n 的增大，t_R 逐渐降低，尤其当 $n<0.4$ 时，t_R 随 n 的增大而降低的趋势有所加强。填充钢纤维自密实混凝土的试件其耐火极限对荷载比较敏感，当 $n<0.4$ 时，耐火极限增长较快。

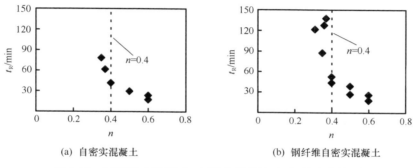

(a) 自密实混凝土　　　　　　　　(b) 钢纤维自密实混凝土

图 5.10　试件耐火极限（t_R）随柱荷载比（n）的变化情况

图 5.11 所示为不同混凝土类型情况下中空夹层钢管混凝土短柱耐火极限的比较，当荷载比较小时，使用纤维增强混凝土可以明显提高柱子的耐火极限，但当荷载比较大时（如 0.6）则不明显。同时使用钢纤维和聚丙烯纤维则对改善柱子的耐火性能作用不明显。相比之下，采用纤维混凝土后大尺寸试件耐火极限得到更大的提高，这主要是因为大尺寸试件在火灾下混凝土对构件承载力的贡献更大。

图 5.11　混凝土种类对试件耐火极限（t_R）的影响

5.2.2　长柱耐火性能试验

（1）试验概况

Lu，Zhao 和 Han 等（2011）还进行了中空夹层钢管混凝土长柱耐火极限的试验研究。表 5.5 给出了六个长柱试件的设计参数。其中试件编号第一个字母表示外钢管形状（C 为圆形，S 为方形），第二个字母表示内钢管形状；空心率（χ）按式（5.1）进行确定；柱荷载比（n）按照式（3.17）确定，其中 N_F 为试件在常温下的极限承载力。

图 5.12 所示为长柱试件几何尺寸示意图。试件总长度均为 3.81m，柱的底端和顶端均预留了两个直径为 25mm 的半圆孔作为排气孔。为了测量柱截面的温度，在柱中部截面夹层混凝土里预先埋置了三个热电偶，如图 5.12（b）所示，分别用于测量火灾下外钢管，夹层混凝土和内钢管的温度。

表 5.5　中空夹层钢管混凝土长柱试件信息表

序号	试件编号	外钢管 /（mm×mm）	内钢管 /（mm×mm）	空心率 χ	荷载偏心距 / mm	N_P/kN	柱荷载比 n	保护层 厚度 /mm	耐火 极限 /min
1	CC1	300×5	125×5	0.43	0	1810	0.54	10	240
2	CC2	300×5	125×5	0.43	75	570	0.31	0	97.5
3	CC3	300×5	225×5	0.78	0	2000	0.65	0	40
4	SC1	280×5	140×5	0.52	0	2050	0.55	0	82
5	SS1	280×5	140×5	0.52	0	1200	0.32	0	115
6	SS2	280×5	140×5	0.52	75	1100	0.50	10	165

图 5.12　长柱试件几何尺寸示意图（尺寸单位：mm）

　　内、外钢管的屈服强度均为 320MPa。夹层混凝土采用的是自密实混凝土，其配合比为：水 171kg/m³；水泥 370kg/m³；粉煤灰 170kg/m³；砂 810kg/m³；粗骨料 915kg/m³；减水剂 5.13kg/m³。试验测得混凝土的塌落度为 225mm；扩展度为 610mm；穿过 L 形流动仪的流速为 8.5mm/s。试验时混凝土的立方体强度 f_u＝38MPa。试件 CC1 和 SS2 采用了厚涂型钢结构防火保护层。防火保护材料的热工性能为：密度 500kg/m³；导热系数 0.0907W/（m·K）；比热 1.047×10³J/（kg·K）。

　　试验装置与型钢混凝土柱耐火试验装置相同。试件通过端板螺栓与加载装置相连接，端部边界条件为加载端固结另一端铰接。底端有一个位移计可用于测量柱子在轴向荷载和火灾的共同作用下的轴向位移。柱子中部位移通过耐高温的钼丝与炉外的位移计相连进行测试。

　　试验时柱子先加载到轴压荷载 N_F（如表 5.5 所示）然后持载 30min。试验时，炉内火灾温度按 ISO-834（1975）标准升温曲线进行升温。试验过程中，轴向荷载保持不变，直到柱子失效破坏。柱子的失效准则按照 ISO-834（1999）判定，具体描述如 3.3.1 节所述。

　　（2）试验结果和分析

　　1）温度（T）-受火时间（t）关系。

　　图 5.13 为试件外钢管温度（T）-受火时间（t）关系。可见，受火初期外钢管的温度就升高较快，而内部混凝土在温度达到 100℃ 以上时会出现一个稳定的平台（AB 段），这主要是由于混凝土内部水分蒸发吸热所致。

　　本次试验试件的柱荷载比（n）为 0.31～0.65，相同荷载比下纯钢结构临界温度的规范计算值为 711～496℃（Eurocode 3，2005）和 645～531℃（AS4100，1998），与部分试件极限温度实测值的比较情况如图 5.14 所示。可见，试件 CC1 和 SS1 的极限温度均高于纯钢结构的临界温度。这是因为试件达到耐火极限前，即使外钢管失效，作用在外钢管上的部分荷载可转移到试件内部温度相对较低的夹层混凝土和内钢管上。从而使得中空夹层钢管混凝土柱可继续保持较好的承载能力。

图 5.13　典型的温度（T）-受火时间（t）关系曲线（试件 CC1）

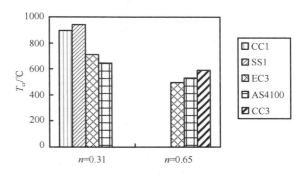

图 5.14　临界温度（T_{cr}）比较

　　2）试件的破坏形态。

　　图 5.15 所示为试件的破坏形态。可以看出，6 个试件总体上都发生了整体屈曲破坏（Lu 和 Han 等，2010a），且受偏心受压试件（如试件 CC2 和 SS2）比轴心受压试件侧向挠曲更为明显。

　　图 5.16 所示为试件破坏后其外钢管发生局部屈曲的情形（Lu 和 Han 等，2010a）。对于圆试件 CC1，钢管中部发生沿环向的鼓曲，柱子受火 80min 时这一位置的防火保护开裂；100min 时保护层开始剥落。此后这个部位的外钢管直接暴露于炉火之中，因此钢管这一处的温度明显高于其他部位，从而使得试件力学性能迅速劣化，最终导致钢管发生局部屈曲。试件 CC2 和 CC3 中部也发生了外钢管局部鼓曲现象，但相对于试件 CC1 鼓曲程度均较小。对于方形试件，其外钢管向外的局部屈曲明显，试件接近耐

(a) CC1　　　　　　(b) CC2　　　　　　(c) CC3

(d) SC1　　　　　　(e) SS1　　　　　　(f) SS2

图 5.15　试件的整体破坏形态

(a) CC1　　　　　　(b) CC2　　　　　　(c) CC3

(d) SC1　　　　　　(e) SS1　　　　　　(f) SS2

图 5.16　试件的局部屈曲形态

火极限时，钢管屈曲部位角部的焊缝发生断裂。

　　试验结束后，将外钢管移除以观察夹层混凝土的破坏情况（Lu 和 Han 等，2010a），如图 5.17 所示。可见，方形试件的外钢管发生局部鼓曲处其混凝土也被压碎，而其余位置混凝土的完整性则保持较好。沿试件长度方向可看到明显的裂缝，偏压试件还伴有横向裂缝，但没有观察到钢管和混凝土之间发生相对滑移的现象。

图 5.17　夹层混凝土的破坏形态

　　图 5.18 所示为试件内钢管的破坏形态（Lu 和 Han 等，2010a），可见，圆形试件内钢管并没有发生局部屈曲，但方形试件内钢管均发生局部屈曲。

图 5.18　内钢管的破坏形态

可见，火灾下中空夹层钢管混凝土试件各组成材料间能协同互补，共同作用。一方面，夹层混凝土的存在可明显减缓钢管，特别是内钢管温度的升高。外钢管在外力和高温作用下屈服时，内钢管的温度还较低，因而能与混凝土共同承担外钢管传递来的荷载，相比于实心钢管混凝土，这为试件多提供了一条有效的传力路径。另一方面，即使外钢管在高温下发生了屈曲，其对夹层混凝土仍具有约束作用，能有效阻止混凝土高温下爆裂的发生，从而保证了混凝土具有良好的完整性。夹层混凝土的存在也改变了外钢管的屈曲形态，使之只能向外鼓曲。

3）柱轴向变形（Δ_c）- 受火时间（t）关系。

图 5.19 所示为试件典型的柱轴向变形（Δ_c）- 受火时间（t）关系。可见 Δ_c-t 关系曲线总体上可分为三个阶段，即膨胀阶段、压缩变形逐渐发展阶段和短时间压缩变形陡增阶段。对轴心受压试件，试件破坏前轴向变形有持续发展的趋势；而对偏心受压柱（CC2 和 SS2），则由于二阶效应的作用，膨胀阶段过后即发生了破坏。

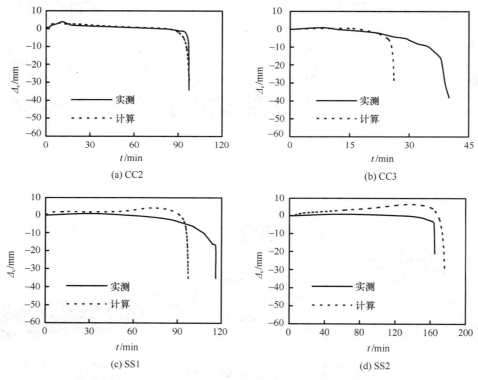

图 5.19　典型的柱轴向变形（Δ_c）- 受火时间（t）关系曲线

图 5.20 给出了柱跨中挠度（u_m）- 受火时间（t）关系曲线。可见在受火初期，试件的柱跨中挠度平稳增加，但在过了接近耐火极限的一个转折点后，柱跨中挠度即迅速增大，试件也在此时发生屈曲。试件的轴向变形和柱跨中挠度都是在接近耐火极限时迅速增大从而导致试件破坏。

4）耐火极限（t_R）。

表 5.5 汇总了六个试件的耐火极限，可以看出无防火保护的试件耐火极限在

(a) SC1

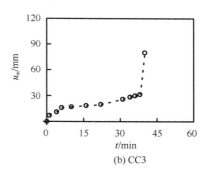
(b) CC3

图 5.20 典型的柱跨中挠度（u_m）- 受火时间（t）关系曲线（Lu 和 Han 等，2010a）

40～150min，而有保护试件的耐火极限在 165～240min。虽然保护层厚度只有 10mm，但它有效地增加了中空夹层钢管混凝土柱的耐火极限。

5.2.3 有限元模型

建立中空夹层钢管混凝土耐火性能的有限元模型，有助于深入研究该类组合构件抗火设计原理。

火灾下，组成中空夹层钢管混凝土的钢材和混凝土的材性和温度相关。参考对实心钢管混凝土柱耐火性能的研究成果（韩林海，2007），内、外钢管的应力 - 应变关系按照 Lie 和 Denham（1993）推荐的式（3.2）确定。钢材的弹性模量由钢材初始割线模量确定。采用 Von Misses 屈服准则以及相应的塑性流动准则描述钢材的本构关系。混凝土的本构关系描述则采用塑性损伤模型。

为考虑温度变化和被动约束对钢管内部核心混凝土的影响，采用韩林海（2007）提出的常温下核心混凝土应力 - 应变关系模型的表达式，并参考时旭东（1992）和李华东（1994）给出的高温下混凝土棱柱体抗压强度及其对应应变的计算方法来考虑温度升高对 f_y、f_c' 和 ε_0 等参数的影响对常温模型进行修正。确定的核心混凝土受压应力 - 应变关系表达式为

$$y=\begin{cases} 2x-x^2 & (x \leqslant 1) \\ \dfrac{x}{\beta_o(x-1)^{\eta}+x} & (x>1) \end{cases} \qquad (5.2)$$

式中：$x=\dfrac{\varepsilon_c}{\varepsilon_{oh}}$；$y=\dfrac{\sigma_c}{\sigma_{oh}}$ ｛其中 $\varepsilon_{oh}=(\varepsilon_{cc}+800\xi_h^{0.2}\times10^{-6})(1.03+3.6\times10^{-4}T+4.22\times10^{-6}$

$T^2)(\varepsilon_{cc}=(1300+12.5f_c')\times10^{-6})$，$\sigma_{oh}=f_{ch}'(T)$，$f_{ch}'(T)=f_c'/[1+1.986\cdot(T-20)^{3.21}\times10^{-9}]$｝；

$\eta=\begin{cases} 2 & （圆钢管混凝土） \\ 1.6+1.5/x & （方、矩形钢管混凝土） \end{cases}$；

$\beta_o=\begin{cases} (2.36\times10^{-5})^{[0.25+(\xi_h-0.5)^7]}(f_c')^{0.5}\times0.5 \geqslant 0.12 & （圆钢管混凝土） \\ \dfrac{(f_c')^{0.1}}{1.2\sqrt{1+\xi_h}} & （方、矩形钢管混凝土） \end{cases}$，其中 ξ_h 为升

温阶段约束效应系数，按下式计算为

$$\xi_{h}=\frac{A_{s}\cdot f_{yh}(T)}{A_{c}\cdot f_{ck}} \tag{5.3}$$

式中：$f_{yh}(T)$ 为高温下钢材的屈服强度（吕彤光，1996）；当 $T<20\,^{\circ}\!C$ 时，$f_{yh}(T)=f_{y}$；当 $T\geqslant20\,^{\circ}\!C$ 时，$f_{yh}(T)=\dfrac{0.91f_{y}}{1+6.0\times10^{-17}(T-10)^{6}}$。

　　升温过程中，核心混凝土的弹性模量取应力－应变曲线过原点切线的斜率，混凝土的泊松比在 150℃时开始变化，400℃时下降为常温时的 50%，1200℃时泊松比为（Izzuddin 等，2002）。

　　模拟钢管和混凝土接触时，采用节点－面方程。接触对的力学性能是在接触表面的切向和法向两个方向上分别定义的。采用了"硬接触"，即当主从面接触时，两者之间压力值为正；而主从面分开时，压力为零。接触对的切向行为采用库仑摩擦模型模拟，即接触表面剪应力小于某一定值或表面粘结强度，没有滑移发生；否则主从面将

发生滑移。如果接触表面发生相对滑移，两表面会产生摩擦应力或剪切应力，应力大小由接触面间的压力和摩擦系数决定。因此，接触面的摩擦系数和粘结强度是决定其切向力学性能的主要参数。进行钢管混凝土柱火灾行为的分析时，可以取用摩擦系数为 0.2（Ding 和 Wang，2008），另外模拟中忽略了粘结强度的影响。从以上的接触定义可以看出，法向接触模拟了钢管对混凝土的约束作用，而切向接触模拟了接触面间剪应力的传递。图 5.21 所示有限元模型示意图只建立了实际中空夹层柱的一半，上下端有两个刚性端板，用于施加荷载和设置端部给出的边界条件。图中，N_{F} 为柱端轴向荷载，计算时可根据实际情况设置固定、铰接等约束的边界条件。此外还要在对称表面和对称边界上设置对称边界条件，对称边界条件和柱上荷载如图 5.21 所示。

图 5.21　单元划分示意图

　　在模拟钢管混凝土轴压柱时，柱平直度方面的缺陷需适当考虑。针对平直度缺陷对钢管混凝土柱火灾下行为的影响，Ding 和 Wang（2008）将柱平直度缺陷转化成了端部荷载的初始偏心，并对其进行了敏感性分析。研究发现，当初始偏心在 $L/2000$ 到 $3L/1000$ 范围时（L 为柱长度），初始偏心对钢管混凝土柱火灾下性能影响较小，计算分析中采用了 $L/1000$ 作为初始偏心。这与《钢结构工程施工质量验收规范》（GB50205—2001）（2002）对钢结构主体结构垂直度的允许偏差限值一致，因此本模型中也选用该值。

　　有限元模型计算结果和试验结果（包括温度场和变形情况）总体上吻合较好。图 5.19 给出了轴向变形（Δ_{c}）－受火时间（t）关系计算结果与实测结果的对比。

　　图 5.22 所示为试件达到耐火极限时计算破坏形态和观测结果的对比，包括整体破坏形态，外钢管和内钢管的屈曲形态。柱子的侧向位移明显，内外钢管发生局部屈曲较明显的位置均发生在出现最大侧向位移处。

(a) 整体屈曲模态　　　　　　　(b) 外钢管屈曲模态　　　　　　(c) 内钢管局部屈曲

图 5.22　计算得到的破坏形态与实测结果比较

5.2.4　小结

试验结果表明，火灾下中空夹层钢管混凝土试件中钢管和混凝土能较好地共同工作，从而使试件具有良好的耐火性能。影响中空夹层钢管混凝土试件耐火极限的因素包括柱荷载比、保护层厚度、截面形状、外截面尺寸以及截面空心率。有限元模型可以有效地模拟中空夹层钢管混凝土在火灾下的力学行为。

5.3　不锈钢管混凝土柱

如本书 1.2.1 节所述，研究者们已在钢管混凝土构件耐火性能研究方面进行了不少研究工作，取得了不少成果。

表 5.6 汇总了钢管混凝土耐火极限试验试件表，可见试验构件尺寸范围在 $141.3 \sim 478$mm；柱荷载比（n）范围为 $0.09 \sim 0.82$［柱荷载比按照式（3.17）进行计算，其中，N_u 为试件在常温下的极限承载力］；核心混凝土类型包括普通混凝土、钢纤维混凝土、配筋混凝土、高强混凝土以及自密实混凝土，其立方体强度范围在 $29.8 \sim 133.8$MPa；钢材均为普通碳素钢，屈服强度范围在 $246 \sim 486$MPa。试验试件的边界条件包括铰接和固接两种。

众所周知，不锈钢具有外表美观、耐久性好、维护费用低及耐火性能好等优点，目前已在一些实际土木工程中开始得到应用。若在不锈钢管中填充混凝土形成不锈钢管混凝土结构，预期可达到减少不锈钢用量的目的，从而降低工程结构的造价。不锈钢管混凝土可同时兼有普通钢管混凝土良好的力学性能和不锈钢优越的耐久性能，预期在海洋平台、沿海建筑和桥梁以及对耐久性要求较高的一些重要建筑的框架和网架等土木工程结构中具有较好的应用前景。本节论述不锈钢管混凝土柱耐火性能的试验研究结果，并给出其有限元模型。

5.3.1　试验概况

试验研究内容为 5 个不锈钢管混凝土轴心受压长柱的耐火性能（陈峰，2011；

表 5.6　钢管混凝土柱耐火极限试验试件信息汇总

截面形式	边长（或直径）/mm	钢管壁厚/mm	长度/m	柱荷载比 (n)	钢材 f_y/MPa	混凝土 f_{cu}/MPa	核心混凝土类型	骨料类型	防火保护层	柱端边界条件	试件数量	数据来源
圆形	141.3~406.4	4.78~12.7	3.81	0.09~0.47	300~350	29.8~102.8	普通混凝土	钙质和硅质	无	F-F，P-P	38	Lie 和 Chabot（1992）
	273.1	6.35	3.81	0.37~0.67	350	58.8	配筋混凝土	钙质	无	F-F	2	Chabot 和 Lie（1992）
	323.9~406.4	6.35	3.81	0.32~0.67	300	54.1~71.3	钢纤维混凝土	钙质	无	F-F，P-P	6	Kodur 和 Lie（1997）
	150~478	4.6~8	3.81	0.77	259~381	39.6~68.8	普通混凝土	钙质	有	P-P	13	韩林海（2007）
	219.1~406.4	6.35	3.81	0.24~0.52	300	95.3~133.8	高强混凝土	钙质，钙质＋硅粉	无	F-F	6	Kodur 和 Latour（2005）
	318.5~406.4	7~9	3.5	0.37~0.56	304~363	34.4~47.3	普通混凝土	—	无	P-P	10	Kim 等（2005）
方形	152.4~304.8	6.35	3.81	0.2~0.34	300~350	58.1~73.5	普通混凝土	钙质和硅质	无	F-F	6	Lie 和 Chabot（1992）
	203.2~304.8	6.35	3.81	0.22~0.82	350	58.8~60.1	配筋混凝土	钙质	无	F-F	6	Chabot 和 Lie（1992）
	300	9.0	3.5	0.2~0.33	357.9~360.9	46.9~48.0	普通混凝土	—	有	P-P	18	Sakumoto 等（1994）
	150~300	5~8	3.81	0.11~0.42	394~416	47.2~54.7	配筋混凝土	硅质	无	P-P	3	Myllymäki 等（1994）
	152.4~304.8	6.35~12.7	3.81	0.12~0.56	350	48.4~62.2	钢纤维混凝土	钙质和硅质	无	P-P，F-F	7	Kodur 和 Lie（1997）
	219~350	5.3~7.7	3.81	0.77	341	49	普通混凝土	钙质	有	P-P	3	韩林海（2007）

续表

截面形式	边长（或直径）/mm	钢管壁厚/mm	长度/m	柱荷载比（n）	钢材 f_y/MPa	混凝土 f_{cu}/MPa	核心混凝土类型	骨料类型	防火保护层	柱端边界条件	试件数量	数据来源
方形	203.2	6.35	3.81	0.32~0.43	300	124.4	高强混凝土	钙质	无	F-F	2	Kodur 和 Latour（2005）
	300~350	9	3.5	0.34~0.47	304~363	34.4~47.3	普通混凝土	—	无	P-P	10	Kim 等（2005）
	150~200	5.0~6.0	0.76	0.17~0.44	467~486	112.5~123.8	自密实混凝土	玄武岩	无	F-F	6	Lu 等（2009）
矩形	300	7.96	3.81	0.77	246~284	18.7	普通混凝土	钙质	有	P-P	8	韩林海（2007）

Han 等，2011），采用两个圆形试件和三个方形试件，试件长度均为 3700mm（包括各 50mm 的上、下端板）。

表 5.7 给出了试件参数，其中试件编号第一个字母表示试件截面形状（C 为圆形，S 为方形），其后的数字表示截面尺寸，"-"后的数字表示柱荷载比（n）；临界温度 T_{cr} 是指试件达到耐火极限时对应的外钢管的温度，柱荷载比（n）按照式（3.17）进行计算。

表 5.7 不锈钢管混凝土柱试件信息表

序号	试件编号	截面尺寸 /（mm×mm）	柱荷载比 n	柱荷载 N_F/kN	临界温度 T_{cr}/℃	耐火极限 t_R/min
1	S300-0.15	315×5	0.15	940	>954	>240
2	S300-0.3	315×5	0.3	1880	732	148
3	S600-0.3	630×10	0.3	7870	821	220
4	C300-0.3	300×5	0.3	1400	>633	132
5	C300-0.45	300×5	0.45	2100	455	67

试件钢管均采用 304 级不锈钢，其中圆钢管采用螺旋焊管，方钢管由两个冷弯 U 形槽钢对接拼焊而成。钢材力学性能由标准拉伸试验确定，表 5.8 给出了不锈钢各力学性能指标实测值，包括名义屈服强度（f_y）、弹性模量（E_s）、泊松比（ν_s）、延伸率（δ）以及应力 - 应变关系曲线的形状系数（n^*）等。这里形状系数定义为

$$n^* = \frac{\ln(20)}{\ln(f_y/\sigma_{0.01})} \qquad (5.4)$$

式中：$\sigma_{0.01}$ 为应力 - 应变关系曲线上残余应变为 0.01 时的应力值。

表 5.8 钢材力学性能指标

钢材类型	f_y/MPa	E_s/（×10⁵N/mm²）	f_u/MPa	n^*	δ/%	ν_s
圆形 300×5	451	1.98	858.5	6.1	40.7	0.2995
圆形 600×10	431	1.97	842.5	5.3	40.2	0.3223
方形 315×5	395	1.94	811.7	4.0	44.2	0.2840
方形 630×10	346	2.00	715.3	7.5	43.7	0.2806

核心混凝土采用自密实混凝土，其配合比为水泥：粉煤灰：矿粉：水：砂：石＝ 340：60：80：165：822：927：6.2（kg/m³）。采用的原材料为：普通硅酸盐水泥；中砂（河沙，钙质）；石灰岩碎石（钙质），石子粒径 5～20mm。矿物细掺料：Ⅱ 级粉煤灰和 S95 型矿粉；普通自来水；聚羧酸高效减水剂。新拌混凝土的坍落度为 240mm，坍落流动度为 570mm。混凝土 28 天的立方体抗压强度为 f_{cu}＝53MPa，混凝土的弹性模量为 37305N/mm²，进行耐火极限试验时混凝土立方体抗压强度为 f_{cu}＝65MPa。

试验在公安部天津消防科学研究所国家固定灭火系统和耐火构件质量监督检验中心进行。图 5.23（a）为试件安装在试验炉中试验前的情况。试验炉高度为 4m，截面尺寸为 3m×3m，柱炉上部和下部用石棉保护使其不受火，中部区域为受火区，受火

高度为 3m。柱梁端和中部设置 20mm 排气孔。试验设备可以通过调整炉温、炉压、曝火时间、边界条件等提供符合 ISO-834（1975）标准的火灾试验环境，试件底端和顶端均通过球形铰与加载系统铰接。试件边界条件如图 5.23（b）所示。点火前先在钢管混凝土柱上施加轴压力至 N_F，持载 30min 待柱轴向变形稳定后，按照 ISO-834（1975）标准升温曲线点火升温，试验过程中保持 N_F 不变。

| (a) 试验炉照片 | (b) 边界条件示意图 |

图 5.23 试验装置

5.3.2 试验结果及分析

（1）温度（T）- 受火时间（t）关系

试件内部温度通过预埋的热电偶进行测量，热电偶位置及编号如图 5.24 所示，其中 1 为钢管内壁上的点，2、3、4 为混凝土截面上的点。图 5.25 给出了各试件测温点的实测温度（T）- 受火时间（t）关系曲线。可见，柱截面温度由内向外逐渐升高，钢管内壁温度（1 点）明显大于混凝土内部温度（2 点），且混凝土截面越靠近形心位置其温度梯度越不明显，如 4 点与 3 点之间的温度差别小于 3 点与 2 点之间温度差。

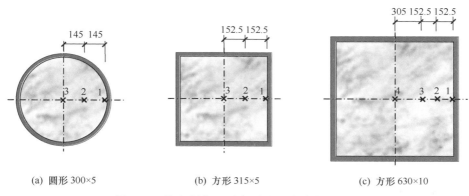

| (a) 圆形 300×5 | (b) 方形 315×5 | (c) 方形 630×10 |

图 5.24 热电偶位置示意图（尺寸单位：mm）

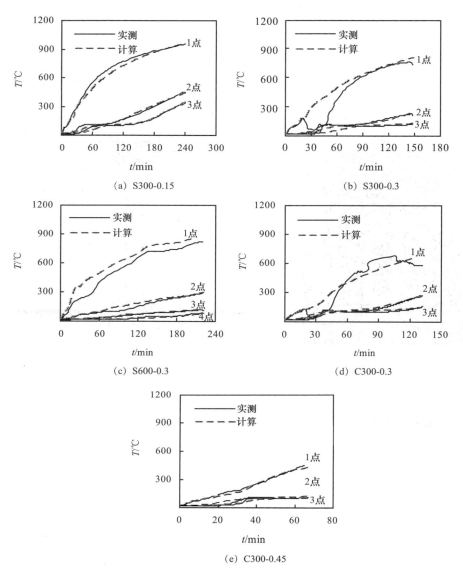

(a) S300-0.15

(b) S300-0.3

(c) S600-0.3

(d) C300-0.3

(e) C300-0.45

图 5.25　实测的温度（T）‑受火时间（t）关系曲线

核心混凝土升温过程一般可分为三个阶段，即初始段、平缓段和发展段。初始段：混凝土温度从室温上升到 100℃ 左右的阶段。这一过程混凝土没有明显的水分丢失，热容较大，升温相对较缓。试验测得的各构件测点 2 处混凝土升温初始段结束的时间一般在 40min 左右。平缓段：混凝土温度达到 100℃ 左右以后保持基本稳定不变的阶段。这一阶段混凝土内部孔隙的自由水和吸附水由于高温发生相变，吸收了外界传入的热量，同时水分以水蒸气的形式通过混凝土内孔隙以及钢管上预留的排气孔排出，并带走热量，从而使混凝土的温度保持在一定水平而不致升高。这一阶段持续的时间通常也与混凝土距边缘的距离相关，距离越远一般持续时间越长。本次试验测得各测点混凝土平缓段持续时间约为 60min。发展段：混凝土在经历平缓段后内部自由水分基本蒸发殆尽，温度继续升高的阶段。这一阶段混凝土热容减小，温度基本呈直线上升状态，且上升速度较初始段更快。

　　值得注意的是，试件 S300-0.3 和试件 C300-0.3 钢管温度出现了下降的现象，这可能是由于钢管受热膨胀，使得热电偶与钢管发生脱离，同时受混凝土排出的水蒸气的影响，热电偶实测的温度远低于钢管内壁实际温度。其后当混凝土水分排尽，热电偶即使没有接触钢管，其测得的温度值也基本接近钢管内壁温度值，因此可以发现混凝土温度平台段以后，钢管的温度基本恢复正常。

　　图 5.26 比较了截面尺寸大小对试件内部温度场的影响。选取了方形试件 S300-0.15 和 S600-0.3，比较两个试件在某些特定时刻下各测点的温度值。由图 5.26 可见，在相同的受火时间下大尺寸试件的钢管内壁温度要低于小尺寸试件。在距截面边缘距离相同的情况下，大尺寸试件的混凝土温度总体上也低于小尺寸试件。这是由于截面尺寸增大，试件的混凝土体积也相应增大，从而提高了吸热能力。

(a) 钢管（1 点）　　　　　　　　　(b) 核心混凝土（2 点和 3 点）

图 5.26　截面尺寸对试件内部温度的影响

　　（2）钢管的临界温度（T_{cr}）

　　定义不锈钢管混凝土构件达到耐火极限时不锈钢管的温度为临界温度（T_{cr}）。试验中实测的各试件的极限温度（T_{cr}）列于表 5.7 中。可以看出，随着柱荷载比（n）的增大 T_{cr} 有降低的趋势，而随着截面尺寸的增大 T_{cr} 有升高的趋势。

　　（3）破坏形态

　　图 5.27 所示为试件的破坏形态。整体来看，试件均没有明显的侧向变形，但均发生了明显的向外凸起的局部屈曲。方形试件外钢管沿纵向都出现了若干波浪形局部鼓曲，而且达到耐火极限的方形试件的钢管都发生了明显的焊缝开裂现象。而圆形试件外钢管以单一的试件中部的环形鼓曲现象为主，钢管焊缝没有出现明显的破坏开裂现象。这与中空夹层钢管混凝土火灾下的破坏形态比较相似（如图 5.16 所示），但不锈钢方形钢管的波浪形鼓曲更加明显。

　　将外钢管切割移除，观察核心混凝土的破坏情况，如图 5.28 所示。可见，在方形试件外钢管发生明显局部屈曲并开裂处，对应位置的核心混凝土也被压碎，试件 S300-0.3 中部甚至出现了局部劈裂现象和斜裂缝，但试件端部混凝土仍保持着良好

（a）S300-0.15　　　　　（b）S300-0.3　　　　　　（c）S600-0.3

（d）C300-0.3　　　　　　　　　（e）C300-0.45

图 5.27　试件的整体破坏形态

（a）S300-0.15　　　　　（b）S300-0.3　　　　　　（c）S600-0.3

图 5.28　核心混凝土的破坏形态

(d) C300-0.3　　　　　　　　　　　(e) C300-0.45

图 5.28　（续）

的完整性。在钢管鼓曲处，混凝土和钢管脱离，且试件沿长度方向可以看到明显的裂缝。圆形试件混凝土的破坏形式可分为两种，一种是混凝土压碎破坏，破坏位置的混凝土变得酥松，如试件 C300-0.3 的破坏形式；另一种是混凝土劈裂破坏，破坏位置出现了明显贯通的斜裂缝，裂缝分开的两部分混凝土有错动或错动的趋势，如试件 C600-0.3 的破坏形式。试件 C300-0.45 的破坏形式则是兼有上述两种破坏形式的特征。此外，圆形试件非破坏位置混凝土表面较平滑干净，但部分位置混凝土和钢管出现了分离现象。

由上所述分析可见，火灾作用下不锈钢管和混凝土之间可以协同互补，共同工作。一方面混凝土的存在减缓了不锈钢管温度的升高；另一方面，即使外钢管发生屈曲，但仍对核心混凝土有约束作用，可有效阻止混凝土发生高温爆裂，保证混凝土的完整性。混凝土的存在也改变了钢管的屈曲形态。对圆形试件，混凝土可给钢管提供均匀的支撑作用，因而当高温钢管承载能力不足时才在最薄弱位置发生鼓曲；对方形试件，钢管受温度和压力作用，在角部受混凝土支撑作用较大，而中部支撑作用较小，因而钢管表面受力情况类似平面板受面内压力，易发生沿长度方向的若干半波形屈曲。对于大尺寸的薄壁钢管混凝土柱，为提高火灾下钢管及其混凝土之间的共同工作，可在钢管内壁适当设置沿柱轴向的加劲肋。

（4）柱轴向变形（Δ_c）-受火时间（t）关系

图 5.29 给出了实测的柱轴向变形（Δ_c）-受火时间（t）关系。可见，与普通钢管混凝土柱试验结果相比，不锈钢管混凝土柱的热膨胀变形总体较小。这可能是由于不锈钢管和普通碳素钢管在高温下的力学性能有所差异所致。碳素钢在 0～200℃ 时其强度并无明显降低，而不锈钢在此温度区间内强度下降明显，因此不锈钢管在其受火初期更容易发生局部屈曲现象，从而减小了轴向膨胀变形。

（5）耐火极限（t_R）

表 5.7 给出了各试件的耐火极限，其中试件 S300-0.15 在受火时间达到 240min 时仍未达到耐火极限，且尚处于膨胀阶段，此时由于液压站过热而终止试验。

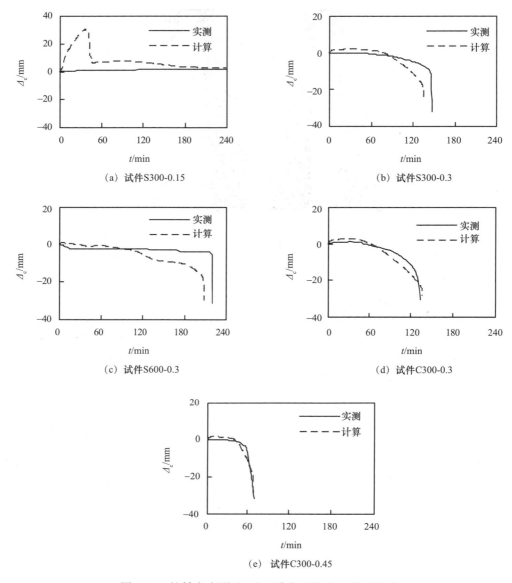

图 5.29　柱轴向变形（Δ_c）- 受火时间（t）关系曲线

　　柱荷载比（n）是影响普通钢管混凝土构件耐火极限的主要因素之一（Han 等，2003）。对不锈钢管混凝土试件，柱荷载比（n）对耐火极限也有明显的影响，例如试件 S300-0.3 和试件 S300-0.15，荷载比由 0.3 降到 0.15，而耐火极限则由 148min 增加到了 240min；试件 C300-0.45 和试件 C300-0.3，荷载比由 0.45 降到 0.3，耐火极限也由 67min 增加到了 132min。n 越小，不锈钢管混凝土的耐火极限越大。图 5.30 给出了 n 对钢管混凝土耐火极限的影响。

　　柱构件截面尺寸大小是影响不锈钢管混凝土耐火极限的另一因素。以方形试件为例，图 5.31 给出了截面尺寸（B）对钢管混凝土耐火极限的影响，在柱荷载比（n）相同

(a) 圆形试件　　　　　　　　　(b) 方形试件

图 5.30　柱荷载比（ n ）对耐火极限（ t_R ）的影响

的情况下，截面边长 $B=630\text{mm}$ 的方形试件 S600-0.3 的耐
火极限较 $B=315\text{mm}$ 的方形试件 S300-0.3 提高了 72min。

5.3.3　有限元模型

图 5.31　试件边长（ B ）对耐
火极限（ t_R ）的影响

建立不锈钢管混凝土柱的温度场分析模型和力学计算模
型时的基本方法与 5.2.3 节建立的中空夹层钢管混凝土类似，
核心混凝土所用到的材料热工性能、热力学性能，钢管混凝
土和混凝土所用到的单元类型等与 5.2.3 节所述一致，这里
重点介绍采用不锈钢管后所带来的热边界条件、不锈钢热工
性能、热力学性能以及接触热阻模拟方法等的不同。

进行不锈钢管混凝土柱温度场分析时，不锈钢管表面的热对流系数和热辐射系数
参考 Gardner 和 Ng（2006）给出的值，不锈钢管热对流系数取为 35W/（ $\text{m}^2 \cdot \text{℃}$ ），热
辐射系数取为 0.2。

不锈钢的材料热工性能（包括密度、比热和导热系数）和热力学性能（高温应力 -
应变关系和热膨胀系数）等根据 Eurocode 3（2005）给出的不锈钢热工参数和热力学
参数模型选取。对于方形不锈钢管混凝土柱，由于不锈钢管是由板材冷弯卷制而成，
在冷弯作用下，弯角处钢材的屈服强度和极限强度都有所提高。为考虑这一效果对构
件耐火性能的影响，在建立有限元模型时，弯角处钢材的屈服强度（ f_{ycor} ）和极限强度
（ f_{ucor} ）采用 Ng 和 Gardner（2007）建议的公式进行计算，即

$$f_{ycor} = \frac{1.881 f_y}{\left(\dfrac{r_i}{t_s}\right)^{0.194}} \tag{5.5}$$

$$f_{ucor} = 0.75 f_y \left(\frac{f_u}{f_y}\right) \tag{5.6}$$

式中： f_y 和 f_u 为实测平板钢材的屈服强度和极限强度； r_i 为内弯角半径； t_s 为钢材壁厚。

模型中考虑了不锈钢和混凝土之间的接触热阻的影响，进行温度场计算时，输入
的接触导热系数（ h_j ）的取值根据 Ghojel（2004）提出的公式的 50% 来考虑（Han 等，
2013），即

$$h_j = 80.25 - 31.9 \exp(-339.9T_s^{-1.4}) \tag{5.7}$$

式中：T_s 为不锈钢管与混凝土接触点的温度。

图 5.32 所示为圆形和方形不锈钢管混凝土柱的温度场和力学性能分析模型，为考虑初始缺陷的影响，模型中设置了 Ng 和 Gardner（2007）建议的构件长度的 1/2000 的初始弯曲。

(a) 圆形构件温度场计算模型　　　　(b) 圆形构件力学性能分析模型

(c) 方形构件温度场计算模型　　　　(d) 方形构件力学性能分析模型

图 5.32　不锈钢管混凝土柱有限元模型

采用上述建立的有限元模型对不锈钢管混凝土柱的耐火极限试验结果进行计算，比较了温度（T）- 受火时间（t）关系曲线、破坏形态和柱轴向变形（Δ_c）- 受火时间（t）关系曲线。图 5.25、5.27 和 5.29 给出了试验获得的 T-t 关系曲线、破坏形态和 Δ_c-t 关系曲线的与计算结果的对比，可以看出，有限元模型总体上可以较好地模拟出不锈钢管混凝土柱在火灾下的破坏情况。

Tao，Ghannam，Song 和 Han 等（2016）报道了六根不锈钢管混凝土模型柱的耐火性能试验研究，其中包括四根圆形试件和两根方形试件，圆形试件的截面直径和壁厚的分别为 200mm 和 3mm，方形试件的截面边长和壁厚分别为 200mm 和 4mm，所有试件长度均为 1870mm（包括上下端板各 20mm 厚）。

试验在澳大利亚西悉尼大学（Western Sydney University）结构试验室进行，试验炉炉膛高度为 880mm，截面尺寸为 640mm×630mm，柱试件伸出炉膛与反力架通过上下两个铰支座连接，试件两端均为铰接，两个铰支座中心的距离为 2010mm，试验过程中仅试件位于炉膛内的部分受火。试件受火前先在柱端施加轴向荷载，然后保持轴向荷载不变，炉膛按照平均 40℃/min 的升温速率升温至 800℃，然后保持恒定，直到柱达到极限状态破坏。

图 5.33 给出了典型的破坏形态对比，可见，对于两端铰接的圆不锈钢管混凝土柱，有限元模型可以模拟出其发生整体屈区破坏的情况；对于方不锈钢管混凝土柱，有限元模型可以较好的捕捉到钢管壁的局部屈区以及柱整体的侧向变形。

图 5.34 所示为有限元计算结果和实测的轴向变形（Δ_c）- 受火时间（t）关系曲线的比

(a) CT01（圆形试件）　(b) ST01（方形试件）

图 5.33　不锈钢管混凝土柱典型破坏形态
（Tao 等，2016）

较，可见在膨胀阶段的 Δ_c-t 关系曲线的实测值和计算值吻合较好，但压缩阶段的差别

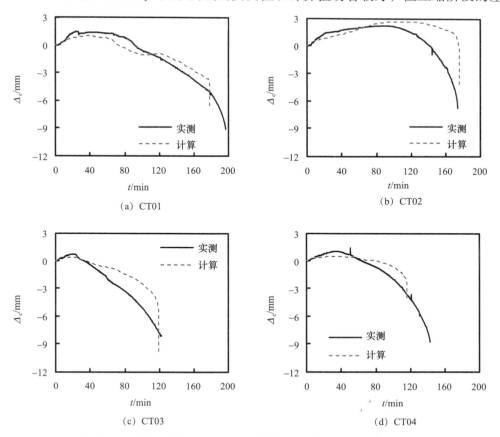

(a) CT01

(b) CT02

(c) CT03

(d) CT04

图 5.34　柱轴向变形（Δ_c）- 受火时间（t）关系（Tao 等，2016）

较大，这可能是模型对试验过程中存在的几何缺陷考虑不全面所致，但总体上有限元模型可模拟出不锈钢管混凝土柱轴向变形（Δ_c）-受火时间（t）关系的变化趋势，且获得的耐火极限值与实测结果较为接近。

5.3.4　小结

本节论述了不锈钢管混凝土柱的耐火极限试验结果。试验表明，火灾下不锈管混凝土试件中钢管和混凝土能较好地共同工作，从而使不锈钢管混凝土柱具有良好的耐火性能。在试验研究基础上建立了不锈钢管混凝土柱耐火极限的有限元模型，采用该模型可以有效地模拟不锈钢管混凝土柱在火灾下的温度和变形发展。

5.4　FRP 约束钢管混凝土和钢筋混凝土柱

陶忠、王志滨和韩林海等（2007），以及 Tao、Wang 和 Han 等（2011）进行了FRP 约束圆钢管混凝土柱和 FRP 约束钢筋混凝土柱的耐火性能试验研究。

5.4.1　试验概况

分别进行了 2 个 FRP 约束圆形钢管混凝土柱和 2 个 FRP 约束方形钢筋混凝土柱的火灾下性能试验，试件高度（H）为 3.81m。试验研究的主要参数为偏心距（e），具体数值见表 5.9。其中所有钢管壁厚均为 5mm，钢筋混凝土试件纵向钢筋和箍筋直径分别为 18mm 和 8mm。

表 5.9　FRP 约束钢管（筋）混凝土柱试件信息表

试件类型	序号	试件编号	截面尺寸 D（B）/mm	荷载偏心距 e/mm	FRP 布厚度 /mm	防火保护层厚度 /mm	N_F/kN	耐火极限 t_R/min
FRP 约束钢管混凝土	1	CCFT1	325	0	0.34	4.8	2200	＞162
	2	CCFT2	325	81	0.34	5.6	1650	77
FRP 约束钢筋混凝土	3	FC1	300	0	0.34	6.0	2010	＞240
	4	FC2	300	75	0.34	11.7	849	＞240

FRP 约束圆钢管混凝土试件的截面形式如图 5.35（a）所示。加工 FRP 约束圆钢管混凝土试件时，首先加工空钢管，为保证受火时管内水分的排放，在钢管两端和中间部位其两个对面共预留 8 个 φ10 的排气孔。每个试件分别加工两个厚度为 40mm 的钢板作为试件的上、下端板，在每个试件中截面处布设热电偶，用来测量试件内部不同位置在受火过程中的温度变化情况，热电偶的具体位置及编号如图 5.35（a）所示。

方形 FRP 约束钢筋混凝土试件截面形式如图 5.35（b）所示。为了保证环向 FRP 的有效约束作用，将试件的四个角部设计为弧形，弧形转角半径为 34mm。每个试件还加工两个厚度为 40mm 的钢板作为试件的上、下端板。试件中的钢筋笼和端板焊接。与 FRP 约束圆钢管混凝土试件一样，在每个试件的中截面处还布设热电偶，热电偶的具体位置及编号如图 5.35（b）所示。每个试件中采用的混凝土与 FRP 约束圆钢管混

图 5.35　试件的截面详图及试件测点布置示意图（尺寸单位：mm）

凝土试件为同批次混凝土。

混凝土浇筑 28 天后进行碳纤维布的包裹。试验前先对试件表面的 FRP 喷涂一层厚涂型防火涂料以提高试件的耐火极限。为保证涂料和 FRP 表面的良好粘结，在包裹了 FRP 的试件外表面再包裹一层网格间距为 12mm、钢丝直径为 0.66mm 的钢丝网。耐火试验前实测的防火保护层厚度见表 5.9。

试件采用钢材的弹性模量、屈服强度、泊松比、极限强度、屈服应变和延伸率等指标，具体数值见表 5.10。

表 5.10　钢材力学性能指标

钢材种类	钢管厚度或钢筋直径 /mm	弹性模量 /（×10^5N/mm^2）	屈服强度 /MPa	泊松比 ν_s	极限强度 /MPa	屈服应变 /$\mu\varepsilon$	延伸率
钢管	5	2.09	383	0.198	434	1988	0.190
纵向钢筋	18	2.10	381	0.199	553	1897	0.193
箍筋	8	2.11	443	0.196	551	1918	0.197

FRP 的单向碳纤维布名义厚度为 0.167mm，材料生产厂家提供的材料抗拉强度为 3430MPa，弹性模量为 2.30×10^5N/mm^2。

核心混凝土采用自密实混凝土，其使用材料为：425 号硅酸盐水泥；石灰岩碎石，最大粒径为 15mm；中砂，砂率为 0.35。每立方米混凝土中材料用量为：水泥 361kg；水 176kg；砂子 795kg；粗骨料 896kg；粉煤灰 168kg；FDN 高效减水剂 5kg。试验时实测的平均立方体抗压强度 f_{cu} 为 37.6MPa。

采用的厚涂型结构防火涂料的基本性能参数为干密度：$\rho=305$kg/m^3；导热系数：$\lambda=0.0777$W/（m·K）；比热：$c=1.01\times10^3$J/（kg·K）。

先在常温下施加轴向荷载 N_F，然后按照 ISO-834（1975）标准升温曲线点火升温，测试过程中保持荷载变化值在 ±5% 之间。根据 ISO-834（1999）标准的规定，柱轴向压缩量达到 0.01H（mm）且轴向压缩速率超过 0.003H（mm/min）（H 为柱高度，单位为 mm，本章试验中 $H=3810$mm）时即认为柱达到耐火极限，此时应停止加载。

5.4.2　试验结果及分析

（1）试验现象

1）FRP 约束钢管混凝土柱。

对于轴压试件 CCFT1，在升温初期其轴线始终保持为直线状态。在升温至 5min 以前，试件的形态和表面颜色等没有发生变化。此后，试件表面保护层开始收缩，出现微裂缝，使得保护层内组成 FRP 的环氧树脂开始受火，出现燃烧现象。但由于防火保护层通过钢丝网和试件粘结，防火保护层并未因为环氧树脂燃烧而剥落。16min 左右时，保护层表面沿柱纵向均可见环氧树脂燃烧而产生的火焰，防火保护层表面被烧黑，但防火保护层仍保持了较好的完整性。28min 左右时，钢管内部的混凝土受热产生的水蒸气开始通过排气孔外溢，FRP 和防火保护层受到蒸汽内压的作用开始在部分区域向外凸出，产生的外凸最大变形约 15mm。到 46min 左右时，保护层内的环氧树脂燃烧殆尽，保护层表面开始变为鲜红色，其完整性仍保持较好。随着温度的继续升高，保护层的表面变得逐渐光滑，表面颜色也与火焰颜色趋于一致，直至试验结束，没有保护层剥落现象发生。此外，试验过程中未见试件产生明显的挠曲变形。

对于偏压试件 CCFT2，在试验过程中观察到的试验现象和试件 CCFT1 基本一致，其差别在于偏压试件的受拉区防火保护层先开裂，所以环氧树脂的燃烧现象先发生在受拉区，此后扩展到整个试件。此外，在偏压荷载作用下，试件 CCFT2 在受火 31min 后可观察到明显的挠曲变形。

2）FRP 约束钢筋混凝土柱。

对于轴压试件 FC1，在整个升温过程中其轴线始终保持为直线状态。在升温至 4min 以前，试件的形态和表面颜色等没有发生变化。此后，试件受轴向力作用发生纵向的收缩，但是试件表面防火保护层受火膨胀，表面防火保护层开始向外的凸出，凸出的顶部发生防火保护层开裂现象，横向裂缝间距 20cm 左右。7min 左右时，防火保护层开始向外的凸出的顶部区域同横向裂缝垂直的方向出现纵向裂缝；18min 左右时，试件表面保护层微裂缝处内 FRP 的环氧树脂开始受火，出现燃烧现象；到 29min 左右时，试件跨中截面基本都发生了表面起火现象；在升温至 30min 左右时，试件表面防火保护层沿纵、横向裂缝均出现喷火现象，裂缝附近的防火保护层被烧黑；128min 左右时，保护层内的环氧树脂燃烧殆尽，保护层内喷射出的火焰逐渐熄灭，保护层表面呈白色；在升温至 188min 左右时，保护层表面开始变为鲜红色，仍保持了良好的完整性。随着温度的继续升高，保护层的表面变得逐渐光滑，表面颜色也与火焰颜色趋于一致，直至试验结束，没有保护层剥落现象发生。试验过程中未见试件产生明显的挠曲变形。

对于偏压试件 FC2，在试验过程中观察到的试验现象和试件 CF1 基本一致，主要差别在于其防火保护层出现裂缝的时间较 CF2 稍晚，这可能是因为其防火保护层较厚。虽然是偏压试件，但试验过程中未见试件产生明显的挠曲变形，这可能是因为荷载比较小。

（2）破坏形态

1）FRP 约束钢管混凝土柱。

FRP 约束钢管混凝土柱的最终破坏形态如图 5.36 所示。可见，轴压试件 CCFT1

(2) FRP 布

(3) 钢管

(1) 试件破坏后　　　　　　　　(4) 核心混凝土

(a) CCFT1

(2) FRP 布

(3) 钢管

(1) 试件破坏后　　　　　　　　(4) 核心混凝土

(b) CCFT2

图 5.36　FRP 约束钢管混凝土试件的破坏形态

的破坏出现在上端部，而偏压试件 CCFT2 的破坏出现在试件中间偏上的部位。试验后两个试件表面的防火保护层普遍开裂，去除防火保护层后发现，碳纤维仍然完整地附着在钢管表面（如图 5.36 所示）。除去试件破坏位置的表面碳纤维，可见轴压试件 CCFT1 沿试件四周钢管出现了环状的向外鼓曲，而试件 CCFT2 钢管鼓曲发生在截面受压侧。

　　将破坏的钢管剥离后可见两试件内部混凝土仅有少量几条裂缝，其整体性保持较好。不同的是轴压试件 CCFT1 由于受火时间长，混凝土颜色发青，用锤子敲击容易成粉末状；而偏压试件 CCFT2 受火时间相对较短，混凝土呈灰色和普通未受火的混凝土颜色较为接近，用重锤敲击时回弹力度大，混凝土强度较轴压试件的高，但受压区混凝土有压碎现象。二者混凝土破坏形态的不同是由于轴压试件未达到耐火极限，其整体压缩变形要小于偏压试件的压缩变形。

　　2）FRP 约束钢筋混凝土柱。

　　FRP 约束钢筋混凝土柱的最终破坏形态如图 5.37 所示。从中可见，两个试件在受火 240min 后均未发生整体破坏。对于轴压试件 FC1，由于防火保护层厚度较薄，内部环氧树脂容易达到其燃点而发生燃烧，在外部火场和内部环氧树脂的双重燃烧作用下，防火保护层表面容易发生开裂［如图 5.37（a）所示］，火灾后试件表面呈焦裂状，但未见大块防火保护层脱离的现象。

　(1) 试件破坏后　　　　　　　(4) 钢筋

(2) FRP 布

(3) 混凝土

(a) FC1

图 5.37　FRP 约束钢筋混凝土试件的破坏形态

(1) 试件破坏后

(2) FRP 布

(3) 混凝土

(4) 钢筋

(b) FC2

图 5.37 （续）

除去其防火保护层后可见 FRP 附着在试件的表面上，环氧树脂已经燃烧消耗殆尽。除去 FRP 后，可见内部的混凝土表面完整，混凝土呈灰色，没有明显的裂缝、压碎或是混凝土保护层脱落的现象发生。敲去混凝土后可见内部的钢筋笼保持完整，未见明显屈曲或是颈缩现象发生。对于偏压试件 FC2，其火灾后破坏形态和轴压试件基本一致。

（3）温度（T）- 受火时间（t）关系

图 5.38 给出了实测温度（T）- 受火时间（t）关系曲线。

从图 5.38（a）和（b）中可见：对于 FRP 约束圆钢管混凝土柱，到试验结束，试件 CCFT1 和 CCFT2 的测点 1 的最高温度仅达到 507℃和 291℃。两个试件在相同位置的温度变化规律基本一致，但由于试件 CCFT1 的防火保护层厚度略薄于试件 CCFT2 的防火保护层厚度，在同一时刻，试件 CCFT1 各测点的所测得的温度要稍高于试件 CCFT2 的测点温度。

从图 5.38（c）和（d）中可见，对于 FRP 约束方钢筋混凝土柱，在 165min 时，试件 FC1 和 FC2 的测点 1 的温度值分别为 176℃和 128℃。

同时由图 5.38（a）和（c）的比较可见虽然试件 FC1 和 CCFT1 的防火保护层厚度较为接近，但是在 165min 时，钢管混凝土试件 CCFT1 测点 1 的温度值较钢筋混凝土试件 FC1 测点 1 的温度值高 331℃，这是由于钢筋混凝土试件 FC1 的抗火措施除了防火涂料外还有其本身的混凝土保护层的缘故。

图 5.38　实测温度（T）‑受火时间（t）关系曲线

（4）柱轴向变形（Δ_c）‑受火时间（t）关系

图 5.39 给出了试件的柱轴向变形（Δ_c）‑受火时间（t）关系曲线，从图中可以看出。受火初期试件受热膨胀使柱轴向伸长；当膨胀到一定阶段由温度升高产生的内力和材料劣化后的抗力之和与外荷载相互持平，从而使柱轴向变形处于相对稳定的阶段。随着温度的升高，材料强度损失程度较大，当温度升高产生的内力和材料劣化后的抗力之和小于外荷载时，试件开始压缩；破坏阶段是指在接近耐火极限时柱轴向变形和速率大大增加，轴压位移呈直线下降趋势。

CCFT1 为轴心受压试件，在受火后，由于温度升高，受热膨胀而伸长。在受火 8min 时伸长量达到最大值 1mm，热膨胀阶段结束后变形相对平稳，74min 后试件

图 5.39　实测柱轴向变形（Δ_c）‑受火时间（t）关系曲线

CCFT1 进入压缩阶段，82min 后压缩量与膨胀量相互抵消，轴向位移为 0。受火时间为 162min 时，试件压缩达到 12mm，此时由于液压站过热试验停止。CCFT2 为偏心受压试件，在受火 46min 时伸长量达到最大值 4mm。受火 50min 后开始进入压缩阶段，64min 时压缩量与膨胀量相互抵消，74min 后试件轴向变形速率开始显著变大。试件在 77min 时达到其耐火极限，此时的 Δ_c-t 关系呈直线下降直至试件破坏。

不同于 FRP 约束钢管混凝土柱，本章所观测到 FRP 约束钢筋混凝土试件的 Δ_c-t 曲线仅分为三个阶段：①热膨胀阶段；②稳定阶段；③压缩阶段。这是由于 FRP 约束钢筋混凝土柱具有良好的抗火性能，两个试件的 Δ_c-t 曲线均没有破坏阶段出现。

对于 FRP 约束的钢筋混凝土试件 FC1，在受火后，由于温度升高，受热膨胀而伸长。在受火 40min 时，伸长量达到最大值 1mm，热膨胀阶段结束，进入稳定阶段。70min 后试件 FC1 进入压缩阶段，94min 后压缩量与膨胀量相互抵消，轴向位移为 0。受火时间为 240min 时，试件压缩达到 5mm，此时由于液压站过热，试验停止。试件 FC2 为偏心受压试件，在受火 100min 时伸长量达到最大值 2.2mm，在受火 127min 时开始进入压缩阶段，240min 时压缩量与膨胀量相互抵消。试件 FC2 的防火保护层厚度较试件 FC1 厚，因此在火灾作用下刚度下降较慢，轴向变形较小。

5.4.3　小结

本节进行的试验研究表明，采用了厚涂型钢结构防火涂料保护的 FRP 约束钢管混凝土和 FRP 约束钢筋混凝土柱均具有良好的耐火性能和较高的耐火极限。试验结果表明，偏心率大小对有纵向纤维的 FRP 约束钢管混凝土的耐火极限影响较大，增大偏心率将使试件的耐火极限降低，这一点和普通钢管混凝土有所不同。

5.5　钢管混凝土柱的抗火设计方法

5.5.1　防火保护措施

如前所述，相对于普通纯钢结构柱，钢管混凝土构件具有更好的耐火性能。对于高层或超高层建筑中的钢管混凝土柱，其耐火极限要求通常在 2h 以上。因此，多数情况下需要采取一定的防火保护措施，以达到结构设计所要求的耐火极限。提高钢管混凝土柱耐火极限一般有两种途径：一是在钢管外部施涂防火保护材料以延缓钢管及核心混凝土的升温速率，包括喷涂钢结构防火涂料、金属网抹水泥砂浆、用防火板材包封等方法；另一种则是适当提高钢管混凝土柱自身火灾下的承载能力，如在核心混凝土中配置专门考虑防火的钢筋或钢纤维、采用耐火钢管等。

（1）涂抹防火保护材料

水泥砂浆是传统的建筑材料，因其原材料简单易得，作为防火保护层在过去有较多的应用。为了增强水泥砂浆与基材的粘结，通常需要在基材周围布置一定的金属网，并设置定位钢筋，再涂抹水泥砂浆。该方法优点在于水泥砂浆耐久性较好，且相对于厚涂型钢结构防火涂料强度较高，适用于建筑潮湿和易受撞击部位。但用水泥砂浆做防火保护层施工不便，且自重较大。

国家标准《钢结构防火涂料》（GB14907—2002）（2002）规定钢结构防火涂料按使用厚度可分为超薄型（涂层厚度≤3mm）、薄型（3mm<涂层厚度≤7mm）和厚型（7mm<涂层厚度≤45mm）。钢结构防火涂料按其工作机理分又可以分为非膨胀型和膨胀型（薄型、超薄型）两类。

不同类型的涂料其适用条件有一定的差异，厚型防火涂层通常能够使钢结构构件满足 3h 以上耐火极限需求，但相对于薄型和超薄型防火涂料，厚型防火涂层具有自重大、施工和后期维护相对复杂、装饰效果差等特点。薄型或超薄型等膨胀型涂料具有自重轻涂层薄、喷涂施工方便、后期维护相对容易、外观可直接满足建筑美观要求等特点，因此在建筑结构，尤其公共建筑结构中受到青睐。但一般情况下，薄型或超薄型等膨胀型涂料自身能够为纯结构构件提供 2.5h 以内的防火保护，达到或超过 3h 的耐火极限则相对困难。

如本书 1.2.1 节所述，火灾作用下，由于组成钢管混凝土的钢管和其核心混凝土之间具有相互贡献、协同互补和共同工作的优势，相对于空钢管结构，这类组合柱结构本身具有较好的耐火性能。如果再在钢管外围适当地用膨胀型防火涂层进行保护，重载下的钢管混凝土柱完全可能达到 3h 的耐火极限。

作者进行了在图 1.13 所示的 ISO-834 标准升温曲线（ABB′）作用下采用某品牌膨胀型防火涂料的钢管混凝土柱耐火性能的试验研究。

试件的钢管截面尺寸为 $D \times t_s = 600\text{mm} \times 14\text{mm}$，Q345 钢。钢管内填 C60 自密实商品混凝土。试件总高 3760mm，含上下端板各厚 30mm；钢管壁上下端沿管壁四周各设置 4 个直径 20mm 的排气孔。受火试验中，试件设计为承受偏心轴向荷载，荷载偏心为 70mm。钢管混凝土试件的极限承载力按有限元方法计算获得，对应的火灾荷载比标准值为 0.32。

试件一无保护层，试件二和试件三的保护层厚度分别为 3.95mm 和 5.84mm（试件 2 涂层中部覆裹了一层网眼尺寸为 10mm×10mm 的纤维网）。

试验采用国家固定灭火系统和耐火构件质量监督检验中心的垂直柱炉进行。试件通过上下端板四周的安装孔固定在柱炉两端的支座上，柱炉上端支座为固定球铰，下端球铰支座与液压千斤顶相连可对试件施加轴向荷载。

没有防火保护层的试件一的耐火极限达到 71min，外钢管表皮的温度达到 700℃；试件二和试件三升温达到 180min 没有明显的外观变形或破坏，防火保护涂层在其试验过程中碳化发泡反应正常，涂层有不均匀分布的不同程度的龟裂现象，防火涂层的总体完整、无大面积剥落。两个试件钢管表皮的最高温度分别达 361℃和 309℃。图 5.40 所示为三个试件受火后的形态。

试件一破坏是呈现出压缩破坏的特征，试件二和试件三在持续 3h 的受火过程中则一直处于纵向膨胀发展阶段，受火 3h 时，试件依然保持着良好的承载能力。试验现象表明，火灾下，采用膨胀型防火涂层保护的钢管混凝土柱总体上和采用厚型钢结构涂料的情况没有明显差异。试验结果还表明，火灾下，膨胀型防火涂层和钢管混凝土柱始终能够共同工作，钢管混凝土柱表现出优越的耐火性能。在实际工程中，采用

(a) 试件一   (b) 试件二   (c) 试件三

图 5.40   火灾后采用膨胀型防火涂层保护的钢管混凝土柱的形态

膨胀型防火涂层保护使钢管混凝土柱达到 3h 及以上的耐火极限是完全可能的。但对于采用膨胀型防火涂保护层的钢管混凝土柱耐火极限的实用设计方法，尚需深入研究。

我国《建筑设计防火规范》（GB 50016—2014）（2014）、《建筑钢结构防火技术规范》（CECS 200：2006）（2006）等工程建设标准均给出了在 ISO-834（1975）火灾下采用厚型防火涂料及水泥砂浆防火保护层的确定方法。

（2）防火板材包封

防火板材在欧美、日本等一些工业发达的国家已经有广泛应用。防火板材组装方便，可用于各类钢结构的防火保护。它将防火材料和饰面材料合二为一，适用于结构体积大且形状简单的钢结构的防火保护，特别适合多工种交叉施工。

钢结构防火用板材分为两类：一类是密度大、强度高的薄板；另一类是密度较小的厚板。防火薄板密度一般在 $800\sim1800kg/m^3$，抗折强度为 $10\sim50MPa$，导热系数为 $0.2\sim0.4W/（m\cdot K）$，其使用厚度一般在 $6\sim15mm$，主要是用作轻钢龙骨隔墙的面板、吊顶板，以及钢梁、钢柱经厚涂型钢结构防火涂料涂覆后的装饰面板。防火厚板密度一般小于 $500kg/m^3$，导热系数在 $0.08W/（m\cdot K）$ 以下，其厚度按耐火极限需要确定（李国强和韩林海等，2006）。

采用该方法对钢管混凝土结构进行防火保护时，保证其在火灾下的完整性和密闭性较重要。

（3）配置钢筋、钢纤维或型钢

在钢管混凝土柱核心混凝土中配置专门考虑防火的钢筋、钢纤维或型钢有时也可达到需要的耐火目标。核心混凝土中的钢筋、钢纤维或型钢不仅能提高组合柱的承载能力，还可使核心混凝土在钢管受火失效以后仍能坚持承载，从而能较大提高钢管混凝土的耐火极限。

钢管混凝土柱配置钢筋或型钢的截面示意图如图 5.41 所示。采用该方法优点是柱占用空间小，有强度储备，柱表面无需防火保护，外表美观；但对柱表面的防锈防腐

图 5.41　钢管混凝土核心混凝土配置钢筋或型钢示意图

措施要求较高，若采用钢筋混凝土，还增加了绑扎钢筋和浇筑混凝土的难度。当柱截面尺寸较大时，采用该方法较为适用。

（4）采用耐火钢管

20 世纪 80 年代，日本研究者研究出了耐火温度为 600℃的建筑用耐火钢。这种钢材在 600℃的高温条件下，屈服强度仍能保持在常温强度的 2/3 以上，同时常温下耐火钢与普通建筑用钢相同，具有良好的焊接性和加工性能（Sakumoto 等，1991）。钢管混凝土柱采用耐火钢，可以减少结构的防火保护层厚度，有时甚至可以不用防火保护，从而降低防火保护层的成本，加快施工进度。另外，耐火钢还具有耐恶劣天气、耐腐蚀的能力。

当然，还可通过增大柱截面尺寸，降低柱荷载比（n），进而增大柱在规定受火时间（t）下的承载力系数来提高钢管混凝土柱的耐火极限。当柱荷载比（n）小于或等于承载力系数时，柱就不需要进行防火保护，但该方法通常会较大地增加柱横截面积。

5.5.2　抗火设计方法

Chen 和 Han 等（2010）对现有的钢管混凝土柱抗火设计方法进行了总结。下面简要介绍欧洲、北美洲、中国和日本等四个不同地区或国家的设计方法。

（1）欧洲

欧洲规范 Eurocode 4（后面简称 EC4）（2005）针对无保护配筋钢管混凝土柱提供了三种抗火设计的方法。方法Ⅰ是表格法，这是一种简单的表格查询的方法，通过钢管混凝土柱的截面尺寸、配筋情况以及荷载比就能大致确定柱子的耐火极限，可用于设计初期的耐火极限估算。方法Ⅱ是适用于各种组合柱的抗火计算方法。方法Ⅲ是专门针对无保护配筋钢管混凝土柱的抗火计算方法。

1）方法 I 。

方法 I 给出的表格，如表 5.11 所示，根据柱荷载比（n），圆形截面直径（D）或方形截面边长（B），配筋率（p_r），以及钢筋中心到混凝土边缘最短距离（d_r）可以快速地确定钢管混凝土柱的耐火极限，表中的各参数可采用线性插值。所有钢材的屈服强度均取为 $f_y = 235\text{MPa}$，截面宽厚比 D/t_s 或 $B/t_s \geqslant 25$，配筋率 $p_r = (A_s/A_c + A_s)$ 3%。

表 5.11　钢管混凝土柱耐火极限设计

			耐火极限 /min				
			30	60	90	120	180
$n \leqslant 0.28$		最小截面尺寸（D 或 B，mm）	160	200	220	260	400
		最小配筋率（p_r，%）	0	1.5	3.0	6.0	6.0
		钢筋最小中心距（d_r，mm）	—	30	40	50	60
$n \leqslant 0.47$		最小截面尺寸（D 或 B，mm）	260	260	400	450	500
		最小配筋率（p_r，%）	0	3.0	6.0	6.0	6.0
		钢筋最小中心距（d_r，mm）		30	40	50	60
$n \leqslant 0.66$		最小截面尺寸（D 或 B，mm）	260	450	500	—	—
		最小配筋率（p_r，%）	3.0	6.0	6.0	—	—
		钢筋最小中心距（d_r，mm）	25	30	40	—	—

2）方法 Ⅱ 。

方法 Ⅱ 适用于无侧移框架组合柱，给出了在指定耐火极限条件下组合柱的轴心极限承载力 $N_{\text{fi,Rd}}$ 的计算方法，计算公式为

$$N_{\text{fi,Rd}} = \chi N_{\text{fi,pl}} \tag{5.8}$$

式中：χ 是高温下考虑屈曲的折减系数，与高温下柱子的相对长细比 $\overline{\lambda}_\theta$ 有关，计算公式为

$$\chi = \frac{1}{\Phi + \sqrt{\Phi^2 - \overline{\lambda}_\theta^2}} \leqslant 1 \tag{5.9}$$

其中

$$\Phi = 0.5 \times \left[1 + 0.49 \left(\overline{\lambda}_\theta - 0.2 \right) + \overline{\lambda}_\theta^2 \right] \tag{5.10}$$

$N_{\text{fi,pl}}$ 是火灾下截面塑性承载力，计算公式为

$$N_{\text{fi,pl}} = \sum_i \left(A_{\text{a},\theta} f_{\text{ay},\theta} \right) + \sum_j \left(A_{\text{s},\theta} f_{\text{sy},\theta} \right) + \sum_k \left(A_{\text{c},\theta} f_{\text{c},\theta} \right) \tag{5.11}$$

式中：下标 a 表示型钢，s 表示钢筋，c 表示混凝土；$A_{i,\theta}$ 是柱子截面各组分在温度 θ 时的面积；$f_{\text{ay},\theta}$、$f_{\text{sy},\theta}$、$f_{\text{c},\theta}$ 分别是三种材料高温下的极限强度。

高温下柱子的相对长细比 $\overline{\lambda}_\theta$ 可以按如下公式计算为

$$\overline{\lambda}_\theta = \sqrt{\frac{N_{\text{fi,pl}}}{N_{\text{fi,cr}}}} \leqslant 2 \tag{5.12}$$

式中：$N_{\text{fi,cr}}$ 是火灾下柱子的欧拉临界荷载，计算公式为

$$N_{\text{fi,cr}} = \frac{\pi^2 (EI)_{\text{fi,eff}}}{l_\theta^2} \tag{5.13}$$

式中：l_θ 是火灾下柱子的有效长度；$(EI)_{\text{fi,eff}}$ 为火灾下等效刚度，计算公式为

$$(EI)_{\text{fi,eff}} = \sum_i (\varphi_{\text{a},\theta} E_{\text{a},\theta} I_{\text{a},\theta}) + \sum_j (\varphi_{\text{s},\theta} E_{\text{s},\theta} I_{\text{s},\theta}) + \sum_i (\varphi_{\text{c},\theta} E_{\text{c,sec},\theta} I_{\text{c},\theta}) \tag{5.14}$$

式中：$I_{i,\theta}$ 为柱子截面各组分在温度 θ 时的惯性矩；$E_{\text{a},\theta}$、$E_{\text{s},\theta}$ 分别是钢材和钢筋高温下的弹性模量，$E_{\text{c,sec},\theta}$ 是高温下混凝土的割线模量，即 $E_{\text{c,sec},\theta} = f_{\text{c},\theta}/\varepsilon_{\text{cu},\theta}$，这里 $\varepsilon_{\text{cu},\theta}$ 是高温下的混凝土的强度峰值对应的应变；$\varphi_{i,\theta}$ 是考虑热应力影响的折减系数，Wang（2002）建议对混凝土取 0.8，对型钢和钢筋取 1。

3）方法Ⅲ。

方法Ⅲ是 EC4 提供的另一种计算火灾下无保护配筋钢管混凝土柱极限承载力的方法。该方法的计算过程分为两步：首先是计算确定受火条件和受火时间下柱截面的温度场，其次是计算在此温度场下柱截面的极限承载力。在给定温度场下，柱截面极限承载力的设计值 $N_{\text{fi,Rd}}$ 可由下式得到为

$$N_{\text{fi,Rd}} = N_{\text{fi,cr}} = N_{\text{fi,pl,Rd}} \tag{5.15}$$

式中：$N_{\text{fi,cr}}$ 是弹性欧拉临界荷载，表达式为

$$N_{\text{fi,cr}} = \frac{\pi^2 \left[\sum_i (E_{\text{a},\theta,\sigma} I_{\text{a},\theta}) + \sum_j (E_{\text{c},\theta,\sigma} I_{\text{c},\theta}) + \sum_k (E_{\text{s},\theta,\sigma} I_{\text{s},\theta}) \right]}{l_\theta^2} \tag{5.16}$$

$N_{\text{fi,pl,Rd}}$ 是全截面塑性轴压承载力

$$N_{\text{fi,pl,Rd}} = \sum_i (A_{\text{a},\theta} \sigma_{\text{a},\theta}) + \sum_j (A_{\text{c},\theta} \sigma_{\text{c},\theta}) + \sum_k (A_{\text{s},\theta} \sigma_{\text{s},\theta}) \tag{5.17}$$

式中：$\sigma_{i,\theta}$ 是材料 i 在温度为 θ 时的应力；$E_{i,\theta,\sigma}$ 是材料 i 在温度为 θ，应力为 $\sigma_{i,\theta}$ 时应力‐应变关系曲线的切线模量。

需要满足的变形协调条件为三种材料的应变相等，即 $\varepsilon_{\text{a}} = \varepsilon_{\text{c}} = \varepsilon_{\text{s}} = \varepsilon$。构件受火时间为 t 时，构件有一确定的温度场，在此温度场下，随着构件应变 ε 的增大，$E_{i,\theta,\sigma}$ 和 $N_{\text{fi,cr}}$ 会逐渐减小，而 $\sigma_{i,\theta}$ 和 $N_{\text{fi,pl,Rd}}$ 会逐渐增大，当 ε 增大至恰好满足式（5.15）时，求出此时的 ε 即可求出相应的 $N_{\text{fi,cr}}$，也就是 t 时刻的 $N_{\text{fi,Rd}}$。

考虑荷载偏心和配筋率的影响，将偏心荷载按下式等效为轴心荷载 N_{equ} 进行设计，即

$$N_{\text{equ}} = \frac{N_{\text{fi,Sd}}}{\varphi_{\text{s}} \cdot \varphi_\delta} \tag{5.18}$$

式中：修正系数 φ_{s} 和 φ_δ 可以根据图 5.42 和图 5.43 确定（Eurocode 4）（2005），其中 ρ 是核心混凝土配筋率；δ 是荷载偏心距；l_θ 是火灾下柱子的有效长度；D 是圆形截面的

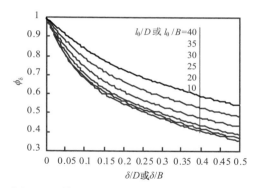

图 5.42　修正系数（ϕ_s）- 配筋率（ρ）关系曲线

图 5.43　修正系数（ϕ_δ）- δ/D（δ/B）关系曲线

直径；B 是方形截面的边长。

　　EC4 提供的方法 Ⅱ 和方法 Ⅲ 是以准确计算截面温度场为前提的，然而由于截面受火本身的情况和材料热力学性能的差异，截面温度分布也有所差异，在计算火灾下截面塑性承载力和截面刚度时必须将截面细分为多层进行考虑，计算过程相对复杂，计算量也较大。方法 Ⅲ 则需要改变应变值不断迭代才能求出极限承载力。基于方法 Ⅲ 的理论，CIDECT 编制了钢管混凝土柱抗火计算的软件 PotFire，通过该程序计算得到了若干钢管混凝土柱火灾下极限承载力（$N_{fi,Rd}$）- 有效长度（l_0）的关系曲线，通过这些曲线，设计者们可以根据耐火极限的需求方便地进行钢管混凝土柱的抗火设计。这里仅给出其中一幅典型的设计曲线图，如图 5.44 所示。图中不同曲线对应不同的混凝土圆柱体强度（f'_c）和配筋率（ρ），其中 f_y 为钢材屈服强度，f_r 为钢筋屈服强度（Twilt 等，1996）。

图 5.44　圆形截面钢管混凝土柱 90min 耐火极限的设计曲线

（2）北美洲

20 世纪八九十年代，在加拿大钢结构协会和美国钢铁协会的支持下，加拿大国家研究院组织进行了钢管混凝土柱火灾试验。试验按照美国 ASTM（2001）标准升温曲线进行升温，钢管混凝土构件的截面类型有圆形和方形，核心混凝土的类型有普通混凝土（PC）、钢筋混凝土（RC）和钢纤维混凝土（FC），混凝土骨料类型有钙质和硅质两种。在试验的基础上，研究者们还进行了数值模拟和参数分析工作。研究结果表明，火灾下普通钢管混凝土柱核心混凝土开裂较早，极限承载力相对较低；配筋钢管混凝土柱由于钢筋的存在延缓了混凝土的开裂同时增强了截面承载力，因而能较大程度提高柱子的耐火极限；钢纤维钢管混凝土柱也有和配筋钢管混凝土柱相类似的性能。对耐火极限在 45min 以上的构件，采用钙质骨料的钢管混凝土柱的耐火极限一般比采用硅质骨料柱高 20%，这是因为钙质骨料在 700℃左右能发生吸热反应从而拥有更强的吸热能力，使混凝土温度上升更缓慢。通过参数分析发现，截面尺寸、计算长度、荷载对钢管混凝土柱耐火极限影响最大，其次是混凝土强度和骨料类型，钢管壁厚度影响较小。在此基础上，提出了不同混凝土类型的钢管混凝土柱耐火极限的计算方法（Kodur，2007）。计算公式为

$$R = f \frac{(f'_c + 20)}{(L - 1000)} D^2 \sqrt{\frac{D}{N}} \tag{5.19}$$

式中：R 为耐火极限（min）；f'_c 为混凝土 28 天圆柱体强度（MPa）；D 是柱截面的外直径或边长（mm）；N 为火灾下施加在钢管混凝土柱上的轴压荷载（kN）；L 是钢管混凝土柱的计算长度（mm）；f 是考虑混凝土类型（普通混凝土、配筋混凝土、钢纤维混凝土）、骨料类型（碳质 C、硅质 S）、配筋率、混凝土保护层厚度以及截面形状（圆形、方形）的参数，如表 5.12 所示（Kodur，2007）。

表 5.12　f 取值表

填充类型	普通混凝土		钢筋混凝土								钢纤维混凝土	
骨料类型	S	C	S				C				S	C
配筋率	—	—	<3%		≥3%		<3%		≥3%		1.75%（钢纤维质量分数）	
混凝土保护层厚度	—	—	<25	≥25	<25	≥25	<25	≥25	<25	≥25	—	—
圆形截面	0.07	0.08	0.075	0.08	0.08	0.085	0.085	0.09	0.09	0.095	0.075	0.085
方形截面	0.06	0.07	0.065	0.07	0.07	0.075	0.075	0.08	0.08	0.085	0.065	0.075

上述普通钢管混凝土柱耐火极限的计算方法为美国规范 ASCE‑SFPE 29（1999）和 AISC Steel Design Guide 19（Ruddy 等，2003）采纳。

（3）中国

我国的《建筑钢结构防火技术规范》（CECS200：2006）（2006）及不少工程建设地方标准均给出了在 ISO‑834（1975）（这也是《建筑构件耐火试验方法》（GB/T 9978—2008）规定的升温曲线下，普通钢管混凝土构件承载力和防火保护层厚度的实

用计算方法。

1）火灾下钢管混凝土柱承载力影响系数计算方法。

通过参数分析发现，影响无保护钢管混凝土柱承载力影响系数 k_t（$=N_u(t)/N_u$，即火灾下柱轴向极限承载力和常温下柱的极限承载力之比）的主要因素包括截面周长（C），柱子长细比（λ）以及受火时间（t）等。以这三个参数为基本变量，通过回归分析推导出了 k_t 的计算公式如下。

对于圆钢管混凝土柱，有

$$k_t=\begin{cases} \dfrac{1}{1+a\cdot t_o^{2.5}} & t_o\leqslant t_1 \\[2mm] \dfrac{1}{b\cdot t_o+c} & t_1<t_o\leqslant t_2,\ \text{且}\geqslant 0 \\[2mm] k\cdot t_o+d & t_o>t_2 \end{cases} \qquad (5.20a)$$

式中：$a=(-0.13\lambda_o^3+0.92\lambda_o^2-0.39\lambda_o+0.74)\cdot(-2.85C_o+19.45)$；

$b=C_o^{-0.46}\cdot(-1.59\lambda_o^2+13.0\lambda_o-3.0)$；

$c=1+a\cdot t_1^{2.5}-b\cdot t_1$；　$d=\dfrac{1}{b\cdot t_2+c}-k\cdot t_2$；

$k=(-0.1\lambda_o^2+1.36\lambda_o+0.04)\cdot(0.0034C_o^3-0.0465C_o^2+0.21C_o-0.33)$；

$t_1=(0.0072C_o^2-0.02C_o+0.27)\cdot(-0.0131\lambda_o^3+0.17\lambda_o^2-0.72\lambda_o+1.49)$；

$t_2=(0.006C_o^2-0.009C_o+0.362)\cdot(0.007\lambda_o^3+0.209\lambda_o^2-1.035\lambda_o+1.868)$；

$t_o=0.6\cdot t$；　$C_o=C/1256$；　$\lambda_o=\lambda/40$。

对于方、矩形钢管混凝土柱，有

$$k_t=\begin{cases} \dfrac{1}{1+a\cdot t_o^2} & t_o\leqslant t_1 \\[2mm] \dfrac{1}{b\cdot t_o^2+c} & t_1<t_o\leqslant t_2,\ \text{且}\geqslant 0 \\[2mm] k\cdot t_o+d & t_o>t_2 \end{cases} \qquad (5.20b)$$

式中：$a=(0.015\lambda_o^2-0.025\lambda_o+1.04)\cdot(-2.56C_o+16.08)$；

$b=(-0.19\lambda_o^3+1.48\lambda_o^2-0.95\lambda_o+0.86)\cdot(-0.19C_o^2+0.15C_o+9.05)$；

$c=1+(a-b)\cdot t_1^2$；　$d=\dfrac{1}{b\cdot t_2^2+c}-k\cdot t_2$；

$k=0.042\cdot(\lambda_o^3-3.08\lambda_o^2-0.21\lambda_o+0.23)$；

$t_1=0.38\cdot(0.02\lambda_o^3-0.13\lambda_o^2+0.05\lambda_o+0.95)$；

$t_2=(0.022C_o^2-0.105C_o+0.696)\cdot(0.03\lambda_o^2-0.29\lambda_o+1.21)$；

$t_o=0.6\cdot t$；

$C_o=C/1600$；

$\lambda_o=\lambda/40$。

上述式中：C 以 mm 计；t 以 h 计；钢管混凝土构件长细比：$\lambda=4L/D$（圆钢管混凝

土）；$\lambda = 2\sqrt{3}L/D$（方形或矩形钢管混凝土），其中 L 为构件的计算长度（mm），D 为截面直径或边长（mm）。

此外，按照上述公式计算，给出了火灾下钢管混凝土承载力影响系数的表格数据，如表 5.13 所示。根据公式（5.20）或表 5.13，设计人员可以方便计算出火灾下钢管混凝土柱承载力影响系数 k_t，从而得到火灾下无保护钢管混凝土柱的极限承载力 $N_u(t)$ 为

$$N_u(t) = k_t \cdot N_u \tag{5.21}$$

为满足耐火极限的要求，钢管混凝土柱所受的轴向荷载 N 不应超过 $N_u(t)$，否则就应该在钢管外部施涂防火保护层。

2）钢管混凝土柱防火保护层厚度计算方法。

当钢管混凝土柱荷载比（n）超过了火灾下承载力影响系数（k_t），即柱轴向荷载大于钢管混凝土柱火灾下极限承载力时，钢管混凝土构件应该考虑采用防火保护层。影响钢管混凝土柱防火保护层厚度（a_c）的主要参数包括柱荷载比（n）、耐火极限（t）、截面周长（C）和长细比（λ）。基于数值计算结果，提出了 ISO‐834（1975）标准升温曲线作用下钢管混凝土柱防火保护层厚度的实用计算方法。

柱荷载比 $n = 0.77$ 的情况，计算公式如下。

当防火保护层为水泥砂浆时，对于圆形钢管混凝土，有

$$a_c = k_1 \cdot k_2 \cdot C^{-(0.396-0.0045\lambda)} \tag{5.22}$$

式中：$k_1 = 135 - 1.12\lambda$；$k_2 = 1.85t - 0.5t^2 + 0.07t^3$。

对于方、矩形钢管混凝土，有

$$a_c = (220.8t + 123.8) \cdot C^{-(0.3075-3.25\times10^{-4}\lambda)} \tag{5.23}$$

当防火保护层为厚涂型钢结构防火涂料时，对于圆形钢管混凝土，有

$$a_c = (19.2t + 9.6) \cdot C^{-(0.28-0.0019\lambda)} \tag{5.24}$$

对于方、矩形钢管混凝土，有

$$a_c = (149.6t + 22) \cdot C^{-(0.42+0.0017\lambda-2\times10^{-5}\lambda^2)} \tag{5.25}$$

上式中：防火保护层厚度 a_c 以 mm 计，当 $a_c < 7$mm 时，取 7mm；C 以 mm 计；t 以 h 计。

对于柱荷载比 $n \neq 0.77$ 的情况，需要在式（5.22）～式（5.25）基础上乘以一个修正系数 k_{LR} 以考虑柱荷载比（n）对保护层厚度（a_c）的影响，其表达式为

$$k_{LR} = \begin{cases} (n-k_t)(0.77-k_t) & k_t < n < 0.77 \\ 1/(r-s\cdot n) & k_t < 0.77 \leq n \\ \omega \cdot (n-k_t)/(1-k_t) & k_t \geq 0.77 \end{cases} \tag{5.26}$$

对于采用水泥砂浆保护层的情况：①圆钢管混凝土柱：$r = 3.618 - 0.154 \cdot t$，$s = 3.4 - 0.2 \cdot t$，$\omega = 2.5 \cdot t + 2.3$；②方、矩形钢管混凝土柱：$r = 3.464 - 0.154 \cdot t$，$s = 3.2 - 0.2 \cdot t$，$\omega = 5.7 \cdot t$。

对于采用厚涂型钢结构防火涂料的情况：①圆钢管混凝土柱：$r = 3.695$，$s = 3.5$，$\omega = 7.2t$；②方、矩形钢管混凝土柱：$r = 3.695$，$s = 3.5$，$\omega = 10t$。

（4）日本

常温下，结构中的钢管混凝土柱承受一定的压弯荷载。火灾发生发展过程中，结

表 5.13　火灾下钢管混凝土柱承载力影响系数

λ	D(B)/mm	圆形截面柱						方形截面柱					
		t=0.5h	t=1.0h	t=1.5h	t=2.0h	t=2.5h	t=3.0h	t=0.5h	t=1.0h	t=1.5h	t=2.0h	t=2.5h	t=3.0h
20	300	0.61	0.41	0.37	0.33	0.28	0.24	0.43	0.23	0.19	0.19	0.18	0.17
	600	0.64	0.47	0.45	0.42	0.40	0.38	0.47	0.24	0.22	0.22	0.21	0.20
	900	0.67	0.50	0.49	0.48	0.47	0.46	0.51	0.26	0.25	0024	0.24	0.23
	1200	0.71	0.52	0.52	0.51	0.51	0.50	0.56	0.29	0.27	0.27	0.26	0.25
40	300	0.47	0.29	0.21	0.14	0.06	0	0.43	0.19	0.16	0.14	0.11	0.08
	600	0.52	0.37	0.33	0.29	0.25	0.21	0.47	0.22	0.19	0.16	0.14	0.11
	900	0.57	0.42	0.40	0.38	0.36	0.34	0.51	0.24	0.22	0.19	0.16	0.14
	1200	0.61	0.45	0.44	0.43	0.42	0.41	0.56	0.26	0.24	0.21	0.18	0.16
60	300	0.34	0.23	0.12	0.01	0	0	0.43	0.16	0.11	0.06	0.02	0
	600	0.40	0.33	0.27	0.21	0.15	0.09	0.47	0.18	0.14	0.09	0.04	0
	900	0.43	0.40	0.37	0.34	0.31	0.28	0.51	0.21	0.16	0.11	0.07	0.02
	1200	0.47	0.44	0.42	0.41	0.39	0.38	0.56	0.22	0.17	0.13	0.08	0.04
80	300	0.30	0.16	0.02	0	0	0	0.37	0.12	0.07	0.01	0	0
	600	0.37	0.29	0.21	0.14	0.06	0	0.40	0.15	0.09	0.03	0	0
	900	0.41	0.37	0.33	0.29	0.25	0.21	0.43	0.17	0.11	0.05	0	0
	1200	0.43	0.41	0.39	0.37	0.35	0.34	0.46	0.18	0.12	0.07	0.01	0

构的梁受热膨胀会对柱产生水平推力，对两端非铰接的钢管混凝土柱就会产生附加弯矩。于是在受火初期柱弯矩不断增加，而柱的材料在高温下不断劣化，直到某一时刻柱承受的弯矩和其抵抗能力相同，此后柱将不能承受的部分弯矩重新分配给周边结构，直到柱达到极限状态再也不能承受弯矩。在进行钢管混凝土柱耐火性能研究时，日本研究人员分别对轴心加载（只有轴向压力作用）和复合加载（水平和轴向荷载共同作用）下柱的耐火性能进行了试验研究和理论分析，试验按日本标准 JIS A 1304（1994）规定的火灾升温曲线进行升温。通过对试验研究成果的汇总整理，得到了核心混凝土轴力荷载比与试验耐火时间关系。在此基础上，提出钢管混凝土柱耐火极限的设计公式，其表达式（ANUHT，2000）为

$$N_f = n_c \cdot A_c \cdot f_c' \tag{5.27}$$

式中：N_f 是火灾下的柱子的极限承载力；A_c 是核心混凝土的截面面积；f_c' 是核心混凝土的圆柱体抗压强度，$24\text{MPa} \leqslant f_c' \leqslant 60\text{MPa}$，当混凝土强度超过 60MPa 时，$f_c'$ 按 60MPa 取值。n_c 是一个与耐火极限相关的参数，对于轴心加载的钢管混凝土柱为

$$n_c = a \cdot R^b \tag{5.28}$$

式中：R 为耐火极限，以 min 计；a、b 为常数，对圆形截面且 $24\text{MPa} \leqslant f_c' \leqslant 42\text{MPa}$，$a = 1.950$，$b = -0.313$；对方形截面且 $24\text{MPa} \leqslant f_c' \leqslant 42\text{MPa}$，$a = 2.177$，$b = -0.367$；对圆形和方形截面 $42\text{MPa} \leqslant f_c' \leqslant 60\text{MPa}$，$a = 1.701$，$b = 0.318$。

对于复合加载，即水平和轴向荷载共同作用的钢管混凝土柱，n_c 按下式计算为

$$n_c = (a \cdot f_c'^b \cdot R + 1)^c \tag{5.29}$$

其中，$36\text{MPa} \leqslant f_c' \leqslant 60\text{MPa}$，当混凝土强度超过 60MPa 时，$f_c'$ 按 60MPa 取值；当混凝土强度小于 36MPa 时，f_c' 按 36MPa 取值。a、b、c 为常数，对圆形截面柱，$a = 5.75 \times 10^{-5}$，$b = 2.630$，$c = -0.214$；对方形截面柱，$a = 2.55 \times 10^{-3}$，$b = 1.735$，$c = -0.225$。

上述四种方法均有其适用范围，归纳在表 5.14 中，其中 f_y 和 f_c' 以 MPa 计。

表 5.14　计算方法适用范围汇总

内容		中国（CECS 200：2006）	欧洲（EC4）		北美洲（ASCE-29）			日本（ANUHT）
			方法 2	方法 3				
柱横截面类型		▭ ▭ ◯	▣ ▣ ◉		▭ ▭ ▭	▭ ▭	◯ ◯	◯ ◯
柱有效长度 /m		—	—	≤4.5	2~4	2~4.5	2~4.5	—
柱长细比		10~100						
截面尺寸 /mm	圆形	200~2000		140~400	140~410	165~410	140~410	≥200
	方形				140~305	175~305	100~305	
混凝土强度 /MPa		$f_{cu} = 30 \sim 80$	$f_c' = 20 \sim 50$	$f_c' = 20 \sim 40$	$f_c' = 20 \sim 40$	$f_c' = 20 \sim 55$	$f_c' = 20 \sim 55$	$f_c' = 24 \sim 90$
耐火极限 /min		≤180	—	≤120	≤120	≤180	≤180	≤180
配筋率 /%		—	0~5	—	—	1.5~5	1.75	
钢管径厚比	圆形				$D/t_s < 670/\sqrt{f_y}$			—
	方形				$(B - 4t_s)/t_s < 23000/\sqrt{f_y}$			

内容	中国（CECS 200：2006）	欧洲（EC4）		北美洲（ASCE-29）	日本（ANUHT）
		方法 2	方法 3		
柱横截面类型	▢ ▢ ◯	▢ ▢ ◯		▢ ▢ ◯	▢ ◯
是否允许偏心	是	否	是	否	是
标准火灾曲线	ISO-834（1975）	ISO-834（1975）		ASTM E-119-83（1985）	JIS A 1304（1994）

5.5.3　计算示例

下面通过一个设计实例，说明 5.5.2 节所述方法的具体应用。

计算条件为：圆形钢管混凝土柱，钢管外径 273mm，钢管壁厚 5mm；钢管采用 Q345 钢材，内填 C50 混凝土，柱计算长度 2.67m；承受轴向荷载 1000kN；通过设计使柱满足 90min 的耐火极限设计要求。

（1）欧洲

方法Ⅱ：设计条件有：钢材强度 $f_{ay}=345$MPa，选用钢筋强度 $f_{sy}=400$MPa，混凝土圆柱体强度 $f_c'=40$MPa，火灾下柱子的有效长度 $l_\theta=2.67$m。由于欧洲规范的方法需要截面温度场的结果，这里采用 EC4 给出的钢材及混凝土的热工参数，用有限元方法计算受火 90min 时柱截面的温度场分布。在温度场的基础上，根据 EC4 提供的高温下钢材和混凝土的力学参数，通过试算当配筋率为 $p_r=5\%$，保护层厚度为 30mm（如图 5.44，$p_r=A_s/A_c+A_s$）时，有如下计算结果：

由式（5.11）计算得到截面塑性承载力 $N_{fi,pl}=1616.2$kN；

由式（5.14）计算得到截面等效刚度 $(EI)_{fi,eff}=1874.2$kN·m^2；

由式（5.13）计算得到欧拉临界荷载 $N_{fi,cr}=\pi^2\times1874.2/2.67^2=2592.1$kN；

由式（5.12）计算得到长细比 $\overline{\lambda}_\theta=\sqrt{1616.2/2592.1}=0.790$；

由式（5.10）计算得到 $\Phi=0.5\left[1+0.49(0.790-0.2)+0.790^2\right]=0.957$；

由式（5.9）计算得到折减系数：$\chi=\dfrac{1}{0.957+\sqrt{0.957^2-0.790^2}}=0.668$ ；

由式（5.8）计算得到极限承载力 $N_{fi,Rd}=0.668\times1616.2=1080kN>1000$kN；满足耐火极限的设计要求。

方法Ⅲ：参考 CIDECT 的设计指南 4（Twilt 等，1996）的设计曲线，选用图 5.44 中的曲线 9，配筋率为 4%，混凝土圆柱体强度 $f_c'=40$MPa，极限承载力约为 1085kN$>$1000kN，可满足耐火极限的设计要求。

（2）北美洲

设计条件有：混凝土圆柱体强度 $f_c'=40$MPa，设计荷载 $N=1000$kN。初步的抗火设计方案为：采用普通硅质混凝土，钢管内部不设置钢筋，由表 5.12 可查得 $f=0.07$。

由式（5.19）计算得到耐火极限为

$$R = 0.07 \times \frac{(40+20)}{2670-1000} \times 273^2 \times \sqrt{\frac{273}{1000}} = 98\text{min} > 90\text{min}$$

可见设计成立，满足钢管混凝土柱的耐火极限要求。

（3）中国

计算条件有：钢材强度 $f_y = 345\text{MPa}$，混凝土强度 $f_{ck} = 32.4\text{MPa}$，截面直径 $D = 273\text{mm}$，周长 $C = \pi D = 857.65\text{mm}$，$N = 1000\text{kN}$，耐火极限 $R = 90\text{min} = 1.5\text{h}$。根据以上参数可以计算：长细比 $\lambda = 39.12$，柱截面含钢率 $\alpha_c = 0.08$，稳定系数 $\varphi = 0.86$，极限承载力 $N_u = 3218\text{kN}$，柱荷载比 $n = 1000/3218 = 0.31$。

由式（5.20a）计算得到 $k_t = 0.21$。

由式（5.26）计算得到 $k_{LR} = (n - k_t)/(0.77 - k_t) = 0.19$。

采用厚涂型钢结构防火涂料，按由式（5.24）计算得到保护层厚度为

$$a_c = 0.19 \times (19.2 \times 1.5 + 9.6) \times 857.65^{-(0.28 - 0.0019 \times 39.12)} = 1.78\text{mm} < 7\text{mm}$$

因此，当采用 7mm 厚涂型钢结构防火涂料时可使柱耐火极限满足要求。

（4）日本

考虑轴心加载的情况，计算条件有：核心混凝土面积 $A_c = 54325\text{mm}^2$，混凝土圆柱体强度 $f_c' = 40\text{MPa}$，耐火极限 $R = 90\text{min}$，设计常数为 $a = 1.950$，$b = 0.313$，耐火极限 90min。

由式（5.28）计算得到 $n_c = 1.95 \times 90^{-0.313} = 0.477$。

由式（5.27）计算得到极限承载力 $N_f = 0.477 \times 54.325 \times 40 = 1036\text{kN} > 1000\text{kN}$，满足耐火极限的设计要求。

5.6　本章结论

本章论述了中空夹层钢管混凝土、不锈钢管混凝土、FRP 约束钢管混凝土和 FRP 约束钢筋混凝土构件耐火性能研究方面的阶段性成果。研究结果表明，火灾下中空夹层钢管混凝土柱的内、外钢管及其夹层混凝土能共同工作，构件的耐火性能良好。火灾下不锈钢管混凝土柱的破坏形态和普通钢管混凝土柱有较为明显的差异，不锈钢管混凝土柱的耐火性能总体优于对应的普通钢管混凝土柱。耐火极限试验结果表明，采用厚涂型防火涂料的 FRP 约束钢管混凝土和 FRP 钢筋混凝土柱耐火性能良好。本章还分析比较了国内外有关钢管混凝土构件的抗火设计方法，并给出了计算示例。

参 考 文 献

陈峰，2011. 不锈钢管混凝土柱耐火性能的试验研究和数值模拟［D］. 北京：清华大学.

韩林海，2007. 钢管混凝土结构——理论与实践［M］. 2 版. 北京：科学出版社.

韩林海，陶忠，王文达，2009. 现代组合结构和混凝土结构 - 试验、理论和方法［M］. 北京：科学出版社.

李国强，韩林海，楼国彪，蒋首，等，2006. 钢结构及钢 - 混凝土组合结构抗火设计［M］. 北京：中国建筑工业出版社.

李华东，1994. 高温下钢筋混凝土压弯构件的试验研究［D］. 北京：清华大学.

吕彤光，1996. 高温下钢筋的强度和变形的试验研究［D］. 北京：清华大学.

时旭东，1992. 高温下钢筋混凝土杆系结构试验研究和非线性有限元分析［D］. 北京：清华大学.

陶忠，王志滨，韩林海，等，2007. CFRP 约束钢管混凝土柱的耐火性能研究 [C]. 第四届全国钢结构防火及防腐技术研讨会暨第二届全国结构抗火学术交流会，上海：347-356.

中国工程建设标准化协会标准，2006. 建筑钢结构防火技术规范：CECS 200：2006 [S]. 北京：中国计划出版社.

中华人民共和国国家标准，2002. 钢结构防火涂料：GB14907—2002 [S]. 中华人民共和国国家国家质量监督检验检疫总局. 北京：中国标准出版社出版.

中华人民共和国国家标准，2002. 钢结构工程施工质量验收规范：GB50205—2001 [S]. 北京：中国计划出版社.

中华人民共和国国家标准，2008. 建筑构件耐火试验方法：GB/T 9978—2008 [S]. 国家质量监督检验检疫总局，国家标准化管理委员会. 北京：中国标准出版社.

中华人民共和国国家标准，2014. 建筑设计防火规范：GB50016—2014 [S]. 中华人民共和国住房和城乡建设部，中华人民共和国国家质量监督检验检疫总局. 北京：中国计划出版社.

ANUHT，2000. CFT 構造技術指針·同解説 [M]. Association of New Urban Housing Technology，新都市ハウジング協会.

AS 4100，1998. Steel structures, AS 4100 [S]. Sydney：Standards Australia.

ASCE-SFPE 29，1999. Standard calculation method for structural fire protection [S]. American Society of Civil Engineers, Reston, VA.

ASTM E119-83，1985. Standard methods of fire test of building construction and materials, American society for testing and materials [S]. West Conshohocken, Pennsylvania.

ASTM，2001. Standard methods of fire test of building construction and materials, test method E-119 [S]. American Society for Testing and Materials, West Conshohocken, Pennsylvania.

CHABOT M，LIE T T，1992. Experimental studies on the fire resistance of hollow steel columns filled with bar-reinforced concrete [R]. NRC-CNRC Internal Report, No.628, Ottawa, Canada.

CHEN F，HAN L H，YU H X，2010. A comparison of design codes for the fire resistance of concrete filled steel tubular (CFST) columns [C]. 12th International Conferrence on Inspection, Appraisal, Repairs & Maintenance of Structures (Volume 1), Yatai：23-25.

DING J，WANG Y C，2008. Realistic modeling of thermal and structural behaviour of unprotected concrete filled tubular columns in fires [J]. Journal of Constructional Steel Research, 64 (10)：1086-1102.

EUROCODE 3，EN 1993-1-2：2005，2005. Design of Steel Structures-Part 1.2 General Rules：Structural Fire Design [S]. European Committee for Standardization, Brussels.

EUROCODE 4，EN 1994-1-2：2005，2005. Design of composite steel and concrete structures-part1-2：General rules-structural fire design [S]. European Committee for Standardization, Brussels.

GARDNER L，NG K T，2006. Temperature development in structural stainless steel sections exposed to fire [J]. Fire safety journal, 41 (3)：185-203.

GHOJEL J，2004. Experimental and analytical technique for estimating interface thermal conductance in composite structural elements under simulated fire conditions [J]. Experimental Thermal and Fluid Science, 28 (4)：347-354.

HAN L H，CHEN F，LIAO F Y，et al.，2013. Fire performance of concrete filled stainless steel tubular columns [J]. Engineering. Structures. 56：165-181.

HAN L H，LIAO F Y，CHENG F，et al.，2011. Behaviour of concrete filled stainless steel tubular columns under fire [C]. The 6th International Symposium on Steel Structures, Seoul, Korea：868-873.

HAN L H，YANG Y F，XU L，2003. An Experimental study and calculation on the fire resistance of concrete-filled SHS and RHS columns [J]. Journal of Constructional Steel Research, 59 (4)：427-452.

ISO-834，1975. Fire resistance tests-elements of building construction [S]. International Standard ISO 834, Geneva.

ISO-834，1999. Fire resistance tests-elements of building construction-Part 1：General requirements [S]. International Standard ISO 834-1, Geneva.

IZZUDDIN B A，ELGHAZOULI A Y，TAO X Y，2002. Realistic modelling of composite floor slabs under fire conditions [C]. Proceedings of 15th ASCE Engineering Mechanics Conference. Columbia University, New York.

JAPANESE INDUSTRIAL STANDARD JIS A 1304，1994. Method of fire resistance test for structural parts of buildings [S]. Tokyo：Japanese Standards Association.

KIM D K，CHOI S M，KIM J H，et al.，2005. Experimental study on fire resistance of concrete-filled steel tube column under constant axial loads [J]. International Journal of Steel Structures, 5 (4)：305-313.

KODUR V K R, 2007. Guidelines for fire resistance design of concrete-filled steel HSS Columns-state-of-the-art and research needs [J]. KSSC steel structures, 7 (3): 173-182.

KODUR V K R, CHENG F P, WANG T C, et al., 2003. Effect of strength and fibre reinforcement on fire resistance of high-strength concrete columns [J]. Journal of Structural Engineering, ASCE, 129 (2): 253-259.

KODUR V K R, LATOUR J C, 2005. Experimental studies on the fire resistance of hollow steel columns filled with high-strength concrete [R]. NRC-CNRC Research Report, No. 215, Ottawa, Canada.

KODUR V K R, LIE T T, 1997. Evaluation of fire resistance of rectangular steel columns filled with fibre-reinforced concrete [J]. Canadian Journal of Civil Engineering, 24: 339-349.

LIE T T, CHABOT M, 1992. Experimental studies on the fire resistance of hollow steel columns filled with plain concrete [R]. NRC-CNRC Internal Report, No.611, National Research Council of Canada, Institute for Research in Construction, Ottawa, Canada.

LIE T T, DENHAM E M A, 1993. Factors affecting the fire resistance of circular hollow steel columns filled with bar-reinforced concrete [R]. NRC-CNRC Internal Report, No.651.

LU H, HAN L H, ZHAO X L, 2010a. Fire performance of self-consolidating concrete filled double skin steel tubular columns: Experiments [J]. Fire Safety Journal, 45 (2): 106-115.

LU H, ZHAO X L, HAN L H, 2009. Fire behaviour of high strength self-consolidating concrete filled steel tubular stub columns [J]. Journal of Constructional Steel Research, 65 (10-11): 1995-2010.

LU H, ZHAO X L, HAN L H, 2010b. Testing of self-consolidating concrete-filled double skin tubular stub columns exposed to fire [J]. Journal of Constructional Steel Research, 66 (8-9): 1069-1080.

LU H, ZHAO X L, HAN L H, 2011. FE modelling and fire resistance design of concrete filled double skin tubular columns [J]. Journal of Constructional Steel Research, 67 (11): 1733-1748.

MYLLYMÄKI J, LIE T T, CHABOT M, 1994. Fire resistance tests of square hollow steel columns filled with reinforced concrete [R]. NRC-CNRC Internal Report, No.673, Ottawa, Canada.

NG K T, GARDNER L, 2007. Buckling of stainless steel columns and beams in fire [J]. Engineering Structures, 29 (5): 717-730.

RUDDY J L, MARLO J P, IOANNIDES S A, et al., 2003. fire resistance of structural steel framing [S]. AISC Steel Design Guide No.19. American Institute of Steel Construction, Chicago, Illinois, USA.

SAKUMOTO Y, OHASHI M, KEIRA K, et al., 1991. Elevated temperature mechanical properties of fire resistant steel for building structural use [J]. Journal of Structural Constructional Engineering, AIJ, No.427: 107-115.

SAKUMOTO Y, OKADA T, YOSHIDA M, et al., 1994. Fire resistance of concrete-filled, fire-resistance steel-tube columns [J]. Journal of Materials in Civil Engineering, 6 (2): 169-184.

TAO Z, GHANNAM M, SONG T Y, et al., 2016. Experimental and numerical investigation of concrete-filled stainless steel columns exposed to fire [J]. Journal of Constructional Steel Research, 118: 120-134.

TAO Z, WANG Z B, HAN L H, et al., 2011. Fire performance of concrete-filled steel tubular columns strengthened by CFRP [J]. Steel and Composite Structures, 11 (4): 307-324.

TWILT L, HASS R, KLINGSCH W, et al., 1996. CIDECT Design Guide for Structural Hollow Sections Exposed to Fires [M]. Köln: TUV-Verlag.

WANG Y C, 2002. Steel and Composite Structures-Behaviour and Design for Fire Safety [M]. London and New York: Taylor & Francis.

第 6 章　火灾后钢管混凝土柱的修复加固方法

6.1　引　　言

众所周知，经历火灾作用后，钢管混凝土柱的承载能力会有所降低，因此有必要对其火灾后的性能进行评估，以便为结构修复加固提供依据。

对火灾作用后的钢管混凝土柱进行修复加固时，可采用图 6.1 所示的所谓的"增大截面法"加固措施。当新加的外钢管与原钢管混凝土柱之间间距较小时，可采用细石混凝土，混凝土则可采用更易于填充的自密实混凝土。必要时，可根据需要在钢管混凝土柱的外壁焊栓钉或竖板，以加强新浇灌混凝土和原钢管混凝土柱的整体性。"增大截面法"可有效地提高火灾作用后钢管混凝土柱的极限承载力和抗弯刚度。因此，对于火灾中受损明显的钢管混凝土柱采用该方法较适合。

(a) 圆钢管混凝土　　　　　　　　(b) 矩形钢管混凝土

图 6.1　"增大截面法"加固示意图

也可采用 FRP（fiber reinforced polymer）布包裹火灾作用后钢管混凝土柱的加固措施，即"FRP 包裹法"，从而使钢管内的核心混凝土处于 FRP 和钢管的双重约束之下，且修复加固后不会显著影响柱的截面尺寸。采用此类方法加固可提高构件的极限承载力和延性，但对试件刚度的提高程度不如采用"增大截面法"显著。图 6.2 所示为典型的几种 FRP 约束钢管混凝土截面形式。

(a) 圆形截面　　　　　(b) 方形截面　　　　　(c) 矩形截面

图 6.2　"FRP 包裹法"加固示意图

作者对火灾后钢管混凝土柱分别采用"增大截面法"和"FRP包裹法"加固后的静力、滞回性能进行了研究，分析比较了受火与否、加固与否等情况下组合构件的力学性能和工作机理，定量研究了构件承载能力和抵抗变形能力的变化规律，本章简要论述有关研究成果。本章还将研究火灾后钢管混凝土柱加固策略和有关方法。

6.2　加固后钢管混凝土柱的静力性能

研究钢管混凝土柱在经历图1.14所示的无初始荷载作用的AABCDE′时间-温度-荷载路径后的特性是评估其在火灾后的力学性能，进而制定合理的火灾后修复加固措施的重要前提和基础。韩林海（2007）进行了均匀受火后的钢管混凝土柱力学性能的研究。进行了两类试验，即：①恒高温作用后钢管混凝土的轴心受压力学特性；②按ISO-834规定的标准升温曲线（ISO-834，1975）升温作用后钢管混凝土压弯试件的力学性能。建立了相应的数值分析模型，在此基础上分析火灾持续时间、柱截面含钢率、钢材和混凝土强度、荷载偏心率和试件截面尺寸等因素对火灾作用后钢管混凝土试件承载力及变形的影响规律，提出试件承载力和变形的实用计算方法。上述工作为深入进行火灾后钢管混凝土构件加固方法的研究创造了条件。

6.2.1　"增大截面法"

（1）有限元模型

基于有限元分析平台ABAQUS，建立了火灾后钢管混凝土试件以及采用"增大截面法"加固后试件的理论分析模型，以便进一步认识火灾后试件中原钢管与原核心混凝土之间、新旧钢管与新混凝土之间的相互作用以及截面上的应力分布规律，图6.3所示火灾后和加固后有限元模型的截面网格划分情况。

(a) 火灾后　　　　　　　　(b) 加固后

图6.3　火灾后和加固后截面网格划分示意图

采用顺序耦合的热-应力分析方法研究钢管混凝土构件火灾后的力学性能，即首先用无耦合的热分析求解出全过程火灾作用下构件的温度场分布。在温度场分析之后重新进入前处理，转到力学分析，设置力学分析中材料属性，并将相应的热分析单元转化为相应的力学分析单元，读入热分析中的节点温度。采用"生死单元"的方法模拟火灾后的加固，即通过激活预先建立的单元，使之参与火灾后的受力分析。需要注意的是，在进行火灾后钢管混凝土力学分析时，各部件的名称、单元节点编号须与温度场分析时保持一致，以保证计算过程中准确地传递各节点的温度。

1）单元类型和单元划分。

在进行热分析时，钢管采用四节点壳单元，刚性盖板、核心混凝土采用八节点三维实体热分析单元；进行力学分析时，刚性盖板、核心混凝土以及夹层混凝土采用减缩积分格式的三维实体单元，内外钢管均采用壳体单元。

2）边界条件。

进行热分析时，假设整个钢管混凝土试件的初始温度是均匀分布的，其值等于常温下的环境温度。钢管的外表面为受火面，受火面与炉膛之间通过热辐射和热对流进行传热，除此之外没有其他温度边界条件。

进行结构分析时，通过限制端部刚性盖板中线的 X、Y 向的位移，以模型实际试件端部的铰接约束。对于固定端，还要约束盖板中线的 Z 向的位移；而加载端则通过在盖板中线上施加轴向位移模拟实际的加载情况。

3）材料的本构关系模型。

对于内钢管，其高温后钢材的力学性能按 4.2 节中给出的有关方法确定，其应力-应变关系模型如式（4.2）所示。对于外钢管，采用普通钢管常温下的本构关系，其应力-应变关系模型如式（3.2）所示。对于高温后钢管内的核心混凝土，其应力-应变关系随着温度的升高，峰值应力降低，峰值应变增加，应力-应变关系曲线趋于扁平。应力（σ）-应变（ε）关系为

$$y=\begin{cases} 2x-x^2 & x\leqslant 1 \\ \dfrac{x}{\beta_o(x-1)^\eta+x} & x>1 \end{cases} \qquad （6.1）$$

式中

$$x=\frac{\varepsilon}{\varepsilon_{op}};\ y=\frac{\sigma}{\sigma_{op}}$$

$$\sigma_{op}=f'_{cp}(T_{max});\ \varepsilon_{op}=\varepsilon_{cc}+800\xi^{0.2}\times10^{-6}$$

$$f'_{cp}(T_{max})=\frac{f'_c}{1+2.4(T_{max}-20)^6\times10^{-17}}$$

$$\varepsilon_{cc}=(1300+12.5f'_c)\times10^{-6}\times\left[1+(1500T_{max}+5T_{max}^2)\times10^{-6}\right]$$

$$\eta=\begin{cases} 2 & （圆钢管混凝土） \\ 1.6+1.5/x & （方、矩形钢管混凝土） \end{cases}$$

$$\beta_o=\begin{cases} (2.36\times10^{-5})^{\left[0.25+(\xi-0.5)^7\right]}(f'_c)^{0.5}\times0.5\geqslant0.12 & （圆钢管混凝土） \\ \dfrac{(f'_c)^{0.1}}{1.2\sqrt{1+\xi}} & （方、矩形钢管混凝土） \end{cases}$$

式中：f'_c 为常温下混凝土圆柱体轴心抗压强度（N/mm²）；T_{max} 为历史遭受最高温度（℃）；ξ 为常温下约束效应系数，按下式计算为

$$\xi = \frac{A_s \cdot f_y}{A_c \cdot f_{ck}} \tag{6.2}$$

式中：f_{ck} 为核心混凝土轴心抗压强度标准值；f_y 为钢管钢材屈服强度；A_s 为钢管截面积；A_c 为核心混凝土截面积。

对于修复后原钢管和新钢管之间的夹层混凝土，采用普通钢管混凝土常温下核心混凝土的本构关系模型，其约束效应系数 ξ_r 可按式（6.2）进行考虑，但将 f_{ck} 和 f_y 替换为夹层混凝土和外套钢管的材性；A_s 和 A_c 替换为 A_{sr} 和 A_{cr}，A_{sr} 是修复后外钢管的截面面积，A_{cr} 为修复后夹层混凝土的名义截面面积，对于圆钢管混凝土，$A_{sr} = \pi (D_r - 2t_{sr})^2/4$，对于矩形钢管混凝土，$A_{sr} = (D_r - 2t_{sr})(B_r - 2t_{sr})$；$D_r$ 为修复后外套圆形钢管横截面外径或矩形钢管横截面长边边长；B_r 修复后外套矩形钢管横截面短边边长；t_{sr} 为修复后外套钢管壁厚。

4）界面模拟。

进行热分析时，假设热流只往钢管及其核心混凝土传递，不考虑两端与刚性盖板的热交换。因此沿试件长度方向只设置一个面面接触，即将核心混凝土外表面与钢管内表面设置为完全接触，其余接触面均不设置任何接触。

对于力学分析，沿着长度方向存在三个面面接触对。

① 面面接触 1：核心混凝土与钢管内表面的接触。

② 面面接触 2：夹层混凝土的内表面与钢管的外表面接触。

③ 面面接触 3：夹层混凝土的外表面与外套钢管内表面的接触。

此外，还需要设置钢管与盖板、混凝土与盖板的接触。

5）模型验证。

建立的有限元模型得到了试验结果的验证。以圆形钢管混凝土加固前、后的试件为例，说明有限元模拟和试验结果的比较情况。

表 6.1 给出圆钢管混凝土柱试件的信息，其中 D 为原圆形钢管混凝土柱钢管横截面的外直径，D_r 为外套圆形钢管的外直径，t_s 为原钢管混凝土柱钢管壁厚，t_{sr} 为外套钢管壁厚，H 为试件高度，t 为受火时间，N_{ue} 为试验获得的钢管混凝土柱极限承载力。

表 6.1   钢管混凝土柱试件信息

序号	编号	$D \times t_s$/mm	$D_r \times t_{sr}$/mm	H/mm	t/min	N_{ue}/kN
1	C	100×2	—	1500	0	562
2	RCF	100×2	160×1.7	1500	180	944

原钢管和外套钢管混凝土柱钢管的材性如表 6.2 所示，其中，f_y、f_u 分别为钢材的屈服极限、抗拉强度极限，E_s 为钢材的弹性模量，ν_s 为钢材的泊松比。

表 6.2   钢材力学性能指标

内容	钢板厚度 /mm	f_y/MPa	f_u/MPa	f_u/f_y	E_s/（×10⁵N/mm²）	ν_s
原钢管	2	290	354	1.22	2.02	0.270
外套钢管	1.7	308	393	1.28	2.09	0.302

核心混凝土与夹层混凝土均采用了自密实混凝土。核心混凝土的配合比（/m³）为：水泥 300kg；粉煤灰 230kg；水 179kg；石子 897kg；砂子 790kg；减水剂 4.2kg；水胶比为 0.34，砂率为 0.47。测得混凝土坍落度为 240mm，坍落扩展度为 600mm，28 天抗压强度为 f_{cu}＝48.8MPa，受火加固后进行轴压试验时的抗压强度为 f_{cu}＝75MPa，弹性模量为 E_c＝34 600N/mm²。夹层混凝土配合比（/m³）为：水泥 320kg；粉煤灰 180kg；水 181kg；石子 867kg；砂 847kg；减水剂 5kg；水胶比为 0.36，砂率为 0.49。测得混凝土坍落度为 250mm，坍落扩展度为 550mm。夹层混凝土养护到 28 天时即开始进行试验，测得抗压强度为 f_{cu}＝50.1MPa，弹性模量为 E_c＝35 500N/mm²。

钢管混凝土试件按 ISO-834（1975）标准升温曲线进行升温，以圆钢管混凝土为例，升温至 180min 时截面的温度场如图 6.4 所示。试件升温后在炉膛中自然冷却，进行加固处理。

试件加固步骤：①清除钢管表面的氧化层。②在受损柱子外围加一层钢管。③在内、外管之间灌入自密实混凝土。

试件两端采用刀口铰以模拟铰接的边界条件。试件采用分级加载制，弹性范围内每级荷载为预计极限荷载的 1/10，当钢管压区纤维达到屈服点后，每级荷载约为预计极限荷载的 1/20，接近破坏时慢速连续加载。每级荷载的持荷时间约为 2min。应变和位移均采用计算机数据采集系统自动采集。

试验结果表明，试件均表现为柱子发生面内侧向挠曲，丧失稳定而破坏。在不同的荷载阶段，试件中截面的纵向应变分布基本上保持平面，在下降段的后期，试件中截面的压区和拉区两侧边管会出现明显的外凸变形，如图 6.5 所示。

图 6.4　柱截面温度场

图 6.5　试件 RCF 的破坏形态

实测的荷载（N）-中截面挠度（u_m）及荷载（N）-中截面拉应变和压应变（ε）关系曲线如图 6.6 所示，应变以受压为正。从试件的 N-u_m 曲线可以看出，试件在达到极限荷载时呈现出较陡的下降段，随着跨中挠度的增加，这种下降的趋势趋于平缓。

图 6.6 也可以反映钢管混凝土柱火灾加固后的效果。与受火前相比，加固后承载力

和刚度都有明显的改善，尤其是极限承载力增加了 68%。

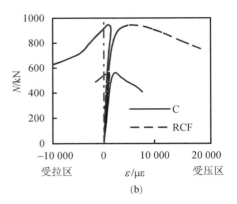

图 6.6　钢管混凝土试件荷载（N）- 中截面挠度（u_m）及荷载（N）- 应变（ε）关系曲线

表 6.1 给出了实测的极限承载力（N_{ue}）。可见采用"增大截面法"对受损的钢管混凝土柱进行加固是一种有效的措施，加固后其极限承载力完全可以恢复到未受火时的状态。

（2）受力特性分析

采用有限元模型可进一步对采用"增大截面法"的钢管混凝土压弯构件进行分析。

下面以工程中常见的在恒定轴向压力作用下的两端为嵌固支座、跨中有水平侧移的框架柱为例进行分析，设其长度为 $L=2L_1$，如图 6.7（a）所示，其中 N_F 为柱轴力，M 为柱端弯矩，由于其反弯点在柱的中央，可以将其按图 6.7（b）简化为图 6.7（c）从反弯点到固定端长度为 L_1 的悬臂试件，图中 P 为柱端水平荷载，Δ_h 为柱水平位移。

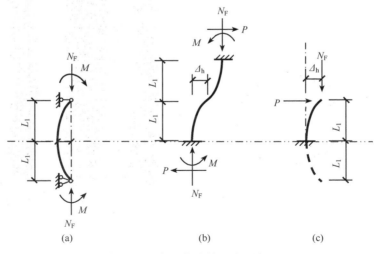

图 6.7　压弯试件计算长度示意图

以圆形钢管混凝土压弯构件为例，采用具体算例对火灾作用前后构件的承载力变化及截面应力状态、钢管与混凝土间的相互作用等进行分析。算例的基本条件如图 6.8 所示。

(a) 加固前　　　　　　　(b) 加固后

图 6.8　计算条件示意图

① 火灾前：

$D \times t_s \times L = 400\text{mm} \times 9.31\text{mm} \times 4000\text{mm}$，Q345 钢，C60 混凝土，$N_F = 3619\text{kN}$，$t = 0$；

② 火灾后（未加固）：

$t = 90\text{min}$，其余条件与常温试件相同。

③ 加固后：

$t = 90\text{min}$., $D_r \times t_{sr} = 440\text{mm} \times 4.5\text{mm}$，　其余条件与常温试件相同；

进行力学分析时，首先在柱顶施加一轴向荷载（N_F），并保持恒定，然后施加水平变形（位移）（Δ_h），同时保持 N_F 恒定，随着 Δ_h 的增加，柱端水平荷载（P）逐渐增加，即可得到火灾前、火灾后和加固后的 P-Δ_h 关系曲线，如图 6.9 所示，三个特征点确定方法为：1 点为构件进入屈服阶段的点，其水平位移为上升段 0.75 倍极限承载力对应的水平位移；2 点对应钢管混凝土柱水平承载力的极限点；3 点为水平承载力下降到极限承载力的 85% 时对应的点。

图 6.9　压弯试件水平荷载
（P）- 水平变形（Δ_h）
关系曲线

可以看出，三种情况下构件达到极限承载力时的变形基本相同，常温下构件对应的变形略小。但火灾后构件的极限承载力（151kN）较常温下构件的极限承载力（308kN）降低了 50%，且达到极限后承载力降低速度也较快。加固构件极限承载力（387kN）较常温提高了约 26%，且承载力下降也是最慢的。火灾后构件的刚度也有较大的降低，但加固以后构件刚度恢复甚至超过了常温构件的刚度。加固后构件的延性系数也有很大提高，加固前的 3.52 提高到了 7.79，也远大于受火前构件的 5.02。

图 6.10 所示为三种条件下核心混凝土承担轴力的百分比（n_c）- 水平变形（Δ_h）关系曲线，图中同时也给出了夹层混凝土和内外钢管承担轴力的百分比随水平变形（Δ_h）变化的情况。可以看出，常温状态下，在位移加载的初始阶段，混凝土承担的轴向力的比例维持在 60% 左右。随着受压区钢管的屈服，钢管承担的轴向力开始降低，混凝土承担的轴向力开始逐渐增加，在试件的水平承载力达到峰值点之前，混凝土承担的荷载增加

较为明显，最后曲线趋于水平，混凝土承担轴向力的比例也达到了 95% 左右。

（a）核心混凝土　　　　　　　　　　（b）钢管和夹层混凝土

图 6.10　轴力百分比（n_c）‐水平变形（Δ_h）关系曲线

火灾作用后，钢管混凝土各部分承担荷载的比率发生了变化，在加载初始阶段，混凝土只承担了 45% 左右的轴向荷载，小于钢管的承担比例。这主要由于高温作用冷却后，钢管强度可得到较大程度的恢复。还可以看出，火灾后曲线初始水平段明显变短，即钢管与混凝土承担的轴向力维持一定值的阶段明显变短，这是因为和常温状态相比，高温后钢材的强度降低，弹性模量基本保持不变。在相同的加载制度下，受压区的钢材较早进入屈服阶段。加载结束前，构件混凝土承载比率达到了 84%。

经过修复加固后，构件的轴向荷载主要还是由核心混凝土承担，与火灾后未加固的试件相比，内钢管和核心混凝土都出现了较为明显的卸荷现象，部分轴向力转移到了外套钢管和夹层混凝土上。

图 6.11 给出了 $\Delta_h = 150$mm 时三种条件下构件弯矩最大处各部分对弯矩抗力的贡献，可以看出在三种情况下，钢管承担了 60% 左右的弯矩。对于加固后的构件，外包钢管对弯矩的贡献占了 25% 以上，这主要是由于外钢管截面惯性矩大，拉压侧均对弯矩抗力有较大贡献。

图 6.11　压弯构件 A—A 截面各部分对截面弯矩的贡献

计算结果表明，受力过程中压弯构件的核心混凝土与内钢管之间、夹层混凝土与内、外钢管之间都存在着相互作用。图 6.12 给出构件弯矩最大截面不同位置处这种相互作用随水平变形（Δ_h）变化的情况，其中点 1、4、7 所处的位置为受压区。假设核心混凝土与钢管之间的相互作用力为 p_1，夹层混凝土与钢管之间的相互作用力为 p_2，夹层混凝土与外套钢管之间的相互作用力为 p_3，如图 6.12（a）所示。

(a) 混凝土与内外钢管之间的相互作用示意图

(b) 核心混凝土和内钢管的相互作用　　　(c) 夹层混凝土和内外钢管的相互作用

图 6.12　A—A 截面不同位置处相互作用力

从图 6.12（b）可以看出，常温状态下，随着水平变形（Δ_h）的增加，截面的中和轴位置发生变化，点 1 所处的受压区混凝土应力不断增大，混凝土的泊松比在高应力作用下急剧增加，相互作用力因此也有不断增大的趋势；2 点处的相互作用力则有相对较缓慢的增加；而点 3 所处的位置压应力减小并逐渐转为受拉，约束力也由正值变为负值，钢管与核心混凝土有分开的趋势。火灾作用后，约束力随水平位移的变化情况与常温未受火的情况类似，但约束力数值有降低的趋势，1 点处的钢管和混凝土的相互作用力降低尤为突出。火灾作用加固后的试件，由于外套钢管和夹层混凝土对原受损的柱提供了有效约束，此时核心混凝土的约束力大小有较大程度的恢复，其值与常温下较为接近。

夹层混凝土的面积较小，在整个位移加载过程中所承担的轴向力也较小，混凝土所受的约束力总体上较低，随着位移的不断增加，受压区的约束力也逐渐增加，而受拉区的约束力也与 3 处的变化类似，如图 6.12（c）所示。

图 6.13 所示为火灾作用前后 P-Δ_h 关系曲线上对应三个特征点的 A—A 截面上混凝土纵向应力分布，其中 f_c' 为常温下混凝土圆柱体强度，符号"—"表示压应力，"＋"表示拉应力。

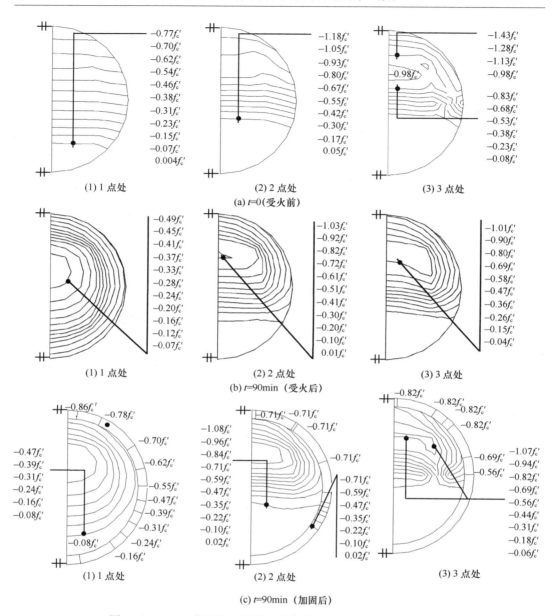

图 6.13　A—A 截面核心混凝土纵向应力分布图（圆钢管混凝土）

　　由图 6.13 可见，常温状态下混凝土的纵向应力总体上呈带状分布，在受压区的钢管达到屈服时，截面在轴力和弯矩的共同作用下，混凝土边缘纤维出现了拉应力，如图 6.13（a1）所示。随着水平位移的增加，截面中和轴的位置发生了变化，混凝土受拉区范围不断增大，受压区混凝土的纵向应力不断增长，如图 6.13（a，2）～（a，3）所示。

　　火灾作用后，混凝土截面上的纵向应力分布发生了明显变化，总体上呈层状分布。由于受压区钢管较早进入了屈服阶段，此时截面的混凝土应力处于全截面受压，中心处受火温度较低，应力较大；外围混凝土受损程度较大，应力较低，如图 6.13（b，1）

所示，此时试件还处于弹性阶段，荷载 - 变形关系和弯矩 - 曲率关系基本上呈线性。

当试件到达极限承载力时，截面中和轴位置发生了变化，混凝土的边缘纤维出现了拉应力，而高应力区并没有出现在受压区的边缘纤维，而是偏向于混凝土中心处，原因在于混凝土边缘受火温度较高，火灾后强度降低幅度较大，如图 6.13（b，2）所示，此时截面总体上处于弹塑性状态，弯矩 - 曲率关系也开始呈现出非线性特征。当水平承载力下降至 85% 的峰值荷载时，截面受拉区的范围不断增大，受压区的应力持续增长，如图 6.13（b，3）所示。

柱加固后，核心混凝土的应力分布和火灾后未加固试件相似，在受压区钢管达到屈服时，整个截面处于不均匀的受压状态，夹层混凝土应力值较大，整个截面的应力梯度较大，如图 6.13（c，1）所示。随着水平位移的增加，试件的水平承载力达到了峰值点，此时核心混凝土和夹层混凝土均出现了受拉区，核心混凝土由于受到外套钢管和夹层混凝土的有效约束作用，受压区应力有所提高，如图 6.13（c，2）所示。随着试件的荷载 - 变形曲线进入下降阶段，整个截面的受拉区持续发展，核心混凝土边缘纤维的压应力持续增长，如图 6.13（c，3）所示。

6.2.2　"FRP 包裹法"

采用"FRP 包裹法"修复受火损伤的钢管混凝土构件，预期 FRP 能有效约束钢管的径向变形，进而对核心混凝土提供更有效的约束作用，从而使钢管混凝土构件的承载有效提高。

为研究 FRP 加固火灾后钢管混凝土柱的可行性，本书作者先后进行了轴压、纯弯和偏压试件的试验研究，每类试件中都包含了常温、火灾后未加固及相应的火灾后加固试件的试验，加固的方法为采用单向 FRP 沿试件的环向进行包裹。试验详情可参考陶忠和于清（2006）、Tao 和 Han（2007）以及 Tao 和 Han 等（2007）等文献。

对于 FRP 约束钢管混凝土轴压短试件，所有试件在受荷初期，其外观形态变化不大，荷载 - 变形关系基本呈线性。常温试件的局部屈曲都发生在试件达到极限承载力之后；对于未加固的火灾后试件，加载至极限荷载的 60% 左右时钢管表面便开始出现可直接观察到的局部屈曲；对于加固一层 FRP 的圆形和方形截面钢管混凝土柱，在加载至极限荷载的 70% 左右时钢管也开始产生局部屈曲；对于加固两层 FRP 的方形柱其局部屈曲发生在接近达到极限荷载时，而同样加固两层 FRP 的圆形柱其局部屈曲发生在试件达到极限承载力以后。FRP 的约束作用可有效延缓钢管局部屈曲现象的发生。

图 6.14 所示为轴心受压圆钢管混凝土试件的荷载（N）- 应变（ε）关系曲线对比。其中，圆钢管混凝土试件的条件为 $D \times t_s \times L = 150\text{mm} \times 3.0\text{mm} \times 450\text{mm}$，$f_y =$

图 6.14　轴压试件荷载（N）- 应变（ε）关系曲线

356MPa，f_{cu}＝75MPa，t＝180min。由于火灾的影响，钢管混凝土柱的极限承载力损失了 52.3%。

图 6.15 比较了各试件极限承载力的相对大小，其中纵坐标 r_N 表示各试件极限承载力与火灾后试件极限承载力的比值。可见，通过包裹 FRP 加固后试件的承载力提高幅度为 12%～71%，由于试件截面尺寸较小，且受火时间长达 3 个小时，试件承载力损失程度大，因此加固 FRP 的层数尚不足以使试件承载力大幅提高。

图 6.16 比较了各试件刚度的变化，其中纵坐标 r_{EI} 表示各试件刚度与火灾后试件弹性模量的比值。可见，FRP 加固后刚度有提高的趋势，但提高幅度并不如极限承载力显著。

图 6.15　轴压试件极限承载力对比

图 6.16　轴压试件刚度对比

对于纯弯试件，试验结果发现，火灾作用后未加固试件的表面出现氧化层脱落现象。加固后的试件则出现 FRP 沿环向开裂的现象，但直至试验结束，包裹 FRP 试件的碳纤维也未出现拉断的情况（Tao 和 Han 等，2007）。与常温试件相比，火灾后未加固的试件局部凸曲出现较早，而采用 FRP 加固可延缓这种局部凸曲的发生和发展。

以圆钢管混凝土试件为例，图 6.17 给出了试件的弯矩（M）- 跨中挠度（u_m）关系。可以看出，所有曲线均未出现下降段。其中，试件的条件为 $D \times t_s \times L$＝150mm×3.0mm×1500mm，f_y＝356MPa，f_{cu}＝75MPa，t＝180min。由于火灾的影响，钢管混凝土柱的极限承载力损失了 52.3%。

图 6.18 比较了各试件极限弯矩的相对大小，其中纵坐标 r_M 表示各试件极限弯矩与火灾后试件极限弯矩的比值。可以看出 FRP 加固对钢管混凝土纯弯构件抗弯承载力的提高作用有限，包裹两层 FRP 也只能提高 6%。

图 6.17　钢管混凝土纯弯试件的弯矩（M）- 跨中挠度（u_m）关系曲线

图 6.18　纯弯试件极限弯矩对比

图 6.19 比较了各试件抗弯刚度的相对大小，其中纵坐标 r_K 表示各试件抗弯刚度与火灾后试件抗弯刚度的比值。这里分别取实测跨中截面的弯矩（M）- 曲率（ϕ）关系曲线上 $M=0.2M_{ue}$ 及 $M=0.6M_{ue}$ 所对应的割线刚度作为试件的初始弹性抗弯刚度 K_{ie} 和使用阶段抗弯刚度 K_{se}。可见火灾后钢管混凝土的抗弯刚度损失相对较小，而且 FRP 加固后可在一定程度上有所恢复。但总体来说，采用纤维沿环向包裹 FRP 对试件承载力及刚度的提高作用总体有限，因而对于纯弯试件建议采用双向纤维布或配合其他有效措施进行试件的修复与加固。

对于偏压试件，试验观测发现大部分试件均表现为在加载过程中侧向挠度不断增加、最终丧失稳定而破坏。只有长细比较小的常温轴压对比试件，其整体破坏表现为在接近柱端处呈轴压破坏的特征，其原因可能是因为这类试件相对抗弯刚度较大，受初始缺陷影响小的缘故。

以圆钢管混凝土构件为例，图 6.20 所示为试件轴力（N）- 跨中挠度（u_m）关系，箭头标出了钢管出现局部屈曲时的荷载位置。其中，试件的条件为 $D \times t_s \times L =$ 150mm$\times$3.0mm$\times$940mm，$f_y=356$MPa，$f_{cu}=75$MPa，$t=180$min。由于火灾的影响，钢管混凝土柱的极限承载力损失了 52.3%。可见受损试件经 FRP 加固后，承载力和刚度都有所提高。

图 6.19　纯弯试件抗弯刚度对比

图 6.20　压弯试件轴力（N）- 跨中挠度（u_m）关系曲线

对受火后钢管混凝土构件静力性能的研究结果表明，"增大截面法"和"FRP 包裹法"的加固效果有所不同。采用增大截面的方法加固火灾后钢管混凝土试件，试件的极限承载力可以恢复到甚至超过未受火时的状态，但也使的试件自重增加，实际采用时需要考虑加固对整体结构的影响，适用于火灾损害程度大，需提高试件承载力的情况。采用 FRP 加固的火灾后钢管混凝土试件，承载力和刚度的提高有限，但 FRP 能有效约束钢管的鼓曲，提高试件的延性，且自重较轻，适合于火灾损伤较小，需提高试件延性的情况。

6.3　加固后钢管混凝土柱的滞回性能

6.3.1　"增大截面法"

（1）滞回性能的试验研究

本节对加固后钢管混凝土构件的滞回性能进行研究，分析低周往复荷载作用下加固前、后试件极限承载力、刚度、耗能能力等的变化规律。

共进行 25 个钢管混凝土试件的试验研究。试件的设计情况如表 6.3 所示。编号说明（如 RCF1）：字母"R"表示增大截面加固（无则表示没有加固）；字母"C"表示截面为圆形（"S"表示方形截面，"R"表示矩形截面）；字母"F"表示遭受火灾（无则表示未受火）；数值"1"表示柱荷载比 $n=0$（"2"表示 $n=0.3$，"3"则表示 $n=0.6$）。表中：D 为原圆形（方、矩形）钢管混凝土柱钢管横截面的外直

表 6.3　滞回性能试验试件信息

截面类型	编号	$D(B) \times t_s$ /(mm×mm)	$D_r(B_r) \times t_{sr}$ /(mm×mm)	n	N_F/kN	t/min	P_{ue}/kN	K_{ie} /(kN·m²)	K_{se} /(kN·m²)	耗能 /(kN·m)
圆形	C1	100×2	—	0	0	0	21.79	274	230	19.9
	C2	100×2	—	0.3	139	0	24.51	288	224	28.0
	C3	100×2	—	0.6	278	0	20.22	295	253	10.8
	CF1	100×2	—	0	0	180	11.75	165	121	17.5
	CF2	100×2	—	0.3	30	180	10.60	170	107	14.8
	CF3	100×2	—	0.6	60	180	10.84	182	105	18.3
	RCF1	100×2	160×1.7	0	0	180	70.16	929	841	32.2
	RCF2	100×2	160×1.7	0.3	242	180	79.32	955	738	45.0
	RCF3	100×2	160×1.7	0.6	484	180	82.35	969	849	40.0
方形	S1	100×2.75	—	0	0	0	49.10	461	349	36.8
	S2	100×2.75	—	0.3	215	0	50.77	474	367	32.0
	S3	100×2.75	—	0.6	431	0	47.67	503	419	13.4
	SF1	100×2.75	—	0	0	180	26.48	317	243	39.2
	SF2	100×2.75	—	0.3	58	180	23.97	322	289	35.0
	SF3	100×2.75	—	0.6	116	180	20.64	341	288	24.5
	RSF1	100×2.75	150×2	0	0	180	94.49	1083	823	32.5
	RSF2	100×2.75	150×2	0.3	287	180	103.30	1110	871	26.4
	RSF3	100×2.75	150×2	0.6	574	180	101.67	1143	1049	8.3
矩形（绕强轴）	R1	100×50×2.7	—	0	0	0	38.38	304	248	29.4
	R2	100×50×2.7	—	0.3	123	0	32.71	311	233	18.3
	R3	100×50×2.7	—	0.6	247	0	30.01	327	233	4.3
	RF2	100×50×2.7	—	0.3	42	180	15.59	201	167	15.4
	RRF1	100×50×2.7	150×100×2	0	0	180	69.48	910	706	25.6
	RRF2	100×50×2.7	150×100×2	0.3	226	180	75.57	934	771	16.8
	RRF3	100×50×2.7	150×100×2	0.6	452	180	68.29	961	855	7.3

径（长边边长），B 为方（矩）形钢管混凝土柱钢管横截面的短边边长，D_r 为外套圆形（方、矩形）钢管横截面的外直径（长边边长），B_r 为外套方（矩）形钢管横截面的短边边长，t_s 为原钢管混凝土柱钢管壁厚，t_{sr} 为外套钢管壁厚，t 为受火时间，N_F 为柱轴向荷载，P_{ue} 为试验获得的钢管混凝土柱极限水平承载力。所有试件长度均为 1500mm。

滞回性能试验时，原钢管和外套钢管混凝土柱钢管的材性如表 6.4 所示，其中 f_y、f_u 分别为钢材的屈服极限、抗拉强度极限，E_s 为钢材的弹性模量，v_s 为钢材的泊松比。

表 6.4　钢材力学性能指标

内容	钢板厚度 /mm	f_y/MPa	f_u/MPa	f_u/f_y	E_s/（×10⁵N/mm²）	v_s
原钢管	2	290	354	1.22	2.02	0.270
	2.75	340	421	1.24	2.05	0.263
	2.7	340	421	1.24	2.05	0.263
外套钢管	1.7	308	393	1.28	2.09	0.302
	2	298	367	1.23	2.02	0.289

核心混凝土与夹层混凝土均采用了自密实混凝土，混凝土配合比、材性等同 6.2.1 节静力性能研究中的模型验证部分。

试验时试件水平放置，其两端边界条件为铰接，试件与平板铰之间通过高强螺栓连接。图 6.21 所示为试验装置。

图 6.21　滞回性能试验装置示意图（尺寸单位：mm）（韩林海，2007）

1）试件破坏形态。

试验结果表明，试件最终的破坏形态基本一致，即当施加 2～3 倍的屈服位移

（Δ_y）时，夹具两侧约 **20mm** 处的受压钢板发生微小的鼓曲，在随后的卸载及反向加载过程中，鼓曲部分又重新被拉平并引起另一侧受压钢板的微小鼓曲。当施加到 $5\sim7\Delta_y$ 时，鼓曲现象开始加剧。对于圆钢管混凝土，夹具两侧的钢管逐渐呈"灯笼状"，继续加载直至受拉区钢管撕裂；对于方、矩形钢管混凝土，焊缝开始发生断裂，试件迅速破坏。

试验完毕后，剥离钢管，发现夹具两侧混凝土被压碎，钢管相应部位发生了局部屈曲。图 6.22 所示为加固试件典型破坏形态。

图 6.22　加固钢管混凝土试件的典型破坏模态

2）水平荷载（P）- 水平变形（Δ_h）滞回关系。

图 6.23 给出了所有试件实测的水平荷载（P）- 水平变形（Δ_h）关系，图中显示出钢管开始发生断裂的点。由图 6.23 可见，在本次试验参数范围内，试验得到的 $P\text{-}\Delta_h$ 滞回曲线具有如下特点：

① 所有试件（包括常温下、火灾后未加固、火灾后加固）的滞回曲线较为饱满，无明显的捏缩现象。

② 柱荷载比（n）对滞回曲线的形状有较大影响：当柱荷载比（n）较小时，曲线表现出明显的强化现象，随着柱荷载比（n）的增加，试件的强度退化越来越明显，但其卸载时的刚度基本保持弹性，与初始加载时的刚度总体相同。

③ 和常温下相比，火灾后钢管混凝土柱的强度、刚度有所降低，位移延性却有所增大。采用外包钢管混凝土进行加固后，其极限承载力、刚度得到显著提高，但位移延性没有得到改善，甚至比常温下相同柱荷载比（n）的试件还要低。

图 6.23　水平荷载（P）- 水平变形（Δ_h）滞回关系曲线

(c) 矩形截面试件

图 6.23 （续）

3）水平荷载（P）-水平变形（Δ_h）滞回曲线骨架线。

图 6.24 所示为柱荷载比（n）对 P-Δ_h 滞回关系骨架线的影响。可见，柱荷载比（n）对极限水平承载力（P_{ue}）、位移延性有较大影响，但对弹性阶段的刚度影响不大。还可以看出柱荷载比（n）对位移延性的影响规律：$n=0$ 的试件，曲线没有明显的下降段，随着 n 的增大，曲线出现下降段，而且下降段的下降幅度随着 n 的增加而增大，说明试件的位移延性随着 n 的增大而降低。

图 6.24　柱荷载比（n）对水平荷载（P）-水平变形（Δ_h）滞回关系骨架线的影响

(3) 加固后

(a) 圆形截面试件

(1) 火灾前

(2) 火灾后

(3) 加固后

(b) 方形截面试件

(1) 火灾前

(2) 加固后

(c) 矩形截面试件

图 6.24 （续）

柱荷载比（n）对试件极限水平承载力（P_{ue}）的影响如图 6.25 所示，对于火灾前试件，极限水平承载力刚开始随着柱荷载比（n）的增加而不断增大，当柱荷载比（n）增大到一定数值（0.3 左右）时，极限水平承载力开始降低；对于火灾后试件，随着柱荷载比（n）的增大，极限承载力总体上呈现出降低的趋势；对于加固后试件，柱荷载比（n）对极限承载力的影响规律总体上同火灾前试件。

柱荷载比（n）对火灾后试件的影响规律不同于火灾前试件［如图 6.25（a，1）和（b，2）所示］，其原因可能是：高温状态下钢材强度会降低，但冷却后，其强度会有较大程度的恢复；而混凝土经历高温又冷却后，其强度基本没有恢复。当钢管混凝土试件横截面尺寸（例如直径）较小时，火灾下其内部核心混凝土温度会较高，经历高温后其强度会有较大程度的降低，而外部钢管的强度则有较大程度的恢复，因此，相对于火灾前的情况，钢管对火灾后钢管混凝土试件的"贡献"更大，压弯试件的力学性能越接近于钢结构。而对于增大截面加固后的试件，由于加固的截面相对较大，其力学性能更接近于火灾前的钢管混凝土试件。

图 6.25　柱荷载比（n）对试件极限水平承载力（P_{ue}）的影响

(3) 加固后

(b) 方形截面试件

(1) 火灾前　　　　　　　　　　　　　　　　　(2) 加固后

(c) 矩形截面试件

图 6.25 （续）

4）柱轴向变形（Δ_c）。

钢管混凝土柱初期的柱轴向变形（Δ_c）是由轴力（N_F）引起的，施加横向作用的过程中，轴力和水平荷载的共同作用下钢管逐渐屈服，使得柱轴向变形（Δ_c）进一步增大。因此，柱轴向变形（Δ_c）的大小可作为衡量试件抵抗变形能力的一个指标。柱轴向变形（Δ_c）通过试件端部的位移计测得，图 6.26 所示为典型试件的 Δ_h/Δ_y- 柱轴向变形（Δ_c）曲线。在加荷初期，试件的轴向变形较为均匀，随加载循环增加而呈线性增长，没有产生突变。随着跨中位移的不断增加，试件进入了屈服阶段，当施加到 5～7 倍的 Δ_y 时，柱轴向变形（Δ_c）显著增大，随后试件很快丧失承载力。

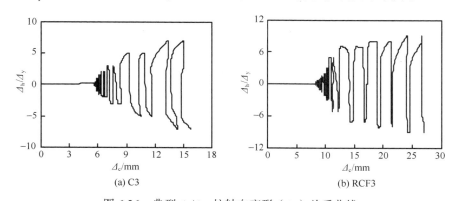

(a) C3　　　　　　　　　　　　　　　　　(b) RCF3

图 6.26　典型 Δ_h/Δ_y- 柱轴向变形（Δ_c）关系曲线

由滞回试验实测的弯矩（M）- 曲率（ϕ）骨架曲线，可获得构件的初始弹性抗弯刚度（K_{ie}）和使用阶段抗弯刚度（K_{se}）。表 6.3 中列出了本次试验构件 K_{ie} 和 K_{se} 的具体值。可见，经受火灾后试件的刚度下降较为明显，但采用"增大截面法"修复后，试件刚度得到了较大的恢复。

结构试件的耗能能力是以其水平荷载（P）- 水平变形（Δ_h）滞回曲线所包围的面积来衡量的，滞回曲线所包含的面积的积累反映了结构弹塑性耗能的大小。一般来说，滞回环越饱满，即包围面积越大，耗散的能量越多，结构的耗能性能越好。表 6.3 给出了试件的累积耗能值，可见，火灾后试件的耗能能力有所降低，采用"增大截面法"修复后，试件的耗能能力明显增加。

（2）数值分析模型的建立

采用纤维模型法建立了火灾作用后钢管混凝土滞回性能的数值计算模型。为了实现对往复荷载作用下钢管混凝土柱弯矩（M）- 曲率（ϕ）、水平荷载（P）- 水平变形（Δ_h）滞回关系曲线等力学性能的数值分析，须首先合理确定高温后钢材和核心混凝土在往复应力作用下的应力（σ）- 应变（ε）关系模型，对于加固后的外套钢管钢材和夹层混凝土采用常温时的模型。

在往复荷载作用下，截面各单元也存在着不同程度的加、卸载情况。钢材在往复荷载下有明显的 Bausinger 效应，核心混凝土经过高温作用后，在受拉区会产生开裂现象，在往复荷载作用下，这些开裂截面会产生骨料咬合的裂面效应，使开裂面在没有完全闭合的情况下就能传递相当的压应力，同时由于混凝土微裂缝的发展，混凝土滞回关系曲线上还存在着应变软化段和不同程度的刚度退化现象，这些都应在卸载及再加载曲线中加以考虑。下面简要说明高温后钢材和核心混凝土的应力 - 应变滞回关系的加、卸载准则。

1）钢材。

高温后钢材的应力 - 应变滞回关系骨架曲线由两段组成，即弹性段（oa）和强化段（ab），a 点对应的为火灾后钢材的屈服极限，如图 6.27 所示，其中 $f_y(T_{max})$ 为火灾后钢材的屈服极限，$\varepsilon_y(T_{max})$ 为火灾后钢材的屈服应变。在确定火灾后往复应力下冷弯钢材的应力 - 应变关系模型时，采用高温后钢材单向加载时的应力 - 应变关系代替滞回关系的骨架线。$f_y(T_{max})$ 按照式（6.3）确定为

$$f_y(T_{max}) = \begin{cases} f_y & T_{max} \leqslant 400\,^{\circ}\mathrm{C} \\ f_y\left[1+2.23\times10^{-4}(T_{max}-20)-5.88\times10^{-7}(T_{max}-20)^2\right] & T_{max} > 400\,^{\circ}\mathrm{C} \end{cases} \quad (6.3)$$

式中：T_{max} 为钢材历史遭受的最高温度（$^{\circ}\mathrm{C}$）。由于高温后钢材强度、弹性模量有所恢复，取弹性模量 $E_s(T_{max}) = E_s = 2.06\times10^5\mathrm{N/mm}^2$，强化段模量 $E_s'(T_{max}) = 0.01E_s(T_{max})$，$\varepsilon_y(T_{max}) = f_y(T_{max})/E_s(T_{max})$。

在图 6.27 所示的模型中，加、卸载刚度采用初始弹性模量 $E_s(T_{max})$。如果钢材在进入强化段 ab 前卸载，则不考虑 Bausinger 效应，反之，如果钢材在强化段 ab 卸载，则需要考虑 Bausinger 效应。

路径①：当从第一、四象限开始卸载，且残余应变（即 f_2 点对应的应变 ε_{f2}）小于 2 倍的屈服应变 $\left[\right.$即 $\varepsilon_y(T_{max})\left.\right]$ 时，卸载线为 $c_2\text{-}d_2\text{-}e_2\text{-}b'$。

路径②：当从第一、四象限开始卸载，且残余应变 $\varepsilon_{f1} > 2\varepsilon_y(T_{max})$ 时，卸载线为 $c_1\text{-}d_1\text{-}a'\text{-}b'$，此时软化段 d_1a' 的模量 $E_b = (-f_y(T_{max})-\sigma_{d1})/(-\varepsilon_y(T_{max})-\varepsilon_{d1}) \geqslant 0.1E_s(T_{max})$。

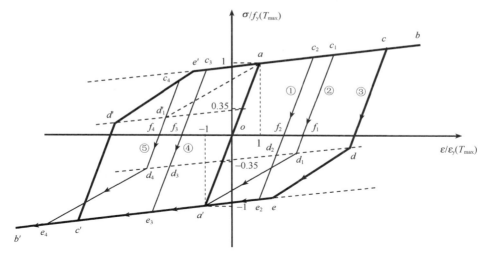

图 6.27　高温后钢材的应力（σ）- 应变（ε）关系模型

路径③：卸载路径为路径②时，但软化段模量 $E_b < 0.1E_s(T_{max})$ 时，取 $E_b = 0.1E_s(T_{max})$，此时卸载路径为 c-d-e-b'。

路径④：当从第二、三象限开始卸载，且残余应变 $|\varepsilon_{f3}| \leqslant 2\varepsilon_y(T_{max})$ 时，卸载线沿 c_3-d_3-e_3-b'。

路径⑤：当从第二、三象限开始卸载，且残余应变 $|\varepsilon_{f4}| > 2\varepsilon_y(T_{max})$，此时考虑软化段，卸载线沿 c_4-d_4-e_4-b'，软化段 $d_4 e_4$ 的模量（E_b）取直线 $d_1'a$ 的模量，$E_b < 0.1E_s(T_{max})$ 时，$E_b = 0.1E_s(T_{max})$。

上述点 d、d_1、d_2、d_3、d_4 分别为卸载线与直线 dd_4 的交点，dd_4 为经过 $-0.35f_y(T_{max})$、$-0.35\varepsilon_y(T_{max})$ 点且模量取为强化模量 $E_s'(T_{max})$ 的直线；点 d'、d_1' 分别为卸载线与直线 $d'd_1'$ 的交点，$d'd_1'$ 为经过 $0.35f_y(T_{max})$、$0.35\varepsilon_y(T_{max})$ 点且模量取为强化模量 $E_s'(T_{max})$ 的直线。

以 Q345 钢材为例，图 6.28 给出在不同温度作用后的应力（σ）- 应变（ε）滞回关

图 6.28　高温后钢材应力（σ）- 应变（ε）关系曲线

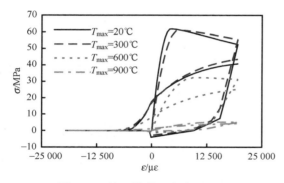

图 6.29　核心混凝土应力（σ）-
应变（ε）滞回关系曲线

系曲线，取卸载时应变为 10 000με。可见，随着温度的升高，屈服极限降低，软化段缩短，强化段变长，整个滞回曲线趋于扁平。

2）混凝土。

对于高温作用后的钢管核心混凝土，采用相应的常温下模型形式描述应力（σ）-应变（ε）滞回关系，但材料的强度和弹性模量等指标考虑高温作用的影响（韩林海，2007；韩林海，2016）。

图 6.29 所示的不同温度作用后核心混凝土的应力 - 应变滞回关系曲线。算例的基本条件为：圆钢管混凝土，Q345 钢，混凝土强度等级为 C60，柱截面含钢率 $\alpha_c = 0.1$。可见随着历史最高温度（T_{max}）的升高，混凝土峰值应力降低，峰值应变增加，同时弹性模量也不断降低，呈现不同程度的软化，整个滞回曲线趋于扁平。

3）计算过程。

在确定了火灾后钢材和核心混凝土以及加固后外套钢管钢材和夹层混凝土的应力 - 应变滞回模型的基础上，可以进行钢管混凝土压弯构件的弯矩（M）- 曲率（ϕ）滞回关系的全过程分析（韩林海，2007；韩林海，2016），火灾后和加固后截面网格的划分示意图如图 6.3 所示。计算过程简述如下：

① 输入计算长度和截面参数，并进行截面单元划分，计算截面上各单元的温度。

② 计算曲率 $\phi = \phi + \Delta\phi$，假设截面形心处的应变 ε_o。

③ 假设试件在变形过程中始终保持为平截面，只考虑跨中截面的内外力平衡。则跨中截面各单元形心处的应变 $\varepsilon_i = \varepsilon_o + \phi y_i$，应变以受压应力时为正，$y_i$ 为计算单元形心处的坐标。

④ 根据加载历史以及单元的温度，按材料应力 - 应变关系确定钢材和混凝土单元的应力 σ_{sli}、σ_{cli}、σ_{srli} 和 σ_{crli}，其中，σ_{sli}、σ_{cli} 分别为原钢管混凝土柱钢材和混凝土单元的纵向应力。σ_{srli}、σ_{crli} 分别为外套钢管钢材和夹层混凝土单元的纵向应力。

⑤ 计算内弯矩 M_{in} 和内轴力 N_{in}，其中

内弯矩为

$$M_{in} = \sum_{i=1}^{n} (\sigma_{sli} y_i dA_{si} + \sigma_{cli} y_i dA_{ci} + \sigma_{srli} y_i dA_{si} + \sigma_{crli} y_i dA_{ci}) \qquad (6.4)$$

内轴力为

$$N_{in} = \sum_{i=1}^{n} (\sigma_{sli} dA_{si} + \sigma_{cli} dA_{ci} + \sigma_{srli} dA_{si} + \sigma_{crli} dA_{ci}) \qquad (6.5)$$

计算火灾后的内弯矩和内轴力时不考虑公式中后两项。

⑥ 判断 $N_{in} = N_F$ 的条件是否满足，其中 N_F 为钢管混凝土试件弯曲时作用在其上的恒定轴压力。如果不满足，则调整截面形心处的应变 ε_o 并重复步骤③～⑤，直至满足，

这时令 $M=M_{in}$，可得到一组 $M\text{-}\phi$ 点。

⑦ 重复步骤②～⑥，直至计算出整个 $M\text{-}\phi$ 滞回曲线。

与单向加载不同的是，在往复荷载作用下，试件截面单元存在加、卸载问题，即每一单元的当前应力状态均需要由该单元的应力 - 应变历史决定，所以计算过程中，需记录截面单元应力应变加载历史，再由单元当前应变确定单元应力。

（3）受力特性分析

图 6.30 所示为火灾作用后方钢管混凝土压弯试件典型的 $M\text{-}\phi$ 滞回曲线，该曲线对应的试件的条件为 $B \times L = 400\text{mm} \times 400\text{mm}$，$n =$

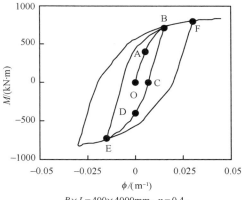

$B \times L = 400 \times 4000\text{mm}$；$n = 0.4$；
$f_y = 345\text{MPa}$；$f_{cu} = 60\text{MPa}$；$t = 60\text{min}$

图 6.30　火灾后压弯试件典型弯矩
（M）- 曲率（ϕ）滞回关系曲线

0.4，$f_y = 345\text{MPa}$，$f_{cu} = 60\text{MPa}$，$t = 60\text{min}$。该曲线大致可以分为以下几个阶段：

1）OA 段。在此阶段，弯矩 - 曲率基本上呈直线关系，截面的一部分受压区处于卸载状态，混凝土刚度较大，当柱荷载比（n）较小时，钢管往往处于弹性受力状态。在 A 点，压区钢管最外纤维开始屈服。

2）AB 段。弯矩 - 曲率关系呈曲线，截面总体处于弹塑性状态，随着外加弯矩的增加，钢管受压区屈服的面积不断增加，刚度不断下降。

3）BC 段。从 B 点开始卸载，弯矩 - 曲率基本呈直线关系，卸载刚度与 OA 段的刚度基本相同。截面由于卸载而处于受拉状态的部分转为受压状态，原来加载的部分现处于受压卸载状态。在 C 点截面卸载到弯矩为零，但由于轴向力作用，整个截面上钢管和混凝土均有应力存在。由于核心混凝土在高温作用后其峰值应变增大，卸载后其残余变形增加，同时钢也发生塑性变形导致残余应变，在 C 点时截面上有残余正向曲率产生。

4）CD 段。截面开始反向加载，弯矩 - 曲率仍基本呈直线关系，钢管均处于弹性状态。D 点受压区钢管最外纤维开始屈服，截面部分混凝土开始出现拉应力。

5）DE 段。截面处于弹塑性阶段，随受压区钢管屈服面积的不断增加，截面刚度开始逐渐降低。

6）EF 段。工作情况类似于 BE 段，弯矩 - 曲率曲线斜率很小。虽然这时截面上仍然不断有新的区域进入塑性状态，但由于这部分区域离形心较近，对截面刚度影响不大。钢材进入强化段仍具有一定的刚度，受压区的混凝土由于受到钢管的约束保持了一定的刚度，整个截面仍可保持一定的刚度。

分析结果表明，和常温下类似，火灾后钢管混凝土压弯试件弯矩（M）- 曲率（ϕ）骨架曲线的特点是无过陡的下降段，转角延性好，其形状与不发生局部失稳的钢试件类似，这是因为，钢管混凝土试件中的混凝土遭受高温作用后，材料力学性能发生不同程度的劣化，但由于受到了外包钢管的约束，在受力过程中不会发生过早地被压碎而导致试件破坏的情况。此外，混凝土的存在可以避免或延缓钢管过早地发生局部屈曲，这样，由于组成钢管混凝土的钢管和其核心混凝土之间相互贡献、协同互补、共同工作的优势，可保证钢材和混凝土材料性能的充分发挥，其 M-ϕ 滞回曲线表现出良好的稳定性，曲线图形饱满，呈纺锤形，刚度退化现象不明显，耗能性能较好。

采用数值方法计算钢管混凝土压弯试件的滞回关系曲线时，由于水平荷载（P）和水平位移（Δ_h）的关系受试件计算长度的影响很大，对于不同的边界条件，需合理确定试件的计算长度。前面在进行钢管混凝土弯矩 - 曲率滞回性能研究时，假定试件挠曲线为正弦半波曲线，这种假定适用于试件两端铰接的情况，如图 6.7（a）所示。对于图 6.7（b）所示常见的在恒定轴向压力作用下的两端为嵌固支座、一端有水平侧移的框架柱，设其长度 $L=2L_1$，由于其反弯点在柱的中央，可以将其简化为从反弯点到固端长度为 L_1 悬臂试件，如图 6.7（c）所示，并反向对称延伸，当忽略水平荷载 P 对试件挠曲线形状的影响时，就可将悬臂试件等效成长度为 $L=2L_1$ 的类似于图 6.7（a）所示的两端铰支试件。

对于图 6.7（c）所示的钢管混凝土悬臂柱，在恒定轴向压力 N_F 作用下，对于试件端部的每一级位移增量 Δ_h，按下式可计算出相应的侧向力。

$$P=(M-N_F\Delta_h)/L_1=2(M-N_F\Delta_h)/L \tag{6.6}$$

按给定的位移加载制度即可计算出 P-Δ_h 滞回关系全曲线（韩林海，2007；韩林海，2016）。

计算结果表明，在工程常用钢材（Q235，Q345，Q390）屈服极限、混凝土强度（C30～C90）、柱截面含钢率（0.05～0.2）范围内，火灾后钢管混凝土 P-Δ_h 滞回关系曲线形状饱满，捏缩现象不明显。

图 6.31 所示为考虑火灾作用与否时钢管混凝土压弯试件典型的 P-Δ_h 滞回关系曲线，其中，t 为受火时间。可见，两种情况下试件 P-Δ_h 滞回关系曲线的变化规律基本类似，只是在考虑火灾作用的影响时，试件的极限承载力有所降低、对应的弹性刚度也有所降低，且火灾持续时间越长，试件的位移延性有增大的趋势。

(a) 圆钢管混凝土　　　　　　　　　　(b) 矩形钢管混凝土

图 6.31　典型的水平荷载（P）- 水平变形（Δ_h）滞回关系曲线

图 6.32 给出了按以上数值方法计算获得的加固后钢管混凝土压弯试件的 P-Δ_h 滞回关系曲线和试验实测关系曲线的比较情况，可见二者吻合较好。图 6.32 中同时给出按 6.2.1 节建立的有限元模型计算出的单调荷载作用下构件的 P-Δ_h 滞回关系骨架曲线，可见其与试验实测关系曲线的骨架线总体吻合。

图 6.32　加固后水平荷载（P）- 水平变形（Δ_h）滞回关系曲线

图 6.32 （续）

图 6.32 （续）

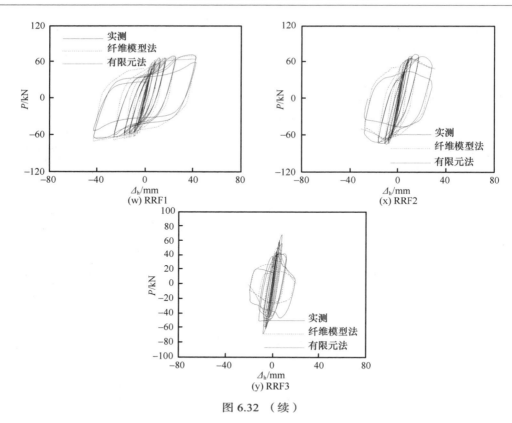

图 6.32 （续）

图 6.33 对比了加固前后钢管混凝土 $P\text{-}\Delta_h$ 滞回关系曲线的变化，算例的基本计算条件为：圆钢管混凝土，$D\times t_s\times L=400\text{mm}\times9.31\text{mm}\times4000\text{mm}$，Q345 钢，C60 混凝土，受火时间 $t=120\text{min}$，$N_F=3619\text{kN}$；加固截面 $D_r\times t_{sr}=440\text{mm}\times4.5\text{mm}$，采用同等级强度材料进行加固。从中可以看出，火灾后钢管混凝土压弯试件的刚度、极限承载力均出现较大程度的降低，耗能能力也有所降低。经过修复加固后，其滞回曲线饱满，强度、刚度等都可以恢复到未受火时的状态。

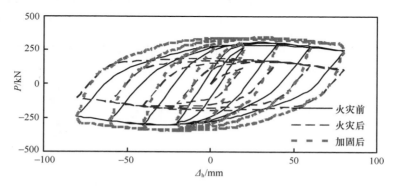

图 6.33　加固前后水平荷载（P）-水平变形（Δ_h）滞回关系曲线

从以上的分析比较可以看出，采用"增大截面法"对受损的柱子进行加固是方便、有效的措施之一。

6.3.2 "FRP 包裹法"

本书作者进行了采用"FRP 包裹法"进行加固的火灾后钢管混凝土柱滞回性能试验，对加固后柱的实测极限水平承载力（P_{ue}）、水平荷载（P）-水平变形（Δ_h）滞回曲线骨架线、柱轴向变形（Δ_c）、刚度退化和耗能等进行了研究。

试验装置如图 6.21 所示。试件长度为 1500mm，所有试件均是受火 180min 自然冷却后进行加固，试件编号及有关具体参数如表 6.5 所示，火灾前和火灾后未加固对比试件参数如表 6.3 所示（Tao 和 Han 等，2008；陶忠和于清，2006）。

表 6.5　滞回性能试验试件

截面类型	编号	$D(B) \times t_s/$ （mm×mm）	n	N_F/kN	加固层数	P_{ue}/kN	$K_{ie}/$ （kN·m²）	$K_{se}/$ （kN·m²）	耗能 / （kN·m）
圆形	FCF1	100×2	0	0	2	15.89	202	127	26.63
	FCF2-1	100×2	0.36	60	1	10.7	219	142	26.71
	FCF2	100×2	0.39	69	2	11.50	225	163	27.39
	FCF3	100×2	0.78	140	2	8.17	250	145	7.05
方形	FSF1	100×2.75	0	0	2	30.71	372	284	42.11
	FSF2-1	100×2.75	0.32	94	1	22.80	386	316	28.90
	FSF2	100×2.75	0.35	103	2	25.52	392	341	47.44
	FSF3	100×2.75	0.70	206	2	24.97	453	328	36.08

观察试验结果发现，采用"FRP 包裹法"加固后的圆钢管混凝土试件，核心混凝土受到的钢管和 FRP 的环向约束作用较强，在滞回荷载作用下而没有出现压碎现象。但对于方形截面试件，加固后试件钢管鼓曲处的混凝土均存在明显的压碎现象。试验实测数据和分析如下。

（1）极限水平承载力（P_{ue}）

表 6.5 中给出了实测的极限水平承载力（P_{ue}），可见与"增大截面法"加固不同，采用"FRP 包裹法"加固的火灾后试件 P_{ue} 没有明显恢复。但从实测的水平荷载（P）-水平变形（Δ_h）滞回曲线可以看出，滞回曲线较为饱满，无明显的捏缩现象，位移延性有较大幅度改善，而且包裹 FRP 层数越多，延性越好。从表 6.5 中还可以看出，柱荷载比（n）对 P_{ue} 有较大影响，随着柱荷载比（n）的增大，FRP 加固火灾后钢管混凝土试件的 P_{ue} 不断减小。

（2）水平荷载（P）-水平变形（Δ_h）滞回曲线骨架线

以圆钢管混凝土试件为例，图 6.34 给出了不同柱荷载比（$n=0$、0.3 或 0.39）下，火灾前、火灾后、"增大截面法"加固后和"FRP 包裹法"加固后的试件的水平荷载（P）-水平变形（Δ_h）滞回曲线骨架线比较情况，其中试件 C2、CF2、RCF2 柱荷载比 $n=0.3$，试件 FCF2 柱荷载比 $n=0.39$。

可见，"增大截面法"加固后试件 P-Δ_h 曲线的承载力和刚度均得到显著提高，完全可以恢复并超过到未受火时的状态，但位移延性和常温下具有相同柱荷载比（n）的试件相比，没有得到明显的改善，甚至有所降低。而采用"FRP 包裹法"加固后的试件则是延性有更大的提高，承载力和刚度则提高不多。

(a) 柱荷载比 $n=0$　　　　　　　　(b) 柱荷载比 $n=0.3$ 或 0.39

图 6.34　火灾前、火灾后和不同方法加固后水平荷载（P）‐水平变形（Δ_h）滞回关系骨架线

（3）轴向变形曲线

图 6.35 所示为 FRP 加固试件典型的 Δ_h/Δ_y‐柱轴向变形（Δ_c）曲线。与图 6.26 相比可以发现，试件轴向变形的趋势与常温试件以及"增大截面法"加固试件类似，但 FRP 加固试件在侧向荷载卸载的同时，轴向变形也有部分的恢复，因此图形呈现一种侧向的"凹形"，这是与其他试件不同的。

(a) FRP 加固圆试件　　　　　　　　(b) FRP 加固方试件

图 6.35　典型 Δ_h/Δ_y‐柱轴向变形（Δ_c）关系曲线

通过试验研究了柱荷载比（n）和包裹 FRP 层数对刚度退化的影响规律。发现：对于火灾后包裹 FRP 的试件，由于 FRP 开裂加速了试件刚度退化，试件刚度退化受柱荷载比（n）变化的影响不明显，没有明显规律。对于 $n=0$ 的试件，包裹 FRP 后，刚度退化现象趋缓，但并不显著；但对 $n=0.35$ 左右的试件，刚度退化现象最明显的是包裹一层 FRP 的试件，其次是包裹二层 FRP 的试件。

表 6.5 给出了 FRP 包裹试件的累积耗能值，可以看出随着柱荷载比（n）的增大，在经历相同位移循环时，各试件的耗能能力有所减小；而加固后的试件在经历相同位移循环时累积耗能均有所提高，且在柱荷载比（n）较大的情况下提高更大，但包裹二层和包裹一层 FRP 试件的耗能差别不大。

基于上述研究，在本次试验参数范围内，可以得到结论如下：

1）火灾作用后，钢管混凝土试件的承载力和抗弯刚度均有不同程度的降低，但位移延性有增大的趋势。

2）采用两种加固方法加固后，试件的滞回曲线饱满，没有明显的捏缩现象，表现出良好的延性和耗能性能。

3）采用"增大截面法"进行加固后，其承载力和刚度可以恢复到未受火的状态，但和常温下具有相同柱荷载比（n）的试件相比，位移延性有所降低。

4）采用"FRP 包裹法"进行加固后，其承载力和钢管恢复有限，但延性有较大恢复。

6.4　火灾后钢管混凝土柱修复加固措施

与 4.5 节论述的型钢混凝土构件类似，在研究和制定受火后钢管混凝土结构的修复加固方案时，总体上可按照以下步骤进行。

1）火灾现场勘查。通过现场勘查，以确定结构受火温度及损伤情况。勘察内容包括建筑火灾荷载分布、可燃物种类及特性、建筑通风情况、火灾后结构构件的形状及破坏程度等，同时结合火灾现场观察结果及录像资料等进一步推断火灾蔓延过程以及温度分布。

2）火灾模拟。根据现场勘查获得的火灾场景参数，对火灾进行重现模拟，从而得到各受火构件所经历的温度历史。

3）构件受火全过程分析。根据构件实际经历的火灾历史，进行构件火灾全过程受力分析，确定构件的受损程度，包括强度、刚度、延性等的损失情况。

4）确定构件修复加固方法。根据受损程度的不同选用合适的修复方法，如 FRP 包裹法和增大截面法等。

5）对整体结构性能的影响分析和评估。确定构件的修复方法后，需要从整体的角度对修复加固后结构的承载能力、变形能力、抗震性能、耐火性能等各方面进行评估，同时还要考虑是否建筑的使用功能要求。如果不符合要求，需要进一步调整相关参数或改用其他加固方法，直至满足要求。

对于钢管混凝土构件，从前述的试验和理论研究可以发现：采用"增大截面法"进行加固，可有效改善构件的承载力和刚度；而采用 FRP 进行加固则可以增强构件的延性和耗能能力。因此在实际工程中选择加固方法时，可考虑以下几个因素：

1）受火时间。根据建筑火灾实际工况和救火时间等的不同，建筑构件受火灾的时间也各不相同。对于受火时间较长（30min 以上）的钢管混凝土，构件内部材料发生了明显的破坏，承载力和刚度均有较大降低，此时应当采用增大截面法进行加固，保证承载力满足相关的设计要求。对于受火时间较短（30min 以内）的钢管混凝土，构件经历火灾后承载力降低较少，但钢管约束能力降低，这时可采用 FRP 进行加固，增强构件的延性和耗能能力，同时也可以适当增强其承载力。

2）加固重点。对火灾后钢管混凝土的加固，根据实际损坏情况可分为承载力加固和延性加固。对于某些构件承载力损失程度大，在结构中又是重要的承重构件，需要进行承载力加固，可采用增大截面法进行加固。而有些构件虽然也是承重构件，但设计中起控制作用是地震荷载，需要较强的延性和耗能能力时，可采用 FRP 进行加固。

　　3）空间占用。对于某些有空间尺寸要求的情况，若火灾后的钢管混凝土采用增大截面法进行加固可能超过空间的限制，这时候如果构件承载力损失不是很大，应采用 FRP 进行加固，FRP 层数可根据损伤情况确定。

　　同时，对受损的钢管混凝土柱进行修复加固时，还应注意如下几个问题：

　　1）火灾后结构的抗震修复加固方案，应从结构整体的抗震能力和动力特性出发，避免加固后出现新的薄弱层、薄弱区等对抗震不利的情况。当刚度发生突变时，会在突变处产生很大的地震附加应力，引起局部破坏，故加固后结构的质量和刚度变化一般不应超过原结构的 5% 和 10%（王广军，1994； 吴波，2003）。

　　2）施工的可行性。采用"增大截面法"修复加固时，首先在受损柱子外围焊接一套管，然后在空隙处浇筑细石混凝土（可采用自密实混凝土），因此为了保证混凝土的浇筑质量，内、外层钢管之间的缝隙应大于 15mm。采用"FRP 包裹法"修复加固时，应注意 FRP 纤维的方向和加固试件的环向一致，FRP 的包裹工艺流程可参考中国工程建设标准化协会标准《碳纤维片材加固修复混凝土结构技术规程》（CECS146：2003）（2003）以及产品使用书执行。

　　3）加固后柱子外钢管的局部屈曲。计算结果表明，在工程常用的范围内，对于火灾后受损的钢管混凝土柱只要稍加修复，就可以使得其强度、刚度、位移延性等恢复到未受火时状态。但应注意外套钢管的径厚比 D_r/t_{sr}（对于圆钢管混凝土）或宽厚比 B_r/t_{sr}（对于方钢管混凝土）应该满足规定的限值。韩林海和杨有福（2007）分析结果表明，钢管混凝土中径厚比或宽厚比限值可按照福建省工程建设地方标准《钢管混凝土结构技术规程》（DBJ13-51—2003）（2003）中的有关规定确定，即对 D_r/t_{sr} 或 B_r/t_{sr} 限值的规定可按照对应受压试件中空钢管局部稳定限值的 1.5 倍确定。具体表达式为

$$\frac{D_r}{t_{sr}} \text{或} \frac{B_r}{t_{sr}} \leqslant 1.5 \cdot \sqrt{\frac{f_y}{235}} \tag{6.7}$$

　　4）各材料间的共同工作问题。采用外包钢管混凝土对受损柱进行修复加固时，关键是要保证新旧两种材料的共同工作问题，因此在修复加固前，应先清除受损柱子表面的氧化层，当原试件尺寸较大时，需在钢管混凝土柱的外壁焊栓钉或竖板，以加强新灌混凝土和原钢管混凝土柱的整体性。而采用 FRP 加固时，不仅应该对试件表面进行严格的处理和清洗，还应该采用合适的粘结剂和固化剂，保证碳纤维布的粘结质量，使内部钢管混凝土和 FRP 能共同工作。

　　在实际情况下，建筑结构遭受的是图 1.14 中 A→A′→B′→C′→D′→E′ 这样一种时间（t）-温度（T）-荷载（N）路径，对火灾后的建筑结构进行修复加固时应考虑受火过程中荷载和火灾的耦合作用，即用全过程的思想来进行评估。本章重点论述了"增大截面法"和"FRP 包裹法"两种火灾后钢管混凝土柱加固方法的有效性。在工程实际中采用上述两种方法对受火后的钢管混凝土柱进行修复加固时，可参考 4.5 节对火灾后型钢混凝土构件的有关方法进行。

6.5　本 章 结 论

　　本章论述了钢管混凝土柱火灾后加固试件的静力性能和滞回性能试验和理论研究。研究结果表明，对受火后的钢管混凝土试件可分别采用"增大截面法"或"FRP 包裹法"进行修复加固。"增大截面法"的优点是可有效地提高构件的强度和刚度，缺点是增大了构件截面和自重；"FRP 包裹法"可适当提高钢管混凝土构件的抗弯能力和承载能力，且不改变构件的截面尺寸。对于火灾下承载力和刚度损失程度较大的构件，可采用"增大截面法"；对受火不明显的构件则可采用"FRP 包裹法"。

参 考 文 献

福建省工程建设地方标准，2003. 钢管混凝土结构技术规程（DBJ13-51-2003），[S]. 福州.

韩林海，2007. 钢管混凝土结构——理论与实践 [M]. 2 版. 北京：科学出版社.

韩林海，2016. 钢管混凝土结构——理论与实践 [M]. 3 版. 北京：科学出版社.

韩林海，杨有福，2007. 现代钢管混凝土结构技术 [M]. 2 版. 北京：中国建筑工业出版社.

陶忠，于清，2006. 新型组合结构柱 - 试验、理论与方法 [M]. 北京：科学出版社.

王广军，1994. 震损建筑修复加固的设计与施工 [M]. 北京：地震出版社.

吴波，2003. 火灾后钢筋混凝土结构的力学性能 [M]. 北京：科学出版社.

中国工程建设标准化协会标准，2003. 碳纤维片材加固修复混凝土结构技术规程：CECS146：2003 [S]. 北京：中国计划出版社.

ISO-834，1975. Fire resistance tests-elements of building construction [S]. International Standard ISO 834，Geneva.

TAO Z，HAN L H，2007. Behaviour of fire-exposed concrete-filled steel tubular beam columns repaired with CFRP wraps [J]. Thin-Walled Structures，45（1）：63-76.

TAO Z，HAN L H，Wang L L，2007. Compressive and flexural behaviour of CFRP-repaired concrete-filled steel tubes after exposure to fire [J]. Journal of Constructional Steel Research，63（8）：1116-1126.

TAO Z，HAN L H，Zhuang J P，2008. Cyclic performance of fire-damaged concrete-filled steel tubular beam–columns repaired with CFRP wraps [J]. Journal of Constructional Steel Research，64（1）：37-50.

第 7 章 钢管混凝土格构式柱的耐火性能

7.1 引　　言

钢管混凝土格构式柱在保证柱肢主要承受压力的情况下，能以较小的柱肢截面尺寸获得较大的构件抗弯刚度，因而被应用于单层和多层工业厂房等建筑结构中。本章以图 1.7（d，2）所示的三肢钢管混凝土格构式柱为研究对象（其中柱肢为圆截面钢管混凝土，缀管为圆截面空钢管，缀管采用 M 形布置形式），对该类钢管混凝土格构式柱在图 1.13 所示的 ABB′ 升温曲线作用下的耐火性能进行研究。

7.2 有限元模型

基于 ABAQUS（2010）软件平台中的热力顺序耦合模块，建立了三肢钢管混凝土格构式柱和单肢钢管混凝土柱的温度场计算模型和力学性能分析模型。

本书第 5 章给出了碳素钢、不锈钢和混凝土的热工性能、高温下的材料力学性能、钢管和混凝土接触界面的处理方法、热对流和热辐射温度边界条件模拟方法和单元选取等建模方法，在建立三肢钢管混凝土格构式柱的有限元模型时采用了同样的建模方法（崔志强，2014）。碳素钢管常温和升温阶段的应力 - 应变关系模型如式（3.2）所示，不锈钢管常温和升温阶段的应力 - 应变关系模型根据 Eurocode 3（2005）确定，核心混凝土常温和升温阶段的应力 - 应变关系模型如式（5.2）所示。由于本章 7.3 节的试验结果表明缀管和柱肢钢管的连接在试验过程中没有断裂，有限元模型中缀管和柱肢钢管采用了"Tie"约束。

图 7.1 给出了三肢钢管混凝土格构式柱的网格划分情况和边界条件，其中边界条件与本章 7.3 节开展的三肢钢管混凝土格构式柱耐火性能试验时所采用的边界条件相同，即柱下端固接，上端约束 X 和 Y 方向的位移和所有方向的转动。轴向荷载（N_F）施加在柱上端板，为考虑柱初始缺陷的影响，模型中考虑了 $H/1000$ 的初始偏心，初始偏心方向如图 7.1 所示。

上述有限元模型的有效性已在前述章节中通过单肢碳素钢管混凝土柱和不锈钢管混凝土柱耐火极限性能的试验数据进行了验证。采用本章 7.3 节进行的三肢钢管混凝土格构式柱和单肢钢管混凝土柱的耐火极限试验数据对该模型进行了进一步的验证。

图 7.1　三肢钢管混凝土叠合柱模型边界条件和网格划分

7.3　三肢钢管混凝土格构式柱耐火性能试验研究

本节通过三肢钢管混凝土格构式柱和单肢钢管混凝土柱在 ISO-834（1975）标准火灾作用下的耐火性能试验（崔志强，2014），研究三肢钢管混凝土格构式柱和单肢钢管混凝土柱的破坏形态、温度 - 受火时间关系、轴向变形 - 受火时间关系及耐火极限等。

7.3.1　试验概况

（1）试件设计与制作

参考某工业厂房中的三肢钢管混凝土格构式柱尺寸，并结合试验设备尺寸、最大加载能力等试验条件确定试件设计方案。共进行 6 个三肢钢管混凝土格构式柱的耐火极限试验，包括 5 个碳素钢三肢钢管混凝土格构式柱和 1 个不锈钢三肢钢管混凝土格构式柱（崔志强，2014）。格构式柱的三个柱肢采用圆形钢管混凝土柱，缀管采用空钢管。缀管包括斜缀管和水平缀管，水平缀管垂直于柱肢，斜缀管与柱肢之间的角度为

45°。缀管与柱肢的连接节点按照欧洲规范 Eurocode 3（2005）进行设计。为了比较，也进行了 4 个单肢碳素钢管混凝土的耐火极限试验。表 7.1 给出了所有试件的具体信息，其中 H 为柱高；D_c 和 t_{sc} 为柱肢钢管外径和壁厚；D_l 和 t_{sl} 为缀管钢管的外径和壁厚；N_F 为火灾试验时作用在柱端的柱轴向荷载；n 为柱荷载比，按照式（3.17）计算，其中的常温下柱极限承载力 N_u 可通过有限元模型计算得到；C0 系列为三肢钢管混凝土格构式柱，C1 系列为单肢钢管混凝土柱。试件 C0-2 和 C0-3、C0-4 和 C0-5、C1-1 和 C1-2、C1-3 和 C1-4 的试验参数分别相同，每组两个试件均为相互参照的试件。

表 7.1　耐火试验试件信息

编号	钢管类型	H/mm	$D_c \times t_{sc}$/ （mm×mm）	$D_l \times t_{sl}$/ （mm×mm）	N_F/ kN	n	$t_{R, test}$/ min	$t_{R, FEA}$/ min	$t_{R, Eq}$/ min	$t_{R, FEA}/t_{R, test}$
C0-1	碳素钢	3820	203×6	76×5	1654	0.15	40	81	78	2.025
C0-2	碳素钢	3820	203×6	76×5	2025	0.2	37	63	60	1.703
C0-3	碳素钢	3820	203×6	76×5	2025	0.2	84	61	60	0.763
C0-4	碳素钢	3820	203×6	76×5	3325	0.3	39	37	30	0.949
C0-5	碳素钢	3820	203×6	76×5	3325	0.3	42	40	30	0.952
C0-6	不锈钢	3820	203×5	76×5	2870	0.3	68	67	—	0.985
C1-1	碳素钢	3820	203×6	—	526	0.2	115	67	—	0.583
C1-2	碳素钢	3820	203×6	—	526	0.2	99	82	—	0.828
C1-3	碳素钢	3820	203×6	—	789	0.3	48	46	—	0.958
C1-4	碳素钢	3820	203×6	—	789	0.3	60	49	—	0.767

试验中研究的主要参数包括：柱荷载比和钢管类型。

1）柱荷载比 n：0.15～0.3，n 按照式（3.17）计算。

2）钢管类型：Q345B 碳素钢钢管和 1.4301 奥氏体不锈钢无缝钢管。其中 C0-6 试件的柱肢和缀管所用钢管为不锈钢，其他试件均采用了碳素钢。

试件的详细尺寸如图 7.2 所示。为使受火过程中核心混凝土的水分可以排出，防止钢管因压力过大而撕裂，在每个柱肢端部钢管上预留 20mm 直径的排气孔。

试验结果表明，C0-1 和 C0-2 试件在试验过程中由于水蒸气作用，外钢管发生了管壁撕裂。这说明每个柱肢设置 2 个排气孔无法满足要求，因此为了避免其他试件发生同样的问题，后续试验之前，在每个柱肢中部再增设 4 个排气孔，4 个排气孔分别位于 5 层水平缀管所在平面的中间高度处。后续试验表明，增设了排气孔后，再没有出现钢管壁撕裂的现象。

试验中，采用 4 或 5 个预埋在试件的中截面的热电偶测量受火过程中试件的温度，具体位置如图 7.2 所示，其中热电偶 1 和 2 分别位于柱肢钢管和核心混凝土的外表面，热电偶 4 位于核心混凝土中心，热电偶 5 位于缀管外表面。

（2）材料性能

采用了普通商品混凝土，28 天时混凝土立方体抗压强度为 43.3MPa，进行耐火极限试验时的平均立方体抗压强度为 48.5MPa。采用了四类不同直径的钢管，包括 $D203$ 碳素钢管、$D76$ 碳素钢管、$D203$ 不锈钢管和 $D76$ 不锈钢管。钢管材性通过标准拉伸试验确定，

图 7.2　试件尺寸图（尺寸单位：mm）

实测的弹性模量（E_s）、屈服强度（f_y）、极限强度（f_u）和泊松比（v_s）如表 7.2 所示。

表 7.2　钢材力学性能指标

钢材类型	$E_s/$（$\times 10^5 \text{N/mm}^2$）	f_y/MPa	f_u/MPa	v_s
$D203$ 碳素钢管	2.22	398	555	0.312
$D76$ 碳素钢管	1.90	425	565	0.274
$D203$ 不锈钢管	2.21	323	784	0.290
$D76$ 不锈钢管	2.01	269	706	0.269

（3）试验方法

试验在亚热带建筑科学国家重点实验室进行，采用立式炉膛，炉膛尺寸为 2.5m×2.5m×3m。边界条件为柱下端固接，柱上端可以沿柱轴向自由移动。千斤顶位于柱上端，最大加载能力 5000kN。

试验过程为：常温下首先在柱端施加表 7.1 所示的轴向荷载 N_F，然后保持荷载不变，按照 ISO-834（1975）标准升温曲线对试件进行升温，获得其耐火极限，试件的耐火极限判定标准参照 3.3 节所述。受火过程中，柱上下两端 390mm 范围内用防火棉进行保护，以保证柱端边界条件不受高温影响，因此试件实际受火范围为柱中段 3m。图 7.3（a）所示为试验炉东南侧全貌，其中西半部的炉壁、顶部炉盖均为可拆卸，便于试件吊装，图 7.3（b）所示为试件在炉膛中的情况。

(a) 试验炉

(b) 试件和炉膛

图 7.3　试件布置图

试验过程中的测量内容包括：炉膛的温度-受火时间关系、图 7.2 所示试件测温点温度-受火时间关系、柱耐火极限和柱轴向变形-受火时间关系。

7.3.2　试验结果及分析

（1）破坏形态

三肢钢管混凝土格构式柱试验后呈现出相似的破坏形态。以试件 C0-3 为例，图 7.4（a）所示为其火灾后的破坏形态。火灾下，随着试件温度升高，缀管产生热膨胀，但其轴向变形受到柱肢约束，从而对柱肢产生了侧向推力，在外部轴向荷载和热膨胀产生的侧向推力的共同作用下，三个柱肢以柱轴线为中心发生了扭转变形，最终表现为整体扭转破坏。需要指出的是，随着参数的变化，三肢钢管混凝土格构式柱会表现出其他破坏形态，将在本章 7.4 节进行分析。

试验后移除钢管混凝土柱肢的钢管，以观察核心混凝土的破坏情况，如图 7.4（a）所示。核心混凝土表面形成较多裂缝，但没有在钢管内壁或混凝土表面上观察到明显的滑移痕迹。

图 7.4（a）给出了三肢柱试件火灾下的破坏形态和计算结果的比较，可见有限元模型可以较好地计算三肢柱试件的破坏形态。

对于没有在柱肢中部设置排气孔的 C0-1 和 C0-2 试件，受火过程中一柱肢的钢管壁发生了撕裂现象，图 7.4（b）所示为试件 C0-1 的柱肢钢管壁撕裂情况，观察到核心混凝土发生爆裂。三肢钢管混凝土格构式柱的三个柱肢可以协同工作，即便是某一柱肢发生明显的局部破坏，其他两个柱肢仍然能够承受外荷载，从而使最终的破坏表现出较好延性。

（a）整体扭转破坏（C0-3）　　　　　　　　（b）钢管撕裂（C0-1）

图 7.4　三肢钢管混凝土格构式柱的破坏形态

对于单肢钢管混凝土柱，如图 7.5 所示，观察到整体屈曲破坏（C1-1）和局部屈曲破坏（C1-3）两类破坏形态。比较柱荷载比相同（$n=0.2$）的三肢钢管混凝土格构式柱（C0-3）和单肢钢管混凝土柱（C1-1），可见采用钢缀管后，单肢钢管混凝土柱火灾下的整体屈曲破坏情况会得到改善。试验后剖开钢管壁，可在试件 C1-1 的受拉区混凝土观察到较多的裂缝，而对于发生了局部屈曲破坏的试件 C1-3，局部屈曲区域可观察到明显的混凝土压溃和断裂面。

图 7.5 给出了单肢柱试件火灾下的破坏形态和计算结果的比较，可见有限元模型可以较好地计算单肢柱试件的破坏形态。

(a) 整体屈曲破坏（C1-1）　　　　　　　(b) 局部屈曲破坏（C1-3）

图 7.5　单肢钢管混凝土柱的破坏形态

（2）温度（T）- 受火时间（t）关系

图 7.6 所示为实测的三肢钢管混凝土格构式柱温度（T）- 受火时间（t）关系曲线，以及对应每个试件的炉膛温度。

所有试件的 T-t 关系曲线发展趋势相似。位于钢管外壁的测温点 1 和 5 的温度较其他测温点温度最高，以试件 C0-1 为例，受火 10min 前，点 1 和 5 的 T-t 关系曲线的升温速率差异较小，但 10min 后，测温点 5 的温度超过了 1 点，这主要是由于柱肢内的核心混凝土吸收的钢管壁传递来的热量，从而降低了位于柱肢钢管表面的 1 点的升温速率。另外，试件 C0-3 和 C0-4 的测温点 5 的温度在受火初始阶段超过了炉膛温度，这主要是由于炉膛温度分布不均匀所致。

试验结果表明柱肢钢管外表面的测温点 1 的温度和核心混凝土表面的测温点 2 的温度差别较大。以图 7.6（a）中的试件 C0-1 为例，受火 30min 时测温点 1 的温度比

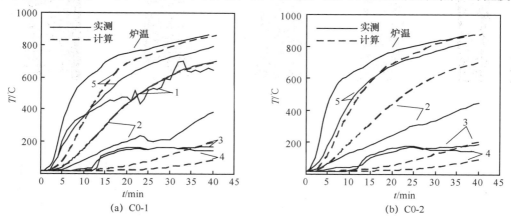

(a) C0-1　　　　　　　　　　　　　　(b) C0-2

图 7.6　三肢钢管混凝土格构式柱温度（T）- 受火时间（t）关系曲线

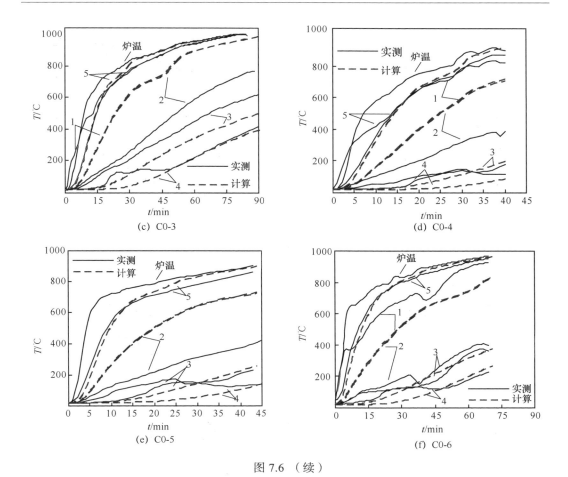

图 7.6　（续）

测温点 2 的温度高 369℃。这主要是核心混凝土的吸热作用以及钢管和混凝土间的接触热阻的共同作用造成的。另外，热电偶位置钢管和混凝土之间可能形成的间隙也是 1 点和 2 点产生温度差的一个原因。

图 7.6 给出了有限元模型计算得到的 T-t 关系曲线与试验结果的比较。计算的 T-t 关系曲线与试验结果较为吻合，例如计算获得的缀管上 5 点的 T-t 关系曲线与试验实测曲线基本重合，然而对于位于核心混凝土上的 3 点和 4 点的 T-t 关系曲线计算结果和实测结果差别较大，这主要是因为有限元模型无法考虑混凝土中水分的影响。

图 7.7 所示为实测的单肢钢管混凝土柱温度（T）-受火时间（t）关系曲线，其温度发展趋势同三肢钢管混凝土格构式柱的类似，这里不再详述。

为了深入分析采用缀管后格构式柱的柱肢和单肢钢管混凝土柱之间温度的差异，图 7.8 给出了采用碳素钢管的两类试件的测温点 2（核心混凝土表面）和 4（核心混凝土中心）在受火 30min 时的温度比较。由于试验误差的影响，从图 7.8 中无法直接获得缀管的影响规律，图中还给出了受火 30min 时三肢钢管混凝土格构式柱的单肢钢管混凝土柱在 2 点和 4 点的平均温度（T_{ave}）。

图 7.7　单肢钢管混凝土柱温度（T）- 受火时间（t）关系曲线

（a）受火 30min 时 2 点温度

图 7.8　缀管对钢管混凝土柱内核心混凝土温度影响

（b）受火 30min 时 4 点温度

图 7.8　（续）

格构式柱在 2 点的平均温度为 288℃，比单肢柱低 7℃，这可能是由于缀管的吸热作用所造成的温度降低。而三肢柱和单肢柱在 4 点的平均温度接近，这主要是由于 4 点位于混凝土中心，远离缀管，缀管对 4 点影响不明显。

另外，当采用不锈钢管时，三肢钢管混凝土格构式柱试件 C0-6 的 2 点和 4 点在受火 30min 时的温度分别为 192℃ 和 130℃，这明显低于采用碳素钢管的三肢柱试件在 2 点和 4 点的平均值（平均温度分别为 288℃ 和 148℃），这主要是因为不锈钢与碳素钢相比热传导能力较低（Eurocode 3，2005）。

（3）柱轴向变形（Δ_c）- 受火时间（t）关系

图 7.9 给出了三肢钢管混凝土格构式柱受火过程中的柱轴向变形（Δ_c）- 受火时间（t）关系曲线，其中轴向变形的正值和负值分别表示轴向膨胀和压缩。

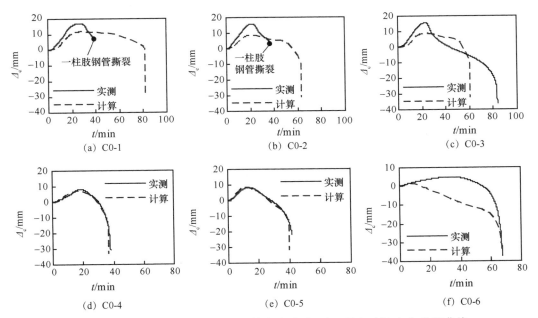

图 7.9　三肢钢管混凝土格构式柱轴向变形（Δ_c）- 受火时间（t）关系曲线

　　三肢钢管混凝土格构式柱的 Δ_c-t 关系曲线可被分为两类。对于柱荷载比较低的试件 C0-1、C0-2 和 C0-3（n=0.15 或 0.2），受火前 30min 内，由于钢材热膨胀的影响，表现为明显的轴向膨胀变形，三个试件的峰值轴向膨胀分别为 17.1mm、15.7mm 和 15.4mm。在峰值点后阶段，钢管和混凝土材性进一步劣化，柱轴向变形主要受外荷载支配，轴向压缩荷载开始增加直到柱达到耐火极限。对于试件 C0-1 和 C0-2，一柱肢钢管撕裂发生时，即停止加载，因此其 Δ_c-t 关系曲线没有出现竖直下降段。对于柱荷载比较高的试件 C0-4、C0-5 和 C0-6（n=0.3），柱的轴向膨胀节点与其他三个试件相比较低，其峰值轴向膨胀值小于 10mm。单肢钢管混凝土柱的峰值轴向膨胀值通常会超过 10mm。

　　图 7.10 给出了单肢钢管混凝土柱受火过程中的柱轴向变形（Δ_c）-受火时间（t）关系曲线，其中轴向变形的正值和负值分别表示轴向膨胀和压缩。

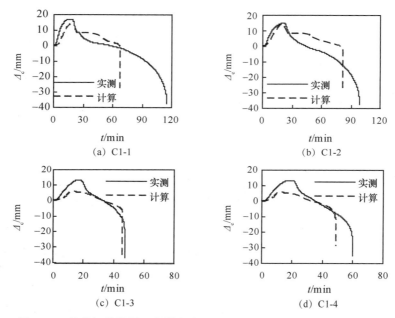

图 7.10　单肢钢管混凝土柱轴向变形（Δ_c）-受火时间（t）关系曲线

　　图 7.9 和图 7.10 给出了实测和计算得到的柱轴向变形（Δ_c）-受火时间（t）关系曲线比较，计算得到的耐火极限（$t_{R, FEA}$）值在表 7.1 中给出。试件 C0-1 和 C0-2 的耐火极限计算值是实测值的 2 倍，这是由于有限元模型无法考虑钢管撕裂的影响。除试件 C0-1 和 C0-2 外，计算得到的三肢钢管混凝土格构式柱的耐火极限（$t_{R, FEA}$）与实测耐火极限（$t_{R, test}$）比值的平均值为 0.912，对应的标准偏差为 0.101。

　　（4）耐火极限

　　表 7.1 给出了试验测得的三肢钢管混凝土格构式柱和单肢钢管混凝土柱耐火极限值（$t_{R, test}$），为便于比较，图 7.11 也给出了实测耐火极限。试件 C0-2 和 C0-3 的试验参数完全相同，但由于钢管壁撕裂的影响，试件 C0-2 的受火时间只是试件 C0-3 的 50%。

图 7.11　实测耐火极限（$t_{R,\,test}$）比较

无钢管撕裂发生时，具有相同试验参数的试件的耐火极限较为接近。比较采用不锈钢管的试件 C0-6 和采用碳素钢管的试件 C0-4 可以发现，试件 C0-6 的耐火极限是试件 C0-4 的 1.74 倍，说明采用不锈钢的试件具有更好的耐火能力。

比较三肢钢管混凝土格构式柱和单肢钢管混凝土柱的耐火极限可见，三肢钢管混凝土格构式柱的耐火极限会低于对应的单肢钢管混凝土柱的耐火极限，前者的耐火极限大约是后者的 75%。原因可归结为两点：①缀管的热膨胀会造成钢管混凝土柱肢的侧向变形，侧向变形所带来的二阶效应加快了三肢钢管混凝土格构式柱的火灾下破坏；②当柱荷载比相同时，施加在格构式柱每一个柱肢的荷载会高于施加在单肢柱的荷载。例如柱荷载比为 0.2 时，施加在试件 C0-3 每个柱肢上的轴向荷载为 675kN（$N_F/3$），该值比单肢柱 C1-1 上施加的轴向荷载高 28%。

7.4　火灾下三肢钢管混凝土格构式柱工作机理分析

基于本章 7.2 节所建立的有限元模型，本节对典型的三肢钢管混凝土格构式柱在 ISO-834（1975）标准火灾作用下的工作机理进行分析。

三肢钢管混凝土格构式柱的基本参数为：钢管混凝土柱肢的钢管直径（D_c）和厚度（t_c）分别为 400mm 和 12mm；缀管直径（D_l）和厚度（t_l）分别为 160mm 和 5mm；钢管混凝土柱肢轴心的间距为 1600mm；柱高度（H）为 9600mm；钢管采用碳素钢，钢管屈服强度（f_y）为 345MPa；混凝土立方体强度（f_{cu}）为 30MPa；柱两端铰接，上端受轴向荷载，柱荷载比（n）为 0.3，荷载偏心率为 $H/1000$。

7.4.1　典型破坏形态

计算分析结果表明，火灾初始升温阶段，空钢管缀管的温度迅速升高，并产生热膨胀变形，该膨胀变形受到柱肢的约束，因此在节点区缀管会对柱肢产生较大的推力作用，导致混凝土表面会产生较大的压应力，同时节点区位置处的柱肢会沿着斜缀管交汇的方向产生微小的侧向变形。由于斜缀管长度大于平缀管，产生的热膨胀变形更大，由缀管推力

引起的柱肢侧向变形使柱肢间距增大，该增量与平缀管产生的热膨胀变形增量相差不大，因而该阶段中斜缀管以受压为主，平缀管受力则较小，部分平缀管甚至出现拉应力。

随着温度的持续升高，外荷载由于初始偏心产生的附加弯矩作用会导致柱产生整体弯曲变形，柱中部会产生均匀的侧向变形 δ，进而柱顶外荷载相对柱整体产生二阶（$P\text{-}\delta$）效应；同时，缀管热膨胀产生的推力作用使每个柱肢在节点区产生不同方向的侧向变形 δ_i，使分担在每个柱肢上的荷载产生的二阶（$P\text{-}\delta_i$）效应，并导致单个柱肢的侧向变形持续增大。由于三肢钢管混凝土格构式柱的长细比、截面尺寸、缀管柱肢管径比等几何尺寸不同，二阶效应的影响不同，格构式柱总体上呈现以下三种破坏形态。

（1）整体弯曲破坏

当柱长细比较大（≥15）或缀管柱肢管径比较小（≤0.2）时，缀管的推力作用引起的柱肢的侧向变形较小，因而分担在柱肢上的荷载产生的二阶（$P\text{-}\delta_i$）效应影响不明显，每个柱肢的侧向变形增大缓慢。长细比较大会使外荷载相对柱整体产生的二阶（$P\text{-}\delta$）效应的影响增大，导致柱的整体弯曲变形逐渐增大，最终柱会发生图 7.12（a）所示的整体弯曲破坏。

(a) 整体弯曲破坏　　　(b) 整体扭转破坏　　　(c) 弯曲－扭转破坏

图 7.12　三肢钢管混凝土叠合柱火灾下的典型破坏形态

（2）整体扭转破坏

当柱长细比较小（≤10）且缀管柱肢管径比较大（≥0.3）时，升温初期外荷载产生的附加弯矩作用的影响不明显，因而柱的整体弯曲变形较小；而缀管的推力作用引起的每个柱肢的侧向变形较大，分担在每个柱肢上的荷载产生的二阶（$P\text{-}\delta$）效应使柱肢的侧向变形会呈现持续增大的趋势，最终三个柱肢在缀管平面内产生了不同方向的侧向变形，同时由于缀管对柱肢的约束作用将相邻柱肢拉向该柱肢的变形方向，使三肢柱表现出图 7.12（b）所示的整体扭转破坏形态。

（3）弯曲－扭转破坏

当柱长细比介于 10～15 时，升温初期，柱顶外荷载弯矩作用产生的整体弯曲变形和缀管推力导致柱肢产生的侧向变形都较大，因而柱在整体弯曲过程中伴随着局部扭转，变形介于整体弯曲变形和整体扭转变形之间，为图 7.12（c）所示的弯曲 - 扭转破坏。

虽然三肢钢管混凝土格构式柱发生的三种破坏形态有所不同，但整个受火过程中，柱的受力过程存在以下共同点：整个受火过程中，每个柱肢的变形都是由柱顶外荷载的弯矩作用引起的整体弯曲变形和缀管推力引起的在节点区的侧向变形叠加组成的；虽然随着温度的升高缀管强度迅速降低，部分缀管受压发生屈曲，但大部分缀管仍能对柱肢产生有效的约束作用，三个柱肢共同工作，协调互补。

火灾作用下，部分缀管由于受压会先发生屈曲，但由于柱肢仍能继续承担荷载，部分缀管发生屈曲不能代表三肢钢管混凝土格构式柱达到极限状态，只有柱在火灾下无法继续承担外荷载时，柱才达到了极限状态而发生破坏。

7.4.2 典型柱轴向变形 - 受火时间关系

图 7.13 为典型的柱轴向变形（Δ_{c}）- 受火时间（t）关系曲线，Δ_{c}-t 关系曲线可分为以下三个阶段：

1）膨胀阶段（AB）：开始升温时，由于柱受热发生膨胀，且热膨胀变形大于由于材料劣化引起的压缩变形，因而柱的轴向变形整体表现为膨胀变形。

2）压缩阶段（BC）：随着柱肢钢管温度的升高，并在 13min 左右超过 250℃后，钢材强度逐渐降低，材料劣化引起的压缩变形开始超过热膨胀变形，柱在火灾下的承载力逐渐降低，柱开始出现压缩变形。

3）破坏阶段（CD）：当升温至 31min 左右时，柱肢钢管温度超过 600℃，钢材强度降低程度大，且外围混凝土强度随着温度的升高也逐渐降低，柱承载力降低明显，导致轴向压缩变形迅速增大，当柱在火灾下的承载力小于外荷载时，柱达到耐火极限。

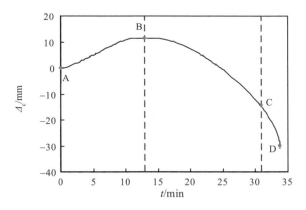

图 7.13 典型轴向变形（Δ_{c}）- 受火时间（t）关系曲线

7.4.3 各柱肢轴力 - 受火时间关系

常温加载后，外荷载由柱肢和缀管共同承担。模型中由于 H/1000 的初始偏心的影响，各柱肢的轴力会有所不同，图 7.14 给出了对应三种破坏形态的柱肢轴力（N）- 受

图 7.14　各柱肢轴力（N）- 受火时间（t）关系曲线

火时间（t）关系曲线。

（1）整体弯曲破坏

对于发生整体弯曲破坏的三肢钢管混凝土格构式柱，其弯曲变形主要由外荷载产生的二阶效应引起，而缀管热膨胀产生的推力作用引起的柱肢侧向变形较小，三个柱肢的变形方向基本一致，因而各柱肢的受力情况随时间的变化趋势也较为类似。

图 7.14（a）以长细比为 21.8 的三肢钢管混凝土格构式柱为例，给出了火灾下各柱肢轴力 - 受火时间曲线。可知，升温初期，由于缀管受热膨胀，分担的荷载有所增加，各柱肢分担的外荷载有减小的趋势。随着温度的进一步升高，缀管强度降低，柱肢分担的荷载开始增大。由于外荷载产生的二阶效应越来越大，柱的弯曲变形逐渐增大，处于受拉一侧的柱肢 C1 承担的荷载开始减小，而受压侧的柱肢 C2 和 C3 承担的荷载逐渐增大。当柱进入破坏阶段时，弯曲变形急剧增大，各柱肢的受力情况也迅速变化，最终柱达到耐火极限。整个受火过程中，柱肢 C2 和 C3 的轴力随时间的变化规律一致，三个柱肢承担的荷载值占外荷载总量的 92% 以上。

（2）整体扭转破坏

对于发生整体扭转破坏的三肢钢管混凝土格构式柱，由于三个柱肢的变形各不相同，各柱肢的受力随时间的变化趋势也会有所不同。

图 7.14（b）以长细比为 9.7 的三肢钢管混凝土格构式柱为例，给出了各柱肢轴力 - 受火时间曲线。由图可知，初始升温阶段，各柱肢轴力的变化趋势与整体弯曲变形基本类似。在升温至 15～26min，由于受到各柱肢分担的荷载产生的二阶效应和缀管约束的共同作用，各柱肢的侧向变形方向和大小开始发生变化，其中柱肢 C2 和 C3 侧向变形的方向发生了较明显的变化，柱肢 C2 承担的荷载先减小后增大，与之对应的 C3 分担的荷载则先增大后减小，而柱肢 C1 由于侧向变形的方向变化相对较小，其承担的荷载值变化也较小。升温至 26min 后，各柱肢在缀管的约束作用下绕 Z 轴顺时针方向发生整体扭转变形，由于柱肢 C3 受到 C2 的牵引，沿 X 轴的侧向变形由正方向变为负方向，C3 的总侧移量有所减小，其分担的荷载逐渐增大，而柱肢 C1 和 C2 的总侧移量不断增大，其承担的荷载不断减小，最终柱在火灾下的承载力小于外荷载，柱达到耐火极限。

受火全过程中，每个柱肢分担的荷载的变化规律各不相同，三个柱肢承担的荷载值占外荷载总量的 96% 以上。

（3）弯曲 - 扭转破坏

对于发生弯扭破坏的三肢钢管混凝土格构式柱，由于三个柱肢的变形介于整体弯曲破坏和整体扭转破坏之间，各柱肢的受力情况也兼有以上两种破坏情况的特点。

图 7.14（c）以长细比为 14.5 的三肢钢管混凝土格构式柱为例，给出了各柱肢轴力 - 受火时间曲线。可知，初始升温阶段，各柱肢轴力变化与上述两种破坏形态相同。当升温至 15～25min 时，由于各柱肢变形受到缀管的约束作用，开始出现扭转的趋势，柱肢 C2 和 C3 承担的荷载开始出现微小的差别，与柱发生整体扭转破坏时柱肢的受力情况类似，但并不明显。25min 后，由于外荷载产生的二阶效应的影响逐渐增大，柱开始产生明显的弯曲变形，处于受拉一侧的柱肢 C1 承担的荷载迅速减小，而受压一侧的柱肢 C2 和 C3 承担的荷载逐渐增大，各柱肢轴力的变化趋势与整体弯曲变形类似，最终柱达到耐火极限。由于柱肢 C3 在弯曲向变形过程中的侧变形方向发生了变化，侧向变形总量小于 C2，C3 承担的荷载比 C2 更大。整个受火过程中，柱肢 C2 与 C3 的轴力变化规律并不完全相同，三个柱肢承担的荷载值占外荷载总量的 96% 以上。

虽然不同破坏形态下各柱肢的受力随时间的变化规律有所不同，但在整个火灾过程中，三个柱肢始终承担主要荷载，承担的荷载值占外荷载总量的 92% 以上，且达到耐火极限前，各柱肢承担的荷载值总体变化不大。

7.5　三肢钢管混凝土格构式柱耐火极限实用计算方法

在深入研究了三肢钢管混凝土格构式柱在火灾下达到极限状态时的破坏机理的基础上，本节基于有限元模型对影响柱耐火极限的因素进行了参数分析，并提出了三肢钢管混凝土格构式柱耐火极限的实用计算方法。

7.5.1　参数分析

影响三肢柱耐火极限的可能参数包括：①柱肢截面直径（D_c=200～500mm）；②长细比（λ=7～29）；③柱荷载比（n=0.15～0.9）；④缀管柱肢管径比（β=0.2～0.5）；⑤柱肢截面含钢率（α_s=8.5%～16.9%）；⑥钢管屈服强度（f_y=235～420MPa）；⑦混凝土强度（f_{cu}=30～60MPa）；⑧荷载偏心率（e/r=0～0.3）。图 7.15 所示为各参数对耐火极限（t_R）的影响规律。

图 7.15　不同参数对耐火极限（t_R）的影响规律

（g）混凝土立方体强度（f_{cu}）　　　　　　（h）荷载偏心率（e/r）

图 7.15 （续）

（1）柱肢截面直径（D_c）

图 7.15（a）所示为柱肢截面尺寸对三肢钢管混凝土格构式柱耐火极限的影响。可见，柱肢截面尺寸对柱的耐火极限影响明显，柱肢直径从 200mm 增大到 500mm 时，耐火极限增大 84%。这是由于随着柱肢截面尺寸的增大，柱肢混凝土可吸收的热量增多，而混凝土导热系数较小，热量从混凝土表面传递到截面中心的速度较慢，导致混凝土的温度升高变慢，柱在火灾下的承载力的降低速度就变慢，耐火极限也逐渐增大。

（2）长细比（λ）

图 7.15（b）所示为长细比对三肢钢管混凝土格构式柱耐火极限的影响。由于此处保持柱肢间距不变而通过改变柱高来改变柱的长细比，长细比越大，柱高越高，火灾下柱的热膨胀变形就越大，从图中可以看出，长细比对柱的耐火极限影响明显，长细比从 7 增大到 29 时，耐火极限减小了 39%。这是由于长细比越大，外荷载产生的二阶效应的影响就越大，柱越容易发生整体弯曲破坏，柱的耐火极限就越低。

（3）柱荷载比（n）

图 7.15（c）所示为荷载比对三肢钢管混凝土格构式柱耐火极限的影响。随着荷载比的增大，柱在火灾下的膨胀变形逐渐减小，当荷载比超过 0.5 时，柱在火灾过程中不再产生膨胀变形，而直接出现压缩变形，直至柱达到耐火极限。这是由于随着荷载比的增大，荷载产生的轴向压缩变形逐渐增大，并最终大于热膨胀变形，柱在火灾初始阶段的轴向膨胀变形越来越小。

荷载比对柱的耐火极限影响明显，荷载比从 0.15 提高到 0.9 时，柱耐火极限降低 88%。这是由于荷载比越大，对柱在火灾下的承载力要求越高，而 ISO-834 标准火灾下，三肢钢管混凝土格构式柱的承载力随着受火时间的增长而减小的变化规律不变，对柱在火灾下的承载力要求越高，柱耐火极限越小。

（4）缀管柱肢管径比（β）

图 7.15（d）所示为缀管柱肢管径比对三肢钢管混凝土格构式柱耐火极限的影响。随着缀管柱肢管径比的增大，火灾后期缀管对柱肢的约束作用更强，三个柱肢能更好

地共同工作，每个柱肢的侧向变形速率减小，因而柱的耐火极限有所提高。但在整个受火灾过程中，柱肢承受主要荷载，缀管柱肢管径比对柱耐火极限的影响不明显。缀管柱肢管径比从 0.2 增大到 0.5 时，柱耐火极限提高 21%，可见缀管柱肢管径比对三肢钢管混凝土格构式柱的耐火极限影响不明显。

（5）柱肢截面含钢率（α_s）

图 7.15（e）所示为柱肢截面含钢率对三肢钢管混凝土格构式柱耐火极限的影响。其中，截面含钢率从 8.5% 增大到 16.9%，耐火极限降低 14%。

总体而言，柱肢截面含钢率对柱耐火极限的影响不明显。这是由于随着截面含钢率的增大，钢管承担的外荷载增大，但在升温过程中，柱在火灾下的承载力会随着钢管温度的升高而迅速降低，柱的耐火极限降低。

（6）钢管屈服强度（f_y）

图 7.15（f）所示为混凝土强度为 C30 时钢材强度对柱耐火极限的影响。可以看出，钢材屈服强度从 235MPa 提高到 420MPa 时，耐火极限降低 16%，钢材强度对柱耐火极限的影响总体较小。这是由于钢材强度增大，柱在常温下的极限承载力增大，相同荷载比时柱承担的荷载值增大，但在火灾过程中，钢管强度随温度升高而迅速降低，导致柱在火灾下的承载力明显降低，柱的耐火极限降低。

（7）混凝土强度（f_{cu}）

图 7.15（g）所示为钢管屈服强度为 345MPa 时，混凝土强度对三肢钢管混凝土格构式柱耐火极限的影响。可见，混凝土强度从 30MPa 增大到 60MPa 时，柱耐火极限仅提高 11%。混凝土强度对柱耐火极限的影响总体上较小。这是由于混凝土升温速度较慢，混凝土强度提高后，柱在火灾中承载力有所提高，柱的耐火极限增大。

（8）荷载偏心率（e/r）

图 7.15（h）所示为荷载偏心率对三肢钢管混凝土格构式柱耐火极限的影响。可见，柱耐火极限受荷载偏心率的影响不明显，荷载偏心率从 0 增大到 0.3 时，柱耐火极限仅改变 12%。这是由于虽然荷载偏心率增大，但柱常温下的极限承载力降低，相同荷载比下作用在柱上的荷载值减小，偏心荷载引起的二阶效应没有明显改变，柱的耐火极限变化较小。

7.5.2 耐火极限实用计算方法

参数分析结果表明，长细比、柱肢直径、柱荷载比对三肢柱的耐火极限影响明显，其他参数对柱的耐火极限影响相对不明显。因此，选取了长细比、柱肢直径和柱荷载比三个主要参数，同时考虑了混凝土强度对柱耐火极限的影响，通过数值回归分析，得到了适用于轴心受压碳素钢三肢钢管混凝土格构式柱耐火极限的实用计算公式，如式（7.1）所示。

$$t_R = （0.7 \cdot f_c'/24 + 6.3）\cdot（1.7D_c + 0.35）\cdot n_F^{(-1.577+0.021\lambda)} \qquad （7.1）$$

式中：t_R 为三肢钢管混凝土格构式柱的耐火极限，单位 min；f_c' 为混凝土圆柱体抗压强度，单位：MPa，变化范围 24～51MPa；
柱荷载比 n 为 0.15～0.5；柱长细比 λ 为
5～30；柱肢直径 D_c 为 0.2～0.5m，单位 m；
缀管柱肢管径比为 0.2～0.5，钢材屈服强
度为 235～420MPa，截面含钢率为 5%～
20%。

图 7.16 给出了公式（7.1）计算值（$t_{R,Eq}$）
与有限元计算值（$t_{R,FEA}$）的对比，误差基本
在 ±10% 以内，$t_{R,Eq}/t_{R,FEA}$ 的平均值为 0.912，
对应的标准偏差为 0.101。

图 7.17 给出了对应不同柱荷载比的耐火
极限确定方法。

图 7.16　公式（7.1）计算耐火极限（$t_{R,Eq}$）
和有限元模拟耐火极限（$t_{R,FEA}$）比较

(a) $n = 0.15$

(b) $n = 0.30$

图 7.17　不同荷载比下三肢钢管混凝土格构式柱耐火极限（t_R）

(c) $n = 0.50$

图 7.17 （续）

7.6 本 章 结 论

本章建立了三肢钢管混凝土格构式柱耐火性能分析的有限元模型。开展了三肢钢管混凝土格构式柱耐火性能的试验研究，结果表明火灾下三肢钢管混凝土格构式柱的三个柱肢可有效地共同工作，火灾中钢管内的水分顺畅排出对钢管混凝土构件的耐火性能有重要影响。

基于该有限元模型，对三肢钢管混凝土格构式柱在 ISO‑834 标准升温火灾下的力学性能进行了深入的机理分析和参数分析。结果表明，长细比、柱肢直径和荷载比是三肢钢管混凝土格构式柱耐火极限的主要影响因素。基于参数分析的结果，提出了三肢钢管混凝土格构式柱耐火极限的实用计算方法，可为实际工程设计提供参考。

参 考 文 献

崔志强，2014. 三肢钢管混凝土格构式轴心受压柱耐火性能研究 ［D］. 北京：清华大学.

韩林海，2016. 钢管混凝土结构——理论与实践 ［M］. 3 版. 北京：科学出版社.

ABAQUS，2010. ABAQUS analysis user's manual ［CP］. SIMULIA，Providence，RI.

EUROCODE 3. EN 1993‑1‑8：2005，2005. Design of steel structures‑Part 1‑8：Design of joints ［S］. Brussels：European Committee for Standardization.

HAN L H，CHEN F，LIAO F Y，et al.，2013. Fire performance of concrete filled stainless steel tubular columns ［J］. Engineering Structure，56：165‑181.

HAN L H，XU L，ZHAO X L，2003. Tests and analysis on the temperature field within concrete Filled steel tubes with or without protection subjected to a standard fire ［J］. Advances in Structural Engineering，6（2）：121‑133.

ISO‑834，1975. Fire resistance tests‑elements of building construction ［S］. International Standard ISO 834，Geneva.

SONG T Y，HAN L H，YU H X，2010. Concrete filled steel tube stub columns under combined temperature and loading ［J］. Journal of Constructional Steel Research，66（3）：369‑384.

第8章 全过程火灾作用下钢管混凝土
叠合柱的力学性能

8.1 引　言

图 1.7（c）所示的钢管混凝土叠合柱在高层建筑和工业厂房中应用逐渐增多，对钢管混凝土叠合柱的耐火性能的研究亟待开展。深入研究全过程火灾作用下钢管混凝土叠合柱的力学性能，是科学的抗火设计和火灾后性能评估的基础。

本章对钢管混凝土叠合柱在图 1.14 所示的全过程火灾作用下的力学性能进行了试验研究，研究了钢管混凝土叠合柱的耐火极限、剩余承载力、温度 - 受火时间关系、变形 - 受火时间关系等的变化规律。建立了钢管混凝土叠合柱耐火性能的有限元模型，进而采用该模型对钢管混凝土叠合柱的耐火极限和全过程火灾后剩余承载力进行计算，研究了不同参数对上述两个指标的影响，并给出上述两个指标的实用确定方法。

8.2 有限元模型

本节基于 ABAQUS 软件平台（ABAQUS，2010）建立了钢管混凝土叠合柱耐火性能分析的有限元模型，包括温度场分析模型和力学性能分析模型。

8.2.1 温度场计算模型

图 8.1 所示为建立的钢管混凝土叠合柱温度场有限元模型截面网格划分图，模拟对象为本章 8.3 节开展的钢管混凝土叠合柱火灾试验中的 S0 组和 S1 组试件。模型中包括核心混凝土、钢管、外部混凝土和纵筋，未考虑箍筋的影响。单元为 4 节点线性四边形传热单元（DC2D4 单元）或 3 节点线性三边形传热单元（DC2D3 单元）。

温度场分析模型的材料热工参数与3.2.1节所述相同，考虑混凝土中水分的影响（Lie，1994）。

8.2.2 力学性能分析模型

图 8.2 所示为钢管混凝土叠合柱的力学性能分析模型网格划分示意图。力学性能分析模型主要包含模型建立及网格划分、材料本构关系模型选取、分析步设定、接触设定、边界条件、初始缺陷、网格划分等。图 8.2 所示的边界条件为模拟本章 8.3 节所开展的试验时采用的实际边界条件。力学性能分析模型所用单元类型为外部混凝土（C3D8R 单元）、钢管（S4R 单元）、内部混凝土（C3D8R 单元）、纵筋（T3D2 单元）、箍筋（T3D2 单元）和端板（C3D8R 单元）。

(a) S0组试件   (b) S1组试件

图 8.1　温度场分析的有限元模型

图 8.2　钢管混凝土叠合柱的有限元模型

　　合理地确定材料在不同阶段的本构关系是采用有限元模型进行全过程火灾作用下结构行为计算的基础。Han 和 An（2014）采用有限元方法对钢管混凝土叠合柱进行研究时，采用了三种混凝土本构关系模型，即钢管内核心混凝、箍筋约束混凝土和非约束混凝土。

由第 8.3 节论述的钢管混凝土叠合柱火灾试验的破坏形态可知,全过程火灾作用下,箍筋对其内部的混凝土存在明显的约束作用。因此,本节在对钢管混凝土叠合柱火灾作用下性能进行计算时,考虑箍筋对内部混凝土的约束作用。在图 1.14 所示的 A → A′ → B′ → C′ → D′ → E′ 的时间 - 温度 - 荷载路径下,材料会经历常温、升温、降温和高温后四个阶段,每个阶段的材料本构关系模型须合理地确定。在 4.2 节的基础上,本章参照 Dwaikat 和 Kodur(2010)对降温阶段混凝土本构关系模型的确定方法和 4.2 节对降温阶段钢材本构关系模型的处理方法,对三种混凝土降温阶段的本构关系模型采用插值方法确定。表 8.1 汇总了所采用的材料的本构关系模型信息。

表 8.1　材料本构关系模型信息汇总

材料类型	常温阶段	升温阶段	降温阶段	火灾后阶段
钢材	Lie(1994)	Lie(1994)	Yang 等(2008)	Yang 等(2008)
核心混凝土	韩林海(2016)	韩林海(2016)	插值计算	林晓康(2006)
箍筋约束混凝土	Han 和 An(2014)	Han 和 An(2014) ACI 216.1(2007)	插值计算	本章假设
非约束混凝土	Lie(1994)	Lie(1994)	插值计算	Lin 等(1995)

(1)钢管内核心混凝土(降温阶段)

本节采用 5.2.3 节给出的高温下核心混凝土受压应力 - 应变关系表达式的形式,对其参数进行调整,作为降温阶段核心混凝土的本构关系模型。对于内部采用了圆形钢管混凝土部件的钢管混凝土叠合柱,其核心混凝土的受压应力 - 应变关系模型为

$$y=\begin{cases} 2x-x^2 & x\leqslant 1 \\ \dfrac{x}{\beta_o(x-1)^2+x} & x>1 \end{cases} \tag{8.1}$$

其中

$$x=\frac{\varepsilon_c}{\varepsilon_{oc}},\ y=\frac{\sigma_c}{\sigma_{oc}}$$

$$\varepsilon_{oc}=\varepsilon_{oc}(T,T_{max}),\varepsilon_{oc}(T,T_{max})=\varepsilon_{oh}(T_{max})-\frac{T_{max}-T}{T_{max}-T_o}[\varepsilon_{oh}(T_{max})-\varepsilon_{op}(T_{max})]$$

$$\sigma_{oc}=f'_{cc}(T,T_{max}),f'_{cc}(T,T_{max})=f'_{ch}(T_{max})-\frac{T_{max}-T}{T_{max}-T_o}[f'_{ch}(T_{max})-f'_{cp}(T_{max})]$$

$$\beta_0=(2.36\times 10^{-5})^{[0.25+(\xi_f-0.5)^7]}(f'_c)^{0.5}\times 0.5\geqslant 0.12$$

上述式中:σ_c 和 ε_c 分别为混凝土的应力和应变;σ_{oc} 和 ε_{oc} 分别为降温阶段混凝土的峰值应力和峰值应变,均通过插值计算求得,须通过升温阶段的参数(下标为"h")和火灾后阶段的参数(下标为"p")计算确定,下标"c"表示"降温阶段";T_{max} 为升降温过程中的历史最高温度;T 为降温阶段中的当前温度;T_o 表示常温。式(8.1)中升温阶段的相关参数的计算方法为

$$\varepsilon_{oh} = (\varepsilon_{cc} + 800\xi_h^{0.2} \times 10^{-6})(1.03 + 3.6 \times 10^{-4}T_{max} + 4.22 \times 10^{-6}T_{max}^2)$$

$$\varepsilon_{cc} = (1300 + 12.5f'_c) \times 10^{-6}$$

$$f'_{ch}(T_{max}) = \frac{f'_c}{[1 + 1.986 \cdot (T_{max} - 20)^{3.21} \times 10^{-9}]}$$

上述式中：ε_{oh} 为升温阶段的混凝土的峰值应变；f'_c 为常温下圆柱体抗压强度；$f'_{ch}(T_{max})$ 为最高温度 T_{max} 时的圆柱体抗压强度；ξ_h 为升降温两个阶段的约束效应系数，升温阶段约束效应随温度升高而降低，降温阶段钢管材性恢复使得约束效应恢复，ξ_h 按式（5.3）计算。

式（8.1）中火灾后的相关参数的计算方法为

$$\varepsilon_{op} = \varepsilon_{cc} + 800\xi^{0.2} \times 10^{-6}$$

$$f'_{ch}(T_{max}) = \frac{f'_c}{1 + 2.4(T_{max} - 20)^6 \times 10^{-17}}$$

$$\varepsilon_{cc} = (1300 + 12.5f'_c) \times 10^{-6} \times [1 + (1500T_{max} + 5T_{max}^2) \times 10^{-6}]$$

式中：σ_{op} 为火灾后阶段混凝土的峰值应力；ξ 为常温阶段约束效应系数，可按式（5.3）计算；$f'_{cp}(T_{max})$ 为最高温度 T_{max} 时的火灾后圆柱体抗压强度。

（2）非约束混凝土（降温阶段）

对降温段的非约束混凝土的受压应力‐应变关系采用插值方法进行计算，其形式与 Lin 等（1995）相同，表达式为

$$\sigma_{cc} = \begin{cases} f'_{cc}(T,T_{max})\left[1 - \left(\dfrac{\varepsilon_{oc} - \varepsilon_c}{\varepsilon_{oc}}\right)^2\right] & \varepsilon_c \leqslant \varepsilon_{oc} \\[3mm] f'_{cc}(T,T_{max})\left[1 - \left(\dfrac{\varepsilon_c - \varepsilon_{oc}}{3\varepsilon_{oc}}\right)^2\right] & \varepsilon_c > \varepsilon_{oc} \end{cases} \tag{8.2}$$

式中

$$\varepsilon_{oc} = 0.0025 + (6T_{max} + 0.04T_{max}^2) \times 10^{-6}$$

$$f'_{cc}(T,T_{max}) = f'_{ch}(T_{max}) - \frac{T_{max} - T}{T_{max} - T_o}[f'_{ch}(T_{max}) - f'_{cp}(T_{max})]$$

其中

$$f'_{ch}(T_{max}) = \begin{cases} f'_c & 0℃ < T_{max} < 450℃ \\[2mm] f'_c\left[2.011 - 2.353\left(\dfrac{T_{max} - 20}{1000}\right)\right] & 450℃ \leqslant T_{max} \leqslant 874℃ \\[2mm] 0 & T_{max} > 874℃ \end{cases};$$

$$\frac{f'_{cp}(T_{max})}{f'_c} = \begin{cases} 1 - 0.001T_{max} & 0℃ < T_{max} \leqslant 500℃ \\[1mm] 1.375 - 0.00175T_{max} & 500℃ < T_{max} \leqslant 700℃ \\[1mm] 0 & T_{max} > 700℃ \end{cases}。$$

式中符号的意义与前同。

（3）箍筋约束混凝土

Han 和 An（2014）对钢管混凝土叠合柱轴压、压弯及受弯下的性能进行分析时，提出了箍筋约束混凝土的本构关系模型，计算结果得到试验结果的验证，但上述本构关系模型中仅适用于常温情况，本章基于该本构关系模型的形式，合理地选取相关参数，将该模型拓展到升温阶段、降温阶段和火灾后阶段。

1）升温阶段。

基于 Popovics（1973）提出的应力 - 应变关系模型，本章提出升温阶段的箍筋约束混凝土的受压应力 - 应变关系，表达式如下所示为

$$\sigma_c = \begin{cases} \sigma_{oh} \dfrac{k(T) \cdot (\varepsilon_c / \varepsilon_{oh})}{k(T) - 1 + (\varepsilon_c / \varepsilon_{oh})^{k(T)}} & \varepsilon_c \leqslant \varepsilon_{oh} \\ \sigma_{oh} - E_{des} \cdot (\varepsilon_c - \varepsilon_{oh}) & \varepsilon_c > \varepsilon_{oh} \end{cases} \tag{8.3}$$

其中 $\sigma_{oh} = f'_{ch}(T)$，按照式（8.2）中的方法计算为

$$k(T) = \frac{E_c(T)}{E_c(T) - (\sigma_{oh} / \varepsilon_{oh})}$$

$$\varepsilon_{oh}(T) = 0.002\,45 + 0.0122 \frac{A_h \cdot l_h \cdot f_{yh}(T)}{A_{cc} \cdot s \cdot f'_c(T)} + (6T + 0.04T^2) \times 10^{-6}$$

$$E_{des}(T) = \frac{0.15\sigma_{oh}}{\varepsilon_{c,0.85} - \varepsilon_{oh}}$$

$$\varepsilon_{c,0.85} = 0.225 \frac{A_h \cdot l_h}{A_{cc} \cdot s} \sqrt{\frac{B_c}{s}} + \varepsilon_{oh} + (6T + 0.04T^2) \times 10^{-6}$$

上述式中：σ_{oh} 为升温阶段混凝土的峰值应力；A_{cc} 为箍筋内部包围的混凝土的截面面积；A_h 为箍筋横截面面积总和；B_c 为箍筋约束的混凝土的截面高度；$f_{yh}(T)$ 为温度为 T 时的箍筋屈服强度，根据 Lie（1994）给出的高温下钢材应力 - 应变关系计算；l_h 为箍筋总长度；s 为箍筋间距，即扣除外围保护层之后的截面宽度；$k(T)$ 为与温度相关的幂指数，其决定了应力 - 应变关系曲线上升段的弯曲形状，该值越大，则曲线上升段形状越向上凸出。Popovics（1973）给出了常温下 k 的计算的近似方法，如式（8.4）所示为

$$k = 0.4 \times 10^{-3} f'_c + 1.0 \tag{8.4}$$

常温下混凝土的弹性模量按照 ACI318—11（2011）给出的方法计算，取为 $4730\sqrt{f'_c}$（N/mm²）。升温阶段混凝土的弹性模量按照 ACI216.1（2007）计算。

2）火灾高温后阶段。

由于降温阶段箍筋约束混凝土的本构关系模型的确定需要以升温阶段和火灾后阶段的关系为基础，先给出火灾后阶段的箍筋约束混凝土的本构关系模型。在火灾后阶段，箍筋约束混凝土的受压应力 - 应变关系见式（8.5）所示为

$$\sigma_c = \begin{cases} \sigma_{oc} \dfrac{k(T_{max}) \cdot (\varepsilon_c / \varepsilon_{oc})}{k(T_{max}) - 1 + (\varepsilon_c / \varepsilon_{oc})^{k(T_{max})}} & \varepsilon_c \leqslant \varepsilon_{oc} \\ \sigma_{oc} - E_{des} \cdot (\varepsilon_c - \varepsilon_{oc}) & \varepsilon_c > \varepsilon_{oc} \end{cases} \tag{8.5}$$

式中：$\sigma_{oh} = f'_{cp}(T_{max})$，按式（8.2）计算，即

$$k(T_{\max}) = \frac{E_{\mathrm{c}}(T_{\max})}{E_{\mathrm{c}}(T_{\max}) - (\sigma_{\mathrm{op}} / \varepsilon_{\mathrm{op}})}$$

$$\varepsilon_{\mathrm{op}} = 0.00245 + 0.0122 \frac{A_{\mathrm{h}} \cdot l_{\mathrm{h}} \cdot f_{\mathrm{yh}}(T_{\max})}{A_{\mathrm{cc}} \cdot s \cdot f_{\mathrm{cp}}'(T_{\max})} + (6T_{\max} + 0.04T_{\max}^2) \times 10^{-6}$$

上式中，$f_{\mathrm{cp}}'(T_{\max})$ 按照式（8.2）取值，$f_{\mathrm{yh}}(T_{\max})$ 按 4.2 节的方法计算，即

$$E_{\mathrm{des}}(T_{\max}) = \frac{0.15\sigma_{\mathrm{op}}}{\varepsilon_{\mathrm{c},0.85} - \varepsilon_{\mathrm{op}}}$$

$$\varepsilon_{\mathrm{c},0.85} = 0.225 \frac{A_{\mathrm{h}} \cdot l_{\mathrm{h}}}{A_{\mathrm{cc}} \cdot s} \sqrt{\frac{B_{\mathrm{c}}}{s}} + \varepsilon_{\mathrm{op}} + (6T_{\max} + 0.04T_{\max}^2) \times 10^{-6}$$

对于火灾后阶段混凝土的弹性模量，按照吴波等（1999）的方法计算。

3）降温阶段。

在确定降温阶段箍筋约束混凝土的应力 - 应变关系时，降温阶段的峰值应力、弹性模量以当前温度 T 为自变量，通过在历史最高温度（$T_{\max}$）和火灾后温度（室温，T_{o}）之间进行插值计算，其受压应力 - 应变关系如下所示为

$$\sigma_{\mathrm{c}} = \begin{cases} \sigma_{\mathrm{oc}} \dfrac{k(T_{\max}) \cdot (\varepsilon_{\mathrm{c}} / \varepsilon_{\mathrm{oc}})}{k(T_{\max}) - 1 + (\varepsilon_{\mathrm{c}} / \varepsilon_{\mathrm{oc}})^{k(T_{\max})}} & \varepsilon_{\mathrm{c}} \leqslant \varepsilon_{\mathrm{oc}} \\[3mm] \sigma_{\mathrm{oc}} - E_{\mathrm{des}} \cdot (\varepsilon_{\mathrm{c}} - \varepsilon_{\mathrm{oc}}) & \varepsilon_{\mathrm{c}} > \varepsilon_{\mathrm{oc}} \end{cases} \tag{8.6}$$

式中

$$\sigma_{\mathrm{oc}} = f_{\mathrm{cc}}'(T, T_{\max})$$

$$f_{\mathrm{cc}}'(T, T_{\max}) = f_{\mathrm{ch}}'(T_{\max}) - \frac{T_{\max} - T}{T_{\max} - T_{\mathrm{o}}} \left[f_{\mathrm{ch}}'(T_{\max}) - f_{\mathrm{cp}}'(T_{\max}) \right]$$

计算 k 值时，有

$$E_{\mathrm{cc}}(T, T_{\max}) = E_{\mathrm{ch}}(T_{\max}) - \frac{T_{\max} - T}{T_{\max} - T_{\mathrm{o}}} \left[E_{\mathrm{ch}}(T_{\max}) - E_{\mathrm{cp}}(T_{\max}) \right]$$

其余参数取值参如式（8.5）所示。

图 8.3 所示为混凝土应力 - 应变关系。图 8.3（a）～（c）所示为上述三种混凝土在火灾全过程不同阶段的应力 - 应变关系，所给出的混凝土的常温下的圆柱体抗压强度

(a) 钢管内核心混凝土

(b) 箍筋约束混凝土

图 8.3 混凝土应力（σ）- 应变（ε）关系曲线

图 8.3 （续）

f_c' 均为 50MPa，常温阶段的温度均为 20℃，升温过程中温度为 500℃，降温过程中当前温度为 300℃，历史最高温度为 500℃，火灾后阶段最高温度为 500℃。图 8.3（d）所示为三种混凝土在常温下的应力-应变关系对比，所给出的三种混凝土的常温下的圆柱体抗压强度 f_c' 均为 50MPa。

本节建立的钢管混凝土叠合柱耐火性能分析的有限元模型得到了本章 8.3 节进行的试验结果的验证。

8.3　全过程火灾作用下钢管混凝土叠合柱的试验研究

本节对了钢管混凝土叠合柱在图 1.14 所示的 A → A′ → B′ → C′ → D′ → E′ 的时间-温度-荷载路径下力学性能进行了试验研究，进行了十个钢管混凝土叠合柱试件的试验，其中六个试件进行的是耐火极限试验，四个试件进行全过程火灾后试验（周侃，2017），研究了柱荷载比、截面含钢率和升温时间比等参数对耐火极限和火灾后剩余承载力的影响，同时为本章 8.2 节有限元模型提供验证数据。

8.3.1　试验概况

根据实际工程中使用的钢管混凝土叠合结构的信息，参考《钢管混凝土叠合柱结构技术规程》（CECS 188—2005）（2005）和《建筑抗震设计规范》（GB50011—2010）（2010）等规范，考虑试验设备的加载能力，设计了十根方套圆钢管混凝土叠合柱试件。方形试件的横截面边长（B）为 300mm，柱高度（H）为 3800mm，叠合柱内圆钢管外直径（D_i）为 159mm 或 203mm，钢管壁厚（t_s）为 6mm。纵向钢筋为 12 ф 16，采用 HRB335 级钢筋，对于 S0 组和 S1 组试件，根据 CECS 188-2005（2005）计算，纵向钢筋配筋率分别为 3.56% 和 4.37%。箍筋为 ф8@100，采用 HRB235 级钢筋。钢管、端板和加劲肋均采用 Q345 级钢材。试验设备上下边界均为固结，试件的长细比（λ）均为 22，$\lambda = 2\sqrt{3}H/B$。

试件信息如表 8.2 所示。表 8.2 中各试件的耐火极限 t_R 所表示的数值并不相同，其表示该试件在对应的荷载比下的耐火极限。

表 8.2　钢管混凝土叠合柱试件信息表

试件编号	外截面尺寸 B/mm	内钢管尺寸 $D_i \times t_s$ /（mm×mm）	柱荷载比 n	轴向荷载 N_F/kN	升温时间 t_h/min	试验类型
S0-1			0.42	2036	t_R	耐火极限
S0-2			0.42	2036	t_R	耐火极限
S0-3	300	159×6	0.42	2036	$0.33t_R$	全过程火灾后
S0-4			0.42	2036	$0.67t_R$	全过程火灾后
S0-5			0.30	1555	t_R	耐火极限
S0-6			0.30	1555	$0.67t_R$	全过程火灾后
S1-1			0.50	2894	t_R	耐火极限
S1-2	300	203×6	0.35	2026	t_R	耐火极限
S1-3			0.35	2026	t_R	耐火极限
S1-4			0.35	2026	$0.67t_R$	全过程火灾后

试验参数包括柱荷载比（n）、截面含管率（α_c）和升温时间比（t_o）。

1）柱荷载比 n：0.30～0.50。n 按照式（3.17）计算，其中 N_u 为钢管混凝土叠合柱柱常温下极限承载力，根据 CECS 188－2005（2005），S0 组和 S1 组试件的 N_u 分别为 4606kN 和 5348kN，计算时采用材料强度实测值；采用本章 8.2 节的有限元模型计算时，S0 组和 S1 组试件的 N_u 分别为 4876kN 和 5831kN，本章采用后者计算 n。

2）截面含管率 α_c：3.20%～4.13%。α_c 的表达式为

$$\alpha_c = \frac{A_s}{A_s + A_c} \tag{8.7}$$

式中：A_s 为钢管横截面面积；A_c 为混凝土横截面面积。

3）全过程火灾后试验的升温时间比 t_o：0.33～0.67。t_o 的表达式为

$$t_o = \frac{t_h}{t_R} \tag{8.8}$$

式中：t_R 为耐火极限，t_h 为升温时间。对于耐火极限试验，设计其在升温阶段发生破坏；对于全过程火灾后试验，设计其在升降温阶段未发生破坏，恢复至常温后，逐渐提高柱端荷载并使其破坏。

钢管混凝土叠合柱的设计详图和温度、位移的测点布置如图 8.4 所示。在加工钢管时，预留热电偶引出孔和上下端两个半圆排气孔，热电偶引出孔直径为 10mm 和 20mm 两种。柱中部的一侧排气孔的直径为 10mm，另一侧为 20mm。贴近上下端板的半圆排气孔的直径为 20mm。待试件制作完成后，进行试验前，在柱东侧上再钻两个排气孔，直径为 20mm。为保证排气效果，先用混凝土钻头钻至钢管表面，再更换钢材钻头，将钢管钻通，确保露出钢管内部混凝土。

为便于定位及保证焊接质量，上端板与钢管的焊接在钢结构加工厂完成。焊接前

图 8.4　钢管混凝土叠合柱试件尺寸和测点布置详图（尺寸单位：mm）

在上端板预留浇筑孔，便于钢管内部混凝土的浇筑。钢管的下料长度为 3760mm，上端板与钢管顶面通过一个环形角焊缝拼接。钢管直径为 159mm 时，上端板中心开孔 120mm；钢管直径为 203mm 时，上端板中心开孔为 160mm。钢筋捆绑过程中，纵向钢筋两端均与上、下端板相焊接。

浇筑钢管内部混凝土时，试件保持直立状态。待混凝土硬化后，将试件水平放置，再浇筑钢管外部的混凝土。之后试件保持水平状态放置，室外自然条件养护至试验日期。按照《金属材料拉伸试验第 1 部分：室温试验方法》（GB/T288.1—2010）（2011）对钢材取样并进行拉伸测试，结果如表 8.3 所示。

表 8.3　钢材力学性能指标

材料类别	钢管或钢筋直径 /mm	屈服强度 f_y/MPa	极限强度 f_u/MPa	弹性模量 E_s/（×10⁵N/mm²）	泊松比 ν_s
钢管 Φ159	159	416	642	2.45	0.279
钢管 Φ203	203	398	555	2.22	0.312
纵筋	16	363	558	1.90	0.296
箍筋	8	284	471	2.17	—

试件设计时考虑了钢管内外混凝土的差异。参照实际工程中使用的钢管混凝土叠合柱中的混凝土等级，并综合考虑试验设备的加载能力，钢管外、内混凝土设计强度等级分别为 C30 和 C50。为便于浇筑，外部混凝土采用了细石混凝土，骨料粒径 5～16mm。C30 自密实混凝土的水胶比为 0.53，砂率为 42%，配合比为：水泥：水：混合材：砂：石＝1：0.73：0.37：2.93：4.04。采用的原料为：42.5R 普通硅酸盐水泥、普通河沙、花岗岩碎石、Ⅱ级粉煤灰、自来水。按照《普通混凝土力学性能试验方法标准》（GB/T50081-2002）（2003），对两批混凝土进行材性试验。混凝土立方体抗压强度和质量含水率测试结果如表 8.4 所示。由于试块为室外环境自然养护，与钢管混凝土叠合柱内部混凝土所处的封闭环境差异较大，故 C50 普通混凝土的实际含水率可能高于 5.05%。

表 8.4　混凝土力学性能指标

材料类型	28 天抗压强度 /MPa	试验时抗压强度 /MPa	试验时质量含水率
C30 细石混凝土	24.9	31.2	4.64%
C50 普通混凝土	56.4	60.1	5.05%

试验在亚热带建筑科学国家重点实验室进行。实验设备由燃烧系统、加载系统、控制系统、测量采集系统等组成。燃烧系统主要组成为燃烧炉、喷火枪、排烟风机、助燃风机、燃气管道等，试验中的燃料为液化天然气。炉膛内部尺寸为 2.5m×2.5m×3m。

使用的试验炉见图 7.3（a）所示。试件采用柱顶部的量程为 5000kN 的油压千斤顶加载，通过油泵进行加载。为保证加载的顺利进行，试件上部通过 12 个直径为 40mm 的螺栓与可上下滑动的加载板相连接，该加载板四个角部分别套在四个套筒相连，可约束柱顶的转动，如图 8.5（a）所示。试件下端板通过 12 个 40mm 螺栓与下部基础相连，如图 8.5（b）所示。为使得柱上下端附近的试验装置不受高温直接接触，及保证边界条件的稳定，试验过程中，上下端部 400mm 高度范围均用石棉毯包裹起来，仅柱中部 3000mm 高度范围受火。图 8.5（c）所示试件在炉膛中的情况。

实际试验装置上部加载板可以发生较小转动。当转动角度超过一定量，套筒与内部钢管柱紧密接触，转动被约束。为了测量柱上端板在试验过程中的转动量，上加载板上部架设 4 个位移计，其位置如图 8.6 所示。

炉膛外千斤顶下方放置量程为 500t 的应变式传感器，实时显示所施加的荷载值。炉膛内共 10 个热电偶（东墙 4 个，其余面各 2 个）测量得到的温度平均值作为实测炉膛温度。升温过程的炉膛温度可由控制系统自动控制，按照 ISO-834（1975）标准升

(a) 上部边界条件

(b) 下部边界条件

(c) 试件和炉膛

图 8.5　钢管混凝土叠合柱试验装置

温曲线升温。试件的温度通过预埋的热电偶测量，热电偶的布置如图 8.4（b）、（c）所示。

　　试验前通过预加载固定试件，施加的荷载为试验荷载值的 70%～80%，稳定一段时间后缓慢卸载。耐火极限试验的步骤如下：①常温加载阶段。分级加载至试验荷载，每一级加载后稳定 2min，并采集位移数据。②升温阶段。保持荷载稳定，点火升温，同时自动连续采集温度、位移数据。柱发生破坏时，停止升温，对试件缓慢卸载。试验结束。

　　对于耐火极限试验，采用 ISO-834（1999）中对耐火极限试验的判定标准，以下两个条件都满足时，即认为试件破坏：柱轴向压缩量达到 $0.01H$（mm）（此试验中为 38mm）和轴向

图 8.6　加载板上部位移计位置示意图（尺寸单位：mm）

压缩速率超过 $0.003H$（mm/min）（此试验中为 11.4mm/min），其中，H 为柱的高度，单位为 mm（此试验中为 3800mm）。

　　对于全过程火灾后试验，试验步骤：①与耐火极限试验相同；②升、降温阶段。当升温结束后，炉膛熄火，保持助燃风机和排烟风机运转，对试件进行自然降温。当试件温度降至 100℃以下时，打开炉门自然降温；③火灾后阶段。试件降至常温后，分级提高柱上荷载，直至柱破坏后停止加载，试验结束。

8.3.2　试验结果及分析

　　（1）耐火极限和火灾后剩余承载力

　　表 8.5 所示为钢管混凝土叠合柱火灾试验的试验结果和有限元模型的计算结果，其

中 n 为柱荷载比，t_R 为耐火极限试验值，t_{RP} 为耐火极限计算值，t 为升温时间，t_o 为升温时间比，N_{ur} 为火灾后柱剩余极限承载力的试验值，N_{urP} 为火灾后柱剩余极限承载力的计算值。试验类型中"R"代表耐火极限试验，"P"代表全过程火灾后试验。

表 8.5　钢管混凝土叠合柱火灾试验结果汇总表

试件编号	B/mm $D_i×t_s$/（mm×mm）	n	t_R/min	t_{RP}/min	t/min	t_o	N_{ur}/kN	N_{urP}/kN	R	试验类型
S0-1		0.42	163	155	163	1	—	—	—	R
S0-2		0.42	160	155	160	1	—	—	—	R
S0-3	□−300×300	0.42	—	—	55	0.34	4230	4244	0.87	P
S0-4	○−159×6	0.42	—	—	108	0.67	3566	3726	0.73	P
S0-5		0.30	201	200	201	1	—	—	—	R
S0-6		0.30	—	—	137	0.68	3500	3351	0.72	P
S1-1		0.50	149	109	149	1	—	—	—	R
S1-2	□−300×300	0.35	212	179	212	1	—	—	—	R
S1-3	○−203×6	0.35	205	180	205	1	—	—	—	R
S1-4		0.35	—	—	139	0.67	4471	3960	0.77	P

表 8.5 中，R 为剩余承载力系数，R 的定义如式（4.4）所示，其中 N_u 和 N_{ur}（t_h）分别为钢管混凝土叠合柱常温下的极限承载力和升温时间为 t_h 的火灾后剩余承载力，N_u 可采用有限元模型的计算值。由表 8.5 可知如下几点。

1）两组相互对照的试验得到的结果相近。试件 S0-2 的耐火极限比试件 S0-1 短 5min（短 3.07%）；试件 S1-3 的耐火极限比试件 S1-2 短 7min（短 3.30%）。上述两组试件得到的破坏形态相似。试件 S0-1 和 S0-2 虽然破坏形态相同，但弯曲方向不同，这主要是设备初始缺陷所致。可见在相同试验参数下，不同试件得到的耐火极限试验及破坏形态结果相近。

2）钢管混凝土叠合柱的耐火极限可超过 3h。柱荷载比（n）为 0.35 的试件的耐火极限（t_R）均超过 200min。试验中的钢管混凝土叠合柱外表没有防火保护措施，这说明在 n 为 0.35 时，钢管混凝土叠合柱不需要任何防火保护措施，耐火极限可超过 3h，满足《建筑设计防火规范》（GB50016—2014）（2014）对柱耐火极限的要求。

3）t_R 随 n 的升高而降低。S0 组试件和 S1 组试件的试验结果均表明 t_R 随 n 增大而降低。

4）火灾后剩余承载力系数（R）随升温时间比（t_o）增加而降低。对比 S0-3 和 S0-4，可发现该规律。

图 8.7 所示为耐火极限和火灾后剩余承载力的有限元模型计算结果与实测结果对比，其中"计算 1"采用了非约束混凝土、箍筋约束混凝土和钢管内核心混凝土三种混凝土本构关系模型，"计算 2"仅采用了非约束混凝土和钢管内核心混凝土的本构关系模型。可见考虑箍筋对内部混凝土的约束作用时，耐火极限和火灾后剩余承载力具有一定提高。

从表 8.5 和图 8.7 还可见，耐火极限和火灾后剩余承载力的计算结果总体上较吻合。

(a) 耐火极限（t_R）　　　　　　　　　(b) 火灾后剩余承载力（N_{ur}）

图 8.7　耐火极限和火灾后剩余承载力计算值与实测值对比

（2）试验现象及破坏形态

图 8.8 所示为钢管混凝土叠合柱试验和计算的破坏形态。试验中所有试件的破坏形态均为整体屈曲。计算时采用了材料的实测强度，考虑了箍筋约束混凝土影响，可见

(a) S0 组试件试验结果　　　　　　　　（b）S1 组试件试验结果

S0-1　S0-2　S0-3　S0-4　S0-5　S0-6　　　　S1-1　S1-2　S1-3　S1-4

（c）S0 组试件计算结果　　　　　　　　（d）S1 组试件计算结果

图 8.8　钢管混凝土叠合柱破坏形态的试验观测与计算结果对比

　　计算得到的破坏形态与试验观测到的结果相同。由于考虑了初始缺陷的方向，计算结果中试件的弯曲方向与试验观测结果一致。如计算结果中试件 S0-2 发生了东西向的弯曲，而其他试件发生南北向的弯曲，这均与试验观测到的结果吻合。计算结果的云图为混凝土表面的塑性应变分布，可见应变较大处出现在上下弯曲部分，这与试验中观测到的纵向裂缝的分布情况吻合。

　　以试件 S0-1 作为耐火极限试验的代表，以试件 S0-6 作为全过程火灾后试验的代表，对试验现象和破坏形态进行分析。

　　试件 S0-1 进行的是耐火极限试验，荷载比为 0.42，耐火极限为 163min，图 8.9 所示为试件 S0-1 的破坏形态。

图 8.9　试件 S0-1 的破坏形态

　　试验过程中没有在炉膛外部明显观察到水蒸气，主要因为水分随排烟风机排出。试验过程中没有听到明显的混凝土爆裂的声音，打开炉门可发现，试件表面未发生明显的爆裂，混凝土的剥落主要为试验后期变形较大所致导致。受火后，北面变为淡黄（略偏红），东、西、南面变淡黄色，颜色的差异主要是北面为混凝土浇筑的成型面，其表面成分略有差异。东侧排气孔下方出现明显水渍，可推测升降温过程中水分从排气孔排出。

　　试件 S0-6 进行的是全过程火灾后试验，荷载比 $n=0.35$，升温时间为 137min。图 8.10 所示为其破坏形态。升降过程中，没有在炉膛外观察到明显的水蒸气。

　　受火之后，混凝土表面变为淡黄色，北侧偏淡粉色。受火处的混凝土敲击时发出空洞的声响，而位于石棉保护区的混凝土敲击发出浑厚的、沉闷的声响。排气孔下方混凝土表面观察到水渍。升、降温后，试件表面没有出现明显的混凝土爆裂和裂缝，但局部出现微裂缝。多数微裂缝为纵向分布，且集中在角部。纵向微小裂缝的存在导致角部成为相对薄弱的部分。火灾作用后，柱中部略微向南侧弯曲。在火灾后加载的过程中，角

图 8.10　试件 S0-6 的破坏形态

部的微小裂缝逐步发展，形成长裂缝，加速了钢管混凝土叠合柱的破坏过程。

　　试件 S0-6 的破坏形态呈现出整体屈曲的破坏特征。横向挠度最大处出现在中部偏下的位置，该处向西向南弯曲。塑性铰区域的混凝土发生明显的压溃，纵向钢筋发生向外的局部屈曲，箍筋变形较大。塑性铰区域的角部出现纵向裂缝，其为火灾导致的微裂缝发展、联通所形成。西侧塑性铰下部形成一条剪切裂缝。虽然塑性铰区域发生混凝土剥落，但并没有暴露出内部的钢管。

　　基于观察到的试件的破坏形态，进行如下分析。

　　1）试验中观察到的钢管混凝土叠合柱的破坏形态均为整体屈曲。

　　试件均出现整体屈曲的主要原因是其长细比为 22，当边界条件存在初始缺陷（上端板在试验过程中发生较小的转动）且试件存在初弯曲时，在轴压力的作用下就会发生整体屈曲的破坏形态。图 8.11 所示为试验中试件破坏时荷载工况示意图。图中给出了常温下的 N-M 关系、火灾下的 N_f-M_f 关系和全过程火灾作用后的 N_p-M_p 关系。A点所示为常温加载结束时的荷载状态，由于上端可发生有限的转动，转动达到一定量后，上端受到约束，试件中存在一定量的弯矩。

　　对于耐火极限试验，升温过程中柱顶端轴力保持不变，但柱横向挠度不断增大，二阶效应导致的弯矩不断增大（路径 AB），最终荷载状态与 N_f-M_f 关系曲线相交，柱发生破坏。对于全过程

图 8.11　试件荷载工况示意图

火灾后试验，试件经历升、降温后出现残余变形（路径 AC），降温后柱的压弯曲线为 N_p-M_p 关系曲线，相比升温阶段其承载力得到一定恢复。提高荷载的过程，其轴向荷载不断增大，且二阶效应导致的弯矩也增大（路径 CD），最终荷载状态与 N_p-M_p 关系曲线相交，柱发生破坏。两种情况下，柱破坏时均存在弯矩作用，因此试件均出现整体屈曲的破坏形态。

耐火极限试件的破坏形态更接近理想的两端固结的柱的屈曲形态，最大挠度出现在跨中偏上的位置，整个柱变形发展较充分，不存在明显的塑性铰。耐火极限试件中，均出现了不同程度的双向弯曲破坏，试件主要向某一个方向弯曲，向另一个方向的弯曲程度较小。而相比之下，全过程火灾后的柱的破坏形态则与两端固结的柱的破坏形态有一定差异，最大挠度出现在中部附近，塑性铰区域明显，但塑性铰区域以外区域弯曲变形并不明显。出现上述差异主要是因为耐火极限试验中，试件破坏时温度较高，其破坏主要是由高温作用导致的，此时截面外围材料刚度和强度损失较大，加之混凝土保护层处的剥落等，外围混凝土的贡献降低程度较大。图 8.12 所示为火灾下钢管混凝土叠合柱混凝土破坏示意图。对于进行耐火极限试验的试件，受火后期，主要为核心钢管混凝土柱在承受外荷载［图 8.12（c）］。由于外围材料的贡献较低，试件的整体抗弯刚度较低，在两个方向的弯曲变形发展较充分。试件的破坏形态也与钢管混凝土柱的破坏形态更接近。而进行火灾后试验的试件，其破坏时试件已经恢复至常温，截面的刚度和强度均有一定程度的恢复，且在试验中观测到升、降温过程中混凝土爆裂和剥落面积较小，其破坏主要是由荷载的提高导致的。在提高荷载的过程中，试件容易在最脆弱的截面发生破坏。因此，其破坏特征更接近于钢筋混凝土柱的破坏特征。

图 8.12　火灾下钢管混凝土叠合柱混凝土破坏示意图

2）升、降温过程中混凝土没有发生明显的爆裂，但截面角部和表面剪应力较大的区域易发生混凝土剥落。

混凝土的剥落可分为两类，截面角部的混凝土的剥落和塑性铰受压区混凝土的剥落，两类剥落分别集中于耐火极限试验和全过程火灾后试验。图 8.13 所示为所有钢管混凝土叠合柱试件混凝土表面的裂缝和剥落图。

第一类剥落为温度和荷载共同作用导致的。角部混凝土在高温下其温度与截面中部区域混凝土的温度相比偏高。在升温后期，由于试件横向挠度不断增加，角部混凝土与相邻部分之间存在剪应力作用，角部混凝土发生剥落。这与 Hertz（2003）第（12）条给出的混凝土角部剥落的现象一致。由于变形较大，多数试件中部出现纵向剪切裂缝［图 8.13（a）、（b）、（e）、（g）］，裂缝与角部剥落的混凝土相连，则会形成更大范

图 8.13　钢管混凝土叠合柱试件混凝土表面裂缝和剥落图

围的混凝土的剥落［图 8.13（a）、（b）］。

第二类剥落主要为荷载作用导致的，主要是升、降温后加载过程中塑性铰区域发生的混凝土剥落。塑性铰区域的混凝土剥落会发生在该区域的多个表面。两类混凝土剥落主要集中在混凝土保护层中，箍筋约束混凝土剥落程度较小。

3）表面裂缝分为三类，即主纵向裂缝（宽度较大）、纵向裂缝和横向裂缝。

主纵向裂缝伴随着试件的整体弯曲而出现，试件发生侧向变形后，变形协调导致与弯曲方向平行的混凝土表面存在较大的纵向剪应力，导致试件表面纵向出现多条斜向发展的裂缝，部分裂缝相连，形成主纵向裂缝。其余纵向裂缝多为局部应力导致（如横截面角部的两侧存在较多的纵向裂缝）。横向裂缝主要出现在弯曲截面的受拉侧，但横向裂缝数量较少。

4）箍筋和纵筋形成的钢筋笼对内部的混凝土存在明显的约束作用。

这种约束作用体现在三个方面：首先，试验中观察到试件变形较大处箍筋受拉断裂（试件 S0-2），可见在该区域箍筋作用得到发挥。其次，试验中观察到混凝土保护层出现整体剥落的现象，但纵筋和该保护层之间明显分离（试件 S1-2），说明钢筋的存在约束了内部混凝土剥落的趋势。再次，混凝土的剥落集中在保护层中，钢筋内部的混凝土剥落较少。

5）火灾试验过程中，混凝土水分，经排气孔逸散。

虽然十个试件中仅有一个试件（试件 S1-4）在试验炉外部观察到了水蒸气，但可根据排气孔外侧混凝土表面的水渍推测，混凝土中水分以液态水和气态的形式逸散出来，随排烟风机排出。由于钢管混凝土叠合柱的制作过程中在钢管上预留的排气孔被后期外部浇筑的混凝土封堵，钢管内部的混凝土不能直接与外部空气相连。试验过程中大部分水分通过后期补充的两个排气孔排出。在钢管混凝土叠合柱的构造上，建议增设的排气孔须使得钢管内部的混凝土与外部空气相连。可在浇筑外部混凝土前，在钢管上的排气孔上增设塑料管，连通外界空气与混凝土外表面，防止预设排气孔外部被后续浇筑的混凝土封堵。

（3）温度 - 受火时间关系

图 8.14 所示为实测炉膛温度（T）- 受火时间（t）关系。可见，升温过程中的炉膛 T-t 关系与标准升温曲线偏差较小。试件 S0-4 试验过程中，由于升温结束时采集设备发生故障，降温阶段温度无法采集，仅给出升温阶段的温度数据。

(a) 耐火极限试验　　　　　　　　(b) 全过程火灾后试验

图 8.14　实测炉膛温度（T）- 受火时间（t）关系曲线

图 8.15 所示为钢管混凝土叠合柱试件温度（T）- 受火时间（t）关系曲线，对于耐火极限试验，给出升温阶段的温度；对于全过程火灾后试验，给出升、降温过程中前 500min 的温度。由于设备故障，试件 S0-4 降温阶段温度数据无法采集，仅给出升温阶段的温度数据。由图 8.15 可知如下几点结论。

图 8.15　钢管混凝土叠合柱试件温度（T）- 受火时间（t）关系曲线

1）试件的 T-t 关系在 100～110℃附近存在温度平台段。这主要是因为混凝土中水分的影响。升温过程中，混凝土中水分逸散吸收热量，导致温度上升速率减缓。T-t 关系中的温度平台段明显，且持续时间较长。图 8.15（a）中的测点 2 位于钢管内表面，其温度在 33min 时超过 100℃，在 58min 时超过 110℃，其温度平台段持续为 15min。图 8.15（a）的测点 6 位于钢管内表面，其温度在 39min 达到 100℃，在 61min 上升至 110℃，平台段持续时间为 22min。温度测点越靠钢管附近，观测到的 T-t 关系温度平台持续时间越长。这是因为与其内部相比，钢管附近的温度较高，可达到 100℃以上，而与其外部相比，该部分水分无法短时间内逸散出去。

2）截面内部测点的 T-t 关系在高于 110℃的范围存在温度平台段，见图 8.15（a）、（b）、（e）、（f）。图 8.15（a）、（b）的测点 1 在 180～190℃均存在温度平台段，持续时间分别约为 38min 和 40min。图 8.15（e）的测点 1 在 210～220℃存在温度平台段，其在 128min 时温度达到 210℃，在 151min 时，温度达到 220℃，平台持续时间为 23min。图 8.15（f）的测点 1 和 2 均可观察到短暂的温度平台。这种超过 110℃的温度平台段出现是高温下混凝土中水分的状态的变化所致。

3）钢管内外壁的温度有明显差异，外壁温度始终高于内壁温度。试件 S0-1、S0-4、S0-5 和 S0-6 在钢管内外壁均设置了热电偶，可从图 8.15（a）、（d）、（e）、（f）中的测点 2 和测点 3 的比较，测点 6 和测点 7 的比较中看出，其中测点 3 的温度明显高于测点 2，测点 7 的温度明显高于测点 6。但由于热电偶端部本身尺寸因素以及浇筑混凝土过程中热电偶可能发生的小幅度偏移的影响，实际测量得到的钢管内外表面温度的差异可能高估了真实差异。

4）测点温度在平稳上升过程中的出现小幅度的波动现象。如试件 S0-1 的测点 5 [图 8.15（a）] 的温度在 133min 时（756℃附近）出现小幅度波动；试件 S0-3 的测点 5 [图 8.15（c）] 的温度在 11min 时（210℃附近）出现小幅度波动；试件 S0-4 的测点 5 [图 8.15（d）] 的温度在 80～90min 时存在波动；试件 S0-5 的测点 5 [图 8.15（e）] 的温度在 12min 时达到 308℃，在 15min 时候降低至 218℃，之后又继续上升；试件 S0-6 的测点 1 [图 8.15（f）] 的温度在 140min 时达到 214℃，之后出现短暂降低。上述测点的温度波动时，对应外界空气温度仍然继续升高，且由于试件外部与受火面有一段距离，即便外界温度发生波动，其影响也需要经过一段时间后才能对截面内部的温度造成影响。

因此，内部温度的波动是由于试件内部的局部因素所致。由于钢管混凝土叠合柱内部为钢管混凝土柱，其内部水分在高温下不易逸散，上述波动可能是受水分影响所致。另外，试件 S0-4 和试件 S0-5 的温度测点 5 波动持续的时间均为 5～10min，可能是因为钢管外部混凝土的水分以液体形式沿试件表面向下流，恰好流经测点 5 所在的位置，导致其温度有小幅度降低。

S1 组试件的 T-t 关系与 S0 组试件 T-t 关系类似，但 S1 组试件的 T-t 关系的波动现象更明显，从图 8.15（g）、（h）、（j）中均可观察到测点温度的骤降现象。图 8.15（g）中升温 76min 时，测点 4、5、6 均出现了短暂的温度骤降现象，测点 1 和 2 则开始进入温度平台段，温度约为 150℃；图 8.15（h）中的测点 1 和 2 在 125min 时出现温度骤降现象，测点 6 在 100min 时出现此现象；图 8.15（j）中的测点 5、6 在 84min 时进入高于 100℃ 的温度平台段，持续约 20min，接着出现温度骤降现象。此时的测点 2 的温度虽然没有出现温度平台段，但出现温度骤降，测点 3 的温度则出现小范围的波动。

在钢管混凝土柱试验中也观察到超过 100℃ 的温度平台和温度波动现象（韩林海，2016），主要是因为混凝土中的水分影响。S1 组试验中的该现象较 S0 组试验更加明显，其主要原因是 S1 组试件内部的钢管截面较大，其内部的混凝土体积较大，故高温下不容易逸散的水分也较多，水分的影响也较大。

图 8.16 所示为温度场分析模型和热力顺序耦合分析模型计算得到的温度（T）- 受火时间（t）关系对比，其中"计算 1"为温度场分析有限元模型（图 8.1）计算得到的温度场结果，"计算 2"为热力顺序耦合有限元模型（图 8.2）中温度场分析得到的结果。可见，两种有限元模型计算得到的温度场相差较小。"计算 2"得到的角部纵筋和核心混凝土温度略高，但"计算 1"得到钢管温度偏高。

图 8.16　两种有限元模型计算得到的温度（T）- 受火时间（t）关系对比

图 8.17 所示为钢管混凝土叠合柱温度场计算结果与试验结果对比，其中"计算 1"为温度场有限元模型（图 8.1）计算的结果，"计算 2"为热力顺序耦合模型（图 8.2）温度场分析的计算结果。其中，对于进行耐火极限试验的试件，图 8.17 给出的是试件破坏时刻的温度；对于进行全过程火灾后试验的试件，图 8.17 给出的是升、降温过程中的最高温度。其中，试件 S0-4 由于试验过程中设备故障，降温过程中的温度没有采集到，因此给出的是升温结束时的温度，即所采集到的数据中的最高温度。

　　"计算 1"结果中，耐火极限试验所有测点温度计算值比试验值高 31%，全过程火灾后试验中，所有测点最高温度计算值比试验值高 26%；"计算 2"结果中，耐火极限试验所有测点温度计算值比试验值高 23%，全过程火灾后试验中，所有测点最高温度计算值比试验值高 21%。两种方法计算得到的结果较接近，且多数测点的温度结果均

图 8.17　钢管混凝土叠合柱温度计算值与试验值对比

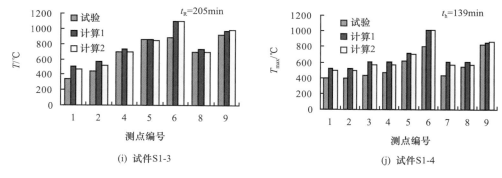

(i) 试件S1-3　　　　　　　　　　(j) 试件S1-4

图 8.17 （续）

略高于试验测得值，仅有少数测点计算结果偏低，这是未考虑热阻、以及假定降温过程本构关系模型与升温过程相同所导致的差异。"计算 2"得到的结果与"计算 1"相比，略偏低且与试验值更接近。

可见，采用热力顺序耦合模型计算得到温度结果与试验结果接近，但两种方法计算得到的结果总体上均是偏于保守的。

（4）变形 - 受火时间关系

图 8.18 所示为实测和计算的试件的轴向变形（Δ_c）- 受火时间（t）关系，其中不包含常温加载阶段。

耐火极限试验中，试件 S0-1 和 S0-2（工况相同）的 Δ_c-t 关系相似。试件 S0-1、

(a) 试件S0-1　　　　　　　　　　(b) 试件S0-2

(c) 试件S0-3　　　　　　　　　　(d) 试件S0-4

图 8.18　钢管混凝土叠合柱轴向变形（Δ_c）- 受火时间（t）关系曲线

图 8.18 （续）

S0-2、S0-5 和 S1-1 的 Δ_c-t 关系相似，均可划分为 5 个阶段：OA 段为升温初期膨胀阶段；AB 段为变形稳定阶段，此时外层混凝土的劣化，内部水分蒸发吸收热量，延缓了升温速度，轴向膨胀变形较稳定，BC 段为再次膨胀阶段，试件内部水分减少，内部升温速度提高，试件轴向膨胀变形继续增加；CD 段为变形加速发展阶段，随着温度继续升高，试件轴向变形不断增大，且变形速率变大；DE 段为破坏阶段，轴向变形速率急剧增大，试件迅速发生破坏。

　　试件 S1-2 和 S1-3 的 Δ_c-t 关系与上述试件有差异。其膨胀阶段中无明显的变形稳定阶段，这是混凝土中水分和荷载的共同影响的结果。因为 S1 组试件中钢管外径较大，钢管外部附近混凝土与试件表面距离较小，混凝土中的水分可以较快地逸散。同时，虽然试件 S1-1 中的钢管直径也较大，但因为试件 S1-2 和 S1-3 的荷载较小，后两者在火灾作用下的变形较大。

全过程火灾后试验中，试件 S0-3 和 S0-4 的 Δ_c-t 关系相似。Δ_c-t 关系均可分为 5 个阶段：OA 段为升温过程中膨胀段；AB 段为变形稳定阶段；BC 段为再次膨胀阶段，CD 段为压缩阶段。但试件 S0-3 的膨胀最大的时刻（C 点）出现在降温阶段，而试件 S0-4 的 C 点出现在升温阶段，这是升温时间不同所致。以试件 S0-4 为例，其升温时间为 108min，升温阶段 Δ_c 变化量为 1.22mm。虽然试件 S0-4 在 C 点之后仍处于升温阶段，但由于水分、材料劣化等影响，试件膨胀减缓，纵向变形变化较小。升温结束后，由于内部继续升温，而外部开始降温，柱的纵向变形仍发展缓慢；CD 段柱发生收缩，其纵向变形不断变大。降温阶段 Δ_c 的变化量为 -26.75mm，绝对值为升温阶段变形变化量的 22 倍；DE 段为火灾后加载破坏阶段，Δ_c 随荷载的增加而增加，至试件破坏。对比试件 S0-3 和 S0-4 可知，升、降温之后试件中产生的残余变形随升温时间比的增加而增大。

试件 S0-6 的升温时间为 137min，其 Δ_c-t 关系可类似地划分为 5 个阶段，其最大膨胀时刻（C 点）出现在升温阶段。降温结束时刻（D 点）Δ_c 为 -20.7mm，超过试件 S0-3 对应时刻的 Δ_c。可见，升、降温后的残余变形不仅与升温时间有关，还与荷载比有关。当升温时间比相同时，全过程火灾作用后残余变形随荷载比增大而增大。

试件 S1-4 的工况与试件 S0-6 相同，但试件 S1-4 的 Δ_c-t 关系在升温阶段中无变形稳定阶段，这主要是因为试件 S1-4 的钢管的直径较大，钢管外部附近的混凝土中的水分可较快地逸散到外界，因此水分对试件 S1-4 的变形影响不明显。

图 8.18 中"计算 1"代表计算中考虑了箍筋约束混凝土的影响，"计算 2"表示计算中不考虑箍筋约束混凝土的影响，假定箍筋内部混凝土与箍筋外部混凝土本构关系模型相同。可见，两种方法得到的 Δ_c-t 关系均与试验结果接近，考虑箍筋约束混凝土的影响时，耐火极限和试件刚度均高于不考虑箍筋约束混凝土时的结果。但计算结果没有钢管混凝土叠合柱受热膨胀过程中变形发展的若干阶段，这主要是因为有限元模型中没有考虑水分的迁徙和逸散的影响。

图 8.19 所示为试验过程中实测的加载板转动角度（θ）-受火时间（t）关系，转动角度根据上端 4 个位移计的测量结果计算得到。如根据位移计 NE 和位移计 NW 测得

(a) 试件 S0-1

(b) 试件 S0-3

图 8.19　实测上端板转动角度（θ）- 受火时间（t）关系曲线

的位移值之差，以及两者之间的水平距离，可求得一组绕南北侧轴线的转角。根据位移计 NW 和 SW 的结果可求得另一组绕南北轴线转角。给出的是两组转角的平均值。

可见，常温加载结束后，上端板绕两个方向均有一定转动，其绝对值不超过 0.2°，转角随试验进行逐渐增大（试件 S0-1），或在降温过程中变化较小，最后试件破坏时，转动值增加（试件 S0-3）。

表 8.6 所示为试验不同时刻上端板转动值，其中所有试件均给出常温加载结束时刻转动值。对于耐火极限试件，给出升温结束时刻（即试件破坏时刻）的转动值；对于全过程火灾后试验，给出升降温结束时刻的和火灾后试件破坏时刻的转动值。绕东西方向的转动以转动角速度方向向东为正，绕南北方向的转动以转动角速度方向向南为正。

表 8.6　上端板在试验不同阶段的转动值

试件编号	常温加载结束时刻		升（降）温结束时刻		火灾后加载破坏时刻	
	绕东西 /(°)	绕南北 /(°)	绕东西 /(°)	绕南北 /(°)	绕东西 /(°)	绕南北 /(°)
S0-1	−0.114	0.085	−0.642	−0.068	—	—
S0-2	−0.094	−0.029	−0.151	−0.665	—	—
S0-3	0.001	0.127	−0.184	0.106	−0.575	0.052
S0-4	0.003	−0.027	0.093	0.197	−0.127	−0.277
S0-5	−0.165	−0.099	−0.392	−0.287	—	—
S0-6	−0.116	−0.113	−0.003	−0.003	−0.019	−0.421
S1-1	−0.125	−0.182	−0.337	−0.349	—	—
S1-2	−0.155	−0.063	−0.282	−0.050	—	—
S1-3	−0.179	−0.090	−1.027	0.764	—	—
S1-4	−0.163	−0.036	−0.002	−0.004	−0.319	−0.080

可见，所有试件上端板均有一定转动。常温加载结束时刻，上端板以绕东西方向转动为主，但其绝对值不超过 0.2°。该测得的转动值为试验过程中的初始缺陷，可在有限元分析模型中加以考虑。

（5）荷载‐柱轴向变形关系

图 8.20 所示为四个全过程火灾后试件的荷载（N）‐柱轴向变形（Δ_c）关系。N-Δ_c 关系可分为常温、升温、降温和火灾四个阶段。常温阶段 N-Δ_c 关系为直线，说明常温加载时，试件处于弹性变形阶段。升温期初发生膨胀，轴向压缩变形先减小后增大。

由于火灾作用时，柱荷载不发生变化，升温阶段的 N-Δ_c 关系为水平直线。降温阶段，由于荷载依然维持不变，降温阶段的 N-Δ_c 关系也为水平直线。火灾后加载阶段，随着荷载不断增大，试件中塑性变形不断发展，N-Δ_c 关系的斜率逐渐减小。最后试件

图 8.20　柱荷载（N）- 柱轴向变形（Δ_c）关系曲线

无法承载，柱发生破坏。

（6）试验结果与分析

本节进行了钢管混凝土叠合柱耐火性能试验研究，在试验参数范围内得到如下结论：

1）柱荷载比为 0.35 时，钢管混凝土叠合柱的耐火极限可超过 3h，耐火极限随柱荷载比提高而降低，试件在火灾下的破坏呈延性破坏的特点。

2）经历了全过程火灾作用后的钢管混凝土叠合柱的剩余承载力较高。升温时间比为 0.68 时，钢管混凝土叠合柱的火灾后剩余承载力系数超过 0.72。剩余承载力系数随升温时间比升高而降低，但与荷载比关系并不明显。降温阶段对试件变形发展影响较明显。

3）试件的破坏形态均为整体屈曲。试件破坏为荷载和火灾全过程共同作用的结果。混凝土表面没有发生明显的高温爆裂现象，角部混凝土在升、降温过程中容易剥落。混凝土表面的裂缝为荷载和全过程火灾共同作用所致。

4）全过程火灾下纵向钢筋和箍筋对内部混凝土的约束作用明显。这种约束作用有利于钢管混凝土叠合柱内部的钢管混凝土部分和外部的钢筋混凝土部分的协同工作。

5）混凝土中水分对试验测得的温度 - 受火时间关系影响明显。靠近钢管附近的混凝土的温度 - 受火时间关系的平台段较长。钢管混凝土叠合柱试件中的排气孔在全过程火灾下发挥良好的作用，排气孔须使得钢管内混凝土与外界联通。

8.4　工作机理分析

本节采用 8.2 节建立的有限元模型，通过典型算例对钢管混凝土叠合柱在全过程火灾作用下的工作机理，如温度 - 受火时间关系、荷载 - 柱轴向位移关系以及截面内力分布等进行了分析。

为研究实际工程中使用的钢管混凝土叠合柱在全过程火灾作用后的剩余承载力，参考某实际工程（林立岩等，1998）所采用的钢管混凝土叠合柱的尺寸，结合 CECS188:2005（2005）、GB50011—2010（2010）等规范，确定了典型的钢管混凝土叠合柱作为基本分析对象，其几何参数和物理参数为：

1）钢管混凝土叠合柱：$D \times B = 600mm \times 600mm$，$H = 1790mm$；内部钢管混凝土柱：$D_i \times t_s = 325mm \times 9mm$；柱纵筋：16$\Phi$25，柱箍筋：3$\phi$10@100mm，采用井字复合箍；保护层厚度为 30mm；柱长细比 $\lambda = 10$；

2）钢管内核心混凝土强度 $f_{cui} = 80MPa$，钢管外部混凝土强度 $f_{cuo} = 50MPa$，钢管屈服强度 $f_y = 345MPa$，柱纵筋屈服强度 $f_{yb} = 400MPa$，箍筋屈服强度 $f_{yb} = 400MPa$。

该钢管混凝土叠合柱为本节分析中采用的基本分析对象。根据 CECS188:2005（2005），该钢管混凝土叠合柱的套箍指标为 0.83，含管率为 2.48%，配筋率为 2.92%；根据 GB50011—2010（2010），该柱的体积配箍率为 1.57%；正截面轴心受压承载力为 $1.93 \times 10^4 kN$。钢管混凝土叠合柱的抗弯极限承载力 M_{uc} 根据 An 和 Han（2014）提出的钢管混凝土叠合柱压弯设计方法计算，$M_{uc} = 1176 kN \cdot m$。

8.4.1　温度 - 受火时间关系

图 8.21 所示为钢管混凝土叠合柱温度（T）- 受火时间（t）关系。图 8.21（a）为升温时间为 180min 时的不同特征点的温度（T）- 受火时间（t）关系，可见由于外部钢筋混凝土部分的保护，内部钢管混凝土部分所经历的温度较低，钢管的最高温度不超过 400℃，降温之后，钢材的材料性能基本可恢复至火灾作用之前的状态。

图 8.21（b）为不同升温时间下的钢管温度（T）- 受火时间（t）关系，随着升温时间的增加，钢管所经历的最高温度增加，且达到最高温度所对应的时间变长。由于

(a) t_h=180min 不同特征点温度　　　　　　　(b) 不同升温时间时的钢管温度

图 8.21　钢管混凝土叠合柱温度（T）- 受火时间（t）关系曲线

外部混凝土的保护作用，即便升温时间为 180min，钢管的温度也不超过 400℃。

8.4.2　荷载 - 柱轴向变形关系

图 8.22 所示为全过程火灾作用下典型钢管混凝土叠合柱的荷载（N）- 柱轴向变形（Δ_c）关系。图 8.22（a）所示为不同升温时间下的 N-Δ_c 关系，其中升温时间（t_h）为 180min 的 N-Δ_c 关系上标注的特征点与图 1.14 中的特征点对应，可见全过程火灾作用使得钢管混凝土叠合柱承载力降低。随 t_h 的增加，全过程火灾作用后，钢管混凝土叠合柱的残余轴向变形增加，火灾后剩余承载力降低，火灾后承载力峰值对应的轴向变形增加。

图 8.22（b）所示为升温时间 t_h＝60min 时不同荷载比下的荷载（N）- 柱轴向变形（Δ_c）关系，可见荷载比不同时，钢管混凝土叠合柱火灾后剩余承载力差异较小。

(a) 不同升温时间（t_h）下　　　　　　　　(b) 不同荷载比（n）下

图 8.22　荷载（N）- 柱轴向变形（Δ_c）关系曲线

8.4.3　截面内力分布

图 8.23 所示为钢管混凝土叠合柱各部分承担的荷载（N）- 受火时间（t）关系，其中正值代表纵向受压，负值代表纵向受拉，为便于比较和观察，将常温阶段和火灾后阶段的时间设置为 5h，升、降温阶段持续时间为 25h，即图中 0～5h 为常温加载阶段，5～30h 为升、降温阶段，30～35h 为火灾后加载阶段。

图 8.23（a）为升温时间为 60min 时的结果，可见，常温下核心混凝土、外部混凝土、钢管和钢筋承载的荷载比例分别为 23%、54%、12% 和 11%。升、降温过程中，核心混凝土和钢管承担的荷载先增加，后趋于稳定。外部混凝土承担的荷载降低。升、降温结束后，核心混凝土、外部混凝土、钢管和钢筋承载的荷载比例分别为 38%、51%、16% 和－5%。可见全过程火灾作用后，内部的钢管混凝土部分承担的荷载由常温下的 35% 增加至 54%。

图 8.23（b）为升温时间为 180min 时的结果。常温下各部分承载的荷载比例与图 8.23（a）相同。全过程火灾后，四个部分承载的荷载比例分别为 43%、44%、14% 和－1%，内部钢管混凝土部分承担的荷载为 57%。可见随着升温时间的增加，全过程火灾作用后，内部钢管混凝土部分承担的荷载比例有增加的趋势。火灾后阶段，当

图 8.23　钢管混凝土叠合柱各部分承担的荷载（N）- 受火时间（t）关系曲线

钢管混凝土叠合柱达到峰值承载力时，当升温时间为 60min 时，核心混凝土、外部混凝土、钢管和钢筋承载的荷载比例分别为 36%、42%、10% 和 12%；当升温时间为 180min 时，上述四部分分别为 43%、33%、12% 和 12%。内部的钢管混凝土部分承担的荷载由 46% 增加至 55%。可见随着升温时间的增加，火灾后钢管混凝土叠合柱达到极限承载力时，内部的钢管混凝土部分承担的荷载增加。

8.5　钢管混凝土叠合柱耐火极限

本节在 8.2 节所建立的有限元模型的基础上，选取工程中常见参数范围内的钢管混凝土叠合柱构件，对其耐火极限进行计算。基于欧洲规范给出的方法，对钢管混凝土叠合柱的耐火极限进行简化计算。

8.5.1　有限元方法

本节采用 8.2 节所建立的有限元模型，对钢管混凝土叠合柱的耐火极限进行计算。影响钢管混凝土叠合柱耐火极限的因素主要有：截面周长（C，$C=2B+2D$）、长细比（λ）、截面含钢率（α_c）、截面配筋率、柱荷载比（n）、升温时间（t_h）、钢管屈服强度（f_y）、核心混凝土强度（f_{cui}）、钢管外混凝土强度（f_{cuo}）和纵筋屈服强度等。侯舒兰（2014）对钢管混凝土叠合柱的耐火极限进行了研究，结果表明纵向钢筋配筋率对耐火极限的影响不明显。因此本节对钢管混凝土叠合柱耐火极限进行计算时，未对这两个参数的影响进行分析。

参考工程中使用的钢管混凝土叠合柱的信息，确定的各参数的取值如下。

1）截面周长（C）：1.2m、1.8m、<u>2.4m</u>、3.0m、3.6m 和 5.6m。

2）长细比（λ）：<u>10</u>、20、30、40 和 60。

3）截面含钢率（α_c）：1.67%、<u>2.48%</u>、3.28% 和 4.06%。

4）柱荷载比（n）：0.2、0.3、<u>0.4</u>、0.5、0.6、0.7 和 0.8。

5）钢管屈服强度（f_y）：235MPa、<u>345MPa</u> 和 420MPa。

6）核心混凝土强度（f_{cui}）：50MPa、60MPa、70MPa 和 <u>80MPa</u>。

7）钢管外混凝土强度（f_{cuo}）：30MPa、40MPa、<u>50MPa</u> 和 60MPa。

上述参数中加下划线的为基本分析对象中采用的参数。当某参数变化时，保持其他参数不变。截面周长 C 变化时，参考实际工程使用的钢管混凝土叠合柱截面，确定钢管混凝土叠合柱的几何尺寸，所选取的钢管混凝土截面如表 8.7 所示。分析对象中也包含了本章 8.3 节开展的试验中所采用的试件（表 8.7 中 1 组和 2 组试件）。为与实际工程中的钢管混凝土叠合柱的边界条件更接近，计算中钢管混凝土叠合柱的下部边界条件为固结，上部约束除轴向平动以外的所有方向的自由度。为考虑初始缺陷的影响，先对柱模型进行屈曲模态分析，将一阶模态作为初始缺陷，柱跨中最大侧向挠度为 $H/1000$，H 为柱高度。

表 8.7　不同尺寸钢管混凝土叠合柱分析对象信息

分析对象编号	横截面尺寸 B/（mm×mm）	截面周长 C/m	钢管尺寸 $D_i×t_s$/（mm×mm）	纵筋数量和直径 /mm	箍筋直径和间距 /mm
1（S0 组试件）	300×300	1.2	159×6	12 ϕ 16	8@100
2（S1 组试件）	300×300	1.2	203×6	12 ϕ 16	8@100
3	450×450	1.8	180×10	16 ϕ 20	10@100
4	600×600	2.4	325×9	16 ϕ 25	10@100
5	750×750	3.0	480×14	16 ϕ 30	12@100
6	900×900	3.6	600×20	24 ϕ 28	14@100
7	1400×1400	5.6	1160×30	28 ϕ 36	16@100

表 8.8 所示为钢管混凝土叠合柱分析对象参数表。其中第 1 和 2 组的分析对象与本章开展的试验中的 S0 组试件和 S1 试件的信息完全相同。第 3～22 组分析对象中，第 4 组为基本分析对象。变化截面尺寸的分析对象的编号为第 3～7 组，对应表 8.7 中的编号，信息见表 8.7。

表 8.8　钢管混凝土叠合柱分析对象参数表汇总表

编号	B/mm	D_i/mm	t_s/mm	H/mm	λ	α	f_y/MPa	f_{cui}/MPa	f_{cuo}/MPa	边界条件
1	300	159	6	3800	22	3.20%	416	60.1	31.2	固结
2	300	203	6	3800	22	4.13%	398	60.1	31.2	固结
3	450	180	10	2598	10	2.64%	345	80	50	固结
4	600	325	9	3464	10	2.48%	345	80	50	固结
5	750	480	14	4330	10	3.64%	345	80	50	固结
6	900	600	20	5196	10	4.50%	345	80	50	固结
7	1400	1160	30	8083	10	5.43%	345	80	50	固结
8	600	325	9	6928	20	2.48%	345	80	50	固结
9	600	325	9	10 392	30	2.48%	345	80	50	固结
10	600	325	9	6928	40	2.48%	345	80	50	铰接

编号	B/mm	D_i/mm	t_s/mm	H/mm	λ	α	f_y/MPa	f_{cui}/MPa	f_{cuo}/MPa	边界条件
11	600	325	9	10 392	60	2.48%	345	80	50	铰接
12	600	325	6	3464	10	1.67%	345	80	50	固结
13	600	325	12	3464	10	3.28%	345	80	50	固结
14	600	325	15	3464	10	4.06%	345	80	50	固结
15	600	325	9	3464	10	2.48%	235	80	50	固结
16	600	325	9	3464	10	2.48%	420	80	50	固结
17	600	325	9	3464	10	2.48%	345	50	50	固结
18	600	325	9	3464	10	2.48%	345	60	50	固结
19	600	325	9	3464	10	2.48%	345	70	50	固结
20	600	325	9	3464	10	2.48%	345	80	30	固结
21	600	325	9	3464	10	2.48%	345	80	40	固结
22	600	325	9	3464	10	2.48%	345	80	60	固结

　　第 8～11 组分析对象考察长细比变化对耐火极限的影响，其中第 8 和 9 组分析对象的边界条件为固结，第 10 和 11 组分析对象的边界条件为铰接，长细比分别为第 8 和 9 组的两倍。第 12～14 组分析对象的截面含钢率不同，通过变化钢管的壁厚实现。第 15～16 组分析对象的钢管屈服强度不同，第 17～19 组分析对象的核心混凝土强度不同，第 20～22 组分析对象的外部混凝土强度不同。

　　表 8.9 所示为钢管混凝土叠合柱耐火极限实用计算表格，其中编号与表 8.8 中的编号对应。由表 8.9 可知，从每个分析对象不同荷载比时的结果可知，耐火极限随荷载比的增加而减小。从第 1～7 组的结果可知，耐火极限随截面尺寸的增加而呈现增加的趋势，但由于钢管混凝土叠合柱中组成成分复杂，耐火极限在理论上还与横截面上钢管与混凝土表面距离有关。

表 8.9　钢管混凝土叠合柱耐火极限实用计算（时间单位：h）

编号	柱荷载比 n						
	0.2	0.3	0.4	0.5	0.6	0.7	0.8
1	>3	>3	2.37	1.82	1.20	0.78	0.57
2	>3	>3	2.23	1.65	1.13	0.80	0.57
3	>3	>3	>3	>3	>3	2.33	1.65
4	>3	>3	>3	>3	>3	2.62	1.73
5	>3	>3	>3	>3	>3	2.48	1.37
6	>3	>3	>3	>3	>3	2.45	1.23
7	>3	>3	>3	>3	>3	>3h	2.10
8	>3	>3	>3	>3	2.62	1.82	1.17

编号	柱荷载比 n						
	0.2	0.3	0.4	0.5	0.6	0.7	0.8
9	>3	>3	>3	2.83	2.00	1.40	0.95
10	>3	>3	2.97	2.05	1.30	0.87	0.60
11	>3	2.63	1.60	0.87	0.53	0.38	0.28
12	>3	>3	>3	>3	>3	2.30	1.52
13	>3	>3	>3	>3	>3	2.85	1.82
14	>3	>3	>3	>3	>3	2.63	1.65
15	>3	>3	>3	>3	>3	2.12	1.32
16	>3	>3	>3	>3	>3	2.38	1.57
17	>3	>3	>3	>3	>3	2.83	1.95
18	>3	>3	>3	>3	>3	2.63	1.77
19	>3	>3	>3	>3	>3	2.58	1.70
20	>3	>3	>3	>3	>3	2.53	1.65
21	>3	>3	>3	>3	>3	2.60	1.62
22	>3	>3	>3	>3	>3	2.52	1.53

由第 8～11 组的结果可知，耐火极限随长细比的增加而降低。从第 12～14 组的结果可知，截面含钢率对耐火极限的影响规律不明显。从第 15～16 组的结果可知，耐火极限随钢管强度的增加而增加。第 17～22 组的结果可知，不论是核心混凝土还是外部混凝土，耐火极限均随混凝土强度的提高而呈现降低的趋势。

表 8.9 给出的钢管混凝土叠合柱耐火极限结果可供实际工程参考。

8.5.2　实用计算方法

基于 Al-Jabri 等（2008）的报道，针对全过程火灾下（后）的柱构件的耐火性能计算，本节归纳目前四种常见的计算方法。

1）表格数据方法。表格数据有时也是根据 2）和 3）以及 4）的计算方法计算得到汇总成的，便于使用。如 GB 50016－2014（2014）附录给出的各类建筑构件的燃烧性能和耐火极限以及 Eurocode 2（2004）给出的混凝土结构耐火极限表格等。

2）曲线拟合计算方法；这种方法基于方法 3）或 4）的计算结果得到主要影响因素，忽略次要因素，得到只考虑主要影响因素的拟合公式，如韩林海（2016）提出的钢管混凝土柱火灾下承载力系数计算方法和韩林海等（2009）提出的中空夹层钢管混凝土柱火灾下承载力系数计算方法。

3）简化分析方法。这类方法基于物理概念，采用材料的高温下（后）强度和刚度折减系数，采用类似常温下的分析方法对高温下（后）的结构进行分析，如 Eurocode 4（2005）的附录 G 和 H 给出的型钢混凝土柱和钢管混凝土柱耐火极限计算方法，以及 Rush 等（2015）给出的针对钢管混凝土柱火灾后剩余承载力计算的方法。

4）高级分析方法。如借助于有限元模型的计算方法，该方法需要材料的应力-应变关系，以及其他本构参数随温度的变化关系，该分析方法可对柱构件在全过程火灾下（后）的力学性能进行较为精细化的计算。

针对钢管混凝土叠合柱耐火极限，侯舒兰（2014）采用方法 4 进行了计算，并给出了耐火极限的简化计算表格（方法 1），徐蕾和刘玉彬（2014）给出了曲线拟合计算方法（方法 2）。本节参照欧洲规范 Eurocode 4（2005）给出的组合柱火灾下承载力的计算方法，对钢管混凝土叠合柱耐火极限进行简化计算。

钢管混凝土叠合柱火灾下的简化计算方法为：①获得钢管混凝土叠合柱横截面上到温度场分布。可采用有限元模型、传热分析等方式进行。②对横截面进行分层，分别计算每层的温度和材料性质，并做相应的求和计算，进而求出当受火时间为 t 时的火灾下的承载力，具体如下。

火灾下到承载力 $N_{\mathrm{fi,Rd}}$ 按式（8.9）计算为

$$N_{\mathrm{fi,\ Rd}} = \chi N_{\mathrm{fi,\ pl,\ Rd}} \tag{8.9}$$

式中：χ 为 Eurocode 3（2005）中给出的当相对长细比为 $\overline{\lambda}_t$ 时的折减系数，根据屈曲曲线 c 计算得到；$N_{\mathrm{fi,Rd}}$ 为火灾下的承载力；$N_{\mathrm{fi,pl,Rd}}$ 为火灾下钢管混凝土截面塑性承载力，按照式（8.10）计算为

$$N_{\mathrm{fi,\ pl,\ Rd}} = \sum_j \frac{(A_{\mathrm{a,t}} f_{\mathrm{ay,t}})}{\gamma_{\mathrm{M,fi,a}}} + \sum_k \frac{(A_{\mathrm{s,t}} f_{\mathrm{sy,t}})}{\gamma_{\mathrm{M,fi,s}}} + \sum_m \frac{(A_{\mathrm{cc,t}} f_{\mathrm{cc,t}})}{\gamma_{\mathrm{M,fi,cc}}} + \sum_n \frac{(A_{\mathrm{co,t}} f_{\mathrm{co,t}})}{\gamma_{\mathrm{M,fi,co}}} \tag{8.10}$$

式中：$A_{\mathrm{i,t}}$ 为受火时间为 t 时的横截面上材料 i 某一分层的面积，面积可能受火灾作用而变化；$f_{\mathrm{ay,t}}$、$f_{\mathrm{sy,t}}$ 分别为受火时间为 t 时的钢管和钢筋的屈服强度；$f_{\mathrm{cc,t}}$ 和 $f_{\mathrm{co,t}}$ 分别为受火时间为 t 时的钢管内混凝土和外混凝土的圆柱体抗压强度，所有材料高温下的强度均基于常温下的强度值，通过高温下材料强度折减系数求得；$\chi_{\mathrm{M,fi,i}}$ 为火灾下材料 i 的分项系数，根据 Eurocode 4（2005）中第 2.3 章建议，均取 1。

火灾下截面有效抗弯刚度 $(EI)_{\mathrm{fi,eff}}$ 按照式（8.11）计算为

$$(EI)_{\mathrm{fi,eff}} = \sum_j (\varphi_{\mathrm{a,t}} E_{\mathrm{a,t}} I_{\mathrm{a,t}}) + \sum_k (\varphi_{\mathrm{s,t}} E_{\mathrm{s,t}} I_{\mathrm{s,t}}) + \sum_m (\varphi_{\mathrm{cc,t}} E_{\mathrm{cc,sec,t}} I_{\mathrm{cc,t}}) + \sum_n (\varphi_{\mathrm{co,t}} E_{\mathrm{co,sec,t}} I_{\mathrm{co,t}}) \tag{8.11}$$

式中：$I_{\mathrm{i,t}}$ 为受火时间为 t 时的截面惯性矩；$\varphi_{\mathrm{i,t}}$ 为受火时间为 t 时的考虑热膨胀应力的折减系数，按照 Eurocode 4（2005）附录中和 Lennon 等（2007）的建议，对于钢管取 1.0，对于钢筋取 0.8，对于内、外混凝土均取 0.8；$E_{\mathrm{a,t}}$ 和 $E_{\mathrm{s,t}}$ 分别为温度为 t 时的钢管和混凝土的弹性模量，$E_{\mathrm{cc,sec,t}}$ 和 $E_{\mathrm{co,ect,t}}$ 分别为受火时间为 t 时的内、外混凝土的割线模量标准值，其计算方法见 Eurocode 4（2005）。

欧拉临界荷载 $N_{\mathrm{fi,cr}}$ 按式（8.12）计算为

$$N_{\mathrm{fi,cr}} = \frac{\pi^2 (EI)_{\mathrm{fi,eff}}}{l_t^2} \tag{8.12}$$

式中：l_t 为受火时间为 t 时的火灾下柱的有效屈服高度，按 Eurocode 4（2005）计算，其计算考虑了火灾对柱跨中和节点区的不同影响。对于试验中的试件，由于其上下端伸出炉外且采用石棉包裹，在对试验试件常温下和高温下的承载力进行简化计算时，

有效长度系数均取 0.5。对于其火灾下的承载力进行简化计算时，根据 Lie 和 Chabot（1990）的研究结果，有效长度系数取 2/3。

相对长细比 $\overline{\lambda}_t$ 按式（8.13）计算为

$$\overline{\lambda}_t = \sqrt{\frac{N_{\text{fi,pl,R}}}{N_{\text{fi,cr}}}} \tag{8.13}$$

基于上述简化计算思路，对钢管混凝土叠合柱的耐火极限进行简化计算。表 8.10 给出四组计算结果，其中方法一采用试验中测得的温度场，材料应力 - 应变模型采用 Eurocode 4（2005）中的模型；方法二采用 Lie（1994）给出的热工参数通过有限元模型计算的温度场，材料应力 - 应变模型同方法一；方法三采用 Eurocode 4（2005）给出的热工参数通过有限元模型计算的温度场，材料应力 - 应变模型同方法一；方法四中温度场计算方法同方法二，材料应力 - 应变模型为 Lie（1994）提出的应力 - 应变模型，t_{Rpred} 表示耐火极限简化计算结果，"偏差"指计算结果与实测结果的相对误差。

表 8.10　钢管混凝土叠合柱耐火极限（t_{R}）的简化计算结果汇总

试件编号	实测值 t_{R}/min	方法一		方法二		方法三		方法四	
		t_{Rpred1}/min	偏差	t_{Rpred2}/min	偏差	t_{Rpred3}/min	偏差	t_{Rpred4}/min	偏差
S0-1	163	125	−23%	103	−37%	150	−8%	76	−53%
S0-2	160	103	−36%	105	−34%	150	−6%	78	−51%
S0-5	201	168	−16%	139	−31%	193	−4%	107	−47%
S1-1	149	111	−26%	85	−43%	123	−17%	55	−63%
S1-2	212	170	−20%	115	−46%	168	−21%	101	−52%
S1-3	205	134	−35%	116	−43%	168	−18%	92	−55%

可见简化计算方法得到的结果与试验值相比均偏于保守，但采用 Eurocode 4（2005）建议的热工参数模型和应力 - 应变关系计算得到的耐火极限与试验值偏差最小。因此，在本章开展的试验的参数范围内，可采用 Eurocode 4（2005）给出的热工参数模型和应力 - 应变关系计算钢管混凝土叠合柱的耐火极限。

8.6　钢管混凝土叠合柱火灾后剩余承载力

本节在 8.2 节所建立的有限元模型的基础上，选取工程中常见参数范围内的钢管混凝土叠合柱构件，分别采用有限元方法和简化方法对钢管混凝土叠合柱火灾后剩余承载力进行计算。

8.6.1　有限元方法

在对柱构件的压弯承载力进行研究时，为得到 *N-M* 相关曲线，常见两种加载路径：①先施加轴力，再施加弯矩的加载路径；②轴力和弯矩同时施加的在路径。图 8.24 所示为几种加载路径示意图。在对钢管混凝土叠合柱火灾后性能进行研究时，采用这两个加载路径分别计算钢管混凝土叠合柱在常温下的极限承载力，并对加载路径的影响进行分析。先施加弯矩再施加轴力的加载路径（图 8.24 中路径 3）在实际工程中并不多见（韩林海，2016），在此不做分析。

对得到的基本分析对象常温下的 N-M 相关曲线，以 N_u 和 M_u 为基准做归一化处理，得到 N/N_u-M/M_u 相关曲线，如图 8.25 所示。路径 1 为采用位移加载（D）的方式计算得到，路径 2 采用了位移加载（D）和力加载（F）两种方式计算得到。可见，路径 2 采用位移加载和力加载得到的结果均落在路径 1 得到的 N/N_u-M/M_u 曲线上，可知路径和加载模式对 N/N_u-M/M_u 相关曲线的影响不明显。

图 8.24　加载路径示意图　　　　　图 8.25　常温下 N/N_u-M/M_u 相关曲线

为研究钢管混凝土叠合柱中钢管和内外混凝土接触关系的影响，假设钢管和内外混凝土均完全接触，在有限元模型中采用"Tie"约束，得到另一组 N/N_u-M/M_u 关系，如图 8.25 中虚线所示。可见在只施加轴力时，采用"Tie"约束对轴压极限承载力并没有显著的影响。但当有弯矩存在时，采用"Tie"约束计算得到的结果偏大。可知，当仅有轴向荷载作用时，且在所研究的边界条件下，轴向荷载并不引起较大的弯矩时，可以采用"Tie"约束对钢管混凝土叠合柱中钢和混凝土之间的接触关系进行模拟。但当有轴力和弯矩共同存在时，采用"Tie"约束会高估钢管混凝土叠合柱的承载力，偏于不保守。采用"Tie"约束时，ABAQUS 中不存在接触判断和计算（ABAQUS，2010），其计算效率提高，故在简化计算中，可使用"Tie"约束对钢和混凝土间这种接触性质进行模拟。

图 8.26 所示为钢管混凝土叠合柱的火灾后的 N/N_u-M/M_u 相关曲线，同理为便于对比也对得到的结果做了归一化处理，其中 $t_h=0$ 为常温下的结果。采用图 8.24 所示的路径 2 加载。图 8.26（a）采用图 1.14 中的路径 A → B → C → D → E′ 进行计算，不考虑升、降温过程中的荷载影响；图 8.26（b）采用图 1.14 中的路径 A → B′ → C′ → D′ → E′ 进行计算，考虑了荷载和全过程火灾耦合作用的影响。可见，随着升温时间（t_h）的提高，火灾后钢管混凝土叠合柱的剩余承载力降低，得到的 N/N_u-M/M_u 相关曲线包络的面积越小。

对比图 8.26（a）和（b）可知，当仅有轴力作用时，初始荷载对火灾后剩余承载力影响不明显，在升温时间 $t_h=0\sim180$min 时，该影响不超过 1%。但当有弯矩存在时，不考虑初始荷载作用时，得到的火灾后极限承载力偏高。初始荷载的作用增加了

(a) 升、降温过程中无荷载作用　　　　　　　(b) 升、降温过程中有荷载作用

图 8.26　钢管混凝土叠合柱火灾后的 N/N_u-M/M_u 相关曲线

火灾后柱试件中存在初挠屈，会导致弯矩存在时的承载力降低。但考虑初始荷载会增加有限元模型计算时收敛难度。因此，当不存在弯矩或弯矩较小（$M/M_u \leqslant 0.8$）时，在简化计算中可忽略初始荷载的影响；当弯矩较大（$M/M_u > 0.8$）时，对计算得到的剩余承载力系数进行折减，可偏保守地对计算得到的轴力极限承载力乘 0.9 的折减系数。

　　本节进而对全过程火灾作用下的钢管混凝土叠合柱的火灾后剩余承载力系数（R）进行计算。谭清华（2012）对型钢混凝土柱在全过程火灾作用后的剩余承载力系数进行了计算，结果表明纵向钢筋配筋率和纵向钢筋的屈服强度对型钢混凝土柱火灾后剩余承载力的影响不明显，认为这主要是因为纵筋的截面面积在总横截面比例较小。

　　因此，本节未对这两个参数的影响进行计算。本节计算了不同参数下钢管混凝土叠合柱在不同升温时间（t_h）下的 R 值。其参数选择和其他分析条件均与第 8.5.1 节相同。与耐火极限计算不同，全过程火灾后剩余承载力系数计算时，须考虑升温时间的（t_h）的影响，所采用的 t_h 的取值为 0、30min、60min、90min、120min 和 180min，其中 $t_h = 0$ 为常温下的计算结果。

　　图 8.27 所示为不同参数对火灾后剩余承载力系数（R）的影响。图 8.27（a）所示为截面周长（C）的影响，其中，除表 8.7 中所示的 1 组在 $t_h = 180$min 时和 2 组在 120mi 和 180min 时，其他算例的耐火极限均超过 180min，对于在 $t_h \leqslant 180$min 破坏的算例，定义其剩余承载力系数 R 为 0。

　　图 8.27（a）中可见，当 C 不小于 1.8m 时且荷载比为 0.4 时，钢管混凝土叠合柱的耐火极限均超过了 3h。C 对 R 的影响较不明显，这是因为钢管混凝土叠合柱组成较复杂。但 C 对 R 的影响明显，如 $t_h = 30$min 且 $C = 1.8$m 时，$R = 0.963$，而 $t_h = 30$min 且 $C = 3.0$m 时 $R = 0.854$，后者比前者低 11%。

　　图 8.27（b）为长细比（λ）对 R 的影响，可见 R 随 λ 的增加有降低的趋势，这是因为 λ 增加时，钢管混凝土叠合柱在全过程火灾作用后的残余变形增加，承载力损失更大。λ 对 R 的影响程度较适中，如当 $t_h = 180$min 且 $\lambda = 10$ 时，$R = 0.747$，而当 $t_h = 180$min 且 $\lambda = 20$ 时，$R = 0.684$，后者比前者降低 8.4%。

　　图 8.27（c）为截面含钢率（α_c）对 R 的影响，可见 R 随 α_c 的增加而增加，这主要是因为在钢材在升、降温后较混凝土更容易恢复其强度和刚度，钢管混凝土叠合柱

图 8.27　不同参数对火灾后剩余承载力系数（R）的影响

中钢管位于截面内部，在火灾下达到的最高温度较低，因此 α_c 较高时，钢管混凝土在火灾后的剩余承载力更高。α_c 对 R 的影响较适中，如当 $t_h=120\text{min}$ 且 $\alpha_c=1.67\%$ 时，$R=0.756$，而 $t_h=120\text{min}$ 且 $\alpha_c=4.06\%$ 时，$R=0.798$，后者较前者增加 5.6%。

图 8.27（d）为荷载比（n）对 R 的影响，可知，当钢管混凝土叠合柱在升、降温阶段没有发生破坏时，n 对 R 的影响较不明显，如 t_h＝30min 且 n＝0.2 时，R＝0.903，而 t_h＝30min 且 n＝0.2 时，R＝0.896，后者比前者降低 0.8%。

图 8.27（e）为钢管屈服强度（f_y）对 R 的影响，可见 R 随 f_y 的升高而增大，其原因与 α 的影响原因类似。

图 8.27（f）为核心混凝土强度（f_{cui}）的对 R 的影响，可见 f_{cui} 对 R 的影响不明显，如 t_h＝180min 且 f_{cui}＝50MPa 时，R＝0.776，而对应 f_{cui}＝80MPa 时，R＝0.747，后者比前者低 3.7%。但 R 随 f_{cui} 的增大呈现降低的趋势。

图 8.27（g）为钢管外混凝土强度（f_{cuo}）对 R 的影响，R 随 f_{cuo} 的增大而降低，与 f_{cui} 的影响类似。f_{cuo} 对 R 的影响与 f_{cui} 对 R 的影响相比较大，如 t_h＝180min 且 f_{cuo}＝30MPa 时，R＝0.813，而对应 f_{cuo}＝60MPa 时，R＝0.714，后者比前者降低 12.2%。

图 8.27 中不同参数下的火灾后钢管混凝土叠合柱剩余承载力系数的计算结果可为实际工程中的钢管混凝土叠合柱火灾后剩余承载力评估提供参考。

8.6.2　实用计算方法

结构材料在火灾全过程中达到的（最高）温度是结构火灾后剩余承载力的计算时所需要的主要信息之一（Concrete Society Working Party, 1990; Kirby 等, 1993; Purkiss, 2007）。如果得到了全过程火灾中构件中的最高温度的分布，则参照耐火极限简化计算方法，对火灾后剩余承载力进行简化计算（Rush, 2015）。本节根据第 8.5.2 节中耐火极限的简化计算方法，对钢管混凝土叠合柱火灾后剩余承载力进行简化计算。其中对材料强度的折减系数进行调整，该折减系数不再是根据升温过程中的温度，而是根据全过程火灾中的最高温度（T_{max}），即材料经历了升、降温（最高温度为 T_{max}）后恢复至常温，其强度和弹性模量与受火前常温时的对应值的比值。

在计算剩余承载力时，由于 Eurocode 4（2005）并未给出材料经历升、降温后的强度和刚度的折减系数，本节选取第 8.2.2 节提出的本构关系模型中的火灾后材料的强度和刚度值进行简化计算。值得注意的是，Eurocode 4（2005）在计算柱常温下和火灾下承载力时，有效计算长度系数并不相同，对于框架柱，当计算其火灾下有效长度系数时，考虑了节点区受火温度较低，进而导致节点区强度和刚度劣化程度小于柱构件，因此认为在高温下，其有效长度会降低。但本节针对所开展的试验进行计算，由于柱边界伸出炉腔外，柱的边界条件在常温和火灾下可认为均是固结，计算长度系数均取理论值 0.5。

表 8.11 所示为钢管混凝土叠合柱火灾后剩余承载力（N_{ur}）及剩余承载力系数（R）的简化计算结果。其中给出了试验得到的 N_{ur} 值和 R 值和三种方法计算得到结果。方法一在计算时最高温度时采用的是试验实测得到的最高温度，方法二采用 Lie（1994）提出的材料热工本构关系模型，通过有限元方法计算得到最高温度，方法三采用 Eurocode 4（2005）提出的材料热工本构关系模型，通过有限元方法计算得到最高温度。其中剩余承载力系数 R_i 为

$$R_i = \frac{N_{uri}(t_h)}{N_{ui}} \tag{8.14}$$

式中：R_i 为方法 i 计算得到的剩余承载力系数，$N_{ur}(t_h)$ 方法 i 计算得到的火灾后剩余承载力；N_{ui} 为方法 i 计算得到的常温下的极限承载力。

从表 8.11 中可知，简化计算结果与试验结果相比均偏保守。与表 8.5 相比，简化计算的结果比有限元模型计算得到的结果保守。三种方法中，采用实测温度的结果和采用 Eurocode 4（2005）本构关系模型通过有限元析模型计算的温度的结果相近，采用 Lie（1994）提出的本构关系模型计算得到的结果最偏保守。

表 8.11　钢管混凝土叠合柱剩余承载力和剩余承载力系数简化计算结果汇总

试件编号	实测值		方法一		方法二		方法三	
	N_{ur}/kN	R	N_{ur1}/kN	R_1	N_{u2}/kN	R_2	N_{u3}/kN	R_3
S0-3	4230	0.87	3174	0.78	3055	0.78	3188	0.75
S0-4	3566	0.73	2795	0.69	2583	0.64	2857	0.71
S0-6	3500	0.72	2599	0.64	2356	0.58	2697	0.67
S1-4	4471	0.77	3397	0.73	2883	0.62	3390	0.73

8.7　本　章　结　论

本章建立了全过程火灾作用下钢管混凝土叠合柱的有限元模型，包括温度场分析模型和热力顺序耦合分析模型。热力顺序耦合分析模型中考虑了箍筋约束混凝土的影响，并且对降温阶段的混凝土的本构关系模型进行了插值运算处理。对全过程火灾作用下钢管混凝土叠合柱的力学性能进行了试验研究，得到了钢管混凝土叠合柱耐火极限、火灾后剩余承载力、破坏形态、温度 - 受火时间关系、变形 - 受火时间关系等的变化规律。

基于试验数据对模型的有效性进行了验证，试验结果表明，火灾下钢管混凝土柱表现出良好的"韧性（resilience）"。采用该有限元模型对钢管混凝土叠合柱在全过程火灾作用下的耐火性能进行了计算，得到了不同参数下钢管混凝土叠合柱的耐火极限和剩余承载力系数，并给出上述两个参数的实用确定方法，可为工程中钢管混凝土叠合柱火灾后评估和修复提供参考。基于欧洲规范 Eurocode 4（2005）提供的有关方法对钢管混凝土叠合柱的耐火极限和火灾后剩余承载力系数进行了计算和分析。

参 考 文 献

韩林海，2016. 钢管混凝土结构——理论与实践［M］. 3 版. 北京：科学出版社.

韩林海，陶忠，王文达，2009. 现代组合结构和混合结构——试验、理论和方法［M］. 北京：科学出版社.

侯舒兰，2014. 均匀受火下钢管混凝土叠合柱耐火性能研究［D］. 北京：清华大学.

康洪震，2009. 钢管高强混凝土组合柱受力性能研究［D］. 北京：清华大学.

林立岩，国建龙，耿昕，1998. 钢管砼叠合柱——一种抗震性能良好的新型柱［J］. 工程力学，增刊：7-10.

林晓康，2006. 火灾后钢管混凝土压弯构件的滞回性能研究［D］. 福州：福州大学.

宋天诣，2011. 火灾后钢 - 混凝土组合框架梁 - 柱节点的力学性能研究［D］. 北京：清华大学.

谭清华，2012. 火灾后型钢混凝土柱、平面框架力学性能研究［D］. 北京：清华大学.

吴波，马忠诚，欧进萍，1999. 高温后混凝土变形特性及本构关系的试验研究［J］. 建筑结构学报，20（5）：42-49.

徐蕾，刘玉彬，2014. 钢管混凝土叠合柱耐火性能研究. 建筑结构学报，35（6）：33-41.

中国工程建设标准化协会标准，2005. 钢管混凝土叠合柱结构技术规程：CECS 188：2005［S］，北京：中国计划出版社.

中华人民共和国国家标准，2003. 普通混凝土力学性能试验方法标准：GB/T 50081—2002［S］. 中华人民共和国建设
　　部，中华人民共和国国家质量监督检验检疫总局. 北京：中国建筑工业出版社.

中华人民共和国国家标准，2010. 建筑抗震设计规范：GB 50011—2010［S］. 中华人民共和国国家质量监督检验检疫
　　总局. 中国国家标准化管理委员会. 北京. 中国建筑工业出版社.

中华人民共和国国家标准，2011. 金属材料拉伸试验第 1 部分：室温试验方法：GB/T 228.1—2010［S］. 中华人民共
　　和国国家质量监督检验检疫总局，中国国家标准化管理委员会. 北京：中国标准出版社.

中华人民共和国国家标准，2014. 建筑设计防火规范：GB 50016—2014［S］. 中华人民共和国住房和城乡建设部，中
　　华人民共和国国家质量监督检验检疫总局. 北京：中国计划出版社.

周侃，2017. 钢管混凝土叠合住 -RC 梁节点耐火性能研究［D］. 北京：清华大学.

ABAQUS，2010. ABAQUS analysis user's manual［CP］. SIMULIA，Providence，RI.

ACI COMMITTEE 318，2011. ACI 318-11 Building code requirements for structural concrete and Commentary［S］.
　　Famington Hills，MI：American Concrete Institute.

ACI/TMS COMMITTEE 216，2007. ACI 216. 1-07 Standard method for determining fire resistance of concrete and
　　masonry construction assemblies［S］. Famington Hills，MI：American Concrete Institute.

AL-JABRI K S，DAVISON J B，BURGESS I W，2008. Performance of beam-to-column joints in fire-A review. Fire
　　Safety Journal，43（1）：50-62.

AN Y F，HAN L H，2014. Behaviour of concrete-encased CFST columns under combined compression and bending［J］.
　　Journal of Constructional Steel Research，101：314-330.

CONCRETE SOCIETY WORKING PARTY. 1990. Assessment and Repair of Fire-Damaged Concrete Structures［M］.
　　Slough，the Concrete Society.

DWAIKAT M B，KODUR V K R，2010. Fire induced spalling in high strength concrete beams［J］. Fire Technology，
　　46：251-274.

EUROCODE 2，EN1992-1-2：2004，2004. Design of concrete structures-Part 1-2：General rules-structural fire design
　　［S］. European Committee for Standardization，Brussels.

EUROCODE 3，EN1993-1-2：2005，2005，Eurocode 3：Design of steel structures-Part 1-1：General rules and rules for
　　buildings［S］. European Committee for Standardization，Brussels.

EUROCODE 4，EN1994-1-2：2005，2005，Design of composite steel and concrete structures，Part 1-2：General rules-
　　Structural fire design［S］. European Committee for Standardization，Brussels.

HAN L H，AN Y F，2014. Performance of concrete-encased CFST stub columns under axial compression［J］. Journal of
　　Constructional Steel Research，93：62-76.

HERTZ K D. 2003. Limits of spalling of fire-exposed concrete［J］. Fire Safety Journal，38（2）：103-116.

ISO-834，1975. Fire resistance tests-elements of building construction［S］. International Standard ISO 834，Geneva.

ISO-834. 1999. Fire resistance tests-elements of building construction-Part 1：General requirements［S］. International
　　Standard ISO 834-1，Geneva.

KIRBY B R，LAPWOOD D G，THOMSON G. 1993. The Reinstatement of Fire Damaged Steel and Iron Framed Structures［M］.
　　London：BS Swinden Laboratories.

LENNON T，MOORE，D B，WANG Y C，et al. 2007. Designers' Guide to EN 1991-1-2，1992-1-2，1993-1-2 and
　　1994-1-2，Handbook for the Fire Design of Steel，Composite and Concrete Structures to the Eurocodes［M］. London：
　　Thomas Telford Publishing.

LIE T T，1994. Fire resistance of circular steel columns filled with bar-reinforced concrete［J］. Journal of Structural
　　Engineering，120（5）：1489-1509.

LIE T T，CHABOT M，1990. A method to predict the fire resistance of circular concrete filled hollow steel columns［J］.
　　Journal of Fire Protection Engineering，2（4）：111-124.

LIN C H，CHER S T，Yang C A，1995. Repair of fire-damaged reinforced concrete columns［J］. ACI Structural Journal，
　　92（4）：1-6.

POPOVICS S，1973．A numerical approach to the complete stress-strain curve of concrete［J］．Cement and Concrete Research，3（5）：583-599.

PURKISS J A，2007．Fire Safety Engineering Design of Structures（Second Edition）［M］．Oxford：Elsevier Ltd.

RUSH D I，BISBY L A，Jowsey A，et al.，2015．Residual capacity of fire-exposed concrete-filled steel hollow section columns［J］．Engineering Structures，100：550-563.

YANG H，HAN L H，WANG Y C，2008．Effects of heating and loading histories on post-fire cooling behaviour of concrete-filled steel tubular columns［J］．Journal of Constructional Steel Research，64（5）：556-570.

第9章 型钢混凝土柱－型钢混凝土梁连接节点的耐火性能

9.1 引　言

型钢混凝土（SRC）柱－型钢混凝土（SRC）梁节点已在多、高层建筑工程中得到应用，但其耐火性能尚需深入研究。本章论述这类节点在图 1.13 所示的 ABB′ 升温曲线作用下的耐火性能，所用的型钢混凝土柱和梁截面形式如图 1.6（a，1）所示，具体内容包括：①节点耐火性能有限元模型的建立。②节点试件耐火性能的试验研究。③节点在力和温度共同作用下的工作机理研究。④节点耐火性能影响因素的影响规律分析。

9.2　有限元模型

平面框架结构发生火灾时，中柱节点可能会有多种受火形式，如：节点楼板下部双侧受火、节点楼板下部单侧受火、节点楼板上部双侧受火、节点楼板上部单侧受火、节点楼板上下部双侧同时受火、节点楼板上下部单侧同时受火、节点楼板上部双侧下部单侧同时受火、节点楼板上部单侧下部双侧同时受火等。

火灾工况不同导致节点的力学反应也有所不同，本章选取如图 9.1（a）所示的具有代表性的楼板下部双侧受火中柱节点为研究对象，取节点左、右梁跨中和上、下柱中部为隔离体，得到如图 9.1（b）所示的简化模型，其边界条件为：柱下端固结、上端约束平面内转动、柱上端受轴向荷载 N_F、梁两端约束轴向变形和平面内转动、梁上承受均布线荷载 q_F。

(a) 平面框架中节点受火形式　　(b) 节点简化模型　　(c) 试验节点模型

图 9.1　节点试件模型示意图

实际结构难免存在初始缺陷，因此即使在对称荷载作用下，对称的节点模型也会发生图 9.1（b）所示的非对称变形，在试验过程中如能实现这样的工况将更能反映实际情况。受到试验设备的限制，本章结合试验设备所能提供的边界条件，对图 9.1（b）

进一步简化，最终得到如图 9.1（c）所示的边界条件，即柱下端固结、上端约束水平位移和平面内转动、柱上端受轴向荷载 N_F，梁两端自由，梁端作用竖向荷载 P_F。在进一步的机理分析中，将采用类似图 9.1（b）所示的节点模型对组合框架梁 - 柱节点的受力性能展开研究。

　　基于 ABAQUS（Hibbitt, Karlsson 和 Sorensen, Inc., 2004）软件平台，建立了火灾下节点的有限元模型，包括温度场和节点受力分析（Han 等 , 2009）。

　　建立有限元模型时，混凝土采用八节点三维实体单元，型钢和加劲肋均采用四节点壳单元，纵筋和箍筋则采用二节点杆单元。

　　如 3.2.1 节所述，钢材和混凝土的热工参数根据 Lie 和 Denham（1993）确定，同时考虑混凝土中所含水分对温度场的影响（Lie, 1994; Lie 和 Chabot, 1990）。计算时，忽略混凝土与钢材之间的接触热阻，假设完全传热。设定环境初始温度（如 20℃）于各个节点，外界火焰温度可按照设定的升温曲线 [如 ISO-834（1975）规定的方法等] 进行升温，周围的空气主要通过对流和辐射向节点边界传热。

　　图 9.2 给出了空气与节点结构间的传热示意图，即楼板以下的结构受火，楼板以上部分表面为散热边界，图中 N_F 为柱轴向荷载，q_F 为梁上均布荷载。

图 9.2　单元网格和边界条件示意图

　　型钢和钢筋常温和升温阶段的应力 - 应变关系按式（3.2）确定。混凝土常温和升温阶段的应力 - 应变关系按式（3.6）确定。型钢混凝土和钢筋混凝土中混凝土及其钢部件之间的界面按 3.2.2 节中论述的方法确定，采用图 3.12 所示的弹簧单元模拟。

　　图 9.2 给出了型钢混凝土柱 - 型钢混凝土梁连接节点有限元模型的单元划分形式和力及位移边界条件。混凝土采用八节点减缩积分格式的三维实体单元，型钢采用四节点减缩积分格式的壳单元，钢筋采用二节点三维线性杆单元。有限元计算时，柱两端设置刚性垫块来模拟加载端板，采用三维实体单元模拟。计算时考虑了柱的初始缺陷，假定

1/2 柱高处（图 9.2 中型钢混凝土柱的底面）的初始缺陷为柱计算长度的千分之一。

上述有限元模型的计算结果得到本书 9.3 节所述试验结果的验证。

9.3　型钢混凝土柱 - 型钢混凝土柱梁连接节点耐火性能试验研究

进行了型钢混凝土柱 - 型钢混凝土梁连接节点图 1.13 所示的 ABB′ 升温曲线作用下的耐火性能试验研究（Han 等，2009；郑永乾，2007；Tan 等，2011）。

9.3.1　试验概况

组合节点由型钢混凝土柱和型钢混凝土梁组成，型钢混凝土柱高（H）为 3800mm，柱两侧 SRC 梁端的间距（L）为 3900mm。为考虑楼板的影响，试件也包含混凝土楼板。

节点柱下端固结，柱上端则通过竖向滑动轴来约束其水平方向的位移和平面内转动，并保证在竖直方向可以自由移动，节点梁端自由。图 9.3 所示为试件在炉膛中时的示意图。进行耐火试验时，柱顶端施加恒定轴向压力（N_F），梁两侧梁端施加恒定竖向荷载（P_F），两个加载点的距离为 3700mm。

楼板以下部分受 ISO-834（1975）升温火灾，以模拟建筑结构中局部楼层受火的情况。SRC 梁和柱的截面分别为□—300mm×200mm 和□—300mm×300mm。

表 9.1 给出了节点试件的有关参数，其中，k 为梁柱线刚度比，表达式为

图 9.3　节点尺寸及受火、受力示意图
（尺寸单位：mm）

$$k = \frac{(EI)_b / L}{(EI)_c / H} \tag{9.1}$$

式中：$(EI)_b$ 和 $(EI)_c$ 分别为梁和柱的抗弯刚度；L 和 H 分别为梁长度和柱高度。参考 Eurocode 4（2005），$EI = E_s I_s + E_{sb} I_{sb} + 0.6 E_c I_c$，$E_s$、$E_{sb}$ 和 E_c 分别为型钢、钢筋和混凝土的弹性模量；I_s、I_{sb} 和 I_c 分别为型钢、钢筋和混凝土的截面惯性矩。表 9.1 中 n 为柱荷载比，按式（3.17）计算；m 为梁荷载比，按式（3.18）计算，式中的常温下柱极限承载力 N_u 和梁极限承载力 P_u 均由有限元模型计算获得。

表 9.1　型钢混凝土柱 - 型钢混凝土梁连接节点试件信息

试件编号	k	n	m	柱荷载 N_F/kN	梁荷载 P_F/kN	耐火极限 t_R/min
JSRC1	0.706	0.66	0.3	2139	22	127
JSRC2	0.706	0.66	0.6	2139	44	94

图 9.4 所示为 SRC 组合节点详细构造尺寸图。SRC 梁内主筋贯通节点区域，纵向受力钢筋外边缘至混凝土表面的距离为 30mm。柱端板尺寸与钢管混凝土柱端板一致，并与型钢和钢筋焊接。SRC 梁和 SRC 柱内配的型钢截面翼缘和腹板厚度相同，均为 9.3mm。

试件中采用的各类钢材在常温下的材性均通过标准拉伸试验确定，其屈服强度（f_y）、抗拉强度（f_u）、弹性模量（E_s）和泊松比（v_s）等指标分别如表 9.2 所示。

表 9.2　钢材力学性能指标

钢材类型	f_y/MPa	f_u/MPa	E_s/（$\times 10^5$N/mm^2）	v_s
9.3mm 厚钢板	260	388	2.03	0.311
Φ 20 纵筋	378	583	2.01	0.275
Φ 12 纵筋	410	588	1.82	0.270
φ 8 钢筋	431	542	1.90	0.281

节点试件中的柱、梁和楼板采用了同一种混凝土，混凝土所用材料为普通硅酸盐水泥；花岗岩碎石（硅质），粒径 5～31.5mm；中粗砂，砂率 0.41；Ⅱ级粉煤灰。水灰比 0.45。各种材料的用量为水泥 315kg/m^3，砂 744kg/m^3，石子 1071kg/m^3，水 175kg/m^3，粉煤灰 75kg/m^3，减水剂 7.02kg/m^3，28 天时的立方体抗压强度 f_{cu}＝27.8MPa，弹性模量 E_c＝29 200N/mm^2，试验时 f_{cu}＝30.6MPa。

SRC 组合节点试验的加载方式和边界条件如图 9.3 所示。柱上下两端盖板分别与加荷板和固定钢板连接。梁左右两端各放置一个位移计测量加载端的位移，柱顶放置两个位移计测量柱在受火过程中的轴向变形。常温下施加柱轴向荷载和梁端荷载至设计荷载，按照 ISO-834（1975）标准升温曲线点火升温，测试过程中保持施加在柱顶和梁两端上的荷载稳定不变。试验现象则通过设置在试验炉壁两侧的观察孔观测。

试验过程中测试的项目包括：①温度：炉膛温度、试件节点区温度（对于柱，布置在节点核心区中心位置；对于型钢混凝土梁，布置在距离柱边 50mm 位置）、节点外柱截面（距离梁底 800mm）和梁截面温度（距离柱轴线 800mm）。在梁和柱截面的纵筋、箍筋、型钢和混凝土的不同位置设置了热电偶测量试件内部温度，测点的具体位置如图 9.4（c）和（d）所示。②柱轴向压缩，通过柱加荷板上放置的两个位移计测得。③梁端挠度。④节点的耐火极限。

节点耐火试验的过程为：①用吊车将节点试件吊入炉中，定位后用螺栓将试件上下端部与炉内压力机的上下盖板连接好；②楼板边缘、顶面、楼板以上柱表面包裹石棉布（布总厚度为 20mm，体积密度 928kg/m^3），以保证这些部位的绝热性；③连接热电偶、柱顶位移计、面外位移计的连线。钼丝通过混凝土墩转动轴和滑轮引出。安装梁端位移计等仪表；④封闭炉膛；⑤施加轴向荷载（N_F）至设计荷载，恒定持荷 15min 后，开始施加梁两端荷载至设计荷载（P_F）；⑥梁端荷载持荷 15min 后开始点火，升温测试过程中，量测构件测点温度以及变形，保持施加在柱上和梁端荷载恒定不变；⑦节点试件达到耐火极限后熄火并停止测试。

图 9.4　节点试件截面尺寸示意图（尺寸单位：mm）

对建筑结构梁 - 柱连接节点耐火极限的确定条件目前尚未有关规定。根据本次试验的实际情况，结合 ISO-834（1999）对梁、板和柱构件达耐火极限的有关判定条件，本次试验过程中认为节点达耐火极限的条件暂定为如下情况之一。

1）梁板变形。根据 ISO-834（1999）标准，梁板最大挠度达到 $L^2/（400h）$（mm），同时当挠度超过 $L/30$（mm）后变形速率超过 $L^2/（9000h）$（mm/min），其中 L 为梁板

计算跨度（mm），h 为梁拉压区边缘间距离（mm）。

2）柱变形。根据 ISO-834（1999）标准，轴向压缩量达到 0.01H（mm）且轴向压缩速率超过 0.003H（mm/min），其中 H 为柱高度（mm）。

9.3.2　试验结果及分析

（1）温度（T）-受火时间（t）关系

实测的节点试件温度（T）-受火时间（t）关系类似，以 JSRC1 试件为例，图 9.5 给出了非节点区的 T-t 关系。测试结果表明，当混凝土内的温度达到 100℃时，混凝土里的水分开始蒸发，在该时刻截面温度曲线出现波动。比较节点区和非节点区测点的温度表明，型钢混凝土梁或柱在节点区附近和非节点区截面尺寸相同的情况下，节点区测点升温比非节点区相应点升温滞后。以型钢混凝土梁为例，在 90min 时，梁底边角纵筋、型钢腹板下部、中心及上部温度比非节点区的分别低 150℃、77℃、59℃和 38℃。

采用本章建立的节点温度场分析模型，对温度（T）-受火时间（t）关系进行计算，图 9.5 中给出了有限元计算结果与实测结果的比较，可见二者总体上吻合较好，在 100℃左右时计算结果与实测结果差别较大。

图 9.5　型钢混凝土节点典型的温度（T）-受火时间（t）关系曲线

（2）变形实测结果及分析

1）柱轴向变形（Δ_c）- 受火时间（t）关系。

两个节点均由于柱轴向变形和速率过大而达到耐火极限。图 9.6 给出了两个节点试件柱轴向变形（Δ_c）- 受火时间（t）关系。可见，试件 JSRC1 和 JSRC2 的变形曲线形状相同，虽然 SRC 组合节点中的柱荷载比（n）相同，但由于梁荷载比（m）不同，使得耐火极限（t_R）有所不同，当梁荷载比（m）由 0.3 增加到 0.6 时，耐火极限（t_R）由 127min 降低到 97min。

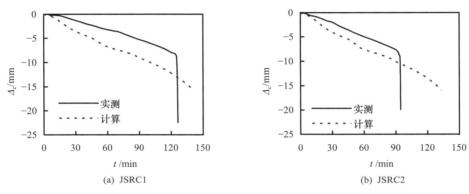

(a) JSRC1   (b) JSRC2

图 9.6　实测柱轴向变形（Δ_c）- 受火时间（t）关系曲线

2）梁端挠度（δ_b）- 受火时间（t）关系。

图 9.7 给出实测的梁端挠度（δ_b）- 受火时间（t）关系。可见，在外荷载及火灾作用下，柱发生变形，使得梁左右两侧端部的挠度不一致。对于梁荷载比 $m=0.6$ 的试件 JSRC2，外荷载作用下的挠度超过构件热膨胀引起的向上的弯曲，梁端不出现向上的位移。对于梁荷载比 $m=0.3$ 的节点试件 JSRC1，在升温初期，热膨胀作用较明显，梁端挠度变化相对平缓。节点试件达到耐火极限时柱轴向压缩变形突然增加，梁变形也随之加快。

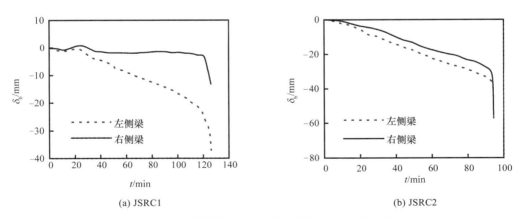

(a) JSRC1   (b) JSRC2

图 9.7　梁端挠度（δ_b）- 受火时间（t）关系曲线

梁荷载比（m）对梁端挠度的影响明显，如图 9.8 所示。梁荷载比（m）越大，火

图 9.8　梁端挠度（δ_b）‑受火时间（t）关系曲线

灾下梁端变形越快。

图 9.9 为实测梁端挠度（δ_b）‑受火时间（t）关系与计算结果的对比情况。

从图 9.9 可以看出，左梁端梁端挠度相对较大，有限元模型计算的火灾下梁端挠度比实测值小。偏差的主要原因可能是：试验时节点试件在恒载升温过程中，受火面柱外围混凝土、梁底混凝土发生剥落，使得截面减小、钢筋外露、内部升温加快（如图 9.5（b）所示），加速了试件的变形，而计算时不考虑上述影响，使得计算的耐火极限偏高。

图 9.9　实测梁端挠度（δ_b）‑受火时间（t）关系曲线与有限元计算结果比较

（3）试验现象和试件破坏特征

图 9.10 给出试验后型钢混凝土节点的破坏形态，为了便于描述，图 9.10（a，1）和（b，1）分别给出节点正面，而图 9.10（a，2）和（b，2）分别给出节点的背面情况。梁分为左梁和右梁，梁加载位置端部为梁端，柱分为上柱和下柱，柱上加载位置为柱顶，下柱盖板位置为柱底。节点试件的试验现象和破坏形态具有如下特点。

1）以试件 JSRC1 为例，说明试验过程。升温 10min（炉膛温度 717℃）时，左梁底混凝土角部剥落，楼板底部前面也有局部混凝土剥落。12min（746℃）时，节点区有水溢出。13min（757℃）时，右梁底部混凝土剥落。17min（783℃）时，节点区柱位置有水一直滴下，节点区柱左侧表层有混凝土开裂。20min（800℃）时，左梁端截面有水溢出，62min（960℃）时，右梁端截面有水溢出，在 83min（996℃）时水汽溢出现象越发明显。102min（1027℃）时节点区和左梁截面水渍转干。

2）开炉后观察试件的破坏形态，如图 9.10 所示，可见节点试件的破坏最终都是由于柱破坏引起的，而节点核心区没有明显裂缝产生。

3）节点梁底部有混凝土剥落现象发生，如图 9.10（a，2）和（b，2）中梁下部放

(1) 节点正面　　　　　　　　　　　　(2) 节点背面

(a) 试件JSRC1

(1) 节点正面　　　　　　　　　　　　(2) 节点背面

(b) 试件 JSRC2

图 9.10　节点试件试验后的破坏形态

大图所示，部分纵筋裸露，楼板底部有混凝土剥落。由于试件 JSRC1 梁荷载比（m）较小，平行于板宽方向的裂缝较少，而试件 JSRC2 在该方向的裂缝相对明显。

4）达到极限状态时，从图 9.10（a，1）和（b，1）可以发现，两个型钢混凝土节点试件的下柱混凝土剥落均较为明显，纵筋向外弯曲，部分箍筋发生断裂。

采用 9.2 节建立的有限元模型计算 JSRC1 和 JSRC2 节点试件破坏时的混凝土塑性压应变分布，分别如图 9.11（a，1）和（b，1）所示。可见，试件破坏时柱受火面四周塑性压应变数值较大，最大塑性压应变发生在下柱中部，试件 JSRC1 和 JSRC2 的应变值分别达到 15 900μɛ 和 15 910μɛ。型钢混凝土梁中的混凝土最大塑性压应变出现在距柱中心 400mm 的梁底位置，试件 JSRC1 和 JSRC2 的数值分别达到 6034μɛ 和 7742μɛ。在塑性压应变较大的区域，表层混凝土更容易于发生如图 9.11（a，2）和（b，2）所示的剥落现象。

(1) 计算结果

(2) 下柱混凝土剥落

(a) 试件 JSRC1

(1) 计算结果

(2) 梁混凝土剥落

(b) 试件 JSRC2

图 9.11　混凝土塑性压应变分布

9.4　火灾下节点工作机理分析

采用数值模型对如图 9.1（b）所示典型的型钢混凝土（SRC）柱 - 型钢混凝土（SRC）梁节点进行分析。参照实际工程中型钢混凝土（SRC）柱的尺寸，设计了 SRC 柱 - SRC 梁连接节点，算例的计算条件如下。

SRC 柱：$B \times H = 600mm \times 600mm \times 6900mm$；型 钢 H360mm$\times$300mm$\times$16mm$\times$16mm；纵筋 12$\phi$20；箍筋 ϕ10@200mm；加劲肋 328mm$\times$92mm$\times$14mm。

型钢混凝土梁：$D_b \times B_b \times L = 600mm \times 400mm \times 9000mm$；型钢 H360mm$\times$200mm$\times$14mm$\times$14mm；受拉纵筋 4$\phi$20；受压纵筋 2$\phi$20；箍筋 ϕ10@200mm。

钢筋混凝土楼板：宽度（b_{slab}）$\times$ 厚度（t_{slab}）$\times$ 长度（L_{slab}）$= 3000mm \times 120mm \times 9000mm$；纵筋 ϕ10@150mm；分布筋 ϕ10@250mm。

型钢屈服强度 $f_y = 345MPa$，钢筋屈服强度 $f_{yb} = 335MPa$，柱混凝土强度 $f_{cu} = 60MPa$，梁板混凝土强度 $f_{cu} = 40MPa$。梁和柱钢筋的混凝土保护层厚度为 30mm，楼板中钢筋的混凝土保护层厚度为 20mm，梁柱线刚度比 $k = 0.45$。节点楼板以下部分遭受 ISO-834（1975）升温火灾。

根据上述参数对型钢混凝土节点的温度场进行了计算，建立的有限元模型如图 9.2 所示，图 9.12 所示为受火 3h 时，在 ISO-834（1999）标准升温作用下节点区梁和柱的截面温度分布等值线图，可见，型钢混凝土梁和柱节点区，截面温度场表现出外高内低的趋势，截面角部温度最高，内部温度变化趋于平缓。由于内部型钢的存在，加快了截面内的热传导，在一定范围内降低了温度梯度，在型钢附近这种影响较明显。

(a) 梁节点区　　　　　　　　　　　　　　　(b) 柱节点区

图 9.12　受火 3h 时节点区梁和柱截面温度分布图

采用建立的有限元模型，进行了型钢混凝土柱 - 型钢混凝土梁节点火灾下的受力特性分析，包括钢与混凝土之间粘结滑移、节点变形和破坏形态、内力、应力和应变的变化规律等。

9.4.1　钢和混凝土之间粘结滑移的影响

图 9.13（a）和（b）所示为柱荷载比 $n = 0.6$、梁荷载比 $m = 0.6$ 时，不同梁柱线刚度比（k）情况下，考虑滑移和不考虑滑移的柱轴向变形（Δ_c）和梁端挠度（δ_b）与受

火时间（t）的关系曲线。可见，在本算例中，滑移对梁跨中挠度和柱轴向变形影响不明显，对耐火极限的影响不明显。

(a) Δ_c-t 关系（n=0.6, m=0.6）　　　　　(b) δ_b-t 关系（n=0.6, m=0.6）

图 9.13　考虑滑移和不考虑滑移时节点变形 - 受火时间关系曲线

对于柱荷载比 n＝0.6、梁荷载比 m＝0.6、梁柱线刚度比 k＝0.45 的节点，分析结果表明，梁纵筋滑移量最大位置在距柱轴线 1m 处的最上部纵筋，梁型钢翼缘最大滑移出现在距柱轴线 1m 附近下翼缘边缘，腹板最大滑移在梁端附近腹板中心。柱纵筋最大滑移量出现在上柱底部右边最外层钢筋，柱型钢翼缘和腹板最大滑移分别出现在节点区域附近。

图 9.14 所示为不同受火时间（t）下钢与混凝土相对滑移（S）和粘结应力（τ）沿节点长度方向的分布情况，其中 L 为梁长度，H 为柱高度，X 为距离梁左端的距离；Y 为距离柱底的高度。梁纵筋和型钢位置分别取梁顶、型钢上翼缘中部，柱纵筋和型钢位置分别取右侧最外层角部、型钢右侧翼缘中部，柱荷载比（n）和梁荷载比（m）均为 0.6。总体上看，梁纵筋与混凝土、型钢与混凝土的滑移量和粘结应力沿梁长方向左右近似呈对称分布，方向相反，梁跨中位置滑移量和粘结应力为 0。由于上、下柱受力性能的差异，上、下柱钢材与混凝土滑移和粘结应力分布也不同，柱跨中位置滑移量和粘结应力则均为 0。在节点区附近由于受温度和荷载的共同作用，粘结应力的分布较为复杂，波动较为明显。

计算结果还表明：在常温加载后，钢筋与混凝土、型钢与混凝土交接面已存在不同程度的滑移，随着受火时间（t）的增加，滑移量有增大的趋势，在接近破坏时滑移发展较快。

总体上看，滑移对梁跨中挠度、柱变形以及耐火极限影响不明显，对节点相对转角影响明显。火灾下型钢与混凝土最大滑移量大于钢筋与混凝土的滑移，型钢翼缘与混凝土最大滑移量大于腹板与混凝土的滑移，而且梁型钢与混凝土之间最大滑移量比柱型钢与混凝土之间最大滑移量大。

9.4.2　变形及破坏形态

本节计算分析了柱荷载比 n＝0.2、0.4、0.6、0.8，梁荷载比 m＝0.2、0.4、0.6、0.8，以及梁柱线刚度比 k＝0.23、0.45、0.90、1.36 情况下节点在火灾下的变形。

(1) 梁纵筋

(2) 梁型钢

(3) 柱纵筋

(4) 柱型钢

(a) 相对滑移沿节点长度方向的分布

(1) 梁纵筋

(2) 梁型钢

(3) 柱纵筋

(4) 柱型钢

(b) 黏结应力沿节点长度方向的分布

图 9.14　钢与混凝土相对滑移（S）和粘结应力（τ）分布

（1）柱轴向变形（Δ_c）

图 9.15 所示为不同柱荷载比（n）、梁荷载比（m）和梁柱线刚度比（k）时，柱轴向变形（Δ_c）与受火时间（t）的关系。

如图 9.15（a）所示，对于梁荷载比 $m=0.6$ 和梁柱线刚度比 $k=0.45$ 的节点，在常温加载后，柱荷载比（n）越大，轴向变形（Δ_c）越大，在相同的受火时间下，柱荷载比（n）越大，柱轴向变形（Δ_c）增加越快，对于柱荷载比 $n=0.2$ 和 0.4 的节点，节点破坏由梁破坏控制，达到破坏时柱的变形不大，而柱荷载比 $n=0.6$ 和 0.8 的节点，节点破坏由柱破坏控制。

由图 9.15（b）可见，对于柱荷载比 $n=0.6$ 和梁柱线刚度比 $k=0.45$ 的节点，常温加载后，不同梁荷载比（m）的节点轴向变形（Δ_c）相差不大，而在相同的受火时间下，梁荷载比（m）越大的节点柱轴向变形（Δ_c）越大。

如图 9.15（c）所示，对于柱荷载比（n）和梁荷载比（m）均为 0.6 的节点，梁柱线刚度比（k）越大，柱端附加弯矩越大，且梁上荷载传到柱上的轴力也越大，在相同的受火时间（t）下，柱轴向变形（Δ_c）越大，梁柱线刚度比 $k=0.23$ 的节点最终发生梁破坏，达到耐火极限时柱轴向变形增加较其他节点程度小。

图 9.15　柱轴向变形（Δ_c）‑受火时间（t）关系曲线

（2）梁端挠度（δ_b）

梁端挠度（δ_b）除了梁自身变形外还受到柱变形的影响，受火过程中柱会发生侧向变形，使得左梁和右梁挠度变化有所不同。以变形较大的左梁为例，图 9.16 所示为梁端挠度（δ_b）与受火时间（t）关系。可见，柱荷载比（n）、梁荷载比（m）和梁柱线刚度比（k）对梁端部挠度（δ_b）的影响明显。

可见，柱荷载比（n）越大，同一时刻梁端挠度（δ_b）发展越快。梁荷载比（m）影响更为明显，梁荷载比（n）越大，升温过程中梁挠度发展越快，同时梁荷载比（n）越大，柱变形也会加快，使得梁端挠度（δ_b）增大。梁柱线刚度比（k）越小，梁的跨度越大，相同时间下梁端挠度值越大。当节点为到梁破坏时（$k=0.23$），梁端挠度迅速增大，而节点为柱破坏时（$k=0.45$、0.90 和 1.36），梁端挠度在达到耐火极限时挠度增幅平缓，未见到急剧增大的现象，如图 9.16（c）所示。

图 9.16　梁端挠度（δ_c）- 受火时间（t）关系曲线

（3）梁柱相对转角（θ_r）

梁柱连接的转动变形，可采用梁柱相对转角来反映，理论上，梁柱连接节点的相对转角（θ_r）是指梁柱轴线之间所产生的转角变化量，但在试验中难以测得该值，可在有限元计算基础上，采用简化方法来计算。

Mao 等（2010）对钢节点进行分析时提出梁柱相对转角（θ_r）选取方法，本章参考该方法，确定本书中节点的梁柱相对转角（θ_r），图 9.17 所示为梁柱连接示意图，其中 θ_b1 和 θ_b2 分别为左梁和右梁的转角，θ_c 为柱转角，M_b1 和 M_b2 分别为左梁和右梁端弯矩，M_c1 和 M_c2 分别为上柱和下柱端弯矩，Δ_b11 和 Δ_b12 分别为左梁端截面梁顶和梁底中心的水平位移，Δ_b21 和 Δ_b22 分别为右梁端截面梁顶和梁底中心的水平位移，Δ_c1 和 Δ_c2 分别为梁顶和梁底高度处柱轴线上两点的水平位移，D_b 为梁高。从而可以得到，

$\theta_{b1}=(\Delta_{b11}-\Delta_{b12})/D_b$，$\theta_{b2}=(\Delta_{b21}-\Delta_{b22})/D_b$，$\theta_c=(\Delta_{c1}-\Delta_{c2})/D_b$，梁柱连接的相对转角为 $\theta_r=\theta_{b1}-\theta_c$ 或 $\theta_r=\theta_{b2}-\theta_c$，取转角数值较大者，本章转角的正方向定为顺时针方向。

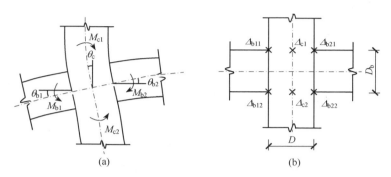

图 9.17　梁柱连接转角关系示意图

以变形较大的左梁为例，图 9.18 给出了不同柱荷载比（n）、梁荷载比（m）和梁柱线刚度比（k）时，梁柱连接相对转角（θ_r）随受火时间（t）的变化情况，其中正值表明梁的转角大于柱的转角，负值表明梁的转角小于柱的转角。

从图中可见，对于柱荷载比 $n=0.2$ 和 0.4、梁荷载比 $m=0.2$、梁柱线刚度比 $k=0.23$ 的节点，梁 - 柱相对转角（θ_r）随受火时间（t）的变化比较复杂，呈现出先增加，后降低，然后增加的过程，这主要是由于受到梁和柱转动变形的相互影响的结果。

图 9.18　梁柱相对转角（θ_r）- 受火时间（t）关系曲线

（4）破坏形态

节点在荷载和火灾共同作用下的变形包括梁变形、柱变形和节点转动变形，且节点有关参数不同，上述变形的变化规律和特点也会有所不同，如对于柱荷载比 $n=0.2$、梁荷载比 $m=0.6$ 的节点，柱轴向变形数值较小，而接近破坏时梁端挠度数值较大，超过了 $L^2/(400D_b)=84\text{mm}$，且变化速率迅速增加，梁破坏起了控制作用；对于柱荷载比 $n=0.6$、梁荷载比 $m=0.2$ 的节点，轴向压缩量则较大，超过了 $0.01H=30\text{mm}$，而梁的变形增长缓慢，柱破坏起了控制作用。

构件变形骤然增加，无法继续承受作用荷载，即认为构件达到耐火极限。节点由相邻的构件组成，任一个构件达到耐火极限即认为节点达到耐火极限，此时计算停止。计算结果表明（如表 9.3 所示），柱荷载比（n）、梁荷载比（m）和梁柱线刚度比（k）对耐火极限（t_R）的影响较为明显，而且可能影响破坏形态。柱荷载比、梁荷载比或梁柱线刚度比越大，耐火极限越低。

表 9.3　耐火极限及破坏类型汇总

柱荷载比 n	梁荷载比 m	梁柱线刚度比 k	耐火极限 t_R/min	破坏类型
0.6	0.6	0.23	94	梁破坏
0.2	0.6	0.23	127	梁破坏
0.4	0.6	0.23	126	梁破坏
0.6	0.6	0.45	80	梁、柱同时破坏
0.8	0.6	0.45	10	柱破坏
0.6	0.6	0.90	38	柱破坏
0.6	0.6	1.36	26	柱破坏
0.6	0.2	0.45	290	柱破坏
0.6	0.4	0.45	203	柱破坏
0.6	0.8	0.45	55	梁破坏

对于梁柱线刚度比 $k=0.45$、梁荷载比 $m=0.6$ 的情况下，柱荷载比 $n=0.2$ 和 0.4 的节点耐火极限相差不大，这是因为节点最终发生的都是梁破坏，柱的变形相对较小，节点耐火极限主要是由梁控制，但是随着柱荷载比（n）的进一步增加（如 $n=0.8$）或梁荷载比 $m=0.2$、0.6 等条件下的节点就发生了柱破坏，如图 9.19（a）。对于梁柱线刚度比 $k=0.45$、柱荷载比 $n=0.6$ 的情况，梁荷载比 $m=0.2$ 和 0.4 的节点均发生柱破坏，梁荷载比（m）增加，会加速柱的塑性发展和变形，一定程度上降低了柱的耐火极限，对于梁荷载比 $m=0.8$ 的节点，火灾下梁发展塑性更快，最终发生梁破坏，图 9.19（b）。对于柱荷载比（n）和梁荷载比（m）均为 0.6 的情况，梁柱线刚度比 $k=0.23$ 的节点，其梁跨度较大，在火灾下变形发展较快，轴力产生的附加弯矩也越大，最终梁破坏对节点的破坏起了控制作用。随着梁柱线刚度比（k）的增加，梁对柱的约束作用加大，柱端弯矩增大。同时在相同的梁荷载比（m）下，梁柱线刚度比（k）越大，梁上荷载传到柱上的轴力越大，节点耐火极限减小，如梁柱线刚度比 $k=0.90$ 和 1.36 的节点最

终都发生柱破坏，耐火极限分别为 38min 和 26min。

图 9.19（c）所示为柱荷载比 $n=0.6$、梁荷载比 $m=0.6$、梁柱线刚度比 $k=0.6$ 组合节点梁柱同时破坏的破坏形态。由于楼板以下部分受火面温度较高，下柱发生了明显的弯曲，而上柱变形较小。从梁和柱的变形曲线看，梁和柱之间相互约束，型钢在受火过程中由于混凝土的包裹，没有发生局部屈曲现象。

（a）柱破坏　　　　　　（b）梁破坏　　　　　　（c）梁和柱同时破坏

图 9.19　火灾下节点的破坏形态示意图

9.4.3　内力变化

节点在受力过程中，型钢混凝土梁受到轴向约束和转动约束，型钢混凝土柱受到转动约束。下面以柱荷载比 $n=0.6$ 的典型节点为例说明梁端部轴力和弯矩、梁节点区弯矩、柱端部和节点区弯矩随受火时间（t）的变化规律。

（1）梁端部截面轴力和弯矩

与常见的简支梁不同，约束梁在升温过程中由于其膨胀和弯曲变形受到相邻构件或边界的约束，会在梁内产生轴力和弯矩。

以变形较大的左梁为例，图 9.20（a）所示为不同梁荷载比（m）下梁端部截面轴力（N_b）随受火时间（t）的变化情况。可见，当 $m<0.6$ 时，截面轴压力先随着受火时间（t）增加而增加，并达到极值，随着温度的进一步升高，梁承载能力损失程度大，挠度增长迅速，梁端部截面轴压力逐渐减小，达到破坏时轴压力降低的幅度不大。这与火灾下受约束钢梁不同，受约束钢梁在轴压力达到极值后，随着梁变形的增大，梁轴力会由压变拉，之后随着材料性能的劣化，钢梁轴拉力逐渐减小直至结构破坏（李国强和韩林海等，2006）。当梁荷载比 $m \geq 0.6$ 时，破坏前轴压力基本不出现下降。

从图 9.20（a）还可以看出，梁荷载比（m）越大，梁端部截面轴压力的最大值越小，轴压力达到最大值时对应的受火时间（t）也越小，这是因为在相同的受火时间（t）下，梁荷载比（m）越大，升温过程中梁挠度发展更快，破坏前轴压力比较大，破坏更快。梁荷载比（m）小的节点耐火极限较大，热膨胀持续作用下梁轴压力持续增加。

图 9.20（b）所示为不同梁荷载比（m）作用下梁端部截面弯矩（M_b）随受火时间（t）的变化规律。可见，梁端部截面弯矩经历了先减小后增加的过程。在受火时间 $t<30min$ 时，弯矩减小，这是因为升温初期，热膨胀作用明显，梁端部截面高温区拉应力大大减小并出现压应力，截面中和轴下移。受火时间超过 30min 后，材料强度和刚度退化明显，梁挠度增长较快，同时梁轴压力的增加使梁的二阶效应更明显，也加速了梁截面的塑性发展，端部截面弯矩不断增加，对于梁荷载比 $m=0.4$ 和 0.6 的节点，

在梁轴压力达到极值点后弯矩增长趋于平缓。

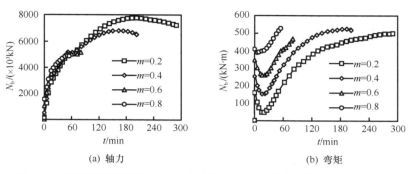

(a) 轴力　　　　　　　　　　　　(b) 弯矩

图 9.20　梁端部截面轴力（N_b）和弯矩（M_b）- 受火时间（t）关系曲线

（2）梁节点区截面弯矩

在温度和外荷载的共同作用下梁节点区截面会产生弯矩，该弯矩与梁端部弯矩、外荷载和轴力产生的弯矩平衡。图 9.21 所示为不同梁荷载比（m）下梁节点区弯矩（M_b）随受火时间（t）的变化曲线。可见，对于梁荷载比 $m=0.2$ 和 0.4 的节点，在受火时间 $t<10$min 时弯矩稍有增长，这主要是受到高温下材料属性、温度和荷载等因素的综合影响，改变了截面的应力状态，但是这种变化持续时间不长，随着时间的增长，梁节点区截面弯矩开始降低，然后逐渐回升。

图 9.21　梁节点区截面弯矩（M_b）- 受火时间（t）关系曲线

（3）柱端部截面弯矩

图 9.22 所示为不同梁荷载比（m）作用下柱端部截面弯矩（M_c）随受火时间（t）的变化曲线，可见，不管是未受火的上柱还是受火的下柱，柱端部弯矩都是随着受火时间（t）的增长而增加，在接近破坏时增加较快，在受火时间（t）相同的情况下，梁荷载比（m）越大，柱端部截面弯矩（m）越大。这主要是因为在受火过程中，柱端部侧向变形逐渐增加，柱在轴力作用下会产生"二阶效应"，截面单元塑性发展较快，同时，随着梁荷载比（m）的增加，下柱承受的轴压力加大，在相同的受火时间（t）下，梁和下柱的变形会加快上柱的变形，柱端部的弯矩也随之增大。

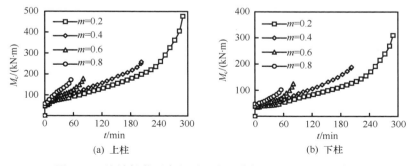

(a) 上柱　　　　　　　　　　　　(b) 下柱

图 9.22　柱端部截面弯矩（M_c）- 受火时间（t）关系曲线

（4）柱节点区截面弯矩

火灾作用下柱受到相邻构件的转动约束，在柱节点区截面会产生弯矩，图9.23所示为不同梁荷载比（m）作用下上柱和下柱节点区截面弯矩（M_c）与受火时间（t）的关系曲线。可见，柱节点区弯矩变化规律与柱端部截面弯矩变化一致。

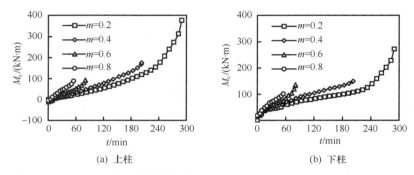

(a) 上柱　　　　　　　　　　　　(b) 下柱

图9.23　柱节点区截面弯矩（M_c）- 受火时间（t）关系曲线

9.4.4　应力分布

以柱荷载比 $n=0.6$，梁荷载比 $m=0.6$ 的典型节点为例，对节点钢筋、型钢和混凝土在不同时刻的应力变化情况进行分析。

结果表明，对于内部钢筋和型钢，升温前应力较大区域多集中在梁节点区和下柱的位置，而随着受火时间的增加，梁端部钢筋的 Mises 应力会逐渐增加，这主要是由于升温时梁的轴向膨胀受到轴向约束所产生的温度内力造成的。对于外部混凝土，随着温度的增加，下柱角部以及节点区梁下部的应力逐渐增加，这些位置的混凝土更易于发生剥落。

选取柱节点区截面和柱非节点区截面来说明混凝土纵向应力在不同时刻的变化情况，如图9.24所示为升温前、30min 和 60min 时节点柱节点区和非节点的混凝土纵向应力分布等值线图，柱节点区和非节点区位置如图9.4（a）所示。

可见，在常温加载后，如图9.24（a，1）所示，全截面受压，中心位置的压应力最大，往左右两侧逐渐减小，左右基本呈对称分布。在时间为30min时，节点核心区中心柱截面左右两侧与梁相连接，升温较慢，而前后直接受火面升温较快，由于不均匀温度场以及外荷载的共同作用，改变了截面单元的应力状态。受火面高温区热膨胀作用明显，而这个时候材料强度和弹性模量降低不大，因此高温区混凝土压应力增加，如图9.24（a，2）所示。随着时间的增长，高温区混凝土材料劣化明显，混凝土承担的荷载减小，压应力变小，右侧单元的压应力比左侧对应单元的压应力稍大，内部低温区混凝土承担较大的荷载，压应力逐渐发展，如图9.24（a，3）所示。随着温度的增加和柱变形的不断发展，可以看出左右两侧应力分布明显不同，高温区混凝土压应力进一步减小，型钢右翼缘附近的内部混凝土压应力仍持续增长。

对于非节点区的柱，混凝土压应力在常温加载后由于柱初始缺陷的影响已经表现

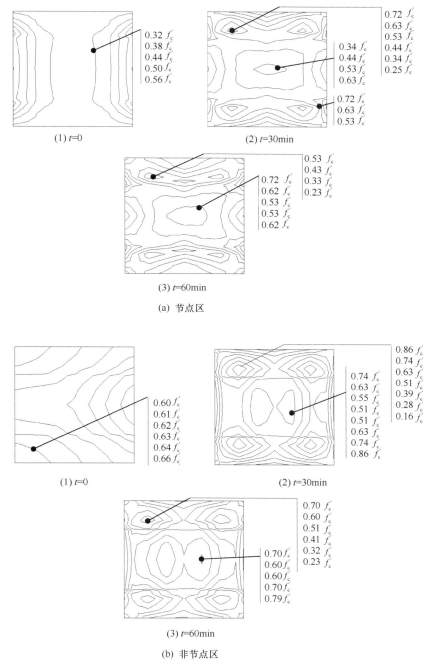

图 9.24 SRC 柱截面混凝土的纵向应力分布

出偏心侧（截面右侧）高非偏心侧（截面左侧）低的分布，如图 9.24（b，1）所示，但随着受火时间的增加，不对称性逐渐降低。受火时间 30min 时，由于柱非节点区截面四面受火，柱周围的温度较高，热膨胀作用明显，高温区混凝土压应力增加。受火

60min 时，高温区混凝土材料随温度升高性能持续劣化，混凝土承担的荷载减小，压应力减小，而型钢翼缘内部的混凝土压应力持续增加。

常温加载结束时，在外荷载作用下梁截面的纵向应力分布呈现较规则的带状分布，出现有明显界限的受拉区和受压区，随着温度的增加，接近受火面的梁外部混凝土温度增加较快，升温膨胀受到梁端约束而产生的轴压温度内力使得梁外层的混凝土压应力增加，而温度较低的内部混凝土则逐渐产生拉应力，说明实际结构中，火灾下温度内力产生的影响不容忽视。

图 9.25 所示为升温时间 0 和 60min 时刻，梁混凝土纵向应力沿梁长度方向的分布情况，可见，随着温度的增加，梁的弯矩反向区域会逐渐发生变化，且随着受火时间的增加，有逐渐向梁柱连接节点区域移动的趋势。

(a) t=0　　　　　　　　　　　　　　(b) t=60min

图 9.25　梁混凝土纵向应力沿长度方向分布

温度升高所引起的材料热膨胀会使结构或构件产生变形，该变形受到限制会产生温度应力。本算例中的温度应力包括两部分：即一方面由于不均匀温度场的作用，会使截面上不同位置产生的热膨胀不同，从而产生温度自应力；另一方面是由于升温膨胀产生的梁或柱变形受到边界条件约束时所产生的温度次应力。

图 9.26（a）和（b）所示分别为升温 30min 和 60min 时，梁非节点区截面的混凝土纵向温度应力分布情况。可见，t=30min 时，梁截面外层高温区混凝土的热膨胀受到内部低温区的抑制和梁轴向约束的共同作用，使得梁截面产生的温度应力为中部受拉、外部受压。随着受火时间的增加，t=60min 时，由于梁截面外层混凝土温度较高，材性劣化明显，其温度压应力逐渐降低，而内部区域的混凝土温度拉应力有所增加〔如图 9.26（b）所示〕。

(a) t=30min　　　　　　　　　　　　(b) t=60min

图 9.26　非节点区梁截面的混凝土纵向温度应力

图 9.27 为不同时刻下柱非节点区截面的混凝土纵向温度应力分布情况。与梁截面类似，柱的温度应力同样为外部高温区受压和内部低温区受拉，由于柱截面四周对称受火，其截面温度应力分布也基本对称。随着受火时间的增加，柱内部温度逐渐升高，

比较图 9.27（a）和（b）可见，柱截面内部混凝土受压区域逐渐减小。

(a) t=30min　　　　　　　　　　(b) t=60min

图 9.27　非节点区下柱截面混凝土纵向温度应力

图 9.28 所示为梁节点区截面钢材 Mises 应力随受火时间（t）变化的情况。可见，梁截面底部纵筋在 t＝25min 时开始达到高温屈服强度，梁顶钢筋在受火过程中都没有屈服，这主要是受到外荷载和温度的共同作用，底部纵筋的混凝土保护层厚度为 30mm，在高温下升温较快，在进入屈服后 Mises 应力下降较快，但仍高于钢筋高温屈服强度。对于型钢，在受火过程中应力始终是保持上升的趋势，型钢温度较低，随着受火时间（t）的增长，底部钢筋和高温区混凝土材料退化明显，承担荷载减小，型钢的应力不断增长。型钢下翼缘边角 Mises 应力在接近破坏时屈服，上翼缘边角和腹板中心都没有屈服。

(a)　纵筋　　　　　　　　　　　　(b)　型钢

图 9.28　梁节点区截面钢材 Mises 应力（σ）- 受火时间（t）关系曲线

图 9.29 所示为梁端部截面钢材 Mises 应力随受火时间（t）变化的情况。可见，高温下梁处于压弯受力状态，梁端增长最快，梁底纵筋应力经历了复杂的变化过程，而对于上部钢筋应力前期增长较快，逐渐趋于平缓，顶部纵筋都没有屈服，顶部第二排纵筋在破坏时应力接近高温屈服强度。型钢下翼缘边角在时间超过 30min 后应力逐渐减小，上翼缘边角和腹板中心在受火过程中应力始终保持增长，但都小于屈服强度。

图 9.30 所示为柱节点区截面钢材的 Mises 应力随受火时间（t）的变化情况。可见，时间小于 10min 时所有钢材应力均减小，这主要是因为升温不久，钢材的温度较

(a) 纵筋　　　　　　　　　　　　　　　　(b) 型钢

图 9.29　梁端部截面钢材 Mises 应力（σ）- 受火时间（t）关系曲线

(a) 纵筋　　　　　　　　　　　　　　　　(b) 型钢

图 9.30　柱节点区截面钢材 Mises 应力（σ）- 受火时间（t）关系曲线

低，混凝土高温区热膨胀作用使得混凝土的压应力增加，使钢材承担的荷载降低，应力减小。在 $t=25\text{min}$ 后，外层钢筋温度升高，材性劣化，应力逐渐降低，角部的钢筋在 $t=35\text{min}$ 后达到并超过屈服强度。节点区型钢截面上的温度较低，因此其钢材屈服强度随温度降低不明显，在时间超过 20min 后应力增长较慢，型钢截面上不同位置的 Mises 应力都未达到屈服应力。

图 9.31 所示为下柱端部截面钢材的 Mises 应力（σ）随受火时间（t）变化情况。与柱节点区截面类似，所有钢材应力在时间小于 10min 时均减小。下柱四面受火，外层钢筋温度较高，在 20min 后应力基本都达到屈服强度，高温下材料强度损失程度大，应力逐渐减小。随着钢筋和混凝土压应力的降低，内部型钢承担的外荷载逐渐增加，Mises 应力持续增大。

9.4.5　混凝土的塑性应变

图 9.32 所示为升温 0 和 60min 时混凝土的塑性拉应变矢量图，混凝土塑性拉应变的分布可近似反应混凝土裂缝的分布情况，可见，常温加载结束时刻，即升温 0 时，

混凝土的塑性拉应变以节点区楼板上表面和梁端底面处最为集中，柱节点区和非节点区截面以塑性压应变为主，柱节点区截面的塑性压应变最大可达到 $1035\mu\varepsilon$。

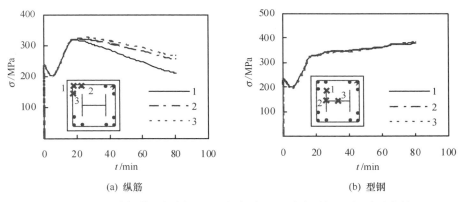

(a) 纵筋　　　　　　　　(b) 型钢

图 9.31　柱端部截面钢材 Mises 应力（σ）- 受火时间（t）关系曲线

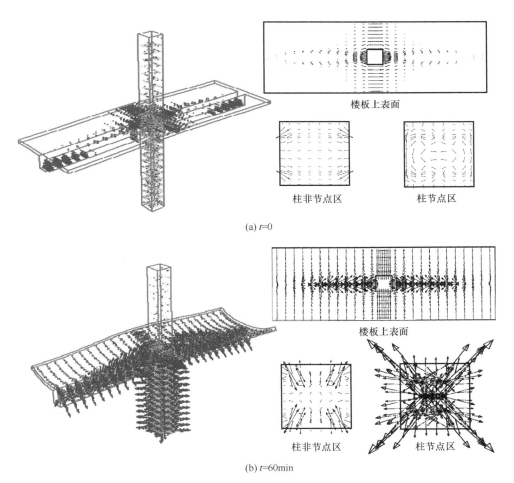

图 9.32　混凝土塑性拉应变矢量图

升温 60min 时，如图 9.32（b）所示，随着温度的增加，混凝土材性逐渐劣化，节点混凝土的塑性拉应变进一步发展。火灾下由于不均匀温度场的影响，截面纤维会受到低温区的约束，同时受到相邻构件的约束，产生附加应力或发生内力重分布，容易造成混凝土的裂缝，在外荷载和温度作用下会出现不规则的裂缝。达到破坏时，从节点平面上看，下柱纵向开裂明显，梁端部附近斜裂缝较多。从构件截面上看，下柱跨中角部出现斜裂缝，且开裂明显，接近表面四周有平行于柱边的水平裂缝，节点核心区中心的柱截面裂缝比下柱跨中小的多，前面和后面接近角部位置也出现斜裂缝。梁截面也是在梁底角部开裂较明显。楼板裂缝明显增多，除了与梁交接处斜裂缝继续发展外，多数裂缝平行于板长方向。

根据火灾下混凝土应变和试验结果的分析可知，混凝土开裂和剥落明显的位置主要发生在型钢混凝土梁跨中和节点附近的底面、角部以及型钢混凝土柱的跨中。针对上述情况，在设计时型钢混凝土梁可采用扩大端的形式与型钢混凝土柱连接，同时可以在混凝土材料中掺加钢纤维或化学物质来减轻火灾下混凝土材料的开裂和剥落。

9.5　节点耐火极限影响因素分析

如前所述，单个构件的耐火极限与整体结构中节点的耐火极限不同，火灾下单个构件的破坏不一定会导致节点乃至整体结构的破坏，和单个构件与节点的耐火极限之间存在一定的相互关系。已有的基于单个构件耐火极限的抗火设计方法应用在整体结构或节点的抗火设计时存在着不匹配的问题，为此有必要在对整体结构中受到约束的节点的耐火极限进行深入的研究，了解影响节点耐火极限的重要因素，以期进一步形成基于节点乃至结构整体抗火设计的理论和方法。

采用 9.2 节建立的有限元模型，可较为准确地计算型钢混凝土柱－型钢混凝土梁节点的耐火极限，分析火灾下节点的承载力、变形和刚度等变化规律，采用该模型进一步对影响型钢混凝土柱-SRC 梁节点耐火极限的各种因素进行了分析。

进行参数分析时，参考某实际工程中的型钢混凝土结构，依据《钢骨混凝土结构设计规程》（YB 9082－97）（1998）和《型钢混凝土组合结构技术规程》（JGJ 138—2001）（2002），选择较为合理常见的含钢率、配筋率、长细比、梁柱线刚度比等计算参数，以及设计和工程应用中常见的材料强度。

算例基本计算条件如 9.2 节所述，其中柱截面含钢率 α_c=4.12%，梁截面含钢率 α_b=4.27%，柱配筋率 ρ=1.05%，柱荷载比 n=0.6，梁荷载比 m=0.6，梁柱线刚度比 k=0.45。

本书 3.5 节的分析结果表明，影响型钢混凝土构件耐火性能的可能因素主要有柱荷载比（n）、截面周长（C）、柱长细比（λ）、柱截面含钢率（α_c）、柱配筋率（ρ）、荷载偏心率（e/r）、柱型钢屈服强度（f_y）、柱钢筋屈服强度（f_{yb}）和柱核心混凝土强度（f_{cu}）等，对于型钢混凝土柱－型钢混凝土梁节点而言，除了上述的影响因素外，还应该考虑梁荷载比（m）、梁柱线刚度比（k）和梁柱极限弯矩比（k_m）的影响，其中梁柱极限弯矩比（k_m）可综合反映型钢混凝土梁的材料强度及截面几何参数等的影响，其计算公式为

$$k_m = \frac{M_{bu}}{M_{cu}} \tag{9.2}$$

式中：M_{bu} 为常温下梁的极限弯矩；M_{cu} 为常温下柱的极限弯矩，可根据有限元模型进行计算，得到的基本算例 $k_m = 0.65$。

参数分析时选取的重要参数及其变化范围如下。

1）柱截面周长（C），取 1200mm、2400mm、3600mm、4800mm、6000mm。柱截面尺寸变化时，保持柱长细比、含钢率、配筋率、梁柱线刚度比和极限弯矩比不变，因此必须通过调整柱长、型钢尺寸、钢筋尺寸、梁截面尺寸、梁型钢和钢筋尺寸、梁跨度等实现。

2）柱长细比（λ），取 20、40、60、80。

3）柱截面含钢率（α_c），取 2.1%、4.1%、6.1%、8.0%。

4）柱配筋率（ρ），取 1%、2%、3%、4%、5%。

5）柱型钢屈服强度（f_y），取 235MPa、345MPa、420MPa。

6）柱钢筋屈服强度（f_{yb}），取 235MPa、335MPa、400MPa。

7）柱核心混凝土强度（f_{cu}），取 30MPa、40MPa、50MPa、60MPa、70MPa。

8）柱荷载比（n，按式（3.17）计算），取 0.2、0.4、0.6、0.8。

9）梁荷载比（m，按式（3.18）计算），取 0.2、0.4、0.6、0.8。

10）梁柱线刚度比 [k，按式（9.1）计算]，改变梁跨度 L 实现。取 0.23（$L = 18\,000$mm）、0.45（$L = 9000$mm）、0.90（$L = 4500$mm）、1.36（$L = 3000$mm）。

11）梁柱极限弯矩比 [k_m，按式（9.2）计算]，通过改变梁型钢屈服强度（f_y）和钢筋屈服强度（f_{yb}）来改变梁柱极限弯矩比（k_m），分别取 0.4（$f_y = f_{yb} = 210$MPa）、0.65（$f_y = 335$MPa，$f_{yb} = 345$MPa）、0.8（$f_y = f_{yb} = 420$MPa）。

下面简要分析各参数的影响规律。

（1）柱截面周长（C）

柱截面周长（C）对节点耐火极限（t_R）的影响明显，如图 9.33 所示。在其他参数条件不变的情况下，随着柱截面周长的增大，柱和梁混凝土体积越大，吸热能力越强，外部火焰温度传到混凝土内部也越慢，节点耐火极限就越高。

（2）柱长细比（λ）

图 9.34 所示为柱长细比（λ）对节点耐火极限（t_R）的影响情况。可见，当 $\lambda \leqslant 40$，节点耐火极限随着柱长细比的增大而增大，这主要是因为长细比较小时，梁上作用荷载传给柱的轴力较大，使得耐火极限较小。当 $\lambda > 40$，随着长细比的增加，柱二阶效应

图 9.33　柱截面周长（C）对 t_R 的影响

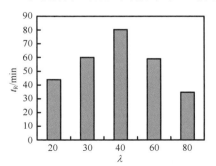

图 9.34　柱长细比（λ）对 t_R 的影响

作用明显，构件变形增长迅速，耐火极限降低。

（3）柱截面含钢率（α_c）

型钢在混凝土内部，温度相对较低，随着柱截面含钢率（α_c）的增大，在其他参数不变的情况下，柱和梁的极限承载力增大，火灾下梁和柱承载力提高较快，节点耐火极限（t_R）也越大。图9.35所示为柱截面含钢率（α_c）对耐火极限（t_R）的影响规律。

（4）柱配筋率（ρ）

随着柱配筋率（ρ）的增大，在其他参数不变的情况下，柱和梁的极限承载力增大，火灾下梁和柱承载力提高较快，节点耐火极限有增大的趋势，但由于型钢的存在，而且钢筋体积含量相对较少，对耐火极限的影响不明显。图9.36所示为柱配筋率（ρ）对耐火极限（t_R）的影响规律。

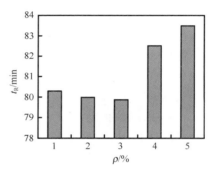

图9.35　柱截面含钢率（α_c）对t_R的影响　　　图9.36　柱配筋率（ρ）对t_R的影响

（5）柱型钢屈服强度（f_y）

在其他参数不变的情况下，随着柱型钢屈服强度（f_y）的增大，柱和梁的极限承载力增大，而且型钢在混凝土内部，温度相对较低，火灾下梁和柱承载力提高更快，节点耐火极限增大。图9.37所示为柱型钢屈服强度（f_y）对耐火极限（t_R）的影响情况。

（6）柱钢筋屈服强度（f_{yb}）

在其他参数不变的情况下，随着柱钢筋屈服强度（f_{yb}）的增大，柱和梁的极限承载力增大，但是和型钢相比，钢筋的混凝土保护层厚度较小，钢筋温度较高，火灾下承载力的提高比常温下的慢，节点耐火极限有减小的趋势，但由于钢筋体积含量较少，对耐火极限的影响不明显，如图9.38所示。

图9.37　柱型钢屈服强度（f_y）对t_R的影响　　　图9.38　柱钢筋屈服强度（f_{yb}）对t_R的影响

（7）柱核心混凝土强度（f_{cu}）

图 9.39 所示为柱核心混凝土强度（f_{cu}）对耐火极限（t_R）的影响情况。可见，当 $f_{cu} \leqslant 50$MPa，混凝土强度影响不明显；当 $f_{cu} > 50$MPa，随着柱混凝土抗压强度的增大，梁和柱在常温下极限承载力提高，但外围混凝土直接受火，温度较高，火灾下构件承载力下降更快，节点耐火极限下降。

（8）柱荷载比（n）

柱荷载比（n）对耐火极限（t_R）的影响较明显。当 $n \leqslant 0.4$，节点柱受到的外荷载较小，柱在受火过程中截面单元塑性发展较慢，节点梁先于柱而破坏，此时节点耐火极限主要由梁耐火极限控制，柱荷载比（n）影响不明显。当 $n > 0.4$，随着柱荷载比（n）的增大，柱截面更多单元进入塑性状态，受火过程中塑性发展也更快，柱变形加快且更快达到耐火极限。图 9.40 所示为柱荷载比（n）对耐火极限（t_R）的影响情况。

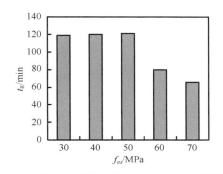

图 9.39　柱核心混凝土强度（f_{cu}）对 t_R 的影响　　　图 9.40　柱荷载比（n）对 t_R 的影响

（9）梁荷载比（m）

图 9.41 所示为梁荷载比（m）对节点耐火极限（t_R）的影响情况。可见，随着梁荷载比（m）的增大，梁截面有更多单元进入塑性状态，火灾下塑性发展也更快，同时，梁荷载比（m）越大，施加到柱上的轴力也增加，耐火极限就越低。

（10）梁柱线刚度比（k）

随着梁柱线刚度比（k）的增加，梁对柱的约束作用加大，柱端弯矩加大，同时在相同的梁荷载比下，梁柱线刚度比（k）越大，梁上荷载传到柱上的轴力越大，节点耐火极限（t_R）减小，如图 9.42 所示。

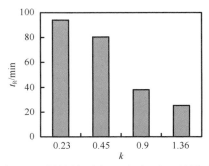

图 9.41　梁荷载比（m）对 t_R 的影响　　　图 9.42　梁柱线刚度比（k）对 t_R 的影响

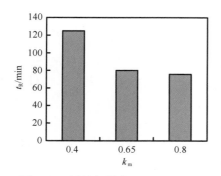

图 9.43　梁柱极限弯矩比（k_m）对
t_R 的影响

（11）梁柱极限弯矩比（k_m）

图 9.43 所示为梁柱极限弯矩（k_m）比对节点耐火极限（t_R）的影响情况。可见，随着梁柱极限弯矩比的增大，梁的极限承载力提高，在其他参数不变的情况下，梁上荷载传到柱上的轴力加大，耐火极限减小。

上述参数分析结果表明，除柱配筋率（ρ）和钢筋屈服强度（f_{yb}）外，其他参数对节点耐火极限（t_R）都有较大的影响。随着柱截面周长（C）、柱截面含钢率（α_c）、柱型钢屈服强度（f_y）的增加，耐火极限（t_R）增加；随着柱荷载比（n）、梁荷载比（m）、梁柱线刚度比（k）、梁柱极限弯矩比（k_m）的增加，耐火极限（t_R）减小；当长细比 $\lambda \leqslant 40$ 时，耐火极限（t_R）随长细比（λ）的增加而增加，当长细比 $\lambda > 40$ 时，耐火极限（t_R）随长细比（λ）的增加而减小；当柱混凝土强度 $f_{cu} \leqslant 50$ 时，耐火极限（t_R）变化不大，当柱混凝土抗压强度 $f_{cu} > 50$ 时，耐火极限（t_R）随柱混凝土强度（f_{cu}）的增加而减小。

9.6　本 章 结 论

本章通过型钢混凝土柱 - 型钢混凝土梁连接节点耐火性能的试验，研究了火灾下该类节点的温度场分布、破坏形态、变形特性和耐火极限等的变化规律。建立了火灾下型钢混凝土柱 - 型钢混凝土梁连接节点的有限元模型，计算结果得到试验结果的验证。

采用建立的有限元分析模型，分析了火灾下实际框架结构中，受约束的型钢混凝土柱 - 型钢混凝土梁连接节点中钢与混凝土之间粘结滑移、节点变形和破坏形态、截面内力及应力和应变分布、节点弯矩 - 梁柱相对转角关系等的变化规律，较为全面和深入地认识了该类节点的耐火性能。在型钢混凝土柱 - 型钢混凝土梁连接节点有限元模型基础上，分析了柱截面尺寸、长细比、截面含钢率、配筋率、材料强度、梁荷载比、柱荷载比、梁柱线刚度比和极限弯矩比等参数对节点耐火极限的影响规律。

参 考 文 献

李国强，韩林海，楼国彪，等，2006. 钢结构及钢 - 混凝土组合结构抗火设计 [M]. 北京. 中国建筑工业出版社.

郑永乾，2007. 型钢混凝土构件及梁柱连接节点耐火性能研究 [D]. 福州：福州大学.

中华人民共和国国家标准，1998. 钢骨混凝土结构设计规程：YB 9082—97 [S]. 北京：冶金工业出版社.

中华人民共和国国家标准，2002. 型钢混凝土组合结构技术规程：JGJ 138—2001 [S]. 北京：中国建筑工业出版社.

EUROCODE 4, EN 1994-1-2：2005, 2005, Design of composite steel and concrete structures-Part1-2：General rules-structural fire design [S]. European Committee for Standardization, Brussels.

HAN L H, ZHENG Y Q, TAO Z, 2009. Fire performance of steel-reinforced concrete beam- column joints [J]. Magazine of Concrete Research, 61（7）：499-518.

HIBBITT, KARLSON and SORENSEN, Inc., 2004. ABAQUS/standard User's Manual, Version 6.5.1 [CP]. Pawtucket, RI.

ISO-834, 1975. Fire resistance tests-elements of building construction [S]. International Standard ISO 834. Switzerland, Geneva.

ISO-834, 1999. Fire resistance tests-elements of building construction-Part 1：General requirements [S]. International Standard ISO 834-1, Geneva.

LIE T T, 1994. Fire resistance of circular steel columns filled with bar-reinforced concrete [J]. Journal of Structral Engineering, ASCE, 120 (5)：1489-1509.

LIE T T, CHABOT M, 1990. A method to predict the fire resistance of circular concrete filled hollow steel columns [J]. Journal of Fire Protection Engnieering, 2 (4)：111-126.

LIE T T, DENHAM E M, 1993. Factors affecting the fire resistance of circular hollow steel columns filled with bar-reinforced concrete [R]. NRC-CNRC Internal Report, No. 651, Canada.

MAO C J, CHIOU Y J, HSIAO P A, et al., 2010. The stiffness estimation of steel semi-rigid beam–column moment connections in a fire [J]. Journal of Constructional Steel Research, 66 (5)：611-736.

TAN Q H, HAN L H, YU H X, 2011. Analysis on CFST column to RC beam joints under fire [J]. International Workshop on Steel and Composite Structures, August, Sydney, Australia：1-14.

第 10 章 全过程火灾作用下型钢混凝土柱 - 型钢混凝土梁连接节点的性能

10.1 引　　言

本章建立了考虑升、降温火灾影响的型钢混凝土（SRC）柱 - 型钢混凝土梁连接节点的有限元模型［所用的型钢混凝土柱和梁截面形式如图 1.6（a，1）所示］，开展了图 1.14 所示的全过程火灾作用下的组合结构节点力学性能试验研究。基于有限元模型进行了全过程火灾作用下组合节点受力全过程分析，并在参数分析结果的基础上提出节点全过程火灾后剩余刚度系数和剩余承载力系数的实用计算方法。

10.2　有限元模型

全过程火灾后型钢混凝土柱 - 型钢混凝土梁连接节点的有限元模型包括温度场计算模型和力学性能分析模型。

温度场计算模型采用与 3.2.1 节中相同的建模方法（Song 等，2011），材料热工参数根据 Lie 和 Denham（1993）给出的公式确定，假定升、降温阶段材料的热工性能一致；热边界条件中考虑热对流和热辐射的影响、忽略型钢和混凝土之间的接触热阻；钢筋采用一维桁架单元、型钢采用平面壳单元、混凝土采用三维实体单元模拟。具体网格划分情况如图 10.1 所示。

考虑全过程火灾作用时，材料经历了常温、升温、降温和高温后四个温度阶段，各温度阶段材料的热力学性能需分别确定。

钢材在各温度阶段的应力 - 应变关系模型、热膨胀模型、高温蠕变模型、焊接残余应力考虑方法等如 3.2 节和 4.2 节所述，型钢和钢筋所用钢材在常温和升温阶段下的应力 - 应变关系模型如式（3.2）所示，降温阶段的应力 - 应变关系模型如式（4.1）所示，高温后阶段的应力 - 应变关系模型如式（4.2）所示；楼板、型钢混凝土梁和柱中的混凝土在常温和升温阶段的应力 - 应变关系模型如式（3.6）所示。

混凝土在降温和高温后阶段的应力 - 应变关系采用陆洲导等（1993）给出的高温后混凝土应力 - 应变关系模型，具体表达为

$$y = \begin{cases} 2x - x^2 & x \leqslant 1 \\ 1 - \varepsilon_{op} \dfrac{115\,(x-1)}{1 + 5.04 \times 10^{-3} T_{max}} & x > 1 \end{cases} \tag{10.1}$$

其中

$$x=\frac{\varepsilon_{c}}{\varepsilon_{op}}\ ,\quad y=\frac{\sigma_{c}}{\sigma_{op}}$$

式中：ε_{op} 为高温后阶段混凝土的峰值应变；σ_{op} 为高温后阶段混凝土的峰值应力，按照李卫和过镇海（1993）给出的公式确定，即 ε_{o} 为常温阶段混凝土的峰值应变，σ_{o} 为常温阶段混凝土的峰值应力，有

$$\sigma_{o}=f'_{c}\ ,\quad \sigma_{op}=\frac{\sigma_{o}}{1+2.4(\,T_{max}-20\,)^{6}\times10^{-17}}\ ,\quad \varepsilon_{op}=\varepsilon_{o}(\,1.0+2.5\times10^{-3}T_{max}\,)$$

对于单元选取、网格划分和钢 - 混凝土界面处理方法，参照本章 10.3 节进行的升、降温火灾和外荷载共同作用下组合框架梁 - 柱节点试验，力学计算模型中采用与试验相同的边界条件：节点柱下端板固结；上端板约束平面内转动和水平方向的位移；节点梁两端自由。柱上端承受轴向荷载，梁两端承受竖向荷载，计算时考虑柱的初始弯曲，假设柱跨中的初始挠度为柱计算长度的千分之一。

节点模型中混凝土、型钢和钢筋的单元选取同 9.2 节所述，图 10.1 给出了型钢混凝土柱 - 型钢混凝土梁节点模型的网格划分和边界条件等情况。型钢混凝土中的纵筋和混凝土界面、型钢和混凝土采用图 3.10 和图 3.11 所示的粘结应力 - 相对滑移关系来进行模拟。

（a）外部　　　　　　　　　　　　　　　（b）内部

图 10.1　型钢混凝土柱 - 型钢混凝土梁节点模型边界条件和网格划分示意图

为了验证节点温度场模型和力学模型的正确性，采用从构件到节点、从结构受火或受力分阶段到全过程的试验数据对模型进行验证。此外还将采用 10.3 节进行的组合框架节点在升、降温过程中的试验结果进行验证。

10.3　全过程火灾作用下型钢混凝土柱 - 型钢混凝土梁连接节点试验研究

10.3.1　试验概况

本节进行型钢混凝土柱 - 型钢混凝土梁节点在图 1.14 所示 A → A′ → B′ → C′ → D′ → E′ 时间（t）- 温度（T）- 荷载（N）路径下的力学性能试验（Song 等，2014），研究该类节点在升、降温火灾和外荷载共同作用下（后）的温度 - 受火时间关系、破坏模态、柱轴向变形 - 受火时间关系、梁端挠度 - 受火时间关系以及火灾后荷载 - 应变关系和极限承载力；分析升温时间对节点力学性能的影响规律，同时也为 10.2 节有限元模型的验证提供必要的试验数据。

结合试验设备所能提供的边界条件，对图 9.1（b）进一步简化，最终得到如图 9.1（c）所示的边界条件，即柱下端固结、上端约束水平位移和平面内转动、柱上端受轴向荷载 N_F，梁两端自由、梁端受竖向荷载 P_F。在进一步的机理分析中，将采用类似图 9.1（b）所示的节点模型对组合框架梁 - 柱节点的受力性能展开研究。

节点试验采用图 10.2 所示的加载和受火方案，分为常温、升温、降温和火灾后四个阶段。

1）常温阶段。常温下施加柱端荷载和梁端荷载至试验设计值 N_F 和 P_F，如图 10.2 所示，对应图 1.14 中 AA′ 阶段。

2）升温阶段。保持柱端荷载（N_F）和梁端荷载（P_F）不变，炉膛温度按照 ISO-834（1980）升、降温曲线升温至设计升温时间 t_h，如图 10.2（b）所示，对应图 1.14 中 A′B′ 阶段。

3）降温阶段。保持柱端荷载（N_F）和梁端荷载（P_F）不变，炉膛温度开始降低直至节点温度降至常温，如图 10.2（c）所示，对应图 1.14 中 B′C′D′ 阶段。

4）火灾后阶段。节点温度降至常温后，保持柱端荷载（N_F）不变，同时分级增大梁两端荷载直到节点破坏，如图 10.2（d）所示，对应图 1.14 中 D′E′ 阶段，P_{ur} 为火灾后梁剩余承载力。

图 10.2　节点加载和受火方案示意图

（1）试件设计与制作

型钢混凝土柱 - 型钢混凝土梁节点试件依据 JGJ 138—2001（2002）设计，梁柱型钢采用柱贯通形，通过水平加劲肋连接，梁主筋贯通节点区域。图 10.3 所示为型钢混

凝土柱 - 型钢混凝土梁节点的构造示意图。试验参数为升温时间为 160min、90min 和 45min，其中 160min 为节点在升温阶段达到耐火极限的时间。

图 10.3　型钢混凝土柱 - 型钢混凝土梁节点构造示意图（尺寸单位：mm）

试件具体参数如表 10.1 所示，其中试件 JS1 设计为升温阶段发生破坏，JS2 和 JS3 设计为火灾后继续加载至破坏，其中 B 为型钢混凝土柱截面边长；H 为型钢混凝土柱高度；D_b 为型钢混凝土梁截面高度；B_b 为型钢混凝土梁截面宽度；L 为型钢混凝土梁长度；b_{slab} 为钢筋混凝土楼板宽度；t_{slab} 为楼板厚度；L_{slab} 为楼板长度；h 为工字型钢高度；b_f 为工字型钢宽度；t_w 为工字型钢腹板厚度；t_f 为工字型钢翼缘厚度；t_h 为升温时间。k 按照式（9.1）进行计算。n 和 m 按照式（3.17）和式（3.18）进行计算。

表 10.1　型钢混凝土柱 - 型钢混凝土梁连接节点试件信息表

节点类型		型钢混凝土柱 - 型钢混凝土梁节点		
试件编号		JS1	JS2	JS3
试件尺寸 /mm	柱	$300 \times 300 \times 3800 (B \times H \times L)$		
		$120 \times 120 \times 9.39 \times 9.39 (h \times b_f \times t_w \times t_f)$		

节点类型		型钢混凝土柱 - 型钢混凝土梁节点		
试件编号		JS1	JS2	JS3
试件尺寸 /mm	梁	$300 \times 200 \times 3900$（$D_b \times B_b \times L$）		
		$180 \times 80 \times 9.39 \times 9.39$（$h \times b_f \times t_w \times t_f$）		
	楼板	1000×100（$b_{slab} \times t_{slab}$）		
		2000（L_{slab}）		
其他参数	t_h/min	160	90	45
	k	0.779		
	n	0.5		
	N_F/kN	2120		
	m	0.5		
	P_F/kN	43		

（2）材料性能

节点试件所用钢材材性由标准材性拉伸试验确定，具体材性如表 10.2 所示。

表 10.2　钢材力学性能指标

测试位置	屈服强度 f_y/MPa	抗拉强度 f_u/MPa	弹性模量 E_s/（$\times 10^5$N/mm²）	泊松比 v_s
型钢钢板	310	424	2.08	0.273
梁纵筋Φ12	445	692	2.03	0.270
柱纵筋Φ20	421	640	2.21	0.291
梁、柱箍筋 Φ8	388	477	2.10	0.286
楼板钢筋 Φ8	388	477	2.10	0.286

试件中采用了自密实混凝土，混凝土水胶比为 0.36，砂率为 0.395，配合比为水泥∶粉煤灰∶砂∶石∶水＝320∶140∶680∶1046∶165（kg/m³）。采用的原材料为 42.5 普通硅酸盐水泥；河砂；花岗岩碎石，石子粒径 5～15mm；矿物细掺料：Ⅱ级粉煤灰；普通自来水。

混凝土坍落度为 250mm，坍落流动度为 620mm，混凝土浇灌时内部温度为 29℃，比环境温度约低 2℃。新拌混凝土流经"L"形流速仪的时间为 14s，平均流速为 57mm/s。混凝土 28 天立方体抗压强度 f_{cu} 由与试件同条件下成型养护的 150mm×150mm×150mm 立方试块测得，测得 28 天立方体抗压强度为 47.4MPa，混凝土的弹性模量为 28 870N/mm²，棱柱体抗压强度为 37.5MPa。试验时 f_{cu}＝54.3MPa。

试验过程中，对试件不需要受火的部位以及炉边缘位置进行防火保护，确保有效隔热。

（3）量测内容

节点试验的主要量测内容如下。

1）炉膛温度。记录升、降温阶段的炉膛温度变化情况。通过试验炉内 8 个热电偶测得。

2）试件温度。记录从升温到节点温度降到常温的全部数据。试件加工时预埋热电偶测量节点内部温度。节点温度测量位置分为梁节点区（BJ）、柱节点区（CJ）、梁非节点区（BN）和柱非节点区（CN）四个部分，梁、柱节点区和非节点区截面的测温点位置相同，测温点位置如图 10.3 所示。

3）柱轴向位移和梁端挠度。记录升、降温过程和火灾后加载过程中节点的柱轴向变形和梁端挠度。通过在节点柱上端和梁端布置的位移计测得，如图 10.3 所示。

4）耐火极限。记录 JS1 试件达到耐火极限的时间。采用 ISO-834（1999）标准的规定对节点的耐火极限进行判断，具体规定如 9.3.1 节所述。

5）火灾后极限承载力。测试 JS2 和 JS3 节点在火灾后加载阶段的极限承载力。节点温度降到常温后，保持柱端荷载值不变，分级加大梁端荷载直到节点无法持荷，达到极限状态，此时的梁荷载值为节点火灾后极限承载力。

6）火灾后加载过程中各测点的应变。测定火灾后加载阶段各应变测点的应变值。节点温度降到常温后，在各测点位置粘贴应变片，记录每一级荷载稳定后的应变值。应变片测点位置如图 10.4 所示，分为节点区（JZ）和非节点区，非节点区测点位置分为：左梁（LB）、右梁（RB）、上柱（TC）和下柱（BC）。

图 10.4　型钢混凝土柱 - 型钢混凝土梁节点应变片布置示意图

（4）试验过程

本次节点试验过程如下。

1）试件吊装与定位。吊装过程中注意防止试件外部防火保护层或混凝土被碰撞损坏，定位时保持节点楼板水平以及节点柱中线与柱加载装置尽量对中，定位后以节点柱常温下初始设计荷载值的 40%～60% 进行预压，预压后再次旋紧柱端螺栓，以降低装置初始缺陷的影响。

2）试件楼板边缘、顶面、上柱隔热措施的实施。

3）封炉。将试件预留的热电偶连线引出炉膛后，封闭炉壁和炉顶。

4）连接采集装置和加载装置。将采集装置与热电偶、柱顶位移计、梁端位移计连接，检测并调试仪器。

5）加载。准备工作结束后，开始试验，首先对柱端加载至设计值，柱端荷载读数稳定后对梁两端同时加载至设计值。

6）升温段。保持柱端和梁端荷载值恒定不变，按照 ISO-834（1975）升温曲线进行升温。对于耐火极限试验，当节点达到前文所述的耐火极限标准时即可停止升温，并卸去梁端和柱端荷载；对于火灾后试验，升温时间达到设计时间时即停止升温。升温过程中记录各温度测点和位移计的读数。

7）降温段。升温停止后进入降温阶段，将风机和炉门打开，以加快降温速度。对于耐火极限试验，降温过程中只记录各测温点温度；对于火灾后试验，降温过程中梁柱端荷载保持恒定不变，记录降温过程中各温度测点和位移计的读数，直到节点温度降温常温。

8）火灾后段。节点内部温度降到常温后，进入火灾后阶段。敞开炉门，清理试件表面，粘贴应变片，并连接调试应变箱，这一过程中仍然保持梁柱端荷载值恒定不变。

9）火灾后加载。保持柱端荷载不变，对梁两端同时分级加载，每级荷载稳定 10min 后进行应变采集，加载过程中同时记录梁柱端位移，当节点无法持荷时，停止加载，试验结束。

10.3.2　试验结果和分析

（1）试验现象与破坏特征

1）试件 JS1。

图 10.5 所示为 JS1 节点的破坏形态，图 10.6 为试件各部位局部破坏形态。试验过

|(a) 正面|(b) 背面|

图 10.5　JS1 节点破坏形态

程中通过观测孔发现，升温 20min（炉膛温度 730℃）时，炉内节点区开始变潮湿，节点区混凝土开始由深灰色变为浅灰色，升温 35min（炉膛温度 817℃）时，柱上端板处有水蒸气溢出，升温 60min（炉膛温度 904℃）时，梁端伸出炉外部分开始变潮湿并有

图 10.6　JS1 节点局部破坏形态

(g) 楼板左侧　　　　　　　　　　　　(h) 楼板右侧

(i) 节点区裂缝　　　　　　　(j) 下柱正面　　　　　(k) 下柱背面

图 10.6 （续）

水溢出。接近耐火极限 160min 时，炉膛温度达到 1048℃，右梁荷载突然下降，同时听到混凝土断裂声，开炉后发现右梁与柱连接处楼板发生了横向断裂，而柱仍可稳定持荷。节点达到耐火极限后，立即停止加载，但仍继续记录温度数据，直到节点温度降到常温为止。

试验后观察发现节点下柱有沿柱纵向均匀分布的横向裂缝，这是由于降温过程中混凝土保护层温度降低材料收缩，内部混凝土和钢材由于温度滞后持续升温，材料膨胀，二者共同作用会在混凝土保护层上形成纵向拉应力，从而形成混凝土裂缝。节点破坏的位置主要集中在节点区域，如图 10.6（c）所示节点区有贯通楼板横向的裂缝，并延伸至上柱节点区，测得裂缝宽度达到 17.54mm。

节点区梁发生了图 10.6（e）所示的纵向裂缝。图 10.6（g）和（h）给出楼板主要裂缝的分布情况，楼板裂缝主要是沿着横向分布的，最大宽度达到 17.54mm。节点最终破坏时右梁和楼板右侧节点区开裂明显。

2）试件 JS2。

图 10.7 所示为 JS2 节点的最终破坏形态，图 10.8 为试件各部位局部破坏形态。升温 25min（炉膛温度 761℃）时，炉内节点区开始变潮湿，节点区混凝土开始由深灰色变为浅灰色；升温 32min（炉膛温度 790℃）时，梁端伸出炉外部分开始变潮湿并有水渗出，44min（炉膛温度 863℃）时，梁端开始有水蒸气溢出；升温 60min（炉膛温度 904℃）时，柱上端有水蒸气溢出。升温 80min（炉膛温度 945℃）时，下柱正面左侧

(a) 正面　　　　　　　　　　　　　　　　(b) 背面

图 10.7　JS2 节点破坏形态

［如图 10.8（i）所示］发现混凝土剥落，开炉后测得混凝土剥落尺寸为 640mm×70mm，最大深度 30mm；炉膛降温过程中，通过观测孔发现下柱正面右侧［如图 10.8（i）所示］混凝土发生剥落，测得混凝土剥落面积为 950mm×70mm，最大深度 20mm。节点破坏的位置主要集中在节点区域，如图 10.8（h）所示节点区有贯通楼板和柱相交处的横向裂缝，裂缝宽度达到 10.10mm。

(a) 节点下部

(b) 左梁　　　　　　　　　　　　　　　　(c) 右梁

图 10.8　JS2 节点火灾后加载局部破坏形态

(d) 左梁下部

(e) 右梁下部

(f) 楼板左侧

(g) 楼板右侧

(h) 节点区裂缝

(i) 下柱正面

(j) 下柱背面

图 10.8 （续）

图 10.8（f）和（g）给出楼板主要裂缝的分布情况，其中有下划线的数字为降温结束时火灾后加载以前楼板的裂缝宽度，无下划线数字为火灾后节点达到极限状态时的裂缝宽度，楼板裂缝主要是沿着横向分布的，且较耐火极限节点裂缝开展要丰富，最大宽度达到 10.10mm。节点最终破坏是由于右梁和右侧楼板混凝土开裂，使节点无法持荷所致。

3）试件 JS3。

图 10.9 所示为 JC3 的最终破坏形态，图 10.10 为试件各部位的局部破坏形态。

升温时间达到 26min（炉膛温度 768℃）时，炉内节点区开始变潮湿；升温 28min（炉膛温度 810℃）时，梁端伸出炉外部分开始变潮湿并有水溢出；升温 50min（炉膛温度 651℃）时，下柱正面上部［如图 10.10（a）所示］出现了混凝土剥落，节点柱内部钢筋暴露，混凝土剥落面积为 540mm×260mm，最大深度 25mm。

(a) 正面　　　　　　　　　　　　　(b) 背面

图 10.9　JS3 节点破坏形态

图 10.10（i）和（j）给出节点下柱正面和背面的裂缝分布以及混凝土剥落情况。节点破坏的位置主要集中在节点区域，如图 10.10（h）所示节点区有贯通楼板和柱交线的横向裂缝，裂缝值达到 7.21mm。图 10.10（f）和（g）给出楼板主要裂缝的分布情况，楼板裂缝主要是沿着横向分布的，升、降温火灾下形成的裂缝在火灾后加载时会进一步开展，极限状态时最大裂缝宽度达到 7.21mm。节点最终破坏是由于节点区右梁和右侧楼板混凝土开裂所致。

型钢混凝土柱 - 型钢混凝土梁节点试件存在以下一些共同的破坏特征。

1）三个节点试件达到极限状态时，均是由于节点区型钢混凝土梁和楼板形成较宽裂缝，使节点无法继续持荷而引起的。

2）随着升温时间的增加，节点受火位置混凝土的颜色由深灰色逐步转变为灰白色，且升温时间越长火灾后混凝土表面越疏松。

3）升、降温结束后，观察三个节点的混凝土开裂情况，发现混凝土开裂主要集中在楼板上表面，由于楼板承受负弯矩，上表面受拉，在节点达到极限状态时，会在节点区附近形成一条沿楼板横向延伸的主裂缝。

4）试验过程中观察节点外部混凝土的剥落情况，混凝土剥落的现象多集中在节点下柱。升温时间较短的火灾后试件 JS2（90min）和 JS3（45min）的混凝土剥落现象要比耐火极限试件 JS1（160min）明显。在试验参数范围内可见：混凝土剥落面积并不是

图 10.10　JS3 节点火灾后加载局部破坏形态

图 10.10　（续）

随着升温时间的增加而增大；JS1 试件与 JS2、JS3 试件的不同主要是后者在降温过程中仍持荷，而前者在降温过程中已经卸载，由此可以推断降温过程中梁柱端的荷载作用可能会加剧混凝土的开裂，从而导致混凝土剥落。

混凝土剥落现象是火灾下混凝土结构特有的破坏特征，其主要影响因素有混凝土强度、骨料类型、含水率、孔隙率、升温速率等（Kodur 和 Phan，2007）。混凝土剥落会对结构产生不利影响：①减小截面尺寸从而降低构件承载力；②外部混凝土保护层的剥落，会使内部钢筋或型钢直接暴露在火灾下，加速钢材材性劣化。混凝土剥落的破坏机理比较复杂，主要有两种理论：一种是认为升温使混凝土的孔隙压力升高造成混凝土剥落；另一种是认为接近受火面的混凝土升温膨胀受到约束而产生压应力从而造成混凝土剥落（Dwailat 和 Kodur，2009）。

火灾试验过程中观察到了 JS2、JS3 试件在降温过程中发生了混凝土剥落，这是因为在降温过程中，节点下柱表面温度开始降低而内部温度仍然在升高，从而导致柱混凝土保护层沿柱轴向降温收缩，内部混凝土沿轴向升温膨胀，当降温过程中节点柱无轴向荷载时，温度产生的变形可达到自平衡，柱表面会由于降温收缩产生的拉应变而形成裂缝；当降温过程中节点柱有轴向荷载时，内部混凝土的升温膨胀会受到轴向荷载约束从而产生横向的变形，对混凝土保护层产生向外的作用力，从而使混凝土发生剥落。

表 10.3 所示为试验获得的节点耐火极限或火灾后梁剩余承载力。

表 10.3　试件耐火极限和火灾后梁剩余承载力

试件编号	JS1	JS2	JS3
耐火极限或火灾后极限承载力	160min	52kN	64kN
破坏位置	右梁破坏	右梁破坏	左梁破坏

在升、降温火灾和外荷载共同作用下，升温时间对节点的工作性能有明显影响，随着升温时间的变化，节点有三种可能的破坏情况：①在升温过程中破坏，即达到通常定义的耐火极限；②在降温阶段发生破坏；③在火灾后加载过程中发生破坏。

以火灾后节点的极限承载力为分析对象，图 10.11 所示为升温时间对型钢混凝土柱－型钢混凝土梁节点火灾后梁剩余承载力的影响规律，随着升温时间从 45min 增加到 90min，节点试件的火灾后梁剩余承载力从 64kN 变为 52kN，升温时间为 160min 时，火灾后极限承载力为 0。

（2）温度（ T ）-受火时间（ t ）关系

图 10.12 给出了升、降温过程中节点的实测平均炉膛温度（ T ）随受火时间（ t ）的变化关系曲线，500min 后炉膛温度降温常温。

图 10.11　升温时间对型钢混凝土柱－型钢
混凝土梁节点火灾后梁剩余承载力的影响

图 10.12　实测炉膛温度（ T ）-受火时间
（ t ）关系曲线

图 10.13～图 10.15 给出了型钢混凝土柱－型钢混凝土梁节点试件（JS1、JS2 和 JS3）测温点的实测 T-t 关系曲线，从图中可以发现如下规律。

1）比较节点区和非节点区对应测点的峰值温度，可以发现非节点区温度会高于节点区，且测温点位置越靠近受火表面，节点区和非节点区测点峰值温度的差别越明显。以节点柱上温度为例，纵筋上 1 点的节点区和非节点区峰值温度差分别为 202℃、265℃和 119℃，而型钢腹板上 3 点的峰值温度差分别为 122℃、76℃和 30℃。

2）比较同一试件中各测温点的 T-t 关系曲线，可以发现 2 点和 3 点的曲线较接近，而 1 点由于接近节点受火表面，其温度曲线不同与 2 点和 3 点，在升温和降温的初期，1 点温度明显高于其余两点，随着炉膛温度的降低 2 点和 3 点温度会略微高于 1 点，最终各点温度趋于一致。

3）分析箍筋约束范围内的混凝土和型钢上各测点的温度可以发现，由于温度滞后的原因，这些测点达到各自峰值温度的时间均在炉腔的降温阶段。以 JS2 柱非节点区 3 点为例［图 10.14（b）］，炉腔升温阶段结束时 3 点的温度为 108℃，但 3 点的最高温度 262℃发生在升温结束后的 145min，即炉腔温度开始下降了 145min 后，3 点才达到峰值温度。

　　4）试验过程中，型钢混凝土柱为四面受火，而型钢混凝土梁为三面受火，通常情况下受火面多的构件温度会高，但比较型钢混凝土柱和型钢混凝土梁上各测点的温度，可以发现梁的温度总体上高于柱，这是由于型钢混凝土梁的截面尺寸较小，火灾下截面温度升高更快，导致其温度较高。

图 10.13　JS1 实测温度（T）- 受火时间（t）关系曲线（$t_h=160$min，尺寸单位：mm）

　　从 T-t 关系曲线中可以发现，混凝土的热容大，导热系数低，包裹在钢材外部，可以明显降低钢材的温度，当炉腔温度达到峰值时，混凝土内部型钢的温度还相对较低。此外，混凝土中含有的水分在 100℃时会蒸发，吸收热量，使的各测点的温度曲线在 100℃左右会出现升温速率降低的阶段，而且越远离受火表面的位置这一阶段越明显，这是由于接近受火表面的水分可以较快挥发，内部位置的水分挥发较慢，蒸发吸热的影响也会更明显。

　　采用 3.2.1 节中给出的温度场计算建模方法对型钢混凝土柱 - 型钢混凝土梁节点在升、降温火灾下的温度场分布进行计算，并与实测结果进行了比较。T-t 计算曲线与实测曲线比较如图 10.13、图 10.14 和图 10.15 所示，可见计算曲线与实测曲线总体吻合

图 10.14　JS2 实测温度（T）- 受火时间（t）关系曲线（t_h=90min，尺寸单位：mm）

较好，但二者有所差异，具体原因分析如下。

1）比较实测曲线可以发现，在升温阶段测点温度达到 100℃左右时，型钢混凝土柱和梁内部测温点的 T-t 曲线存在一个升温速率突然降低的阶段，而计算曲线却没有这一阶段，这主要是由于 100℃时，混凝土中的水分蒸发，蒸发吸收了一定混凝土的热量，同时水分在混凝土内部迁移，也使得热量转移，降低了测温点的升温速率。在有限元模型中，通过调整混凝土的比热来考虑水分蒸发吸热的影响，但由于水分迁移缺乏规律性，较难考虑该因素影响，计算曲线与实测曲线在 100℃时存在差别。

2）节点区个别测温点的计算值会高于实测值，以 JS1 试件梁和柱节点区的测温点 1 为例，计算得到的 1 点最高温度值比实测值分别偏高 17% 和 13%，这是因为：试验时节点区受到相邻梁柱的影响，其表面的对流和辐射系数可能会低于非节点区，而在有限元模型中，因缺乏对节点区对流和辐射系数的研究，对节点区和非节点区采用了同样的值，造成这两个系数偏大，从而使有限元计算结果偏高。

3）对于型钢混凝土柱 - 型钢混凝土梁节点，火灾下存在混凝土保护层剥落的问题，如果混凝土剥落现象发生在升温阶段，会使内部测温点直接暴露在于高温气体或火焰之下，相应的升温速率会高于没有发生这些现象的部位；如果混凝土剥落现象发生在降温阶段，内部测点会不经过混凝土保护层直接向结构外界传递热量，其降温的速率也会高于没

图 10.15　JS3 实测温度（T）- 受火时间（t）关系曲线（t_h=45min，尺寸单位：mm）

有发生这些现象的部位。本章的 JS2 和 JS3 试件在降温过程中发生了混凝土剥落现象，因混凝土剥落发生的不确定性，本章的有限元模型中没有考虑这一因素的影响，但计算得到的 1 点曲线降温速率却快于试验曲线，这与混凝土剥落对温度影响的规律相反，这主要是因为：目前缺乏适用于降温阶段的对流和辐射传热系数研究成果，温度场分析模型在降温阶段仍然采用了升温条件下获得的值，降温阶段热量从节点表面向炉腔传递的速度偏快，从而抵消了混凝土剥落的影响，最终导致计算曲线的降温速率高于实测值。

4）试验过程中，混凝土的裂缝主要集中以受拉为主的混凝土楼板上表面，位于背火面且升、降温过程中楼板的上表面被隔热材料石棉所保护，与炉腔的热交换不充分，因此混凝土裂缝对两类节点的温度场分布影响不明显，在有限元计算时没有考虑该因素的影响。

（3）节点变形 - 受火时间（t）关系

图 10.16（a，1）、（b，1）和（c，1）给出了型钢混凝土柱 - 型钢混凝土梁节点试件的柱轴向变形（Δ_c）- 受火时间（t）关系。可见，对于试件 JS1，升温过程中柱端有一定的热膨胀，但由于柱端荷载较大，热膨胀引起的变形不足 3mm。对于试件 JS2 和 JS3，节点柱的 Δ_c-t 曲线分为三个阶段，即升温阶段（Ⅰ）、降温阶段（Ⅱ）和火灾后阶段（Ⅲ）。升温阶段柱有轻微的膨胀；降温阶段柱开始发生轴向压缩变形，且在整个降温过程中压缩变形一直在缓慢增加，但变形速率在逐步减小最终趋于稳定。火灾后

图 10.16　型钢混凝土柱‐型钢混凝土梁节点 Δ_c（δ_b）‐t 关系曲线

阶段，因采用梁端加载，所以柱轴向变形无明显变化。

　　炉膛降温阶段的柱端位移主要有两部分组成：①炉膛降温初期节点温度仍然升高，温度升高材料性能逐渐劣化，节点抵抗变形的能力下降，使得柱在外荷载作用下轴向压缩量增加；②随着炉膛温度的进一步降低，节点大部分位置开始降温、温度降低材料收缩，在柱荷载作用下使得柱轴向压缩量增加。在这两部分因素的共同作用下，升、降温结束时型钢混凝土柱的柱端压缩量最大达到 10mm。

图 10.16（a，2）、（b，2）和（c，2）给出了节点梁端挠度（δ_b）- 受火时间（t）关系曲线。对于试件 JS1，在升温 50min 左右时，右侧混凝土楼板开裂，右梁抵抗变形的能力降低，使得右梁变形速率增加，楼板开裂后，混凝土承担的荷载由内部钢筋和型钢继续承担，右梁变形速率有所降低。升温后期随着温度的增加，材料的力学性能进一步劣化，右梁抵抗变形能力降低，最终无法继续承担梁荷载，右梁破坏使得节点达到极限状态。对于试件 JS2 和 JS3，δ_b-t 关系曲线同样可分为升温、降温和火灾后三个阶段。在升温阶段和降温的初始阶段，梁端的竖向位移增加较为明显，但在降温 100min 后，梁端位移开始趋于稳定；在火灾后阶段，保持柱端荷载不变，增加梁端荷载直到节点破坏。

（4）荷载等级（i）- 测点应变（ε）关系

节点温度降到常温后，保持柱端荷载不变，分不同的荷载等级（i）加大梁端荷载直到节点破坏。图 10.17 给出了火灾后加载过程中 JS2 和 JS3 的荷载等级（i）- 梁荷载值关系。JS2 在第 7 级荷载时右梁无法继续持荷，节点达到极限状态，此时右梁荷载为 52kN；JS3 在第 13 级荷载时右梁无法持荷达到极限状态，此时左梁荷载为 64kN。

（a）JC2 试件　　　　　　　　　　　（b）JC3 试件

图 10.17　型钢混凝土柱 - 型钢混凝土梁节点试件火灾后荷载等级（i）- 梁荷载值关系曲线

以 JS2 为例，图 10.18 给出了 JS2 试件的 i-ε 关系曲线。

从图中可见，左梁（LB）和右梁（RB）测点的应变介于 $-400\sim200\mu\varepsilon$，极限状态时，左梁上部混凝土楼板拉应变达到 $-1300\mu\varepsilon$，右梁下部混凝土压应变达到 $500\mu\varepsilon$ 左右。节点上柱（TC）、下柱（BC）的应变相对较小，介于 $\pm60\mu\varepsilon$。由图 10.18（c）、（d）和（e）给出的节点区各测点的应变可见，右梁节点区的应变会高于其他位置的应变，例如节点接近极限状态时，右侧楼板下部测点 13 的拉应变可达到 $2500\mu\varepsilon$，拉应变较大的区域混凝土裂缝开展也较为充分。

（5）试验结果与有限元计算结果对比分析

采用 10.2 节建立的节点力学分析有限元模型，对节点试验进行模拟，对比分析节点的变形和破坏形态。

计算得到的型钢混凝土柱 - 型钢混凝土节点的柱轴向变形（Δ_c）和梁端挠度（δ_b）- 受火时间（t）关系曲线如图 10.16 所示。对比计算曲线和实测曲线可以发现，JS2 和 JS3 的计算曲线和实测曲线吻合较好，JS1 的计算曲线存在一定偏差，这主要是由于试件 JS1 的右梁在 50min 左右时，右侧混凝土楼板开裂，右梁抵抗变形的能力降低，使得右梁变形速率增加，有限元模型中没有考虑这一因素的影响，计算得到的梁端变形

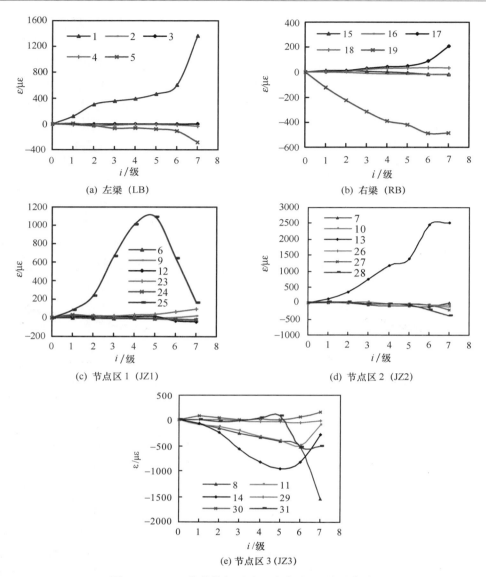

图 10.18　JS2 荷载等级（i）‐应变（ε）关系曲线

在 50min 后低于右梁实测结果。同样由于右侧楼板开裂的原因，柱轴向压缩量实测值在 50min 后降低，计算曲线和实测曲线产生差别。

　　图 10.19 给出了计算得到的试件 JS1、JS2 和 JS3 破坏形态与试验结果的比较。从图 10.19 可见，节点的变形主要发生在梁端，破坏也主要是由于梁或楼板的混凝土开裂、无法继续持荷造成的。从计算结果中给出的节点区内部型钢的 Mises 应力分布可发现，应力较大的区域多位于型钢混凝土梁内部的型钢，而柱型钢的应力相对较低，这主要是由于型钢混凝土梁外部混凝土有受拉区且温度较高易于开裂，混凝土开裂后所卸掉的荷载转由内部钢筋、型钢和型钢周围的混凝土承担，梁型钢的纵向拉应力增加，导致 Mises 应力较高。

(1) 试验　　　　　　　　　　　(2) 计算

(a) 试件 JS1

(1) 试验　　　　　　　　　　　(2) 计算

(b) 试件 JS2

(1) 试验　　　　　　　　　　　(2) 计算

(c) 试件 JS3

图 10.19　型钢混凝土柱 - 型钢混凝土梁节点破坏形态

图 10.20 给出了计算获得的混凝土塑性主拉应变矢量图，可见塑性主拉应变主要分布在楼板下部的梁和柱上，这些区域也较易发生混凝土剥落和开裂，这与试验现象一致。

(a) 试件 JS1　　　　　　　　(b) 试件 JS2　　　　　　　　(c) 试件 JS3

图 10.20　混凝土塑性主拉应变分布矢量图

10.4　荷载 - 变形 - 升温时间关系分析

采用 10.2 节建立的有限元模型，本节进行组合框架中的梁 - 柱连接节点在图 1.14 所示的 A → A′ → B′ → C′ → D′ → E′ 这样一条时间 - 温度 - 荷载路径作用下的工作机理进行分析，以期进一步深入研究型钢混凝土柱 - 型钢混凝土梁节点在升、降温火灾和外荷载共同作用下的力学性能和工作机理（Song 等，2016）。

10.4.1　分析模型

参照某实际工程中所采用的型钢混凝土柱尺寸设计了型钢混凝土梁和混凝土楼板，对基本计算条件归纳如下。

型钢混凝土柱：$B \times B = 600mm \times 600mm$，$H = 6000mm$；型钢：$h \times b_f \times t_w \times t_f = 360mm \times 300mm \times 16mm \times 16mm$；纵筋：12 ⏀ 20；柱箍筋：φ10@200mm；加劲肋：328mm × 92mm × 14mm。

型钢混凝土梁：$D_b \times B_b = 600mm \times 400mm$，$L = 8000mm$；型钢：$h \times b_f \times t_w \times t_f = 360mm \times 200mm \times 14mm \times 14mm$；受拉纵筋：4 ⏀ 20；受压纵筋：2 ⏀ 20；箍筋：φ10@200mm。

钢筋混凝土楼板：$b_{slab} \times t_{slab} = 3000mm \times 120mm$，$L_{slab} = 8000mm$；纵筋：φ10@150mm；分布钢筋：φ10@250mm。

柱混凝土强度 $f_{cuc} = 60MPa$，梁和板混凝土强度 $f_{cub} = f_{cus} = 40MPa$，柱型钢屈服强度 $f_{yc} = 345MPa$，梁型钢屈服强度 $f_{yb} = 345MPa$，柱纵筋屈服强度 $f_{ybc} = 335MPa$，梁纵筋屈服强度 $f_{ybb} = 335MPa$，箍筋屈服强度 $f_{ys} = 335MPa$。

钢筋的混凝土保护层厚度为 30mm，柱长细比 $\lambda = 34.6$。

柱截面含钢率 $\alpha_c = 4\%$，按照式（3.22）计算。

梁截面含钢率为 $\alpha_b = 5\%$，按照式（3.22）计算。

柱配筋率为 1.05%，梁受拉钢筋的配筋率为 0.56%，梁受压钢筋配筋率为 0.28%。

柱荷载比 $n=0.6$，按照式（3.17）计算；梁荷载比 $m=0.4$，按照式（3.18）计算；为准确得到常温下节点中梁和柱的极限承载力，采用有限元建模计算得到常温下柱极限荷载值 N_u 和梁极限均布线荷载值 q_u，计算得到 $N_u=24\,000\text{kN}$，$q_u=498\text{kN/m}$。

梁柱线刚度比 $k=0.45$，按照式（9.1）计算；梁柱极限弯矩比 $k_m=0.65$，按照式（9.2）计算，其中 M_{bu} 和 M_{cu} 根据 JGJ 138-2001（2002）计算确定。

升温时间比 $t_o=0.4$，按照式（8.8）计算，其中 $t_R=85\text{min}$，按照 ISO-834（1980）的升、降温曲线进行升、降温。

图 10.21 所示为型钢混凝土柱 - 型钢混凝土梁节点计算模型的热力边界条件和网格划分情况，柱初始缺陷的考虑方法与钢管混凝土柱 - 组合梁节点模型相同，采用 $H/1000$ 柱荷载初偏心来考虑其影响。

图 10.21　型钢混凝土柱 - 型钢混凝土梁节点模型边界条件和网格划分

10.4.2　温度 - 受火时间关系

对两类组合节点在如图 1.14 所示的 ISO-834（1980）升、降温火灾作用下特征截面的温度场分布进行分析，特征截面位置如图 10.22 所示，包括柱节点区截面（ZJ）、柱端部截面（ZD）、梁节点区截面（LJ）和梁端部截面（LD）。为保证节点温度在降温后可以达到常温，在满足设计的升温时间的前提下，升、降温总时间统一采用较长的 25h。

图 10.23 给出了升、降温过程中型钢混凝土柱 - 型钢混凝土梁节点在特征截面上不同点的温度（T）- 受火

图 10.22　特征截面示意图
（尺寸单位：mm）

时间（t）关系曲线，为使曲线清晰且便于分析，只给出了前 10h 内的温度曲线，图中 B′时刻和 C′时刻分别与图 1.14 中两点对应，B′时刻为结构外界升温结束时刻、C′为结构外界降温结束时刻。

(a) 型钢混凝土柱特征截面

(b) 型钢混凝土梁特征截面

图 10.23　型钢混凝土柱 - 型钢混凝土梁节点特征截面温度（T）- 受火时间（t）关系曲线

通过比较特征截面各点的 $T\text{-}t$ 关系曲线可以发现，节点在升、降温火灾下的温度分布具有如下规律。

1）结构外界温度达到最高温度的时刻，即升温 0.6h 时，节点特征截面内部各点大多仍持续升温，节点温度与结构外界温度相比存在明显的滞后，温度滞后现象表明：对于在结构外界升温阶段没有破坏的节点，并不意味着节点已经经历了最危险的时刻，因为节点达到最高温度的时刻往往发生在结构外界温度开始下降的阶段，特别是结构外界降温的初始阶段，节点可能在降温过程中破坏。

2）比较节点区截面和端部截面相同位置点的温度曲线可以发现：节点区截面各点

的温度会低于端部截面对应点的温度，梁（柱）节点区截面温度会受到相邻的梁、板、柱的影响，相比处于非节点区的端部截面，节点区具有更高的热容，在从结构外界吸收相同热量的情况下，分担到各部分的热量会低于非节点区，因此温度较低。

3）对比柱和梁的截面温度可以发现：型钢混凝土梁和柱截面上位置相近的点，如梁截面的 4 点和柱截面的 3 点、梁截面的 6 点和柱截面的 5 点等，其最高温度差别并不明显，这可能是由于尺寸差异的影响对于尺寸较为接近的型钢混凝土梁和柱相对较小所致。

10.4.3　力学性能分析

如图 1.14 所示，实际框架结构中，从结构建成到火灾来临再到温度恢复到常温，其经历的结构外界温度变化过程可分为常温、升温、降温和火灾后四个阶段，在这四个阶段中，梁 - 柱连接节点都有可能达到极限状态而破坏，具体工况如下。

1）常温阶段破坏。建筑结构建成后，节点梁和柱承受的外荷载可近似认为不变，节点正常工作，但在某些情况下，节点梁承受了大于极限承载能力的荷载，会使节点破坏。

2）升温阶段破坏。节点梁和柱承受的外荷载不变，遭受火灾，温度持续升高，节点由于材性逐渐劣化和温度内力的影响达到极限状态。

3）降温阶段破坏。节点梁和柱承受的外荷载不变，遭受火灾，结构外界温度在升高一定时间后开始降温，虽然此时结构外界温度已经开始下降但由于温度传导的滞后性，节点温度仍然持续升高，且温度变化产生的内力也对节点不利，从而造成节点虽然在结构外界升温阶段没有破坏但在降温过程中达到了极限状态。

4）火灾后阶段破坏。节点在外荷载不变的情况下，经历火灾升、降温后，节点温度降至常温时仍然没有达到极限状态，但此时节点的剩余承载能力已经低于常温阶段，火灾后继续使用，就可能会达到极限状态而破坏。

本章的研究主要是针对第 4）种工况，即图 1.14 中的 A → A′ → B′ → C′ → D′ → E′ 时间（t）- 温度（T）- 荷载（N）路径作用下开展的，这一工况会经历常温、升温和降温这三个阶段，因此本章在对节点的力学性能进行分析时会结合工况 1）、2）和 3）进行必要的比较说明。

（1）节点的破坏形态

算例分析表明，型钢混凝土柱 - 型钢混凝土梁节点的破坏形态会随着梁荷载比（m）和柱荷载比（n）的变化而不同，会形成节点区梁破坏和柱破坏两种机制，如图 10.24 所示。

当 $m=0.4$、$n=0.6$ 时，经历升、降温火灾后，节点的破坏是由于节点区梁端形成塑性铰，节点弯矩无法继续增加所致，其破坏形态如图 10.24（a）所示。可以发现达到极限状态时，梁柱相对转角明显增大，在节点梁与柱连接处形成塑性铰，节点区内部钢筋和型钢的变形也以型钢混凝土梁内的钢筋和型钢最为明显，楼板混凝土和钢筋的变形也表现为以柱为中心向梁端部逐渐下挠。

当 $m=0.4$、$n=0.8$ 时，火灾后随着梁上荷载的增加，楼板下部型钢混凝土柱上受高温损伤较为明显的混凝土的塑性应变逐渐超过高温后混凝土峰值应变，混凝土应力明显降低，下柱纵筋由于混凝土保护层的横向塑性应变过大而发生了如图 10.24（b）所示的向外鼓曲，下柱塑性发展较为明显的混凝土所承担的柱荷载和梁荷载的合力大部分转由内部型钢和高温损伤较小的混凝土分担，内部型钢应力明显增加，此时混凝土对型钢起到了支撑作用，可有效地延缓其发生局部屈曲破坏，但当型钢所能提供的截面抗力已无法承受外荷载时，即发生破坏表现为节点下柱出现局部的鼓曲，柱变形明显增加，并带动梁板变形增加，其破坏形态如图 10.24（b）所示，楼板变形也表现为以柱为中心向四周上翘。

（a）节点区梁破坏

（b）柱破坏

图 10.24　型钢混凝土柱 - 型钢混凝土梁节点破坏形态

适当对计算获得的组合框架梁 - 柱连接节点的火灾后破坏形态进行简化，可绘制出图 10.25 所示的节点破坏时变形示意图，即分别为节点区梁破坏和柱破坏。

图 10.25 节点破坏时变形示意图

在火灾后承载力试验阶段，随着梁荷载的增加，受力后的节点弯矩达到峰值，如 10.5.2 节中图 10.57（a）和（b）中 D_p 点所示，此时节点弯矩无法增加，而梁柱相对转角持续变大，对应的节点区型钢混凝土梁下部混凝土塑形压应变较大，此时节点区梁截面所能提供的抗力无法满足增加的外荷载需求，形成如图 10.25（a）所示的塑性铰，导致节点无法将梁荷载有效地传递给柱，发生了节点区梁破坏。

火灾后随着梁荷载的增加，节点下柱要承受节点传递来的梁荷载和柱荷载的共同作用，型钢混凝土柱下部混凝土被压溃，下柱所能提供的抗力降低，首先在图 10.25（b）所示的 1 位置形成塑性铰，原来由下柱完全承担的柱荷载通过节点转移了一部分由梁承担，产生了节点下柱变形带动梁变形的情况，最终节点弯矩达到峰值，随着梁柱相对转角的增加，节点弯矩开始降低，此时节点区梁形成了塑性铰 2，因这种节点破坏是由于柱先发生破坏引起的，本章称为柱破坏。对于本节分析的算例，仅当型钢混凝土柱的柱荷载比 $n \geqslant 0.8$ 时，才会发生这种破坏变形。

（2）节点变形特点

节点的变形特点可用节点柱轴向变形（Δ_c）、节点梁端挠度（δ_b）和节点梁柱相对转角（θ_r）三个变量描述。下面对节点在常温、升温、降温和火灾后这一连续过程中的变形特点进行分析，其中节点梁柱相对转角（θ_r）按照图 9.17 所示的方法进行确定。

常温阶段和火灾后阶段外荷载变化，节点变形与外荷载直接相关；升、降温阶段外荷载不变，节点变形与升、降温的时间直接相关。因此，本节在对节点的变形进行分析时，考虑到不同阶段的特点，将通过变形 - 受火时间（t）关系和变形 - 梁线荷载（q）关系来给出节点的变形曲线。在给出节点的变形 - 时间关系时，常温阶段和火灾后阶段采用了较长的加载时间，以使得这两个阶段的线形与升、降温阶段可以明显区分。

1）柱轴向变形（Δ_c）。

型钢混凝土柱 - 型钢混凝土梁节点的柱轴向变形（Δ_c）- 受火时间（t）和柱轴向变形（Δ_c）- 梁线荷载（q）关系曲线如图 10.26 所示。

由图 10.26 可见，升温阶段型钢混凝土柱 - 型钢混凝土梁节点的柱轴向变形是增加的，在升温阶段型钢混凝土柱虽然也存在温度升高、材料膨胀的现象，但由于是混凝土直接受火，材料膨胀主要发生在混凝土上，而混凝土在温度升高时其材性劣化速度也较快，材性劣化会导致混凝土纵向压应变增加，从而抵消膨胀的影响，最终表现为柱压缩变形增加。

(a) Δ_c-受火时间（t）关系　　　　　　　(b) Δ_c-梁线荷载（q）关系

图 10.26　型钢混凝土柱 - 型钢混凝土梁节点柱轴向变形（Δ_c）

2）梁端挠度（δ_b）。

图 10.27 所示为型钢混凝土柱 - 型钢混凝土梁节点的梁端挠度（δ_b）- 受火时间（t）和梁端挠度（δ_b）- 梁线荷载（q）关系曲线。

(a) δ_b-受火时间（t）关系曲线　　　　　(b) δ_b-梁线荷载（q）关系曲线

图 10.27　型钢混凝土柱 - 型钢混凝土梁节点梁端挠度（δ_b）

对梁端挠度全过程曲线各阶段的特性描述如下。

① 常温阶段（AA′）：常温阶段施加柱荷载和梁荷载后，梁端挠度达到 -11mm。

② 升温阶段（A′B′）：升温阶段材料升温膨胀对梁挠度的影响不明显，梁中混凝土材性逐渐劣化使得梁抵抗变形的能力降低，梁端挠度增加，升温结束时，梁端挠度达到 -31mm。

③ 降温阶段（B′C′D′）：降温过程中型钢混凝土梁的挠度逐渐增加，但降温阶段梁端挠度的增加量没有超过升温阶段，降温结束时，梁端挠度达到 -48mm，降温阶段梁端挠度增量为升温阶段的 85%，这是由于梁内部型钢受到混凝土的保护，温度较低。B′点后结构外界降温，由于存在温度滞后现象，虽然高温损伤明显的混凝土由于材性劣化而失去部分抵抗变形的能力，但内部型钢持荷能力较强，型钢混凝土梁仍然具有较好的抵抗变形能力，梁端挠度增加量较小。

④ 火灾后阶段（D′E′）：火灾后随着梁荷载增加，梁端挠度显著增加，最终超过变

形速率限值而破坏。

3）梁柱相对转角（θ_r）。

图 10.28 所示为型钢混凝土柱 - 型钢混凝土梁节点的梁柱相对转角（θ_r）- 受火时间（t）和梁柱相对转角（θ_r）- 梁线荷载（q）关系曲线。

(a) θ_r-受火时间（t）关系曲线

(b) θ_r-梁线荷载（q）关系曲线

图 10.28　型钢混凝土柱 - 型钢混凝土梁节点梁柱相对转角（θ_r）

型钢混凝土柱 - 型钢混凝土梁节点的梁柱相对转角在常温、升温和降温阶段有所增加，降温结束时达到 6.34×10^{-3}rad，火灾后加载到极限状态时达到 40×10^{-3}rad。

（3）节点内力变化

本节对型钢混凝土柱 - 型钢混凝土梁节点的梁和柱不同截面处的弯矩和轴力变化规律（包括内力 - 受火时间（t）关系和内力 - 梁线荷载（q）关系）进行分析，提取内力的截面位置包括柱节点区截面（ZJ）、柱端部截面（ZD）、梁节点区截面（LJ）和梁端部截面（LD），其中 ZD、LJ、LD 截面位置如图 10.22 所示，ZJ 截面取节点下柱靠近梁下部。

1）柱节点区截面内力。

型钢混凝土柱 - 型钢混凝土梁节点的柱节点区截面弯矩值分布在 $-7.9 \sim 4.7$kN·m。图 10.29 所示为柱节点区截面的轴力（N_c）- 受火时间（t）和轴力（N_c）- 梁线荷载（q）关系曲线，其各阶段的变化规律与钢管混凝土柱 - 组合梁节点的类似，常温加载结束时，柱节点区截面轴力达到常温下柱极限承载力的 66%，升、降温过程中轴力无明显变化，降温

(a) N_c-受火时间（t）关系曲线

(b) N_c-梁线荷载（q）关系曲线

图 10.29　型钢混凝土柱 - 型钢混凝土梁节点柱节点区截面轴力（N_c）

结束时达到常温下柱极限承载力的 67%，火灾后加载到极限状态时的轴力达到 75%。

2）柱端部截面内力。

型钢混凝土柱 - 型钢混凝土梁节点下柱端部截面的弯矩值最大达到 125kN·m，但大都分布在 0～12kN·m。图 10.30 所示为柱节点区截面的轴力（N_c）- 受火时间（t）和轴力（N_c）- 梁线荷载（q）关系，因受轴压为主，跨中截面的轴力与端部截面基本相同，此处不再赘述。

（a）N_c-受火时间（t）关系曲线　　　　　　（b）N_c-梁线荷载（q）关系曲线

图 10.30　型钢混凝土柱 - 型钢混凝土梁节点柱端部截面轴力（N_c）

3）梁节点区截面内力。

图 10.31 所示为型钢混凝土柱 - 型钢混凝土梁节点的梁节点区截面的弯矩（M_b）- 受火时间（t）、弯矩（M_b）- 梁线荷载（q）和轴力（N_b）- 受火时间（t）、轴力（N_b）- 梁线荷载（q）关系曲线。

对于型钢混凝土梁节点区截面内力变化全过程曲线各阶段的描述如下：

① 常温阶段（AA'）。梁节点区截面承受负弯矩，外荷载加载结束后弯矩达到 −613kN·m，而截面处轴力达 −711kN。

② 升温阶段（A'B'）。升温阶段混凝土保护层和纵筋的温度较高，材料升温膨胀，梁的纵向膨胀变形受到边界的约束转化为轴力，升温结束时刻（B' 点）轴力达到了 −4420kN，为常温加载结束时刻（A' 点）轴力的 6.2 倍，与钢管混凝土柱 - 组合梁节点不同的是，在升温初期，型钢混凝土梁截面不同位置产生的温度内力主要由混凝土保护层和纵筋的热膨胀产生，其合力位于梁截面形心下部，在梁节点区截面形成正弯矩，抵消了部分外荷载作用产生的负弯矩，如图 10.31（a，1）所示。

在峰值点处梁节点区截面弯矩达到 A' 点弯矩的 88%，随着温度的持续升高，内部型钢开始升温膨胀，截面上混凝土、纵筋和型钢热膨胀产生的合力逐渐移到梁截面形心上部，使得梁节点区截面负弯矩逐渐增加，升温结束时，梁节点区截面弯矩值达到 A' 点弯矩的 94%，温度变化对截面弯矩的影响较钢管混凝土柱 - 组合梁节点减弱。

③ 降温阶段（B'C'D'）。结构外界温度开始降低时，型钢混凝土梁内部的型钢和型钢附近的混凝土温度逐渐升高，材料持续升温膨胀，梁节点区截面轴力持续增加，结构外界降温结束时，轴力达到常温加载结束时刻（A' 点）轴力的 7 倍，梁节点区截面负弯矩逐渐增加，结构外界降温结束时，弯矩值重新达到 A' 点时刻的弯矩。

结构外界降温结束后，节点温度特别是内部型钢的温度持续降低，降温过程中梁节点区截面逐渐受拉，负弯矩逐渐降低，降温结束时轴力可达 A′点时刻轴力的－1.56倍，弯矩达到 A′点时刻弯矩的 76%。受拉混凝土对结构受力不利，此时，型钢混凝土梁内部的纵筋和型钢与型钢混凝土柱的可靠连接较重要。

(1) M_b-受火时间（t）关系曲线　　　　　(2) M_b-梁线荷载（q）关系曲线

(a) 梁节点区弯矩（M_b）

(3) N_b-受火时间（t）关系曲线　　　　　(4) N_b-梁线荷载（q）关系曲线

(b) 梁节点区轴力（N_b）

图 10.31　型钢混凝土柱 - 型钢混凝土梁节点梁节点区截面内力（M_b 和 N_b）

④ 火灾后阶段（D′E′）。梁节点区截面弯矩的峰值达到常温下截面极限弯矩的 90%，当梁节点区截面所能提供的抗力已不足以抵抗外荷载的作用时，节点达到极限状态。

4）梁端部截面内力。

图 10.32 所示为型钢混凝土柱 - 型钢混凝土梁节点的梁端部截面弯矩（M_b）-受火时间（t）、弯矩（M_b）-梁线荷载（q）和轴力（N_b）-受火时间（t）、轴力（N_b）-梁线荷载（q）关系全曲线。梁端部截面的轴力曲线与梁节点区截面的轴力曲线接近，梁的轴力沿其长度方向没有明显的改变。

梁端部截面弯矩在受力全过程中各阶段的特性描述如下。

① 常温阶段（AA′）。梁端部截面承受正弯矩，外荷载加载结束时弯矩达到 479kN·m。

② 升温阶段（A′B′）。随着温度升高，材料受热膨胀，梁轴向变形受到边界的约束作用产生温度内力，使梁端部截面的正弯矩增加，升温结束时，跨中截面弯矩达到常温加载结束时刻（A′点）弯矩的 1.1 倍。

(1) M_b-受火时间（t）关系曲线   (2) M_b-梁线荷载（q）关系曲线

(a) 梁端部弯矩（M_b）

(1) N_b-受火时间（t）关系曲线   (2) N_b-梁线荷载（q）关系曲线

(b) 梁端部轴力（N_b）

图 10.32 型钢混凝土柱 - 型钢混凝土梁节点梁端部截面内力（M_b 和 N_b）

③ 降温阶段（B′C′D′）。材料降温收缩，产生的温度内力使得梁端部截面在节点降温结束时的弯矩达到常温加载结束时刻（A′ 点）弯矩的 1.2 倍。可见降温对型钢混凝土梁截面内力的影响与对钢 - 混凝土组合梁的影响相对较弱。

④ 火灾后阶段（D′E′）。火灾后增加梁荷载，梁荷载使梁端部截面正弯矩增加，极限状态时，梁端部截面弯矩达到常温加载结束时刻（A′ 点）弯矩的 3.2 倍。

（4）节点弯矩（M）- 梁柱相对转角（θ_r）关系

节点的弯矩（M）- 梁柱相对转角（θ_r）关系是评价节点工作性能的重要因素之一，下面对钢管混凝土柱 - 组合梁节点和型钢混凝土柱 - 型钢混凝土梁节点在常温、升温、降温和火灾后四个阶段的 M-θ_r 关系进行分析。

图 9.17 所示为节点的弯矩（M）和梁柱相对转角（θ_r）选取示意图，计算时取转角较大一侧的梁截面弯矩 M_{b1} 或 M_{b2} 为节点弯矩，其中弯矩使梁下部受拉、上部受压时为正值，反之为负。

图 10.33 给出了外荷载作用下，升、降温火灾后型钢混凝土柱 - 型钢混凝土梁节点的弯矩（M）- 梁柱相对转角（θ_r）关系曲线 1。同时给出了四条对比 M-θ_r 曲线，包

括：常温条件下，柱荷载不变，梁加载到节点破坏的曲线 2；无初始荷载作用的火灾后条件下，柱荷载不变，梁加载到节点破坏的曲线 3；常温下施加梁、柱荷载至设计值并保持不变，节点在升温过程中达到耐火极限的曲线 4；常温下施加梁、柱荷载至设计值并保持不变，节点在降温过程中达到极限状态的曲线 5。

图 10.33 所示的外荷载下，升、降温火灾后型钢混凝土柱 - 型钢混凝土梁节点的弯矩（M）- 梁柱相对转角（θ_r）全过程关系曲线的工作特点可归纳如下。

① 常温阶段（AA′）。常温下随着梁和柱荷载增加，节点弯矩随着转角增加而增大。

② 升温阶段（A′B′）。保持梁和柱荷载不变，结构外界温度增加，这一阶段节点弯矩的变化主要是由超静定结构中的温度变形受到约束所产生的附加弯矩所致。在升温初期，节点区附加弯矩为正值，与外荷载作用产生的弯矩相叠加后，使节点弯矩绝对值降低，此时，M-θ_r曲线的斜率表征节点受正弯矩作用时的刚度。随着温度的增加，温度变化产生的附加弯矩逐渐变为负弯矩，此时 M-θ_r 曲线的斜率表征节点受负弯矩作用时的刚度，可见，由于材料在高温下的力学性能逐渐劣化，节点高温下的刚度低于常温阶段的刚度。

③ 降温阶段（B′C′D′）。B′ 点火灾开始降温直到 C′ 点，结构外界温度降为常温，这一阶段节点负弯矩持续增加；C′D′ 阶段，节点负弯矩逐渐降低，梁柱相对转角在这一阶段也缓慢增加。

④ 高温后加载阶段（D′D_pE′）。节点温度降到常温后，随着梁荷载增加，节点负弯矩逐渐增加最终达到峰值 D_p，极限弯矩值为 -1260kN·m。峰值点后，M 值随着 θ_r 的增加而缓慢降低，火灾后节点的位移延性良好。

对比曲线 1 与其他曲线的特征，与常温条件下曲线 2 比较可见，经历外荷载和升、降温火灾作用后，节点的极限弯矩值为常温下极限弯矩值的 90%，而达到极限弯矩时的转角却是常温下的 1.7 倍。

图 10.33　型钢混凝土柱 - 型钢混凝土梁节点的 M-θ_r 关系曲线

　　可见经历荷载和温度的共同作用后，节点的强度较常温时降低而延性增加。与无初始荷载作用，经历火灾后再加载破坏的曲线 3 比较结果表明，曲线 1 的极限弯矩值为曲线 3 的 91%，对应的转角是无初始荷载时的 1.5 倍；比较曲线 2 和 3 可以发现，曲线 3 的节点极限弯矩为常温下的 99%，转角为 1.1 倍。

　　因此，不考虑初始荷载作用的火灾后计算结果会比考虑初始荷载作用的结果偏于不安全。与耐火极限计算曲线 4 比较，在常温和升温阶段（A—A′—B′），二者重合，B′点后曲线 4 持续升温，材性进一步劣化、柱无法继续承受外荷载，节点破坏是由于柱变形过大引起的，从曲线 4 中也可见，在后期 θ_r 降低，M 出现反向，这表现出柱先破坏，柱变形带动梁变形增加的破坏特点。降温阶段破坏曲线 5 与曲线 1 的主要区别是升温时间比不同。曲线 5 的升温时间比为 0.6，在接近极限状态时，曲线 5 节点弯矩降低、梁节点区截面可以提供的抗力无法满足外荷载的需求，节点破坏。

　　比较曲线 4、5 和曲线 1 可以发现随着升温时间比的降低（从 1 变化为 0.5），型钢混凝土柱-型钢混凝土梁节点的破坏形态也从柱破坏变化为节点区梁破坏。通过对型钢混凝土柱-型钢混凝土梁节点的温度分布、破坏模态、内力变化、弯矩-转角关系等进行分析，表明混凝土可较好地保护其内部型钢，使其受到的高温损伤较小，对节点火灾后承载力贡献较大。降温过程中，型钢混凝土梁的材料收缩，使得梁轴向受到拉力作用，因混凝土的受拉能力较差，这时的拉力主要由内部型钢承担。因此，保证柱型钢和梁型钢之间有可靠连接较重要。

　　（5）节点应力变化

　　研究节点应力的变化规律和分布情况是进行合理的构造设计的重要依据。以型钢混凝土柱-型钢混凝土梁节点的分析模型为例，对这两类节点在受力全过程中不同特征时刻的应力分布和特征点应力随时间变化情况进行分析。其中特征时刻选取图 10.33 中所示各点对应的时刻为特征时刻，包括：常温加载结束时刻点（A′）、结构外界升温结束时刻点（B′）、结构外界温度降到常温时刻点（C′）、节点温度降到常温时刻点（D′）和火灾后节点达到极限状态时刻点（D_p）。

　　1）特征时刻应力分布。

　　选取图 10.22 所示的柱节点区截面（ZJ）和柱端部截面（ZD）为分析位置，给出不同特征时刻型钢混凝土柱的混凝土纵向应力分布等值线图，如图 10.34 所示，图中混凝土拉应力为正、压应力为负、f_c' 为混凝土圆柱体抗压强度，菱形点所示为标注数值的起始位置。对各特征时刻，混凝土纵向应力分布的描述如下。

　　① 常温加载结束时刻（A′ 时刻）。柱节点区截面和端部截面的混凝土纵向应力分布比较均匀，混凝土压应力均达到 $-0.57f_c'$。

　　② 结构外界升温结束时刻（B′ 时刻）。随着受火时间的延长，位于柱截面角点处的混凝土由于温度较高，材性劣化程度较大，其纵向压应力降低到 $-0.21f_c'$，位于型钢内部的混凝土承担的荷载增加，其纵向压应力提高，柱节点区截面处可以达到 $-0.73f_c'$。此时，柱节点区截面的混凝土由于相邻梁的作用，混凝土纵向应力以柱型钢翼缘附近最高，向四周逐渐降低。柱端部截面混凝土应力在型钢翼缘和腹板包围的位置最高，这是由于型钢约束了内部混凝土的部分横向变形，混凝土横向压应力增

加，处于三轴受压的状态下。

从图 10.34（b，2）中可见，型钢内部区域混凝土的压应力最高，箍筋外部混凝土的压应力最低，其余位置混凝土的压应力居中，混凝土约束区的范围与 Ellobody 和 Young（2010）给出的混凝土约束区划分范围类似，可分为高约束区、无约束区和部分约束区。

③ 结构外界降温结束时刻（C′ 时刻）。结构外界降温开始后，混凝土保护层温度开始降低，但由于温度滞后现象，型钢混凝土柱内部各点温度仍然在增加，材料升温膨胀，内部型钢和混凝土承担的荷载增加，而混凝土保护层由于降温，材料收缩，压应力降低，C′ 时刻降低到 $-0.05f_c'$。

④ 节点降温结束时刻（D′ 时刻）。D′ 时刻型钢混凝土柱截面各点温度均降至常温，此时型钢翼缘和腹板包围的混凝土表现出明显的约束效应，柱端部截面处的应力达到 $-1.05f_c'$，而柱节点区截面的约束效应更强一些，达到了 $-1.14f_c'$。

⑤ 火灾后节点达到极限状态时刻（D′ 时刻）。火灾后增加梁荷载直到节点达到极限状态。节点破坏是由梁变形速率过快引起的，柱的应力与 D′ 时刻相比没有明显变化，但型钢翼缘和腹板约束区内的混凝土应力仍有所增加。

不同特征时刻型钢混凝土柱 - 型钢混凝土梁节点的梁节点区截面（LJ）和梁端部截面（LD）的混凝土纵向应力分布等值线如图 10.35 所示。对在各特征时刻，混凝土

（1）柱节点区截面　　　　　　　　　　（2）柱端部截面

(a) A′ 时刻

（1）柱节点区截面　　　　　　　　　　（2）柱端部截面

(b) B′ 时刻

图 10.34　型钢混凝土柱截面的混凝土纵向应力分布

(1) 柱节点区截面　　　　　　　　　　(2) 柱端部截面

(c) C′时刻

(1) 柱节点区截面　　　　　　　　　　(2) 柱端部截面

(d) D′时刻

(1) 柱节点区截面　　　　　　　　　　(2) 柱端部截面

(e) D_p 时刻

图 10.34 （续）

纵向应力分布变化规律描述如下。

　　① 常温加载结束时刻（A′时刻）。梁节点区截面混凝土楼板受拉应力，梁受压应力，从楼板下部向梁下部压应力逐渐增加，最大达到$-0.43f_c'$；梁端部截面的混凝土楼板板受压应力，从楼板下部向梁下部混凝土逐渐由受压变为受拉。

　　② 结构外界升温结束时刻（B′时刻）。随着温度的增加，外围混凝土升温膨胀，使得型钢内部的混凝土受拉，在梁端部截面，混凝土保护层的压应力达到$-0.39f_c'$，而型钢内部的混凝土拉应力达到$0.11f_c'$

　　③ 结构外界降温结束时刻（C′时刻）。由于温度滞后现象，型钢混凝土梁的型钢

和型钢内部混凝土在结构外界降温阶段温度逐渐升高，材料膨胀，内部混凝土受拉区减少，压应力增加，混凝土保护层由于材性劣化和降温共同的作用，压应力逐渐降低，在梁端部截面处，混凝土保护层产生了拉应力。型钢混凝土柱内部各点温度仍然在增加，材料升温膨胀，内部型钢和混凝土承担的荷载增加，而混凝土保护层由于降温，材料收缩，压应力降低，C′ 时刻降低到 $-0.05f'_c$。

④ 降温结束时刻（D′ 时刻）。D′ 时刻由于混凝土收缩，梁节点区截面楼板和梁上部的混凝土受拉，梁下部混凝土受压，梁端部截面，楼板和梁下部混凝土受拉，梁上

图 10.35 型钢混凝土梁截面的混凝土纵向应力分布

（1）梁节点区截面　　　　　　　　　　　　　　　　　（2）梁端部截面

(d) D′ 时刻

（1）梁节点区截面　　　　　　　　　　　　　　　　　（2）梁端部截面

(e) D_p 时刻

图 10.35 （续）

部较小的区域内混凝土受压，混凝土最大的压应力达到$-0.45f_c'$，没有出现与型钢混凝土柱相似的型钢内部混凝土受到约束，压应力超过f_c'的现象。

⑤ 火灾后节点达到极限状态时刻（D′ 时刻）。火灾后施加增加梁荷载直到节点达到极限状态并破坏，梁节点区截面的梁下部和梁端部截面的楼板压应力明显增加，最高区域达到$-0.75f_c'$。

比较型钢混凝土梁和型钢混凝土柱内部型钢翼缘和腹板包围的混凝土纵向应力，可见梁没有出现像柱那样明显的混凝土约束区，这主要是由于型钢混凝土梁截面上虽然也存在受压区域，但与柱相比受压区域较小。此外，与型钢接触的混凝土有受拉区存在，型钢约束内部混凝土横向变形的作用无法发挥，使得梁没有明显的混凝土高约束区。

图 10.36 给出了各特征时刻型钢混凝土柱 - 型钢混凝土节点内部型钢和钢筋的Mises 应力分布云图。

对型钢和钢筋的 Mises 应力分布特点简述如下。

① 常温加载结束时刻（A′ 时刻）。常温加载结束后，柱型钢和纵筋的应力较高，达到 288MPa。

② 结构外界升温结束时刻（B′ 时刻）。随着温度的增加，柱混凝土材性劣化，下柱内部型钢和纵筋承担的荷载增加，最高可达到 368MPa。梁型钢的最高应力区位于节点区下翼缘，应力达到 324MPa。

③ 结构外界降温结束时刻（C′ 时刻）。由于温度滞后的原因，在结构外界降温阶

段，梁型钢的温度仍然升高，材料受热膨胀，轴向变形受到约束加剧了节点区下翼缘的高应力区的扩展。

④ 节点降温结束时刻（D′时刻）。降温阶段梁纵筋和柱箍筋收缩，受到约束，其应力增加，最大达到 355MPa 左右。

（1）型钢　　　　　　　　　　　　　　（2）钢筋

(a) A′时刻

（1）型钢　　　　　　　　　　　　　　（2）钢筋

(b) B′时刻

（1）型钢　　　　　　　　　　　　　　（2）钢筋

(c) C′时刻

图 10.36　型钢混凝土柱 - 型钢混凝土梁节点内部型钢和钢筋的 Mises 应力分布

(1) 型钢　　　　　　　　　　　　　　(2) 钢筋

(d) D′时刻

(1) 型钢　　　　　　　　　　　　　　(2) 钢筋

(e) D_p时刻

图 10.36 （续）

⑤ 火灾后节点达到极限状态时刻（D′时刻）。火灾后随着外荷载的增加，梁型钢节点区的应力达到 363MPa，形成塑性铰，导致节点破坏。

2）应力（σ）- 受火时间（t）关系。

选取图 10.22 所示的柱节点区截面（ZJ）和梁节点区截面（LJ）为分析对象，给出各截面上特征点的应力（σ）- 受火时间（t）关系曲线，如图 10.37 所示。

应力 - 受火时间全过程关系曲线上各特征点的工作特点如下。

对于柱节点区截面，从 A′时刻到 B′时刻，随着结构外界温度升高，混凝土保护层和柱纵筋受热膨胀，升温初期纵向应力和 Mises 应力均增加［如图 10.37（a）中 3 点和 5 点所示］，但随着温度的升高，混凝土保护层和纵筋的材性劣化，应力降低。混凝土上 4 点在升温过程中，因混凝土保护层、纵筋以及纵筋和型钢之间的混凝土升温膨胀，分担的荷载增加，因而使得 4 点混凝土的纵向应力在升温阶段降低。

内部型钢腹板中心点 1 和翼缘角点 2 的 Mises 应力在升温过程中一直增加，这是由于虽然位于型钢外部的材料在升温阶段膨胀，承担的荷载增加，内部型钢的应力有降低的趋势。但因为柱节点区截面的型钢与梁型钢相接，升温时梁对柱型钢的作用加

(1) 钢材的 Mises 应力　　　　　　　(2) 混凝土的纵向应力

(a) 柱节点区截面

(1) 钢材的 Mises 应力　　　　　　　(2) 钢材的 Mises 应力

(3) 混凝土的纵向应力

(b) 梁节点区截面

图 10.37　型钢混凝土柱 - 型钢混凝土梁节点截面的应力（σ）- 受火时间（t）关系曲线

强，从而使其应力在升温过程中增加。B′时刻后，结构外界温度开始降低，混凝土保护层上 5 点的温度也随之降低，材料降温收缩，纵向压应力逐渐减少，降温到一定程度后甚至出现了拉应力，随后由于柱截面内部的材料也进入降温阶段，材料收缩导致 5

点分担的外荷载增加，应力逐渐变为拉应力。

对于混凝土上 4 点，其外层的部分混凝土材料（如 4 点和 5 点直接的混凝土）仍处在升温阶段，同时由于纵筋降温材性恢复，4 点承担的荷载在火灾在降温的初期仍然在降低，其纵向应力降低，随着热量的传递，4 点温度逐渐升高，其纵向应力增加，随后 4 点开始降温，应力又有所降低，最终保持不变。纵筋上 3 点在降温初期材性恢复，Mises 应力有所增加，但随着纵筋降温，材料收缩，纵筋应力又开始降低，最终趋于水平。而内部的型钢由于温度相对较低，受高温影响不明显，在降温的初始阶段应力就基本不变。D′ 时刻之后，增加梁荷载直到节点破坏，对应的 1、2、3、4 和 5 点的应力均有所增加，但 4 点应力在达到峰值后降低。

对于梁节点区截面，位于梁节点区截面下部的纵筋 4 点和混凝土 6 点，在升温的初期由于材料受热膨胀，承担的外荷载增加，应力提高。随着温度的进一步增加，材性劣化，应力又有所下降。降温阶段纵筋 4 点温度降低，材性恢复，Mises 应力增加，然后随着内部型钢和混凝土分担荷载的增加，4 点的 Mises 应力又降低，最终趋于稳定，此时，4 点的 Mises 应力主要由拉应力提供，火灾后加载阶段，纵筋受压，所以 Mises 应力先降低然后升高。

混凝土在降温阶段的材性没有明显恢复，6 点在降温过程中逐渐由受压变为受拉，最后趋于稳定，火灾后增加梁荷载，6 点混凝土受压，应力增加直到节点破坏。升温阶段，梁型钢上 1、2、3 点、纵筋上 5 点和混凝土上 7 点受到温度和外荷载的共同作用，应力增加。降温阶段，2 点由于温度降低，材料收缩，产生拉应力，抵消了外荷载产生的拉应力，应力降低；1 和 7 点由于温度滞后，在结构外界降温初期仍然升温，热膨胀受到边界约束，产生压应力，Mises 应力和纵向压应力增加；降温后期，材料收缩，产生拉应力，导致 Mises 应力和纵向压应力降低；3 和 5 点同样由于温度滞后，在结构外界降温初期仍然升温，材料膨胀受到约束，产生压应力，抵消了原有的拉应力，Mises 应力降低，后期 3 和 5 点开始降温，Mises 应力又开始增加，其纵向变形被边界约束，产生压应力，导致其 Mises 应力增加。火灾后增加梁荷载，各点的应力均有所增加。梁节点区截面混凝土上 8 点位于受拉区，应力较小，且如图 10.37（b，3）所示温度较低，因此应力变化不大。

（6）节点应变变化

混凝土的塑性应变分布可表征混凝土的工作情况以及裂缝的开展规律，以下对型钢混凝土柱 - 型钢混凝土梁节点分析模型中的混凝土在常温加载结束时刻点（A′）和火灾后节点达到极限状态时刻点（D_p）的应变分布进行分析。

图 10.38 给出了常温加载结束时刻（A′）和火灾后节点达到极限状态时刻（D_p）型钢混凝土柱 - 型钢混凝土梁节点的混凝土塑性主拉应变矢量图，以及对应的梁、柱端部截面的内力方向。在常温加载结束时，混凝土的塑性拉应变主要分布在梁节点区截面上部、梁端部截面下部以及柱混凝土上。火灾后加载达到极限状态时，节点的塑性应变明显增加，特别是在楼板与柱相接的位置，形成沿梁纵向的拉应变，这是节点混凝土较易开裂的位置，楼板的塑性拉应变集中的区域呈"十"字形分布，同时节点下柱由于高温损伤比较明显，其混凝土塑性拉应变比上柱密集。

(a) A'时刻　　　　　　　　　　　　(b) D_p时刻

图 10.38　型钢混凝土柱 - 型钢混凝土梁节点的混凝土塑性主拉应变分布矢量图

图 10.39 给出了不同时刻型钢混凝土柱的混凝土纵向塑性应变分布云图以及不同截面处的纵向塑性应变分布等值线图，图中 "—" 号表示压应变。比较柱混凝土不同时刻的塑性纵向应变，可以发现柱混凝土的塑性应变主要集中在梁中线下部以及梁中线附近的节点区，随着时间增加，塑性纵向应变逐渐增加，在 D_p 时刻最大塑性应变在下柱混凝土保护层上形成，达到 $-6000\mu\varepsilon$ 左右。

由图 10.39 还可见，上柱端部截面（1—1 截面）的塑性应变等值线分布呈现明显的偏压分布，在受外荷载和火灾共同作用的全过程中，1—1 截面的塑性应变分布没有明显的变化，从内向外介于 $-531\sim-322\mu\varepsilon$。从柱节点区截面（2—2 截面）的塑性应变分布可见，由于与梁相接，受到梁影响，柱荷载初偏心在 2—2 截面处的影响较弱，应变接近对称分布，且随着时间历程的增加，该截面处的纵向塑性应变逐渐增加，在 D_p 时刻型钢腹板和翼缘区域内的混凝土塑性压应变达到 $-4573\mu\varepsilon$。对于下柱端部截面

(a) A'时刻　　　　　　　　　　　　(b) B'时刻

图 10.39　型钢混凝土柱混凝土的纵向应变分布图

图 10.39 （续）

（3—3 截面）的塑性应变分布，在常温加载结束时刻（A′）塑性应变呈偏心分布，但随着升、降温火灾和外荷载的共同作用，其塑性应变分布逐渐接近对称分布，D_p 时刻型钢腹板和翼缘区域内的混凝土塑性压应变 −5716με。

图 10.40 给出各特征时刻梁节点区截面（LJ）和梁端部截面（LD）型钢混凝土梁的混凝土纵向应变分布等值线图，图中 "−" 号表示压应变，"＋" 号表示拉应变。

由图 10.40（a）可见，常温加载结束时刻（A′），梁截面的塑性应变等值线近似呈水平分布，梁节点区截面从上向下由塑性拉应变向塑性压应变过渡，梁端部截面从楼板上边缘至梁高中部受压，无塑性应变发生，梁高中部以下位置塑性拉应变逐渐增加。

火灾下特征时刻（B′ 和 C′），梁截面的塑性应变受到温度的影响，从梁截面中心向四周扩散，塑性应变增加，C′ 时刻，梁节点区截面下角点处塑性压应变可达到 −4000με 左右，如图 10.40（b）和（c）所示。

节点温度降到常温后（D′ 和 D_p），梁内塑性应变等值线近似呈水平分布，在梁节点区截面，塑性应变从下向上逐渐从压应变变为拉应变，梁下部压应变可达到 −9000με 左

右，此时混凝土应力早已达到峰值点进入下降阶段。在梁端部截面，塑性应变从下向
上逐渐从拉变为压，梁下部拉应变达到＋5000με左右，混凝土开裂，如图 10.40（d）
和（e）所示。

图 10.40　型钢混凝土梁截面的混凝土纵向应变分布

(1) 梁节点区截面　　　　　　　　　　　(2) 梁端部截面

(e) D_p 时刻

图 10.40　（续）

（7）钢材和混凝土界面性能影响分析

采用弹簧单元来模拟节点中型钢和混凝土界面的粘结滑移性能，不同温度阶段所采用的粘结应力‑相对滑移关系如图 3.13 所示。

图 10.41 给出了考虑钢和混凝土界面滑移与否计算得到的型钢混凝土柱‑型钢混凝土梁节点柱轴向变形（Δ_c）‑受火时间（t）关系和梁端挠度（δ_b）‑受火时间（t）关系曲线。可见，型钢混凝土柱‑型钢混凝土梁节点内钢和混凝土之间的滑移作用对节点变形的影响不明显，两条曲线基本重合。

(a) 柱轴向变形（Δ_c）‑受火时间（t）关系曲线　　　(b) 梁端挠度（δ_b）‑受火时间（t）关系曲线

图 10.41　型钢混凝土柱‑型钢混凝土梁节点的变形

考虑滑移后不同时刻型钢混凝土柱‑型钢混凝土梁节点中型钢与混凝土间的相对滑移和粘结应力沿长度方向的分布情况如图 10.42 所示，梁型钢位置取梁型钢下翼缘角点处，柱型钢位置取翼缘角点处。对于梁型钢，距离柱中线距离为负时表示左梁，距离为正时表示右梁。对于柱型钢，距离梁中线距离为负时表示下柱、距离为正时表示上柱。

比较不同时刻型钢和混凝土界面的相对滑移和粘结应力可以发现，随着时间的增加，相对滑移和粘结应力逐渐增加，在火灾后加载到极限状态 D_p 时刻时，界面的滑移量达到最大，相应的粘结应力也较高。梁型钢与混凝土界面的相对滑移和粘结应力沿梁长度方向，以柱中线为轴反对称分布，最大相对滑移量发生在距离柱中线 0.5m 处，达到梁长的 0.005%，其余位置的滑移从节点区向外逐渐降低，对应的粘结应力也以节

图 10.42 型钢与混凝土界面相对滑移和粘结应力沿长度方向的分布

点区最高。

在受力过程中型钢与混凝土的相对滑移和粘结应力沿梁中线方向没有对称性分布，因楼板以下的柱直接受火，最大滑移量发生在下柱距离梁中线 0.45m 处，达到柱长的 0.0003%，与梁型钢类似，节点区的粘结应力高于非节点区。此外，梁型钢界面的相对滑移和粘结应力明显大于柱型钢界面，这主要是由于受力过程中梁变形较大，导致内部型钢与混凝土界面的相互作用也较明显所致。

图 10.43 给出了考虑滑移后型钢混凝土柱 - 型钢混凝土梁节点中纵筋与混凝土间的相对滑移和粘结应力沿长度方向的分布情况。梁纵筋取梁下部最外层钢筋，柱钢筋取柱最外层角部钢筋；图中距离正、负号的意义同图 10.42。

由图 10.43 可见，对于梁纵筋与混凝土界面，随着时间的增加，相对滑移和粘结应力逐渐增加，在 D_p 时刻，界面的滑移量达到最大，相应的粘结应力也较高，而对于柱纵筋与混凝土界面，与梁纵筋不同，最大相对滑移和粘结应力发生在结构外界降到常

（1）相对滑移　　　　　　　　（2）粘结应力

（a）梁纵筋

（1）相对滑移　　　　　　　　（2）粘结应力

（b）柱纵筋

图 10.43　纵筋与混凝土界面相对滑移和粘结应力沿长度方向的分布

温的时刻（C′时刻），原因可解释为：外荷载和火灾共同作用下，影响纵筋和混凝土界面相对滑移的主要因素有两个，一为火灾下温度变化产生温度变形的影响，另一个为外荷载产生的影响。纵筋和其周围的混凝土由于温度不同、热膨胀系数不同，火灾下产生的温度变形不同，从而在界面上产生了相对滑移，且这一滑移随着纵筋和混凝土温差的增大而增加。而柱的轴向荷载所产生的相对滑移方向与温度变化所产生的滑移方向相反，二者有相互抵消的作用。火灾下，柱纵筋接近结构外界，受温度影响明显，温度变形对界面滑移的影响超过了荷载产生的影响，在 C′ 时刻纵筋和混凝土保护层的温差高于其他时刻，使得相对滑移较大，火灾后外荷载增加所产生的滑移没有抵消温度变形产生的相对滑移量，所以在 D_p 时刻，柱纵筋和混凝土界面的相对滑移量有所降低，对应的粘结应力也降低。

与型钢和混凝土界面的规律类似，梁纵筋的相对滑移和粘结应力明显大于柱纵筋，梁纵筋和柱纵筋最大的相对滑移和粘结应力分别发生在梁节点区附近和下柱节点区附近，最大相对滑移量分别达到梁长的 0.000 65% 和柱长的 0.000 04%。

众所周知，对于焊接形成的工字钢梁或型钢，常温下沿焊缝方向会形成焊接残余应力，该应力作为初始应力存在于节点中，会对节点的工作性能有所影响。本章分析比较是否考虑钢梁焊接残余应力对节点的柱轴向变形和梁端挠度的影响。由于组合框架节点中混凝土和钢材共同受力工作，混凝土的存在削弱了钢材焊接残余应力的影响，残余应力对节点的宏观变形影响不明显。

10.5　弯矩 – 转角关系影响因素分析和实用计算方法

本节对图 1.14 所示的外荷载和升、降温火灾共同作用下，型钢混凝土柱 – 型钢混凝土梁节点弯矩（M）– 梁柱相对转角（θ_r）关系的影响参数进行分析，确定其影响规律，并在此基础上确定该类组合框架梁 – 柱节点火灾后剩余刚度系数和剩余承载力系数的简化方法。

10.5.1　影响因素分析

采用 9.2 节中确定的型钢混凝土柱 – 型钢混凝土梁节点为计算模型，对节点的弯矩（M）– 梁柱相对转角（θ_r）关系进行计算分析。在升、降温火灾和外荷载共同作用下，影响型钢混凝土柱 – 型钢混凝土梁节点弯矩 – 梁柱相对转角关系的可能影响因素有节点的升温时间比（t_o）、柱荷载比（n）、梁荷载比（m）、梁柱线刚度比（k）、梁柱极限弯矩比（k_m）、柱混凝土强度（f_{cuc}）、梁混凝土强度（f_{cub}）、柱型钢屈服强度（f_{yc}）、梁型钢屈服强度（f_{yb}）、柱纵筋屈服强度（f_{ybc}）和梁纵筋屈服强度（f_{ybb}）等。各参数分析范围如下（其中有下划线部分为基本计算条件）。

1）升温时间比［t_o，如式（8.8）所示］：0、0.3、<u>0.4</u>、0.5、0.6、0.8。

2）柱荷载比［n，如式（3.17）所示］：0.2、0.4、<u>0.6</u>、0.8。

3）梁荷载比［m，如式（3.18）所示］：0.2、<u>0.4</u>、0.6、0.8。

4）梁柱线刚度比［k，如式（9.1）所示］：<u>0.45</u>、0.55、0.65、0.75。通过调整梁长度可实现变化 k 的目的。

5）梁柱极限弯矩比［k_m，如式（9.2）所示］：0.40、<u>0.65</u>、0.80。通过调整梁型钢屈服强度和梁纵筋屈服强度可实现变化 k_m 的目的。

6）柱截面含钢率［α_c，如式（3.22）所示］：<u>4%</u>、6%、8%。通过调整柱型钢厚度可实现变化 α_c 的目的。

7）梁截面含钢率［α_b，如式（3.22）所示］：<u>4%</u>、6%、8%。通过调整梁型钢厚度可实现变化 α_b 的目的。

8）柱混凝土强度（f_{cuc}）：30MPa、40MPa、<u>60MPa</u>、80MPa。

9）梁混凝土强度（f_{cub}）：30MPa、<u>40MPa</u>、50MPa。

10）柱型钢屈服强度（f_{yc}）：235MPa、<u>345MPa</u>、420MPa。

11）梁型钢屈服强度（f_{yb}）：235MPa、<u>345MPa</u>、420MPa。

12）柱纵筋屈服强度（f_{ybc}）：235MPa、<u>335MPa</u>、400MPa。

13）梁纵筋屈服强度（f_{ybb}）：235MPa、<u>335MPa</u>、400MPa。

下面对以上各项参数分别加以详述。

1）升温时间比（t_o）。

图 10.44 给出了不同升温时间比（t_o）时型钢混凝土柱－型钢混凝土梁节点的 M-θ_r 关系。可以见随着 t_o 的增加，升、降温结束时的梁柱相对转角逐渐增加，而火灾后极限弯矩值逐渐降低。t_o 大于 0.5 以后，节点内部温度在结构外界降温阶段仍然升高，材性进一步劣化，导致节点所能提供的抗力降低，同时由于温度内力的影响，使得节点在降温阶段达到极限状态。随着升温时间比的增加，节点在降温阶段达到极限状态时的破坏形态也发生了变化，$t_o = 0.8$ 时，节点发生了类似图 10.25（b）所示的柱破坏形态。节点可以进入火灾后加载阶段的情况下，即 t_o 在 0.3～0.4 变化时，由于 t_o 越长，节点受到的高温损伤越明显，造成节点的火灾后初始刚度随着 t_o 的增大而降低。$t_o = 0$ 时，M-θ_r 曲线为常温下情况。

2）柱荷载比（n）。

不同柱荷载比（n）情况下节点的 M-θ_r 关系如图 10.45 所示。与钢管混凝土柱－组合梁节点不同，n 对型钢混凝土柱－型钢混凝土梁节点的 M-θ_r 关系影响较为明显，随着 n 的变化节点破坏形态会发生改变，从图 10.25 所示的节点区梁破坏变为柱破坏形态。n 增大时，升、降温结束时节点的梁柱相对转角逐渐减小，这主要是由于 n 越大，火灾下柱对梁端的转动约束作用越强，使得梁柱越不易发生相对转动。$n = 0.8$ 时，火灾后随着梁荷载的增加，节点下柱首先无法承受柱荷载和梁荷载的合力，先达到极限状态，由下柱承受的柱荷载有一部分通过节点传递给了梁承担，从而出现了节点柱变形带动梁变形的情况，梁柱相对转角降低，节点弯矩出现反向，最终使得节点弯矩超过节点所能提供的正弯矩抗力而达到极限状态，节点发生了图 10.25（b）所示的柱破坏。

图 10.44　不同 t_o 情况下的 M-θ_r 关系曲线　　　图 10.45　不同 n 情况下的 M-θ_r 关系曲线

由图 10.45 还可见，n 在 0.2～0.4 变化时，随着 n 的增大，柱对梁的转动约束作用增强，此时火灾后节点的 M-θ_r 关系主要表现为节点区约束梁的特性，转动约束越强，达到极限状态时的梁柱相对转角越小，峰值弯矩越大。n 在 0.4～0.6 变化时，节点柱的影响加强，火灾后节点的 M-θ_r 关系表现为梁和柱的共同作用，因此，n 越大对节点工作越不利，火灾后峰值弯矩越低，对应的梁柱相对转角越大。

3）梁荷载比（m）。

图 10.46 给出了梁荷载比（m）对节点的 M-θ_r 关系的影响规律。可见随着 m 的增加，升、降温结束时的梁柱相对转角逐渐增加，火灾后节点初始刚度逐渐降低，火灾后节点达到峰值弯矩时的梁柱相对转角逐渐增加，但火灾后峰值弯矩无明显变化，这主要是由于火灾后节点的峰值弯矩较大一部分由内部型钢承担，火灾下节点的混凝土较好的保护了内部型钢，型钢受高温影响不明显，火灾后节点峰值弯矩变化不大。

4）梁柱线刚度比（k）。

不同梁柱线刚度比（k）情况下节点的 M-θ_r 关系如图 10.47 所示。这里的 k 实际是常温阶段的梁柱线刚度比，在火灾下和火灾后梁柱线刚度比是变化的，这里主要通过节点常温下的梁柱线刚度比来分析节点的 M-θ_r 关系。可见，随着 k 的增大，梁对柱的约束作用增强，节点越不容易转动，导致升、降温结束时梁柱相对转角逐渐降低。火灾后梁所承担的弯矩抗力主要由内部型钢提供，在梁截面尺寸不变和升温时间相近的条件下，不同 k 时梁所能提供的截面弯矩抗力是相近的，但从计算曲线可见，随着 k 的增加，火灾后节点的峰值弯矩逐渐降低，这主要是因为 k 越大，节点柱受梁的影响越明显，在节点达到极限状态时，节点弯矩无法提高不是由于节点梁截面所能提供的抗力达到极限，而是由于节点柱无法提供足够的弯矩抗力保证梁端弯矩增加，从而导致随着梁柱线刚度比的增加，节点的火灾后峰值弯矩降低。

图 10.46　不同 m 情况下的 M-θ_r 关系曲线

图 10.47　不同 k 情况下的 M-θ_r 关系曲线

5）梁柱极限弯矩比（k_m）。

图 10.48 所示为梁柱极限弯矩比（k_m）对 M-θ_r 关系的影响，可见随着 k_m 从 0.40（梁型钢和纵筋屈服强度均为 210MPa）变为 0.80（梁型钢和纵筋屈服强度均为 420MPa），节点的火灾后峰值弯矩也相应地明显提高。

6）柱截面含钢率（α_c）。

柱截面含钢率（α_c）对型钢混凝土柱 - 型钢混凝土梁节点 M-θ_r 关系的影响如

图 10.49 所示。随着 α_c 的增加，在柱荷载比不变的情况下，柱内部型钢承担的荷载增加，火灾下型钢受到混凝土的保护材性劣化较慢，使得节点的耐火极限随着 α_c 的增大而增加，因此在升温时间比不变的情况下，α_c 越大升温时间越长。

火灾后节点发生节点区梁破坏时，梁的力学性能对节点的 $M\text{-}\theta_r$ 关系影响明显，升温时间越长，梁受到的高温损伤越大，导致节点升、降温结束时的梁柱相对转角越大，也使得节点的火灾后峰值弯矩有所降低，但因为混凝土的保护作用，型钢受的高温影响有限（如 $\alpha_c=4\%$ 时，梁型最高温度为 131℃，$\alpha_c=8\%$ 时，梁型钢最高温度为 209℃），所以节点的火灾后峰值弯矩并没有随着 α_c 的增加而明显降低。

图 10.48　不同 k_m 情况下的 $M\text{-}\theta_r$ 关系曲线

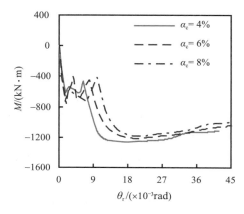

图 10.49　不同 α_c 情况下的 $M\text{-}\theta_r$ 关系曲线

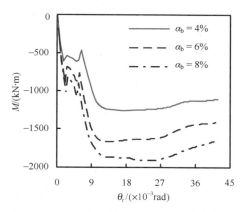

图 10.50　不同 α_b 情况下的 $M\text{-}\theta_r$ 关系曲线

7）梁截面含钢率（α_b）。

梁截面含钢率（α_b）对型钢混凝土柱－型钢混凝土梁节点 $M\text{-}\theta_r$ 关系的影响如图 10.50 所示。计算结果表明，α_b 在 4%～8% 变化时，节点达到耐火极限均是由于节点柱的破坏引起的，梁参数的变化对节点的耐火极限影响不明显，升温时间比不变时节点的升温时间相同。升温时间相同并且钢材导热性能较好的情况下，α_b 变化引起的梁型钢厚度变化对梁截面的温度场分布影响不明显，不同 α_b 时梁型钢的高温损伤程度相近。因此，随着 α_b 的增加，梁型钢厚度增大，梁型钢分担的外荷载增加，在高温下损伤程度相近的情况下，节点的火灾后峰值弯矩随 α_b 的增加而增大，而升、降温结束时的梁柱相对转角变化不大。

8）柱混凝土强度（f_{cuc}）。

图 10.51 给出了不同柱混凝土强度（f_{cuc}）对节点 $M\text{-}\theta_r$ 关系的影响规律。可见，当 $f_{cuc}\leqslant 60\text{MPa}$ 时，节点升、降温结束时的梁柱相对转角随着 f_{cuc} 的减小而增加，这是由

于 f_{cuc} 减小时,在相同的柱荷载比下,节点的耐火极限增加,升温时间比相同时,升温时间增加,节点梁在参数不变的情况下,升温时间越长,节点区梁转角越大,从而导致升、降温结束时梁柱相对转角随着 f_{cuc} 降低而增加。

对于节点区梁破坏的情况,$f_{cuc} \leqslant 60MPa$ 时,柱混凝土强度对火灾后节点的峰值弯矩影响不明显。$f_{cuc} = 80MPa$ 时,柱荷载比(n)不变的情况下柱荷载增加,火灾下柱混凝土材性劣化后卸载的外荷载由内部型钢和混凝土分担,降温阶段混凝土材性进一步劣化,使得节点下柱无法承担节点传递来的外荷载合力,下柱破坏,产生了柱变形带动梁变形的情况,梁柱相对转角减小,节点弯矩逐渐由负弯矩变为正弯矩,最终导致节点在降温阶段无法继续持荷而破坏,节点发生了类似图 10.25(b)所示的柱破坏。

9)梁混凝土强度(f_{cub})。

对于发生节点区梁破坏的节点,由于破坏位置发生在节点区梁上,梁混凝土强度(f_{cub})越高,火灾后节点梁能提供的抗力越大,节点达到极限状态时的峰值弯矩越高,如图 10.52 所示。降温结束时,节点的梁柱相对转角主要受到降温阶段梁内产生的温度拉应力影响,梁混凝土所能提供的受拉抗力较低,因此 f_{cub} 变化时,升、降温结束时的梁柱相对转角没有明显变化。

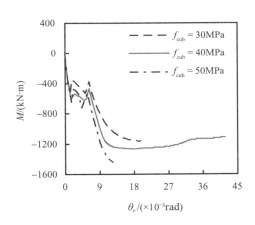

图 10.51　不同 f_{cuc} 情况下的 M-θ_r 关系曲线　　图 10.52　不同 f_{cub} 情况下的 M-θ_r 关系曲线

10)柱型钢屈服强度(f_{yc})。

图 10.53 给出了柱型钢屈服强度(f_{yc})时型钢混凝土柱 - 型钢混凝土梁节点的 M-θ_r 关系。可见,f_{yc} 越高,在相同柱荷载比情况下,柱混凝土承担的荷载越小,火灾下由于温度升高造成混凝土材性劣化对柱的影响越小,使得节点的耐火极限越长,相同升温时间比时,升温时间也越长。

火灾后节点发生节点区梁破坏时,梁的力学性能对节点的 M-θ_r 关系影响最为明显,升温时间比不变的条件下,柱型钢屈服强度为 235MPa 时的升温时间最短,对应的梁受高温影响产生的材性劣化程度最小,从而使得火灾后节点极限弯矩略高于 f_{yc} 为 345MPa 和 420MPa 的情况,但总体影响不明显。

11）梁型钢屈服强度（f_{yb}）。

梁型钢屈服强度（f_{yb}）对型钢混凝土柱﹣型钢混凝土梁节点 M-θ_r 关系的影响如图 10.54 所示。随着 f_{yb} 的增大，火灾后梁能提供的抗力增加，该抗力越大，节点的火灾后峰值弯矩越大，所以随着 f_{yb} 的增加节点的火灾后峰值弯矩增大。

图 10.53　不同 f_{yc} 情况下的 M-θ_r 关系曲线　　　图 10.54　不同 f_{yb} 情况下的 M-θ_r 关系曲线

12）柱纵筋屈服强度（f_{ybc}）。

图 10.55 给出了不同柱纵筋屈服强度（f_{ybc}）对节点的 M-θ_r 关系的影响规律。可见，对于节点区梁破坏的情况，因为纵筋所提供的抗力相比混凝土和型钢要小，所以 f_{ybc} 变化对节点的 M-θ_r 关系影响不明显。

13）梁纵筋屈服强度（f_{ybb}）。

不同梁纵筋屈服强度（f_{ybb}）情况下节点的 M-θ_r 关系如图 10.56 所示。可见，$f_{ybb}=$ 235MPa 时，升、降温结束时节点的梁柱相对转角值会小于 f_{ybb} 为 335MPa 和 400MPa 的情况，但因为纵筋尺寸较小，对节点的火灾后峰值弯矩的影响相比梁型钢和混凝土较小，因此，火灾后节点的峰值弯矩受 f_{ybb} 变化的影响不明显。

图 10.55　不同 f_{ybc} 情况下的 M-θ_r 关系曲线　　　图 10.56　不同 f_{ybb} 情况下的 M-θ_r 关系曲线

10.5.2　剩余刚度系数实用计算方法

节点刚度是评价节点工作性能的重要标准之一。在 10.5.1 节对型钢混凝土柱 - 型钢混凝土梁节点弯矩（M）- 梁柱相对转角（θ_r）关系影响参数分析结果的基础上，本节确定影响节点火灾后剩余刚度系数（K）的实用计算方法，以期为火灾后整体结构的性能化评估提供参考。

节点火灾后剩余刚度系数（K）的定义为

$$K = \frac{k_{op}}{k_{oa}} \tag{10.2}$$

式中：k_{oa} 和 k_{op} 分别为常温下和火灾后节点的初始刚度，$k_{oa} = \tan\alpha_a$，$k_{op} = \tan\alpha_p$，α_a 和 α_p 如图 10.57 所示。

图 10.57　节点 M-θ_r 关系曲线示意图

图 10.57 中曲线为升、降温火灾和外荷载共同作用下组合框架梁 - 柱节点受力全过程中的 M-θ_r 关系曲线示意图，A-A′ 为常温阶段，A′-D′ 为升、降温阶段（这里用虚线连接 A′D′ 表示这一阶段实际的曲线不是直线，此处只给出升、降温阶段的开始和结束点），D′—（D_{rt}）—D_t—D_p—E′ 为火灾后加载阶段；D_t 为火灾后加载阶段弯矩方向反向点，对于节点区梁破坏情况，如图 10.57（a）所示，当无弯矩反向时，D_t 点与 D 点重合；对于节点柱破坏情况，如图 10.57（b）所示，D_{rt} 为火灾后梁 - 柱相对转角变化趋势反向点，其物理意义为：D_{rt} 点后节点柱已无法承受柱荷载，部分柱荷载通过节点传递给梁，柱变形带动梁变形；α_a 和 α_p 按照作图法进行确定。节点在升、降温阶段破坏时，定义其火灾后剩余刚度为 0。

对于图 10.57（a）所示的节点区梁破坏情况，火灾后加载阶段从图中 D′ 点开始，但这里确定火灾后节点初始刚度时却采用 M-θ_r 曲线在 D_t 点的切线斜率，这是因为：降温过程中由于温度变化的影响，原本受压的区域由于降温收缩会成为受拉区，最终可能会使火灾后节点的弯矩与常温下外荷载作用下产生的弯矩方向相反，形成反向弯矩，反向弯矩的存在对于火灾后节点刚度是有利的。但从计算获得的 M-θ_r 曲线可见，D′D_t 曲线较短，火灾后 M-θ_r 曲线的主要发展是从 D_t 点以后开始的，以 D_t 点作为火灾后节点刚度的计算点更具有表征性。

对于图 10.57（b）所示的柱破坏情况，火灾后加载阶段从图中 D′ 点开始，但这里确定火灾后节点初始刚度时采用 M-θ_r 曲线在 D_t 点的切线斜率，且火灾后节点的初始刚度为负，这是因为对于型钢混凝土柱-型钢混凝土梁节点在某些计算条件下，如柱荷载比 $n=0.8$ 时，节点的火灾后破坏是由于下柱无法保持柱荷载，原本由节点上柱传递到节点，再由节点完全传递给下柱的柱荷载，通过节点转移一部分由梁承担，出现了柱拉动梁变化的情况，节点梁柱相对转角减小，同时节点弯矩也逐渐反向，此时节点的刚度表征的是节点区梁截面承受正弯矩，即梁上部受压，下部受拉时的刚度，节点最终发生了图 10.25（b）所示的破坏形态。

采用 D_t 点的切线斜率计算火灾后节点初始刚度，符合实际受力情况，计算得到的 K 值为负，也可表征出节点受正弯矩和负弯矩时刚度的不同。

根据图 10.44～图 10.56，按照式（10.2）计算得到不同参数下型钢混凝土柱-型钢混凝土梁节点的火灾后剩余刚度系数（K），如表 10.4 所示，其中负值表示节点柱破坏的情况。

表 10.4　型钢混凝土柱-型钢混凝土梁节点的火灾后剩余刚度系数 K 和剩余承载力系数 R

t_o	n	m	k	k_m	α_c/%	α_b/%	f_{cuc}/MPa	f_{cub}/MPa	f_{yc}/MPa	f_{yb}/MPa	f_{ybc}/MPa	f_{ybb}/MPa	K	R
0	0.6	0.4	0.45	0.65	4	4	60	40	345	345	335	335	1	1
0.3													0.562	0.9714
0.4													0.455	0.900
0.5													0	0
0.6													0	0
0.8													0	0
0.4	0.2	0.4	0.45	0.65	4	4	60	40	345	345	335	335	0.668	0.931
	0.4												0.505	0.953
	0.8												-0.556	-0.560
0.4	0.6	0.2	0.45	0.65	4	4	60	40	345	345	335	335	0.716	0.943
		0.6											0.369	0.950
		0.8											0.258	0.907
0.4	0.6	0.4	0.55	0.65	4	4	60	40	345	345	335	335	0.571	0.931
			0.65										0.640	0.944
			0.75										0.681	0.961
0.4	0.6	0.4	0.45	0.40	4	4	60	40	345	345	335	335	0.543	0.931
				0.80									0.502	0.944
0.4	0.6	0.4	0.45	0.65	6	4	60	40	345	345	335	335	0.454	0.868
					8								0.442	0.843

续表

t_o	n	m	k	k_m	$\alpha_c/\%$	$\alpha_b/\%$	$f_{cuc}/$MPa	$f_{cub}/$MPa	$f_{yc}/$MPa	$f_{yb}/$MPa	$f_{ybc}/$MPa	$f_{ybb}/$MPa	K	R
0.4	0.6	0.4	0.45	0.65	4	6	60	40	345	345	335	335	0.548	0.903
						8							0.618	0.907
0.4	0.6	0.4	0.45	0.65	4	4	30	40	345	345	335	335	0.705	0.929
							40						0.629	0.921
							80						0.000	0.000
0.4	0.6	0.4	0.45	0.65	4	4	60	30	345	345	335	335	0.780	0.963
								50					0.335	0.857
0.4	0.6	0.4	0.45	0.65	4	4	60	40	235	345	335	335	0.433	0.933
									420				0.450	0.927
0.4	0.6	0.4	0.45	0.65	4	4	60	40	345	235	335	335	0.445	0.825
										420			0.463	0.931
0.4	0.6	0.4	0.45	0.65	4	4	60	40	345	345	235	335	0.468	0.913
											400		0.441	0.912
0.4	0.6	0.4	0.45	0.65	4	4	60	40	345	345	335	235	0.554	0.949
												400	0.375	0.844

通过对上述结果进行整理分析可发现：影响型钢混凝土柱 - 型钢混凝土梁节点火灾后剩余刚度系数 K 的主要参数为：升温时间比（t_o）、柱荷载比（n）、梁荷载比（m）、梁柱线刚度比（k）、柱混凝土强度（f_{cuc}）、梁混凝土强度（f_{cub}）和梁纵筋屈服强度（f_{ybb}）。柱荷载比为 0.8 时，火灾后节点破坏形态为柱破坏，K 值为负，这种情况在本章分析的其他参数情况下没有发生，因此在对计算结果进行回归分析时，只针对发生节点区梁破坏的情况，即 $n = 0.2 \sim 0.6$ 的范围内给出简化计算方法。基于对计算结果的回归分析，可得到如下实用计算式为

$$K = 10b \cdot a_1^{t_o} \cdot a_2^n \cdot a_3^m \cdot a_4^k \cdot a_5^{a_b} \cdot a_6^{f_{cub}} \cdot a_7^{f_{cub}} \cdot a_8^{f_{ybb}} \quad [K \in 0, 1] \qquad （10.3）$$

式中：$b = 3.0267$；$a_1 = 0.1633$；$a_2 = 0.4950$；$a_3 = 0.2039$；$a_4 = 3.5755$；$a_5 = 481.4117$；$a_6 = 0.9872$；$a_7 = 0.9586$；$a_8 = 0.9979$。

式（10.3）适用范围为：升温时间比 $t_o = 0 \sim 0.4$，柱荷载比 $n = 0.2 \sim 0.6$，梁荷载比 $m = 0.2 \sim 0.8$，梁柱线刚度比 $k = 0.45 \sim 0.75$，梁柱极限弯矩比 $k_m = 0.40 \sim 0.80$，柱截面含钢率 $\alpha_c = 4\% \sim 8\%$，梁截面含钢率 $\alpha_b = 4\% \sim 8\%$，柱混凝土强度 $f_{cuc} = 30 \sim 60$MPa，梁混凝土强度 $f_{cub} = 30 \sim 50$MPa，柱型钢屈服强度 $f_{yc} = 235 \sim 420$MPa，梁型钢屈服强度 $f_{yb} = 235 \sim 420$MPa，柱纵筋屈服强度 $f_{ybc} = 235 \sim 400$MPa，梁纵筋屈服强度 $f_{ybb} = 235 \sim 400$MPa。

图 10.58 给出了不同参数下型钢混凝土柱 - 型钢混凝土梁节点火灾后剩余刚度系数简化计算与数值计算的比较，可见简化公式较好反映了 K 的变化规律。

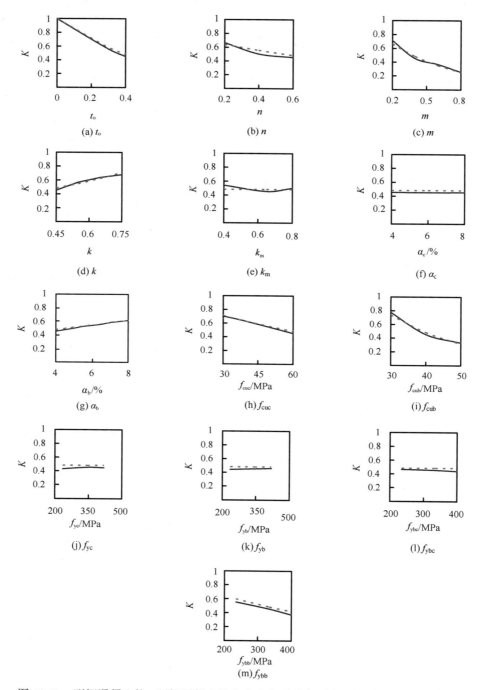

图 10.58　型钢混凝土柱 - 型钢混凝土梁节点火灾后剩余刚度系数简化计算与数值计算比较（有限元计算：—；式（10.3）计算：---）

10.5.3 剩余承载力系数实用计算方法

火灾后节点的剩余极限弯矩是评价组合结构节点火灾后工作性能的重要指标之一，通过组合结构节点的弯矩（M）- 梁柱相对转角（θ_r）关系的分析，确定影响节点火灾后剩余承载力系数（R）的主要参数，并给出其简化计算方法。

式（10.4）已经给出型钢混凝土柱火灾后剩余承载力系数（R）的计算公式，本节进一步将起拓展到节点的火灾后剩余承载力系数（R），其定义为

$$R = \frac{M_{up}}{M_{ua}} \text{ 或 } \frac{P_{ut}}{P_u} \qquad (10.4)$$

式中：M_{ua} 和 M_{up} 分别为常温下和火灾后的节点极限弯矩，确定方法如图 10.57 所示。图中 A—A′—D_a—E 为常温下节点受力全过程中的 M-θ_r 关系曲线示意图，图中 D_a 为常温下节点极限状态点，对应的弯矩为常温下节点极限弯矩 M_{ua}；D_p 为火灾后节点极限状态点，对应的弯矩为火灾后极限弯矩 M_{up}。

不同参数下型钢混凝土柱 - 型钢混凝土梁节点火灾后剩余承载力系数（R）如表 10.4 所示，影响 R 的主要参数为：升温时间比（t_o）、梁柱线刚度比（k）、梁柱极限弯矩比（k_m）、柱截面含钢率（α_c）、柱混凝土强度（f_{cuc}）、梁混凝土强度（f_{cub}）、梁型钢屈服强度（f_{yb}）和梁纵筋屈服强度（f_{ybb}）。通过对计算结果的回归分析，可得到如下实用计算公式为

$$R = (\boldsymbol{a} \cdot \boldsymbol{x} + b) \times 10^{-5} \quad R \in 0, 1 \qquad (10.5)$$

式中：b 为常数，$b = 109\,939$；$\boldsymbol{a}$ 为系数向量，$\boldsymbol{a} = (-27\,320, 20\,961, 21\,041, -152\,361, -91, -528, 6, -6)$；$\boldsymbol{x}$ 为变化参数向量，$\boldsymbol{x} = (t_o, k, k_m \alpha_c, f_{cuc}, f_{cub}, f_{yb}, f_{ybb})$；$\boldsymbol{a} \cdot \boldsymbol{x}$ 表示二者的数量积。

式（10.5）适用范围为：升温时间比 $t_o = 0 \sim 0.4$，柱荷载比 $n = 0.2 \sim 0.6$，梁荷载比 $m = 0.2 \sim 0.8$，梁柱线刚度比 $k = 0.45 \sim 0.75$，梁柱极限弯矩比 $k_m = 0.40 \sim 0.80$，柱截面含钢率 $\alpha_c = 4\% \sim 8\%$，梁截面含钢率 $\alpha_b = 4\% \sim 8\%$，柱混凝土强度 $f_{cuc} = 30 \sim 60$MPa，梁混凝土强度 $f_{cub} = 30 \sim 50$MPa，柱型钢屈服强度 $f_{yc} = 235 \sim 420$MPa，梁型钢屈服强度 $f_{yb} = 235 \sim 420$MPa，柱纵筋屈服强度 $f_{ybc} = 235 \sim 400$MPa，梁纵筋屈服强度 $f_{ybb} = 235 \sim 400$MPa。

图 10.59 给出了型钢混凝土柱 - 型钢混凝土梁节点火灾后剩余承载力系数的简化计算结果与数值计算结果的比较，型钢混凝土柱 - 型钢混凝土梁节点外部混凝土较好的保护了内部型钢，型钢火灾下温度较低，火灾后材性得到恢复，使得火灾后该类节点的剩余承载力系数较高。

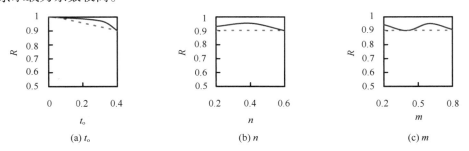

图 10.59　型钢混凝土柱 - 型钢混凝土梁节点火灾后剩余承载力系数简化计算与数值计算比较（有限元计算：—；式（10.5）计算：---）

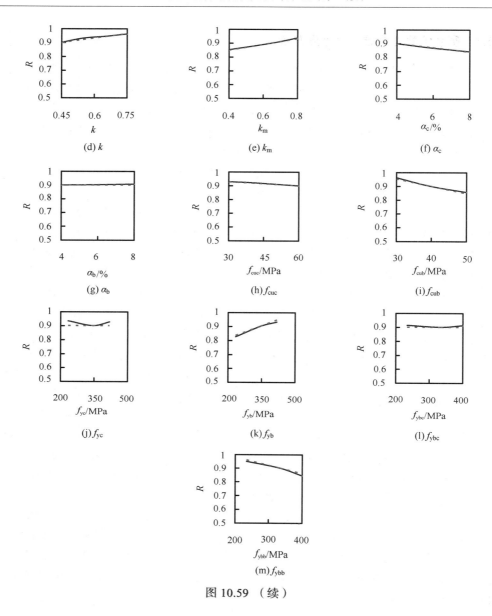

图 10.59　（续）

10.6　本　章　结　论

　　本章建立了考虑升、降温影响的型钢混凝土柱－型钢混凝土梁连接节点的有限元模型，为验证模型的有效性，进行了考虑升、降温影响的型钢混凝土柱－型钢混凝土梁连接节点火灾后力学性能试验，研究了这类组合梁－柱连接节点的温度场分布、破坏形态、变形特性和火灾后承载力等的变化规律。

　　采用该有限元模型，进行了考虑升、降温影响的组合梁－柱连接节点的受力全过程分析，剖析了节点的刚度变化、破坏形态、截面内力、应力和应变的变化规律。在系统的参数分析基础上，给出了节点火灾后剩余刚度系数和剩余承载力系数的实用计算方法。

参 考 文 献

李卫，过镇海，1993. 高温下混凝土的强度和变形性能试验研究［J］. 建筑结构学报，14（1）：8-16.

陆洲导，朱伯龙，谭玮，1993. 钢筋混凝土梁在火灾后加固修复研究［C］. 土木工程防灾国家重点试验室论文集，152-162.

宋天诣，2011. 火灾后钢 - 混凝土组合框架梁 - 柱节点的力学性能研究［D］. 北京：清华大学.

中华人民共和国国家标准，2002. 型钢混凝土组合结构技术规程：JGJ 138—2001［S］. 北京：中国建筑工业出版社.

DWAIKAT M B, KODUR V K R, 2009. Hydrothermal model for predicting fire-induced spalling in concrete structural systems［J］. Fire Safety Journal, 44（3）：425-434.

ELLOBODY E, YOUNG B, 2010. Investigation of concrete encased steel composite columns at elevated temperatures［J］. Thin-Walled Structures, 48（8）：597-608.

ISO-834, 1975. Fire resistance tests-elements of building construction［S］. International Standard ISO 834. Switzerland, Geneva.

ISO-834, 1980. Fire-resistance tests-elements of building construction［S］. International Standard, ISO 834：Amendment 1, Amendment 2.

ISO-834, 1999. Fire-resistance tests-elements of building construction-Part 1：General requirements［S］. International Standard ISO 834, Geneva.

KODUR V K R, PHAN L, 2007. Critical factors governing the fire performance of high strength concrete systems［J］. Fire Safety Journal, 42（6-7）：482-488.

LIE T T, DENHAM E M A, 1993. Factors affecting the fire resistance of circular hollow steel columns filled with bar-reinforced concrete［R］. NRC-CNRC Internal Report, No. 651.

SONG T Y, HAN L H, TAO Z, 2014. Structural behavior of SRC beam-to-column joints subjected to simulated fire Including cooling phase［J］. Journal of Structural Engineering, ASCE, 141（9）：04014234.

SONG T Y, HAN L H, Tao Z, 2016. Performance of steel-reinforced concrete beam-to-column joints after exposure to fire［J］. Journal of Structural Engineering, ASCE, 142（10）：04016070.

SONG T Y, HAN L H, YU H X, 2011. Temperature field analysis of SRC-column to SRC-beam joints subjected to simulated fire including cooling phase［J］. Advances in Structural Engineering, 14（3）：353-366.

第 11 章 钢管混凝土柱 - 钢筋混凝土梁 连接节点的耐火性能

11.1 引　言

钢管混凝土（CFST）柱 - 钢筋混凝土（RC）梁连接节点已在多、高层建筑、地铁站等实际工程中得到应用。本章对该类节点在图 1.13 所示的 ABB′ 升温曲线作用下的耐火性能进行理论和试验研究，具体包括节点耐火性能有限元模型的建立；节点试件耐火性能的试验研究；节点在力和温度共同作用下的工作机理分析。

11.2　有限元模型

基于 ABAQUS（Hibbitt，Karlsson 和 Sorensen，inc.，2004）软件平台，建立了火灾下钢管混凝土柱 - 钢筋混凝土梁节点的有限元模型，包括温度场和节点受力分析（Han 等，2009）。

建立有限元模型时，混凝土采用八节点三维实体单元，钢管采用四节点壳单元，楼板和钢筋混凝土梁中的纵筋和箍筋则采用二节点杆单元。如 3.2.1 节所述，钢材和混凝土的热工参数根据 Lie 和 Denham（1993）确定，同时考虑混凝土中所含水分对温度场的影响（Lie，1994；Lie 和 Chabot，1990）。

计算时，忽略混凝土与钢材之间的接触热阻，假设完全传热。设定环境初始温度（如 20℃）于各个节点，外界空气温度按照设定的升温曲线（如 ISO-834（1975）标准升温曲线）升温，周围的热空气主要通过对流和辐射向边界节点传热。钢管混凝土中的核心混凝土在高温下的应力 - 应变关系按式（5.2）确定；其余部分的混凝土的应力 - 应变关系按式（3.6）确定。钢筋混凝土梁中混凝土和钢筋之间的界面按 3.2.2 节中论述的方法确定，采用类似图 3.12 所示的弹簧单元模拟；钢管混凝土中钢管及其核心混凝土之间的界面按 5.2.3 节中关于中空夹层钢管混凝土的方法确定。

钢管混凝土柱 - 钢筋混凝土梁节点分析模型的网格划分，温度、力和位移边界类似于图 9.2 所示的型钢混凝土柱 - 型钢混凝土梁节点，不同点在于具体节点形式发生了变化，此处不再赘述。

上述有限元模型的计算结果得到本章 11.3 节所述试验结果的验证。

11.3　钢管混凝土柱 - 钢筋混凝土梁连接节点耐火性能试验研究

为了验证如上所述钢管混凝土柱 - 钢筋混凝土梁节点有限元模型的准确性，进行

了钢管混凝土柱 - 钢筋混凝土梁节点耐火性能的试验研究（Han 等，2009；郑永乾，2007；Tan 等，2012），具体内容如下。

11.3.1　试验概况

进行了六个钢管混凝土柱 - 钢筋混凝土梁连接节点耐火性能的试验研究，其中四个节点采用了圆钢管混凝土柱，另两个则采用了方钢管混凝土柱。

试验时节点楼板以下部分受 ISO-834（1975）升温火灾。研究参数包括节点的柱荷载比（$n=0.27\sim0.66$）、梁荷载比（$m=0.3$、0.6）和梁柱线刚度比（$k=0.360$、0.706）。

表 11.1 给出了节点试件的设计参数，其中 D 为圆钢管混凝土柱截面外直径，B 为方钢管混凝土柱截面边长，t_s 为钢管壁厚，D_b 和 B_b 分别为梁高度和宽度，a_c 为柱防火保护层厚度。k 为梁柱线刚度比，如式（9.1）所示，其中，$(EI)_c=E_sI_s+0.6E_cI_c$，E_s 和 E_c 分别为钢管和混凝土的弹性模量，I_s 和 I_c 分别为钢管和混凝土的截面惯性矩；$(EI)_b=k_sE_{sb}I_{sb}+k_cE_cI_c$，计算时依据 Eurocode 2（2004）的有关方法确定，其中，k_s 为与钢筋作用相关的系数，k_c 为与混凝土开裂和徐变相关的系数，E_{sb} 和 E_c 分别为钢筋和混凝土的弹性模量，I_{sb} 和 I_c 分别为钢筋和混凝土的截面惯性矩。n 为柱荷载比，按式（3.17）计算，m 为梁荷载比，按式（3.18）计算，式中的常温下柱极限承载力 N_u 和梁极限承载力 P_u 按 11.2 节中介绍的有限元模型计算得到，N_F 为柱荷载，P_F 为梁荷载，计算时钢材和混凝土都采用实测的材性。

表 11.1　钢管混凝土柱 - 钢筋混凝土梁连接节点试件信息表

试件编号	$D(B)\times t_s$ /（mm×mm）	$D_b\times B_b$ /（mm×mm）	k	n	m	a_c/mm	N_F/kN	P_F/kN	t_R/min	备注
JC1	○−325×6.11	300×200	0.425	0.27	0.6	7	1407	40	140	梁破坏
JC2	○−325×6.11	300×200	0.425	0.51	0.6	14	2608	40	146	梁破坏
JC3	○−325×6.11	300×200	0.425	0.60	0.6	14	3052	40	148	梁破坏
JC4	○−325×6.11	300×200	0.641	0.60	0.6	14	3052	48	150	梁破坏
JS1	□−300×5.83	300×200	0.339	0.66	0.3	14	2951	20	212	柱破坏
JS2	□−300×5.83	300×200	0.339	0.66	0.6	14	2951	40	158（180）*	梁端变形过大

* 梁端挠度为 $L/30$（mm）时，节点的受火时间为 158min，停止试验时总受火时间为 180min。

采用钢筋环绕式节点构造措施，即梁端局部加宽，带钢牛腿，在进入牛腿的一段距离至节点区附近箍筋加密将纵向钢筋包住，纵向受力钢筋外边缘至混凝土表面的距离 30mm。节点试件中的柱总高度为 3.8m，柱左右两侧梁端距离为 3.9m。根据火灾试验炉的尺寸等条件，设计混凝土楼板端部与柱轴线的距离为 1.1m，楼板宽度 1m。

节点试件带有混凝土楼板，楼板以下的结构受火，楼板以上部分不受火以模拟建筑结构中局部楼层受火的情况。进行耐火试验时，柱承受作用在上柱端的恒定轴向压力（N_F），而梁则承受作用在柱两侧梁端的对称恒定竖向荷载（P_F），两个加载点的距离为 3.7m。节点边界条件如图 9.1（c）所示，试验装置示意图如图 9.3 所示。

柱两端设计 700mm×700mm 的端板，周围布置螺栓孔便于与柱加载板和下端部连接固定。图 11.1 所示为钢管混凝土柱 - 钢筋混凝土梁节点的几何尺寸示意图。

　　试件中采用的各类钢材在常温下的屈服强度、抗拉强度、弹性模量和泊松比等指标如表 11.2 所示。

　　节点试件的柱、梁和楼板采用了同一种混凝土。混凝土所用材料为普通硅酸盐水泥；花岗岩碎石，粒径 5～31.5mm；中粗砂，砂率 0.41；Ⅱ 级粉煤灰。水灰比 0.45。各

(a) 节点区立面

(b) 圆柱节点

(c) 方柱节点

图 11.1　钢管混凝土柱 - 钢筋混凝土梁节点尺寸示意图（尺寸单位：mm）

(d) 钢筋混凝土梁、板横截面（JC1~JC3, JS1~JS2）

(e) 钢筋混凝土梁、板横截面（JC4）

图 11.1　（续）

种材料的用量为水泥：315kg/m³；砂：744kg/m³；石子：1071kg/m³；水：175kg/m³；粉煤灰：75kg/m³；减水剂：7.02kg/m³。混凝土 28 天时的立方体抗压强度 f_{cu}＝27.8MPa；弹性模量 E_c＝29 200MPa；试验时的 f_{cu}＝30.6MPa。

表 11.2　钢材力学性能指标

钢材类型	屈服强度 f_y/MPa	抗拉强度 f_u/MPa	弹性模量 E_s/（×10⁵N/mm²）	泊松比 v_s
圆钢管	380	444	1.99	0.314
方钢管	342	431	2.06	0.300
钢板	260	388	2.03	0.311
Φ20 纵筋	378	583	2.01	0.275
Φ12 纵筋	410	588	1.82	0.270
Φ8 钢筋	431	542	1.90	0.281

柱采用冷弯钢管，其上、下端均设置了钢盖板。在柱两端钢管与盖板交界处，分别设计了一直径为 20mm 的半圆形排汽孔，以排出高温下混凝土释放出的水气。梁里的热电偶通过钢筋固定，从钢管表面开直径 10mm 圆孔穿出。

节点试件结构部分加工完毕后，在钢管混凝土柱表面喷厚涂型钢结构防火涂料，其热工性能参数为：密度 ρ＝（400±20）kg/m³；导热系数 k＝0.116W/（m·K）；比热 c＝1.047×10³J/（kg·K）；防火保护层厚度（a_c）如表 11.1 所示。

试验过程、耐火极限判断条件以及测试内容与第 9 章的型钢混凝土节点相同。位移测点和测温点的位置如图 11.1 所示，热电偶布置于钢管壁、柱核心混凝土、梁和板内混凝土处。

11.3.2　试验结果及分析

（1）节点区和非节点区温度比较

基于温度实测结果，以测点 1（具体位置如图 11.1 所示）为例，图 11.2 给出了钢管混凝土柱和钢筋混凝土梁节点区和非节点区温度对比图，可见，节点区柱钢管的温度明显低于相应非节点区的温度，这是由于节点区钢管混凝土由外围混凝土保护，升温比较缓慢；对于钢筋混凝土梁，节点区附近的混凝土宽度较大［如图 11.1（b）和（c）所示］，吸热能力较强，同时传到相应测点的温度也变慢。

对钢管混凝土柱截面，由图 11.2（a）可看出，节点区和非节点区测点 1 均在 400℃以下，说明在整个受火过程中，钢管基本能保持常温下的强度；对钢筋混凝土梁

(a)　钢管混凝土柱

图 11.2　节点区和非节点区温度对比（测点 1）

(b) 钢筋混凝土梁

图 11.2　（续）

截面，由图 11.2（a）可看出，在接近破坏时，节点区测点 1 均在 400～600℃，非节点区温度在 800～900℃。

（2）变形实测结果及分析

1）柱轴向变形（Δ_{c}）- 受火时间（t）关系。

图 11.3 所示为实测的柱轴向变形（Δ_{c}）- 受火时间（t）关系。可见柱荷载比（n）对节点的 Δ_{c}-t 关系影响明显 [如图 11.3（a，1）所示]，而梁柱线刚度比（k）和梁荷载比（m）影响相对较小。

(1) JC1 和 JC2 [不同柱荷载比（n）]　　　(2) JC3 和 JC4 [不同梁柱线刚度比（k）]

(a) 圆钢管混凝土柱节点

(b) 方钢管混凝土柱节点 [不同梁荷载比（m）]

图 11.3　钢管混凝土柱轴向变形（Δ_{c}）- 受火时间（t）关系曲线

2）梁端挠度（δ_b）‑受火时间（t）关系。

图 11.4 给出实测的梁端挠度（δ_b）‑受火时间（t）变化，可知，在外荷载及火灾共同作用下，柱发生变形，使得梁左右两侧端部的位移不一致，对于梁破坏的构件，均是一端先达到破坏，另一端位移较小。对于梁荷载比 $m=0.6$ 的节点试件，如节点 JC1～JC4、JS2，外荷载作用下的向下位移超过构件热膨胀引起的反向弯曲，梁端不出现反方向的位移。

对于 $m=0.3$ 的试件，如节点 JS1，由于荷载较小，在升温初期，热膨胀产生的反向弯曲比材料在外荷载和高温作用下产生的向下位移作用明显，曲线表现为向上的位移，但随着温度的进一步升高，材料性能降低，梁端挠度不断加大。对于柱破坏的试

图 11.4　实测梁端挠度（δ_b）‑受火时间（t）关系曲线

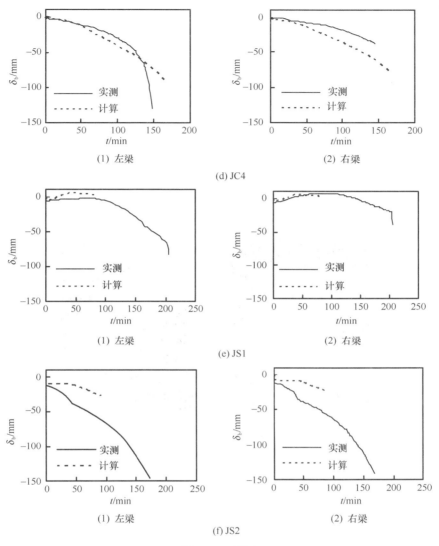

(1) 左梁　　　　　　　　　　　　　(2) 右梁

(d) JC4

(1) 左梁　　　　　　　　　　　　　(2) 右梁

(e) JS1

(1) 左梁　　　　　　　　　　　　　(2) 右梁

(f) JS2

图 11.4 （续）

件，如试件 JS1，由于达到耐火极限时柱轴向变形的增加，梁端挠度也随之迅速增加。

（3）试件破坏特征

根据耐火极限判定标准，表 11.1 最后一列汇总了节点试件达到耐火极限时的控制条件。图 11.5 给出六个节点试件试验后的破坏形态。

节点试件破坏时的主要特征可归纳如下：

1）梁荷载比 $m=0.3$ 时试件发生柱破坏，梁荷载比 $m=0.6$ 时试件发生梁破坏。

图 11.5　试验后的钢管混凝土柱 - 钢筋混凝土梁节点

2）柱防火保护层有浅红色斑点，纵向出现皱裂，也有一些不规则细小裂纹，部分已经脱落，比如 JC1、JS1 和 JS2。

3）节点区形成明显的"∧"型裂缝，JC1、JC4、JS1 节点区混凝土脱落，钢管和钢筋裸露，JC3 节点区混凝土在吊出构件时脱落。

4）所有节点楼板均出现平行于板宽方向的裂缝，板角部有数条不规则的裂缝。试验结束时，楼板下部（迎火面）局部混凝土剥落现象。

5）节点牛腿下边缘混凝土开裂明显，梁底混凝土均有不同程度的脱落（如图 11.6 所示）。混凝土梁侧面有明显分布的水平裂缝。

6）圆钢管混凝土柱除了 JC1 节点钢管出现轻微的局部鼓曲，其余没有明显的破坏现象，其外围的防火涂层没有明显剥落，如图 11.6（a）所示。方钢管混凝土柱的钢管则出现了明显的外凸鼓曲现象，其外围的防火保护层有局部剥落现象，如图 11.6（b）所示。

(a) 圆形截面柱（JC4）　　　　　　　　(b) 方形截面柱（JS1）

图 11.6　钢管混凝土柱防火保护层的破坏形态

试验后把钢管剖开，观察核心混凝土的破坏情况，发现对于梁破坏起控制作用的节点，节点区柱核心混凝土保持了较好的完整性，没有明显的断裂破坏，如图 11.7（a）所示；对于柱破坏起控制作用的节点，由于下柱钢管鼓曲明显，对应的核心混凝土完整性与梁破坏节点相比较差，但并没有发生显著的压溃现象，如图 11.7（b）所示。

(a) 圆形截面柱（JC3）　　　　　　　　(b) 方形截面柱（JS1）

图 11.7　核心混凝土的形态

以节点 JS2 为例，简要说明节点试件在受火过程中的试验现象以及试验后的破坏形态。试件受火 3min（炉膛温度 104℃）时，柱防火保护层角部开始变灰色；5min（189℃）时，柱保护层周边熏成灰色。8min（389℃）时，梁板受火面也成灰色。9min（459℃）时，节点截面过渡区梁底边角混凝土保护层出现剥落。11min（571℃）时，前面板底有一小块混凝土剥落，梁底边角也出现剥落，16min（691℃）时，右梁节点区也有混凝土落下。20min（727℃）时，炉内左右梁侧面开始潮湿，柱保护层颜色为灰色，24min（752℃）时，梁板受火面灰色变浅。25min（758℃）时，柱左右侧保护层与梁交接处有水溢出。28min（773℃）时，柱保护层颜色开始变白，33min（811℃）时，柱保护层白色面积扩展。41min（862℃）时，柱保护层开始出现暗色斑点。45min（873℃）时，炉外右梁侧面潮湿。58min（905℃）时，节点区柱保护层边角出现裂纹。70min（930℃）时，右梁底部牛腿边缘混凝土开裂，82min（955℃）时，节点前面混凝土出现水平裂缝，85min（959℃）时，梁侧面有少许水平裂缝。87min（961℃）时，右梁端侧面潮湿面积变少，在 115min（1000℃）时，左梁端前面潮湿转干，炉内柱和梁交接处水分转干。172min（1047℃）时，左梁端截面有局部潮湿。

表 11.1 汇总了节点试件的耐火极限值（t_R）。其中，对于 JS2 构件，试件受火时间达到 180min 时梁端挠度达到 159mm，虽然挠度超过 $L^2/(400H) = 114.1$mm，但其变形速率不超过 $L^2/(9000H) = 5.07$（mm/min），但此时梁端倾斜程度较大，不得不停止试验。其余梁破坏的构件梁端挠度达到 $L/30$（mm）时速率超过 $L^2/(9000H)$（mm/min），为了便于分析比较，表 11.1 中给出 JS2 构件梁端挠度为 $L/30$（mm）时的受火时间（158min）。

图 11.8（a）所示为梁荷载比（m）对节点耐火极限的影响，可见梁荷载比（m）对耐火极限的影响较为显著，梁荷载比（m）越大，耐火极限越低。节点的破坏形态随着梁荷载比（m）不同而发生变化，比如梁荷载比 $m = 0.3$ 的方钢管混凝土柱 - 钢筋混凝土梁节点 JS1，发生柱破坏，而梁荷载比 $m = 0.6$ 的节点 JS2，最终是梁挠度过大而破坏，JS1 节点比 JS2 节点耐火极限高 54min，高了 25%。

图 11.8（b）所示为柱荷载比（n）对节点耐火极限（t_R）的影响，可见在本章试验试件参数范围内，柱荷载比 $n = 0.51$ 和 0.6 时，柱荷载比（n）对耐火极限影响不明显。这主要是因为两个节点试件 JC2 和 JC3 发生的均是梁破坏，柱表面有 14mm 厚的防火保护层，破坏时柱均没有明显的破坏现象，此时耐火极限主要由梁耐火极限控制，而且两个柱荷载比（n）之间相差不大。

当然，这并不意味着柱荷载比（n）对节点耐火极限影响就不大，例如，柱荷载比（n）较小时，柱在受火前大部分处于弹性状态，柱可经历长的受火时间而破坏，如较大的柱荷载比（n）使得柱在受火前已经承受较大的应力，截面单元大部分处于塑性状态，在受火过程中，柱变形增加迅速，此时节点就会因为柱快速达到耐火极限而破坏。

图 11.8（c）所示为梁柱线刚度比（k）对节点耐火极限（t_R）的影响。可见，在本章的试验试件参数范围内，梁柱线刚度比对节点耐火极限的影响不明显。这是因为节点 JC3 和 JC4 是由于梁达到耐火极限而破坏的，柱没有明显的破坏现象，梁截面高度增加 50mm，截面周长仅增大 100mm，在其他条件不变的情况下，对于梁的耐火极限变化不大，对整个节点的耐火极限影响不明显。

图 11.8　各参数对钢管混凝土节点耐火极限（t_R）的影响

11.3.3　试验与计算结果的对比

为验证所建立的有限元模型的合理性，采用节点试验数据对有限元模型进行验证。

图 11.4 给出了实测梁端挠度（δ_b）‑受火时间（t）关系曲线与有限元计算结果的比较。可见，计算结果与试验结果存在一定偏差，但总体趋势基本吻合。偏差的主要原因是：试验时节点试件在恒载升温过程中，受火面节点核心区柱外围和梁底部分区域混凝土发生爆裂，使得截面减小、钢筋外露、内部升温加快，加速了试件的变形，而计算时暂时无法准确考虑上述影响，使得计算的耐火极限偏高。

图 11.9 给出了 JC1 节点破坏形态的试验与计算结果的对比，图中"＋"和"－"分别代表拉应变和压应变，图中 PE 表示塑性应变。由图可知，计算结果中拉应变较大

图 11.9　实测节点破坏特征与计算结果的比较

（1）试验　　　　　　　　　　　　（2）计算

（c）板顶面

图 11.9 （续）

的节点核心区混凝土板顶和板底均出现平行裂缝，压应变较大的梁底受压区均出现了混凝土爆裂。

11.4　火灾下节点工作机理分析

采用数值模型对如图 9.1（b）所示典型的钢管混凝土柱 - 钢筋混凝土梁节点进行深入分析。根据某实际工程确定钢管混凝土柱 - 钢筋混凝土梁节点的几何尺寸和物理参数，节点核心区梁内钢筋环绕钢管混凝土柱，节点区设置暗牛腿。算例的计算条件如下。

圆钢管混凝土柱：$D \times t_s \times H = 325\text{mm} \times 6.11\text{mm} \times 5400\text{mm}$；节点区钢管壁上焊接暗牛腿，其翼板尺寸为 340mm×10mm，腹板为 570mm×10mm。

钢筋混凝土梁：$D_b \times B_b \times L = 650\text{mm} \times 400\text{mm} \times 9000\text{mm}$；截面下部纵筋取 8ϕ28，双排配筋，上部纵筋取 4ϕ20，箍筋 ϕ8@100mm（加密区 ϕ8@50mm）。

钢筋混凝土楼板：$B_{slab} \times t_{slab} \times L_{slab} = 3000\text{mm} \times 120\text{mm} \times 9000\text{mm}$；纵筋 ϕ8@200mm；分布筋 ϕ8@200mm，双层配筋。

钢管和牛腿的钢材屈服强度 $f_y = 345\text{MPa}$，混凝土梁纵筋钢筋屈服强度 $f_{yb} = 335\text{MPa}$，箍筋和混凝土板中纵筋和分布筋的屈服强度 $f_{yb} = 235\text{MPa}$，柱混凝土强度 $f_{cu} = 60\text{MPa}$，梁板混凝土强度 $f_{cu} = 30\text{MPa}$。梁和柱钢筋的混凝土保护层厚度为 30mm，梁柱线刚度比 $k = 0.48$。钢管混凝土柱采用厚涂型钢结构防火涂料，厚度为 $a_c = 10\text{mm}$（根据 DBJ13-51—2003（2003）计算，考虑当柱荷载比 $n = 0.6$，钢管混凝土柱耐火极限为 3h）。节点楼板以下部分受火，按 ISO-834（1975）标准升温曲线升温。

节点的有限元模型如图 11.10 所示。钢管混凝土柱初始缺陷的考虑同型钢混凝土节点的考虑方法，取钢管混凝土柱的一阶模态，最大偏心为柱高的 1/1000。在进行参数化分析时，梁、柱荷载比的变化通过调整施加在梁、柱上荷载的大小来实现；梁柱线刚度比的变化通过调整梁的跨度来实现，而其他参数则保持不变。

采用建立的有限元模型，对钢管混凝土柱 - 钢筋混凝土梁节点进行高温下受力特

图 11.10　钢管混凝土柱 - 钢筋混凝土梁内节点的有限元模型

性分析，包括钢与混凝土之间的粘结滑移、破坏形态、内力变化、节点弯矩 - 梁柱相对转角关系、应力变化规律等。

11.4.1　钢与混凝土之间粘结滑移的影响

为考察钢管混凝土柱 - 钢筋混凝土梁节点中梁内钢筋与混凝土之间滑移对节点受力性能的影响，采用弹簧单元模拟了钢筋与混凝土界面的滑移性能，并分析了滑移对节点火灾下变形和耐火极限的影响。

计算和分析结果表明：钢筋混凝土梁内钢筋与混凝土之间的粘结滑移对节点变形的影响以及粘结滑移的分布规律与 9.4.1 节所述的型钢混凝土柱 - 型钢混凝土梁节点类似，具体特点如下。

1）通过计算不同参数 [柱荷载比（n）、梁荷载比（m）和梁柱线刚度比（k）] 下节点的柱轴向变形（Δ_c）、梁端挠度（δ_b）和梁柱相对转角（θ_r）随受火时间（t）变化的关系，发现滑移对节点的变形特征影响不明显，以柱荷载比（n）和梁荷载比（m）均为 0.6，梁柱线刚度比（k）在 0.36～0.72 变化的算例为例，考虑滑移和不考虑滑移计算得到的变形曲线差别在 2% 以内。

2）从计算得到的粘结滑移随梁纵向位置分布曲线可见：粘结滑移沿梁纵向的分布总体上关于节点中心对称，且滑移量沿梁端部向节点中心逐渐增加。

3）对于环绕节点区的角部钢筋，最大滑移梁出现在距节点中心一定距离的位置，且在节点中心处滑移量下降为零。对于梁中部钢筋，由于钢筋端部直接焊接在暗牛腿上，钢筋随牛腿变形而滑动，中部钢筋的最大滑移量即出现在此靠近牛腿的端部位置。对于梁上部和下部的钢筋，滑移量随着受火时间的增加而不断增加。对绝大部分钢筋，受火时间 t 从 0 增至耐火极限 t_R 的过程中，滑移量增加了近 6 倍。

11.4.2　破坏形态

分析结果表明：对于采用扩大端的钢管混凝土柱 - 钢筋混凝土梁节点，由于混凝土的包裹，节点核心区温度相对较低，高温作用下损伤较小，不易破坏。节点的破坏主要由与其相连的梁或柱破坏控制，破坏形态包括：梁破坏、柱破坏和梁、柱同时破坏。表 11.3 给出了不同参数下节点的耐火极限和破坏形态。

表 11.3　节点耐火极限和破坏形态的计算结果表

梁柱线刚度比 k	梁跨度 L/mm	梁荷载比 m	柱荷载比 n	耐火极限 t_R/min	破坏形态
0.48	9000	0.6	0.2	160	梁破坏
			0.4	159	梁破坏
			0.6	156	梁、柱同时破坏
			0.8	70	柱破坏
0.48	9000	0.2	0.6	177	柱破坏
		0.4		172	柱破坏
		0.6		156	梁、柱同时破坏
		0.8		68	梁破坏
0.36	12 000			86	梁破坏
0.48	9000	0.6	0.6	156	梁、柱同时破坏
0.72	6000			179	柱破坏

根据表 11.3 可得到关于节点耐火极限和破坏模式的如下结论。

1）当柱荷载比（n）和梁荷载比（m）均为 0.6 时，随着梁柱线刚度比（k）的增加，节点的破坏模式由梁破坏过渡到柱破坏，耐火极限也由 86min 增加到 179min。在改变梁柱线刚度比时，仅梁柱线刚度比 $k=0.72$ 时的耐火极限与设计耐火极限 3h 相符。因此，荷载比不是决定耐火极限的唯一因素，梁柱线刚度比（k）对节点破坏模式和耐火极限影响明显。

2）当梁柱线刚度比（k）为 $k=0.48$ 时，节点破坏由荷载比较大的梁或柱控制，当梁和柱荷载比相等时，梁和柱同时破坏。

3）梁荷载比 $m=0.6$、梁柱线刚度比 $k=0.48$ 时，当柱荷载比（n）由 0.2 增加到 0.6 时，节点破坏由梁破坏控制，柱荷载比（n）的变化对节点耐火极限几乎没有影响。

4）梁荷载比（m）对柱控制破坏的节点耐火极限有一定程度的影响。当柱荷载比 $n=0.6$、梁柱线刚度比 $k=0.48$ 时，梁荷载比（m）由 0.2 增加到 0.6 时，节点耐火极限减少了 21min。

5）梁柱线刚度比（k）对节点耐火极限影响明显。当柱荷载比（n）和梁荷载比（m）均为 0.6 时，梁柱线刚度比 $k=0.36$ 的节点的耐火极限远小于 3h 的耐火极限要求。这是由于梁上附加轴力使弯矩的二阶效应增加。随着受火时间的增加，由于钢筋混凝土梁的膨胀受到限制，在梁内产生附加轴力，此轴力与梁挠度耦合作用将产生较大的二阶弯矩。随着梁柱线刚度比的增加，二阶弯矩逐渐减小，同时梁对柱的相对约束程度增加，更大的弯矩传递到柱端部。因此，当梁柱线刚度比 k 大于 0.48 时，节点破坏由柱控制。

图 11.11 给出了节点在升温过程中的典型破坏形态，其中柱荷载比（n）和梁荷载比（m）均为 0.6，梁柱线刚度比（k）通过变化梁长度来实现，可见不同梁柱线刚度比（k）对节点破坏形态有如下影响。

1）当 $k=0.36$ 时，节点破坏由梁控制，如图 11.11（a）所示。节点核心区的混凝

○　梁中塑性铰
●　钢管向外屈曲，内填混凝土压溃

(a) 梁破坏（$k=0.36$, $n=0.6$, $m=0.6$）

(b) 柱破坏（$k=0.72$, $n=0.6$, $m=0.6$）

(c) 梁和柱同时破坏（$k=0.48$, $n=0.6$, $m=0.6$）

图 11.11　典型的钢管混凝土柱－钢筋混凝土梁节点破坏形态

土保护层在拉、压和剪等复合应力状态下产生了较大的塑性变形，此区域的混凝土保护层在试验中也容易碎裂，而柱则保持平直，钢管也未有局部屈曲。随着受火时间的增加，梁端首先形成塑性铰，当梁挠度持续增加时梁在节点区形成另一个塑性铰，此时梁破坏。

2）当 $k=0.72$ 时，节点破坏由柱控制，如图 11.11（b）所示。较大的柱荷载比（n）加速了钢管混凝土柱塑性变形的发展，在钢筋混凝土梁底面以下 300mm 范围内，钢管发生了向外的局部屈曲，同时此段区域的混凝土也被压溃。

3）当 $k=0.48$ 时，节点由于梁柱同时破坏而达到极限状态，破坏特征既包含梁破坏的特征又包含柱破坏的特征，如图 11.11（c）所示。

在实际结构中，节点柱相对梁是更为重要的构件，柱的破坏可能导致整体结构的失效，因此在设计钢管混凝土柱 - 钢筋混凝土梁节点时，应合理的控制梁柱线刚度比，使得节点火灾下发生的是如图 11.11（a）所示"强柱弱梁"形的破坏，这对整体结构的火安全更为有利。

11.4.3　内力变化

下面以柱荷载比 $n=0.6$、梁柱线刚度比 $k=0.48$ 的钢管混凝土柱 - 钢筋混凝土梁节点为例，对梁端部截面轴力、梁和柱截面弯矩的变化规律进行分析。

（1）梁端部截面轴力

与非约束梁不同，本章节点算例中的约束梁在升温过程中热膨胀产生的变形受到梁端边界约束，因此会在梁内产生较大的轴力和弯矩。

以变形较大的右梁为例，图 11.12 给出了不同梁荷载比（m）情况下梁端部截面轴力（N_b）随受火时间（t）的关系。由于梁远端受到轴向和转动约束，随着受火时间（t）的增加，沿梁跨度方向会产生轴压力，且此轴压力随着受火时间的增加而增加，并达到极值，随着温度的进一步升高，梁承载力和刚度损失程度较大，挠度增长迅速，梁端部截面轴压力逐渐减小，如图 11.12 中 $m=0.8$ 和 $m=0.6$ 时的曲线。当 $m=0.2$ 时，节点达到耐火极限时梁轴压力达最大值后减小幅度较小，这是由于节点

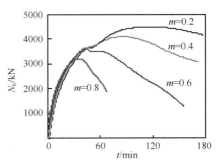

图 11.12　梁端部截面轴力（N_b）- 受火时间（t）关系曲线

破坏由柱控制，当 $m=0.8$ 和 $m=0.6$ 时，在节点破坏后期轴力仍为压力，这意味着轴压力的存在会加大梁弯矩的二阶效应，从而降低梁的耐火极限。

（2）梁和柱的截面弯矩

图 11.13 给出了不同梁荷载比（m）作用下，梁节点区和端部截面弯矩（M_c），下柱节点区和端部截面弯矩（M_b）随受火时间（t）的变化关系，并规定当钢筋混凝土梁底部或钢管混凝土柱左侧受拉时，截面弯矩为正。

对梁而言，由于其对称性，节点核心区截面的弯矩与梁端部截面弯矩之和应等于梁上荷载作用产生的弯矩与轴压力产生的二阶弯矩之和。因此，节点梁区截面和梁端

图 11.13　梁和柱截面弯矩（M_c 和 M_b）‐受火时间（t）关系曲线

部截面的弯矩的绝对值随梁荷载比（m）的增加而增大。随着受火时间（t）的增加，弯矩在这两个截面之间发生了重分布。在受火最初的 30min 内，弯矩由节点区截面向梁端部截面传递；在接下来的 30min 内，梁端部截面弯矩向节点区传递。

由图 11.13（a）和（b）可知，梁节点区截面和梁端部截面的弯矩（M_b）‐受火时间（t）关系类似，在受火的初期（30min），截面弯矩随受火时间增加而减小，达到最小值后又逐渐增加。这是由于在受火的前 30min，梁端底部的拉应力逐渐减小，甚至转变为拉压应力，中和轴下移，截面弯矩逐渐减小。当受火时间超过 30min 时，高温下材料性能退化导致梁挠度增加迅速，此时梁的二阶弯矩占主导地位，且梁轴压力的增加加速了梁塑性变形的发展，这些导致了梁端部截面弯矩的增加。

图 11.13（c）和（d）给出了下柱节点区截面和端部截面弯矩随受火时间的关系。由图可知，两者随受火时间的变化规律相似，在受火的前 60min，截面弯矩随着受火时间的增加而减小且保持相对较小的弯矩水平，这是由于在计算时柱施加了初始缺陷，初始弯矩值主要是由于柱荷载与初始偏心引起的。由于柱端的侧向位移未被限制，在梁热膨胀引起的轴向压力作用下，柱逐渐回归其原位置，从而导致其弯矩逐渐减小。

由图 11.13（d）可知，当梁荷载比（m）由 0.2 变化至 0.8 时，下柱端截面的弯矩变化曲线几乎重合，这表明柱端弯矩受梁荷载的影响不明显。由图 11.13（c）可知，除了 $m=0.6$，其他情况下的节点区柱截面弯矩在柱破坏后期弯矩接近零，这表明柱端部弯矩对柱破坏模式影响不明显，可当作轴压柱处理。当 $m=0.6$ 时，由于节点破坏由梁和柱同时控制，在接近破坏时，一侧梁端的挠度大于另一侧，两侧梁不一致的变形导致了节点的转动，后期节点区柱截面弯矩又有所增加。

11.4.4　节点弯矩 - 梁柱相对转角关系

图 11.14 给 出 了 图 11.11 中 三 种 不 同破坏模式的节点弯矩（M）- 梁柱相对转角（θ_r）关系，梁柱相对转角取值如图 9.17 所示，节点弯矩取值为图 9.17 中转角较大一侧的梁端弯矩。对于不同模式，火灾下节点的 M-θ_r 关系可分为以下四个阶段。

图 11.14　不同破坏模式下钢管混凝土柱 - 钢筋混凝土梁节点的 M-θ_r 关系曲线

1）常温加载段（O—A）。常温下将梁和柱荷载加至设计值。在此阶段，不同破坏模式下的 M-θ_r 关系均为线性。

2）硬化段（A—B）。保持梁柱荷载不变，按设计升温曲线升温。在此阶段，随着受火时间的增加，在梁内将产生由于温度变化造成的应力，不同破坏模式下的 M-θ_r 关系均为非线性。

3）软化段（B—C）。保持梁柱荷载不变，继续按设计升温曲线升温。在此阶段，由于火灾下材料强度和刚度劣化导致梁的挠度迅速增加，中和轴下移，梁端弯矩减小，但 θ_r 仍增加。

4）加速破坏阶段（C—D）。保持梁柱荷载不变，继续按设计升温曲线升温。对于梁破坏模式，由于梁轴力的二阶效应产生的弯矩大于外荷载产生的弯矩，弯矩绝对值不断减小，同时梁柱相对转角持续增加。对于柱破坏模式，柱的轴向变形迅速增加，减弱了梁轴力的二阶效应的影响，此阶段弯矩和转角持续增加，但相对转角值远小于相应梁破坏模式。对于梁柱同时破坏模式，柱的轴向变形带来的有利影响和梁轴力的二阶效应基本保持平衡，在此阶段弯矩值基本保持为常量，相对转角值持续增加，其值介于前两种破坏模式之间。

11.4.5　应力分布

以梁柱线刚度比 $k=0.48$、柱荷载比（n）和梁荷载比（m）均为 0.6 的典型节点为例，对不同时刻节点钢筋、钢管和混凝土的应力分布情况进行分析。

对钢筋和钢管的 Mises 应力分析表明：①在节点接近破坏时，大部分钢筋已屈服。②由于上柱柱端荷载和梁上荷载均传递给下柱，下柱钢管比上柱钢管承受更大的荷载，常温加载结束时下柱钢管应力较上柱钢管高。③节点达到耐火极限时，下柱钢管部分区域已屈服，钢管屈曲而导致承载力降低的部分将由核心混凝土承担。④火灾作用下，与钢管相连的暗牛腿是 Mises 应力较高的区域，在实际设计时对其因引起足够的重视。

图 11.15 给出了柱节点区混凝土截面的纵向应力在不同时刻的分布情况，其中受压为负。由图可见，在常温加载后，全截面受压，中心位置的压应力最大，往左右两侧逐渐减小。受到两侧梁的压力，柱截面靠近梁的区域的压力比其他区域要高，且由于柱施加了初挠度缺陷，右侧压应力较左侧大。当 $t=1/3t_R$ 时，节点核心区中心柱截面左右两侧与梁相连接，升温较慢，而前后直接受火面升温较快，由于不均匀温度场以及外荷载的共同作用，改变了截面单元的应力状态。受火面高温区热膨胀作用明显，而此时材料强度和弹性模量降低不大，因此高温区混凝土压应力增加，如图 11.15（b）所示。

随着时间的增长，高温区混凝土材料劣化程度大，混凝土承担的荷载减小，压应力变小，右侧单元的压应力比左侧对应单元的压应力稍大，内部低温区混凝土承担较大的荷载，压应力逐渐发展，如图 11.15（c）所示。随着温度的进一步增加和柱变形的不断发展，左右两侧应力分布明显不同，高温区混凝土压应力进一步减小，内部混凝土压应力仍持续增长，如图 11.15（d）所示。

图 11.15　节点区钢管混凝土柱中混凝土截面的应力分布

图 11.16 所示为不同时刻梁端截面混凝土纵向应力分布。可见，在常温下加载后右梁梁端截面混凝土应力呈现带状分布，出现明显的受拉区和受压区，混凝土楼板和梁上部均受拉，梁下部受压，此时中和轴稍偏向受拉一侧，截面纵向压应力和拉应力最

图 11.16　梁端截面混凝土的纵向应力分布

大值在距离中和轴最远的位置，数值分别为 $0.267f_c'$ 和 $0.090f_c'$。当 $t = 1/3t_R$ 时，由于混凝土楼板以下包括梁侧面和梁底直接受火，温度较高，热膨胀作用高于材料性能的劣化，同时截面受到轴压力的作用，使得梁底和侧面压应力增加，梁侧面上部和楼板底部的拉应力转为压应力，截面受拉区面积减小。

当 $t = 2/3t_R$ 时，截面轴压力增长平缓，梁底和板底混凝土由于高温强度和刚度退化比较程度大，压应力减小，而楼板上部温度逐渐升高，热膨胀产生的压应力抵消了部分拉应力，在距离梁截面轴线 600mm 板顶位置的拉应力变为压应力。随着温度的进一步升高，除了梁顶局部区域，楼板大部分出现压应力，受压区面积进一步扩展。

基于上述分析结果可得到以下主要结论。

1）柱荷载比（n）、梁荷载比（m）和梁柱线刚度比（k）对钢管混凝土柱 - 钢筋混凝土梁节点的变形和耐火极限有较大影响，柱荷载比（n）、梁荷载比（m）和梁柱线刚度比（k）越大，火灾下梁和柱的变形发展加快，耐火极限越低。

2）滑移对梁端部挠度、柱变形以及耐火极限的影响不明显。

3）常温下带扩大端的钢管混凝土柱 - 钢筋混凝土梁连接节点为刚性节点，火灾下梁刚度随受火时间增加而减小，直至结构破坏时，节点仍为半刚性节点。

4）节点在火灾下有三种破坏模式，即梁破坏、柱破坏和梁柱同时破坏。由于梁轴力的二阶效应和柱轴向压缩变形二者的综合影响，三种破坏模式的弯矩转角关系在临近破坏阶段有外凸、内凹和平直的特性。

11.5　本 章 结 论

　　本章建立了钢管混凝土柱 - 钢筋混凝土梁连接节点的有限元模型，为验证该模型的有效性，开展了钢管混凝土柱 - 钢筋混凝土梁连接节点的耐火性能试验，研究了火灾下该类节点的温度场分布、破坏形态、变形特性和耐火极限等的变化规律。

　　采用有限元模型，对火灾下实际框架结构中受约束的钢管混凝土柱 - 钢筋混凝土梁连接节点的受力机理，如界面的粘结滑移、节点破坏模态、内力变化、节点弯矩 - 梁柱相对转角关系以及应力分布等的变化规律等进行了分析。

参 考 文 献

福建省工程建设标准，2003. 钢管混凝土结构技术规程：DBJ13—51—2003［S］. 福州.

郑永乾，2007. 型钢混凝土构件及梁柱连接节点耐火性能研究［D］. 福州：福州大学.

EUROCODE 2，EN 1992-1-1：2004. 2004. Design of concrete structures-Part1-1：General rules and rules for buildings［S］. European Committee for Standardization，Brussels.

HAN L H，ZHENG Y Q，TAO Z，2009. Fire performance of steel-reinforced concrete beam- column joints［J］. Magazine of Concrete Research，61（7）：499-518.

HIBBITT，KARLSON，SORENSEN，Inc，2004. ABAQUS/standard User's Manual，Version 6.5.1［CP］. Pawtucket，RI.

ISO-834.，1975. Fire resistance tests-elements of building construction［S］. International Standard ISO 834. Switzerland，Geneva.

LIE T T，1994. Fire resistance of circular steel columns filled with bar-reinforced concrete［J］. Journal of Structral Engineering，ASCE，120（5）：1489-1509.

LIE T T，CHABOT M，1990. A method to predict the fire resistance of circular concrete filled hollow steel columns［J］. Journal of Fire Protection Engnieering，2（4）：111-126.

LIE T T，DENHAM E M，1993. Factors affecting the fire resistance of circular hollow steel columns filled with bar-reinforced concrete［R］. NRC-CNRC Internal Report，No.651，Canada.

TAN Q H，HAN L H，YU H X，2012. Fire performance of concrete filled steel tubular（CFST）column to RC beam joints［J］. Fire Safety Journal，51：68-84.

第 12 章　全过程火灾作用下钢管混凝土柱 - 组合梁连接节点的力学性能

12.1　引　　言

本章对实际工程中应用较多的钢管混凝土（CFST）柱 - 组合梁连接节点在经历图 1.14 所示的升、降温全过程火灾作用后的力学性能进行了研究，建立了该类节点的有限元模型，并进行了全过程火灾后的力学性能试验研究。在有限元模型基础上对该类节点的受力全过程进行了分析，并提出了节点火灾后剩余刚度系数和剩余承载力系数的简化计算方法。

12.2　有限元模型

升、降温火灾后钢管混凝土柱 - 组合梁连接节点的有限元模型同样包括温度场计算模型和力学性能分析模型。具体的温度场模型建模方法，如材料的热工性能、热边界条件、单元类型等如 11.2. 节所述，此处不再赘述。这里主要对力学性能计算模型的相关内容进行介绍。

12.2.1　温度场计算模型

与第 10 章中型钢混凝土节点模型类似，考虑全过程火灾作用时，钢管混凝土柱 - 组合梁节点模型的材料同样经历了常温、升温、降温和高温后四个温度阶段，钢材在常温和升温阶段的应力 - 应变关系模型采用式（3.2）、降温和高温后阶段的应力 - 应变关系模型采用式（4.1）和式（4.2）。钢材的热膨胀、高温蠕变和焊接残余应力考虑方法等如 3.2.2 节所述。钢管混凝土柱内部的核心混凝土，其常温和升温阶段核心混凝土的应力 - 应变关系模型采用式（5.2）；降温和高温后阶段核心混凝土的应力 - 应变关系模型则采用式（6.1）。楼板中的混凝土在常温和升温阶段的应力 - 应变关系模型采用式（3.6）、降温和高温后阶段的应力 - 应变关系模型采用式（10.1）。混凝土的热膨胀模型、高温徐变和瞬态热应变的考虑方法如 3.2.2 节所述。

钢管混凝土柱 - 组合梁节点中，包括连接钢梁和楼板的栓钉，在有限元模型中采用弹簧单元来模拟栓钉，为此需要确定栓钉的剪力（Q）- 相对滑移（δ）关系。宋天诣（2011）通过修正常温下栓钉的 Q-δ 关系（Ollgaard 等，1971）来考虑温度对 Q-δ 关系的影响，确定的 Q-δ 关系为

$$Q = Q_{uT} \left[1 - \exp\left(-0.71\delta \right) \right]^{0.4} \tag{12.1}$$

式中：δ 为相对滑移量（mm）；Q 为栓钉剪力（N）；Q_{uT} 为高温下栓钉的极限抗剪承载

力（N），按照 Eurocode 4（2004）Part 1-2 给出的方法确定，即

$$Q_{uT} = \min\{Q_{1T}, Q_{2T}\} \tag{12.2}$$

式中：$Q_{1T} = 0.64 \cdot k_{uT} f_u \pi d^2/4$；$Q_{2T} = 0.29 \cdot k_{cT} \alpha d^2 \sqrt{f_{ck} E_c}$，其中

$$\alpha = \begin{cases} 0.2(h_{sc}/d+1) & 3 \leqslant h_{sc}/d \leqslant 4 \\ 1 & h_{sc}/d > 4 \end{cases}$$

上述式中：d 为栓钉直径（mm），$16\text{mm} \leqslant d \leqslant 25\text{mm}$；$h_{sc}$ 为栓钉长度（mm）；f_u 为栓钉的极限抗拉强度（MPa），$f_u \leqslant 500\text{MPa}$；$f_{ck}$ 为混凝土轴心抗压强度（MPa）；E_c 为混凝土弹性模量（N/mm²）；k_{uT} 和 k_{cT} 为与温度有关的折减系数，按照表 12.1 选取。

表 12.1　折减系数 k_{uT} 和 k_{cT} 值

$T/℃$	20	100	200	300	400	500	600	700	800	900	1000	1100	1200
k_{uT}	1.25	1.25	1.25	1.25	1.00	0.78	0.47	0.23	0.11	0.06	0.04	0.02	0
k_{cT}	1	1	0.95	0.85	0.75	0.60	0.45	0.30	0.15	0.08	0.04	0.01	0

12.2.2　力学性能分析模型

（1）边界条件

力学性能计算模型采用与 12.3 节中的试验边界条件相同：节点柱下端板固结；上端板约束平面内转动和水平方向的位移；节点梁两端自由。柱上端承受轴向荷载，梁两端承受竖向荷载，计算时考虑柱的初始弯曲，假设柱跨中的初始挠度为柱计算长度的千分之一。

（2）单元选取、网格划分和钢 - 混凝土界面处理方法

节点模型中混凝土、钢管、型钢和钢筋的单元选取同第 11 章所述，图 12.1 给出了节点模型的网格划分和边界条件等情况。对于钢梁和混凝土楼板界面中的栓钉，采用式（12.1）给出的剪力 - 相对滑移关系通过非线性弹簧单元 SPRING2 进行模拟。

图 12.1　钢管混凝土柱 - 组合梁节点模型边界条件和网格划分示意图

为了验证节点温度场模型和力学性能分析模型的正确性，采用钢管混凝土柱，钢管混凝土节点在不同受火阶段的试验数据对模型进行了验证。此外，还采用 12.3 节所述的钢管混凝土柱－组合梁节点在升、降温过程中的试验数据对模型进行了验证。结果表明，上述有限元模型适用性良好。

12.3　全过程火灾作用下钢管混凝土柱－组合梁连接节点试验研究

12.3.1　试验概况

本节进行钢管混凝土柱－组合梁节点在如图 1.14 所示 A→A′→B′→C′→D′→E′ 时间（t）-温度（T）-荷载（N）路径下的力学性能试验（Song 等，2010），研究其温度-受火时间关系、破坏模态、柱轴向变形-受火时间关系、梁端挠度-受火时间关系以及火灾后荷载-应变关系和极限承载力；分析升温时间、防火保护层厚度等参数对节点力学性能的影响规律。

钢管混凝土柱－组合梁节点试验所用的试验装置、边界条件和加载方案与 10.3.1 节所述的型钢混凝土节点火灾后试验一致，此处不再重述。

（1）试件设计与制作

参考工程中常用的钢管混凝土组合结构形式，试件采用了圆钢管混凝土柱、工字钢梁、钢筋混凝土楼板、钢梁和钢管混凝土柱之间通过外加强环板连接、钢梁和混凝土楼板之间通过栓钉连接形成组合梁。试验过程中，钢管混凝土柱－组合梁节点试件楼板下部及其以下梁柱受火，以模拟框架结构中中柱节点楼板下部发生局部火灾的情况，其余部分均采用石棉包裹来模拟未受火部分。

具体试验参数包括：①升温时间：48min 和 30min，其中 48min 为节点在升温阶段达到耐火极限的时间；②防火保护层厚度：钢管混凝土柱防火保护层厚度（a_c）按照《建筑设计防火规范》（GB 50016—2006）（2006）和《建筑设计防火规范》（GB 50016—2014）（2014）中给出的圆钢管混凝土柱防火保护层厚度公式计算获得，使柱的耐火极限满足 3h 或 2h，确定 a_c＝14mm 或 7mm；钢-混凝土组合梁中钢梁的防火保护层厚度（a_b）按照 GB 50016—2006（2006）和 GB 50016—2014（2014）给出的简支钢梁防火保护层厚度选取表格获得，使钢梁耐火极限满足 1.5h 或 1.0h，确定 a_b＝15mm 或 10mm。试件具体参数如表 12.2 所示。

表 12.2　钢管混凝土柱-组合梁连接节点试件信息表

试件编号		JC1	JC2	JC3
试件尺寸 /mm	柱	$325×5$（$D×t_s$）		
		3800（H）		
	梁	$200×120×4.85×7.63$（$h×b_f×t_w×t_f$）		
		3900（L）		
	楼板	$1000×100$（$b_{slab}×t_{slab}$）		
		2000（L_{slab}）		
	防火保护层	7（a_c）	7（a_c）	14（a_c）
		15（a_b）	15（a_b）	10（a_b）

续表

试件编号		JC1	JC2	JC3
其他 参数	t_h/min	48	30	30
	k		0.488	
	n		0.5	
	N_F/kN		2374	
	m		0.5	
	P_F/kN		29	

　　表 12.2 中，试件 JC1 设计为在升温阶段破坏，即进行耐火极限试验，JC2 和 JC3 设计为火灾后继续加载直至破坏。表 12.2 中：D 为钢管外径；t_s 为钢管壁厚；H 为钢管混凝土柱高度；h 为工字型钢高度；b_f 为工字型钢宽度；t_w 为工字型钢腹板厚度；t_f 为工字型钢翼缘厚度；L 为工字钢梁长度；b_{slab} 为钢筋混凝土楼板宽度；t_{slab} 为钢筋混凝土楼板厚度；L_{slab} 为混凝土楼板长度；a_c 为钢管混凝土柱防火保护层厚度；a_b 为钢梁防火保护层厚度；t_h 为升温时间。

　　表 12.2 中，k 为梁柱线刚度比，按式（9.1）计算。计算时，对于钢管混凝土柱，$EI=E_sI_s+0.8E_cI_c$，E_s 和 E_c 分别为钢管和混凝土的弹性模量，I_s 和 I_c 分别为钢管和混凝土的截面惯性矩；对于钢‐混凝土组合梁，$EI=E_sI_s+E_{sb}I_{sb}$，E_s 和 E_{sb} 分别为工字钢和钢筋的弹性模量，I_s 和 I_{sb} 分别为工字钢和钢筋的截面惯性矩。

　　表 12.2 中，n 和 m 分别为柱和梁的荷载比，分别按式（3.17）和式（3.18）确定，计算时，N_u 采用 DBJ13-51—2003（2003）中给出的常温下钢管混凝土柱极限承载力公式计算；P_u 根据 GB50017—2003（2003）中给出的考虑楼板组合效应后的钢‐混凝土组合梁极限承载力公式计算，其中材料性能指标采用实测值。

　　钢管与工字钢梁连接处采用加强环板连接，楼板与钢梁之间通过栓钉连接，形成组合梁。钢管混凝土柱和节点区环板依据 DBJ13-51-2003（2003）进行设计，钢梁、楼板和栓钉依据 GB50017—2003（2003）进行设计，栓钉沿楼板纵向单排设置，栓钉长度 60mm、直径 9mm，间距 75mm。图 12.2 所示为钢管混凝土柱‐组合梁节点的构造示意。试验时将钢梁伸出炉膛，在距梁端 100mm 处用千斤顶进行加载。

　　（2）材料性能

　　节点试件所用钢材材性由拉伸试验确定，如表 12.3 所示。

表 12.3　钢材力学性能指标

节点类型	测试位置	屈服强度 f_y/MPa	抗拉强度 f_u/MPa	弹性模量 E_s/（×10^5N/mm²）	泊松比 v_s
钢管混凝土柱‐ 组合梁节点	钢管	376	462	2.06	0.274
	外环板腹板	278	433	2.01	0.297
	外环板翼缘	295	435	1.98	0.276
	钢梁腹板	295	428	2.17	0.256
	钢梁翼缘	245	408	2.14	0.274
	栓钉	362	559	2.18	0.254
	楼板钢筋 Φ8	388	477	2.10	0.286

图 12.2　钢管混凝土柱 - 组合梁节点构造示意图（尺寸单位：mm）

试件中采用了自密实混凝土，混凝土水胶比为 0.36，砂率为 0.395，配合比为：水泥：粉煤灰：砂：石：水 =320：140：680：1046：165（kg/m³）。采用的原材料为：42.5 普通硅酸盐水泥；河砂；花岗岩碎石，石子粒径 5～15mm；矿物细掺料：Ⅱ级粉煤灰；普通自来水。

混凝土坍落度为 250mm，坍落流动度为 620mm，混凝土浇灌时内部温度为 29℃，比环境温度约低 2℃。新拌混凝土流经"L"形流速仪的时间为 14s，平均流速为 57mm/s。混凝土 28 天立方体抗压强度 f_{cu} 由与试件同条件下成型养护的 150mm×150mm×150mm 立方试块测得，测得 28 天立方体抗压强度为 47.4MPa，混凝土的弹性模量为 28 870N/mm²，棱柱体抗压强度为 37.5MPa。试验时 f_{cu} = 54.3MPa。

试验过程中，对试件不需要受火的部位以及炉边缘位置进行防火保护，确保有效隔热。钢结构防火涂料采用 TB-Ⅳ 厚型防火隔热涂料，其热工性能参数为：密度：400±20kg/m³；导热系数 0.116W/（m·℃）；比热 1.047×10³J/（m³·℃）。

（3）量测内容

节点试验的主要量测内容如下。

1）炉膛温度。记录升、降温阶段的炉膛温度变化情况。通过试验炉内 8 个热电偶测得。

2）试件温度。记录从升温到节点温度降到常温的全部数据。试件加工时预埋热电偶测量节点内部温度。节点温度测量位置分为梁节点区（BJ）、柱节点区（CJ）、梁非节点区（BN）和柱非节点区（CN）四个部分，梁、柱节点区和非节点区截面的测温点位置相同，测温点位置如图 12.2 所示。

3）柱轴向位移和梁端挠度。记录升、降温过程和火灾后加载过程中节点的柱轴向变形和梁端挠度。通过在节点柱上端和梁端布置的位移计测得，如图 12.2 所示。

4）耐火极限。记录 JC1 试件达到耐火极限的时间。采用 ISO-834（1999）标准的规定对节点的耐火极限进行判断，具体规定如 9.3.1 节所述。

5）火灾后极限承载力。测试 JC2 和 JC3 节点在火灾后加载阶段的极限承载力。节点温度降到常温后，保持柱端荷载值不变，分级加大梁端荷载直到节点无法持荷，达到极限状态，此时的梁荷载值为节点火灾后极限承载力。

6）火灾后加载过程中各测点的应变。测定火灾后加载阶段各应变测点的应变值。节点温度降到常温后，在各测点位置粘贴应变片，记录每一级荷载稳定后的应变值。应变片测点位置如图 12.3 所示，分为节点区（JZ）和非节点区，非节点区测点位置分为：左梁（LB）、右梁（RB）、上柱（TC）和下柱（BC）。

图 12.3　钢管混凝土柱-组合梁节点试件应变片布置示意图（尺寸单位：mm）

（4）试验过程

钢管混凝土柱-组合梁节点的试验过程与 10.3.1 节所述型钢混凝土节点的试验过

程完全一致。

12.3.2　试验结果和分析

（1）试验现象与破坏特征

试件均发生了预期设计的破坏形式，即梁节点区破坏造成试件破坏。下面分别论述各试件的试验过程以及破坏特征，为描述方便，统一规定节点柱下端贴有试件编号的一侧为节点正面，另一侧为背面，相对于节点正面图，节点梁分为左梁和右梁，节点柱分为上柱和下柱。

1）试件 JC1。

图 12.4 所示为试验后 JC1 节点的破坏形态，图 12.5 所示为 JC1 节点的各部位局部破坏形态。

(a) 正面　　　　　　　　　　　　(b) 背面

图 12.4　JC1 节点破坏形态

试验中观察发现，点火 25min（炉膛温度 789℃）时，柱上端板处有水蒸气溢出；34min（炉膛温度 844℃）时，通过观测孔可以发现节点防火保护层开始由灰色逐渐变黑最终变为白色；40min（炉膛温度 860℃）时，节点区右侧钢梁下翼缘防火保护层首先发生脱落，随后左侧钢梁防火保护层也发生脱落［如图 12.5（b）所示］，失去防火保护层后，节点区钢梁变形速率加剧，48min（炉膛温度 893℃）时右梁节点区首先屈曲［如图 12.5（d）所示］，梁端无法持荷，节点达到耐火极限，立即停止梁柱端加载，但仍然记录温度变化数据，直到节点温度降为常温。

开炉后观察发现，节点柱保持了较好的完整性，下柱防火保护层开裂但没有剥落。节点破坏的位置主要集中在节点梁以及楼板上。如图 12.5（b）所示节点区钢梁下翼缘屈曲且防火保护层脱落，右梁屈曲较为明显，导致梁端无法持荷。钢梁腹板发生了鼓曲，防火保护层有松动现象但未脱落。图 12.5（g）和（h）给出楼板的裂缝分布情况，图中有下划线的数字为开炉后楼板主要裂缝的宽度，楼板左侧裂缝分布较为丰富，而

图 12.5　JC1 节点局部破坏形态

右侧楼板裂缝较宽，最大达到 6.20mm。

2）试件 JC2。

图 12.6 所示为 JC2 节点的最终破坏形态。观察发现，点火 21min（炉膛温度 778℃）时，柱上端板处开始有水蒸气溢出，柱千斤顶和反力梁上凝结了大量水滴；30min（炉膛温度 807℃）时，防火保护层逐渐从灰色变为黑灰色，此时停止升温进入降温阶段，防火保护层由于受火不充分，表面颜色没有从黑色变为白色，最终成为灰白相间的颜色［如图 12.7（a）所示］。开炉清理节点表面，粘贴应变片，图 12.7（b）所示为火灾后加载阶段的情景，示出 JC2 试件各部位的局部破坏形态。

(a) 正面

(b) 背面

图 12.6　JC2 节点破坏形态

(a) 降温后

(b) 火灾后加载

图 12.7　JC2 节点试验情景

火灾后加载过程中节点区钢梁下翼缘防火保护层脱落（如图 12.8（e）和（f）所示），节点最终破坏是由于节点区右梁腹板鼓曲以及楼板开裂引起的，试验后切割除去下柱钢管，观察核心混凝土的破坏情况，发现混凝土保持了较好的完整性，无明显裂缝发生［如

图 12.8（e）所示]。图 12.8（g）和（h）给出了楼板主要裂缝的分布情况，其中有下划线的数字为降温结束时火灾后加载以前楼板的裂缝宽度，无下划线数字为火灾后加载破坏时的裂缝宽度，节点柱周围楼板的主要裂缝呈现"X"形，加载后裂缝宽度最大达到 4.12mm。

(a) 节点下部（1）

(b) 节点下部（2）

(c) 左梁

(d) 右梁

(e) 左梁下部

(f) 右梁下部

图 12.8 JC2 节点局部破坏形态

(g) 楼板左侧　　　　　　　　　　　　　　(h) 楼板右侧

图 12.8　（续）

3）试件 JC3。

图 12.9 所示为 JC3 节点的最终破坏形态，图 12.10 为试件各部位局部破坏形态。

(a) 正面　　　　　　　　　　　　　　(b) 背面

图 12.9　JC3 节点破坏形态

(a) 节点下部（1）　　　　　　　　　　　(b) 节点下部（2）

图 12.10　JC3 节点局部破坏形态

(c) 左梁　　　　　　　　　　　　　　　　　(d) 右梁

(e) 左梁下部　　　　　　　　　　　　　　　(f) 右梁下部

(g) 楼板左侧　　　　　　　　　　　　　　　(h) 楼板右侧

图 12.10 （续）

点火 15min（炉膛温度 697℃）时，柱上端板处开始有水蒸气溢出，柱千斤顶和反力梁上凝结了大量水滴。28min（炉膛温度 810℃）时，通过观测孔发现防火保护层逐渐从灰色变为黑灰色，此时停止升温进入降温阶段，防火保护层最终变为灰白相间。

火灾后加载过程中节点区钢梁下翼缘防火保护层脱落［如图 12.10（e）和（f）所示］，节点最终破坏是由于节点区左侧钢梁下翼缘屈曲造成节点无法持荷引起的，下柱核心混凝土保持了较好的完整性。图 12.10（g）和（h）给出了楼板主要裂缝的分布情况，加载后左侧楼板裂缝宽度最大达到 1.10mm，右侧楼板最大宽度达到 1.85mm。

三个钢管混凝土柱 - 组合梁节点试件的破坏主要存在以下共同特点。

1）节点试件达到极限状态时，钢管混凝土柱均没有发生明显的破坏现象，试件的破坏均是由于节点区工字钢梁发生局部屈曲破坏，使得节点无法继续持荷引起的，但试验参数不同，发生局部屈曲的位置又有所区别。

2）升、降温结束时，观察三个节点试件的防火保护层可以发现钢管混凝土柱节点区和非节点区的防火保护层以及加强环板的防火保护层均保持了较好的完整性，只在部分位置有裂缝发生，没有出现保护层脱落的现象，但节点区工字钢梁腹板和下翼缘的防火保护层有明显剥落现象发生。

3）观察加强环板可以发现，虽然节点区下环板受压力作用，但其在试验过程中没有明显变形或局部屈曲现象发生，说明这种加强环板连接在火灾下可以有效传递弯矩和剪力，具有较好的刚度。

4）试验完成后观察混凝土楼板上表面的裂缝分布情况，由于楼板承受负弯矩，上表面受拉，在极限状态时三个节点试件均会产生以钢管混凝土柱为轴的放射状裂缝，且在节点区附近会形成一条沿楼板横向延伸的较宽裂缝，该裂缝对应的下部钢梁翼缘会发生明显的局部屈曲。

表 12.4 所示为试验获得的节点耐火极限或火灾后的极限承载力。可见升温时间对钢管混凝土柱 - 组合梁节点火灾后梁剩余承载力的影响显著，随着升温时间从 30min 变为 48min，火灾后极限承载力从 42.3kN 变为 0。

表 12.4　试件耐火极限和火灾后梁剩余承载力

试件编号	JC1	JC2	JC3
耐火极限或火灾后极限承载力	48min	42kN	38kN
破坏位置	右梁破坏	右梁破坏	左梁破坏

图 12.11 给出了升温时间相同时，梁和柱防火保护层厚度（a_b 和 a_c）对钢管混凝土柱 - 组合梁节点火灾后梁剩余承载力（P_{ur}）的影响规律。可见，梁防火保护层厚度（a_b）从 15mm 降低到 10mm 时，P_{ur} 从 42.3kN 下降到 38.0kN，而柱防火保护层厚度（a_c）的增加并没有使 P_{ur} 增加，在本次试验参数的范围内，梁防火保护层厚度（a_b）对 P_{ur} 的影响较柱防火保护层厚度（a_c）更为明显。

（2）温度（T）- 受火时间（t）关系

图 12.12 给出了升、降温过程中钢管混凝土柱 -

图 12.11　防火保护层厚度对节点火灾后梁剩余承载力的影响

图 12.12　实测炉膛温度（T）- 受火时间
（t）关系曲线

组合梁节点试件的实测平均炉膛温度（T）随受火时间（t）的变化关系，500min 后炉膛温度降为常温。

图 12.13～图 12.15 给出了钢管混凝土柱 - 组合梁节点（JC1、JC2 和 JC3）对应图 12.2 所示测温点的实测 T-t 关系，由图可得如下结论。

对于钢管混凝土柱［图 12.13（a）、（b）、图 12.14（a）、（b）和图 12.15（a）、（b）］，有如下几点值得注意。

1）比较同一试件中 1、2 和 3 点的峰值温度，可以发现 2 点和 3 点之间的峰值温度差别不大，而位于钢管内表面的 1 点的峰值温度要明显高于 2 点和 3 点；2 点和 3 点的温度接近 100℃时，由于核心混凝土所含的水分在 100℃时蒸发吸热，会使混凝土升温速率降低，T-t 关系出现平直段。

图 12.13　JC1 实测温度（T）- 受火时间（t）关系曲线（$t_h = 48$min，尺寸单位：mm）

图 12.14   JC2 实测温度（T）- 受火时间（t）关系曲线（t_h＝30min，尺寸单位：mm）

2）比较柱节点区和非节点区对应点的峰值温度可以发现，非节点区高于节点区，以 1 点为例，三个试件柱节点区 1 点的峰值温度范围为 122～135℃，平均值 128℃，而对应的非节点区峰值温度范围为 127～266℃，平均值 197℃。

3）比较试件 JC2 和 JC3 对应测点的 T-t 关系，可以发现柱防火保护层越厚试件的温度越低，但防火保护层厚度对柱节点区的影响要小于非节点区，这是因为节点区的温度不仅和防火保护层厚度有关还受到与其相邻梁、板的影响。

对于钢 - 混凝土组合梁［图 12.13（c）、（d）、图 12.14（c）、（d）和图 12.15（c）、（d）］，有如下几点值得注意。

1）比较同一试件中钢梁下翼缘（1 点）和腹板（2 点）的温度曲线，可以发现由于钢材的较优的导热性能，二者的温度差别不大，而位于楼板内的 3 点由于混凝土的保护作用，其温度会明显低于 1 点和 2 点。

2）比较梁节点区和非节点区对应测点的峰值温度，以测点 2 为例，可以发现，非节点区的峰值温度比节点区高约 130℃，这是由于节点区附近空间较非节点区小，曝火程度小于非节点区，同时节点区钢梁的温度还受到钢管混凝土柱的影响，二者共同作用导致梁节点区温度低于非节点区。

图 12.15　JC3 实测温度（T）- 受火时间（t）关系曲线（$t_{\mathrm{h}} = 30\mathrm{min}$，尺寸单位：mm）

综合分析升、降温过程中节点试件的 T-t 关系，可总结出如下规律。

1）炉膛的升、降温阶段与节点试件的不同，炉膛升温过程中，节点的温度低于炉膛温度，热量从炉膛向节点传递；炉膛降温过程中，初期节点的温度仍然低于炉膛温度，热量继续从炉膛向节点传递，随着炉膛温度的降低，当节点表面温度高于炉膛温度时，热量开始从节点向炉膛传递，节点开始逐步从升温阶段向降温阶段过渡。

2）升、降温过程中，节点最高温度点的位置从表面向节点内部逐渐移动，当靠近表面的点开始降温时，内部的点却在逐步升温，存在温度滞后现象。

3）节点区测温点的升、降温速率以及峰值温度低于非节点区，这主要是由于以下因素共同作用的结果：①节点区的曝火面积小于非节点区；节点区空间较小，使得曝火程度低于非节点区，导致其受环境的影响程度小于非节点区；②节点区的楼板、梁和柱共同吸收热量，热容高于非节点区，同外界有相同的热量交换时，热容越大温度变化越小。

采用 11.2 节中给出的温度场计算建模方法对钢管混凝土柱 - 组合梁节点试件的温度场分布进行计算，图 12.13～图 12.15 所示为实测 T-t 关系与计算得到的 T-t 关系的对比结果，可见计算结果与实测结果总体吻合较好。

（3）节点变形 - 受火时间（ t ）关系

图 12.16（a，1）、（b，1）和（c，1）给出了 3 个节点试件的柱轴向变形（ Δ_c ）-受火时间（ t ）关系，其中柱压缩为负值，拉伸为正值。对于试件 JC1，在升温初期可以观测到柱由于受热膨胀轴向变形增加，随着温度升高材性劣化，柱在 15min 左右时开始被压缩，直到 JC1 达到极限状态。对于试件 JC2 和 JC3，节点柱的 Δ_c-t 关系按照温度变化可分为三个阶段：升温阶段（Ⅰ）、降温阶段（Ⅱ）和火灾后阶段（Ⅲ）。在升温阶段（ $t=0\sim30$min），柱受热膨胀；炉膛降温的初始阶段柱仍膨胀，但随着节点温度的降低和材性在高温下的逐渐劣化，柱开始轴向压缩，最终柱端位移趋于稳定；火灾后采用梁端加载，柱轴向变形相对较小。

图 12.16（a，2）、（b，2）和（c，2）给出了节点梁端挠度（ δ_b ）-受火时间（ t ）关系，负号表示梁端挠度增加。直接测得的梁端变形数据中包含了柱的轴向变形，这里通过减去柱轴向变形来获得梁端挠度。对于试件 JC1，在接近耐火极限时左梁挠度增加较快，且梁荷载无法维持在设计值，节点破坏。对于试件 JC2 和 JC3， δ_b-t 关系同样可分为升温、降温和火灾后三个阶段。升温阶段节点梁端挠度变化较小；降温初始阶段，梁端挠度开始增加，但在降温开始大约 100min 后，梁端变形趋于稳定；在火灾后阶段，保持柱端荷载不变，增加梁端荷载直到节点破坏，梁端挠度随之增加。

(1) 柱轴向变形（ Δ_c ）　　　　　(2) 梁端挠度（ δ_b ）

(a) 试件 JC1（ $t_h=$ 48 min）

(1) 柱轴向变形（ Δ_c ）　　　　　(2) 梁端挠度（ δ_b ）

(b) 试件 JC2（ $t_h=$ 30 min）

图 12.16　钢管混凝土柱 - 组合梁节点 Δ_c（ δ_b ）-t 关系曲线

(1) 柱轴向变形（Δ_c）

(2) 梁端挠度（δ_b）

(c) 试件 JC3（t_h= 30 min）

图 12.16 （续）

（4）荷载等级（i）- 测点应变（ε）关系

节点温度降到常温后，保持柱端荷载不变，分不同的荷载等级（i）加大梁端荷载直到节点破坏。图 12.17 给出了火灾后加载过程中 JC2 和 JC3 的荷载等级（i）- 梁荷载值关系。

(a) JC2 试件

(b) JC3 试件

图 12.17　钢管混凝土柱 - 组合梁节点试件火灾后荷载等级（i）- 梁荷载值关系曲线

加载初期为火灾后梁端的外荷载，JC2 在第 13 级荷载时右梁无法继续持荷，节点达到极限状态，此时右梁荷载为 42kN；JC3 在第 8 级荷载时左梁无法持荷而达到极限状态，此时，左梁荷载为 38kN。

以 JC2 为例，图 12.18 给出 JC2 的梁荷载等级（i）- 测点应变（ε）关系，其中应变单位为"$\mu\varepsilon$"，拉应变为"＋"号，压应变为"－"号。从图中可见左梁（LB）和右梁（RB）测点的应变大多介于 ±500$\mu\varepsilon$ 之间，接近极限状态时左梁下部应变达到 −2000$\mu\varepsilon$ 左右，右梁上部混凝土楼板应变达到 1500$\mu\varepsilon$ 左右。节点上柱（TC）和下柱（BC）钢管表面的应变较小，介于 ±10$\mu\varepsilon$ 之间，这主要是由于火灾后采用梁端加载，柱变形较小，其应变也相对较小。其余位置的应变分布情况详见宋天诣（2011）。

（5）试验结果与有限元计算结果对比分析

采用 11.2 节建立的钢管混凝土柱 - 组合梁节点力学性能分析有限元模型，对节点试验进行模拟，对比分析节点的变形和破坏形态。计算得到的钢管混凝土柱 - 组合梁

(a) 左梁（LB）　　　　　　　　　　　(b) 右梁（RB）

图 12.18　JC2 荷载等级（i）- 应变（ε）关系曲线

节点的柱轴向变形（Δ_c）和梁端挠度（δ_b）- 受火时间（t）关系如图 12.16 所示。如图可见，计算值与实测值总体趋势基本吻合。对于试件 JC1，达到极限状态时梁端挠度曲线竖直下降，节点梁首先达到耐火极限规定要求。对于试件 JC2，降温过程即图中所示的阶段 II，计算获得的梁端挠度曲线位于左梁和右梁实测曲线之间，这是由于试验过程中难免存在控制偏差，节点梁端变形没有完全对称，在有限元计算时没有考虑这一因素影响所致。

图 12.19 给出了计算获得的 JC1、JC2 和 JC3 破坏形态与试验结果的比较。试验结果和计算结果都表明，梁节点区是钢管混凝土柱 - 组合梁节点的薄弱位置，如节点在升温阶段破坏，即达到耐火极限（试件 JC1），节点区钢梁的下翼缘和腹板易于发生局部屈曲，造成防火保护层剥落，加速节点破坏；对于试件 JC2 和 JC3，在高温后加载达到极限状态时，节点破坏的主要特征同样表现为节点区钢梁的局部屈曲，但和 JC1 试件相比，钢梁发生局部屈曲的位置离节点区相对较远。

图 12.20 给出了计算获得的楼板混凝土塑性主拉应变矢量图。可见，混凝土楼板的塑性主拉应变主要集中在靠近钢管混凝土柱的区域，其中环板上部的分布最为密集，

(1) 试验　　　　　　　　　　　　　(2) 计算

(a) 试件 JC1

图 12.19　钢管混凝土柱 - 组合梁节点破坏形态

（1）试验　　　　　　　　（2）计算

（b）试件 JC2

（1）试验　　　　　　　　（2）计算

（c）试件 JC3

图 12.19　（续）

（a）试件 JC1　　　　　（b）试件 JC2　　　　　（c）试件 JC3

图 12.20　楼板塑性主拉应变分布矢量图

塑性拉应变较为密集的区域，其混凝土裂缝开展也较为充分。

12.4　荷载 - 变形 - 升温时间关系分析

在有限元模型基础上，本节论述节点在图 1.14 所示的 A→A′→B′→C′→D′→E′ 这样一条时间 - 温度 - 荷载路径作用下的工作机理（Song 和 Han，2014），以期进一步深入研究钢管混凝土柱 - 组合梁节点在升、降温火灾和外荷载共同作用下的力学性能和工作机理。

12.4.1　分析模型

参照某实际工程中的钢管混凝土柱尺寸设计了钢梁、混凝土楼板，栓钉以及加强环板，确定的基本计算条件为：

圆钢管混凝土柱：$D \times t_s = 600\text{mm} \times 12\text{mm}$，$H = 6000\text{mm}$；加强环板宽度 120mm。

工字钢梁：$h \times b_f \times t_w \times t_f = 400\text{mm} \times 200\text{mm} \times 15\text{mm} \times 15\text{mm}$，$L = 8000\text{mm}$。

钢筋混凝土楼板：$b_{slab} \times t_{slab} = 3000\text{mm} \times 120\text{mm}$，$L_{slab} = 8000\text{mm}$；楼板内纵向钢筋 $\Phi 10@150\text{mm}$，分布钢筋 $\Phi 10@250\text{mm}$。

栓钉：$\Phi 16\text{mm} \times 100\text{mm}$，抗拉强度 $f_u = 400\text{MPa}$，沿梁轴线方向对称双排布置，间距 200mm，垂直于梁轴线方向间距 100mm。

钢管核心混凝土强度 $f_{cuc} = 60\text{MPa}$，楼板混凝土强度 $f_{cus} = 40\text{MPa}$，钢管屈服强度 $f_{yc} = 345\text{MPa}$，钢梁屈服强度 $f_{yb} = 345\text{MPa}$，板钢筋屈服强度 $f_{ybs} = 335\text{MPa}$。

柱长细比 $\lambda = 40$。

柱截面含钢率 [α_c，按试（3.22）确定]，柱截面含钢率 $\alpha_c = 0.08$。

柱荷载比 $n = 0.6$，按照式（3.17）计算，$N_u = 17\ 885\text{kN}$；梁荷载比 $m = 0.4$，按照式（3.18）计算，其中组合梁常温下的极限均布线荷载值 q_u 采用建立的有限元模型计算获得，$q_u = 380\text{kN/m}$。

梁柱线刚度比 $k = 0.39$，按照式（9.1）计算。

梁柱极限弯矩比 k_m，按照式（9.2）计算，其中钢 - 混凝土组合梁常温下的极限弯矩（M_{bu}）根据 GB 50017—2003（2003）计算，钢管混凝土柱常温下的极限弯矩（M_{cu}）根据 DBJ 13-51—2003（2003）计算。确定 $k_m = 0.67$。

柱防火保护层厚度（a_c）按照 CECS 200：2006（2006）确定，使柱耐火极限满足 3h，$a_c = 15\text{mm}$；梁防火保护层厚度（a_b）按照 GB50016—2006（2006）确定，使梁耐火极限满足 2h，$a_b = 20\text{mm}$。

升温时间比（t_o），按照式（8.8）计算。$n = 0.6$，$m = 0.4$ 时，$t_R = 60\text{min}$，$t_o = 0.5$，按照 ISO-834（1980）升、降温曲线进行升、降温。

节点模型的热力边界条件根据图 9.1（b）所示的从框架结构中得到的中柱节点楼板下部受火的隔离体来确定。实际结构一般都存在不同程度的初始缺陷（如柱初始挠度），本节在计算时参考 GB 50017—2003（2003）的规定，采用 $L/1000$ 柱荷载初偏心来考虑柱初始缺陷的影响。图 12.21 所示为钢管混凝土柱 - 组合梁节点计算模型的边界条件和网格划分情况。

12.4.2　温度 - 受火时间关系

对两类组合节点在如图 1.13 所示的 ISO-834（1980）升、降温火灾作用下特征截面的温度场分布进行分析，特征截面位置如图 12.22 所示，包括柱节点区截面（ZJ）、柱端部截面（ZD）、梁节点区截面（LJ）和梁端部截面（LD）。

图 12.21　钢管混凝土柱 - 组合梁节点模型边界条件和网格划分

图 12.22 给出了升、降温过程中钢管混凝土柱 - 组合梁节点在特征截面上不同点的温度（T）- 受火时间（t）关系，为使曲线清晰且便于分析，只给出了前 10h 内的温度关系，图中 B′ 时刻和 C′ 时刻分别与图 1.14 中两点对应，B′ 时刻为结构外界升温结束时刻、C′ 为结构外界降温结束时刻。

(a)钢管混凝土柱特征截面　　　　　　　(b)钢 - 混凝土组合梁特征截面

图 12.22　钢管混凝土柱 - 组合梁节点特征截面温度（T）- 受火时间（t）关系曲线

通过比较特征截面各点的 T-t 关系可以发现，钢管混凝土柱 - 组合梁节点在升、降温火灾下的温度分布具有如下规律。

1）节点温度与结构外界温度相比存在明显的滞后，以钢管混凝土柱节点区截面 4 点为例，达到峰值温度的时间比结构外界温度峰值点滞后大约 1h；节点的温度滞后现象均随着离受火表面的距离增加而愈加明显，但对于图 12.22（b）中的钢梁上各点，由于直接受火且钢材导热性较好，钢梁截面上各点的温度滞后现象不会随着各点位置的改变而有明显差别。

2）节点区截面各点的温度会低于端部截面对应点的温度。以钢梁上 4 点为例，端部位置 4 点的最高温度为 400℃，节点区位置 4 点的最高温度为 350℃，二者相差 50℃。

3）对比柱和梁的截面温度可以发现，虽然钢管混凝土柱为四周受火，组合梁为三面受火，但柱截面温度仍然明显低于梁截面温度，这主要是由于尺寸差异的影响，钢管混凝土柱的截面尺寸明显大于梁截面，大尺寸构件由于热容较大，相应的温度较低。

12.4.3　力学性能分析

全过程火灾作用下钢管混凝土柱 - 组合梁节点的破坏可能发生在常温、升温、降温和火灾后四个阶段。本章主要针对钢管混凝土柱 - 组合梁节点发生火灾后破坏这一工况展开研究。

（1）节点的破坏形态

图 12.23 所示为达到极限状态时，火灾后钢管混凝土柱 - 组合梁节点计算模型的破坏形态。从节点总体的破坏形态可见，钢管混凝土柱保持了较好的工作性能，节点的破坏主要是由于节点区钢梁的腹板和下翼缘发生了局部屈曲，使得节点无法继续持荷而引起的。

图 12.23　钢管混凝土柱 - 组合梁节点破坏形态

为研究钢管混凝土柱 - 组合梁节点可能的破坏形态，本章选取对节点破坏有直接影响的柱荷载比（n）和梁荷载比（m）为分析参数，对火灾升、降温后钢管混凝土柱 - 组合梁节点的破坏形态进行分析，计算结果表明在本章所确定的计算条件下，钢

管混凝土柱 - 组合梁节点在达到极限状态时，梁变形要明显大于柱变形，节点的破坏主要是由于钢梁和钢管连接处外环板以及钢梁腹板和下翼缘发生局部屈曲而引起的，不同参数下节点的破坏形态与图 12.23 所示的破坏形态类似，即钢管混凝土柱 - 组合梁节点只会发生图 10.25（a）所示的节点区梁破坏形态。

　　节点区域的局部破坏形态随着梁荷载比 m 和柱荷载比 n 的变化会有所差别，表 12.5 所示为不同 m 和 n 情况下的节点局部破坏形态，通过钢梁和钢管的 Mises 应力云图和变形图的形式给出，应力较高的区域较易形成局部屈曲和塑性铰。

　　表 12.5 所示结果表明：柱荷载比从 0.2 变化到 0.8 的过程中，节点的局部破坏形态没有显著改变，这主要是因为钢管混凝土柱按照 3h 耐火极限标准进行了防火保护，且升温时间相对较短，柱受到的高温损伤较小，所以柱上荷载比的改变对节点影响不明显；梁荷载比从 0.2 变化到 0.8 时，节点的破坏形态会有所差别，且随着梁荷载比的增加，达到极限状态时钢梁节点区的 Mises 应力会下降，这主要是由于梁荷载比较小的情况下，升、降温过程中梁内产生的轴向内力较大，火灾后会有较大的累积损伤，节点区钢梁应力较高。

表 12.5　　火灾后钢管混凝土柱 - 组合梁节点局部破坏形态

以梁荷载比 m 为 0.2 和 0.8 时的节点为例，如图 12.24（a）所示，外荷载下，m 为 0.2 时梁变形小于 m 为 0.8 时的梁变形，在升、降温过程中，当梁轴向发生相同的温度变形 ΔL 时，m 为 0.2 时的水平变形分量 $\Delta h_{0.2}$ 会大于 m 为 0.8 情况下的水平变形分量 $\Delta h_{0.8}$，水平变形受到限制的时候会产生轴向内力，且受到限制的水平变形越大轴力越大。图 12.24（b）给出了升、降温过程中 m 为 0.2 和 0.8 时的梁截面轴力变化，可以明显看出 $m=0.2$ 时，梁轴力在 −5400～5610kN 之间变化，而 $m=0.8$ 时，梁轴力变化范

(a) 不同梁荷载时变形示意图　　　　　　(b) 升、降温过程中节点区梁截面轴力变化

图 12.24　梁荷载比（m）对钢管混凝土柱 - 组合梁节点局部破坏形态的影响

围则较小，在 $-3270 \sim 4070 \text{kN}$ 之间变化。因此，在较大梁轴力的作用下，火灾后节点区钢梁的 Mises 应力会较高。

（2）节点变形特点

1）柱轴向变形（Δ_c）。

图 12.25 所示为钢管混凝土柱 - 组合梁节点的柱轴向变形（Δ_c）- 受火时间（t）关系和柱轴向变形（Δ_c）- 梁线荷载（q）关系。图中 A、A′、B′、C′、D′ 和 E′ 分别对应图 1.14 中的各特征点，AA′ 为常温阶段、A′B′ 为升温阶段、B′C′D′ 为降温阶段（C′ 点为结构外界温度降到常温时刻点）、D′E′ 为火灾后阶段。本章其余各图中的 A、A′、B′、C′、D′ 和 E′ 点的意义均与本图相同，"−"号表示柱轴向变形为压缩变形。

(a) Δ_c- 受火时间（t）关系曲线　　　　(b) Δ_c- 梁线荷载（q）关系曲线

图 12.25　钢管混凝土柱 - 组合梁节点柱轴向变形（Δ_c）

对柱的轴向变形曲线各阶段的特性描述如下。

① 常温阶段（AA′）。常温阶段首先施加柱荷载，然后施加梁荷载，这一阶段的 Δ_c-t 关系近似为双折线，Δ_c-q 关系在 q 为 0 时 Δ_c 就有了变化。

② 升温阶段（A′B′）。结构外界升温阶段，柱受热温度升高，材料膨胀，此时柱温度较低，材性劣化不明显，因此柱发生了膨胀，轴向变形降低，这一阶段梁荷载不变，因此 Δ_c-q 关系垂直上升。

③ 降温阶段（B′C′D′）。B′ 点后结构外界降温，由于存在温度滞后现象，在结构外

界降温的初期钢管混凝土柱大部分位置仍然处于升温状态，此时由于升温材性劣化和柱荷载的共同作用的影响，柱轴向变形开始增加；在结构外界温度降为常温后，柱轴向变形仍然继续增加，这是因为节点柱在 C′ 点以后大部分位置温度降低，材料收缩所致。

④ 火灾后阶段（D′E′）。火灾后增加梁荷载直到节点破坏是由于梁破坏引起的，故柱轴向变形相对梁较小，火灾后加载阶段变形增加 3mm 左右。

2）梁端挠度（δ_b）。

图 12.26 所示为钢管混凝土柱‐组合梁节点的梁端挠度（δ_b）‐受火时间（t）和梁端挠度（δ_b）‐梁线荷载（q）关系，图中"－"号表示梁端挠度增加，"＋"号表示梁端挠度减小。

(a) δ_b‐受火时间(t)关系曲线   (b) δ_b‐梁线荷载(q)关系曲线

图 12.26　钢管混凝土柱‐组合梁节点梁端挠度（δ_b）

对梁端挠度曲线各阶段的特性描述如下。

① 常温阶段（AA′）。常温阶段首先施加柱荷载，然后施加梁荷载，梁在柱荷载作用下挠度变化较小，梁加载结束后，梁端挠度达到－12mm 左右。

② 升温阶段（A′B′）。升温阶段，梁受热温度升高，材料膨胀，梁沿纵向有伸长的趋势，但对挠度影响不明显。随着温度升高，材料的力学性能逐渐劣化，梁抵抗变形能力降低，梁端挠度增加，升温结束时梁端挠度达到－50mm 左右。

③ 降温阶段（B′C′D′）。B′ 点后结构外界降温，由于存在温度滞后现象，在结构外界降温的初期钢梁和楼板大部分位置仍然处于升温状态，升温导致的材性劣化和梁荷载的共同作用使梁端挠度继续增加；在结构外界温度降为常温后，梁温度变化逐渐减小，材性基本不变，在外荷载不变的条件下，梁端挠度趋于稳定，降温结束时（D′点），梁端挠度达到－137mm 左右。比较升温阶段和降温阶段梁端挠度的变化量可以发现：降温阶段梁端挠度增量大于升温阶段增量，达到升温阶段挠度增量的 2.3 倍，可见由于降温阶段的较大变形，节点在降温过程中发生破坏。

④ 火灾后阶段（D′E′）。火灾后增加梁荷载直到节点破坏，梁端挠度在这一阶段随着外荷载的增加而增加，达到破坏时挠度达到 308mm。

3）梁柱相对转角（θ_r）。

图 12.27 给出了钢管混凝土柱‐组合梁节点的梁柱相对转角（θ_r）‐受火时间（t）

(a) θ_r-受火时间(t)关系曲线

(b) θ_r-梁线荷载(q)关系曲线

图 12.27　钢管混凝土柱 - 组合梁节点梁柱相对转角（θ_r）

和梁柱相对转角（θ_r）- 梁线荷载（q）关系，"＋"号表示梁和下柱之间的角度减小，θ_r 增加，"－"号表示梁和下柱之间的角度增加，θ_r 减小。

对梁柱相对转角曲线各阶段的特性描述如下。

① 常温阶段（AA'）。常温下施加柱荷载和梁荷载后，梁柱相对转角增加，但数值较小，加载结束时为 1.45×10^{-3}rad。

② 升温阶段（A'B'）。升温阶段梁挠度增加，使得梁柱相对转角增加，升温结束时，梁柱相对转角达到 3.2×10^{-3}rad。

③ 降温阶段（B'C'D'）。降温阶段，梁挠度继续增加，梁柱相对转角增加，降温结束时。梁柱相对转角达到 8.43×10^{-3}rad。可见在升温和降温阶段，钢管混凝土柱 - 组合梁节点的梁柱相对转角较小，说明该类加强环板连接节点的刚度在火灾下保持完好。

④ 火灾后阶段（D'E'）。火灾后随着梁荷载增加，节点变形增加，梁柱相对转角明显增加，节点破坏时梁柱相对转角达到 29×10^{-3}rad。

（3）节点内力变化

本节对钢管混凝土柱 - 组合梁节点在不同截面处的弯矩和轴力变化规律［包括内力 - 受火时间（t）关系和内力 - 梁线荷载（q）关系］进行分析，提取内力的截面位置如图 10.22 所示，包括柱节点区截面（ZJ）、柱端部截面（ZD）、梁节点区截面（LJ）和梁端部截面（LD）。

1）柱节点区截面内力。

通过提取柱弯矩（M_c）可以发现，在节点受力的全过程中，下柱节点区的弯矩值分布在 $-20 \sim 0.1$kN·m，弯矩较小，柱以受轴力为主，因此，这里只给出柱轴力的变化曲线。图 12.28 所示为柱节点区截面的轴力（N_c）- 受火时间（t）和轴力（N_c）- 梁线荷载（q）关系，其中"－"号表示截面受压、"＋"号表示截面受拉。

对柱节点区轴力变化全过程曲线的特性描述如下。

① 常温阶段（AA'）。常温阶段施加柱荷载和梁荷载，梁荷载增加时柱轴力也有所提高。

② 升温阶段（A'B'）。升温阶段柱荷载和梁荷载保持不变，由于在轴向没有约束，柱轴力保持不变。

(a) N_c‐受火时间(t)关系曲线　　　　　(b) N_c‐梁线荷载(q)关系曲线

图 12.28　钢管混凝土柱‐组合梁节点柱节点区截面轴力（N_c）

③ 降温阶段（B′C′D′）。与升温阶段相同，外荷载保持不变，柱轴力没有变化。

④ 火灾后阶段（D′E′）。火灾后增加梁荷载，柱轴力随之增加。

2）柱端部截面内力。

柱端部截面弯矩（M_c）最大值达到-273kN·m，但大多分布在$-10\sim-2$kN·m，该位置仍然以受压为主。图 12.29 给出了柱端部截面的轴力（N_c）‐受火时间（t）和轴力（N_c）‐梁线荷载（q）关系。由于柱以受轴压为主，柱端部轴力与节点区截面轴力无明显差别，不再赘述。

(a) N_c‐受火时间(t)关系曲线　　　　　(b) N_c‐梁线荷载(q)关系曲线

图 12.29　钢管混凝土柱‐组合梁节点柱端部截面轴力（N_c）

3）梁节点区截面内力。

图 12.30 所示为节点区截面的弯矩（M_b）‐受火时间（t）、弯矩（M_b）‐梁线荷载（q）和轴力（N_b）‐受火时间（t）、轴力（N_b）‐梁线荷载（q）关系，对于截面轴力，"$-$"号表示截面受压、"$+$"号表示截面受拉，对于截面弯矩"$-$"号表示梁上部受拉、下部受压，"$+$"号表示梁上部受压、下部受拉。

全过程曲线的特点如下。

① 常温阶段（AA′）：梁节点区截面承受负弯矩，外荷载加载结束后弯矩达到-625kN·m，而截面处轴力达到-453kN，这时的弯矩主要是由于外荷载作用产生的，而轴力是由于梁纵向变形受到边界约束所产生。

(1) M_b-受火时间(t)关系曲线　　　　(2) M_b-梁线荷载(q)关系曲线

(a) 梁节点区弯矩（M_b）

(1) N_b-受火时间(t)关系曲线　　　　(2) N_b-梁线荷载(q)关系曲线

(b) 梁节点区轴力（N_b）

图 12.30　钢管混凝土柱 - 组合梁节点梁节点区截面内力（M_b 和 N_b）

② 升温阶段（A′B′）：钢梁导热性能好，升温过程中钢梁上温度较接近，温度升高材料膨胀，钢梁的纵向伸长受到边界的约束转化为轴力，升温结束时刻（B′点）轴力达到 −4940kN，为常温加载结束时刻（A′点）轴力的 11 倍，弯矩达到 −1260kN·m，比常温加载结束时刻（A′点）的弯矩增加了 1 倍。可见钢管混凝土柱 - 组合梁节点遭受火灾时，由于温度变化而造成的内力变化不容忽视，对于钢梁而言，轴压力的增加对保证其局部和整体稳定有不利影响。

③ 降温阶段（B′C′D′）：升温结束后梁开始降温收缩，梁节点区截面轴力开始逐渐由受压向受拉变化，结构外界温度降至常温时（C′点），轴力变为常温加载结束时刻（A′点）轴力的 1.6 倍，截面弯降为 A′点弯矩的 61%；随着节点温度继续降低，轴力开始反向，节点降温结束时（D′点），柱轴力为 5320kN，变为 A′点轴力的 −12 倍，弯矩变为 814kN·m，为 A′点弯矩的 −1.3 倍。对于梁而言，降温阶段产生的轴拉力和正弯矩对其受力是有利的，但前提条件是节点区梁柱连接处不过早发生破坏。

④ 火灾后阶段（D′E′）：节点降到常温后，增加梁荷载直到其破坏。从图中可见，梁荷载会使梁节点区截面的负弯矩和轴压力增加，但首先要抵消降温阶段由于梁端部受到约束而产生的正弯矩和轴拉力。按照本章采用的节点极限状态的判断方法，梁挠

度接近 308mm 时，梁节点区截面的弯矩和轴力曲线均出现了转折，说明此时截面所能提供的抗力已不足以抵抗外荷载，达到极限状态。

4）梁端部截面内力。

图 12.31 给出了钢管混凝土柱 - 组合梁节点梁端部截面的弯矩（M_b）- 受火时间（t）、弯矩（M_b）- 梁线荷载（q）和轴力（N_b）- 受火时间（t）、轴力（N_b）- 梁线荷载（q）关系。从图中可见，梁端部截面的轴力曲线与梁节点区截面的轴力曲线接近，梁的轴力沿其长度方向没有明显改变。

(1) M_b-受火时间(t)关系曲线　　(2) M_b-梁线荷载(q)关系曲线

(a) 梁端部弯矩 （M_b）

(1) N_b-受火时间(t)关系曲线　　(2) N_b-梁线荷载(q)关系曲线

(b) 梁端部轴力 （N_b）

图 12.31　钢管混凝土柱 - 组合梁节点梁端部截面内力（M_b 和 N_b）

对于梁端部截面弯矩变化全过程中各阶段的特性描述如下。

① 常温阶段（AA′）。梁端部截面承受正弯矩，外荷载加载结束后弯矩达到 337kN·m。

② 升温阶段（A′B′）。梁受火升温，材料膨胀，端部受到轴向约束，在梁内产生温度内力，使梁端部截面上部受拉、下部受压，在梁端部形成负弯矩，其值达到 −88kN·m

③ 降温阶段（B′C′D′）。温度降低，材料收缩，梁轴向变形受到边界约束，温度内力的作用与升温阶段相反，在梁端部截面形成正弯矩，降温结束时，跨中截面弯矩达到 1170kN·m。

④ 火灾后阶段（D'E'）。火灾后随着梁荷载增加，梁端部截面正弯矩逐渐增加，梁挠度接近限值时，梁端部截面弯矩达到 1310kN·m。

（4）节点弯矩（M）- 梁柱相对转角（θ_r）关系

图 12.32 给出了外荷载作用下，升、降温火灾后钢管混凝土柱 - 组合梁节点的弯矩（M）- 梁柱相对转角（θ_r）全过程关系，如曲线 1 所示。同时给出了 2、3、4 和 5 四条对比 M-θ_r 关系。

图 12.32　钢管混凝土柱 - 组合梁节点的 M-θ_r 关系曲线

对应于图 1.14 中所示的各阶段，外荷载作用下，升、降温火灾后钢管混凝土柱 - 组合梁节点的弯矩（M）- 梁柱相对转角（θ_r）全过程关系对应各阶段的工作特点如下。

① 常温阶段（AA'）。常温下随着梁和柱承受荷载的增加，节点弯矩随着转角增加而增大。

② 升温阶段（A'B'）。保持梁和柱荷载不变，结构外界温度增加。如前所述，这一阶段节点弯矩的变化主要是由超静定结构中温度变形引起的梁轴力所产生的附加弯矩造成的。轴压力作用下，使混凝土楼板上部的受拉裂缝部分得到闭合，从而使 M-θ_r 关系的斜率绝对值大于 AA' 阶段。

③ 降温阶段（B'C'D'）。B' 点火灾开始降温直到 C' 点，结构外界温度降为常温并保持常温不变，直到 D' 点，节点温度降为常温。在这一过程中弯矩从负值变为正值，弯矩出现反向，同时相对转角在降温初始继续增加，后期逐渐趋于稳定。

④ 高温后加载阶段（D'D_pE'）。节点温度降到常温后，增加梁上荷载，在外力作用下节点正弯矩减小，负弯矩逐渐增加，弯矩增加达到峰值 D_p 时，对应的梁挠度达到 308mm 左右，峰值点后，M 值随着 θ_r 的增加而逐步降低，但 M-θ_r 关系下降较为平缓，说明节点在火灾后的位移延性良好。

比较曲线 1 与其他曲线，可归纳出如下特征。

① 与常温条件下曲线 2 比较发现，经历外荷载和升、降温火灾作用后，节点的

极限弯矩值为常温下的极限弯矩值的 68%，而其对应的达到极限弯矩时的转角却是常温下的 3.1 倍。可见经历荷载和温度的共同作用后，节点的强度较常温时降低而延性增加。

② 与无初始荷载作用，经历火灾后再加载破坏的曲线 3 比较结果表明，考虑初始荷载作用的曲线 1 的极限弯矩值为曲线 3 的极限弯矩值的 72%，对应的转角是无初始荷载时的 2.2 倍；比较曲线 2 和 3 可以发现无初始荷载作用的火灾后节点的极限弯矩为常温下的 95%，转角为 1.4 倍。因此，不考虑初始荷载作用的火灾后计算结果会比考虑初始荷载作用的结果偏于不安全，特别是采用强度进行控制时，安全度会更低。

③ 与耐火极限计算曲线 4 比较可见：在常温和升温阶段（A—A′—B′），二者重合，B′ 点后，曲线 4 继续升温，材性进一步劣化，升温产生的梁轴压力增加，二者的共同作用导致节点能提供的抗力降低，梁板挠度急剧增加从而达到极限状态。与曲线 1 不同的是，曲线 1 在 B′ 点后的弯矩变化主要是由于温度变化引起的内力重分布造成的，其弯矩变化没有造成相对转角的急剧改变，而曲线 4 的弯矩改变主要是由于材性劣化，使节点无法继续抵抗外力而造成的，这是两者本质上的差别。

④ 与降温阶段破坏曲线 5 比较结果表明，与耐火极限曲线 4 类似，曲线 5 与曲线 1 的主要差别在于节点的弯矩改变主要是由于其无法提供足够抗力，而在降温阶段达到极限状态。

通过对钢管混凝土柱 - 组合梁节点的温度分布、破坏模态、内力变化、弯矩 - 转角关系等进行分析，说明钢管混凝土柱满足 3h 耐火极限［采用 CECS200：2006（2006）规范］，钢梁满足 2h 耐火极限［采用 GB50016—2006（2006）规范］设计的前提下，钢管混凝土柱具有较好的工作性能，火灾下节点的薄弱环节主要位于钢梁处。由于节点梁受到轴向约束，在升温阶段受热膨胀所产生的轴向压力可以达到常温加载结束时的 11 倍，梁节点区截面弯矩达到常温加载结束时的两倍，工字钢梁由受弯构件变为压弯构件，其稳定问题更为突出。因此，从结构抗火安全角度考虑，如何提高节点钢梁火灾下的稳定性显得尤为重要。在火灾衰退阶段，节点梁降温收缩，梁轴力从压力转变为拉力，钢梁受拉对其本身受力是有利的，但前提是梁柱连接可以提供足够的拉结力来保证节点在这一阶段不会破坏，因此，可靠的梁柱连接构造措施非常重要。

（5）节点应力变化

选取图 12.32 中所示各点对应的时刻为特征时刻［包括常温加载结束时刻点（A′）、结构外界升温结束时刻点（B′）、结构外界温度降到常温时刻点（C′）、节点温度降到常温时刻点（D′）和火灾后节点达到极限状态时刻点（D_p）］对钢管混凝土柱 - 组合梁节点的应力变化进行分析。

1）特征时刻应力分布。

选取柱节点区截面（ZJ）和柱端部截面（ZD）为分析位置，给出不同特征时刻柱截面混凝土的纵向应力和钢管的 Mises 应力分布等值线图，如图 12.33 所示，图中混凝土拉应力为正，压应力为负，f'_c 为混凝土圆柱体抗压强度，f_y 为钢材的屈服强度，菱形点所示为标注数值的起始位置。

图 12.33　钢管混凝土柱截面的应力分布

（1）柱节点区截面　　　　　　　　　　　　（2）柱端部截面

（e）D$_p$时刻

图 12.33 （续）

比较柱节点区截面和柱端部截面的应力分布，可见，由于柱节点区受到相邻钢梁的影响较明显，其应力会在与梁相接的左右两侧出现集中，而柱端部截面远离节点区，受梁影响不明显，应力呈轴对称分布。

比较柱节点区截面不同时刻的应力分布可见，常温加载结束时刻（A′），核心混凝土纵向压应力从中心向与梁连接处逐渐增加，介于$-0.47f_c'$～$-0.58f_c'$，钢管应力达到$0.74f_y$；升温结束时刻（B′），由于柱钢管受热膨胀，分担了更多的轴向荷载，钢管纵向应力增加，应力增加到$0.9f_y$，而混凝土纵向应力有所降低；结构外界降温结束时刻（C′），外层钢管降温收缩，其分担的轴向荷载降低，钢管纵向应力降低，应力降为$0.85f_y$，而混凝土由于温度滞后仍处于升温阶段，材料受热膨胀，导致混凝土外围的纵向应力增加而混凝土中心的纵向应力降低；节点温度降到常温时刻点（D′），因钢管和混凝土外围遭受的高温损伤程度较大，材性劣化明显，混凝土中心的温度较低，材性无明显劣化，故柱混凝土中心承担的荷载较大，应力高于混凝土外围，且钢管应力会有所降低。火灾后节点达到极限状态时刻点（D$_p$），随着梁荷载的增加，节点柱的截面应力逐渐增加，但由于节点破坏是由于节点区钢梁局部屈曲引起的，柱的抗力没有得到充分的发挥，达到极限状态时柱混凝土中心的应力没有超过外围的应力。

对于柱端部截面，在不同特征时刻的截面应力变化规律与节点区截面类似，但不同的是由于受钢梁的影响不明显，柱混凝土截面应力分布较为均匀，而相同时刻钢管的 Mises 应力分布也低于柱节点区截面，例如在火灾后节点达到极限状态时刻点（D$_p$），柱端部截面钢管应力为$0.88f_y$，而柱节点区截面钢管应力达到$0.97f_y$。在钢管轴向应力分量相近的情况下，较高的 Mises 应力说明钢管的环向应力分量较大，钢管对内部混凝土的约束作用也加强，对比图 12.33（e，1，2）可以发现，柱节点区截面混凝土外围的压应力可达到$-1.02f_c'$，而柱端部截面混凝土外围的压应力只有$-0.62f_c'$。

图 12.34 给出了不同特征时刻混凝土楼板上表面的纵向应力分布情况，具体分析如下。

① A′ 时刻，钢管附近的楼板节点区受拉（拉应力达到$0.06f_c'$），远离钢管的非节点区受压（压应力达到$-0.17f_c'$）。

② B′ 时刻，楼板升温膨胀，纵向膨胀变形受到边界的约束而产生纵向压力，使楼板上表面全部变为压应力，楼板内压应力的存在可使外荷载造成的部分受拉裂缝闭合，

图 12.34　混凝土楼板上表面的纵向应力分布

从而提高了节点在升温阶段的刚度。

③ C′ 时刻，结构外界降温结束，此时楼板下部钢梁的下翼缘和腹板也有一定的降温，产生的轴拉力会使节点区的楼板上表面重新产生拉应力。

④ D′ 时刻，经历高温后，在材性劣化影响和温度变化产生的内力的共同作用下，梁节点区截面弯矩反向，承受正弯矩。降温结束时钢梁上部楼板混凝土受压，而远离钢梁的楼板混凝土则承受拉应力。

⑤ D_p 时刻，高温后增加梁荷载直到节点破坏，在外荷载作用下，楼板在节点区重新形成拉应力区，在远离节点区形成压应力区。

不同特征时刻钢梁上翼缘、腹板、下翼缘的 Mises 应力分布如图 12.35 所示。

图 12.35　钢梁的 Mises 应力分布

① A′ 时刻，在外荷载作用下，梁节点区承受负弯矩，钢梁下翼缘和腹板下部由于离梁中性轴较远，产生的纵向压应力高于上翼缘，下翼缘和腹板的 Mises 应力较高，节点区腹板和下环板交接的位置 Mises 应力最大，达到 296MPa。

② B′ 时刻，钢梁升温膨胀，节点区钢梁下翼缘和腹板升温产生的纵向压应力和外荷载作用下产生的纵向压应力叠加，Mises 应力增加至 338MPa，而梁端部附近的钢梁下翼缘和腹板由于外荷载产生的纵向拉应力被升温产生的纵向压应力部分抵消，其 Mises 应力会有所降低。钢梁上翼缘由于楼板的支撑作用，应力分布较为均匀，大部分数值在 218MPa 左右。

③ C′ 和 D′ 时刻，钢梁逐渐开始降至常温，钢梁纵向收缩，产生轴向拉力，使钢梁下翼缘进入了塑性阶段，最大 Mises 应力达到 444MPa，而节点区下环板的 Mises 应力达 270MPa。

④ Dp 时刻，高温后增加梁荷载直到节点破坏。达到极限状态时，节点区的上环板

和腹板均进入塑性阶段，形成塑性铰，应力达到 445MPa。

2）应力（σ）- 受火时间（t）变化关系。

图 12.36 所示为柱节点区截面（ZJ）和梁节点区截面（LJ）为各截面上特征点的应力 - 受火时间关系。柱节点区截面特征点的应力 - 受火时间（t）关系具有如下特点。

（1）柱混凝土的纵向应力　　　　　（2）钢管的 Mises 应力

（a）柱节点区截面

（1）楼板混凝土的纵向应力　　　　　（2）钢梁的 Mises 应力

（b）梁节点区截面

图 12.36　钢管混凝土柱 - 组合梁节点截面的应力（σ）- 受火时间（t）关系曲线

① 从 A′ 时刻到 B′ 时刻，由于温度升高，位于柱最外部的钢管受热膨胀。如 3 点所示，其分担的外荷载增加，Mises 应力升高，对应的核心混凝土的纵向压应力降低（如 1 点和 2 点所示）。

② B′ 时刻后，结构外界温度开始降低，钢管温度逐渐下降，材料降温收缩，钢管分担的轴向荷载降低，钢管纵向应力降低，造成 Mises 应力降低，同时，由于柱端部没有轴向约束，钢管降温变形不会产生温度内力，钢管应力在 B′ 时刻到 D′ 时刻之间没有明显的增加，而是随着温度的降低逐渐趋于恒定。分析钢管的 Mises 应力曲线可以发现，在降温的中后期（12～24h），应力稍有提高，这是由于降温阶段钢材材性得到部分恢复，承载能力提高而造成的。

在降温开始的初始阶段，混凝土上的 1 点和 2 点应变仍呈持续降低的趋势，这主要是由于降温初始阶段柱混凝土外围的温度仍然在增加，材料升温膨胀使得内部的1点和2点分担的荷载降低，其纵向压应力降低。随着热量向内传递，2点和1点在结构外界降温的过程中陆续进入了升温阶段，由于受热膨胀和外围混凝土的材性劣化使得2点和1点的应力逐渐增加；随后2点和1点逐渐进入降温阶段，经历较高温度后材性劣化，纵向应力又有所降低，直至趋于恒定。

③ D′时刻之后，增加梁荷载直到节点破坏，对应的1点、2点和3点的应力均有所增加。

对梁节点区截面，1点位于混凝土楼板的上表面，楼板下部受火时，该处受温度影响不明显，因此在受力全过程中纵向应力变化较小，但在降温过程中应力方向两次发生改变，这主要是受到外荷载以及钢梁在火灾下产生的膨胀或收缩作用的结果。2点和3点位于钢梁的腹板和下环板处，升温阶段钢梁受热膨胀，受到边界约束产生温度内力，纵向压应力增加，导致 Mises 应力升高；B′时刻之后，钢梁降温收缩，抵消了升温阶段形成的纵向压应力，因此在降温的初始阶段 Mises 应力降低；随着钢梁温度的继续降低，其收缩变形受到边界的约束，在钢梁纵向产生了拉应力，从而导致应力又逐渐升高，直至应力趋于恒定。火灾后增加梁荷载，2点和3点的 Mises 应力增加，最终节点区形成塑性铰而破坏。

（6）节点应变变化

图 12.37 给出了常温加载结束时刻（A′）和火灾后节点达到极限状态时刻（D_p）钢管混凝土柱-组合梁节点的柱核心混凝土和混凝土楼板的塑性主拉应变矢量图以及对应的梁柱端部截面的内力方向。可见，在常温加载结束时，混凝土的塑性应变主要集中在靠近柱的楼板区域，这一区域混凝土容易开裂。火灾后节点达到极限状态时，柱核心混凝土的塑性拉应变较小，梁节点区截面轴力从受压变为受拉，楼板混凝土的塑性拉应变与 A′时刻相比明显增加，楼板的塑性拉应变集中的区域呈"米"字形分布。

图 12.38 给出了不同时刻柱核心混凝土的纵向塑性应变分布云图以及不同截面处的纵向塑性应变分布等值线图，图中"－"号表示压应变。比较柱混凝土不同时刻的塑

(a) A′时刻   (b) D_p 时刻

图 12.37   钢管混凝土柱-组合梁节点的混凝土塑性主拉应变分布矢量图

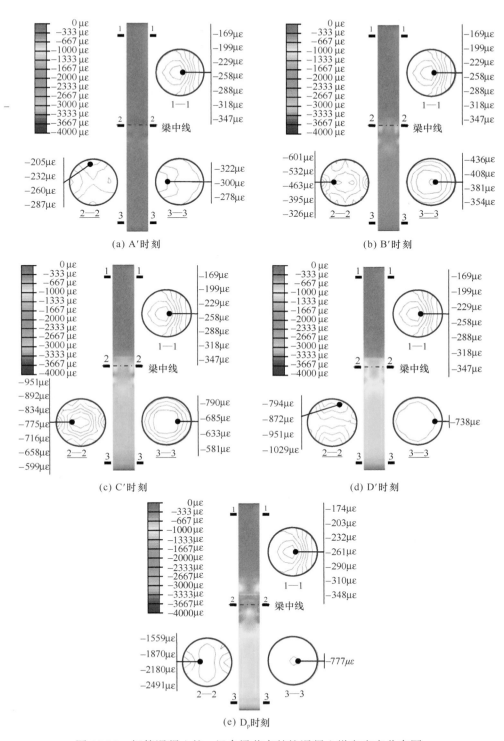

图 12.38 钢管混凝土柱 - 组合梁节点的柱混凝土纵向应变分布图

性纵向应变分布云图，可以发现柱混凝土的塑性应变主要集中在梁中线下部以及梁中线附近的节点区。

随着时间的增加，塑性纵向应变逐渐增加，在 D_p 时刻，最大塑性应变在柱节点区形成达到 $-2000\mu\varepsilon$ 左右。上柱端部截面（1—1 截面）的塑性应变呈明显的偏压分布，这是由于柱荷载的初始偏心所致，在受外荷载和火灾作用的全过程中，1—1 截面的塑性应变分布没有明显的变化，从内向外介于 $-169\sim-347\mu\varepsilon$。

从柱节点区截面（2—2 截面）的塑性应变分布可见，由于受到钢梁的约束作用柱荷载初偏心的影响在 2—2 截面处较弱，应变接近对称分布，且随着时间历程的增加，该截面处的纵向塑性应变逐渐增加，在 D_p 时刻由于钢梁的作用，位于截面外侧的塑性应变达到最大值 $-2491\mu\varepsilon$。下柱端部截面（3—3 截面）的塑性应变分布表明，在常温加载结束时刻点（A′），塑性应变呈偏心分布，但随着升、降温火灾和外荷载的共同作用，其塑性应变分布逐渐接近对称分布，且由于该截面远离钢梁，受到的约束作用较小，在 D_p 时刻截面上塑性应变分布逐渐均匀，达到 $-777\mu\varepsilon$。

（7）钢材和混凝土界面性能影响分析

图 12.39 给出了考虑钢梁和混凝土楼板界面滑移和不考虑滑移后，计算得到的柱轴向变形（Δ_c）‐受火时间（t）关系和梁端挠度（δ_b）‐受火时间（t）关系比较。可见，考虑钢梁和混凝土楼板之间栓钉的滑移作用后柱轴向变形曲线与无滑移时基本重合。对于梁跨中挠度，考虑滑移和没有考虑滑移曲线的主要区别在降温阶段（B′-D′），考虑滑移后在降温阶段梁挠度会稍有增加，但总体影响不明显。

(a) 柱轴向变形（Δ_c）‐受火时间（t）关系曲线　　　　(b) 梁端挠度（δ_b）‐受火时间（t）关系曲线

图 12.39　钢管混凝土柱‐组合梁节点的变形

图 12.40 给出了不同时刻考虑滑移后钢梁和混凝土楼板的相对滑移和界面剪力沿梁长度方向的分布情况。由图 12.40 可见，界面的相对滑移和界面剪力以柱中线为轴反对称布置，且在梁端部位置和跨中位置几乎为 0。

对于相对滑移，随着时间历程从 A′ 时刻变化为 D′ 时刻，相同位置点的滑移量逐渐增加，在高温后到达极限状态的 D_p 时刻，相对滑移会明显增加，最大滑移量在距离柱纵向 2m 的位置可达到 8mm，为梁长度的 0.1%；钢梁和混凝土楼板界面的剪力在常温加载结束时刻 A′ 近似成正弦分布，但随着时间历程的增加，曲线形状接近于梯形，

<table>
<tr><td>(a) 相对滑移</td><td>(b) 界面剪力</td></tr>
</table>

图 12.40　相对滑移和界面剪力沿钢 - 混凝土组合梁长度方向的分布

在距离柱中线距离为 1～3m 的范围内剪力变化幅度较小，达到 80kN，但在梁节点区截面和端部截面由于受到相邻构件和对称边界的约束作用，其相对滑移较小，对应的剪力也接近为 0。

12.5　弯矩 - 转角关系影响因素分析和实用计算方法

本节对外荷载和升、降温火灾共同作用路径下，钢管混凝土柱 - 组合梁节点弯矩（M）- 梁柱相对转角（θ_r）关系的影响参数进行分析，确定其影响规律，并在此基础上确定节点火灾后剩余刚度系数和剩余承载力系数的简化方法。

12.5.1　影响因素分析

在升、降温火灾和外荷载共同作用下，影响钢管混凝土柱 - 组合梁节点弯矩 - 相对转角关系的可能影响因素包括节点的升温时间比（t_o）、柱荷载比（n）、梁荷载比（M）、梁柱线刚度比（k）、梁柱极限弯矩比（k_m）、柱截面含钢率（α_c）、柱核心混凝土强度（f_{cuc}）、柱钢管屈服强度（f_{yc}）、钢梁屈服强度（f_{yb}）等。参数分析范围如下（其中有下划线部分为基本计算条件）。

1）升温时间比 [t_o，如式（8.8）所示]：0、0.3、0.4、<u>0.5</u>、0.6、0.8。

2）柱荷载比 [n，如式（3.17）所示]：0.2、0.4、<u>0.6</u>、0.8。

3）梁荷载比 [m，如式（3.18）所示]：0.2、<u>0.4</u>、0.6、0.8。

4）梁柱线刚度比 [k，如式（9.1）所示]：<u>0.39</u>、0.44、0.46、0.50、0.55。通过调整梁长度可实现变化 k 的目的。

5）梁柱极限弯矩比 [k_m，如式（9.2）所示]：0.50、<u>0.67</u>、0.80。通过调整楼板混凝土强度和钢梁强度可实现变化 k_m 的目的。

6）柱截面含钢率（α_c，如式（3.22）所示）：0.04、<u>0.08</u>、0.12。通过调整钢管壁厚可实现变化 α_c 的目的。

7）柱核心混凝土强度（f_{cuc}）：30MPa、40MPa、<u>60MPa</u>、80MPa。

8）柱钢管屈服强度（f_{yc}）：235MPa、<u>345MPa</u>、420MPa。

9）钢梁屈服强度（f_{yb}）：235MPa、<u>345MPa</u>、420MPa。

（1）升温时间比（t_o）

图 12.41 给出了升温时间比（t_o）对钢管混凝土柱‑组合梁节点 M-θ_r 关系的影响规律。可见，t_o 对节点的 M-θ_r 关系具有显著影响，随着 t_o 的增加，节点升、降温结束后的正弯矩极值和对应转角逐渐增大，这是由于 t_o 越大，对应的升温时间越长，升、降温产生的膨胀、收缩也越大，从而导致温度内力增加。但 t_o 大于 0.6 以后，节点在降温阶段破坏，因此没有形成正弯矩。t_o 在 0.3～0.5 之间变化时，节点在达到峰值正弯矩之后（即火灾后加载阶段）M-θ_r 关系的初始斜率绝对值（初始刚度）会随着 t_o 的增加而降低，这是由于 t_o 越长，节点温度越高，受到的高温损伤程度越大，火灾后材料性能越差，从而造成节点火灾后初始刚度降低。$t_o = 0$ 时，节点没有受火，M-θ_r 关系表示常温下情况。

（2）柱荷载比（n）

图 12.42 给出了柱荷载比（n）对钢管混凝土柱‑组合梁节点 m-θ_r 关系的影响规律。在本章的设计参数范围内，钢管混凝土柱‑组合梁节点破坏的位置主要位于钢梁节点区，柱参数的变化影响不明显，因此，n 在 0.2～0.8 的范围内变化时，M-θ_r 关系差别不大。

图 12.41　不同 t_o 情况下的 M-θ_r 关系曲线　　图 12.42　不同 n 情况下的 M-θ_r 关系曲线

（3）梁荷载比（m）

梁荷载比（m）对钢管混凝土柱‑组合梁节点 M-θ_r 关系有显著影响，如图 12.43 所示，m 从 0.2 变化至 0.8 时，节点升、降温结束时所达到的正弯矩峰值逐渐降低，其对应的转角逐渐增加。随着 m 的增加，梁上荷载增大，升、降温过程中节点在外荷载作用下发生的变形越大，使得节点火灾后的极限负弯矩值和 M-θ_r 关系的初始斜率绝对值均逐渐降低。

（4）梁柱线刚度比（k）

图 12.44 给出了梁柱线刚度比（k）在 0.39～0.55 范围内变化时，钢管混凝土柱‑组合梁节点 m-θ_r 关系。需要指出的是，这里的 k 实际是常温阶段的梁柱线刚度比，在火灾下和

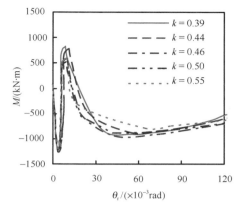

图 12.43　不同 m 情况下的 M-θ_r 关系曲线　　　图 12.44　不同 k 情况下的 M-θ_r 关系曲线

火灾后由于材料性能受到温度的影响，梁和柱的线刚度是变化的，造成梁柱线刚度比发生变化。这里主要通过节点常温下的梁柱线刚度比来分析其对节点 M-θ_r 关系的影响。

　　从图 12.44 中可见，在弯矩达到正弯矩峰值之前，即在常温、升温和降温阶段，k 的变化对 M-θ_r 关系影响不明显，曲线基本重合；随着 k 增加，梁对柱的约束作用增强，造成节点区梁和柱的相互作用增加，节点火灾后抵抗变形的能力增强，导致火灾后加载阶段 M-θ_r 关系的初始斜率绝对值随着 k 的增加而有所提高。

（5）梁柱极限弯矩比（k_m）

　　图 12.45 给出了梁柱极限弯矩比（k_m）对钢管混凝土柱 - 组合梁节点 M-θ_r 关系的影响。从图中可见，k_m 在 0.50～0.80 之间变化时，升、降温结束时节点的峰值正弯矩逐渐增加，这是由于本章通过改变梁材料强度来变化 k_m，k_m 越大梁材料强度越高，但材料的热膨胀系数与材料强度无关，火灾下温度变化时，材料发生的膨胀或收缩变形相同，变形受到约束后材料强度越高，产生的弯矩越大，同时也可见，k_m 对升、降温结束时的节点梁柱相对转角影响不明显。比较火灾后节点 m-θ_r 关系的初始斜率绝对值可以发现，k_m 在 0.50～0.67 变化时，M-θ_r 关系的初始斜率绝逐渐增加，但 k_m 大于 0.67 之后变化不明显。

（6）柱截面含钢率（α_c）

　　柱截面含钢率（α_c）对钢管混凝土柱 - 组合梁节点 M-θ_r 关系的影响如图 12.46 所

图 12.45　不同 k_m 情况下的 M-θ_r 关系曲线　　　图 12.46　不同 α_c 情况下的 M-θ_r 关系曲线

示。可见在常温和升、降温阶段，α_c 对节点 M-θ_r 关系影响不明显，各条曲线基本重合。火灾后加载阶段，α_c 对节点 M-θ_r 关系有所影响，节点的极限负弯矩和 M-θ_r 曲线的初始斜率绝对值会随着 α_c 的增加而有所提高，但总体影响不明显。这是由于在本章研究参数范围内，钢管混凝土柱-组合梁节点的破坏主要是由梁破坏引起的，柱参数的变化影响不明显。

（7）柱核心混凝土强度（f_{cuc}）

柱核心混凝土强度（f_{cuc}）变化使柱的常温下极限承载力不同，但节点的 M-θ_r 关系并没有随着柱承载能力的变化而发生明显改变，如图 12.47 所示。这是因为分析该参数时，保证了柱荷载比和升温时间比不变，并且柱按照 3h 的耐火极限时间进行了防火保护，在本章的设计参数范围内，钢管混凝土柱-组合梁节点的破坏主要是由节点区钢梁破坏引起的，f_{cuc} 的变化对钢管混凝土柱-组合梁节点 M-θ_r 关系的影响不明显，各 M-θ_r 关系基本重合。

（8）柱钢管屈服强度（f_{yc}）

图 12.48 给出了柱钢管屈服强度（f_{yc}）对钢管混凝土柱-组合梁节点 M-θ_r 关系的影响规律。可以发现在常温、升温和降温阶段，f_{yc} 对节点 M-θ_r 关系影响不明显，各条曲线基本重合。进入火灾后加载阶段，f_{yc} 对 M-θ_r 关系有所影响，火灾后的极限负弯矩值随着 f_{yc} 的增加而增加，但其初始斜率绝对值没有随着 f_{yc} 的改变而有明显变化。f_{yc} 对火灾后极限负弯矩的影响主要是由于钢梁和钢管壁通过加强环连接，火灾后梁荷载增加时，加强环提供给钢梁的拉结力会传递给钢管壁由其间接承担梁荷载，其强度会对极限弯矩值产生影响。

图 12.47　不同 f_{cuc} 情况下的 M-θ_r 关系曲线

图 12.48　不同 f_{yc} 情况下的 M-θ_r 关系曲线

（9）钢梁屈服强度（f_{yb}）

钢梁屈服强度（f_{yb}）对钢管混凝土柱-组合梁节点 M-θ_r 关系的影响规律如图 12.49 所示，可见随着 f_{yb} 的增加，升、降温结束时节点的最大正弯矩值逐渐增加，而对应的相对转角变化却不明显，这是因为节点的正弯矩是由于温度内力变化造成的，不同强度的钢材其热膨胀系数相近，在其他条件相同的情况下，被边界约束而限制的变形是相同的，在相同的轴向膨胀或收缩条件下，f_{yb} 越大产生的内力也越大，从而造成最大正弯矩值逐渐增加。

火灾后节点的极限负弯矩随着 f_{yb} 从 235MPa 变化至 345MPa 而增加，从 345MPa 变化至 420MPa 而降低，并不随着钢梁强度的增加单调增加，这是由于火灾后节点的极限承载能力不仅受到当前材料强度的影响，还要受到升、降温历史，如升、降温过程中的温度内力的影响，是不同状态累积作用的结果，f_{yb} 大的节点火灾下产生的温度内力也更大，温度内力增大使得节点在火灾下的损伤程度增加，钢材强度的提高和火灾下的损伤叠加在一起就可能导致 f_{yb}＝420MPa 时，节点的火灾后极限承载能力低于 f_{yb}＝345MPa 的情况。

图 12.49　不同 f_{yb} 情况下的 $M\text{-}\theta_r$ 关系曲线

12.5.2　剩余刚度系数实用计算方法

根据有限元模型计算得到的图 12.41～图 12.49，按照式（10.2）确定获得不同参数下钢管混凝土柱-组合梁节点的火灾后剩余刚度系数（K），如表 12.6 所示。

表 12.6　钢管混凝土柱-组合梁节点的火灾后剩余刚度系数 K 和剩余承载力系数 R

t_o	n	m	k	k_m	α_c	f_{cuc}/MPa	f_{yc}/MPa	f_{yb}/MPa	K	R
0									1	1
0.3									0.239	0.873
0.4	0.6	0.4	0.39	0.67	0.08	60	345	345	0.197	0.806
0.5									0.096	0.681
0.6									0	0
0.8									0	0
0.5	0.2	0.4	0.39	0.67	0.08	60	345	345	0.109	0.667
	0.4								0.098	0.732
	0.8								0.091	0.666
0.5	0.6	0.2	0.39	0.67	0.08	60	345	345	0.117	0.693
		0.6							0.062	0.557
		0.8							0.059	0.534
0.5	0.6	0.4	0.44	0.67	0.08	60	345	345	0.111	0.680
			0.46						0.129	0.759
			0.50						0.135	0.764
			0.55						0.144	0.709
0.5	0.6	0.4	0.39	0.50	0.08	60	345	345	0.041	0.715
				0.80					0.075	0.619

续表

t_o	n	m	k	k_m	α_c	f_{cuc}/MPa	f_{yc}/MPa	f_{yb}/MPa	K	R
0.5	0.6	0.4	0.39	0.67	0.04	60	345	345	0.097	0.666
					0.12				0.095	0.687
0.5	0.6	0.4	0.39	0.672	0.08	30	345	345	0.088	0.643
						40			0.096	0.627
						80			0.095	0.642
0.5	0.6	0.4	0.39	0.672	0.08	60	235	345	0.132	0.639
							420		0.072	0.659
0.5	0.6	0.4	0.39	0.672	0.08	60	345	235	0.150	0.697
								420	0.089	0.557

对上述结果进行分析，在保证钢管混凝土柱‑组合梁节点在火灾作用阶段不发生破坏（即 $K>0$）的前提下，影响节点火灾后剩余刚度系数的主要参数为：升温时间比（t_o）、梁荷载比（m）、梁柱线刚度比（k）、梁柱极限弯矩比（k_m）、柱钢管屈服强度（f_{yc}）和钢梁屈服强度（f_{yb}）。基于对计算结果的回归分析，可得到如下实用计算公式为

$$K=(a \cdot x+b) \times 10^{-5} \quad K \in (0, 1] \tag{12.3}$$

式中：b 为常数，$b=91\ 237$；a 为系数向量，$a=(-168\ 314,\ -3100,\ 50\ 506,\ 13\ 300,\ -36,\ -41)$；$x$ 为变化参数向量，$x=(t_o,\ m,\ k,\ k_m,\ f_{yc},\ f_{yb})$；$a \cdot x$ 表示二者的数量积。

式（12.4）适用范围为：升温时间比 $t_o=0\sim0.5$，柱荷载比 $n=0.2\sim0.8$，梁荷载比 $m=0.2\sim0.8$，梁柱线刚度比 $k=0.39\sim0.55$，梁柱极限弯矩比 $k_m=0.50\sim0.80$，柱截面含钢率 $\alpha_c=0.04\sim0.12$，钢管核心混凝土强度 $f_{cuc}=30\sim80$MPa，钢管屈服强度 $f_{yc}=235\sim420$MPa，钢梁屈服强度 $f_{yb}=235\sim420$MPa。

图 12.50 给出了不同参数下钢管混凝土柱‑组合梁节点火灾后剩余刚度系数简化计

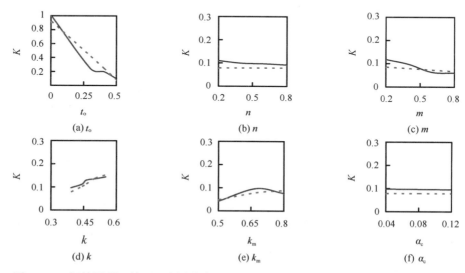

图 12.50　钢管混凝土柱‑组合梁节点火灾后剩余刚度系数简化计算与数值计算比较
（有限元计算：＿＿＿＿；式（12.3）计算：＿ ＿ ＿ ＿）

(g) f_{cuc}　　　　　　　(h) f_{yc}　　　　　　　(i) f_{yb}

图 12.50　（续）

算与数值计算结果的比较。可见简化公式可较好地反映 K 的变化规律。

12.5.3　剩余承载力系数实用计算方法

按照式（10.4）计算了钢管混凝土柱 - 组合梁节点的火灾后剩余承载力系数（R）。不同参数下的 R 值如表 12.6 所示。可见影响钢管混凝土柱 - 组合梁节点火灾后剩余承载力系数 R 的主要参数为：升温时间比（t_o）、梁荷载比（m）、梁柱线刚度比（k）、梁柱极限弯矩比（k_m）和钢梁屈服强度（f_{yb}）。基于对计算结果的回归分析，可得到如下实用计算公式为

$$R = (\boldsymbol{a} \cdot \boldsymbol{x} + b) \times 10^{-5} \quad \boldsymbol{R} \in (0, 1) \tag{12.4}$$

式中：b 为常数，$b = 138\ 602$；$\boldsymbol{a}$ 为系数向量，$\boldsymbol{a} = (-74\ 828,\ -32\ 897,\ 57\ 555,\ -31\ 965,\ -66)$，$\boldsymbol{x}$ 为变化参数向量，$\boldsymbol{x} = (t_o,\ m,\ k,\ k_m,\ f_{yb})$；$\boldsymbol{a} \cdot \boldsymbol{x}$ 表示二者的数量积。

式（12.4）适用范围为：升温时间比 $t_o = 0 \sim 0.5$，柱荷载比 $n = 0.2 \sim 0.8$，梁荷载比 $m = 0.2 \sim 0.8$，梁柱线刚度比 $k = 0.39 \sim 0.55$，梁柱极限弯矩比 $k_m = 0.50 \sim 0.80$，柱截面含钢率 $\alpha_c = 0.04 \sim 0.12$，钢管核心混凝土强度 $f_{cuc} = 30 \sim 80 \mathrm{MPa}$，钢管屈服强度 $f_{yc} = 235 \sim 420 \mathrm{MPa}$，钢梁屈服强度 $f_{yb} = 235 \sim 420 \mathrm{MPa}$。

图 12.51 给出了不同参数下钢管混凝土柱 - 组合梁节点火灾后剩余承载力系数简化计算结果与数值计算结果的比较。可见简化公式可以较好反映 R 的变化规律。

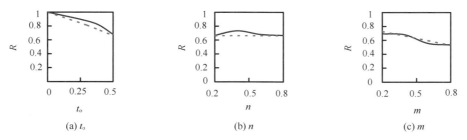

(a) t_o　　　　　　　(b) n　　　　　　　(c) m

图 12.51　钢管混凝土柱 - 组合梁节点火灾后剩余承载力系数简化计算与数值计算比较
（有限元计算：＿＿＿＿；式（12.4）计算：＿ ＿ ＿ ＿）

图 12.51　（续）

12.6　本　章　结　论

　　本章建立了考虑升、降温影响时钢管混凝土柱‑组合梁连接节点的有限元模型。为验证模型的有效性，进行了考虑升、降温影响时钢管混凝土柱‑组合梁连接节点的火灾后力学性能试验研究，对其温度场分布、破坏形态、变形特性和火灾后承载力等进行了分析。采用有限元模型对该类节点在火灾全过程作用下的破坏形态、截面内力、应力、应变变化规律进行了深入剖析，最后提出了节点火灾后剩余刚度系数和剩余承载力系数的实用计算方法。

参 考 文 献

福建省工程建设地方标准，2003. 钢管混凝土结构技术规程：DBJ13-51—2003［S］. 福州.

宋天诣. 2011. 火灾后钢‑混凝土组合框架梁‑柱节点的力学性能研究［D］. 北京：清华大学.

中国工程建设标准化协会标准，2006. 建筑钢结构防火技术规范：CECS 200：2006［S］. 北京：中国计划出版社.

中华人民共和国国家标准，2003. 钢结构设计规范：GB50017—2003［S］. 北京：中国计划出版社.

中华人民共和国国家标准，2006. 建筑设计防火规范：GB50016—2006［S］. 中华人民共和国公安部. 北京：中国计划出版社.

中华人民共和国国家标准，2014. 建筑设计防火规范：GB50016—2014［S］. 中华人民共和国公安部. 北京：中国计划出版社.

EUROCODE 4，EN 1994-1-1：2004，2004. Design of composite steel and concrete structures-Part 1-1：General rules and rules for buildings［S］. Brussels，CEN.

ISO-834，1980. Fire-resistance tests-elements of building construction［S］. International Standard，ISO 834：Amendment 1，Amendment 2.

ISO-834，1999. Fire resistance tests-elements of building construction-Part 1：General requirements［S］. International Standard ISO 834-1，Geneva.

OLLGAARD J G, SLUTTER R G, FISHER J W, 1971. Shear strength of stud connectors in lightweight and normal-weight concrete [J] . AISC Engieering Journal, 8（2）: 55-64.

SONG T Y, HAN L H, 2014. Post-fire behavior of concrete-filled steel tubular column to axially and rotationally restrained steel beam joint [J]. Fire Safety Journal. 69: 147-163.

SONG T Y, HAN L H, UY B, 2010. Performance of CFST-column to steel-beam joints subjected to simulated fire including the cooling phase [J]. Journal of Constructional Steel Research, 66（4）: 591-604.

第13章 火灾后钢管混凝土柱-
钢梁连接节点的滞回性能

13.1 引　　言

深入研究火灾后组合框架梁-柱连接节点在往复荷载作用下的力学性能，是进行组合框架结构体系受火后抗震性能评估和抗震修复加固的重要前提。

图 13.1 所示为工程中较常用的一种钢管混凝土（CFST）柱-钢梁节点示意图，组合柱和钢梁的连接采用外加强环板式的构造形式。

(a) 立面图　　　　　(b) 1—1(圆柱节点)　　　　(c) 1—1(方柱节点)

图 13.1　钢管混凝土柱-钢梁节点示意图

以图 13.1 所示的节点形式为例，本章进行了该类组合节点受图 1.13 所示的 ABB′ 升温火灾后的滞回性能试验研究，并建立节点的数值分析模型；在此基础上，研究节点的荷载-位移非线性特性，分析各有关参数的影响规律，并给出火灾后组合 P-Δ_h 恢复力模型的实用计算方法。

13.2　火灾后钢管混凝土柱-钢梁连接节点滞回性能试验研究

13.2.1　试验概况

（1）试件设计和制作

进行了火灾后钢管混凝土柱-钢梁节点在往复荷载作用下滞回性能试验。试验参数有：柱截面形式（圆形和方形截面）、受火时间（t）、梁柱线刚度比（k）和柱荷载比［n，按照式（3.17）计算］。此外，还进行了更换新钢梁后节点滞回性能的对比试验。

节点试件钢梁的总跨度为 $L=1.5\mathrm{m}$，钢管混凝土柱的总高度 $H=1.57\mathrm{m}$，如图 13.2

图 13.2 节点几何尺寸示意图（尺寸单位：mm）

所示。图中，H、b_f、t_w 和 t_f 分别为工字型钢梁高度、翼缘宽度、腹板厚度和翼缘厚度。D 和 b 分别为圆、方钢管的横截面外直径和外边长；t_s 为钢管壁厚度；采用圆、方钢管混凝土柱节点试件的钢管横截面尺寸分别为：$D \times t_s = 133\text{mm} \times 4.7\text{mm}$，方钢管尺寸：$b \times t_s = 120\text{mm} \times 2.9\text{mm}$。加强环板的控制截面宽度（$b$）和厚度（$t_1$）依据规程 DBJ13-51—2003（2003）进行设计，满足刚性节点构造要求。

各试件的有关参数如表 13.1 所示。

表 13.1　钢管混凝土柱－钢梁连接节点试件信息表

序号	试件编号	梁截面尺寸 $H \times b_f \times t_w \times t_f$ （mm×mm×mm）	环板尺寸 $b \times t_1$ （mm×mm）	梁柱极限弯矩比 k_m	梁柱线刚度比 k	柱荷载比 n	轴向荷载 N_F/kN	备注
1	C11-B90C90	140×75×2.9×2.9	65×2.9	0.476	0.678	0.4	180	钢梁与柱同时受火
2	C12-B90C90	170×75×2.9×2.9	65×2.9	0.613	1.059	0.4	180	
3	C13-B90C90	170×75×2.9×2.9	65×2.9	0.613	1.059	0.6	274	
4	C21-BNC90	170×75×2.8×2.8	65×3.5	0.833	1.025	0.4	180	受火后替换钢梁
5	C22-BNC90	150×75×2.8×2.8	65×3.5	0.708	0.768	0.4	180	
6	C23-BNC90	180×75×2.8×2.8	65×3.5	0.898	1.170	0.4	180	
7	S11-B0C0	140×75×2.9×2.9	50×2.9	0.726	0.767	0.2	174.6	未受火
8	S12-B90C90	140×75×2.9×2.9	50×2.9	0.655	1.089	0.2	60	钢梁与柱同时受火
9	S13-B90C90	170×75×2.9×2.9	50×2.9	0.844	1.702	0.2	60	
10	S21-BNC90	170×75×2.8×2.8	50×3.5	1.146	1.646	0.4	120	受火后替换钢梁
11	S22-B0C0	170×75×2.8×2.8	50×3.5	0.733	1.159	0.4	350	未受火
12	S31-BNC90	160×75×2.8×2.8	50×3.5	1.058	1.431	0.2	60	受火后替换钢梁
13	S32-BNC90	160×75×2.8×2.8	50×3.5	1.058	1.431	0.4	120	
14	S33-BNC90	160×75×2.8×2.8	50×3.5	1.058	1.431	0	0	

表 13.1 中，k_m 为梁柱极限弯矩比，按照式（9.2）计算，对于本章的火灾后节点试件，M_{bu} 和 M_{cu} 分别为火灾后梁和柱的极限弯矩，分别用 $M_{bu}(t)$ 和 $M_{cu}(t)$ 表示，火灾后钢梁的极限弯矩 $[M_{bu}(t)]$ 采用高温后钢材的屈服强度按相关公式进行计算。火灾后钢管混凝土柱的极限弯矩 $[M_{cu}(t)]$ 可采用韩林海（2007）中的方法，用常温下的极限弯矩乘以火灾后纯弯构件抗弯承载力影响系数获得。

k 为梁柱线刚度比，按照式（9.1）计算，对于本章的火灾后节点试件，$(EI)_b$ 和 $(EI)_c$ 分别为火灾后梁和柱的抗弯刚度，分别用 $(EI)_b(t)$ 和 $(EI)_c(t)$ 表示，火灾后钢梁的抗弯刚度 $[(EI)_b(t)]$ 采用火灾后钢材的弹性模量进行计算。火灾后钢管混凝土柱的抗弯刚度 $[(EI)_c(t)]$ 可采用韩林海（2007）所示的方法，用常温下的抗弯刚度乘以火灾后纯弯构件抗弯刚度影响系数获得。

n 为柱荷载比，按照式（3.17）计算，对于本章的火灾后节点试件，火灾后柱的极限承载力（N_u）按照韩林海（2007）所示的相关方法进行计算。

表 13.1 中节点的编号由两部分组成，横线前面的字母代表柱截面形式，即 C 代表圆形（circular），S 代表方形（square）；前一位数字表示组别，后一位数字表示每一组中节点编号；横线后字母和数字分别表示钢梁和钢管混凝土柱的受火状态，B 代表梁，C 代表柱，B 和 C 后面的数字代表受火时间；B 后面的 N 表示火灾后节点更换为新钢梁。例如编号 C21-BNC90 代表圆钢管混凝土柱节点第二组第一个节点试件，其中，梁为更新的新梁，柱受火时间为 90min。在柱试件两端钢管与盖板交界处，分别在对角方向对应设置直径为 20mm 的半圆排气孔。

混凝土养护 28 天后开始进行升温试验，即将试件直立置于炉膛中，按图 1.13 所示的升温曲线进行升温。所有试件的升温时间设定为 90min。试件升温后打开炉膛，使其自然冷却，随后进行加载试验。

（2）材料特性

表 13.1 中所示试件所用钢材的实测力学性能如表 13.2 所示。

表 13.2　钢材力学性能指标

钢材类型	钢板厚度 t_s/mm	屈服强度 f_y/MPa	抗拉强度 f_u/MPa	弹性模量 E_s/（$\times 10^5$N/mm^2）
圆钢管	4.7	340	465	1.90
方钢管和钢梁	2.9	330	447	2.01
火灾后的钢梁	2.9	246	415	2.01
更换的钢梁	2.8	349	484	2.07
环板	3.54	308	439	2.13

试件中混凝土的配合比为水：170kg/m^3；普通硅酸盐水泥：425kg/m^3；中粗砂：630kg/m^3；石灰岩碎石：1175kg/m^3。混凝土养护到 28 天时的抗压强度 $f_{cu}=47.3$MPa，进行节点加载试验时的 $f_{cu}=53.2$MPa。

（3）试验方法

为了便于描述，将节点区域左右两侧的梁分别称为左梁和右梁。节点试件的柱底部、左、右梁均采用铰接的边界条件，如图 13.3 所示。柱轴力（N_f）由固定于反力横梁上滚动支座处的千斤顶施加，千斤顶通过滚动支座与刚性横梁连接。为防止试件在试验过程中发生加载平面外失稳，设置了侧向支撑。侧向支撑与框架柱接触处通过推力轴承连接，可保证节点试件在平面内自由移动，而限制其平面外的侧向位移。柱顶端采用 MTS 伺服加载作动器施加往复水平荷载。

试验过程中量测的内容有：柱顶端加载点水平荷载和水平位移，节点核心区剪切

图 13.3　试验装置示意图

变形，节点区柱端和钢梁梁端转动，钢梁梁端（与加强环板连接处）的曲率，节点核心区柱钢管应变分布，节点加强环板范围内钢梁腹板及其端部应变，节点加强环板应变等，测点的具体布置方式如图 13.2 所示。

由本章 13.3 节论述的数值模型可计算获得节点试件的屈服位移 Δ_y（对应的水平荷载为 $0.7P_{uo}$，其中 P_{uo} 为节点试件的水平极限承载力），计算时采用了实测的材料强度。

作用在钢管混凝土柱上的轴向压力施加到预定值 N_f 后持荷 2～3 分钟。然后开始用 MTS 伺服作动器采用上述加载制度进行水平往复加载。采用慢速连续加载的方法，加载速率为 0.5mm/s。试验时保持轴向力 N_0 恒定。梁端支座反力通过与刚性支杆连接的荷载传感器测得。

采用了位移控制的加载方式。参考 ATC-24（1992）中对构件进行往复荷载下试验方法的规定，采用了如下加载制度，即节点试件屈服前分别按 $0.25\Delta_y$、$0.5\Delta_y$、$0.7\Delta_y$ 进行加载，此后，采用 $1\Delta_y$、$1.5\Delta_y$、$2\Delta_y$、$3\Delta_y$、$5\Delta_y$、$7\Delta_y$、$8\Delta_y$ 进行加载。屈服前每级加载循环 2 圈，对于屈服后各级，前面 3 级（$1\Delta_y$、$1.5\Delta_y$、$2.0\Delta_y$）循环 3 圈，其余的循环 2 圈。加载制度如图 13.4 所示。

图 13.4　循环加载方式示意图

节点试件接近破坏时，作用在柱端的水平荷载会下降，而位移增量却相对增加很快。当荷载降低到峰值荷载的 85% 以下，且发生下列条件之一时即停止加载：①节点区环板或节点区域内腹板发生明显鼓曲变形或失稳破坏。②钢梁发生明显的鼓曲变形或者断裂焊缝撕裂。

13.2.2　试验结果及分析

（1）节点试件的破坏形态

在弹性加载段和弹塑性加载段初期，试件变形不大，但受火后的钢管和钢梁表面的氧化层有脱落现象；随加载位移的不断增长，试件开始逐渐呈现出不同的破坏特征。由于参数不同，达到极限状态时，试件发生的主要破坏形态有：①梁端出现塑性铰（C11-890C90、C12-B90C90、C13-B90C90、C22-BNC90、C23-BNC90、S11-B0C0、S12-B90C90 和 S22-B0C0）；②柱端出现塑性铰（C21-BNC90）；③节点核心区发生屈曲等（S31-BNC90、S32-BNC90、S33-BNC90、S13-B90C90 和 S21-BNC90）。下面以典型试件为例进行论述和说明。

1）梁端出现塑性铰。

以火灾后节点 C11-B90C90 为例进行说明。当位移加载级别达到 $2\Delta_y$，在经历第一循环加载后，钢梁和钢管混凝土柱都没有出现明显的破坏现象；但当加载到第二循环位移达到 $2\Delta_y$ 时，前钢梁上翼缘钢板开始出现了轻微的屈曲。

当位移加载级别达到 $3\Delta_y$ 时，在第一加载循环进行到 $3\Delta_y$ 时，前钢梁上翼缘钢板屈曲加剧，后钢梁下翼缘钢板屈曲，荷载降低，此时节点荷载达到正向峰值荷载 $+15.9\text{kN}$；当反向加载到 $-2.5\Delta_y$ 时，后钢梁上翼缘钢板开始屈曲，前钢梁上翼缘钢板基本拉平，达到反向峰值荷载 -16.2kN。$3\Delta_y$ 加载级别的第二循环的试验现象和荷载与第一循环基本相同，钢梁与第一加载循环相比，基本没有变化，在此加载级，达到了峰值荷载。

当位移加载级别达到 $5\Delta_y$ 时，在第一加载循环进行到 $5\Delta_y$ 时，前钢梁上翼缘钢板大面积地发生屈曲，且腹板也开始屈曲，后钢梁的下翼缘钢板屈曲劣化，腹板开始屈曲；当反向加载到 $-3.6\Delta_y$ 时，后钢梁上翼缘钢板大范围地屈曲，腹板屈曲范围和程度增加，前钢梁下翼缘钢板大范围地屈曲。$5\Delta_y$ 加载级别的第二循环的钢梁的破坏形态与第一循环基本相同，但荷载降低了 10% 左右。当位移加载级别进行 $7\Delta_y$ 时，钢梁发生更加明显的屈曲，很快降低到峰值荷载的一半左右，试件破坏。节点试验后形态如图 13.5（a）所示。

2）柱端出现塑性铰。

试件 C21-BNC90 为受火灾后钢梁和环板修复为新钢梁和新环板的节点。当加载到第一循环位移达到 $2\Delta_y$ 时，柱子上的氧化层开始脱落，随后，经历这一加载级的三个

(a) 梁端出现塑性铰（C11-B90C90）

(b) 柱端出现塑性铰（C21-BNC90）

(1) 仅节点核心区破坏（S32-BNC90）

(2) 钢梁屈曲、节点核心区破坏（S13-B90C90）

图 13.5　节点破坏形态图（Han 等，2007）

(3) 柱端塑性铰、核心区破坏（S21-BNC90）

(c) 节点核心区屈曲

图 13.5 （续）

循环加载过程后，钢梁和钢管混凝土柱钢管没有发生屈曲现象。当位移加载级别进行 $3\Delta_y$ 时，试验现象与 $2\Delta_y$ 级相同，钢梁和钢管混凝土柱都没有发生显著的破坏现象，在此级位移加载下，节点达到了峰值荷载。

第一加载循环加载到 $5\Delta_y$ 时，节点核心区钢管混凝土柱出现呈水平向的剪切滑移线，环板上下也出现了呈斜向 45° 方向分布的剪切滑移线；当反向加载到－$5\Delta_y$，以至直到第二循环加载完成后，实测的位移－荷载曲线开始出现下降的趋势。当位移加载级别进行 $7\Delta_y$ 时，在第一加载循环进行到大于 $5.3\Delta_y$ 时，前钢梁上翼缘钢板出现了轻微的屈曲现象，节点环板上下钢管混凝土柱子都出现了塑性铰而屈服，柱子因为屈服而呈很明显的弓形；当反向加载时，由于前面变形过大而终止试验。节点试验后形态如图 13.5（b）所示。

3）节点核心区发生屈曲。

试件 S31-BNC90、S32-BNC90 和 S33-BNC90 都为火灾后钢梁和环板经过修复的节点，在加载过程中，试件钢梁、环板和柱都没有发生局部屈曲等破坏形式。

以试件 S32-BNC90 为例进行说明节点的工作特征。当正向位移达到 $3.5\Delta_y$ 时，节点核心区柱钢管腹板开始发生沿 45° 方向的局部屈曲，此时荷载为 16.4kN；当位移反向加载到－$3.5\Delta_y$ 时，核心区柱钢管腹板开始发生与前面屈曲方向交叉的局部屈曲，荷载为 17.2kN。此后荷载增长开始变慢。

当位移达到 $4\Delta_y$ 时，达到极限荷载，正向和反向荷载分别为 16.5kN 和－17.6kN。当正向位移达到 $5\Delta_y$ 时，节点核心区柱钢管焊缝开裂，荷载随变形的增加而迅速减小，当位移达到 $5.25\Delta_y$ 时，正向和反向荷载分别下降到 12.9kN 和－13.3kN，分别为峰值荷载的 78% 和 75%，试验结束。节点试验后形态如图 13.5（c，1）所示。

试件 S13-B90C90 和 S21-BNC90 的最终破坏同样是由于节点核心区发生屈曲引起的，但与试件 S31-BNC90、S32-BNC90 和 S33-BNC90 不同的是，节点核心区发生破坏的过程中同时伴随着梁或柱的屈曲，图 13.5（c，2）和（c，3）所示分别为这两个节点试件的破坏特征。

试验后除去钢管混凝土的外钢管，观测其核心混凝土的破坏形态，尽管由于高温及往复荷载的作用，混凝土产生了不同程度的断裂和开裂，但钢管的有效约束，核心混凝土保持了良好的形状。试验结果表明，节点试件中的钢管混凝土在火灾和往复荷载作用下能协同互补，共同工作，从而使节点试件表现出良好的工作性能，图 13.6（a）和（b）所示分别为圆形和方形钢管混凝土节点试件节点核心区混凝土的破坏形态。

（a）节点 C23-BNC90（火灾后圆钢管混凝土）　　　　（b）节点 S31-B90C90（火灾后方钢管混凝土）

图 13.6　试验后核心混凝土破坏形态比较

需指出的是，由试件 S31-BNC90、S32-BNC90 和 S33-BNC90 试验结果可见，更换节点加强环板并没有提高试件的核心区抗剪承载力。要使结构或构件达到理想破坏状态，应通过各种修复加固措施，根据梁柱的不同程度损伤对梁柱进行修复加固，使节点成为强柱弱梁节点，同时，需要对节点核心区进行加固，实现"强节点，弱构件"的设计目标。

（2）水平荷载（P）- 水平变形（Δ_h）滞回关系

全部节点试件实测的柱端水平荷载（P）- 水平变形（Δ_h）滞回关系如图 13.7 所示。

图 13.7　水平荷载（P）- 水平变形（Δ_h）滞回关系曲线

(e) C22-BNC90

(f) C23-BNC90

(g) S11-B0C0

(h) S12-B90C90

(i) S13-B90C90

(j) S21-BNC90

(k) S22-B0C0-BNC0

(l) S32-BNC90

图 13.7　（续）

(m) S33-BNC90

图 13.7 （续）

从图中可见，各试件的 P-Δ_h 滞回关系总体上都呈纺锤形，表明火灾后钢管混凝土柱 - 钢梁组合节点具有良好的抗震耗能能力。图 13.7 所示的 P-Δ_h 滞回关系具有以下特点。

1）在钢梁发生屈曲或钢管发生焊缝开裂前滞回环饱满，没有出现捏缩现象。

2）随着水平位移的继续增大，加载时的刚度也逐渐在蜕化，这主要是由于随着变形的加大，截面的弯矩 - 曲率的增大，导致钢管混凝土和钢梁的屈服范围逐渐增大所致。卸载刚度基本保持弹性，与初始加载时的刚度大体相同。

3）对于柱荷载比（n）较小（例如 $n<0.2$）时的试件，加载进入弹塑性段后，会经历比较长的接近水平的强化段，直到钢梁明显屈曲、钢管混凝土柱出现塑性铰或焊缝开裂等破坏现象，才出现明显的下降段。对于柱荷载比（n）较大（如 $n>0.4$）的试件，荷载随着位移的加大，会越来越早地出现下降段，且柱荷载比（n）越大，荷载下降的幅度越大。

（3）梁端弯矩（M）- 梁端曲率（ϕ）关系

图 13.8 给出了典型的梁端弯矩（M）- 梁端曲率（ϕ）滞回关系。由图中滞回曲线可以看出，加载初期，钢梁处于弹性阶段，M-ϕ 关系基本呈直线，钢梁曲率较小，发展缓慢；钢梁屈服以后，随着水平位移的逐步增大，钢梁曲率 ϕ 发展增大增快。

(a) C11-B90C90

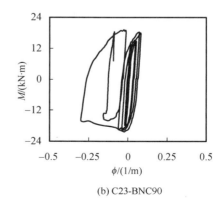

(b) C23-BNC90

图 13.8　梁端弯矩（M）- 梁端曲率（ϕ）关系曲线

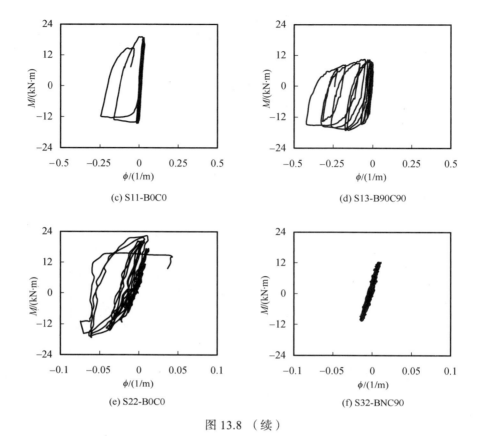

图 13.8 （续）

结合试件试验破坏形态与试件破坏形态描述，可将图 13.8 所示的 $M\text{-}\phi$ 关系分为三类，即①钢梁 $M\text{-}\phi$ 关系始终处于线性状态。钢梁外观没有变化，钢梁翼缘纤维应变发展很小，如试件 S32-BNC90 和 S33-BNC90 的翼缘应变基本小于钢材的屈服应变，试件 S21-BNC90 钢梁翼缘纤维应变虽然已经接近 2 倍屈服应变，但钢梁并未屈曲。②钢梁 $M\text{-}\phi$ 关系虽已进入非线性状态。如试件 C21-BNC90，钢梁上下翼缘纤维应变已经发展到 $5000\sim8000\mu\varepsilon$，但钢梁仍然没屈曲，钢梁曲率不大，而试件 S22-B0C0 在刚刚进入非线性状态后不久，钢梁上翼缘板由于焊缝被拉断，因此曲率发展不大。③除了上述两类节点，其余节点都是发生了明显的局部屈曲，钢梁曲率发展的很大。

（4）节点弯矩（M）‐转角（θ_c、θ_b 或 θ_r）关系

试验过程中测量了节点区柱端和钢梁端部的转角，并由此得到节点梁柱相对转角，从而得到节点弯矩（M）‐柱或梁转角（θ_c 或 θ_b）关系（如图 13.9 和图 13.10 所示），以及节点弯矩（M）‐梁柱相对转角（θ_r）关系（如图 13.11 所示）。

以试件 C22-BNC90 和 S12-B90C90 为例，图 13.9（a）、（b），图 13.10（a）、（b）和图 13.11（a）、（b）分别给出了试验实测典型的节点弯矩（M）‐柱端转角（θ_c）滞回关系曲线、节点弯矩（M）‐梁端转角（θ_b）滞回关系曲线以及节点弯矩（M）‐梁柱相

(a) C22-BNC90　　　　　　　　(b) S12-B90C90

(c) 圆柱节点试件骨架线

(d) 方柱节点试件骨架线

图 13.9　节点弯矩（M）- 柱转角（θ_c）关系曲线

对转角（θ_r）滞回关系曲线。图 13.9～13.11 中还给出了除试件 S21-BNC90、S31-BNC90 和 S32-BNC90 外其余的节点弯矩（M）- 转角（θ_c、θ_b 和 θ_r）骨架曲线。分析结果表明，总体上节点试件屈服以前，节点弯矩 - 转角关系曲线基本呈直线变化，而且转角较小，

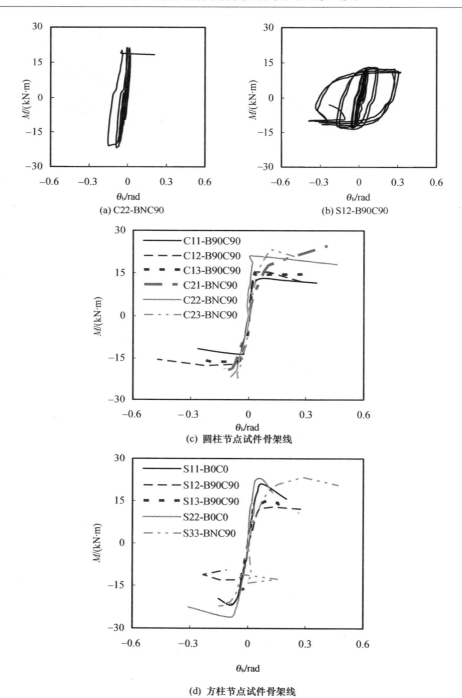

(a) C22-BNC90　　　　　　　　　　　(b) S12-B90C90

(c) 圆柱节点试件骨架线

(d) 方柱节点试件骨架线

图 13.10　节点弯矩（M）‑梁转角（θ_b）关系曲线

发展缓慢；试件屈服以后，随着柱端位移的逐步增大，转角（或相对转角）迅速增大。

（5）节点区应变

为了研究节点区钢材在往复荷载作用下的荷载‑变形性能，以及其微观变形和试

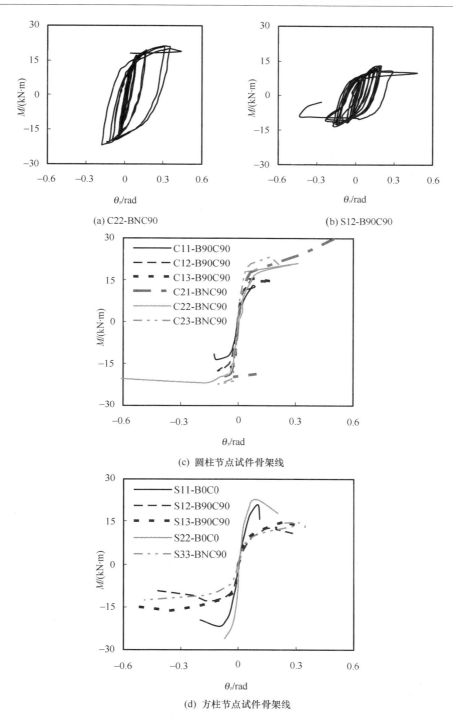

(a) C22-BNC90　　　　　　　　　　　(b) S12-B90C90

(c) 圆柱节点试件骨架线

(d) 方柱节点试件骨架线

图 13.11　节点弯矩（M）- 梁柱相对转角（θ_r）关系曲线

件宏观变形的关系，在试件节点区的上下环板之间柱钢管、上环板上部柱钢管和钢梁
翼缘等位置分别贴应变片来测量其应变发展情况。由试验结果和试件破坏形态分析结

果可知，所有试件的环板在试验过程中基本处于弹性状态。下面对节点区上下环板之间柱钢管、上环板上部柱钢管和钢梁翼缘的应变分析。

1）上下环板之间柱钢管。

以试件 C21-BNC90 为例，图 13.12（a）～（c）为柱顶水平荷载（P）-上下环板之间柱钢管纵向应变（ε）滞回关系曲线。图中分别给出沿对角线方向三个测点的应变变化情况。分析结果表明，加载初期的钢管处于弹性工作状态。节点试件屈服后，钢管应变迅速增加，卸载后的残余应变较大。

图 13.12　柱顶水平荷载（P）-上下环板之间柱钢管纵向应变（ε）滞回关系曲线

图 13.13（a）～（c）分别给出了 C1、C2 和 S1 组试件的柱顶水平荷载（P）-上下环板之间柱钢管纵向应变（ε）骨架曲线的对比情况。可得出如下规律：①柱顶轴力影响钢管应力状态，柱荷载比（n）越大钢管初始应变越大，如试件 C12-B90C90 和 C13-B90C90，这是由于随着柱荷载比（n）的增大，试件延性降低，变形能力降低。②梁柱线刚度比（k）同样影响钢管在加载过程中应力状态，k 越大，梁的约束作用越强，钢管初始应变越小，如试件 C11-B90C90 和 C12-B90C90，C21-BNC90、C22-BNC90 和 C23-BNC90，以及 S12-B90C90 和 S13-B90C90。③火灾对钢管应力状态也有很大的影响，在相同的柱荷载比（n）下，试件受火后节点区钢管初始应变增大，如试件 S11-B0C0 和 S12-B90C90；同样，钢梁和环板经过修复的火灾后节点试件和火灾后节点存在一样的现象，如试件 S21-BNC90 和 S22-B0C0。

图 13.13　柱顶水平荷载（P）- 上下环板之间柱钢管纵向应变（ε）骨架曲线

2）上环板上部柱钢管。

以节点试件 C22-BNC90 和 S13-B90C90 为例，图 13.14 给出了柱顶水平荷载（P）- 上环板上部柱钢管纵向应变（ε）滞回关系曲线。可见，在加载初期，钢管处于弹性工作状态，应变发展缓慢；当节点试件进入屈服后，钢管应变迅速增加，反向加载的弹性极限降低，出现明显的软化段，即 Bauschinger 效应，且塑性发展越充分，Bauschinger 效应越明显，卸载后的残余应变越大。

图 13.14　柱顶水平荷载（P）- 上环板上部柱钢管纵向应变（ε）骨架曲线

　　图 13.15（a）、（b）和（c）分别给出了 C1、C2 和 S1 组试件的柱顶水平荷载（P）‑
上环板上部柱钢管纵向应变（ε）骨架曲线的对比情况。可见，应变随柱顶荷载的变化
规律与上下环板之间柱钢管纵向应变（如图 13.13 所示）的变化规律相似。

图 13.15　柱顶水平荷载（P）‑上环板上部柱钢管纵向应变（ε）骨架曲线

　3）钢梁翼缘。

　　以节点试件 S33-BNC90 为例，图 13.16 给出了节点区钢梁弯矩（M_b）‑钢梁上、

图 13.16　钢梁弯矩（M_b）‑钢梁翼缘纵向应变（ε）骨架曲线

下翼缘纵向应变（ε）滞回关系曲线。可见加载过程中，试件 S33-BNC90 节点区钢梁上翼缘纤维屈服，但塑性发展不大，而下翼缘一直处于弹性状态。节点区钢梁上翼缘屈服的要比下翼缘较早，应变发展程度也大得多。

图 13.17（a）～（c）分别给出了 C1、C2 和 S1 组试件的钢梁弯矩（M_b）- 钢梁上翼缘纵向应变（ε）骨架曲线的对比情况。可见在加载初期，钢梁处于弹性工作状态，应变发展缓慢；钢梁上翼缘屈服后，翼缘应变发展速度加快，反向加载的弹性极限降低，出现明显的软化段，即 Bauschinger 效应，且塑性发展越充分，Bauschinger 效应越明显，卸载后的残余应变越大。这与试验过程中观察到的现象（梁翼缘屈曲）是一致的。受火时间（t）和柱荷载比（n）对翼缘应变发展变化规律的影响与对柱钢管纵向应变影响规律相同。随着梁柱线刚度比（k）的增大，即钢梁承载能力增强，翼缘应变变小，如图 13.17（b）所示试件 C21-BNC90（$k=1.025$）、C22-BNC90（$k=0.768$）和 C23-BNC90（$k=1.170$）。

图 13.17　钢梁弯矩（M_b）- 钢梁上翼缘纵向应变（ε）骨架曲线

13.2.3　节点抗震性能分析

（1）水平荷载（P）- 水平变形（Δ_h）骨架曲线

骨架线一般是指滞回曲线每次循环的水平荷载（P）- 水平变形（Δ_h）曲线达到最大峰值荷载点的轨迹。骨架曲线常被用来比较和衡量结构试件的抗震性能。

图 13.18（a）～（e）分别给出了 C1 组、C2 组、S1 组、S2 组合 S3 组节点试件的 P-Δ_h

骨架曲线，从图 13.18（a）～（d）可以看出柱荷载比（n）、梁柱线刚度比（k）和受火时间（t）等因素对节点骨架线的影响规律。

1）柱荷载比（n）。

图 13.18（a）中试件 C12-B90C90（$n=0.4$）和 C13-B90C90（$n=0.6$），以及图 13.18（e）中试件 S32-BNC90（$n=0.4$）和 S33-BNC90（$n=0$），反映了柱荷载比（n）对 P-Δ_h 骨架曲线的影响规律。随着柱荷载比（n）的增大，试件承载力总体上呈降低的趋势，强化阶段刚度也减小，强化阶段变短。随着水平变形（Δ_h）的增大，由于柱钢管焊缝开裂或钢梁发生屈曲，P-Δ_h 曲线会出现下降段，且下降段的下降幅度随柱荷载比（n）的增大而增大，节点的位移延性则越来越小。

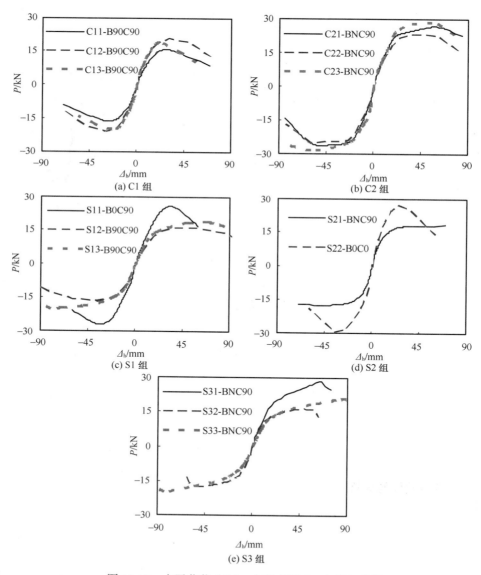

图 13.18　水平荷载（P）- 水平变形（Δ_h）骨架曲线

2）梁柱刚度比（k）。

图 13.18（a）中火灾后试件 C11-B90C90（$k=0.678$）和 C12-B90C90（$k=1.059$），图 13.18（b）中火灾后试件的钢梁修复为新钢梁的节点 C21-BNC90（$k=1.025$）、C22-BNC90（$k=0.768$）和 C23-BNC90（$k=1.170$），以及图 13.18（c）中火灾后试件 S12-B90C90（$k=1.089$）和 S13-B90C90（$k=1.702$），反映了梁柱线刚度比（k）对 P-Δ_h 骨架曲线的影响规律。可见，在相同柱荷载比（n）的情况下，随着梁柱线刚度比（k）的增大，试件的承载力和刚度都呈增大的趋势，节点的位移延性也呈轻微增大的趋势。

3）受火时间（t）。

图 13.18（c）为试件 S11-B0C0（$t=0$）和 S12-B90C90（$t=90\text{min}$）常温下和火灾后的对比情况，图 13.18（d）中试件 S21-BNC90（$t=90\text{min}$）和 S22-B0C0（$t=0$）为钢梁修复为新钢梁的火灾后节点与常温下节点的对比情况，反映了在受火前与受火后并经过修复后的力学性能比较。可见，火灾作用对节点 P-Δ_h 骨架曲线影响显著，表现为火灾后承载力和弹性刚度均降低，骨架线越趋于扁平。

（2）承载力指标确定

本节采用类似于确定钢管混凝土柱屈服点的方法来确定钢管混凝土节点的屈服点和屈服荷载（韩林海，2007），节点试件典型的 P-Δ_h 滞回曲线骨架线如图 13.19 所示，以坐标原点 O 点作 P-Δ_h 曲线的切线与最高荷载点的水平线相交点的位移定义为节点的屈服位移 Δ_y，并由该点作垂线与 P-Δ_h 关系曲线相交的点确定屈服荷载 P_y。

取 P-Δ_h 关系曲线的最高点对应的荷载和位移为水平极限承载力（P_{uo}）和极限位移（Δ_{uo}）；$P_u=0.85P_{uo}$ 为试件破坏荷载，相应的位移为节点的破坏位移（Δ_u）。按照上述方法确定的试件的 Δ_y、Δ_{uo}、Δ_u 和 P_{uo}，汇总于表 13.3。

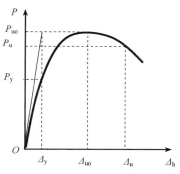

图 13.19　典型水平荷载（P）-水平变形（Δ_h）骨架曲线

表 13.3　屈服、极限和破坏状态时的荷载、位移和梁柱相对转角

状态 指标 试件	屈服状态			破坏状态			极限状态		
	P_y	Δ_y	θ_y	P_u	Δ_u	θ_u	P_{uo}	Δ_{uo}	θ_{uo}
C11-B90C90	11.60	13.1	0.0390	13.47	43.65	0.8234	15.85	30	0.0767
C12-B90C90	12.86	9.6	0.0291	17.61	50.36	0.0501	20.72	30	0.0711
C13-B90C90	12.48	9.0	0.0160	15.82	36.02	0.0174	18.61	24	0.0270
C21-BNC90	18.22	14.35	0.0403	21.22	85.18	0.5005	26.92	36	0.1208
C22-BNC90	15.06	13.6	0.0461	19.82	70.0	0.1991	23.32	36	0.1600
C23-BNC90	17.21	13.19	0.0222	23.81	73.53	0.1938	28.20	36	0.0673
S11-B0C0	18.74	17.14	0.0457	21.99	46.67	0.1051	25.87	36	0.1009
S12-B90C90	11.30	15.42	0.0594	13.80	86.38	0.2122	16.24	60	0.2003

续表

状态\指标\试件	屈服状态			破坏状态			极限状态		
	P_y	Δ_y	θ_y	P_u	Δ_u	θ_u	P_{uo}	Δ_{uo}	θ_{uo}
S13-B90C90	13.65	17.5	0.0599	16.46	86.4	0.3164	18.82	70	0.2566
S21-BNC90	11.83	8.91	—	15.56	70	—	18.02	70	—
S22-B0C0	19.40	11.72	0.0319	23.19	38.01	0.1153	27.28	24	0.0695
S31-BNC90	17.93	17.93	—	24.42	75	—	28.73	62.8	—
S32-BNC90	9.16	8.47	—	14.16	61.82	—	16.45	48	—
S33-BNC90	14.05	22.82	0.0828	17.66	96	0.2143	20.79	84	0.3203

以往的研究结果表明（韩林海等，2009），框架节点的破坏都是发生在节点核心区或节点核心区附近的梁端或柱端，因此节点的承载力往往不仅与梁柱的承载能力有关，而且还和节点的构造有关。此外，荷载分布方式、柱荷载比（n）等因素也对节点的承载力有影响。本章试验的节点试件构造相对简单，但由于火灾后梁柱损伤程度不同，且对部分火灾后钢梁修复为新的钢梁，使节点梁柱弯矩比和线刚度比发生变化，节点力学性能因此也发生变化。由观测到的节点试验破坏形态可见，试件的破坏形态主要有梁端屈曲并形成塑性铰、柱端屈服并形成塑性铰和节点核心区发生剪切破坏，以及这三种形式的不同组合等多种破坏形态。

对本章试验试件达到峰值荷载时实测的节点梁端弯矩、柱端弯矩和核心区剪力进行对比分析，并与节点的破坏形态进行对照，可以发现节点的破坏形态与梁、柱和核心区承载力相关。

火灾后节点柱和梁的抗弯承载力 $M_{cu}(t)$ 和 $M_{bu}(t)$ 按 13.2.1 节相关内容计算确定。

节点核心区钢管混凝土柱火灾后屈服剪力 $V_y(t)$ 按照下式确定为

$$V_y(t) = \tau_{scy}(t) \cdot A_{sc} \tag{13.1}$$

式中：A_{sc} 为钢管混凝土截面面积；$\tau_{scy}(t)$ 为受火时间为 t 的钢管混凝土柱火灾后抗剪承载力指标，参考韩林海（2007）的研究结果，确定了 $\tau_{scy}(t)$ 的计算方法，即对于圆钢管混凝土：$\tau_{scy}(t) = (0.422 + 0.313 \cdot \alpha^{2.33}) \cdot \xi^{0.134} \cdot f_{scy}(t)$；对于方钢管混凝土：$\tau_{scy}(t) = (0.455 + 0.313 \cdot \alpha^{2.33}) \cdot \xi^{0.25} \cdot f_{scy}(t)$，$f_{scy}(t) = N_u(t)/A_{sc}$；$N_u(t)$ 为火灾后钢管混凝土柱轴压强度承载力。

按照上述方法确定了节点达到峰值荷载时的节点梁端弯矩 M_b、柱端弯矩 M_c 和核心区钢管混凝土剪力 V_j，以及钢梁抗弯承载力 $M_{bu}(t)$、钢管混凝土柱抗弯承载力 $M_{cu}(t)$ 和钢管混凝土屈服剪力 $V_y(t)$，如表 13.4 所示。

由表 13.4 可见，钢梁先屈服导致节点破坏的试件达到峰值荷载时，钢梁弯矩 M_b 为 $1.012 \sim 1.43 M_{ub}(t)$。柱端首先屈服导致节点破坏的试件，如 C21-BNC90 和 S21-BNC90 在达到峰值荷载时，柱端弯矩 M_c 分别为 $1.297 M_{cu}(t)$ 和 $1.156 M_{cu}(t)$；而对于节点核心区柱钢管屈曲的试件 S13-B90C90、S32-BNC90 和 S33-BNC90，柱端弯矩 M_c 分别为 $1.080 M_{cu}(t)$、$1.139 M_{cu}(t)$ 和 $1.057 M_{cu}(t)$，可见弯矩值明显有所降低。这

是因为节点核心区抗剪承载力降低，从而降低了柱的抗弯承载力，而且从钢管破坏形态上看，都是发生 45°斜向屈曲，与抗弯破坏形态不同。节点核心区破坏的试件达到峰值荷载时，节点核心区剪力通常基本达到钢管混凝土抗剪承载力（V_y），而且都是方钢管混凝土节点。可见其火灾后力学性能不如圆钢管混凝土，对其进行修复时，应更加重视对节点区的修复加固。

表 13.4　节点承载力与破坏形态对比表

试件编号	M_c /(kN·m)	$M_{cu}(t)$ /(kN·m)	M_b /(kN·m)	$M_{bu}(t)$ /(kN·m)	V_j /kN	$V_y(t)$ /kN	$\dfrac{M_c}{M_{cu}(t)}$	$\dfrac{M_b}{M_{bu}(t)}$	$\dfrac{V_b}{V_y(t)}$	节点破坏形态
C11-B90C90	13.6	19.4	12.1	9.2	163.9	242.1	0.703	1.315	0.719	钢梁屈曲
C12-B90C90	16.3	19.4	13.7	11.9	156.1	242.1	0.844	1.154	0.685	钢梁屈曲
C13-B90C90	16.1	19.4	12.0	11.9	145.5	242.1	0.834	1.012	0.638	钢梁屈曲
C21-BNC90	25.1	19.4	19.2	16.1	241.1	242.1	1.297	1.190	1.058	节点柱端屈服
C22-BNC90	19.7	19.4	14.5	13.7	175.8	242.1	1.016	1.058	0.772	钢梁屈曲
C23-BNC90	23.9	19.4	22.5	17.4	270.3	242.1	1.236	1.297	1.186	钢梁屈曲
S11-B0C0	21.0	22.0	20.8	16.0	278.3	475.8	0.953	1.303	0.679	钢梁屈曲并被拉断
S12-B90C90	13.0	14.1	12.6	9.2	172.2	228.9	0.925	1.363	0.874	钢梁屈曲
S13-B90C90	15.2	14.1	17.0	11.9	215.3	228.9	1.080	1.430	1.092	钢梁屈曲、核心区柱钢管屈曲并焊缝开裂
S21-BNC90	16.3	14.1	11.8	16.1	173.2	228.9	1.156	0.730	0.878	节点柱端屈服
S22-B0C0	22.8	22.0	19.3	16.1	261.8	475.8	1.039	1.199	0.639	钢梁屈曲并被拉断
S31-BNC90	—	—	—	—	—	—	—	—	—	核心区柱钢管屈曲并焊缝开裂
S32-BNC90	16.0	14.1	10.6	14.9	151.6	228.9	1.139	0.713	0.769	核心区柱钢管屈曲并焊缝开裂
S33-BNC90	14.9	14.1	15.6	14.9	210.4	228.9	1.057	1.050	1.067	核心区柱钢管屈曲并焊缝开裂

（3）强度退化

分别引入同级强度退化系数和总体强度退化系数来研究节点试件的强度退化规律。

试件的强度退化可用同级荷载强度退化系数（λ_i）表示（JGJ101—96，1997），即同一级加载各次循环所得峰点荷载与该级第一次循环所得峰点荷载的比值，λ_i 可表示为

$$\lambda_i = \frac{P_j^i}{P_j^1} \tag{13.2}$$

式中：P_j^1 为第 j 次加载位移时，第一次加载循环的峰值点荷载值；P_j^i 为第 j 次加载位移时，第 i 次加载循环的峰值点荷载值。

以试件 C11-B90C90、C12-B90C90 和 C13-B90C90 为例，图 13.20 给出了同级荷载退化系数（λ_i）随 Δ_h/Δ_y 的变化情况。分析结果表明，节点试件的同级荷载退化程度并不明显。只有钢管焊缝开裂或钢梁屈曲后才出现明显的荷载降低现象。其余试件的 λ_i 随加

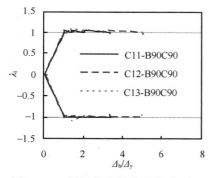

图 13.20　同级荷载退化系数（λ_i）‐
Δ_h/Δ_y 关系曲线

载循环次数的变化情况相同。

　　为研究节点试件在整个加载过程中荷载的降低情况，用总体荷载退化系数（λ_j）分析试件在整个加载过程中的荷载退化特点，即

$$\lambda_j = \frac{P_j}{P_{\max}} \qquad (13.3)$$

式中：P_j 为第 j 次加载循环时对应的峰值荷载；$P_{\max}$ 为所有加载过程中所得最大峰值点荷载，即试件的极限承载力。

　　图 13.21（a）～（e）所示为各个试件的总体荷

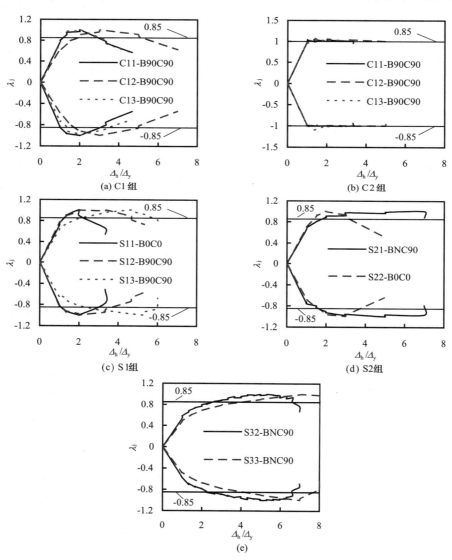

图 13.21　总体荷载退化系数（λ_j）‐Δ_h/Δ_y 关系曲线

载退化系数（λ_j）随 Δ_h/Δ_y 的变化情况，并与试件破坏荷载（$P_u = 0.85P_{uo}$）对应的 0.85 和 －0.85 水平线进行了比较，从图中曲线的变化情况可见，该类节点在屈服后都有较长的水平段，说明该类节点不会很快丧失承载能力，即使达到破坏荷载仍能继续承受荷载。

（4）刚度退化

采用同级变形下的环线刚度来描述试件的刚度退化（唐九如，1989），环线刚度的计算公式为

$$K_j = \frac{\sum\limits_{i=1}^{k} P_j^i}{\sum\limits_{i=1}^{k} u_j^i} \tag{13.4}$$

式中：P_j^i 为加载位移 $\Delta_h/\Delta_y = j$ 时，第 i 次加载循环的峰值点荷载值；u_j^i 为加载位移 $\Delta_h/\Delta_y = j$ 时，第 i 次加载循环的峰值点变形值；K 为位移加载循环次数。

图 13.22 为环线刚度（k_j）随 Δ_h/Δ_y 变化的曲线。从图中环线刚度（k_j）变化趋势可

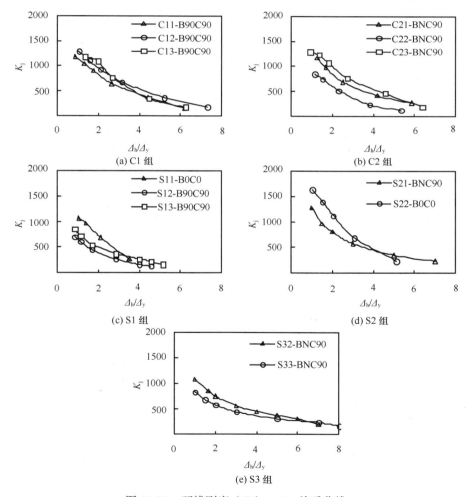

图 13.22　环线刚度（K_j）-Δ_h/Δ_y 关系曲线

见，柱荷载比（n）和受火时间（t）对环线刚度曲线变化趋势影响明显。

图 13.22（a）中试件 C12-B90C90（$n=0.4$）和 C13-B90C90（$n=0.6$），以及图 13.22（e）中试件 S32-BNC90（$n=0.4$）和 S33-BNC90（$n=0$），反映了柱荷载比（n）对环线刚度（K_j）的影响，可见，随着柱荷载比（n）的增大，曲线变得更陡，环线刚度（K_j）下降速度加快。

图 13.22（b）给出了梁柱线刚度比（k）对试件 C21-BNC90（$k=1.025$）、C22-BNC90（$k=0.768$）和 C23-BNC90（$k=1.170$）的环线刚度（K_j）的影响，可见，梁柱线刚度比（k）对火灾后钢梁和环板修复为新钢梁和环板的节点的环线刚度（K_j）影响不明显。

图 13.22（c）中试件 S11-B0C0（$t=0$）和 S12-B90C90（$t=90\text{min}$）分别为常温下节点和火灾后节点的对比情况，可见，火灾后节点刚度退化变缓。

图 13.22（d）中试件 S22-B0C0（$t=0$）和 S21-BNC90（$t=90\text{min}$）分别为常温下节点与钢梁经过修复为新钢梁的火灾后节点对比情况，可见，火灾后钢梁修复为新梁后，节点环线刚度（K_j）降低的将趋于平缓。

（5）节点核心区抗剪性能

典型的节点区剪力（V）-剪切角（γ）滞回关系曲线如图 13.23 所示。从试验结果可以看出，节点区主要有三类破坏形态。

图 13.23　节点区剪力（V）-剪切角（γ）关系曲线

(e) 试件S12-B90C90　　　　　　　　(f) 试件S22-B0C0

图 13.23　（续）

1）节点区始终处于弹性阶段，如节点 C11-B90C90 和 S22-B0C0。

2）节点区进入弹塑性阶段或强化阶段，但节点核心区钢管没有发生局部屈曲或焊缝开裂等破坏形态，如节点 C12-B90C90、C13-B90C90、S11-B0C0 和 S12-B90C90 等。

3）节点区进入强化阶段，且核心区发生钢管屈曲进而钢管焊缝开裂的破坏形态，如 S13-B90C90 和 S33-BNC90 等。

比较节点 C12-B90C90（$n=0.4$）和 C13-B90C90（$n=0.6$）可以看出，柱荷载比（n）对节点区抗剪承载力有影响，柱荷载比（n）较大的节点 C13-B90C90 比 C12-B90C90 有更大的承载力；而具有相同柱荷载比（$n=0.4$）的节点 C21-BNC90、C22-BNC90 和 C23-BNC90，其承载力基本相同。对于采用圆钢管混凝土柱的节点，在整个试验过程中，节点区的 V-γ 关系曲线始终呈上升趋势，没有下降段；对于方钢管混凝土节点，只有在节点区钢管出现局部屈曲或焊缝开裂后，V-γ 关系曲线才出现下降段。

从表 13.5 中可见，当节点区达到屈服时，各节点试件的剪切角（γ_y）仅为梁柱相对转角（θ_y）的 1.6%～8.3%，当荷载达到最大时，各试件节点域的剪切角（γ_{uo}）却已经达到梁柱相对转角（θ_{uo}）的 7%～27.6%。

表 13.5　节点区剪切变形与梁柱相对转角对比

状态 \ 试件 指标	屈服状态			极限状态		
	γ_y	θ_y	γ_y/θ_y	γ_{uo}	θ_{uo}	γ_{uo}/θ_u
C12-B90C90	0.001 554	0.0291	0.0534	0.006 741	0.0711	0.0948
C13-B90C90	0.000 851	0.0160	0.0532	0.001 902	0.0270	0.0704
C21-BNC90	0.002 159	0.0403	0.0536	0.017 644	0.1208	0.1461
C22-BNC90	0.002 257	0.0461	0.0490	0.012 456	0.1600	0.0779
C23-BNC90	0.001 556	0.0222	0.0701	0.009 346	0.0673	0.1389
S11-B0C0	0.007 736	0.0457	0.1693	0.013 487	0.1009	0.1337
S12-B90C90	0.006 564	0.0594	0.1105	0.055 357	0.2003	0.2764
S13-B90C90	0.005 048	0.0599	0.0843	0.049 188	0.2566	0.1917
S22-B0C0	0.007 297	0.0319	0.2287	0.007 297	0.0695	0.1050
S33-BNC90	0.004 791	0.0828	0.0579	0.024 454	0.3203	0.0763

（6）节点延性

试验各试件的屈服位移（Δ_y）和有效极限位移（Δ_u），屈服位移角（θ_y）、极限位移角（θ_{uo}）列于表 13.5，计算得到其位移延性系数（μ）和位移角延性系数（μ_θ）如表 13.6 所示。

从表 13.6 可知，节点试件的层间位移延性系数 $\mu=2.723\sim7.856$，除 S11-B0C0 节点由于钢梁焊缝问题过早开裂外，其余节点位移延性系数均大于 3；而对于钢筋混凝土结构，一般要求层间位移延性系数大于等于 2（唐九如，1989）。我国《建筑抗震设计规范》GB50011—2001（2002）规定：对多、高层钢结构弹性层间位移角 $[\theta_e]=1/300=0.0033$，弹塑性层间位移角 $[\theta_P]=1/50=0.02$；而试验的 14 个节点的弹性极限层间位移角 $\theta_y=(1.64\sim4.39)[\theta_e]$，弹塑性极限层间位移角 $\theta_{uo}=(1.15\sim3.06)[\theta_P]$，故可认为上述节点试件的位移延性和转角延性指标均满足 GB50011—2001（2002）的抗震要求。

表 13.6　节点延性与耗能指标

节点试件号	位移延性系数 μ	位移角延性系数 μ_θ	耗能/（kN·m）	等效粘滞阻尼系数 h_e	能量耗散系数 E
C11-B90C90	3.332	3.349	11.09	0.3222	2.024
C12-B90C90	5.246	5.262	15.35	0.3099	1.947
C13-B90C90	4.002	4.018	10.54	0.3009	1.891
C21-BNC90	5.936	5.956	22.99	0.3211	2.018
C22-BNC90	5.147	5.126	24.35	0.2660	1.671
C23-BNC90	5.575	5.571	28.90	0.2967	1.864
S11-B0C0	2.723	2.725	11.78	0.2396	1.505
S12-B90C90	5.602	5.612	19.00	0.2601	1.634
S13-B90C90	4.937	4.955	27.32	0.2409	1.514
S21-BNC90	7.856	7.825	15.42	0.3358	2.110
S22-B0C0	3.243	3.227	14.51	0.2431	1.527
S31-BNC90	4.183	4.184	—	—	—
S32-BNC90	7.395	7.296	44.14	0.2653	1.667
S33-BNC90	4.207	4.214	19.99	0.2266	1.424

（7）节点耗能

结构构件的耗能能力可以其水平荷载（P）-水平变形（Δ_h）滞回关系曲线所包围的面积来衡量（JGJ101—96，1997），如图 13.24 所示。滞回曲线包含的面积反映了结构弹塑性耗能的大小，滞回环越饱满，耗散的能量越多，结构的耗能性能越好。

耗能能力是研究结构抗震性能的一个重要指标，一般可采用等效粘滞阻尼系数 h_e 和能量耗散系数 E 来评价钢管混凝土节点的耗能能力（JGJ101—96，1997）。

等效粘滞阻尼系数 h_e 定义为

$$h_e=\frac{1}{2\pi}\frac{S_{ABC}+S_{CDA}}{S_{OBE}+S_{ODF}}$$

（13.5）

式中：S_{ABC} 和 S_{CDA} 分别为图 13.24（a）中 ABC 和 CDA 阴影部分面积；S_{OBE} 和 S_{ODF} 分别为图 13.24（b）中△OBE 和△ODF 部分面积。

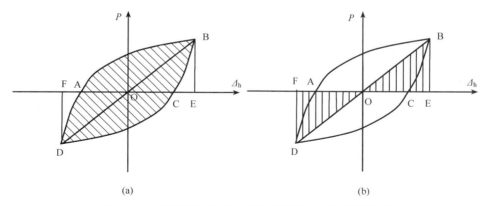

图 13.24　水平荷载（P）- 水平变形（Δ_h）曲线滞回环

能量耗散系数 E 定义为构件在一个滞回环的总能量与构件弹性能的比值，可按下式计算为

$$E=\frac{S_{ABC}+S_{CDA}}{S_{OBE}+S_{ODF}}=2\pi \cdot h_e \tag{13.6}$$

按照上述公式计算得到试件的总耗能（即为所有滞回环所包围的面积）、h_e 和 E 汇总于表 13.6 中，计算时暂以达到破坏荷载 $0.85P_{max}$ 时为滞回环截止点。

从表 13.6 可见，试件达到极限状态时的 h_e 和 E 的变化规律与上述延性系数 μ 和 μ_θ 有着相同的变化规律，即总体上随柱荷载比（n）增大，节点的 h_e 和 E 有减小的趋势，说明节点的耗能能力随着柱荷载比（n）的增大而有所降低。随梁柱线刚度比（k）增大，节点的 h_e 和 E 有增大的趋势，耗能能力随着梁柱线刚度比而增大，但对发生节点核心区钢管屈曲和焊缝开裂的方钢管混凝土节点，h_e 和 E 反而减小，耗能能力降低。火灾后节点的 h_e 和 E 比常温下节点的有所提高，说明火灾后节点由于变形能力增强，其耗能能力在相同柱荷载比（n）情况下有所提高。

从表 13.6 可知，各试件的等效粘滞阻尼系数 $h_e=0.2266\sim0.3358$，而钢筋混凝土节点的一般为 0.1 左右，型钢混凝土节点的等效黏滞阻尼系数为 0.3 左右（周起敬，1991）。因此，本次试验的钢管混凝土节点的耗能能力超过钢筋混凝土节点的三倍，不小于型钢混凝土节点的耗能能力，且本次试验的 14 个节点的滞回曲线均较为饱满，按滞回曲线分析得出的耗能等指标均可满足 GB50011—2001（2002）的结构抗震设计的要求。

13.3　数值计算模型

13.3.1　模型建立

（1）基本假设

为了便于计算，在建立数值分析模型时采用了如下基本假设：①常温下和高温后

的钢材应力 - 应变关系分别按式（3.2）和式（4.2）确定，常温和高温后钢管混凝土柱核心混凝土的应力 - 应变关系分别按式（5.2）和式（6.1）确定；②节点中各构件在变形中始终保持为平截面；③受力过程中，钢管混凝土中的钢和混凝土之间无相对滑移；④忽略平面外荷载和位移的影响。

（2）结构离散和单元划分

对应于 13.2.1 节中进行试验的节点试件，图 13.25 给出了火灾作用后钢管混凝土柱 - 钢梁节点的离散化示意图。在进行结构离散时，在长度方向上将其理想化为通过节点相连的单元集合，并在坐标系（x，y，z）下建立、求解结构的总体平衡方程。为了描述几何非线性效应，采用了随动的坐标形式。

将长度方向单元分为若干离散的截面，且这些截面位于单元列式的数值积分控制点上。截面采用切线刚度法，类似于纤维模型法中的直接迭代法。将截面分割为若干微单元，如图 13.25（a）～（c）所示。确定微单元形心的几何特性和相应的材料切线模量，然后采用合成法求得的材料切线模量和相应的单元几何特性确定各个单元的贡献，最后将各单元的贡献叠加，从而获得截面切线刚度矩阵。

对于刚性节点，可把图 13.25 所示模型的节点域定义为刚域，即在节点域相交的梁单元和柱单元定义为刚性单元，梁柱之间的夹角在受力过程中保持不变，节点域的梁单元和柱单元的尺寸都取柱截面尺寸和梁高的一半。

图 13.25　截面上的单元划分

（3）截面的切线刚度和截面内力

以钢管混凝土柱为例，下面说明构件截面切线刚度和截面内力的确定方法。对于构件的某一截面，采用平截面假定之后，截面上任意一点的应变（ε_i）可表示为

$$\varepsilon_i = \varepsilon_o + y_i \phi \tag{13.7}$$

式中：y_i 为计算点的坐标，如图 13.25（a）和（b）所示；ε_o 为截面形心处的应变；ϕ 为截面曲率。

根据截面上微单元的应力可积分得到钢管混凝土的截面内力，由下式所示为

$$N = \iint \sigma_t(x, y) \mathrm{d}A \tag{13.8}$$

$$M = -\iint \sigma_t(x, y) y \mathrm{d}A \tag{13.9}$$

式中：$\sigma_t(x, y)$ 为截面上微单元的应力，由按照基本假设①确定的钢材和核心混凝土的应力 - 应变关系确定。

根据截面平衡及协调条件，钢管混凝土的截面切线刚度矩阵可描述为

$$[D_t] = \begin{bmatrix} EA & ES_x \\ ES_x & EI_{xx} \end{bmatrix}_s + \begin{bmatrix} EA & ES_x \\ ES_x & EI_{xx} \end{bmatrix}_c \tag{13.10}$$

在火灾后节点力学性能全过程分析中，钢材及核心混凝土需要考虑其非线性的应力 - 应变关系，因此式（13.10）中的各个系数须采用积分的方法获得，即

$$\left. \begin{aligned} EA &= \iint E_t(x, y) \mathrm{d}A \\ ES_x &= \iint E_t(x, y) y \mathrm{d}A \\ EI_{xx} &= \iint E_t(x, y)\, y^2 \mathrm{d}A \end{aligned} \right\} \tag{13.11}$$

式中：$E_t(x, y)$ 为截面上钢材或混凝土微单元切线模量，可通过对钢材和混凝土的应力 - 应变关系表达式进行求导确定。

当集成钢梁的截面内力和切线刚度矩阵时，只需对如图 13.25（c）所示钢梁截面的钢微单元进行合成，将式（13.7）~式（13.11）中的 y 替换为 z 即可。

（4）非线性有限元理论的基本方程建立和求解

非线性分析中的单元特性矩阵和节点力向量须通过数值积分的方法获得。在进行程序编制中，采用了两个级别的积分策略，即对截面级和单元长度方向级采用不同的数值积分方法。在截面上采用合成法，即在截面上适当划分微单元，采用直接叠加微单元的贡献的办法来实现截面积分的运算，即叠加法。在杆件长度方向，则采用 Gauss 积分方法，综合考虑计算精度和效率，采用六点 Gauss 积分法。

以节点中的钢管混凝土柱为例，在合成截面的内力和切线刚度阵时，采用叠加法可将式（13.11）的积分形式进一步写成如下形式为

$$N = \iint \sigma_t(x, y, T(x, y, t)) \mathrm{d}A = \sum_{i=1}^{ns} \sigma_{tsi}(x_{si}, y_{si}, T(x_{si}, y_{si}, t)) A_{si} + \sum_{i=1}^{nc} \sigma_{tci}(x_{ci}, y_{ci}, T(x_{ci}, y_{ci}, t)) A_{ci} \tag{13.12}$$

$$M = -\iint \sigma_t(x, y, T(x, y, t)) y \mathrm{d}A = -\sum_{i=1}^{ns} \sigma_{tsi}(x_{si}, y_{si}, T(x_{si}, y_{si}, t)) y_{si}$$
$$A_{si} - \sum_{i=1}^{nc} \sigma_{tci}(x_{ci}, y_{ci}, T(x_{ci}, y_{ci}, t)) y_{ci} A_{ci} \tag{13.13}$$

$$EA=\iint E_t(x,y,T(x,y,t))\mathrm{d}A=\sum_{i=1}^{n_s}E_{tsi}(x_{si},y_{si},T(x_{si},y_{si},t))A_{si}+\sum_{i=1}^{n_c}E_{tci}(x_{ci},y_{ci},T(x_{ci},y_{ci},t))A_{ci}$$

$$ES_x=\iint E_t(x,y,T(x,y,t))y\mathrm{d}A=\sum_{i=1}^{n_s}E_{tsi}(x_{si},y_{si},T(x_{si},y_{si},t))y_{si}A_{si}+\sum_{i=1}^{n_c}E_{tci}(x_{ci},y_{ci},T(x_{ci},y_{ci},t))y_{ci}A_{ci}$$

$$EI_{xx}=\iint E_t(x,y,T(x,y,t))y^2\mathrm{d}A=\sum_{i=1}^{n_s}E_{tsi}(x_{si},y_{si},T(x_{si},y_{si},t))y_{si}^2A_{si}+\sum_{i=1}^{n_c}E_{tci}(x_{ci},y_{ci},T(x_{ci},y_{ci},t))y_{ci}^2A_{ci}$$

$$\left.\right\}$$

（13.14）

式中：n_s、n_c 为截面上钢，混凝土划分的单元总数；E_{tsi}、E_{tci} 为钢、混凝土 i 单元的切线模量；σ_{tsi}、σ_{tci} 为钢、混凝土 i 单元的应力；x_{si}、y_{si} 为钢 i 单元形心处的坐标（如图 13.25 所示）；x_{ci}、y_{ci} 为混凝土 i 单元形心处的坐标（如图 13.25 所示）；A_{si}、A_{ci} 为钢、混凝土 i 单元的面积；s 为下标，代表钢材单元；c 为下标，代表混凝土单元。

$T(x,y,t)$ 为表示截面温度场分布，即为形心坐标为 x，y 的单元经历受火时间为 t 时间后的温度。$E_t(x,y,t(x,y,t))$ 为单元坐标和时间的函数，构件截面温度场可按韩林海（2007）给出的温度场分析方法确定。

在合成钢梁截面的内力和切线刚度阵时，采用相同的方法，即只需对如图 13.25（c）所示钢梁截面的单元进行合成，将式（13.12）～式（13.14）中的 y、y_{si} 和 A_{si} 替换为的 z、z_{bi} 和 A_{bi} 即可。

考虑了几何非线性的影响问题：一是轴力对结构刚度的影响，即在建立单元刚度矩阵时引入几何刚度矩阵；二是大变形对内力的二阶效应影响。

（5）计算过程

1）划分长度单元及截面单元，输入构件总体控制信息、几何和材料信息。单元的划分按图 13.25 进行。

2）初始化受火时间 t，计算构件截面温度场。

3）计算结构线性总刚 $[K_t]$，参考荷载矢量 $\{P\}$，设定荷载 N 及控制点位移增量 U_q。

4）给定位移增量，分解总刚。

5）按照式（13.15）求解 $\{\Delta U^b\}$，迭代次数 i 赋值为 0。

$$[K_t]^i\{\Delta U^b\}=\{P\}\tag{13.15}$$

6）根据式（13.16）求解 $\{\Delta U^a\}$。

$$[K_t]^i\{\Delta U^a\}=\{R\}^i\tag{13.16}$$

7）迭代次数 $i=i+1$。根据式（13.17）和式（13.18）分别求解 $\Delta\lambda$ 和 $\{\Delta U\}$，并按照式（13.19）和式（13.20）获得新的 λ 和 $\{U\}$，即

$$\Delta\lambda^i=\frac{\Delta U_q^i-(\Delta U_q^a)^i}{(\Delta U_q^b)^i}\tag{13.17}$$

$$\{\Delta U\}^i=\{\Delta U^a\}^i+\Delta\lambda\{\Delta U^b\}^i\tag{13.18}$$

$$\lambda^{i+1}=\lambda^i+\Delta\lambda^i\tag{13.19}$$

$$\{U\}^{i+1}=\{U\}^i+\{\Delta U\}^i\tag{13.20}$$

8）求解截面上单元的应变，对应材料的应力 - 应变关系求解截面上各单元相应的应力 σ。

9）集成非线性刚度阵 $[K_t]$；按式（13.21）求解内部节点力向量 $\{f\}$。

$$\{f\} = \int_0^{l_n} \begin{Bmatrix} N[N_u'] \\ M[N_v''] + N\hat{v}'(y)[N_v'] \end{Bmatrix} dy \qquad (13.21)$$

10）按式（13.22）求解不平衡力向量 $\{R\}$。

$$\{R\}^i = \{F\}^i + \lambda^i\{P\} + \Delta\lambda^i\{P\} + \{P_{\text{fix}}\} \qquad (13.22)$$

11）判断是否收敛，如收敛或迭代次数 $i > i_{\max}$，输出位移向量 $\{U\}^i$ 和荷载系数 λ^i。

12）计算构件节点变形增量向量 $\{\Delta U\}$。

$$\{\Delta U\} = [K_t]^{-1}\{\Delta R\} \qquad (13.23)$$

13）增量步内采用修正的 Aitken 加速收敛方法。第 i 增量步第 k 次迭代加速收敛方法可表示为

$$\{\overline{\Delta u}\}_i^k = \omega^k\{\Delta u\}_i^k \qquad (13.24)$$

$$\omega^k = \begin{cases} 1 & \\ \dfrac{\left(\{\Delta u\}_i^{k-1} - \{\Delta u\}_i^k\right)^T \{\Delta u\}_i^{k-1}}{\left(\{\Delta u\}_i^{k-1} - \{\Delta u\}_i^k\right)^T \left(\{\Delta u\}_i^{k-1} - \{\Delta u\}_i^k\right)^T} & k=0,\ 2,\ \cdots \\ & k=1,\ 3,\ \cdots \end{cases} \qquad (13.25)$$

14）求解截面上单元应变，对应应力 - 应变关系求解截面上各单元的应力 σ。

15）求解内部节点力向量 $\{f\}^i$ 和不平衡力向量 $\{R\}^i$，表达式如式（13.21）和式（13.22）所示。

16）如果不平衡力大于允许值，转入第 12）步，否则进入下一增量，转入第④步，直至满足停机条件，即可求得构件的极限承载力和荷载 - 变形全过程关系曲线。

13.3.2　模型验证

为验证 13.3.1 节所述数值模型的准确性，采用程序 NFEACFST 对钢管混凝土柱 - 钢梁连接节点的试验结果进行了验算。

（1）常温下钢管混凝土柱 - 钢梁连接节点

对国内外相关钢管混凝土柱 - 钢梁中柱节点试验获得的水平荷载（P）- 梁柱相对转角（θ_r）和水平变形（Δ_h）骨架线进行了计算，表明上述计算模型具有较好的精度，图 13.26 给出部分比较结果。表 13.7 给出了图中试件的基本参数。

表 13.7　钢管混凝土柱 - 钢梁节点试件基本参数

试件编号	钢管混凝土柱参数			工字钢梁参数			N_f 或 n	数据来源
	几何尺寸 $D \times t_s \times H$/（mm×mm×mm）	钢管屈服强度 f_y/MPa	混凝土强度 f_c'/MPa	几何尺寸 $h \times b_f \times t_w \times t_f \times L$/（mm×mm×mm×mm）	翼缘屈服强度 f_y/MPa	腹板屈服强度 f_y/MPa		
NSF1	305×6.4×2134	374	41.6	457×180×9.0×14.5×4115	302	341	890kN	Elremaily 和 Azizinamini （2001）
NSF2	305×9.5×2134	371	38.9	457×180×9.0×14.5×4115	302	341	979kN	

续表

试件编号	钢管混凝土柱参数			工字钢梁参数			N_f 或 n	数据来源
	几何尺寸 $D \times t_s \times H$/ （mm×mm×mm）	钢管屈服强度 f_y/MPa	混凝土强度 f_c'/ MPa	几何尺寸 $h \times b_f \times t_w \times t_f \times L$/ （mm×mm×mm）	翼缘屈服强度 f_y/MPa	腹板屈服强度 f_y/MPa		
A6Y	400×6.0×2600	392	26	600×200×7×11×5000	308	328	2000kN	Cheng 等 （2003）
A10Y	400×10×2600	314	27	600×200×7×11×5000	308	328	2000kN	
R1	250×12×3000	590	109.7	250×250×9×12×3000	492	492	$n=0.2$	Nishiyama 等 （2002）
R2	250×12×3000	590	54.4	250×250×9×12×3000	492	492	$n=0.2$	
R3	250×12×3000	780	102.5	250×250×9×12×3000	756	756	$n=0.2$	
R4	250×12×3000	590	102.5	250×250×9×12×3000	442	442	$n=0.2$	
C2	280×12×3000	590	49.1	250×250×9×12×2500	439	439	$n=0.2$	
C3	280×9×3000	780	94.2	250×250×9×12×3000	730	730	$n=0.2$	
SM-12	406×6.4×2400	350	40.8	360×360×6.8×9.5×2440	350	400	$n=0.13$	Beutel 等 （2001）
SM-16	406×6.4×2400	350	53.4	360×360×6.8×9.5×2440	350	400	$n=0.13$	

(1) 试件 NSF1 (2) 试件 NSF2

(a) Elremaily 和 Azizinamini（2001）节点试验

(1) 试件 A6Y (2) 试件A10Y

(b) Cheng等（2000）节点试验

图 13.26 常温下钢管混凝土柱 - 钢梁节点试验算例

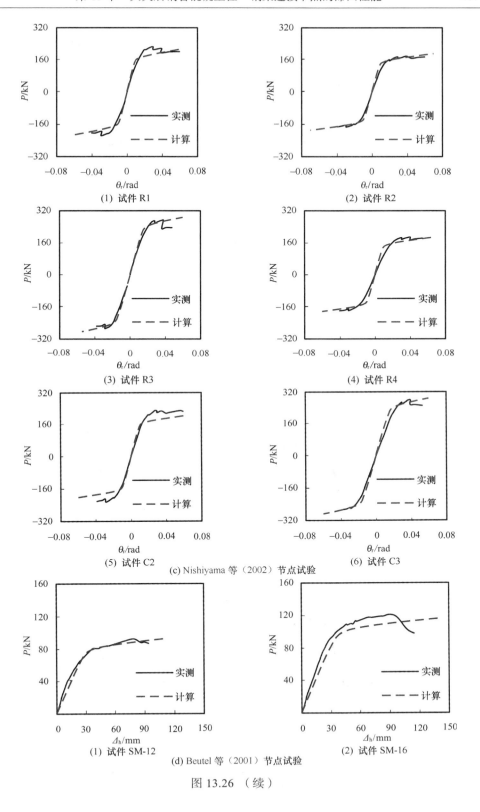

(1) 试件 R1　　　　　　(2) 试件 R2

(3) 试件 R3　　　　　　(4) 试件 R4

(5) 试件 C2　　　　　　(6) 试件 C3

(c) Nishiyama 等（2002）节点试验

(1) 试件 SM-12　　　　　　(2) 试件 SM-16

(d) Beutel 等（2001）节点试验

图 13.26 （续）

(1) 试件 S11‐B0C0　　　　　　　　　　　(2) 试件 S22‐B0C0

(e) 本章节点试验

图 13.26 （续）

（2）火灾后钢管混凝土柱‐钢梁连接节点

图 13.27 给出 13.2 节进行试验的火灾后节点计算的水平荷载（P）‐水平变形（Δ_h）骨架线计算与试验结果的比较情况。可见二者总体上较为吻合，但部分计算曲线在弹塑性、强化和下降阶段与试验曲线相比存在一定的误差，这是由于计算模型中钢材采用了双折线强化模型，这与实际钢材应力‐应变关系模型存在差异等原因所致。

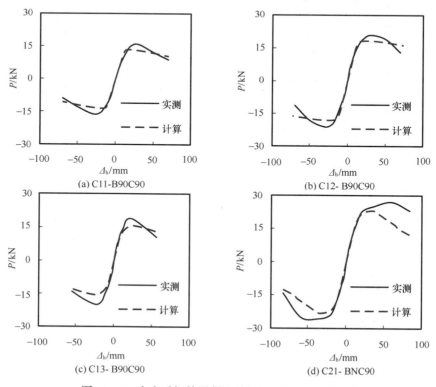

(a) C11‐B90C90　　　　　　　　　　　　(b) C12‐B90C90

(c) C13‐B90C90　　　　　　　　　　　　(d) C21‐BNC90

图 13.27　火灾后钢管混凝土柱‐钢梁节点试验算例

(c) C22-BNC90

(f) C23-BNC90

(g) S11- B0C0

(h) S12- B90C90

(i) S13- B90C90

(j) S21- BNC90

(k) S22-B0C0

(l) S31-BNC90

图 13.27 （续）

(m) S32- BNC90

(n) S33- BNC90

图 13.27 　（续）

13.3.3　水平荷载 - 水平变形滞回关系计算

应用 13.3.1 节编制的程序可对钢管混凝土节点进行全过程分析，且通过上述算例的验证可见该程序具有较强的通用性和计算精度。但由于该模型是通过沿杆件轴线方向划分单元，再把杆件单元上各个数值积分点的截面细化成若干微单元，以集成截面内力和截面刚度，通过数值积分方法得到单元刚度矩阵和单元内力列阵，采用该方法计算 P -Δ_h 滞回曲线时将存在耗时多和效率低的缺点。

由李国强和沈祖炎（1998）对梁柱单元弹性刚度矩阵的论述可知，对于大位移小变形情况，梁柱单元在弹性阶段沿截面主轴的横向受力变形关系与轴向的受力变形关系间近似相互独立，即可以不计由截面轴压刚度 EA 和抗弯刚度 EI 相互影响而产生的 ES 项（EA、EI 和 ES 的定义见本节前面内容）；当单元进入弹塑性状态后，EA 和 EI 相互影响而产生的 ES 项将逐渐变得显著，但与 EA 和 EI 相比，ES 项对结构的受力变形性能影响不明显，且主要是影响结构的后期力学性能。因此在下面的有限元模型中，忽略梁柱单元刚度矩阵中的 ES 项。

在不考虑 ES 项的影响的前提下，分别对式（13.12）～式（13.14）进行积分，可得到梁柱单元的材料非线性的小位移刚度矩阵 $[K_o]$、反映大位移效应的几何刚度矩阵 $[K_g]$ 和梁 - 柱单元的结点力向量列阵 $[f]$ 如下。

$[K_o]$ 为材料非线性的小位移刚度矩阵，由下式确定为

$$[K_o] = \begin{bmatrix} K_{o11} & 0 \\ 0 & K_{o22} \end{bmatrix} = \begin{bmatrix} \dfrac{EA}{l} & -\dfrac{EA}{l} & 0 & 0 & 0 & 0 \\[2mm] -\dfrac{EA}{l} & \dfrac{EA}{l} & 0 & 0 & 0 & 0 \\[2mm] 0 & 0 & \dfrac{12EI}{l^3} & \dfrac{6EI}{l^2} & -\dfrac{12EI}{l^3} & \dfrac{6EI}{l^2} \\[2mm] 0 & 0 & \dfrac{6EI}{l^2} & \dfrac{4EI}{l} & -\dfrac{6EI}{l^2} & \dfrac{2EI}{l} \\[2mm] 0 & 0 & -\dfrac{12EI}{l^3} & -\dfrac{6EI}{l^2} & \dfrac{12EI}{l^3} & -\dfrac{6EI}{l^2} \\[2mm] 0 & 0 & \dfrac{6EI}{l^2} & \dfrac{2EI}{l} & -\dfrac{6EI}{l^2} & \dfrac{4EI}{l} \end{bmatrix} \qquad (13.26)$$

式中：
$$K_{o11}=\begin{bmatrix} \dfrac{EA}{l} & -\dfrac{EA}{l} \\[2mm] -\dfrac{EA}{l} & \dfrac{EA}{l} \end{bmatrix}$$

$$K_{o22}=\begin{bmatrix} \dfrac{12EI}{l^3} & \dfrac{6EI}{l^2} & -\dfrac{12EI}{l^3} & \dfrac{6EI}{l^2} \\[3mm] \dfrac{6EI}{l^2} & \dfrac{4EI}{l} & -\dfrac{6EI}{l^2} & \dfrac{2EI}{l} \\[3mm] -\dfrac{12EI}{l^3} & -\dfrac{6EI}{l^2} & \dfrac{12EI}{l^3} & -\dfrac{6EI}{l^2} \\[3mm] \dfrac{6EI}{l^2} & \dfrac{2EI}{l} & -\dfrac{6EI}{l^2} & \dfrac{4EI}{l} \end{bmatrix}$$

$[K_g]$ 为反映大位移效应的几何刚度矩阵，由下式确定为

$$[K_g]=N\begin{bmatrix} K_{g11} & 0 \\ 0 & K_{g22} \end{bmatrix}=N\begin{bmatrix} \dfrac{1}{l} & -\dfrac{1}{l} & 0 & 0 & 0 & 0 \\[2mm] -\dfrac{1}{l} & \dfrac{1}{l} & 0 & 0 & 0 & 0 \\[2mm] 0 & 0 & \dfrac{6}{5l} & \dfrac{1}{10} & -\dfrac{6}{5l} & -\dfrac{1}{10} \\[2mm] 0 & 0 & \dfrac{1}{10} & \dfrac{2l}{15} & -\dfrac{1}{10} & -\dfrac{l}{30} \\[2mm] 0 & 0 & -\dfrac{6}{5l} & -\dfrac{1}{10} & \dfrac{6}{5l} & -\dfrac{1}{10} \\[2mm] 0 & 0 & \dfrac{1}{10} & -\dfrac{l}{30} & -\dfrac{1}{10} & \dfrac{2l}{15} \end{bmatrix} \qquad (13.27)$$

式中：$K_{g11}=\begin{bmatrix} \dfrac{1}{l} & -\dfrac{1}{l} \\[2mm] -\dfrac{1}{l} & \dfrac{1}{l} \end{bmatrix}$，$K_{g22}=\begin{bmatrix} \dfrac{6}{5l} & \dfrac{1}{10} & -\dfrac{6}{5l} & -\dfrac{1}{10} \\[2mm] \dfrac{1}{10} & \dfrac{2l}{15} & -\dfrac{1}{10} & -\dfrac{l}{30} \\[2mm] -\dfrac{6}{5l} & -\dfrac{1}{10} & \dfrac{6}{5l} & -\dfrac{1}{10} \\[2mm] \dfrac{1}{10} & -\dfrac{l}{30} & -\dfrac{1}{10} & \dfrac{2l}{15} \end{bmatrix}$

$\{f\}$ 为梁 - 柱单元的结点力向量，有

$$\{f\}=\left\{ \begin{bmatrix} -N \\ N \end{bmatrix} \\ \begin{bmatrix} 0 \\ -M \\ 0 \\ M \end{bmatrix}+N[K_{g22}]\begin{bmatrix} 0 \\ \hat{\theta}_i \\ 0 \\ \hat{\theta}_j \end{bmatrix} \right\} \qquad (13.28)$$

上述式中，EA 和 EI 分别为单元截面轴压和抗弯刚度；l 为单元长度；$N=\dfrac{EA}{l}\delta u$；δu 为单元轴向变形；θ_i 和 θ_j 为单元端点位形 $\overline{\Omega}_n$ 和 $\overline{\Omega}_n$ 之间的初始转角。

为了确定适合本节简化方法的截面变形，把上述变形分成相互独立的截面轴向压缩变形和截面弯曲变形两部分为

$$\varepsilon_o=\frac{\mathrm{d}\Delta u(y)}{\mathrm{d}y}+\frac{\mathrm{d}\hat{v}(y)}{\mathrm{d}y}\cdot\frac{\mathrm{d}\Delta v(y)}{\mathrm{d}y}+\frac{1}{2}\left(\frac{\mathrm{d}\Delta u(y)}{\mathrm{d}y}\right)^2+\frac{1}{2}\left(\frac{\mathrm{d}\Delta v(y)}{\mathrm{d}y}\right)^2 \tag{13.29}$$

$$\phi=-\frac{\mathrm{d}^2\Delta v(x)}{\mathrm{d}x^2} \tag{13.30}$$

为了得到钢管混凝土结构节点的 $P\text{-}\Delta_h$ 滞回关系曲线，需要确定钢管混凝土和钢梁的截面弯矩 - 曲率滞回关系模型。

钢梁的弯矩 - 曲率滞回关系模型采用如图 13.28 所示随动强化模型。M_y 和 ϕ_y 为钢梁的屈服弯矩和屈服曲率，$\phi_y=M_y/K_s$；K_s 为钢梁弹性刚度，$K_s=E_sI$、E_s 和 I 分别为钢材弹性模量和钢梁截面惯性矩，强化阶段刚度 $K_s'=0.01K_s$，钢梁按弹性阶段刚度 K_s 进行卸载。

参考韩林海（2007）给出的钢管混凝土的弯矩 - 曲率滞回关系模型，得到如图 13.29 所示弯矩 - 曲率滞回模型。为适应本节程序计算特点，对韩林海（2007）给出的弯矩 - 曲率滞回关系模型的加卸载规则进行了适当调整。即在图 13.29 所示的钢管混凝土弯矩 - 曲率滞回模型中，当从 1 点或 4 点卸载时，卸载线将按弹性刚度 K_e 进行卸载，并反向加载至 2 点或 5 点，当从抛物线段卸载点 1 进行卸载时，2 点纵坐标荷载值取 1 点纵坐标弯矩值 0.2 倍，当从强化段卸载点 4 进行卸载，即点 4 曲率大于 ϕ_b 时，5 点纵坐标荷载值为 $-0.2M_b+K_e(\phi-\phi_b)$；继续反向加载，模型进入软化段 23' 或 5D'，点 3' 为卸载点 1 反对称点，即截面所经历的最大变形点的反向对称点，反向加载段 23' 按二次抛物线进行反向加载，而 D' 则为 OA 线与反向强化段 B'C' 的延长线的交点，5D' 按直线进行反向加载。随后，加载路径沿 3'1'2'3 或 D'4'5'D 进行，软化段 2'3 和 5'D 的确定办法分别与 23' 和 5D' 相同。

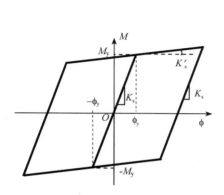

图 13.28 钢梁 $M\text{-}\phi$ 滞回模型

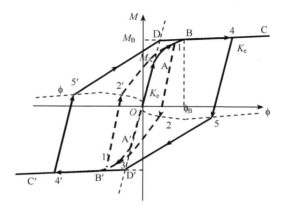

图 13.29 钢管混凝土柱 $M\text{-}\phi$ 滞回模型

按照上述方法确定了单元刚度矩阵、截面变形及截面内力和变形的关系之后，即可按照下述非线性有限元求解方法，得到节点构件的水平荷载（P）-水平变形（Δ_h）滞回关系，具体计算步骤如下。

1）划分构件的长度单元，输入构件总体控制信息、几何和截面特性信息。

2）确定钢梁和钢管混凝土弯矩 - 曲率关系骨架曲线。

3）计算结构线性总刚 $[K_t]$，参考荷载矢量 $\{P\}$，设定荷载 N 及控制点位移增量 U_q。

4）给定位移增量，分解总刚。

5）由式（13.15）求解 $\{\Delta U^b\}$，迭代次数 i 赋值为 0。

6）由式（13.16）求解 $\{\Delta U^a\}$。

7）迭代次数 $i=i+1$。分别由式（13.17）和式（13.18）求解 $\Delta\lambda$ 和 $\{\Delta U\}$，并按式（13.19）和式（13.20）获得新的 λ 和 $\{U\}$。

8）由式（13.29）和式（13.30）确定截面上轴向和弯曲变形，并得到截面刚度和内力。

9）由式（13.26）和式（13.27）集成非线性刚度阵 $[K_t]$；由公式（13.28）确定内部节点力向量 $\{f\}$。

10）由式（13.22）求解不平衡力向量 $\{R\}$。

11）判断是否收敛，如收敛或迭代次数 $i>i_{max}$，输出位移向量 $\{U\}^i$ 和荷载系数 λ^i。

12）由式（13.23）计算构件节点变形增量向量 $\{\Delta U\}$。

13）增量步内采用修正的 Aitken 加速收敛方法，第 i 增量步第 k 次迭代加速收敛方法由式（13.24）和式（13.25）确定。

14）与步骤⑧相同，确定截面变形、截面刚度和内力。

15）由式（13.21）和式（13.22）确定内部节点力向量 $\{f\}^i$ 和不平衡力向量 $\{R\}^i$。

16）如果平衡量力大于允许值，转入第 12）步，否则进入下一增量，转入第④步，直至满足停机条件，即可求得构件的极限承载力或构件的水平荷载（P）- 水平变形（Δ_h）全过程滞回关系。

图 13.30 所示为本章试验节点简化 P-Δ_h 滞回关系计算结果与试验结果的比较情况，从图中计算曲线与试验曲线的比较可见，计算结果与试验结果总体上符合较好。

(a) C11-B90C90

(b) C12-B90C90

图 13.30　P-Δ_h 滞回曲线计算与试验结果比较

图 13.30 （续）

(k) S22-B0C0　　　　　　　　　　　　　　　　(l) S32-BNC90

(m) S33-BNC90

图 13.30　（续）

　　图 13.31 给出了 P-Δ_h 滞回计算曲线与按 13.3.1 节所述方法计算得到的 P-Δ_h 骨架线的比较情况。可见，在弹性段和弹塑性段两种方法差别很小，但在强化段或下降段存在一定差别，即当变形较小时，由 EA 和 EI 相互影响而产生的 ES 项很小，而当变形较大时，由 EA 和 EI 相互影响而产生的 ES 项较大，对结果造成一定的影响，但总体上两种方法的计算结果基本吻合。

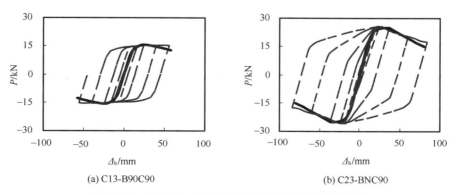

(a) C13-B90C90　　　　　　　　　　　　　　(b) C23-BNC90

图 13.31　简化 P-Δ_h 滞回曲线与有限元骨架线的比较

(c) S12-B90C90　　　　　　　　　　(d) S21-BNC90

图 13.31 （续）

表 13.8 给出了按上述非线性有限元方法和简化 P-Δ_h 滞回曲线计算方法得到的本次试验节点试件的极限承载力 P_{uc1} 和 P_{uc2}，其中，P_{uc1}/P_{ue} 的平均值为 0.852，均方差为 0.071；P_{uc2}/P_{ue} 的平均值为 0.861，均方差为 0.061。

表 13.8　节点承载力试验值与理论计算值的比较

状态 指标 构件	试验承载力 P_{ue}/kN	有限元法		简化计算方法	
		P_{uc1}/kN	P_{uc1}/P_{ue}	P_{uc2}/kN	P_{uc2}/P_{ue}
C11	15.85	13.52	0.853	13.68	0.863
	−16.15	−13.52	0.837	−13.68	0.847
C12	20.72	18.19	0.878	19.27	0.930
	−21.23	−18.19	0.857	−19.27	0.908
C13	18.61	15.62	0.839	15.36	0.825
	−20.01	−15.62	0.781	−15.36	0.768
C21	26.92	23.11	0.858	22.99	0.854
	−25.67	−23.11	0.900	−22.99	0.896
C22	23.32	20.51	0.880	21.86	0.937
	−25.04	−20.51	0.819	−21.86	0.873
C23	28.20	24.98	0.886	25.51	0.905
	−28.36	−24.98	0.881	−25.51	0.900
S11	25.87	18.37	0.710	20.5	0.792
	−26.68	−18.37	0.689	−20.5	0.768
S12	16.24	14.01	0.863	15.23	0.938
	−16.58	−14.01	0.845	−15.23	0.919
S13	18.82	17.63	0.937	17.82	0.947
	−20.16	−17.63	0.875	−17.82	0.884
S21	18.02	15.25	0.846	15.33	0.851
	−17.40	−15.25	0.876	−15.33	0.881

续表

状态 指标 构件	试验承载力 P_{ue}/kN	有限元法		简化计算方法	
		P_{uc1}/kN	P_{uc1}/P_{ue}	P_{uc2}/kN	P_{uc2}/P_{ue}
S22	27.28	23.62	0.866	24.21	0.887
	−29.50	−23.62	0.801	−24.21	0.821
S31	28.73	20.13	0.701	19.73	0.687
	—	—	—	—	—
S32	16.45	15.12	0.919	14	0.851
	−17.64	−15.12	0.857	−14	0.794
S33	20.79	19.92	0.958	17.41	0.837
	−19.89	−19.92	1.002	−17.41	0.875

图 13.32 所示为火灾作用后钢管混凝土柱 - 钢梁节点典型的水平荷载（P）- 水平变形（Δ_h）滞回关系曲线，该曲线可分为以下几个阶段。

1）OA 段。该段为弹性段，荷载 - 位移呈直线关系。在 A 点，对于"强柱弱梁"的情况，钢梁翼缘最外纤维开始屈服；对于"强柱弱梁"的情况，压区钢管最外纤维开始屈服。柱荷载比（n）的影响是：随着柱荷载比（n）的增加，将使弹性段刚度有增加的趋势；梁柱线刚度比的影响是：随着梁柱线刚度比的增加，弹性段刚度也将有增加的趋势，并使 OA 段有所延长；受火时间的影响是：随着受火时

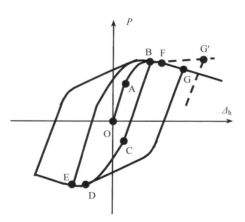

图 13.32　节点典型的 P-Δ_h 滞回关系曲线

间的延长，不仅弹性刚度有变小的趋势，而且该段明显变短。

2）AB 段。该段为弹塑性段，荷载 - 位移关系呈非线性性质，对于"强柱弱梁"的情况：钢梁截面纤维逐渐越来越多地进入塑性状态，刚度也不断降低，该段一般较短，B 点时，大部分截面上的钢材达到屈服状态；对于"强柱弱梁"的情况：柱截面总体处于弹塑性状态，随着外加荷载的增加，钢管受压区屈服的面积不断增加，刚度不断下降。柱荷载比（n）的影响是：随着柱荷载比（n）的增加，弹塑性段有变短的趋势；梁柱线刚度比（k）的影响是：梁柱线刚度比（k）的增加，构件刚度提高；受火时间（t）的影响是：随着受火时间（t）的延长，B 点荷载值有降低的趋势，且对应变形明显增长，即该段明显趋于变得扁平。

3）BC 段。从 B 点开始卸载，荷载 - 位移基本呈直线关系，卸载刚度与 OA 段的刚度基本相同。截面由于卸载而处于受拉状态的部分转为受压状态，而原来加载的部分现处于受压卸载状态。当荷载小于零，即反向加载后直至加载到 C 点时，截面开始反向加载，荷载 - 位移仍基本呈直线关系，构件均处于弹性状态。在 C 点，对于"强

柱弱梁"的情况：受压区钢管最外纤维开始屈服；对于"强柱弱梁"的情况：钢梁截面翼缘最外纤维开始屈服，且 BC 段将有所延长。

4）CD 段。构件处在弹塑性阶段，对于"强柱弱梁"的情况：钢梁截面纤维逐渐越来越多地进入屈服状态，刚度也不断降低，且该段较短，很快大部分截面达到反向屈服状态（D 点）；对于"强柱弱梁"的情况：随受压区钢管屈服面积的不断增加，截面刚度开始逐渐降低，大部分截面进入屈服状态。

5）BF（或 DE）段。P-Δ_h 曲线进入强化段，D 点为弹塑性结束点，截面大部分已屈服，在此阶段，截面刚度很小，截面变形增长快，而荷载增长缓慢。

BF（或 DE）段的长短主要和柱荷载比（n）、梁柱线刚度比（k）和受火时间（t）。柱荷载比（n）的影响是：柱荷载比（n）越大，该段越短，且 F（或 E）点荷载值越低；梁柱线刚度比（k）的影响是：随着梁柱线刚度比（k）的增大，该段荷载值有提高的趋势，但对应变形基本不变；受火时间（t）的影响是：随受火时间（t）的延长，荷载降低，且对应变形明显增长，即该段明显趋于变得扁平。

6）EF 段。节点工作情况类似于 BE 段，虽然这时截面上仍然不断有新的区域进入塑性和强化状态，但由于这部分区域离形心较近，对截面刚度影响不明显。钢管或钢梁进入强化阶段仍具有一定的刚度，受压区的混凝土由于钢管的约束效应作用，也具有一定的刚度，整个截面仍具有一定的刚度。

7）FG（G'）段。对于柱荷载比（n）较小的情况，P-Δ_h 关系曲线有可能不会出现下降段，即 FG' 段的工作特性与 BF 段类似；对于柱荷载比（n）较大的情况：P-Δ_h 关系曲线会出现下降段，且随着柱荷载比（n）的增大，下降段的出现也越来越早，下降段的坡度也越来越大。受火时间（t）对下降段有影响，即随着受火时间（t）的延长，下降段的趋于平缓；而梁柱线刚度比（k）对下降段的影响则不大。

13.4 相对水平荷载 – 层间位移角关系分析

13.4.1 相对水平荷载 - 层间位移角关系确定

采用本章建立的数值计算模型，确定在一定柱荷载比（n）下钢管混凝土柱 - 钢梁节点火灾后的相对水平荷载（P/P_{uo}）- 层间位移角（θ_d）关系曲线。

柱荷载比（n）采用式（3.17）进行计算，其中柱极限承载力（N_u）采用火灾后节点的材性和边界条件进行确定。P 为作用在节点柱端的水平荷载，P_{uo} 为火灾后节点的水平极限承载力。

为确定节点相对水平荷载（P/P_{uo}）- 层间位移角（θ_d）关系，首先需要确定 P_{uo} 的取值。

参考 GB50011—2001（2002）中有关弹塑性层间位移角限值 $[\theta_p]$ 的规定：多、高层钢结构的弹塑性层间位移角限值 $[\theta_p]$ 为 1/50。对于工程中常用的强柱弱梁节点，当柱荷载比（n）为 0 或很小时，节点的破坏类型有两种，一是以钢梁发生局部屈曲为特征的强度破坏类型，二是层间位移角超过规定限值的弹性或弹塑性非强度破坏。为了确定该弹塑性层间位移角限值［θ_p］＝1/50，对于采用钢梁的钢管混凝土框架结构是否合理，需要分析该限值与钢梁发生屈曲破坏的关系。

研究表明柱长细比（λ）、梁柱线刚度比（k）和梁柱极限弯矩比（k_m）对节点达到极限状态时钢梁的极限应变影响明显，因此，本节在工程常用参数范围内确定了钢管混凝土柱 - 钢梁节点的基本计算条件，用本章的数值分析模型计算得到节点的火灾后水平荷载（P）-层间位移角（θ_d）关系曲线，把规范规定的层间位移角限值［θ_p］＝1/50 与不同受火时间（t）后钢梁两倍屈服应变 $2\varepsilon_y$ 和三倍屈服应变 $3\varepsilon_y$ 的点进行对比，来确定本节把规范规定的层间位移角限值［θ_p］取值的合理性。算例的基本计算条件为：圆钢管混凝土柱截面尺寸 $D \times t_s$＝400mm×10mm，钢梁截面尺寸 $h \times b_f \times t_w \times t_f$＝450mm×250mm×12mm×12mm，柱荷载比（n）为 0。图 13.33（a）～（c）分别给出了柱长细比（λ）、梁柱线刚度比（k）和梁柱极限弯矩比（k_m）对火灾后节点水平荷载（P）-层间位移角（θ_d）关系的影响规律。

由图 13.33（a）可见，随着分别给出了柱长细比（λ）的增大，［θ_p］越来越小于当钢梁极限压应变达到 $2\varepsilon_y$ 或 $3\varepsilon_y$ 的时对应的层间位移角，当 λ＝60 时，节点［θ_p］基本都在弹性状态达到极限状态，当 λ＝20 时，变形限值［θ_p］处于 $2\varepsilon_y$ 和 $3\varepsilon_y$ 对应变形 θ_d 之间。

(a) 柱长细比（λ）影响（k=0.3，k_m=0.677）

图 13.33　火灾后节点水平荷载（P）-层间位移角（θ_d）关系曲线

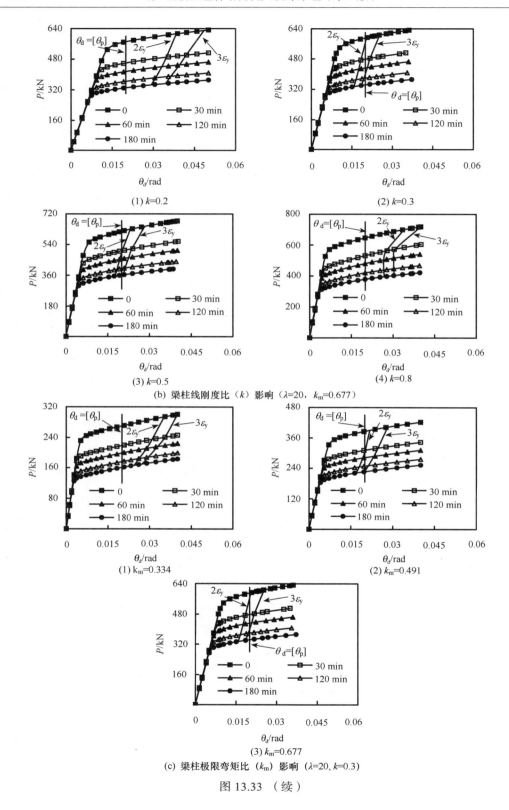

(1) *k*=0.2　　　　　　　　　(2) *k*=0.3

(b) 梁柱线刚度比（*k*）影响（$\lambda=20$，$k_m=0.677$）

(1) k_m=0.334　　　　　　　　(2) k_m=0.491

(3) k_m=0.677

(c) 梁柱极限弯矩比（k_m）影响（$\lambda=20$，$k=0.3$）

图 13.33　（续）

图 13.33（b）给出了梁柱线刚度比（k）的影响。可见，随着 k 的增大，$[\theta_p]$ 先是逐渐靠近当钢梁极限压应变达到 $2\varepsilon_y$ 或 $3\varepsilon_y$ 的时对应的层间位移角 θ_d，当 $k>0.5$ 后，又逐渐退回；当 $k=0.3\sim0.5$ 时，$[\theta_p]$ 基本处于 $2\varepsilon_y$ 和 $3\varepsilon_y$ 对应变形 θ_d 之间，基本都在弹塑性状态达到极限状态，当 $k<0.3$ 和 $k>0.5$ 时，变形限值 $[\theta_p]$ 都小于 $2\varepsilon_y$ 和 $3\varepsilon_y$ 对应变形 θ_d 之间。

图 13.33（c）给出了梁柱极限弯矩比（k_m）的影响。可见，随着 k_m 的减小，$[\theta_p]$ 逐渐小于当钢梁极限压应变达到 $2\varepsilon_y$ 或 $3\varepsilon_y$ 的时对应的层间位移角 θ_d。

通过以上分析可知，对于本章所研究节点类型，可按照 GB50011—2001（2002）中有关多、高层钢结构弹塑性层间位移角限值 $[\theta_p]$ 来确定水平极限承载力（P_{uo}），且不会造成不安全的结果。因此，对于下面的参数分析算例，节点的 P_{uo} 按照如下两种情况来确定：①对荷载 - 变形关系曲线无下降段的情况，按照 GB50011-2001（2002）中的多、高层钢结构弹塑性层间位移角限值 $[\theta_p]$ 来确定极限荷载。②对荷载 - 变形关系曲线有下降段的情况，取峰值荷载为 P_{uo}，如峰值荷载对应的变形大于规范规定 $[\theta_p]$，按照 $[\theta_p]$ 来确定 P_{uo}。

13.4.2　影响因素分析

确定了水平极限承载力（P_{uo}）之后，下面将分析不同参数对相对水平荷载（P/P_{uo}）- 层间位移角（θ_d）骨架关系的影响规律。分析结果表明，在所有计算的参数范围内，钢材和混凝土强度的变化对 P/P_{uo}-θ_d 骨架关系曲线的影响不明显。因此，下面着重分析节点几何参数和荷载参数的影响。节点的基本计算条件为：

圆钢管混凝土柱：$D\times t_s=400\text{mm}\times12\text{mm}$，钢管屈服强度 $f_y=345\text{MPa}$，核心混凝土强度 $f_{cu}=60\text{MPa}$。

钢梁：$h\times b_f\times t_w\times t_f=450\text{mm}\times250\text{mm}\times12\text{mm}\times12\text{mm}$，钢材屈服强度 $f_y=345\text{MPa}$

柱长细比 $\lambda=40$，柱截面含钢率 $\alpha_c=15\%$，梁柱线刚度比 $k=0.4$，梁柱极限弯矩比 $k_m=0.8$，柱荷载比 $n=0.4$，受火时间 $t=90\text{min}$。

具体分析参数如下。

1）柱长细比（λ），取 25、<u>40</u>、45。

2）柱截面尺寸（D），取 200mm、<u>400mm</u>、800mm。

3）柱截面含钢率（α_c），取 5%、10%、<u>15%</u>、20%。

4）梁柱线刚度比（k），取 0.2、<u>0.4</u>、1、2。

5）梁柱极限弯矩比（k_m），取 0.4、0.6、0.8。

6）柱荷载比（n），取 0、0.2、<u>0.4</u>、0.6。

7）受火时间（t），取 0、30min、60min、<u>90min</u>、180min。

（1）柱长细比（λ）

图 13.34 给出了不同长细比（λ）情况下，常温下和火灾后（$t=90\text{min}$）的节点相对水平荷载（P/P_{uo}）- 层间位移角（θ_d）关系曲线的比较情况，通过改变柱高以调整长细比（λ）。由图 13.34（a）可见，常温下 λ 不仅会影响曲线的数值，而且影响 P/P_{uo}-θ_d 曲线的形状。随着 λ 的增加，弹性阶段的相对刚度越来越小，下降段的相对刚度越来

越大，即下降段越来越陡。由图 13.34（b）可见，火灾后 P/P_{uo}-θ_d 曲线随 λ 的变化趋势与常温下基本相同，但火灾后节点的 P/P_{uo} 随着 λ 的增大，却略有增大。此外，从常温下和火灾后的对比情况可见，火灾后节点弹性阶段的相对刚度和下降段的相对刚度随着 λ 增大的变化的幅度变小，可能是由于钢梁和钢管混凝土柱火灾后抗弯刚度损失不同，火灾后节点梁柱线刚度比（k）有所增大所致。

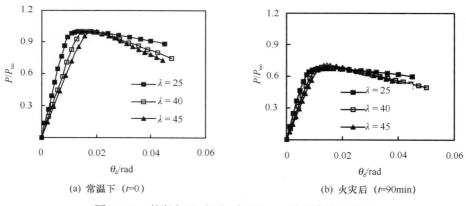

(a) 常温下（$t=0$）　　　　　　　　　　(b) 火灾后（$t=90\min$）

图 13.34　柱长细比（λ）对 P/P_{uo}-θ_d 关系曲线的影响

（2）柱截面尺寸（D）

图 13.35 给出了柱截面尺寸（D）对常温下和火灾后节点相对水平荷载（P/P_{uo}）-层间位移角（θ_d）骨架关系的影响。改变柱截面尺寸时，同时调整钢梁截面和跨度，以保证相同的梁柱线刚度比（k）和梁柱极限弯矩比（k_m）不变。可见，常温下随着 D 的变化，P/P_{uo}-θ_d 关系曲线保持不变；火灾后节点的相对弹性阶段刚度比常温下的略有提高，随着 D 的增大，P/P_{uo} 有所降低，下降段相对刚度越来越大，即下降段坡度越来越陡，且渐渐趋于常温下的下降段相对刚度，说明随着 D 的增大，火灾后钢管混凝土刚度损失程度逐渐减小，梁柱线刚度比（k）变化越来越小，弹塑性段和下降段变得越来越趋近于常温情况。

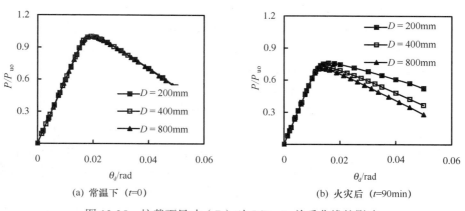

(a) 常温下（$t=0$）　　　　　　　　　　(b) 火灾后（$t=90\min$）

图 13.35　柱截面尺寸（D）对 P/P_{uo}-θ_d 关系曲线的影响

（3）柱截面含钢率（α_c）

图 13.36 为柱截面含钢率（α_c）对钢管混凝土结构节点相对水平荷载（P/P_{uo}）-层间位移角（θ_d）关系曲线的影响。改变柱钢管壁厚调整 α_c，同时调整钢梁截面和跨度以保证梁柱线刚度比（k）和梁柱屈服弯矩比（k_m）。可见，无论在常温下还是在火灾后，随 α_c 的减小总体上弹性阶段相对刚度逐渐增大，下降段相对刚度则迅速增大，即下降段坡度越来越大；但在 α_c＝10%～15% 的范围内，相对刚度则出现了相反的变化趋势。

(a) 常温下（t=0）　　　　　　　　　(b) 火灾后（t=90min）

图 13.36　柱截面含钢率（α_c）对 P/P_{uo}-θ_d 关系曲线的影响

随着 α_c 的变小，极限荷载对应的变形变小，说明节点的变形能力变差。对于火灾后情况，随着 α_c 的变小，P/P_{uo} 略有提高，且火灾后节点弹性阶段的相对刚度和下降段的相对刚度与常温情况相比，其随着 α_c 的改变而变化的幅度明显减小，尤其是下降段的相对刚度减小，下降段变得平缓，说明火灾后钢梁的抗弯刚度损失较钢管混凝土柱损失小，梁柱线刚度比（k）增大，即梁对柱的约束相对增强。

（4）梁柱线刚度比（k）

梁柱线刚度比（k）反映了钢梁对柱的约束程度，k 越大说明钢梁对柱的约束作用越强，反之越弱。图 13.37 给出了梁柱线刚度比（k）对节点常温下和火灾后相对水平荷载（P/P_{uo}）-层间位移角（θ_d）骨架曲线的影响情况。通过变化钢梁截面和跨度，调整梁柱线刚度比（k），同时保证梁柱屈服弯矩比（k_m）不变。

从图中可以看出，随着 k 的增大，常温下和火灾后节点的弹性阶段相对刚度都逐渐增大，而下降段相对刚度总体上逐渐变小，即下降段变得平缓；同时 k 的增大使得极限荷载对应的变形减小，即节点的变形能力降低。火灾后情况与常温相比，其 P/P_{uo} 随着 k 的增大而略有降低，且弹性阶段相对刚度和下降段相对刚度随 k 的增大而变化的幅度变小，说明火灾后由于 k 的变化导致梁对柱的约束相对增强。

（5）梁柱极限弯矩比（k_m）

图 13.38 给出了梁柱极限弯矩比（k_m）对常温下和火灾后节点相对水平荷载（P/P_{uo}）-层间位移角（θ_d）骨架关系的影响。通过变化钢梁截面和跨度调整梁柱屈服弯矩比（k_m），同时保证梁柱线刚度比（k）不变。可见，k_m 对常温下和火灾后节点 P/P_{uo}-θ_d 曲线的影响，与梁柱线刚度比（k）对 P/P_{uo}-θ_d 曲线的影响规律基本相同。即无论在常

图 13.37　梁柱线刚度比（k）对 P/P_{uo}-θ_d 关系曲线的影响

图 13.38 梁柱极限弯矩比（k_m）对 P/P_{uo}-θ_d 关系曲线的影响

温下或在火灾后，只要在保证 k 不变的情况下，随着 k_m 的减小，弹性阶段的相对刚度增大，且下降段相对刚度增大；火灾后 P/P_{uo} 随着 k_m 的减小略提高。

（6）柱荷载比（n）

图 13.39 给出了柱荷载比（n）对常温下和火灾后节点的相对水平荷载（P/P_{uo}）-层间位移角（θ_d）骨架关系的影响规律。可以看出，n 对常温下和火灾后节点的 P/P_{uo} -θ_d 曲线的数值和形状都有很大的影响，且影响规律类似。n 越大节点的水平极限承载力

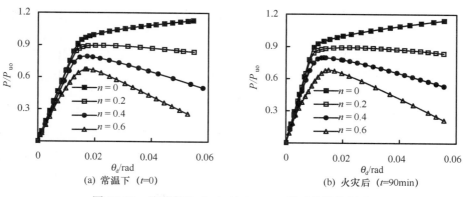

图 13.39　柱荷载比（n）对 P/P_{uo}-θ_d 关系曲线的影响

越低，弹性段的刚度越小，下降段的刚度则越大。当 n 达到一定的限值后，其骨架曲线出现下降段，而且下降段的坡度随着 n 的不断增大而越来越大，节点的位移延性也越来越小。n 对节点的弹性阶段刚度有影响，同时可以看到，n 对下降段的刚度的影响比弹性阶段刚度的影响大，这是因为下降段的刚度与 n 成正比。相同 n 下，节点火灾后弹性阶段的相对刚度比常温下要大些，这是由于火灾后钢管混凝土柱和钢梁抗弯刚度损失程度不同，火灾后梁柱线刚度比（k）有所增大，即梁对柱的约束作用增强，导致框架柱的计算长度减小，刚度增大；但进入强化段或下降段后，基本保持相同的刚度。

（7）受火时间（t）

图 13.40 给出了受火时间（t）对节点相对水平荷载（P/P_{uo}）- 层间位移角（θ_d）骨架曲线的影响。可见，随着 t 的延长，弹性阶段的相对刚度增大，且极限荷载对应的变形减小，下降段刚度逐渐变小，逐渐趋于平缓，说明火灾后梁和柱不同的抗弯刚度损失导致梁柱线刚度比（k）有所增大，提高了钢梁对柱的约束作用。

上述参数分析结果表明，由于钢梁和钢管混凝土柱火灾后不同的承载力和抗弯刚度损失，导致节点火灾后力学性能明显与常温下不同，主要表现在节点火灾后梁柱线刚度比（k）有所增大，

图 13.40　受火时间（t）对 $P/P_{uo}(t)$-θ_d 关系曲线的影响

提高了钢梁对钢管混凝土柱的约束作用，即改变了钢管混凝土柱的计算长度。

13.5　实用计算方法

采用 13.3 节所述的数值分析方法可对火灾后钢管混凝土柱 - 钢梁节点进行荷载 - 变形全过程分析，获得节点火灾后的力学性能指标，但该分析方法还是较为复杂，不便于工程实践应用。因此，基于 13.4 节对影响火灾后节点相对水平荷载（P/P_{uo}）- 层间位移角（θ_d）关系骨架线影响因素及其影响规律的分析，本节进一步确定节点的火灾后节点框架柱计算长度系数（μ），节点抗弯承载力（$M_u(t)$）和水平荷载（P）- 水平变形（Δ_h）滞回关系模型的简化计算方法，以便于工程实际应用。

13.5.1　节点框架柱计算长度系数

以有侧移在竖向集中力作用下的钢管混凝土柱 - 钢梁框架中柱节点为研究对象，采用节点实例对火灾后节点框架柱计算长度系数（μ）的变化规律进行分析。在本算例中，圆钢管混凝土柱：$D \times t_s$＝400mm×10mm，Q345 钢材，C60 混凝土，H＝3.6m；钢梁：$h \times b_f \times t_w \times t_f$＝450mm×200mm×10mm×10mm，Q345 钢材，L＝8.4m。

根据 13.2 节所述，可分别确定钢管混凝土柱的火灾后抗弯承载力 $[M_{cu}(t)]$ 和抗弯刚度 $[(EI)_c(t)]$ 以及钢梁的火灾后抗弯承载力 $[M_{bu}(t)]$ 和抗弯刚度为 $[(EI)_b(t)]$，

即可得到钢管混凝土柱火灾后抗弯承载力和抗弯刚度的变化系数 $M_{cu}(t)/M_{cu}$ 和 $(EI)_c$ $(t)/(EI)_c$ 以及钢梁的火灾后抗弯承载力和抗弯刚度变化系数 $M_{bu}(t)/M_{bu}$ 和 $(EI)_b(t)$ $/EI_b$，也可计算出火灾后节点的梁柱线刚度比 $k=[(EI)_b(t)\cdot H]/[(EI)_c(t)\cdot L]$ 和梁柱极限弯矩比 $k_m=M_{bu}(t)/M_{cu}(t)$，表 13.9 所示为不同受火时间（t）时以上指标的计算表格。

根据梁柱线刚度比（k）即可得到节点框架柱的计算长度系数（μ），陈骥（2006）给出了如下有侧移多层多跨刚性节点框架柱计算长度系数的实用计算公式为

$$\mu=\sqrt{\frac{7.5K_1K_2+4(K_1+K_2)+1.52}{7.5K_1K_2+K_1+K_2}} \qquad (13.31)$$

式中：K_1 和 K_2 分别为交于框架柱上端和下端的梁的线刚度之和与柱的线刚度之和的比值，该值反映了梁与柱连接的约束刚度。对于本章研究的中柱节点，可取 $K_1=K_2=k=$ $[(EI)_b(t)\cdot H]/[(EI)_c(t)\cdot L]$。

由节点试验结果可知，外加强环板型节点火灾后仍满足刚性节点的条件，因此根据式（13.31）即可得到对应不同受火时间后的计算长度系数（μ），如表 13.9 所示。为了得到框架柱计算长度系数的理论值（μ_c），采用有限元模型确定不同受火时间（t）后节点框架柱的极限承载力（$N_{cu}(t)$），进而得到对应不同受火时间（t）后节点框架柱的剩余承载力系数理论值（$N_{cu}(t)/N_{cu}$），N_{cu} 为常温下节点框架柱的极限承载力，如表 13.9 所示。

表 13.9　节点火灾后性能分析

t/min	$\dfrac{M_{cu}(t)}{M_{cu}}$	$\dfrac{M_{bu}(t)}{M_{bu}}$	$\dfrac{(EI)_c(t)}{(EI)_c}$	火灾后 k	火灾后 k_m	$\dfrac{N_{cu}(t)}{\text{kN}}$	$\dfrac{N_{cu}(t)}{N_{cu}}$	μ	μ_c	k_r	k_r'
0	1	1	1	0.296	0.678	8853	1	1.413	1.333	1	1
30	0.925	0.921	0.930	0.318	0.675	8184	0.924	1.396	1.278	0.894	0.891
60	0.802	0.770	0.860	0.344	0.651	6741	0.761	1.378	1.250	0.764	0.758
90	0.714	0.697	0.826	0.358	0.662	6052	0.684	1.369	1.236	0.678	0.670
120	0.653	0.643	0.802	0.369	0.667	5497	0.621	1.363	1.208	0.614	0.604
150	0.607	0.606	0.785	0.377	0.677	5269	0.595	1.358	1.167	0.569	0.557
180	0.568	0.571	0.773	0.383	0.680	4753	0.537	1.355	1.153	0.539	0.526

对图 13.41 所示的"等效"柱进行分析，通过调整柱的计算长度（$\mu_c H$），使该"等效"柱具有与节点框架柱相同的火灾后极限承载力 $N_{cu}(t)$，从而得到对应节点框架柱的等效计算长度理论值，于是得到计算长度系数理论值（μ_c），即理论计算长度与原柱长之比，如表 13.9 所示。由理论计算长度（$\mu_c H$），根据韩林海（2007）提供的火灾后钢管混凝土柱剩余承载力系数（k_r）计算方法，得到节点框架柱火灾后剩余承载力系数（k_r'），如表 13.9 所示。

由上述实例分析结果可见，该节点由于火灾后钢管混凝土柱与钢梁的承载力与刚度的损伤程度不同，节点火灾后梁柱线刚度比发生了变化，随之引起框架柱计算长度

的变化。根据钢管混凝土柱和钢梁火灾后刚度变化情况，采用式（13.31）可得不同受火时间后的框架柱的计算长度（μH），从而采用简化计算方法得到框架柱的火灾后极限承载力（$N_{cu}(t)$），并可以用节点框架柱的极限承载力来反映该节点的承载力变化情况。

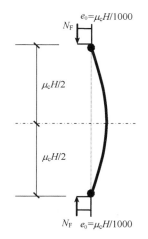

图 13.41　"等效"柱示意图

13.5.2　节点承载力实用计算方法

通过上述 $P\text{-}\Delta_h$ 骨架线影响因素分析和火灾后框架柱计算长度系数（μ）结果可知，火灾后钢管混凝土结构节点框架柱的力学性能不仅和钢管混凝土柱本身的承载力和刚度变化有关，而且和与其连接的钢梁的火灾后力学性能有关，主要体现在由于梁柱线刚度比的变化影响了框架柱的计算长度。因此，可以通过修改框架柱火灾后计算长度来确定其火灾后承载力，计算长度可以通过梁柱的刚度变化获得，即可按下面方法得到。

（1）确定钢管混凝土结构节点的钢管混凝土柱火灾后计算长度

根据上述有关钢管混凝土火灾后抗弯刚度实用计算方法以及钢梁火灾后抗弯刚度的确定方法，确定钢管混凝土柱和钢梁火灾后抗弯刚度，从而得到梁柱线刚度比 k，然后由式（13.31）确定节点框架柱火灾后修正计算长度系数 μ，即得到其计算长度 μH，H 为柱子的实际长度。

（2）确定在柱顶恒定轴压力 N_f 作用下节点框架柱的抗弯承载力 $M_{cu}(t)$

1）对于常温下钢管混凝土柱，可依据规程 DBJ13-51—2003（2003）给出的钢管混凝土压弯相关方程，并根据经过修正的计算长度 μH 确定其压弯相关曲线。

2）对于 $N_f = 0$ 的框架柱，按照 13.2.1 节相关方法来确定其抗弯承载力 $M_{cu}(t)$。

3）对于 $N_f > 0$ 的框架柱，采用韩林海（2007）中的计算方法来确定其在轴压力 N_f 作用下的抗弯承载力 $M_{cu}(t)$，如表 13.10 所示。

（3）计算比较结果

根据悬臂柱的计算长度 $\mu H/2$ 和抗弯承载力 $M_{cu}(t)$，容易计算得到节点水平极限承载力 $P_{uo} = M_{cu}(t)/(\mu H/2)$，表 13.10 给出了本章节点试验得到的 $P_{uo（实测）}$ 和计算得到的 $P_{uo（计算）}$ 的比较情况。

表 13.10　节点承载力试验值与计算值比较

试件编号	$P_{uo（实测）}$/kN	μ	$M_{cu}(t)$ / (kN·m)	$P_{uo（计算）}$/kN	$\dfrac{P_{uo（计算）}}{P_{uo（实测）}}$
C11-B90C90	15.61 −15.93	1.471	18.40	15.94	1.021 1.001
C12-B90C90	20.59 −21.03	1.322	18.40	17.73	0.861 0.843
C13-B90C90	18.61 −20.01	1.322	15.09	14.54	0.781 0.727

试件编号	$P_{uo(实测)}$/kN	μ	$M_{cu}(t)$ /（kN·m）	$P_{uo(计算)}$/kN	$\dfrac{P_{uo(计算)}}{P_{uo(实测)}}$
C21-BNC90	24.43 −25.28	1.331	18.40	17.61	0.721 0.697
C22-BNC90	22.69 −24.28	1.424	18.40	16.46	0.725 0.678
C23-BNC90	27.13 −26.06	1.295	18.40	18.10	0.667 0.695
S11-B0C0	24.9 −26.1	1.425	22.87	23.07	0.927 0.884
S12-B90C90	15.49 −16.11	1.314	13.29	12.89	0.832 0.800
S13-B90C90	16.43 −16.88	1.211	13.29	13.98	0.851 0.828
S21-BNC90	17.77 −17.08	1.218	11.68	12.22	0.688 0.715
S22-B0C0	27.28 −29.09	1.298	19.69	19.33	0.709 0.664
S31-BNC90	22.7 −	1.247	13.29	13.58	0.598 −
S32-BNC90	15.11 −15.99	1.247	11.68	11.94	0.790 0.747
S33-BNC90	15.72 −14.85	1.247	13.98	14.29	0.909 0.962

从 $P_{uo(计算)}/P_{uo(实测)}$ 值的对比情况可见，$P_{uo(计算)}/P_{uo(实测)}$ 的平均值为 0.790，均方差为 0.110，简化计算承载力与实测结果基本吻合，且偏于安全，$P_{uo(计算)}$ 基本反映了节点火灾后水平承载力的变化规律。因此，基于上述理论分析和实用计算结果，火灾后钢管混凝土结构节点的水平极限承载力计算，可以通过经过修正计算长度的节点框架柱的承载力来确定。

13.5.3　水平荷载 - 水平变形滞回关系模型

为了能对钢管混凝土结构体系进行火灾后的抗震分析提供参考，进而为火灾后抗震修复加固设计提供依据，需要确定火灾后钢管混凝土框架柱 $P\text{-}\Delta_h$ 滞回模型。

采用 13.5.2 节修正框架柱计算长度系数的方法，确定了常温下和火灾后钢管混凝土节点的水平承载力，同样，可以采用相同的修正方法，并结合韩林海（2007）中常温下钢管混凝土柱的 $P\text{-}\Delta_h$ 恢复力模型，确定火灾后钢管混凝土结构节点的框架柱的 $P\text{-}\Delta_h$ 恢复力模型，具体步骤如下。

1）采用 13.5.2 节相同方法，确定钢管混凝土节点的框架柱修正的计算长度。

2）采用 13.5.2 节相同方法，确定钢管混凝土框架柱抗弯承载力 $M_{cu}(t)$，即如表 13.10 中所示的 $M_{cu}(t)$。

3）根据上述确定的在恒定轴压力 N_f 作用下的钢管混凝土柱抗弯承载力 $M_{cu}(t)$，并采用韩林海（2007）给出的如下常温下钢管混凝土柱的 $P\text{-}\Delta_h$ 恢复力模型，确定火灾后钢管混凝土框架柱的水平荷载 - 水平位移恢复力模型如下。

经对计算结果的分析，发现在如下参数范围，即 $n=0\sim0.8$、$\alpha_c=0.03\sim0.20$、$\lambda=10\sim80$、$f_y=200\sim500\text{MPa}$、$f_{cu}=30\sim90\text{MPa}$、$\xi=0.2\sim4$，火灾后钢管混凝土节点的 $P\text{-}\Delta_h$ 滞回模型可采用图 13.42 所示的三线性模型，其中 A 点为骨架线弹性阶段的终点，B 点为骨架线峰值点，其水平荷载值为 P_y，A 点的水平荷载大小取 $0.6P_y$。模型中尚需考虑再加载时的软化问题，模型参数包括：弹性阶段的刚度（K_a）、B 点位移（Δ_p）和最大水平荷载（P_y）以及第三段刚度（K_T）。曲线从 1 点或 4 点卸载时，卸载线将按弹性刚度（K_a）进行卸载，并反向加载至 2 点或 5 点，2 点和 5 点纵坐标荷载值分别取 1 点和 4 点纵坐标荷载值的 0.2 倍；继续反向加载，模型进入软化段 23' 或 5D'，点 3' 和 D' 均在 OA 线的延长线上，其纵坐标值分别与 1（或 3）点和 4（或 D）点相同。随后，加载路径沿 3'1'2'3 或 D'4'5'D 进行，软化段 2'3 和 5'D 的确定办法分别与 23' 和 5D' 类似。模型中参数的确定办法同韩林海（2007）中的方法，此处不再赘述。

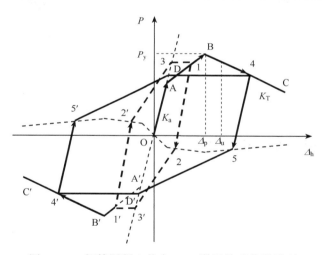

图 13.42　钢管混凝土节点 $P\text{-}\Delta_h$ 滞回关系曲线模型

按照上述方法，即可得到钢管混凝土柱的简化实用 $P\text{-}\Delta_h$ 滞回曲线，部分试件的对比如图 13.43 所示，从图中实测 $P\text{-}\Delta_h$ 滞回曲线与节点试验 $P\text{-}\Delta_h$ 滞回曲线比可见，对于柱端屈服破坏的试件与节点核心区屈服破坏的试件，实用模型滞回曲线与节点试验滞回曲线符合较差；对于梁端屈服破坏的试件和节点核心区屈服破坏的试件，实用模型滞回曲线与节点试验滞回曲线符合较好。因此，采用钢管混凝土柱实用滞回模型总体上较好地反映了火灾后钢管混凝土结构节点在往复荷载作用下的滞回力学性能。

图 13.43（a）所示为按照上述方法得到简化实用 $P\text{-}\Delta_h$ 滞回模型曲线与按 13.3.3 节 $P\text{-}\Delta_h$ 滞回曲线理论计算方法得到的滞回曲线的比较情况，图中浅色粗实线为简化实用

$P\text{-}\Delta_h$ 回模型曲线，黑实线为滞回曲线理论计算方法得到的滞回曲线。

从图 13.43（a）中两类不同滞回曲线的比较情况可见，两类曲线在弹塑性阶段符合较好，但在构件屈服后存在着一定的差异，主要由于 $P\text{-}\Delta_h$ 滞回曲线理论计算方法中钢梁采用了随动强化模型，不能较好地计算节点钢梁屈服后的力学性能。另外，由于省略了截面的切线刚度阵中由 EA 项和 EI 项相互影响而产生的 ES 项，也会造成一定的影响。

从图 13.43 所示的数值计算节点滞回曲线和节点实测滞回曲线的比较，以及计算长度经过修正的钢管混凝土框架柱的滞回模型曲线和节点试验滞回曲线的比较来看，两类曲线虽然存在一定的差异，但总体上两类滞回曲线都能有效地反应火灾后钢管混凝土结构节点在往复荷载作用下的 $P\text{-}\Delta_h$ 滞回曲线特性，也能反映其滞回性能随本章试验参数的变化规律。

(a) 简化模型与数值计算比较　　　　　　　(b) 实测结果与简化模型比较

图 13.43　节点 $P\text{-}\Delta_h$ 滞回关系曲线比较

13.5.4　火灾后组合节点修复方法讨论

整体框架结构遭受火灾后，除了对框架中的柱或梁进行火灾后评估，进而修复加固外，对于梁柱连接的关键部位——节点也需要采用合理的方法对其进行评估，从而制定合理的火灾后修复加固策略。

框架结构节点的一个主要功能是传递梁端弯矩、剪力和轴力给与其相连的柱，从而使梁、柱共同受力，成为整体，形成结构。为实现这一功能，节点需满足一定的刚度和强度要求。通过分析节点的弯矩－梁柱相对转角关系可以发现，火灾后钢管混凝土柱－钢梁节点的剩余刚度和剩余承载力均有所降低，因此对于火灾后梁柱连接节点进行修复加固是很有必要的。

与构件类似，对火灾后框架结构节点的力学性能进行评估时同样应考虑受火过程中温度和荷载历史的影响，具体思路如下。

（1）确认需要评估的节点

根据检测报告和火灾现场调查资料等来确定需要评估的节点。

（2）确定火荷载

根据检测报告和火灾现场调查资料等，获得火灾发生时的火灾荷载和开口尺寸等参数，采用经验参数模型获得作用在节点以及与其相连的构件上的温度 - 时间曲线。

（3）确定节点隔离体、边界条件和初始条件

以节点区以及与节点相连的梁、板和柱长度的一半为隔离体，考虑相邻构件的约束作用来确定节点的边界条件，作用在构件上的荷载可按最不利荷载组合标准值取用。初始条件包括构件的初始缺陷（如初偏心、初应力）、初挠度和支座处的初位移等。

（4）对受火后节点的刚度和承载力进行评估

确定了节点计算对象、边界条件和初始条件之后，即可对节点的火灾后力学性能进行评估，通过计算模型确定节点的火灾后弯矩 - 梁柱相对转角关系，从而获得节点的火灾后刚度和承载力。计算过程中需引入全过程的思想，考虑火灾下力和温度的耦合作用。

（5）对加固后节点的刚度和承载力进行评估

基于第（4）条的火灾后节点力学性能评估，对加固后节点的刚度和承载力进行评估。

本章在进行火灾后钢管混凝土柱 - 钢梁连接节点滞回性能的试验研究时，对部分节点采用替换钢梁的方法进行了修复，从图 13.7 可以看出，采用该方法修复后的节点 P-Δ_h 滞回曲线较为饱满，在实际应用时可取得较好的效果，但需要强调的是，本章所进行的火灾后钢管混凝土柱 - 钢梁节点滞回性能试验研究和数值模型计算与实际建筑结构中该类节点的火灾后受力工况有所差别。

节点实际受力应该是一个连续的过程，节点经历的历史阶段应包括：①常温加载阶段 [如图 13.44（a）所示]，这一阶段与节点相连的梁和柱上的竖向荷载达到正常使用阶段的设计值；②持荷受火阶段 [如图 13.44（b）所示]，保持梁和柱上竖向荷载不变，节点遭受升、降温火灾，且在火灾下节点没有达到极限状态；③火灾后滞回阶段 [如图 13.44（c）所示]，火灾后保持梁和柱的竖向荷载不变，节点柱端遭受水平荷载（位移）直到节点破坏。

(a) 常温加载阶段　　　　　(b) 持荷受火阶段　　　　　(c) 火灾后滞回阶段

图 13.44　火灾后节点滞回性能分析模型选取

第 12 章的研究结果表明：初始荷载作用下，升、降温火灾后节点的力学性能与无初始荷载作用的火灾后节点力学性能有所不同，实际情况下，对节点的火灾后力学性能进行评价时，考虑初始荷载和升、降温火灾的作用更接近于实际条件。从第 12 章给出的节点弯矩 - 梁柱相对转角关系可以看出，初始荷载作用下节点的火灾后峰值弯矩和初始刚度会低于无初始荷载作用的情况，即：初始荷载（柱轴向荷载 N_f 和梁上均布荷载 q_f）对火灾后继续持荷（梁上荷载 q_u）达到极限状态时节点的静力性能有明显影响。因此，在对实际工程中的节点进行火灾后修复时，考虑初始荷载对火灾后节点滞回性能的影响，从而制定修复加固方案，是更为合理的方法。

13.6　本 章 结 论

本章进行了钢管混凝土柱 - 钢梁节点的火灾后力学性能试验研究，建立了可以进行火灾后该类节点荷载 - 位移全过程分析的数值计算模型，模型计算结果与实测结果吻合较好。采用建立的理论分析模型，对影响火灾后节点相对水平荷载（P/P_{uo}）- 层间位移角（θ_d）骨架曲线的各参数进行了分析，并提出了火灾后节点 P-Δ_h 滞回关系的简化计算模型。

参 考 文 献

陈骥，2006. 钢结构稳定理论与设计 [M]. 3 版. 北京：科学出版社.

福建省工程建设地方标准，2003. 钢管混凝土结构技术规程：DBJ13-51—2003 [S]. 福州.

韩林海. 2007. 钢管混凝土结构—理论与实践 [M]. 2 版. 北京：科学出版社.

韩林海，陶忠，王文达. 2009. 现代组合结构和混合结构 [M]. 北京：科学出版社.

李国强，沈祖炎，1998. 钢结构框架体系弹性及弹塑性分析与计算理论 [M]. 上海：上海科学技术出版社.

唐九如. 1989. 钢筋混凝土框架节点抗震（第一版）[M]. 南京：东南大学出版社.

中华人民共和国国家标准，2002. 建筑抗震设计规范：GB 50011—2001 [S]. 北京：中华人民共和国建设部.

中华人民共和国行业标准，1997. 建筑抗震试验方法规程：JGJ 101—96 [S]. 北京：中华人民共和国建设部.

周起敬，1991. 钢与混凝土组合结构设计施工手册 [M]. 北京：中国建筑工业出版社.

ATC-24, 1992. Guidelines for cyclic seismic testing of components of steel structures [S]. Redwood City (CA): Applied Technology Council.

BEUTEL J, THAMBIRATNAM D, PERERA N, 2001. Monotonic behaviour of composite column to beam connections [J]. Engineering Structures, 23 (9): 1152-1161.

CHENG C T, CHUNG L L, 2003. Seismic performance of steel bemas to concrete-filled steel tubular column connections [J]. Journal of Constructional Steel Research, 59(3): 405-426.

ELREMAILY A, AZIZINAMINI A, 2001. Experimental behavior of steel beam to CFT column connections [J]. Journal of Constructional Steel Research, 57(10): 1099-1119.

HAN L H, HUO J S, WANG Y C, 2007. Behavior of steel beam to concrete-filled steel tubular column connections after exposure to fire [J]. Journal of Structural Engineering, ASCE, 133(6): 800-814.

NISHIYAMA I, MORINO S, SAKINO K, et al., 2002. Summary of research on concrete-filled structural steel tube column system carried out under the US-Japan cooperative research program on composite and hybrid structures [R]. BRI Research Paper No.147, Building Research Institute, Japan.

第14章 全过程火灾作用下钢管混凝土叠合柱 - 钢筋混凝土梁连接节点的力学性能

14.1 引　言

本章对图 1.14 所示的全过程火灾作用下钢管混凝土叠合柱 - 钢筋混凝土（RC）梁连接节点的力学性能进行研究，所用钢管混凝土叠合柱的截面形式如图 1.7（c，1）所示。研究了钢管混凝土叠合柱 - 钢筋混凝土梁节点的破坏模态、耐火极限、火灾后剩余承载力、温度 - 受火时间关系、荷载 - 位移关系等，分析了梁截面尺寸、梁荷载比、柱荷载比和升温时间比等参数的影响。基于组合节点的弯矩 - 相对转角关系，计算了节点火灾后剩余承载力系数、剩余刚度系数、残余转动变形系数和峰值转动变形系数，给出了这些评价指标的确定方法。

14.2　有限元模型

本章在第 8 章建立的钢管混凝土叠合柱有限元模型的基础上，建立钢管混凝土叠合柱 - 钢筋混凝土梁节点的有限元模型，包含温度场分析和力学性能分析两部分。

以 14.3 节所论述的试验中的典型节点试件为例，基于 ABAQUS 软件平台（ABAQUS，2010）建立钢管混凝土叠合柱 - 钢筋混凝土梁节点温度场分析有限元模型。

温度场分析模型中包括钢管混凝土叠合柱（混凝土，钢管、纵筋、箍筋）、钢筋混凝土梁（混凝土、纵筋、箍筋）、节点区暗牛腿、刚性端板（柱上下端板和梁端板）等部件，其中混凝土部分和刚性端板采用传热实体（DC3D8）单元，钢管和暗牛腿采用传热壳（DS4）单元，钢筋采用传热桁架（DC1D2）单元。所建立的有限元模型及各部分的网格划分见图 14.1 所示。钢材和混凝土的热工参数与 3.2.1 节相同。

混凝土和加载端板均使用实体（C3D8R）单元，钢管和暗牛腿部分均为壳（S4R）单元，钢筋均为桁架（T2D2）单元。力学性能分析模型中的网格划分与温度场模型相同，如图 14.1 所示。

材料的应力 - 应变关系模型与 8.2.2 节相同。其中钢筋混凝土梁板中的混凝土的本构关系模型与 8.2.2 节钢管混凝土叠合柱中混凝土保护层中的非约束混凝土的本构关系模型相同。

有限元模型中设置三个分析步，即常温加载阶段，升、降温阶段和火灾后阶段。模型中钢管混凝土叠合柱部分的接触与 8.2.2 节相同。钢筋混凝土梁板中，梁板内钢筋与混凝土的接触方式为"Embedded"约束，节点区暗牛腿与周围混凝土之间为"Embedded"约束。

图 14.1　节点边界条件和网格划分示意图

本节在 3.2.2 节的基础上，采用进一步简化的方法对混凝土高温爆裂进行模拟。参照吴波等（2002）提出的"混凝土保护层在升温 35min 时集中失效"的假设，在升温一定时间（35min），在混凝土保护层中再增加一个虚拟的"受火面"，通过该"受火面"提高混凝土保护层的温度。

上述有限元模型的计算结果得到本书 14.3 节所述试验结果的验证。

14.3　全过程火灾作用下钢管混凝土叠合柱 - 钢筋混凝土梁连接节点试验研究

本节进行了钢管混凝土叠合柱 - 钢筋混凝土梁节点在图 1.14 所示的 A→A′→B′→C′→D′→E′ 的时间 - 温度 - 荷载路径下的力学性能试验研究，包括十个构件，其中 7 个试件进行的是耐火极限试验，三个试件进行的是全过程火灾后试验（周侃，2017）。

14.3.1　试验概况

根据实际工程中使用的钢管混凝土叠合结构的信息，参考《钢管混凝土叠合柱结构技术规程》（CECS 188—2005）（2005）、《混凝土结构设计规范》（GB50010—2010）（2010）和《建筑抗震设计规范》（GB50011—2010）（2010）等规范和规程，考虑试验设备的加载能力，设计了十个十字形钢管混凝土叠合柱 - 钢筋混凝土梁节点，其中七个试件进行的是耐火极限试验，三个试件进行的是全过程火灾后试验。其中方钢管混凝土叠合柱的横截面的边长（B）为 300mm，柱的高度（H）均为 3800mm（含上、下两个 20mm 厚的端板），钢管尺寸为外径（D_i）×壁厚（t_s）＝159mm×6mm。为考虑楼板的影响，钢筋混凝土梁上部设计了钢筋混凝土楼板。J0 和 J1 组试件的梁高度（h）分别为 300mm 和 350mm。试验类型"R"表示耐火极限试验，"P"表示全过程火灾后试验。试件信息如表 14.1 所示。表 14.1 中，k 为梁柱线刚度比［式（9.1）］，k_m 为梁柱极限弯矩比［式（9.2）］，n 为柱荷载比，其定义如式（3.17）所示；m 为梁荷载比，其定义如式（3.18）所示；t_h 为升温时间，t_R 表示耐火极限，即对应试件进行的是耐火极限试验。

表 14.1　钢管混凝土叠合柱 - 钢筋混凝土梁连接节点试件信息表

试件编号	柱尺寸□−B×D/mm×mm 钢管尺寸○−D_i×t_s/mm×mm 梁尺寸 h×b/mm×mm	k	k_m	n	N_F/kN	m	P_F/kN	t_h	试验类型
J0-1				0.42	2036	0.56	46.30	t_R	R
J0-2				0.42	2071	0.51	42.30	t_R	R
J0-3	□−300×300 ○−159×6 300×200（2Φ18/2Φ18）	0.35	0.28	0.42	2071	0.51	42.30	0.36t_R	P
J0-4				0.42	2071	0.51	42.30	0.68t_R	P
J0-5				0.42	2071	0.28	23.15	t_R	R
J0-6				0.30	1450	0.28	23.15	t_R	R
J1-1				0.42	2071	0.50	53.10	t_R	R
J1-2	□−300×300 ○−159×6 350×200（2Φ18/2Φ18）	0.55	0.36	0.42	2071	0.25	26.50	t_R	R
J1-3				0.30	1450	0.25	26.50	t_R	R
J1-4				0.30	1450	0.25	26.50	0.33t_R	P

试验考察的参数为梁荷载比、柱荷载比、梁柱线刚度比和升温时间比等。

1）梁荷载比 m：0.30～0.42。m 的定义如式（3.18）所示，其中 P_F 为梁端集中荷载；P_u 为常温下梁端作用集中荷载时的极限承载力，通过 14.2 节的有限元模型计算得到，J0、J1 组节点的梁的极限承载力分别为 83.41kN 和 106.55kN。

2）柱荷载比 n：0.25～0.56。柱荷载比（n）的表达式如式（3.17）所示，其中 N_u 为常温下钢管混凝土叠合柱的极限承载力，N_F 为火灾试验时作用在柱端的柱轴向荷载。柱常温下极限承载力 N_u 通过第 8.2 节的有限元模型计算得到，柱的极限承载力为 4876kN。

3）节点区梁柱线刚度比 k：0.35～0.55。k 的定义如式（9.1）所示，其中（EI）$_b$ 和（EI）$_c$ 分别为钢筋混凝土梁和钢管混凝土叠合柱的抗弯刚度，L 和 H 为梁长度和柱高度，其中（EI）$_b$ 根据 GB50010—2010（2010）给出的钢筋混凝土受弯构件短期刚度确定（针对节点区并考虑楼板影响）；（EI）$_c$ 按照 CECS 188—2005（2005）的规定计算为

$$(EI)_c = E_{co}I_{co} + E_{ci}I_{ci} + E_sI_s \qquad (14.1)$$

式中：$E_{co}I_{co}$、$E_{ci}I_{ci}$ 和 E_sI_s 分别为钢管外混凝土、内混凝土和钢管的抗弯刚度。

4）升温时间比 t_o：0.33～0.68。t_o 的定义如式（8.8）所示，其中 t_R 为耐火极限，t_h 为升温时间。

梁柱极限弯矩比（k_m）的定义如式（9.2）所示，其中 M_{bu} 为常温下钢筋混凝土梁的极限弯矩，M_{cu} 为常温下钢管混凝土叠合柱的极限弯矩。钢筋混凝土梁的 M_{bu} 根据 GB50010—2010（2010）计算，考虑楼板的影响，对于 J0 组试件，$M_{bu}=43kN\cdot m$；对于 J1 组试件，$M_{bu}=53kN\cdot m$；钢管混凝土叠合柱的 M_{cu} 根据 An 和 Han（2014）提出的钢管混凝土叠合柱压弯设计方法计算，$M_{cu}=151kN\cdot m$。

节点试件立面图及位移测点和热电偶布置如图 14.2 所示。

图 14.3 所示为节点试件梁板平（剖）面图，根据对称性，左半侧给出的是图 14.2

图 14.2　节点试件立面图（尺寸单位：mm）

图 14.3　梁板平（剖）面图（尺寸单位：mm）

中的 A—A 剖面图，右半侧给出的是图 14.2 中的 B—B 剖面图。

图 14.4 所示试件端板及端部加劲肋详图。为保护柱上、下端部在试验中不先于试件梁柱及节点区发生破坏，在上、下柱端部各设置一个型钢加劲肋。

图 14.4　试件端板及端部加劲肋详图（尺寸单位：mm）

按照《金属材料拉伸试验第 1 部分：室温试验方法》（GB/T288.1—2010）（2011）对钢管、型钢、钢筋等取样并进行拉伸试验，结果如表 14.2 所示。

表 14.2　钢材力学性能指标

材料类型	钢管、钢筋直径或钢板厚度 /mm	屈服强度 f_y /MPa	极限强度 f_u /MPa	弹性模量 E_s / ($\times 10^5$ N/mm^2)	泊松比 ν_s
钢管 Φ159	159	416	642	2.45	0.279
钢板	10	374	515	2.28	0.275
梁纵筋	18	412	581	2.01	0.294
柱纵筋	16	363	558	1.90	0.296
箍筋	8	284	471	2.17	—*

* 由于无法贴片，直径为 8mm 的钢筋泊松比未测量。

试件设计、制作过程考虑了钢管混凝土叠合柱中钢管内外混凝土的差异，使用两批商品混凝土，设计强度分别为 C50 普通混凝土和 C30 细石混凝土，分别用于钢管内部和外部，其中钢管外部指柱钢管外部混凝土和梁、板中的混凝土。混凝土配合比与第 8 章中钢管混凝土叠合柱使用的混凝土相同。试件 J0-1 进行试验时，内、外部混凝土龄期分别为 350 天和 308 天；其他试件试验时，内、外混凝土的龄期分别为 552～591 天和 510～549 天。由于混凝土养护时间较久，后期混凝土强度的提高幅度较小。根据《普通混凝土力学性能试验方法标准》（GB/T50081—2002）（2003）对两批混凝土的性能进行测试，并得到 28 天时和试件 J0-1 试验混凝土立方体抗压强度，如表 14.3 所示。值得注意的是，C50 普通混凝土测得的含水率为 5.08%，但由于测含水率的试块处于室外环境中，与钢管混凝土叠合柱内部的混凝土所处的密封环境差异较大，实际内部混凝土的含水率可能高于此数值。如 Tao 和 Ghannam（2013）对钢管混凝土柱含水率进行了综述，不同学者对含水率的取值有所不同，但最大值取为 10%，Wang 和 Young（2013）在分析钢管混凝土柱耐火极限时，含水率最高值也取为 10%。

表 14.3　混凝土力学性能指标

材料类型	28 天抗压强度 /MPa	试验时抗压强度 /MPa	试验时质量含水率
C30 细石混凝土	24.9	31.8	4.54%
C50 普通混凝土	56.4	60.4	5.08%

　　采用了钢管混凝土叠合柱的框架结构在受火时，其结构上的荷载见图 9.1（a）所示。取底层中间节点作为分析对象，柱下端可视为固定端，上端约束平面内转动，并受轴向荷载 N_F、梁两端约束轴向变形和平面内转动、梁上承受均布线荷载 q_F，如图 9.1（b）所示。在设计试验时，考虑试验设备的实际情况，对上述边界条件进一步简化，上端仅可发生竖向的平动，并作用竖向荷载 N_F，柱下端仍然为固定端，梁两端为悬臂端，端部伸到炉膛外部施加竖向集中荷载 P_F，见图 9.1（c）所示。由于火灾试验特性及设备条件所限，梁上荷载情况与实际工程中的荷载情况有差异。

　　试验在亚热带建筑科学国家重点实验室进行，试验装置如图 14.5 所示，该装置与第 8 章开展的钢管混凝土叠合柱试验的装置相同，具体见第 8 章介绍。开展节点试验时，两侧的梁从炉壁上洞口中伸出，用石棉对梁周围与洞口之间的空隙进行封堵，如图 14.5（a）所示。由于石棉质地较软，其对试件的影响可忽略。上下端连接方式如图 14.5（b）所示。

(a) 梁端加载装置　　　　　　　　　(b) 试件、炉膛及上线边界条件

图 14.5　钢管混凝土叠合柱 - 钢筋混凝土梁节点试验装置

试验过程中采集的数据如下。

　　1）炉膛温度。通过试验炉中内置的 10 个热电偶（其中东面墙 4 个，其余面各 2 个）测量得到，最终的炉膛温度为 10 个热电偶的平均值。

　　2）试件温度。采用型号为 WRNK-196K 的镍铬 - 镍硅型热电偶，其测量范围是 0～1200℃，直径 6mm，铠装长度为 2.5m，引出线长度为 0.5m。每个节点试件中选取

四个截面布置了热电偶，分别是梁节点区（BJ）、梁非节点区（BN）、柱节点区（CJ）和柱非节点区（CN），具体位置及测点布置如图 14.2 所示。图 14.6 所示为部分热电偶测点布置图，［图 14.6（a）］所示为 CN 区 CN7 和 CN8 布置图，为了便于固定，CN7 为绕过柱一边，并与钢筋捆绑、固定，CN8 直接捆绑在纵向钢筋上。图 14.6（b）所示为梁上部分测点布置图，梁上热电偶均固定在钢筋上。

(a) CN区部分测点　　　　　　　　　　　(b) 梁板上部分测点

图 14.6　热电偶布置

3）位移，包括柱轴向变形和梁端挠度。前者通过架设在加载板［图 14.5（b）］上表面的 4 个应变式位移计测量得到，该位移计量程为 100mm，其布置见第 8 章；梁端挠度通过 1 个架设在梁端的位移计测量得到，其量程为 200mm，位移计的位置如图 14.5 所示。位移信号采用 DH3816 静态应变测试系统进行采集。

4）柱、梁上的荷载。柱、梁端的荷载通过串联在千斤顶下方的力传感器测量得到，力传感器的位置如图 14.5 所示。柱顶端的力传感器型号为 GNS-Y01，量程为 500t，梁端两个传感器的型号均为 GNS-Y05，量程为 100t。

试验过程如下。

1）检查设备。检查控制系统、数据采集系统和燃烧系统工作性能。查看温度数据，确定热电偶接线正确且可采集到温度数据。

2）柱端加载。先对柱施加荷载，梁不加载。柱缓慢分级加载至试验荷载值，每级 200kN，各级加载后稳定 1min。

3）梁端加载。梁加载至试验荷载值，每级 10kN，加载过程中保持两端同步，各级加载后稳定 1min。

4）荷载调整。对柱进行补载，在对梁进行补载，反复调整至梁、柱均达到设计试验荷载值并保持稳定，持续 15min。

5）升温阶段。开排烟风机、助燃风机，待炉内压强稳定。选取合适时间点火，按照 ISO-834（1975）升温曲线升温，保持柱端和梁端荷载值稳定，位移数据启动连续采集，采集频率为 10s 一次，温度数据由控制台自动采集。若为耐火极限试验，当试件满足破坏判定准则时停止试验，梁两端同时卸载，然后柱缓慢卸载。

6）降温阶段。若为全过程火灾后试验，升温至预定时间后，停止升温。维持助燃风机和排烟风机运转，采用自然降温，温度、位移数据持续采集，维持荷载不变，至整个截面温度降至 100℃以下，停止采集数据，打开炉门。

7）火灾后阶段。维持梁、柱上的荷载，对炉膛内部进行简单的清理，清除包裹在试件表面的石棉。检查、拍照记录，观察裂缝。梁分级加载，每级 2kN，记录位移两次（相互校核），至梁破坏，停止采集位移数据，梁两端同时卸载，然后柱缓慢卸载。

目前尚无规范对火灾试验中节点试件的破坏准则进行规定，参照 ISO‐834（1999）对火灾试验中梁、柱试件的破坏准则，认为梁或柱之一发生破坏，则节点发生破坏。其规定如下。

1）柱轴向压缩量达到 $0.01H$（mm）（此试验中为 38mm）且轴向压缩速率超过 $0.003H$（mm/min）（此试验中为 11.4mm/min）；其中，H 为柱高度，单位为 mm（此试验中为 3800mm）。

2）梁的最大挠度达到 $L^2/$（$400h$）且挠度超过 $L/30$（mm）时变形速率超过 $L^2/$（$900h$）（mm/min），其中 L 为梁计算跨度（mm），h 为梁截面高度（mm）。在本试验中，对于 J0 组试验，$L^2/$（$400h$）=102.08mm，$L/30$=116.67mm，$L^2/$（$900h$）=4.54mm/min；对于 J1 组试验，$L^2/$（$400h$）=87.50mm，$L/30$=116.67mm，$L^2/$（$900h$）=3.89mm/min。

3）千斤顶压力急剧下降，梁或柱无法维持设计荷载。

对于火灾后试验，试验的破坏准则为梁或柱无法继续维持设计荷载。

14.3.2　试验结果及分析

（1）耐火极限和火灾后承载力

表 14.4 所示为钢管混凝土叠合柱‐钢筋混凝土梁节点试件耐火极限和全过程火灾后的试验结果和计算结果。其中 P_{url} 和 P_{urr} 分别为火灾后北、南侧梁剩余承载力，P_{urp} 为计算得到的梁剩余承载力，由于有限元模型中没有考虑到两侧梁的制作差异，计算得到的两侧的梁的火灾后剩余承载力相同，R_l 和 R_r 分别为北、南侧计算得到的节点剩余承载力系数，其定义见式（10.4）所示；类型中"R"表示耐火极限试验，"P"表示全过程火灾后试验。破坏位置中，"B"表示为梁先于柱发生破坏，"B"之后的"（S，N）"表示南侧梁先发生破坏，北侧梁后发生破坏，"B"之后无括号表示南、北侧梁同时发生破坏。t_h 为试验中的升温时间。t_o 为试验中的升温时间比，其定义如式（8.8）所示。试件 J0‐3、J0‐4 和 J1‐4 的升温时间比的计算采用的是对应的耐火极限试件测得的耐火极限的平均值，如计算试件 J0‐3 的升温时间比，耐火极限采用的是试件 J0‐1 和 J0‐2 的耐火极限的平均值，为 113min。

表 14.4　钢管混凝土叠合柱‐钢筋混凝土梁节点火灾试验结果汇总表

试件编号	n	m	k	耐火极限 /min			t_o	火灾后剩余承载力 /kN		R_l/R_r	破坏形态		试验类型
				t_R	t_h	t_{RP}		P_{url}/P_{urr}	P_{urP}		实测	计算	
J0‐1	0.42	0.56	0.35	110	113	105	1.02	—	—	—	B（S,N）	B	R
J0‐2	0.42	0.51	0.35	116	135	136	1.16	—	—	—	B（N,S）	B	R
J0‐3	0.42	0.51	0.35	—	41	—	0.36	53.6/55.2	31.9	0.64/0.66	B	B	P
J0‐4	0.42	0.51	0.35	—	77	—	0.68	53.6/53.2	30.5	0.64/0.64	B	B	P

续表

试件编号	n	m	k	耐火极限 /min			t_o	火灾后剩余承载力 /kN		R_t/R_r	破坏形态		试验类型
				t_R	t_h	t_{RP}		P_{url}/P_{urr}	P_{urP}		实测	计算	
J0-5	0.42	0.28	0.35	217	224	188	1.03	—	—	—	B（S,N）	C	R
J0-6	0.30	0.28	0.35	200	208	238	1.04	—	—	—	B（S,N）	C	R
J1-1	0.42	0.50	0.55	121	142	119	1.17	—	—	—	B（N,S）	B	R
J1-2	0.42	0.25	0.55	214	220	199	1.03	—	—	—	B（N,S）	C	R
J1-3	0.30	0.25	0.55	217	217	254	1.00	—	—	—	B（N）	B	R
J1-4	0.30	0.25	0.55	—	72	—	0.33	60.0/60.0	61.4	0.56/0.56	B	B	P

对比试件 J0-1、J0-2 和 J0-5，可见随着梁荷载比（m）减小，耐火极限（t_R）有增大的趋势。对比试件 J1-1 和 J1-2，可得类似的结论。对比试件 J0-5 和 J0-6，以及试件 J1-2 和 J1-3，可见 t_R 随柱荷载比（n）降低而减小，但两者的耐火极限较接近（相差分别为 8.5% 和 1.4%），且由于试件个数较少，这种规律并不明显。对比试件 J0-2 和 J1-1，可见增加梁柱线刚度比（k，通过增加梁高度实现），t_R 呈现增大的趋势，但增加幅度较小（仅为 4.3%）。对比试件 J0-1 和 J1-1，试件 J0-5 和 J1-2，试件 J0-6 和 J1-3 可知，在 m 和 n 接近时，k 对 t_R 的影响不明显。

对比 J0-3 和 J0-4，从北侧梁的结果表明火灾后剩余承载力与升温时间（t_h）关系不明显，但从南侧梁的结果来看，火灾后剩余承载力随 t_h 增大而呈现降低趋势，这是因为升温与降温时间较长，混凝土在降温阶段继续劣化，减弱了 t_h 的影响。对比试件 J0-3 和 J1-4，可知虽然试件 J1-4 的 m、n 和升温时间比（t_o）均较小，但试件 J1-4 的剩余承载力系数 R 均较低，这可能与 k（梁高度）的影响有关，也可能是因为试件个数较少，火灾试验本身离散型所导致。

图 14.7 为节点耐火极限和剩余承载力的计算结果与实测结果对比。从图 14.7（a）可见耐火极限的计算结果与实测结果的相对误差在 ±20% 以内，从图 14.7（b）可见

(a) 耐火极限（t_R）　　　　　　　　(b) 火灾后剩余承载力（N_{ur}）

图 14.7　节点耐火极限（t_R）和剩余承载力（N_{ur}）计算结果与实测结果对比

火灾后承载力的计算结果与实测结果相比偏低，这可能与试验数量较少有关，但这种偏低对于火灾后钢管混凝土叠合结构的评估偏于保守的。

（2）试验现象和破坏形态

本节以四个典型的试件为代表，对钢管混凝土叠合柱－钢筋混凝土梁节点的破坏模态进行分析。其中试件 J0-1 和 J1-3 为耐火极限试验，试件 J0-3 和 J1-4 为全过程火灾后试验。

图 14.8 所示为试件 J0-1 的整体破坏形态。试件 J0-1 进行的是耐火极限试验，为梁破坏（南侧梁先于北侧梁发生破坏），节点区下柱略微向南弯曲，上柱无明显变形。梁底部角部出现混凝土的剥落，但由于试验中并没有听到混凝土爆裂的声音，推测该处仅为角部混凝土剥落。试验过程中，在炉膛外部没有观察到明显的水蒸气，试件中逸散出的水分多数从排烟风机排出。升温 30min 时，北侧梁、南侧梁伸出炉膛加载端出现液态水［图 14.8（a）］，同时水蒸气从封堵的石棉中溢出，持续 30min 左右逐渐消失。

(a) 西侧　　　　　　　　　　　　　　　　　　　(b) 东侧

图 14.8　试件 J0-1 的整体破坏形态

图 14.9 所示为试件 J0-1 的局部破坏形态。梁下端节点区出现混凝土压溃和开裂，如北侧梁西侧中下部出现较大的斜裂缝［图 14.9（a）］，该部分混凝土虽然为开裂，但其在后期试件吊出炉门运输过程中发生剥落［图 14.9（c）］，说明该区域混凝土已经较松散。南侧梁西侧箍筋角部裸露［图 14.9（b）］，裸露在外的钢筋的颜色为浅灰色，带有铁锈的黄色，由此可判断该部分裸露的钢筋与火焰接触时间不长，该区域混凝土剥落是在试验后期梁挠度较大时发生的。试件 J0-1 梁板上表面存在横向受拉裂缝，北侧（裂缝最宽为 10mm）裂缝较南侧（裂缝最宽为 4mm）宽，这与试验中得到的位移结果一致：北侧梁挠度大于南侧［图 14.24（b）］。最宽裂缝并不是出现在节点根部，而是在每侧板中间部分，这是因为节点区温度较低，在火灾下该处材料剩余强度较中间区域高。板下表面也出现明显裂缝［图 14.9（c）］，但裂缝宽度没有板顶部宽度大，可见裂缝充分发展，贯穿板整个高度范围。

(a) 北侧梁西侧　　　　　　　　　　　(b) 南侧梁西侧

(c) 北侧梁板底部　　　　　　　　　　(d) 南侧梁板底部

(e) 北侧板顶部　　　　　　　　　　　(f) 南侧板顶部

图 14.9　试件 J0-1 的局部破坏形态（尺寸单位：mm）

　　图 14.10 所示为试件 J0-3 的整体破坏形态。试件 J0-3 进行的是全过程火灾后试验，其升温时间为 41min，升、降温过程中没有发生破坏，火灾后加载至节点破坏，南、北侧梁在提高荷载过程中同时破坏。柱在试验结束后没有观察到明显的变形，这主要因为升温时间较短，且火灾后的加载方式是提高梁端荷载。受火使得混凝土表面变为灰白色，混凝土板侧及上表面略带淡黄色和淡粉色，这是因为该处混凝土表面成分略有差异。由于设备上部油压千斤顶在试验前维护过，试验炉上方残留液压油，受热之后产生白烟，无法观察区分出水蒸气。火灾后的破坏形态与火灾下破坏的情况略微不同。

（a）西侧　　　　　　　　　　　　　　　　（b）东侧

图 14.10　试件 J0-3 的整体破坏形态

　　试件 J0-3 梁曲率最大处出现在靠近根部区域，根部以外的区域的梁板的曲率较小，即试件是在节点梁根部区域发生破坏，而试件 J0-1 和 J0-2 梁曲率最大处则出现在梁板中部区域，梁板整个受火区域均有一定的弯曲变形，这主要是因为高温导致钢筋混凝土梁发生软化。试验结束后，可观察到东侧柱下部两个排气孔下方出现较多水渍 ［图 14.10（b）］，说明试验过程中混凝土中部分水分以液态水的形式从排气孔中排出。

　　图 14.11 所示为升、降温之后（试件尚未取出炉膛）试件 J0-3 的状态。此时梁端出现明显的残余变形，受火面变成灰白色，楼板上表面存在明显的裂缝 ［图 14.11（b）］，楼板下表面也可观察到裂缝 ［图 14.11（a）、（c）］，说明裂缝已经贯穿楼板整个厚度，钢筋混凝土楼板发生沿整个厚度的断裂。

（a）北侧梁下表面　　　　　　　（b）板上表面　　　　　　　（c）南侧梁下表面

图 14.11　试件 J0-3 在升、降温后的状态

　　图 14.12 所示为试件 J0-3 的局部破坏形态。火灾后加载过程中，梁节点区出现明显破坏，与试件 J0-1 和 J0-2 相比，曲率最大处出现在梁节点区，柱没有发生明显的变形。梁板根部和中部出现较大的贯通性裂缝，这是由于火灾后加载位移控制较大，裂缝发展较充分。

　　对比图 14.12（a）和图 14.11（a），以及图 14.12（b）和图 14.11（c），可知火灾后加载过程中，混凝土板上的裂缝沿着升、降温后残留的裂缝发生，裂缝宽度增加。火灾的作用使得该梁板靠近节点处产生裂缝（初始缺陷），加载至破坏过程，该试件沿着该初始缺陷继续发展。板底部裂缝宽度较大 ［图 14.12（c）、（d）］，与试件 J0-1 和

J0-2 相比，裂缝发展更加充分。相比之下，梁底部的混凝土剥落程度较小。板顶部北侧的裂缝较南侧宽，北侧最宽为 11mm，南侧为 8mm。最宽裂缝位置更靠近节点区，南板最宽裂缝沿着梁板边缘发展［图 14.12（f）］。

(a) 北侧梁西侧　　　　　　　　　　　(b) 南侧梁西侧

(c) 北侧梁板底部　　　　　　　　　　(d) 南侧梁板底部

(e) 北侧板顶部　　　　　　　　　　　(f) 南侧板顶部

图 14.12　试件 J0-3 的局部破坏形态（尺寸单位：mm）

图 14.13 所示为试件 J1-3 的整体破坏形态。试件 J1-3 为耐火极限试验，其耐火极限为 217min，为梁破坏，仅北侧梁发生破坏，南侧梁没有发生破坏。试件 J1-3 试验过程中观察到明显的不均匀变形，可能是由于试件制作过程中的缺陷、设备的缺陷和试验过程中两侧的温度差异所致。升温过程中试件接近破坏时，北侧梁变形发展加速，同时南侧梁变形发展明显减慢，节点两侧梁出现不均匀变形。试验结束后，可观察到北侧梁板变形明显高于南侧梁，节点区可观察到转动。但与试件 J1-2 相比，试件 J1-3 的柱观察不到明显的变形，这主要是因为试件 J1-3 的柱荷载较小。升温过程中，试验

（a）西侧　　　　　　　　　　　　　　（b）东侧

图 14.13　试件 J1-3 的整体破坏形态

炉外边没有观察到明显的水蒸气，但东侧排气孔外部观察到明显的水渍。受火使得混凝土表面变为灰白色，部分区域偏淡黄色。北侧梁上表面出现分布式横向裂缝，裂缝在板中部最宽，端部和节点区裂缝较窄，南侧梁板上表面裂缝宽度较小。

　　图 14.14 所示为试件 J1-3 的局部破坏形态。梁底部靠近节点区部分没有明显的混凝土剥落 ［图 14.14（a）、（b）］，这主要是因为其梁荷载比较小（ m＝0.25）。梁板下表面也没有观察到明显的裂缝 ［图 14.14（c）、（d）］，梁底部表面无明显混凝土剥落。仅北板上表面出现裂缝，裂缝在板中部宽度较大，最宽为 3mm。

（a）北侧梁西侧　　　　　　　　　　　（b）南侧梁西侧

（c）北侧梁板底部　　　　　　　　　　（d）南侧梁板底部

图 14.14　试件 J1-3 的局部破坏形态（尺寸单位：mm）

(e) 北侧梁板顶部　　　　　　　　　　　(f) 南侧板顶部

图 14.14　（续）

图 14.15 所示为试件 J1-4 的整体破坏形态。试件 J1-4 为全过程火灾后试验，柱荷载比为 0.30，梁荷载比为 0.25。试件 J1-4 的升温时间为 72min，约为试件 J1-3 耐火极限的 1/3。升、降温过程中，试件 J1-4 没有发生破坏，火灾后同时提高梁端荷载，至梁发生破坏。升、降温过程中，在试验炉外没有明显观察到水蒸气。最后的破坏形态与试件 J0-3 和 J0-4 类似，梁曲率最大位置出现在节点区。

(a) 西侧　　　　　　　　　　　　　(b) 东侧

图 14.15　试件 J1-4 的整体破坏形态

图 14.16 所示为节点 J1-4 升、降温后的状态。受火后，混凝土表面变为灰白色，板上表面略带淡粉色。板下表面出现横向裂缝 [图 14.16（a）、（c）]，与板上表面的裂缝连接，使得板沿横向发生断裂。由于升温时间较短，且梁柱的荷载比均较小，升、降温后梁柱的残余变形较小。

图 14.17 所示为试件 J1-4 的局部破坏形态。梁板上裂缝贯通整个板的高度，且向梁底部延伸。板上部裂缝在节点区较宽，北板裂缝最宽为 8mm，南板为 14mm。仅北侧梁东侧角部小部分混凝土在火灾后加载过程剥落 [图 14.17（d）]。

（a）北侧梁下表面　　　　　（b）板上表面　　　　　（c）南侧梁下表面

图 14.16　试件 J1-4 在升、降温后的状态

（a）北侧梁西侧　　　　　　　　　　　（b）南侧梁西侧

（c）南侧梁东侧　　　　　　　　　　　（d）北侧梁东侧

（e）北侧板顶部　　　　　　　　　　　（f）南侧板顶部

图 14.17　试件 J1-4 的局部破坏形态（尺寸单位：mm）

　　图 14.18 所示为部分节点破坏形态的计算结果与实测结果的对比。采用有限元模型对试验模拟时，石棉的厚度为 30mm，热工参数采用厂家提供的资料确定。石棉的密度 $\rho=128\text{kg/m}^3$，热传导系数 k 在 400℃时为 0.09W/（m·℃），800℃时为 0.176W/（m·℃），1000℃时为 0.22W/（m·℃）。比热参数厂家未提供，本节在计算时比热 c 取 1130J/（kg·℃）。

　　模拟时，边界条件如图 14.1 所示，与空气接触部分的边界条件包含热对流和热接触。对于受火的混凝土表面，按 Eurocode 2（2004）的规定，热对流系数取为 25W/

（$m^2 \cdot °C$），综合发射系数取为 0.7；对于受火的石棉表面，本章假定其热对流系数和综合发射系数与混凝土表面相同。温度场分析模型中忽略钢和混凝土界面之间的热阻，忽略石棉和混凝土表面之间的热阻，相接触的部件间均采用 "Tie" 约束。

图 14.18　节点破坏形态的计算结果与实测结果对比

(1) 实测　　　　　　　　　　　　　　　(2) 计算

(d) 试件J1-4（全过程火灾后试验）

图 14.18　（续）

　　上端板与位于端板中心的参考点采用"Coupling"约束，并该约束参考点除了 UZ 方向平动以外的所有方向的自由度。下端板下表面所有节点约束所有方向的平动自由度。梁端为悬臂端。柱顶部参考点上施加轴向荷载，梁两个端部上的刚性加载端板上施加集中荷载。通过对顶部参考点施加少量平面内转动对节点试件施加初始缺陷，转动量根据试验中顶部位移计测量的结果确定。

　　由图 14.18 可知，对于耐火极限试验，如试件 J0-1，计算得到的破坏形态与试验观测相同，计算得到的梁柱的变形大小与试验观测接近。对于全过程火灾后试验，如试件 J0-3 和 J1-4，计算结果也与试验结果相同。计算结果中，梁靠近节点处的曲率较大，与试验观察到的情况相符合。主应变矢量在梁板上表面节点区附近和梁板上表面变截面处较大，这与试验中观察到的裂缝出现较多的位置吻合。

　　对于试件 J1-2，计算得到的破坏形态与实际有差异：试验中观察到的是梁破坏，同时节点下部的柱也可观察到明显的弯曲变形，即梁的破坏先于柱的破坏；而计算结果中，柱的破坏先于梁破坏，节点下方柱可以观察到明显的变形，变形方向与试验观测一致，但是梁的挠度较小。

　　计算结果中，柱的弯曲方向与观测一致，这是因为试验中实测了上端板的转动，有限元模型中输入了该转动作为边界条件的初始缺陷。计算结果中，试件 J1-2 的柱破坏较早，这主要是因为在对钢管混凝土叠合柱耐火性能计算时，计算结果相对于试验结果是偏于保守的，这与第 8 章的有限元模型计算结果与结果的对比情况相符。相对而言，有限元模型对于梁的计算结果没有对于柱的计算结果保守，这主要是因为模型无法考虑梁中混凝土的开裂。柱在结构中的重要性相对于梁更高，因此在对节点构件的计算中，针对柱的计算结果更偏于保守是可以接受的。

　　（3）温度－受火时间关系

　　图 14.19 所示为炉膛温度（T）-受火时间（t）关系。炉膛温度为 10 个炉膛热电偶实测温度的平均值。对于火灾后试验，整个升、降温阶段（约 25h）的温度信息均被采集。从中可见，整个试验过程，炉膛升温阶段的 T-t 关系与 ISO-834（1975）标准升温曲线接近。仅试件 J1-2 的炉膛 T-t 关系与标准升温曲线差异较大。

(a) 耐火极限试验　　　　　　　　(b) 全过程火灾后试验

图 14.19　节点试验实测炉膛温度（T）- 受火时间（t）关系曲线

图 14.20～图 14.23 所示为实测和计算的温度（T）- 受火时间（t）关系。图 14.20 所示为试件 J0-1 的实测 T-t 关系，试件 J0-1 进行的是耐火极限试验，其耐火极限为 110min，升温时间为 113min，由图 14.20 可知如下几点。

1）T-t 关系在 100℃ 左右存在平台段。这是由于混凝土中水分气化吸收热量，减缓了温度上升速率。T-t 中的平台段较明显，且持续时间较长，如测点 BJ2 的平台段持续时间为 70min，测点 BJ3 的平台段持续时间为 60min。温度平台段现象在钢管附近测点

(a) 梁节点区（BJ）　　　　　　　　(b) 梁非节点区（BN）

(c) 柱节点区（CJ1～4）　　　　　　(d) 柱节点区（CJ5～7）

图 14.20　试件 J0-1 的温度（T）- 受火时间（t）关系曲线

(e) 柱非节点区（CJ1～4）　　　　　　　(f) 柱非节点区（CJ5～8）

图 14.20 （续）

较明显，这是因为与表面混凝土相比，该处的混凝土与表面尚有一定距离，水分迁移到外界需要一段时间，同时与内部相比，钢管附近温度较内部混凝土高。对比测点 BJ 和 BN 的结果，可知梁节点区的平台段与非节点区相比较长。对比测点 CJ 和 CN，可知与柱非节点区相比，柱节点区的平台段较长，但这种节点区和非节点区的差异不如梁明显。

2）钢管内外壁的温度有明显差异。如图 14.20（e）中的测点 CN3 和 CN4，升温 113min 时，钢管外表测点 CN3 的温度为 341℃，而钢管内表测点 CN4 的温度为 226℃。值得注意的是，该测量得到的内、外钢管温度差异可能比实际差异大，因为热电偶测量端头本身具有一定尺寸（本试验中热电偶的直径为 6mm），在固定热电偶时，热电偶端部与钢管表面较难完全接触。同时，混凝土浇筑过程可能也会对热电偶位置产生一定影响，使其偏离设计位置。

3）柱和梁非节点区温度高于对应节点区温度。如柱非节点区测点 CN2 在升温 113min 时温度为 641℃，而对应非节点区测点 CJ1 的温度为 101℃。但梁的节点区和非节点区的温度差异较不明显，梁非节点区温度略高于梁节点区温度。如梁节点区测点 BJ1 在升温 113min 时为 637℃，非节点区测点 BN1 为 724℃。

4）升温初期水分气化和迁移的影响导致温度升高较快。这个现象在距离受火面一定距离的测点处较明显。对比实测结果和计算结果（计算方法见 14.2 节），可知部分测点的实测 T-t 关系在升温初期升高较快。一般情况下，若测点在 100℃ 左右的温度平台较明显，则其升温初期的升温速率提高也较明显。如柱测点 CN7 在升温 15min 时便达到 96℃，其温度平台持续时间也较长，约为 30min。柱测点 CN3、梁测点 BJ4 和测点 BN4 的该现象均较明显。

图 14.21 所示为试件 J0-3 的实测温度（T）‑受火时间（t）关系。试件 J0-3 为全过程火灾后试验，其升温时间为 41min。从图 14.21 中可得如下结论。

1）T-t 关系在 100℃ 左右存在平台段。与耐火极限试验类似，全过程火灾后试验的 T-t 关系也存在平台段，如测点 BN3、CN5 和 CN6，CJ 区的各测点甚至在整个升、降温过程中较长时间范围内温度保持在 90～110℃。

2）钢管内外表温度存在差异，这与耐火极限试验结果相似。如升温结束时，柱非

图 14.21　试件 J0-3 的温度（T）- 受火时间（t）关系曲线

节点区钢管外测点 CN3 温度为 100℃，钢管内测点 CN4 的温度为 64℃。

3）梁非节点区温度高于节点区温度。升温结束后，试件内部温度没有立即降低，而是继续升高，梁纵筋测点温度在升温结束后约 20min 后才开始降低。由于升温时间较短，梁整体最高温度不超过 350℃。柱节点区温度最高在 100℃ 左右，非节点区内部测点温度平台明显，保护层混凝土最高温度低于 400℃。

4）内部测点温度在升温结束之后仍然继续保持升高。这种延迟现象随与受火面距离的增大而更明显，这是混凝土的导热系数较低所致。如虽然外界温度在 41min 时达到最高温度，但测点 BN1 在 61min 时才达到最高温度 337℃。

图 14.22 所示为试件 J1-3 的实测温度（T）- 受火时间（t）关系，试件 J1-3 为耐火极限试验，耐火极限为 217min，升温时间为 217min。与试件 J1-2 相比，试

(a) 梁节点区（BJ）　　　　　　　　　　　　(b) 梁非节点区（BN）

(c) 柱节点区（CJ1，3～4）　　　　　　　　(d) 柱节点区（CJ5～7）

(e) 柱非节点区（CN1～2，4～5）　　　　　　(f) 柱非节点区（CN6～8）

图 14.22　试件 J1-3 的温度（T）-受火时间（t）关系曲线

件 J1-3 的温度平台较不明显，持续时间较短。测点 CN1 在升温至 20min（温度约 370℃）和 150min（温度约 800℃）时均出现短暂下降的现象，测点 CN5 在升温 140min 时（温度约 200℃）也出现短暂下降现象，这是由于升温过程中混凝土中水分的影响所致。

图 14.23 所示为试件 J1-4 的实测温度（T）-受火时间（t）关系，试件 J1-4 为全过程火灾后试验，升温时间为 72min。试件 J1-4 的 T-t 关系的变化趋势与试件 J0-3 的相似，且由于升温时间较短，试件各测点的最高温度为 614℃。梁节点区和非节点区在 100℃ 的温度平台均较明显，如测点 BN2、BN3、BJ2 和 BJ3。测点 BJ3 在 170℃ 附近出现温度平台，持续时间约 200min。

图 14.23　试件 J1-4 的温度（T）- 受火时间（t）关系曲线

由图 14.20～图 14.23，还可得到如下结论。

1）温度的计算结果总体上与试验结果吻合或略微偏高（偏保守）。梁非节点区（BN）测点的计算结果较接近，梁节点区（BJ）的计算结果略微偏高。柱节点区（CJ）的实测温度不超过 400℃，计算的结果略微偏高，但多数计算结果不超过 400℃。柱非节点区（CN）的部分温度较好，部分结果偏高。

2）计算得到的 T-t 关系无明显的平台段。这与钢管混凝土叠合柱的温度场计算结果类似，主要是因为有限元模型对水分的影响的考虑不够充分。

3）计算得到的 T-t 关系的发展趋势与实测结果较吻合。对于计算偏高的结果，计算的 T-t 关系与实测结果相比，两者的差异在升温过程中较稳定，这说明本章采用硅质混凝土的热工本构关系模型与实际使用的硅质混凝土的热工性能差异较小。计算结果和实测结果的差异可能是因为热电偶端头在混凝土浇筑过程中移动以及水分的影响。

4）钢管内外表面温度的差异无法在计算中体现出来。如试件 J0-1 和 J0-3 的测点 CN3 和 CN4、CN6 和 CN7 的计算结果中，内外钢管的温度差异小于 1℃。但实测结果中内外钢管存在明显的差异，这主要是因为热电偶测量端头本身的尺寸，且热电偶端头的位置在混凝土浇筑过程中可能发生偏移，导致测量误差。

5）计算结果与实测结果差异的部分原因可能是热电偶端头位置在混凝土浇筑过程中发生偏移。多数试件的测点 CN1（柱非节点区）的计算结果偏高较大，这主要是因为计算结果中，提取的是混凝土表面的节点的温度，而在试验过程中，浇筑混凝土前，CN1 处的热电偶是固定在钢筋笼上，从反向伸到所测量的混凝土表面，并顶在模板上，固定的难度较大。浇筑的过程中可能由于振捣等原因，该处热电偶位置发生略微的偏移。即便当热电偶位置不发生移动，由于热电偶前段为圆弧状，部分已经埋入在混凝土中。故该测点的温度实际上是混凝土内部某一深度的。

可见，有限元模型计算得到的温度场分布与试验结果相比总体上偏于保守。

（4）变形－受火时间关系

图 14.24～图 14.33 所示为试件实测和计算的柱轴向变形（Δ_c）－受火时间（t）关系和梁端位移（δ_b）－受火时间（t）关系，对其变化规律进行分析。

图 14.24（a）所示为试件 J0-1 实测的柱轴向变形（Δ_c）－受火时间（t）关系，柱的膨胀呈现明显的两阶段特征，即先膨胀，后压缩。升温前 75min，试件处于膨胀阶段；75～100min，Δ_c 变化幅度较小；100min 之后，试件开始压缩。试验过程中，北侧两个位移计的测得的位移值大于南侧两个位移计的测量结果，可见柱顶部在试验过程中发生小幅度转动。柱中部略微向南弯曲，这种转动在常温加载结束时就出现了，主要为试验设备缺陷所致。升温后期，西南角位移最大，东北角位移最小，柱中部向南向西弯曲。

图 14.24（b）所示为试件 J0-1 实测的梁端挠度（δ_b）－受火时间（t）关系。梁端虽然达到破坏位移值 102mm，但仍可继续承载，最后由于千斤顶行程达到极限值而停止试验。δ_b-t 关系在 25min 左右存在明显的拐点，这是因为在 20min 以后，梁中的水分气化，带走热量，使得温度升高的速率降低。南、北侧梁的变形发展差异较小，北

（a）柱轴向变形（Δ_c）－受火时间（t）关系　　　（b）梁端挠度（δ_b）-受火时间（t）关系

图 14.24　试件 J0-1 的变形（Δ_c、δ_b）-受火时间（t）关系曲线

侧梁挠度略大于南侧梁。

试件 J0-1 的计算结果与实测结果较吻合（图 14.24），但实测梁端挠度在升温开始阶段（25min）增加较大，25min 之后增加缓慢，这主要是因为水分的影响。但是由于有限元模型中没有充分考虑到水分的影响，δ_b-t 关系并无此阶段。

图 14.25（a）所示为试件 J0-2 实测的柱轴向变形（Δ_c）- 受火时间（t）关系，该关系与试件 J0-1 的类似，但试件 J0-2 的受火时间比 J0-1 长，因此压缩阶段持续时间较长。在梁发生破坏，即节点达到耐火极限（116min）后，柱的轴向压缩变形速率明显加快。图 14.25（b）所示为试件 J0-2 实测的梁端挠度（δ_b）- 受火时间（t）关系。δ_b-t 关系在升温 32min 左右存在明显的拐点，当升温达到 110min 后，梁挠度明显增大。在试验开始阶段至升温 63min 前，南侧梁的挠度大于北侧梁。升温 63min 至破坏阶段，北侧梁的挠度超过南侧梁。

图 14.25 还可见，试件 J0-2 的 Δ_c-t 关系计算结果与实测结果相比吻合较好，但计算得到的梁的变形小于实测结果，这主要也是因为水分的影响。

(a) 柱轴向变形（Δ_c）- 受火时间（t）关系　　(b) 梁端挠度（δ_b）- 受火时间（t）关系

图 14.25　试件 J0-2 的变形（Δ_c、δ_b）- 受火时间（t）关系曲线

图 14.26（a）所示为试件 J0-3 实测的柱轴向变形（Δ_c）- 受火时间（t）关系，图中 I 表示常温加载阶段，II 表示火灾升、降温阶段，III 表示火灾后阶段。在整个降温过程中，柱轴向变形在不断增加，但增加速率随着时间降低。柱北侧位移略大于南侧位移，柱向南略微弯曲。火灾后加载过程，由于对两个梁同时进行加载，对轴向变形影响不明显。

(a) 柱轴向变形（Δ_c）- 受火时间（t）关系　　(b) 梁端挠度（δ_b）- 受火时间（t）关系

图 14.26　试件 J0-3 的变形（Δ_c、δ_b）- 受火时间（t）关系曲线

图 14.26（b）所示为试件 J0-3 实测的梁端挠度（δ_b）-受火时间（t）关系。北侧梁的挠度在升温的过程中高于南侧梁，并始终保持至降温阶段结束。梁端挠度在升温结束候继续保持增加，在 300min 后便趋于稳定，不再继续增大。梁柱之间降温过程中变形差异主要因为在试验开始后 300min 以后，梁截面温度基本趋于相同。整个梁截面温度均匀下降，梁在轴向发生压缩变形，对于梁端挠度影响不明显，因此施加在梁端的荷载降低较小。而虽然柱截面在 300min 以后温度也趋于均匀，但温度的降低导致柱发生轴向收缩却持续增加。

图 14.27（a）所示为试件 J0-4 实测的柱轴向变形（Δ_c）-受火时间（t）关系，图中 I 表示常温加载阶段，II 表示火灾升、降温阶段，III 表示火灾后阶段。降温过程中，柱轴向压缩变形持续增加，由于试件 J0-4 的升温时间比试件 J0-3 长，试件 J0-4 的柱在降温过程中的轴向压缩变形增加的幅度较大。柱顶部北侧位移计测得的位移值大于南侧，柱中部向南弯曲。图 14.27（b）所示为试件 J0-4 实测的梁端挠度（δ_b）-受火时间（t）关系。梁端挠度在升温结束（77min）时继续增加，在 400min 后不再增加。整个试验过程中，北侧梁的挠度值始终大于南侧梁的挠度值。

(a) 柱轴向变形（Δ_c）-受火时间（t）关系　　(b) 梁端挠度（δ_b）-受火时间（t）关系

图 14.27　试件 J0-4 的变形（Δ_c、δ_b）-受火时间（t）关系曲线

由图 14.26 和图 14.27 还可见，试件 J0-3 和 J0-4 的 Δ_c-t 关系的计算结果与实测结果相比重合，但 δ_b-t 关系的计算结果与实测结果较大，计算得到的梁挠度值明显小于实测结果。这主要是因为升、降温导致钢筋混凝土结构中出现了不可恢复的裂缝，板中的裂缝甚至贯穿整个板高度。

图 14.28（a）所示为试件 J0-5 实测的柱轴向变形（Δ_c）-受火时间（t）关系。可见，与试件 J0-1 和试件 J0-2 相比，在破坏前，试件 J0-5 柱变形较大，超过 15mm。这主要是试件 J0-5 的柱荷载比较大（$n=0.42$），梁荷载比较小（$m=0.28$），在柱荷载比较高，而梁荷载比较小的情况下，节点更加容易表现出柱破坏的特征。

图 14.28（b）所示为试件 J0-5 实测的梁端挠度（δ_b）-受火时间（t）关系。与试件 J0-1 和试件 J0-2 对比，试件 J0-5 的 δ_b-t 关系在升温初期没有出现明显的拐点。在 75min 前，由于梁板底部受热所致，梁端挠度一直在减小。75min 之后，δ_b 开始增加。试件 J0-5 南侧梁挠度在 140min 左右出现拐点，之后变形增加速率降低，但其在 180min 再次出现拐点，变形速率增大。达到耐火极限时，南、北侧梁的变形速率均较

(a) 柱轴向变形（Δ_c）-受火时间（t）关系

(b) 梁端挠度（δ_b）-受火时间（t）关系

图 14.28　试件 J0-5 的变形（Δ_c、δ_b）- 受火时间（t）关系曲线

大，但两者挠度值存在明显差异，北侧梁挠度大于南侧梁挠度。

第 8 章开展的钢管混凝土叠合柱耐火性能试验中的试件 S0-1 和 S0-2 的耐火极限平均值为 162min，对比试件 J0-5 的试验结果可知，虽然柱荷载比相同，但试件 J0-5 在升温 224min 时依然没有出现柱破坏。这一方面是因为节点试件的柱的受火高度仅为节点以下，另一方面是因为梁的存在对柱弯曲变形的发展起到了约束作用。

试件 J0-5 柱底部相当于固定端，受火区域顶部受到比较复杂的约束，虽然其仍可发生一定的转动，但试件 J0-5 的受火区域的有效长度小于试件 S0-1 和 S0-2。通过对比节点试验和柱试验的结果可知，钢管混凝土叠合柱的耐火性能还受到受火高度、长细比，及边界条件的约束作用的影响。

试件 J0-5 的 Δ_c-t 关系中，计算结果在 140min 前与试验结果重合，150min 后柱变形迅速增大，主要因为计算结果为钢管混凝土叠合柱先于钢筋混凝土梁发生破坏［图 14.28（a）］。破坏时，试件 J0-5 的梁挠度的计算结果与实测结果相比偏小［图 14.28（b）］。

图 14.29（a）所示为试件 J0-6 实测的柱轴向变形（Δ_c）- 受火时间（t）关系。由于柱荷载比为 0.30，故升温阶段柱轴向膨胀变形较试件 J0-5 明显增大，且持续时间较长，约为 120min，而试件 J0-5 的膨胀持续时间约为 80min。在 120～190min 内，试件 J0-6 的 Δ_c 的变化幅度较小。

(a) 柱轴向变形（Δ_c）-受火时间（t）关系

(b) 梁端挠度（δ_b）-受火时间（t）关系

图 14.29　试件 J0-6 的变形（Δ_c、δ_b）- 受火时间（t）关系曲线

达到耐火极限时，Δ_c 刚出现轴向压缩变形。与第 8 章开展的钢管混凝土叠合柱试验的试验结果对比可知，试件 J0-6 的 Δ_c-t 关系与第 8 章的结果类似，升温约 40min 时，Δ_c-t 关系存在拐点，升温速率降低，其原因与第 8 章的相同，均为升温过程中水分迁移所致。但试件 J0-6 的变形稳定阶段持续时间并不长，在升温约 55min 时，Δ_c 又开始增加。

试件 J0-6 的受火时间较长，Δ_c-t 关系在 200min 后柱轴向变形迅速增加 ［图 14.29（a）］，δ_b-t 关系的计算结果小于实测结果，主要是因为钢筋混凝土梁板土中的裂缝的形成和发展，但这在有限元模型中无法考虑。

图 14.29（b）所示为试件 J0-6 实测的梁端挠度（δ_b）-受火时间（t）关系。试件 J0-6 和试件 J0-5 的梁荷载比均为 0.28，两者的 δ_b-t 关系形状相似。但试件 J0-6 的 δ_b-t 关系在升温初期和后期均没有出现明显的拐点。升温初期，南侧梁挠度大于北侧梁，升温 70～130min 时，北侧梁挠度超过南侧梁，130min 至试验结束，南侧梁挠度大于北侧梁。但上述差异较小，试件 J0-6 整个试验过程中南北侧梁的挠度差异较小。

图 14.30（a）所示为试件 J1-1 实测的柱轴向变形（Δ_c）-受火时间（t）关系。该 Δ_c-t 关系与试件 J0-1 和 J0-2 的类似。试件 J1-1 在升温 105min 后，柱开始轴向压缩。

| (a) 柱轴向变形（Δ_c）-受火时间（t）关系 | (b) 梁端挠度（δ_b）-受火时间（t）关系 |

图 14.30　试件 J1-1 的变形（Δ_c、δ_b）-受火时间（t）关系曲线

试验过程中，北侧位移计测得的位移值略大于南侧，柱跨中向南侧弯曲。图 14.30（b）所示为试件 J1-1 实测的梁端挠度（δ_b）-受火时间（t）关系。由于梁荷载比为 0.50，升温过程中，梁没有观察到明显的上翘。升温 40min 左右，出现梁挠度增加速率短暂性下降，δ_b-t 关系出现拐点，这主要是混凝土中水分的影响。升温 95min 时，北侧梁挠度突然增加，这是梁底部混凝土发生局部剥落所致。

试件 J1-1 的 Δ_c-t 关系的计算结果和试验结果重合，计算的 δ_b-t 关系发展趋势与试验结果吻合，但挠度偏小（图 14.30）。

图 14.31（a）所示为试件 J1-2 实测的柱轴向变形（Δ_c）-受火时间（t）关系。与试件 J1-1 相比，试件 J1-2 膨胀较明显。北侧压缩量大于南侧，说明柱顶部发生偏转，由于受火中后期，四个位移同步发展，说明在破坏过程中，柱顶端板（及加载板）仅发生平动，转动量较小。图 14.31（b）所示为试件 J1-2 实测的梁端挠度（δ_b）-受火时间（t）关系。由于梁荷载比为 0.25，在试验 80min 前，梁挠度缓慢减小。升温 80min

(a) 柱轴向变形（Δ_c）-受火时间（t）关系　　(b) 梁端挠度（δ_b）-受火时间（t）关系

图 14.31　试件 J1-2 的变形（Δ_c、δ_b）- 受火时间（t）关系曲线

之后，梁挠度开始增大。整个试验过程中，北侧梁的挠度始终大于南侧梁挠度。

　　试件 J1-2 的计算结果为柱先于梁发生破坏，故柱轴向变形的计算结果在 150min 之后迅速增大，δ_b 的计算值偏低，这与试件 J0-5 的情况类似。

　　图 14.32（a）所示为试件 J1-3 实测的柱轴向变形（Δ_c）- 受火时间（t）关系。试件 J1-3 的柱荷载比为 0.30。与试件 J1-2 相比，试件 J1-3 的柱膨胀较为明显。节点破坏之前，柱仅出现短暂的压缩变形。图 14.32（b）所示为试件 J1-3 实测的梁端挠度（δ_b）- 受火时间（t）关系。

(a) 柱轴向变形（Δ_c）-受火时间（t）关系　　(b) 梁端挠度（δ_b）-受火时间（t）关系

图 14.32　试件 J1-3 的变形（Δ_c、δ_b）- 受火时间（t）关系曲线

　　梁荷载比为 0.25，与试件 J1-2 相同，升温过程中略微出现了梁端上翘，升温 80min 左右，梁端挠度开始增加。升温 150min 时，北侧梁挠度继续增大，速率不断增加，而南侧梁挠度增速减小，南北侧梁的 δ_b-t 关系呈现分叉的情况。180min 后，北侧梁的变形速率不断增加，而南侧梁挠度增加幅度较小，节点呈现两端不对称的破坏形态。

　　试件 J1-3 的计算结果与试验结果的对比情况与试件 J0-6 类似。

　　第 8 章开展的钢管混凝土叠合柱火灾试验中的试件 S0-5 的耐火极限为 201min，与试件 J1-3 对比可知，虽然两者的柱荷载比均为 0.30，但试件 J1-3 的柱的耐火极限长于试件 S0-5，且在升温 217min 时，试件 J1-3 的柱变形较不明显。可知，受火高度的减小和梁的约束作用使得试件 J1-3 中的柱的耐火极限显著提高，该结论与如前所述的节

点试件 J0-5 的结论一致。

图 14.33（a）所示为试件 J1-4 实测的柱轴向变形（Δ_c）-受火时间（t）关系，图中 I 表示常温加载阶段，II 表示火灾升、降温阶段，III 表示火灾后阶段。由于柱荷载比为 0.30，升温过程中柱膨胀较为明显，甚至降温初期，柱仍然保持膨胀。降温过程中，柱持续发生收缩变形。图 14.33（b）所示为试件 J1-4 实测的梁端挠度（δ_b）-受火时间（t）关系。由于梁荷载比为 0.25，升温过程梁端上翘，南侧梁上翘比北侧梁明显。降温过程中，梁端挠度开始增加，北侧梁挠度始终大于南侧梁挠度。400min 后，南北侧梁的挠度均不再增加。

(a) 柱轴向变形（Δ_c）-受火时间（t）关系　　　(b) 梁端挠度（δ_b）-受火时间（t）关系

图 14.33　试件 J1-4 的变形（Δ_c、δ_b）-受火时间（t）关系曲线

试件 J1-4 的 Δ_c-t 关系计算结果与实测结果相比偏大，计算结果的膨胀阶段变形偏高，梁在升、降温过程中的变形的计算结果小于实测结果，原因同试件 J0-3。

通过对比 Δ_c-t 关系和 δ_b-t 关系的计算结果和实测结果，可知，柱的 Δ_c-t 关系计算结果与实测结果对比吻合较好，但由于不能考虑到钢筋混凝土梁板中裂缝的形成和发展，钢筋混凝土梁端挠度计算结果小于实测结果。

为进一步研究梁变形的计算结果和实测结果之间的差异，对梁板上裂缝的影响进行分析。图 14.34（a）所示为试件 S0-4 升、降温之后梁和板上裂缝示意图，可见裂缝贯穿板高度，且延伸到梁中下部。为估算裂缝对梁端挠度的影响，将包含裂缝的楼板进行简化。图 14.34（b）所示为一个梁单元的示意图，假设其固定端（左侧）出现裂缝，忽略梁的弯曲变形，裂缝宽度为 δ。则悬臂端（右侧）挠度与裂缝宽度的关系为

$$\delta = \frac{L\omega}{d} \tag{14.2}$$

式中：δ_b 为梁悬臂端挠度；L 为梁跨度；d 为梁高度。

对于出现多道横向裂缝的梁，其计算模型见图 14.34（c）所示。假设梁上有 i 条横向裂缝，梁纵向分成了 n 段，且忽略各段裂缝之间的梁的弯曲变形。当梁转动较小时，梁悬臂端挠度与各裂缝宽度关系为

$$\delta_b = \sum_{j=1}^{n} \delta_{bj} = \frac{\sum_{j=1}^{n} L_i \sum_{i=1}^{j} \omega_i}{d} \tag{14.3}$$

式中：δ_{bj} 为第 j 段梁的右端相对于左端的净挠度。采用式（14.3）对试验中裂缝对挠度的影响进行估算。裂缝宽度 ω_i 和每段梁长度 L_i 通过照片度量换算得到。计算得到试件 J0-3、J0-4 和 J1-4 中横向裂缝对梁端挠度的影响分别是 38mm、56mm 和 12mm，而图 14.26、图 14.27 和图 14.33 所示的三个试件的挠度的计算值和实测值的差异分别约为 40mm、70mm 和 16mm。可见，有限元模型计算得到的梁端挠度偏小主要是因为模型中无法考虑钢筋混凝土梁板的裂缝影响。

(a) 梁板裂缝　　　(b) 悬臂梁单元示意图　　　(c) 梁裂缝与挠度关系示意图

图 14.34　裂缝与挠度影响示意图

图 14.35 所示为试验过程中实测的加载板转动角度（θ）- 受火时间（t）关系，根据柱顶端 4 个位移计测得的位移值计算得到，位移计位置与第 8 章相同。根据位移计 NE 和位移计 NW 测得的位移值之差，以及两者之间的水平距离，可求得一组绕南北侧轴线的转角。位移计 NW 和 SW 可求得另一组绕南北轴线转角。图 14.35 中绕南北轴线的转角为两组转角的平均值，绕东西轴线转角可类似求得。可见，常温加载结束后，上端板绕两个方向均有一定转动，其转动角度绝对值不超过 0.2°，该转动角度随试验进行逐渐增大（试件 S0-1），或在降温过程中变化较小，最后试件破坏时，转动值随着试件的破坏而增加（试件 S0-3）。

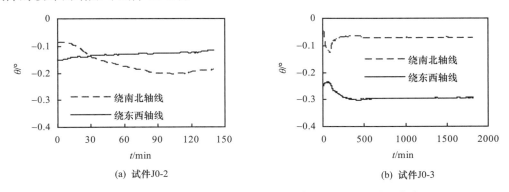

(a) 试件J0-2　　　　　　　　　　　　(b) 试件J0-3

图 14.35　实测上端板转动角度（θ）- 受火时间（t）关系曲线

（5）荷载 - 变形关系

图 14.36 所示为全过程火灾后试验的梁荷载（P_F）- 梁端挠度（δ_b）关系。试件 J0-3 和 J0-4 的常温加载阶段的 P_F-δ_b 关系在初期为线性，说明此时梁变形处于弹性阶段，加载后期 P_F-δ_b 关系斜率下降，说明梁刚度降低，钢筋混凝土梁节点区顶部在常温加载结束时已经产生裂缝。

根据破坏准则，J0 组试件破坏规定的梁挠度为 102mm，J1 组试件中为 88mm。试

图 14.36　梁荷载（P_F）- 梁端挠度（δ_b）关系曲线

件 J0-3 的北侧梁在全过程火灾作用后的残余梁端挠度为 82mm，南侧梁为 74mm，在降温过程中，梁的挠度值接近破坏准则中的规定挠度值。试件 J0-4 的北侧梁在全过程火灾后的残余挠度为 127mm，南侧梁为 117mm，梁端挠度在降温阶段达到破坏准则中规定的挠度值，但由于梁变形速率没有满足破坏准则的要求，且梁可继续承载，故虽然梁端挠度已经较大，但梁没有在降温节点发生破坏。

试件 J1-4 的北侧梁在全过程火灾后的残余挠度为 36mm，南侧梁为 33mm。可见在温度和荷载的共同作用下，升、降温过程中梁产生了较大的残余变形，其变形量甚至超过破坏准则中规定的变形量。火灾后加载初期，P_F-δ_b 关系呈直线，但随着梁裂缝的发展，δ_b 快速增加，至梁破坏。

14.4　全过程火灾下节点工作机理分析

参照某实际工程，结合相关规范的条文，确定了典型的钢管混凝土叠合柱 - 钢筋混凝土梁节点的设计参数。采用有限元模型，对组合节点在图 1.14 所示的 A→A′→B′→C′→D′→E′ 的时间 - 温度 - 荷载路径下的工作机理进行分析。

确定的钢管混凝土叠合柱的几何参数和物理参数如下。

1）钢管混凝土叠合柱：截面高度（B）×截面宽度（D）=600×600mm，柱总高度（H）为 6000mm；内部钢管混凝土柱：外径（D_i）×壁厚（t_s）=325mm×9mm；柱纵筋：16Φ25，非加密区柱箍筋：3Φ10@200mm，加密区柱箍筋：3Φ10@100mm，加密区高度 1000mm，箍筋采用井字复合箍；混凝土保护层厚度 c 为 30mm；柱长细比 λ＝34.6。

2）钢管混凝土叠合柱中钢管内部混凝土强度 f_{cui}＝80MPa，钢管外部混凝土强度 f_{cuo}＝50MPa，钢管的屈服强度 f_{yc}＝345MPa，柱纵筋和箍筋的屈服强度 f_{ybc}＝400MPa，钢管的屈服强度为 f_{yc}＝345MPa。

根据 CECS 188—2005（2005）计算，该钢管混凝土叠合柱的套箍指标为 0.83，含管率为 2.48%，配筋率为 2.92%；根据 GB50011—2010（2010）计算，该柱的体积配箍率为 1.57%；正截面轴心受压承载力为 1.93×10^{4}kN（无地震组合作用情况下，材料强度标准值）。采用有限元模型计算，得到其轴压承载力为 2.60×10^{4}kN。

确定的带楼板的钢筋混凝土梁板的几何参数和物理参数如下所述。

1）钢筋混凝土梁：梁高度（h）×梁宽度（b）＝600mm×400mm，梁长度（L）＝8000mm；梁底部受拉纵筋：4Φ32，梁受压纵筋：8Φ25，双排布置，梁箍筋非加密区：Φ10@200mm，箍筋加密区长度 1200mm，加密区箍筋：Φ10@100mm，箍筋均采用复合箍，混凝土保护层厚度为 30mm；梁根部暗牛腿（承重销）$h \times b_f \times t_w \times t_f$＝500mm×250mm×10mm×10mm，牛腿端部到柱钢管中心距离为 300mm；

2）梁混凝土强度 f_{cub}＝50MPa，梁纵筋和箍筋屈服强度 f_{ybb}＝400MPa，梁根部钢牛腿屈服强度 f_{yb}＝345MPa；

3）钢筋混凝土楼板：$b_{slab} \times t_{slab}$＝3000mm×120mm，L_b＝8000mm，钢筋的混凝土保护层厚度为 30mm；纵向钢筋 Φ10@150mm，分布钢筋 Φ10@200mm，均双层布置。

4）板混凝土强度 f_{cus}＝50MPa，分布钢筋屈服强度 f_y＝300MPa。

5）根据 GB50010—2010（2010）计算，梁截面配筋率为 ρ，正弯矩区 ρ＝1.65%，负弯矩区 ρ＝2.23%（适筋梁的配筋率为 0.21%～4.46%），ρ 的计算表达式为

$$\rho = \frac{A_s}{bh_0} \tag{14.4}$$

式中：A_s 为受拉钢筋横截面面积；b 为梁截面宽度；h_0 为梁截面有效高度。箍筋非加密区配箍率为 0.39%（最小配箍率为 0.15%）。

确定的典型分析工况的荷载参数如下。

1）柱荷载比 n＝0.4，其定义如式（3.17）所示，柱荷载施加在柱顶，N_F 为柱轴向荷载，常温下柱极限承载力 N_u＝1.04×10^{4}kN。梁荷载比 m＝0.3，其定义如式（3.18）所示，q_u 为常温下，为准确得到组合梁的极限均布线荷载值 q_u 值，采用有限元模型计算获得，q_u＝494kN/m。为模拟实际工程中的真实受力情况，在机理分析及参数分析中，梁上均施加线荷载，作用在梁上表面。

2）节点区梁柱线刚度比 k＝0.43，k 的定义如式（9.1）所示，式中，$(EI)_b$ 和 $(EI)_c$ 为梁和柱的抗弯刚度，L 和 H 分别为梁长度和柱高度。其中，$(EI)_b$ 根据 GB50010—2010 中钢筋混凝土受弯构件短期刚度确定（针对节点区并考虑楼板影响），$(EI)_b$＝2.81×10^{5}kN·m^2；$(EI)_c$ 按照 CECS 188—2005（2005）中的计算公式确定，其定义如式（14.1）所示，$(EI)_c$＝3.93×10^{5}kN·m^2。

3）梁柱极限弯矩比 k_m，其定义如式（9.2）所示，式中，M_{bu} 为常温下钢筋混凝土梁的极限弯矩，M_{cu} 为常温下钢管混凝土叠合柱的极限弯矩。钢筋混凝土梁的 M_{bu} 根据 GB50011—2010（2010）计算，考虑楼板对强度的加强作用（楼板有效宽度为 1840mm），计算得到的常温下钢筋混凝土梁的正弯矩极限值为 628kN·m，负弯矩极限值为 968kN·m；钢管混凝土叠合柱的 M_{cu} 根据 An 和 Han（2014）提出的钢管混凝土叠合柱压弯设计方法计算，得到 $M_{cu}=1176$kN·m，进而计算得到 $k_m=0.50$。

升温时间 $t_h=60$min，火灾升、降温中温度‐受火时间关系按照 ISO‐834（1980）确定。假定的工况为节点处钢筋混凝土梁板底部受火和梁板下部柱四面受火，楼板上部不受火，处于室温中。《钢结构设计规范》（GB50017—2003）（2003）规定采用 $L/1000$ 柱初偏心来考虑钢结构柱荷载初始缺陷的影响，但本章所建立模型的上、下边界条件均约束转动自由度，因此采用在柱上端板施加一个较小的转动（1/1000rad），以考虑其初始缺陷的影响。图 14.37 所示为所建立的钢管混凝土叠合柱‐钢筋混凝土梁节点有限元模型。

图 14.37　钢管混凝土叠合柱‐钢筋混凝土梁节点模型边界条件及网格划分

图 14.38（a）所示为钢管混凝土叠合柱‐钢筋混凝土梁节点特征截面示意图。柱选取节点区（CJ）和端部区（CE）两个截面，梁选取节点区（BJ）和梁端部区（BE）两个截面，在机理分析中将对这对这四个特征截面的指标进行分析。

图 14.38（b）所示为典型分析模型在全过程火灾不同时刻的弯矩示意图。节点在常温和荷载作用下，柱弯矩较小，梁节点区存在负弯矩，梁非节点区存在正弯矩。升温状态下，梁底部纤维温度高于梁顶部纤维，但梁纵向的热膨胀受到约束，梁中产生负向的弯矩作用，因此梁节点区负弯矩增大，梁端部正弯矩减小。降温结束后，与常温下的弯矩图相比，梁节点区负弯矩减小，梁端部正弯矩增大。

(a) 梁柱节点特征截面示意图（尺寸单位：mm）　　　(b) 节点区弯矩示意图

图 14.38　节点特征截面及弯矩示意图

14.4.1　节点温度 - 受火时间关系

温度场分析是结构在全过程火灾下力学性能分析的基础，也是火灾后结构受损程度评估的重要指标。图 14.39 所示为典型节点对象的温度（T）- 受火时间（t）关系，由于截面上各部分达到最高温度的时间均在升、降温 10h 内，仅给出升、降温 10h 内的 $T\text{-}t$ 关系。其中 B′ 和 C′ 时刻分别对应图 1.14 中特征点对应，B′ 时刻外界空气温度达到最高值，C′ 时刻外界空气温度恢复至常温。

节点在升、降温全过程中 $T\text{-}t$ 关系具有如下规律。

1）同一个横截面中，距离受火面远的部分的最高温度低于距离受火面近的部分最高温度。柱非节点端部表面（CE1）最高温度超过 800℃，该截面钢管的最高温度为 174℃，而钢管内部混凝土核心处最高温度仅为 155℃［图 14.39（a）］，内部钢管混凝土部件经历的最高温度较低，火灾全过程作用使内部的钢管混凝土部件劣化程度较低。可见对于内部的钢管混凝土部件，外部钢筋混凝土的存在起到了较好的隔热、保护作用，可明显地降低受火过程中内部钢管混凝土部件的温度。

2）横截面上距离受火面较远的部分达到最高温度的时间迟于距离受火面较近的部分。升温时间为 1h，但钢管表面约在 4.4h 达到最高温度，而钢管核心混凝土则在 7.6h 达到最高温度，梁中心点混凝土则在 5.0h 达到最高温度。这种最高温度延迟的现象可能导致结构在降温过程中破坏（Yang 等，2008；Guo 等，2011）。同时，这也说明在对火灾后建筑结构进行评估时，须对火灾全过程作用下的结构温度场进行计算，可得到较准确的截面内部各点所达到的最高温度，进而对结构火灾后性能进行评估。

3）梁、柱节点区的最高温度低于对应非节点区的最高温度。CJ2 点的最高温度为 162℃，CE2 点的最高温度为 349℃［图 14.39（a，1）］，前者比后者低约 27%；CJ4 点的最高温度为 141℃，CE4 点的最高温度为 155℃，前者比后者低约 9%；CJ6 点的最高温度为 388℃，CE6 点的最高温度为 442℃，前者比后者低约 12%。从柱特征点的结果可见，节点区的最高温度比非节点区低 4%～30%，测点距离表面越近，则这种降低的程度呈现增大的趋势。

相比之下，梁节点区的最高温度也比非节点区低。对比 BE1～BE4 点和 BJ1～BJ4 点可知，节点区最高温度比非节点区对应点分别低 13%、30%、8% 和 9%［图 14.39 (b)］。但 BE5 点和 BJ5 点、BE6 点和 BJ6 点的 T-t 关系差异较小。这主要是因为 5 点和 6 点位于楼板上，而其余点则均位于节点梁柱相互作用区，受到节点核心区混凝土吸热的影响，节点区点的温度明显低于非节点区对应点。这使得全过程火灾作用下节点区材料性能的劣化程度小于非节点区，即全过程火灾作用下节点区的约束作用发生变化。由于在本章分析对象中，节点区温度较低，节点区的约束作用实际上是增强了，这与 Eurocode 4（2005）中对结构火灾下计算长度的调整的思路相符。

图 14.39　钢管混凝土叠合柱-钢筋混凝土梁节点特征截面温度（T）-受火时间（t）关系曲线

为进一步研究节点区温度的影响，提取节点内部特征点在升、降温过程中的最高温度随空间位置的变化规律，如图 14.40 所示。钢管混凝土叠合柱中不同部分的温度在节点区均有不同程度的降低，由于节点区的吸热作用，且楼板以上部分未受火，柱边纵筋在梁下表面高度处的最高温度约为 260℃，与柱端截面相比（最高温度为 356℃），降低约 27%；在梁上表面高度处，柱边纵筋的最高温度为 74℃，降低约 79%。

柱角部纵筋在梁下表面高度处的最高温度约为 394℃，与柱端截面相比（最高温度为 453℃），降低约 13%；在梁上表面高度处，柱边纵筋的最高温度为 116℃，降低约 75%。钢管在梁下表面高度处最高温度为 161℃，比端部区（最高温度为 182℃）降低

11%；钢管在梁上表面高度处最高温度为 74℃，比端部区降低约 59%［图 14.40（a）］。

图 14.40　节点区最高温度（T_{max}）- 位置（d）关系曲线

梁下部纵筋在柱边缘横截面处的最高温度为 408℃，与梁端部（最高温度为 472℃）相比降低约 14%；其在柱中心线所在的横截面处的最高温度为 340℃，降低约 28%。核心混凝土在柱边缘横截面处的最高温度为 127℃，与梁端部（最高温度为 175℃）相比，降低约 27%；核心混凝土在柱中心线所在的横截面处的最高温度为 113℃，降低约 35%。可见，节点区的包裹和吸热作用，节点区的最高温度远低于梁柱非节点区的最高温度，这使节点区在全过程火灾下的强度和刚度的降低程度低于非节点区，因此外部混凝土的包裹和保护作用，钢管混凝土叠合柱 - 钢筋混凝土梁节点在全过程火灾作用下可继续保持常温下的"强节点，弱构件"的设计原则，该类节点在全过程火灾作用下的耐火性能良好。

此外，对结构火灾后性能评估时，实际火灾后现场勘查多数情况下仅可通过结构表面的状态推断表面混凝土所达到的最高温度，这在钢管混凝土叠合柱 - 钢筋混凝土梁节点中依然如此。

根据表面所达到的最高温度，并依据火场调研的结果可初步推断结构内部所经历的最高温度（Concrete Society Working Party，1990）。对节点区内部的最高温度，则可基于数值模型的计算结果，通过对非节点区的最高温度的进行一定的折减计算得到。上述对节点区的最高温度的计算结果可为此类结构的火灾后节点区温度推算提供参考。

14.4.2　破坏形态

选取工程中常见的影响钢管混凝土叠合柱 - 钢筋混凝土梁节点性能的参数，对全过程火灾作用下节点的性能进行分析。所有算例得到两种破坏模态，第一种为梁先于柱发生破坏（简称"梁破坏"），第二种为柱先于梁发生破坏（简称"柱破坏"）。图 14.41 所示为节点的两种破坏模态示意图。

当梁荷载比（m）为 0.3，柱荷载比（n）为 0.4 时，破坏形态为梁破坏，如图 14.41（a）所示。其破坏机理为梁端和梁节点区形成两个塑性铰，梁形成机构，节点区梁发生明显的转动，梁板中的混凝土和钢筋在节点区的形变较大。相比之下，钢管混凝土叠合柱中的变形并不明显。在所有进行的算例分析中，当 $n<0.8$ 时，破坏模态为梁破坏。对

(a) 梁破坏（$m=0.3$，$n=0.4$，$t_h=60\text{min}$）

(b) 柱破坏（$m=0.2$，$n=0.8$，$t_h=60\text{min}$）

图 14.41　节点典型破坏模态

应这种破坏模态的工况的节点，其在全过程火灾后，梁破坏是控制该节点破坏的主要因素。全过程火灾作用后，梁为关键构件。

当 $m=0.2$，$n=0.8$ 时，破坏形态为柱破坏，如图 14.41（b）所示。升、降温后提高梁上的荷载，下部柱承受的荷载随之增加。由于柱荷载水平本身较高，且升、降温使其性能发生劣化，故提高梁荷载对柱的影响明显，柱下部出现混凝土压溃，柱无法承载。相比之下，梁变形并不明显。在本章进行的算例分析中，仅当 $n \geqslant 0.7$ 时，才出现柱破坏。此时，全过程火灾后作用后，柱成为控制节点破坏的关键构件，这与第 10章对型钢混凝土梁-型钢混凝土柱节点火灾后性能研究结果相似。

所有算例中没有出现节点核心区破坏的情况，这主要是因为钢管混凝土叠合柱-钢筋混凝土梁节点的核心区外部包裹着钢筋混凝土，而混凝土的导热系数较钢材低，因此混凝土的存在降低了节点核心区的温度。节点区材料在全过程火灾作用下劣化程度较低，使得节点核心区没有发生破坏。

14.4.3　变形特点

本章参考第 9 章对组合节点变形关系研究中采用的方法，选用柱轴向变形（Δ_c）、梁端挠度（δ_b）和梁柱相对转角（θ_r）来度量节点变形特点，其中相对转角（θ_r）参照 Mao 等（2010）的方法进行确定，具体如图 9.17 所示。

由于节点在全过程火灾作用下变形的发展是由荷载和升、降温共同作用的结果，本章在对变形和内力的结果进行分析时，分别给出了所研究的变形和内力指标与时间（t）的关系和与梁荷载（q）的关系。为研究不同升温时间的影响，除了基本算例外（$t_h = 60\text{min}$），还给出升温时间 $t_h = 120\text{min}$ 和 $t_h = 180\text{min}$ 时的结果。图 14.42 所示为节点的柱轴向变形（Δ_c）与受火时间（t）和梁线荷载（q）的关系，其中 A、A′、B′、C′、D′、E′ 分别与图 1.14 中的特征点对应，其中 Δ_c 以柱发生膨胀变形为 "＋"，以柱发生压缩变形为 "－"。由图 14.42 描述如下。

1）常温阶段（AA′）。柱和梁同时加载至设计荷载。过程中 Δ_c 与 t 关系为线性，柱荷载按 t 线性加载，因此柱处于弹性变形范围内。A′ 时 $\Delta_c = -4.07\text{mm}$。

2）升温阶段（A′B′）。当升温时间较短时，如当 $t_h = 60\text{min}$ 时，Δ_c 绝对值先增大；当升温时间较长时，如当 $t_h = 180\text{min}$ 时，Δ_c 绝对值先增大，再降低。对比第 10 章的研究结果可知，钢管混凝土叠合柱 - 钢筋混凝土梁节点柱在升温初期的变形与型钢混凝土柱 - 型钢混凝土梁节点柱相似，两者在升温初期的压缩变形均增大。这主要是因为在升温过程中混凝土材性劣化程度较快，其对变形的影响大于其受热产生的热膨胀变形。但对于 $t_h = 120\text{min}$ 时，升温后期 Δ_c 绝对值出现降低趋势。这主要是因为柱截面内部的钢管开始升温，钢材在高温下的劣化程度小于混凝土在相同温度下的劣化程度，所以此时 Δ_c 绝对值开始降低。这时柱的行为与第 12 章的钢管混凝土柱 - 组合梁节点柱的行为相似，该节点中柱在升温初期表现出短暂的膨胀。对比不同 t_h 时的结果可知，t_h 越长时，柱膨胀变形越大，持续时间越长。

3）降温阶段（B′C′D′）。Δ_c 绝对值先减小，后增大。压缩变形在降温初期减小，主要是因为，柱截面内部钢管仍然处于升温状态，使得柱继续膨胀。降温后期，压缩变形逐渐增大，则是因为降温导致柱发生收缩变形。升、降温过程梁和柱荷载虽未发生变化，但升、降温的影响使 Δ_c 发生波动，降温过程中钢管混凝土叠合柱的轴向变形的这种波动现象与第 10 章的型钢混凝土柱节点和第 12 章的钢管混凝土柱节点不同。当 $t_h = 60\text{min}$ 时，全过程火灾作用导致柱轴向残余变形为 -6.28mm（D′ 时与 A′ 时变形差值），为常温下的柱变形的 1.54 倍。对比各 t_h 时的结果可知，残余变形随 t_h 增大而增大。当 $t_h = 120\text{min}$ 时，残余变形为 -12.41mm，为常温下加载后（A′ 时）变形值的 3.05 倍；当 $t_h = 180\text{min}$ 时，残余变形为 -18.39mm，为常温下变形的 4.52 倍。

4）火灾后阶段（D′E′）。Δ_c 绝对值不断增大至节点破坏。提高梁荷载至梁发生破坏，但柱荷载增加较小，当 $t_h = 60\text{min}$ 时，Δ_c 变化量为 -0.94mm，当 $t_h = 180\text{min}$ 时，Δ_c 变化量为 -1.34mm，可见火灾后阶段柱变形的增加程度受 t_h 变化的影响不明显。由图 14.42（b）可知，梁荷载的提高对柱的变形影响不明显，其影响程度小于升、降温

(a) 柱轴向变形（Δ_c）-受火时间（t）关系

(b) 柱轴向变形（Δ_c）-梁线荷载（q）关系

图 14.42　节点柱轴向变形（Δ_c）与受火时间（t）、梁线荷载（q）关系曲线

对 Δ_c 的影响程度。这个特性与第 10 章型钢混凝土梁 - 型钢混凝土柱在火灾后加载过程中的行为相似，这是因为钢管混凝土叠合柱和型钢混凝土柱中钢材均位于截面内部，两类节点在全过程火灾下的行为相似。

图 14.43 所示为节点梁端挠度（δ_b）与受火时间（t）和梁线荷载（q）的关系，其中 A、A′、B′、C′、D′、E′ 分别与图 1.14 中的特征点对应，其中 δ_b 以梁挠度减小为"＋"，以梁挠度增加为"－"。对各个阶段的特征和描述如下。

1）常温阶段（AA′）。梁挠度随荷载增加而增大。加载结束 δ_b 为－5.20mm，梁挠度的增加主要是梁上施加荷载所导致。

2）升温阶段（A′B′）。梁挠度持续增大。当 t_h＝60min 时，升温结束时 δ_b 为－19.92mm。当 t_h＝180min 时，升温结束时 δ_b 为－42.04mm，可见梁挠度在升温过程中不断增加，升温结束时梁挠度随 t_h 的增加而增加。这主要是因为材料高温下劣化，刚度降低，相同荷载下抵抗变形能力降低。

3）降温阶段（B′C′D′）。梁挠度持续增加，至降温结束逐渐趋于稳定。一方面是由于截面内部材料仍处于升温阶段，在继续劣化；另一方面，与钢材不同，混凝土材性在降温后没有恢复，反而继续劣化（吴波，2003）。当 t_h＝60min 时，残余变形为 -40.34mm，为常温下挠度的 7.75 倍；当 t_h＝120min 时，残余变形为－69.31mm，为常温下挠度的 13.32 倍；当 t_h＝180min 时，残余变形为－89.31mm，超过常温下挠度的 17.16 倍。可见随着 t_h 增大，火灾后残余变形绝对值增大。同时，与常温阶段梁挠度的变化对比，可知降温阶段对梁挠度的影响大于升温阶段。钢管混凝土叠合柱 - 钢筋混凝土梁节点中梁在升温阶段和降温阶段的行为与第 10 章的型钢混凝土柱节点和第 12 章的钢管混凝土柱节点的行为相似。

4）火灾后阶段（D′E′）。梁挠度增加至节点发生破坏（均为梁破坏）。加载初期，δ_b-q 关系［图 14.43（b）］接近线性增加。加载后期，δ_b-q 关系斜率绝对值逐渐增大。破坏阶段，梁荷载 q 增加较小，梁挠度持续增大。钢管混凝土叠合柱 - 钢筋混凝土梁节点的梁在火灾后破坏过程中的行为与第 10 章的型钢混凝土柱 - 型钢混凝土梁节点中梁的行为类似，与钢管混凝土柱 - 组合梁节点中梁的行为差异较大。对比不同 t_h 时的结果，可知达到极限承载力时的梁挠度随 t_h 的增加而增加。

(a) 梁端挠度（δ_b）-受火时间（t）关系

(b) 梁端挠度（δ_b）-梁线荷载（q）关系

图 14.43　节点梁端挠度（δ_b）与受火时间（t）、梁线荷载（q）关系曲线

图 14.44 所示为节点梁柱相对转角（θ_r）与受火时间（t）和梁线荷载（q）的关系，其中 A、A′、B′、C′、D′、E′ 分别与图 1.14 中的特征点对应，其中 θ_r 以节点发生梁端挠度向下的转动为"＋"，以节点发生梁端挠度向上的转动为"－"。对各个阶段的特征和描述如下。

1）常温阶段（AA′）。θ_r 随荷载增大而增大。θ_r 增加主要是因为梁施加荷载所致，常温加载结束时，θ_r 增加至 0.46×10^{-3}rad。

2）升温阶段（A′B′）。θ_r 在升温过程中增大。当 $t_h = 60$min 时，升温结束时 θ_r 增加至 0.90×10^{-3}rad，为常温加载结束的 1.94 倍，主要因为升温使得梁刚度减小，节点区继而发生转动。当 t_h 在 60～180min 范围内变化时，θ_r-t 关系重合，说明对于本章选取的典型的分析对象，t_h 对 θ_r 在升温过程中的变化影响不明显。

3）降温阶段（B′C′D′）。θ_r 先短暂增加后降低，最后再增加。当 $t_h = 60$min 时，降温初期 θ_r 出现短暂增加，极值为 0.96×10^{-3}rad，这主要是因为截面内部在降温初期仍然处于升温状态，θ_r 延续升温段末期的变化趋势。然后 θ_r 开始降低，至极值 0.57×10^{-3}rad，持续时间约为 3.78h。这是因为柱节点区内部温度升高，节点区材料膨胀，使点 B1 和 B2 发生向外的位移。之后 θ_r 又开始增大，至降温结束，此时 $\theta_r = 1.66 \times 10^{-3}$rad，为常温下的 3.59 倍。这主要是因为随着结构继续降温，混凝土材料继续劣化，梁刚度继续下降，梁转动增大。

同时由于降温的影响，节点区发生收缩变形，B1 和 B2 测点发生向节点区内部的位移。由于荷载和升、降温在节点区同时作用，对 θ_r 的影响可能是同向的，也可能是反向的。对比不同 t_h 的情况，可见随 t_h 增大，升、降温后的 θ_r 的残余变形也增大。当 $t_h = 180$min 时，降温结束时残余梁柱相对转角为常温下的 6.32 倍。

4）火灾后阶段（D′E′）。θ_r 增大至节点破坏。当 $t_h = 60$min 时，破坏时 $\theta_r = 12.31 \times 10^{-3}$rad。由图 14.44（b）可见，$\theta_r$ 在火灾后加载过程中不断增大，对比升、降温过程中 θ_r 的变化程度，可知荷载对 θ_r 的影响大于升、降温的影响。

14.4.4　内力变化

图 14.45 所示为柱轴力（N_c）随受火时间（t）和梁线荷载（q）的关系，N_c 以受拉

(a) 相对转角（θ_r）-受火时间（t）关系　　　(b) 相对转角（θ_r）-梁线荷载（q）关系

图 14.44　节点梁柱相对转角（θ_r）与受火时间（t）、梁线荷载（q）关系曲线

(a) 柱节点区轴力（N_c）-受火时间（t）关系　　　(b) 柱节点区轴力（N_c）-梁线荷载（q）关系

图 14.45　柱节点区轴力（N_c）与受火时间（t）、梁线荷载（q）关系曲线

为"＋"，受压为"－"。由于柱节点区（CJ）和柱端部（CE）的轴力的相等，在此仅给出一组结果。根据力学平衡，节点区下部柱的轴力应相等外部施加的荷载，包括柱顶荷载和梁荷载。分析中假定柱上端可发生自由竖向移动，故升、降温过程中的柱的轴力不发生变化，均与外界施加荷载相等，见图 14.45（a）中 A′B′C′D′ 段。图 14.45（a）中的 AA′ 为常温下施加荷载过程，D′E′ 段为火灾后加载至节点破坏过程。

图 14.46 所示为梁节点区（BJ）的（图 14.38 中截面 BJ）弯矩（M_b）和轴力（N_b）随受火时间（t）和梁线荷载（q）的关系，其中 M_b 以使梁节点区下部纤维受拉为"＋"，上部纤维受拉为"－"；N_b 以受拉为"＋"，受压为"－"。对全过程火下梁节点区的内力的变化及分析如下。

1）常温阶段（AA′）。节点区弯矩和轴力均随外荷载的增加而增加。常温加载结束时，节点区 M_b 为 -691kN·m，梁的 N_b 为 -356kN。梁轴力为压力是因为在分析时假定梁端不发生轴向位移，这与第 10 章对型钢混凝土柱-型钢混凝土梁节点的研究结果相似，与钢管混凝土柱-组合梁节点的结果有一定差异。A′ 时梁端部截面（BE）上部和节点区截面（BJ）下部为受压区，梁混凝土的主压应力从 BE 区上部延伸到 BJ 区下部，形成类似"拱机制"的传力途径。实际上，完全不发生轴向移动（轴向刚度无限大）的边界条件是不存在的，分析中采用的是理想边界条件。

(a) 弯矩（M_b）-受火时间（t）关系　　　　(b) 弯矩（M_b）-梁线荷载（q）关系

(c) 轴力（N_b）-受火时间（t）关系　　　　(d) 轴力（N_b）-梁线荷载（q）关系

图 14.46　梁节点区弯矩（M_b）、轴力（N_b）与受火时间（t）、梁线荷载（q）关系曲线

2）升温阶段（A′B′）。节点区梁负弯矩持续增大，梁轴压力先增大后减小。节点区负弯矩在升温过程中先增大（当 t_h＝60min 时，极值为－864kN·m，较常温下值增加 25%）后减小（当 t_h＝60min 时，B′ 时刻 M_b=-600kN·m）。M_b 增大的原因如下：受火时梁下部较上部产生更大的热膨胀应变，但由于梁端受到约束，整个梁长度方向产生均匀分布的负弯矩，与常温下节点区的负弯矩叠加，节点区负弯矩出现短暂的增加。之后负弯矩减小是因为随着受火时间的增加，楼板下表面和梁侧面也均受火，整个梁板截面上温度升高趋于均匀，下部膨胀相对上部膨胀的差异减小，因此负弯矩减小。

在升温过程中，梁的热膨胀受到边界的约束，因此梁的 N_b 继续增大，当 t_h＝60min 时，N_b 由常温下－356kN 增加至－8676kN，为常温下的 24 倍。实际结构中，完全固定的边界条件是不存在的，约束作用越强，则增加的内力越大，因此该结果可能偏保守。对比不同 t_h 时的曲线，可知 t_h 对升温过程中梁节点区（BJ）的 M_b 和 N_b 的变化的影响不明显。

3）降温阶段（B′C′D′）。负弯矩增大后减小，降温结束时逐渐趋于稳定，梁轴压力增大后减小，降温结束时趋于稳定。降温过程负弯矩总体上在减小，主要因为楼板的面积较大，故后期相当于整个梁板截面的上部受火的面积大于下部受火的面积，受火导致的弯矩逐渐变为沿梁均匀分布的正向弯矩，总负弯矩之后持续减小。当 t_h＝60min 时，升、降温结束（D′）时，M_b＝－448kN·m，绝对值较常温下降低了 35%。t_h 对降温过程中 M_b 的变化的影响不明显。

降温过程中 N_b 出现极值 $-10270kN$，之后 N_b 增大，并由轴压力变为轴拉力。D′ 时刻 $N_b = 3403kN$。这主要是因为降温过程，材料收缩导致轴压力降低。同时，升、降温导致部分混凝土发生不可恢复的损伤，材料中产生了残余变形，温度降回室温后，梁轴力变为拉力。t_h 对降温过程中 N_b 的变化的影响明显，当 t_h 升高时，降温过程中 N_b 的极值出现时间较晚，D′ 时刻的 N_b 增大。

4）火灾后阶段（D′E′）。火灾后加载的过程内力的发展方向与常温加载一致。破坏时 $M_b = -2398kN·m$，$N_b = -1161kN$，分别为常温下的 3.26 倍和 3.47 倍。升、降温阶段和火灾后节点梁节点区 M_b 和 N_b 的变化趋势与第 10 章论述的型钢混凝土柱 - 型钢混凝土梁节点的结果类似。

图 14.47 所示为梁端部（BE）弯矩（M_b）随受火时间（t）和梁线荷载（q）关系，其中正负号的规定与图 14.46 相同。端部轴力（N_b）与节点区 N_b 相同，不再给出。对全过程中梁端部的内力的变化及分析如下。

(a) 弯矩（M_b）- 受火时间（t）关系

(b) 弯矩（M_b）- 梁线荷载（q）关系

图 14.47　梁端部弯矩（M_b）与受火时间（t）、梁线荷载（q）关系曲线

1）常温阶段（AA′）：梁弯矩随荷载的增加而增加。A′ 时梁端部弯矩为 326kN·m，接近节点区负弯矩的一半，与弹性范围内的理论结果接近。

2）升温阶段（A′B′）：端部弯矩先降低后升高。M_b 先降低至极小值 148kN·m，之后升高，正弯矩的变化趋势与节点区负弯矩变化趋势相似。对比不同 t_h 的曲线，可知 t_h 对升温过程中梁端部的 M_b 的变化的影响不明显。

3）降温阶段（B′C′D′）：梁端部弯矩先增加后降低，降温结束时趋于稳定。该阶段由于温度和荷载的耦合作用，M_b 出现波动，其中 M_b 达到极值后出现短暂下降是因为降温致使材料收缩，弯矩向负向发展。降温结束（D′）时，$M_b = 473kN·m$，与常温下相比增加了 45%。t_h 增大时，上述趋势有所变化，但降温阶段 M_b 均较常温下大。$t_h = 120min$ 和 180min 时，降温后期 M_b 呈现降低趋势，这是因为升温时间较长时，更多的材料发生不可恢复的塑性变形，刚度降低，无法承受更多的荷载。当 $t_h = 180min$ 时，降温阶段 M_b 的最大值为 810kN·m，为常温下的 2.48 倍。可见，升、降温过程中节点区正弯矩增加较大。

4）火灾后阶段（D′E′）：梁端弯矩随外荷载增加而增加，至节点发生破坏。加载结束时（E′），$M_b = 1119kN·m$，为常温下的 3.43 倍。升、降温过程中钢管混凝土叠合柱 - 钢筋混凝土梁节点梁端部弯矩与第 10 章的型钢混凝土柱 - 型钢混凝土梁相似。

14.4.5　节点弯矩 - 梁柱相对转角关系

节点弯矩（M）- 相对转角（θ_r）关系是评估节点转动能力的重要指标。图 14.48 所示为节点 M-θ_r，其中 M 以梁下部受拉为 "+"，以梁上部受拉为 "−"，θ_r 以梁下边缘与柱成角减小为 "+"，以其增大为 "−"。为便于对比分析，图 14.48 给出了三种工况下的 M-θ_r 关系：工况 1，经历全过程火灾作用后的节点 M-θ_r 关系，节点在火灾后提高荷载过程中发生破坏，给出的是基本分析对象在 t_h=60min 时的结果；工况 2，针对基本分析对象，常温下提高该节点梁上荷载至节点发生破坏的 M-θ_r 关系；工况 3，升温

图 14.48　节点弯矩（M）- 相对转角（θ_r）
关系曲线

过程中发生破坏的节点的 M-θ_r 关系，给出的是基本分析对象在 ISO-834（1975）标准升温曲线作用下发生破坏的情况，其耐火极限为 242min。对于工况 1 得到的 M-θ_r 关系，分析如下。

1）常温加载阶段（AA′）。该阶段 M-θ_r 接近直线，A′ 时节点转动值为 0.46rad，节点弯矩为 −691kN·m，节点转动处于弹性范围内。曲线 AA′ 与工况 2 的 M-θ_r 关系中的对应阶段重合。工况 2 的 M-θ_r 关系在后期斜率绝对值逐渐降低，节点发生塑性转动变形，达到峰值后无法继续承担弯矩，弯矩值下降。

2）升温阶段（A′B′）。该阶段 θ_r 持续增大，如图 14.44 所示。主要是因为升温过程中，受火面为梁板底部和侧面，且由于板的吸热作用，梁板顶部温度较低，梁底部产生的温度膨胀应变高于梁板顶部的热膨胀应变。但由于边界条件约束，梁端部纵向热膨胀受到约束，热膨胀对节点区产生影响。梁底部纵向温度较高，两端梁向节点核心区挤压，θ_r 增加。而对于节点在升温过程中发生破坏的情况，θ_r 在升温后期降低。主要是因为升温后期，梁板截面下部材料在高温下劣化较明显，其由于纵向热膨胀应变受约束而产生的对节点核心区的推力降低，而梁板截面上表面的温度逐渐上升，但小于下部温度。截面上表面发生纵向热膨胀，节点区顶部发生负向转动。而破坏阶段，θ_r 再次增加，主要是因为梁板截面上部材料温度较高，也开始发生劣化，整个梁无法承受外荷载，梁挠度不断增加，且变形速率增加，导致 θ_r 再次增大。与工况 3 的 M-θ_r 关系对比，可知 A′B′ 段与工况 3 的 M-θ_r 关系完全重合。

3）降温阶段（B′C′D′）。该阶段 M-θ_r 关系变化较为复杂。降温阶段 θ_r 先降低，后增加。其原因见图 14.44 所示。θ_r 降低是因为处于降温阶段的梁板在纵向发生收缩，梁板下表面为受火面，因而下部的收缩大于梁板截面上部。同时，由于梁截面内部在降温初期仍然处于升温状态，截面上部可能仍然处于升温而发现纵向膨胀的状态。上述两种变形趋势在梁节点处产生的作用相叠加，使得节点发生负向的转动，θ_r 降低（B′C′）。当降温到一段时间后，截面均处于降温阶段，该阶段混凝土材性劣化，致使 θ_r 再次增大（C′D′）。从 D′ 与 A′ 的差异比较，可得升、降温导致的残余转动变形和残余弯矩，残余

转动变形为 1.66rad，为 A′ 点时 θ_r 值的 2.59 倍，残余弯矩为＋244kN·m。

4）火灾后加载阶段（D′E′）。该阶段 M 随 θ_r 的增加而增加，至火灾后承载力峰值点 E′、D′ 处的切线代表了火灾后加载过程中的节点初始转动刚度。加载过程 θ_r 增大，但 M-θ_r 关系斜率绝对值逐渐降低。与常温下加载 M-θ_r 关系相比，D′E′ 的斜率绝对值较小，说明升、降温过程使得节点转动刚度降低。

根据图 14.48 中 M-θ_r 关系可度量节点经历全过程火灾作用后剩余转动刚度和剩余抗弯承载力的大小，因此在参数分析中，将针对不同参数对 M-θ_r 关系的影响进行参数分析。

14.4.6　应力分布

图 14.49 所示为钢管混凝土叠合柱节点区（CJ）和非节点区（CE）横截面在全过程火灾中不同时刻的纵向应力分布。为便于分析，应力结果给出比值，混凝土应力比值为计算得到的纵向正应力与常温下混凝土圆柱体抗压强度的比值，f_{ci}' 为常温下核心混凝土圆柱体抗压强度，f_{co}' 为常温下外部混凝土圆柱体抗压强度；钢管应力比值为计算得到的 Mises 应力与钢管屈服强度 f_y 的比值。对火灾全过程中节点柱截面的应力的分布描述和分析如下。

1）常温加载结束时刻（A′）。柱节点区（CJ）外部混凝土的应力约为 $-0.50f_{co}'$，内部混凝土为 $-0.40f_{ci}'$，钢管的 Mises 应力为 $-0.42f_y$。CE 截面的应力分布与 CJ 截面虽然有差异，但应力水平总体上差异较小。由于柱承受轴压力为主，CJ 和 CE 截面上应力分布不均匀程度均较小。

2）升温结束时刻（B′）。由于截面外围材料受热膨胀，而膨胀受到约束，纵向压应力

（a）A′时刻

（b）B′时刻

图 14.49　钢管混凝土叠合柱-钢筋混凝土梁节点的柱横截面的纵向应力分布

图 14.49　（续）

增大，外围混凝土纵向应力分布更加不均匀，CJ 截面外围混凝土应力分布为 $-0.34f_{co}'\sim$ $-0.13f_{co}'$。钢管的 Mises 应力增加至 $+0.67f_y$，相对于常温下（A′ 点）的应力水平提高约 60%；内部混凝土的纵向应力为 $-0.45f_{ci}'$，其绝对值相对于常温下（A′ 点）的应力提高约 12.5%。CE 截面的应力分布与节点区类似，但应力云图更趋于中心对称分布，这主要是因为 CJ 截面由于受到梁传递荷载的影响，应力云图左右（连接梁的）两侧与上下两侧不同。可见，升温过程导致钢管外部混凝土应力分布更加不均匀，靠近截面外部的混凝土纵向应力增大，而靠近钢管的混凝土纵向应力减小。内部钢管混凝土部件的应力增加，承受的外荷载增加，外部钢筋混凝土部分承担的外荷载减小。

3）外界温度降至常温时刻（C′）。外界温度降低至常温，试件外部处于降温状态，但试件内部仍继续升温。此时钢管的 Mises 应力继续增加至 $+0.78f_y$，内部混凝土的应力分布较 B′ 时刻更加不均匀，主要是温度梯度增加使得横截面上材料的热膨胀应变差异较大所引起。

4）试件降至常温时刻（D'）。由于外部混凝土在降温过程中继续劣化，内部混凝土应力进一步提高，非节点区纵向应力为 $-0.75f_{ci}'$，钢管的 Mises 应力较 C' 时刻降低，为 $+0.68f_y$。可见，经历了升、降温之后，内部核心钢管混凝土成为承受荷载的主要部分。

5）破坏时刻（E'）。此时内部钢管混凝土部分应力进一步提高，核心混凝土应力为 $-0.76f_{ci}'$，钢管的 Mises 应力为 $+0.81f_y$。外部混凝土应力也有所提高，但截面边缘混凝土应力绝对值较低。在提高荷载过程中，仍然是内部钢管混凝土部分在主要承受外荷载。

图 14.50 所示为钢筋混凝土梁节点区（BJ）和非节点区（BE）截面在全过程火灾中不同时刻的混凝土纵向应力分布。为便于分析，应力结果给出比值，混凝土应力比值为

图 14.50　钢管混凝土叠合柱 - 钢筋混凝土梁节点的梁截面的混凝土纵向应力分布

(1) 梁节点区 (BJ) 截面　　　　　　(2) 梁端部 (BE) 截面

(e) E′时刻

图 14.50 （续）

计算得到的纵向正应力与常温下混凝土圆柱体抗压强度的比值，f_{co}' 为常温下钢筋混凝土梁中混凝土圆柱体抗压强度。对火灾全过程中梁混凝土纵向应力的分布描述和分析如下。

1）常温加载结束时刻（A′）。BJ 截面底部大部分区域受压，钢筋混凝土板截面整个区域受拉；BE 截面相反，梁底部受拉，顶部受压，钢筋混凝土板截面整个区域受压。

2）升温结束时刻（B′）。升温导致材料产生各方向均匀的热膨胀应变，而梁纵向的热膨胀受到端部约束，导致梁受火边缘产生压应力。BJ 截面下表面和侧面最小应力为 $-0.37f_{co}'$。BJ 截面仅有梁截面中上部为受拉区。BE 截面底部常温下为拉应力，B′ 时刻变为压应力，仅截面核心区为受拉，BE 截面板中的压应力水平提高，较梁中压应力水平高。

3）外界温度降至常温时刻（C′）。靠近受火面的部分已经开始降温，但远离受火面的部分仍然处于升温。与 B′ 时刻相比，此时的应力分布有向 A′ 时刻恢复的趋势。BJ 截面梁板截面上压应力幅值降低，但受拉区仍然较小。BE 截面梁下表面压应力降低。

4）试件降至常温时刻（D′）。此时截面应力区分布与常温下相似。BJ 截面梁板上表面受拉，梁中下部受压。BE 截面梁板大部分区域受拉，仅梁上部受压，且此时混凝土的应力较低，最大压应力为 $-0.14f_{co}'$。这主要是因为升、降温之后混凝土劣化，而钢筋的性能得到恢复，钢筋在主要承受外荷载。

5）破坏时刻（E′）。截面应力再次增大，BJ 截面下部最大压应力为 $-0.76f_{co}'$，梁上部受拉，板整个截面为受拉。BE 截面上部最大压应力也为 $-0.65f_{co}'$，梁下部受拉，板上部受压，下部受拉。全过程火灾下，钢管混凝土叠合柱 - 钢筋混凝土梁节点梁截面中混凝土纵向应力的变化与第 10 章的型钢混凝土柱 - 型钢混凝土梁节点的梁截面的混凝土纵向应力相似。但由于型钢混凝土梁内部配置型钢，升温过程中梁核心混凝土中产生的拉应力水平较低。

为进一步分析特征点的应力随时间的变化规律，在节点柱和梁上选取特征点，图 14.51 所示为节点柱和梁上所选取的特征点。

(a) 柱特征点示意图　　　　　　(b) 梁特征点示意图

图 14.51　应力特征点示意图

图 14.52 所示为柱截面特征点纵向应力（σ）- 受火时间（t）关系。

(a) 混凝土纵向应力

(b) 钢材 Mises 应力

图 14.52　柱截面特征点纵向应力（σ）- 受火时间（t）关系曲线

　　柱截面 1、2、3 点分别位于截面边长中部混凝土、钢管外混凝土和核心混凝土［如图 14.51（a）所示］。柱混凝土在常温加载结束时（A'），非节点区 1、2、3 点纵向应力分别为 −23MPa、−24MPa 和 −30MPa，升温结束时（B'），三者的纵向应力分别为 −22MPa、−1MPa 和 −35MPa。同时，钢管内表面与 2 点对应区域的混凝土纵向应力在常温和升温结束时刻的应力分别为 −30MPa 和 −36MPa。可见在升温过程中，外围的钢筋混凝土中发生了较为剧烈的内力重分布：表面纵向压应力增加，钢管外部纵向压应力减小，甚至出现拉应力，钢管内部混凝土压应力增大。恢复至常温时（D'），三者的纵向应力分别为 −3MPa、−44MPa 和 −58MPa。可见内部材料在升、降温后承载更多的外荷载。

　　相比之下，节点区混凝土的压应力较非节点区均较小，如 A' 时 1~3 点的应力分别为 −22MPa、−21MPa 和 −29MPa，D' 时三者的应力分别为 −2MPa、−59MPa 和 −51MPa，以上数值均小于非节点区对应值。这主要是因为所提取的点均位于截面边长的中部，该区域非节点区的纵向应力大于节点区。但节点区截面角部区域的混凝土纵向应力大于非节点区。如 A' 时非节点区和节点区截面角部混凝土纵向应力分别为 −22MPa 和 −30MPa，D' 时的对应值均分别为 0MPa 和 −1MPa。结合下段对钢材的 Mises 应力分析可知，在常温下由于节点区存在梁的约束作用，柱截面角部区域可承担更多外荷载。

　　柱截面 4、5 和 6 点分别位于角部纵筋、边纵筋和钢管上［图 14.51（b）］，非节点区 4~6 点的 Mises 应力在 A' 时分别为 154MPa、147MPa 和 142MPa，在 B' 时刻分别为 251MPa、272MPa 和 229MPa，可见升温过程使得截面外部应力的增加幅度大于截面内部。在降温结束时刻，上述三者的 Mises 应力为 331MPa、13MPa 和 242MPa，相比于常温加载结束时刻，角部纵筋的应力增加 115%，钢管的应力提高 71%。相比之下，节点区的 4~6 三点在 A' 时分别为 149MPa、162MPa 和 138MPa，在 B' 时刻分别为 256MPa、281MPa 和 231MPa，相比非节点区有一定程度减小。D' 时，4~6 点的 Mises 应力分别为 176MPa、162MPa 和 228MPa。可知，升、降温后节点区钢管比非节点区承担更多的外荷载。

图 14.53 所示为梁截面特征点纵向应力（σ）- 受火时间（t）关系。

(a) 混凝土纵向应力

(b) 钢材 Mises 应力

图 14.53　梁截面特征点纵向应力（σ）- 受火时间（t）关系曲线

梁截面 1～3 点分别位于顶部、截面底部和横截面中心混凝土［图 14.51（b）］节点区 1～3 点在 A′时的纵向应力分别为 3MPa、−14MPa 和−3MPa，在 B′时分别为 3MPa、−30MPa 和 1MPa，截面底部出现较大的压应力。D′时刻，1～3 点的纵向应力分别为 3MPa、−3MPa 和−5MPa，与 A′时刻相比，可见升、降温结束后，混凝土部分承担的压应力降低，进而混凝土承载的弯矩降低。

梁截面 4 和 5 点分别位于下部和上部纵向钢筋［图 14.51（b）］，其在 A′时的 Mises 应力分别为 52MPa（受压）和 21MPa（受拉），在 B′时分别为 298MPa（受压）和 14MPa（受拉），下部钢筋中压应力增加至 5.7 倍。D′时 4 和 5 点的 Mises 应力分别为 157MPa（受压）和 101MPa（受拉），5 号点应力增加至 A′时的 4.8 倍。其原因为梁在受热过程中发生膨胀，但膨胀受到约束，进而产生受压的塑性变形，该塑性变形在降温阶段不可恢复。但降温过程中混凝土收缩，使得钢筋中产生均匀的压应力。可见，升、降温过程使得节点负弯矩区受拉钢筋拉应力增大。

梁端截面 1～3 点在 A′时的纵向应力分别为−5MPa、4MPa 和 3MPa，在 B′时分别为−20MPa、−14MPa 和 3MPa，与梁节点区相似，受热梁顶部和底部均产生压应力。D′时刻 1～3 点的应力分别为 0MPa，4MPa 和 4MPa，升、降温之后混凝土承受的荷载降低。A′时梁上、下部纵筋 Mises 应力分别为 52MPa（受压）和 10MPa（受拉），D′时 407MPa（受压）和 1MPa（受拉）。可知，升、降温之后钢筋的应力增加，升、降温之后，混凝土承受的部分荷载转移到钢筋中。

14.4.7　钢管与混凝土界面性能的影响

图 14.54 所示为钢与混凝土界面接触性质对节点在全过程火灾下性能的影响，其中采用了两种接触条件：工况 1，按照第 14.2 节中的介绍，法相采用硬接触，切向采用库仑摩擦接触；工况 2，假设钢与混凝土变形完全协调，界面之间法相和切向完全传递应力，采用 "Tie" 约束。图 14.54（a）所示为柱轴向变形（Δ_c）- 受火时间（t）关系对比，可见，在假设完全协同工作时，升温过程中（A′B′）的膨胀变形较小，在降温阶段（B′C′D′），工况 1 和工况 2 之间压缩变形的差值较稳定。

　　图 14.54（b）可见，接触的差异对梁端挠度（δ_b）‐受火时间（t）关系影响不明显。图 14.54（c）所示为相对转角（θ_r）‐受火时间（t）关系，可见工况 2 的转动小于工况 1，如 A′ 时工况 1 的转动为 0.46×10^{-3}rad，工况 2 为 0.37×10^{-3}rad，相差 20%。整个升、降温过程中，工况 2 的转动均小于工况 1。

　　图 14.54（d）所示为节点弯矩（M）‐相对转角（θ_r）关系，工况 1、2 常温加载时的转动刚度（K）为 1.674×10^3kN/rad 和 2.069×10^3kN/rad，后者比前者提高 24%。常温下工况 1、2 的节点极限弯矩承载力分别为 2809kN·m 和 2779kN·m。火灾后节点极限弯矩承载分别为 2495kN·m 和 2484kN·m，两者较接近。峰值承载力对应的转动变形相差较大，工况 1 为 11.8×10^{-3}rad，工况 2 为 3.7×10^{-3}rad。可见考虑钢管和混凝土之间的接触对钢管混凝土叠合柱‐钢筋混凝土梁节点的承载力影响不明显，但对节点的刚度影响明显，两者之间接触越强时，节点转动刚度越大，相同荷载下转动变形越小。

(a) 柱轴向变形（Δ_c）‐受火时间（t）关系曲线　　　　(b) 梁端挠度（δ_b）‐受火时间（t）关系曲线

(c) 相对转角（θ_r）‐受火时间（t）关系曲线　　　　(d) 节点弯矩（M）‐相对转角（θ_r）关系曲线

图 14.54　钢和混凝土界面接触性质的影响

14.4.8　混凝土高温爆裂的影响

　　本节对混凝土高温爆裂的影响进行研究。以第 14.4 节建立的典型钢管混凝土叠合柱‐钢筋混凝土梁节点作为研究对象，升温时间 $t_h = 30$min，按照 ISO‐834（1975）升、降温曲线进行升、降温。采用第 14.2 节提出的混凝土爆裂分析方法进行分析。温度场计算模型分为两个分析步，分析步 1 持续时间 25min，与未考虑爆裂的相同；分析步 2

持续时间为全过程受火剩余时间，在此分析步开始时，混凝土保护层中钢筋所在的平面上另外施加一个虚拟的受火面，其与外界升、降温条件一致，同时保持原有的受火面。力学性能分析模型与未考虑爆裂时的相同。

图 14.55 所示为混凝土爆裂对柱温度（T）- 受火时间（t）关系的影响，"-s"的为考虑爆裂时的计算结果，无"-s"为未考虑爆裂影响的计算结果。点 CE2、CJ2、CE6 和 CJ6 位于钢筋所在的平面。由图 14.55 可知，混凝土爆裂发生后，点 CE2、CE6 和 CJ6 的温度明显升高，CJ2 由于位于节点区，其在爆裂之后温度升高不明显。位于爆裂面内部的测点温度也有所提高，但不如上述测点明显。

(a) 柱端部（CE）特征点 1～3　　　　　(b) 柱节点区（CJ）特征点 1～3

(c) 柱端部（CE）特征点 4～6　　　　　(d) 柱节点区（CJ）特征点 4～6

图 14.55　混凝土爆裂对柱温度的影响

图 14.56 所示为混凝土爆裂对梁温度（T）- 受火时间（t）关系的影响，"-s"的为考虑爆裂时的计算结果。点 BE1、BE5、BJ1 和 BJ5 位于梁底部钢筋所在的平面。可知，上述 4 点的在爆裂发生后温度突然升高，内部升温速率也有所提高。

图 14.57 所示为混凝土爆裂对节点变形的影响。爆裂导致梁柱变形均增大近一倍。节点相对转角有所增加，增幅约为 15%［图 14.57（c）］。考虑混凝土爆裂时，节点的火灾后极限承载力降低约 6%，对应的节点相对转角增加约 37%，火灾后节点转动刚度降低约 14%。可见，当采用含水率较高、强度较高的混凝土时，钢管混凝土叠合柱 - 钢筋混凝土梁节点在全过程火灾下的柱轴向变形、梁端挠度、梁柱相对转角均增大，火灾后剩余承载力和剩余刚度均降低。

(a) 梁端部（BE）特征点1～3

(b) 梁节点区（BJ）特征点4～6

(c) 梁端部（BE）特征点4～6

(d) 梁节点区（BJ）特征点4～6

图 14.56　混凝土爆裂对梁温度的影响

(a) 柱轴向变形（Δ_c）-受火时间（t）关系曲线

(b) 梁端挠度（δ_b）-受火时间（t）关系曲线

(c) 相对转角（θ_r）-受火时间（t）关系曲线

(d) 节点弯矩（M）-相对转角（θ_r）关系曲线

图 14.57　混凝土爆裂对节点变形的影响

14.4.9　不同期施工的影响

钢管混凝土叠合柱在施工过程中，往往先施工内部的钢管混凝土部件，待钢管内部混凝土硬化后，使其承担一部分施工荷载，再施工外部的钢筋混凝土部件并浇筑外部混凝土。

本节对不同期施工的钢管混凝土叠合柱 - 钢筋混凝土梁节点的性能进行分析。首先分析不同期施工对钢管混凝土叠合柱性能的影响，再分析不同期施工对钢管混凝土叠合柱 - 钢筋混凝土梁节点的影响。

以第 8 章开展的钢管混凝土叠合柱火灾试验的试件为例，柱底部为固定端，柱顶部只允许发生竖向平动。通过在钢管混凝土叠合柱中施加初挠度的方式考虑初始缺陷，初挠度为柱的一阶变形模态，柱中最大横向位移为柱高度的 1/1000。CECS 188：2005（2005）中对于不同期施工的钢管混凝土叠合柱给出其叠合比（n_o）的定义为浇筑钢管外部混凝土前钢管混凝土柱承受的轴力设计值与钢管混凝土叠合柱全截面轴力设计值的比值，并给出 n_o 的范围可取 0.3～0.6。实际上，针对本节的分析对象，该 n_o 取值偏大，本节分析对象的钢管混凝土叠合柱的极限承载力为 4905kN，其内部钢管混凝土柱的极限承载力为 1950kN，两者均采用有限元模型计算得到。若取 $n_o=0.3$，则钢管混凝土柱中施加的荷载约为 1472kN，其荷载比约为 0.75，与工程实际中钢管混凝土柱的荷载水平相比较高。因此，本章在计算时，n_o 取较小水平，且荷载的确定方式与 CECS 188：2005（2005）的 n_o 定义有所差异。本章 n_o 定义为外部混凝土浇筑前钢管混凝土柱承受的荷载值与钢管混凝土柱的极限承载力的比值，本节计算了 n_o 分别为 0.1、0.2 和 0.3 时的影响。

有限元模型中采用"生死单元法"模拟施工过程。常温下结构极限承载力分析模型分为两个分析步，为核心钢管混凝土柱加载步和整体加载步。钢管外混凝土、箍筋、纵筋在第一个加载步中为"未激活"状态，在第二个分析步初始时刻"激活"且不带有应变。全过程火灾分析模型依然采用顺序热力耦合分析模型，其中温度场分析模型与第 14.2 节相同，力学性能分析模型中分为四个部分：第一步在钢管混凝土柱施加荷载；第二步初始时刻激活钢管混凝土柱以外的部件，荷载提高至使用阶段荷载；第三步为全过程火灾阶段；第四步为火灾后加载阶段。

图 14.58 所示为常温下的和全过程火灾后的不同期施工的钢管混凝土叠合柱的荷载（N）- 轴向变形（Δ_c）关系。由图 14.58（a）可见，考虑不同期施工时，加载初期，整体的 N-Δ_c 关系斜率较小，即此时刚度为核心钢管混凝土柱的轴压刚度，但外部钢筋混凝土部分施工完毕后，N-Δ_c 关系斜率则与不考虑同期施工（$n_o=0$）时的相同。随着 n_o 的增大，钢管混凝土叠合柱的极限承载力呈现增大的趋势，$n_o=0.1$、0.2 和 0.3 时的极限承载力与 $n_o=0$ 相比，分别提高 0.87%、1.98% 和 2.97%。可见，不同期施工对钢管混凝土叠合柱使用阶段的刚度影响不明显，但使其极限承载力有小幅度提高。

由图 14.58（b）可见，常温加载阶段的曲线与图 14.58（a）类似，火灾后加载阶段，不同叠合比下的结果差异较小。$n_o=0.1$、0.2 和 0.3 时的极限承载力与 $n_o=0$ 相比，分别提高 0.05%、0.03% 和 0.18%。可见，不同期施工对钢管混凝土叠合柱火灾后的承载

(a) 常温下

(b) 全过程火灾后（t_h=30min）

图 14.58　柱荷载（N）- 轴向变形（Δ_c）关系曲线

图 14.59　柱轴向变形（Δ_c）- 受火时间（t）关系曲线

力的影响与常温下的影响相比较小。

图 14.59 所示为火灾下破坏的钢管混凝土叠合柱的轴向变形（Δ_c）- 受火时间（t）关系。可见 n_o 不同时，Δ_c-t 关系和耐火极限差异较小。当 n_o=0.3 时，耐火极限与不考虑同期施工时相比，降低约 1.91%。叠合比不同时，升温过程中的柱轴向变形有差异，这种差异与常温加载节点的结果类似［图 14.58（a）］。

图 14.60 所示为不同期施工对节点变形的影响，为了便于与同期施工的计算结果对比，对计算结果中的时间进行了处理，施工过程中钢管混凝土柱加载时间为 0.5h，钢管混凝土叠合柱完成加载为 0.5h，全过程火灾作用为 25h。其中分析对象的计算条件与本章的基本分析对象的条件相同，升温时间为 t_h=60min。

图 14.60（a）所示为柱轴向变形（Δ_c）- 受火时间（t）关系，可见不同期施工使得全过程火灾后柱轴向变形增大。当 n_o=0.1 时，全过程火灾后（D′ 时）Δ_c 为 −10.86mm，与同期施工时（n_o=0）相比，增大 5%。且随叠合比 n_o 增大，全过程火灾后轴向变形增大，当 n_o=0.3 时，D′ 时 Δ_c 与 n_o=0 相比增加 16%。

(a) 柱轴向变形（Δ_c）-受火时间（t）关系曲线

(b) 梁端挠度（δ_b）-受火时间（t）关系曲线

图 14.60　不同期施工对节点变形的影响

（c）相对转角（θ_r）-受火时间（t）关系曲线　　（d）节点弯矩（M）-相对转角（θ_r）关系曲线

图 14.60 （续）

图 14.60（b）所示为梁端挠度（δ_b）-受火时间（t）关系，可见 n_o 不同时，δ_b-t 关系重合，说明不同期施工对梁的变形影响不明显。

图 14.60（c）所示为相对转角（θ_r）-受火时间（t）关系，可见 n_o 对 θ_r-t 关系的影响也较小，但随叠合比 n_o 增大，相对转角有增大的趋势。

图 14.60（d）所示为节点弯矩（M）-相对转角（θ_r）关系，可见 n_o 对 M-θ_r 关系的影响也较小，但随叠合比 n_o 增大，相同 θ_r 时，M 有降低的趋势，可见不同期施工使得火灾的节点刚度降低。相比之下，考虑不同期施工时，火灾后剩余承载力有小幅度的提高，如 n_o＝0.3 时，火灾后剩余承载力提高约为 0.60%。

图 14.61 所示为不同期施工对弯矩（M）-相对转角（θ_r）关系的影响，其中升温时间为 30～180min。对比图 14.61 和图 14.63 可知，不同期施工对节点的 M-θ_r 关系及全过程火灾不同时刻的弯矩影响不明显，但由于有限元模型收敛性问题，图 14.61（a）中得到的 M-θ_r 关系较短，这可能低估了火灾后剩余承载力，但这种差异对于节点火灾后剩余承载力计算是偏于保守的。

（a）M-θ_r 关系　　　　　　　　　　　（b）特征弯矩

图 14.61　不同期施工对弯矩（M）-相对转角（θ_r）关系曲线的影响

表 14.5 所示为不同期施工对全过程火灾作用后节点性能指标的影响率。表中给出了节点火灾后剩余承载力系数 [R，定义见式（10.3）]、剩余刚度系数 [K，定义见式（10.1）] 和残余转动变形系数 [δ_u，定义见式（14.5）] 与同期施工相比的变化率。可见，不同期施工使 R 呈现降低趋势。

由表 14.5 可见，随着升温时间 t_h 的提高，R 的降低程度呈现增大趋势，但是这种增大是由于加载后期出现大变形，有限元模型不收敛，计算得到的剩余承载力偏低所致。不同期施工使得 K 呈现降低趋势，且这种降低趋势随 t_h 的提高而增大。不同期施工使得 δ_u 呈现增大趋势，但这种增大的程度与 t_h 的关系并不明显。

表 14.5　不同期施工对全过程火灾作用后节点性能指标的影响率

节点性能指标	符号	升温时间 t_h/min				
		30	60	90	120	180
剩余承载力系数	R	−0.07%	0.60%	−6.86%	−9.81%	−20.95%
剩余刚度系数	K	−0.69%	−0.13%	−0.46%	−1.42%	−1.16%
残余转动变形系数	δ_u	4.23%	3.11%	2.56%	−0.54%	9.54%

14.5　弯矩-转角关系影响因素分析和实用计算方法

采用第 14.2 节建立的有限元模型，选取钢管混凝土叠合柱-钢筋混凝土梁节点全过程火灾下力学性能的主要影响参数，对不同参数下的节点的弯矩-相对转角关系进行计算。为评价节点火灾后的性能，基于弯矩-相对转角关系，定义了并计算了节点火灾后剩余承载力系数、剩余刚度系数、残余转动变形系数和峰值转动变形系数，给出了这些评价指标的确定方法，可供实际工程参考。

14.5.1　影响因素分析

钢管混凝土叠合柱-钢筋混凝土梁节点弯矩（M）-相对转角（θ_r）关系的影响因素包括：升温时间（t_h）、柱荷载比（n）、梁荷载比（m）、钢管核心混凝土强度（f_{cui}）、钢管外部钢筋混凝土柱、梁及楼板中混凝土强度（f_{cuo}）、钢管屈服强度（f_{yc}）、柱纵筋屈服强度（f_{ybc}）、梁纵筋屈服强度（f_{ybb}）、柱截面含钢率（α_c）、梁横截面尺寸、柱横截面尺寸、内部钢管尺寸等。本章选取其中可独立变化的参数，选定的参数及参数的范围如下。

1）升温时间（t_h）：30min、<u>60min</u>、90min、120min、180min。

2）柱荷载比（n），其定义见式（3.17），为火灾发生时柱荷载水平与常温下极限承载力的比值：0.2、0.3、<u>0.4</u>、0.5、0.6、0.7、0.8。

3）梁荷载比（m），其定义见式（3.18），为火灾发生时梁上荷载水平与常温下极限承载力的比值：0.2、0.3、0.4、0.5、0.6、0.7、0.8。

4）核心混凝土强度（f_{cui}）：50MPa、60MPa、70MPa、<u>80MPa</u>。

5）钢管外部钢筋混凝土柱、梁及楼板中混凝土强度（f_{cuo}）：30MPa、40MPa、<u>50MPa</u>、60MPa。

6）钢管屈服强度（f_{yc}）：235MPa、<u>345MPa</u>、420MPa。

7）柱纵筋屈服强度（f_{ybc}）：335MPa、<u>400MPa</u>、500MPa。

8）梁纵筋屈服强度（f_{ybb}）：335MPa、<u>400MPa</u>、500MPa。

9）柱截面含管率（α_c），其定义见式（8.7）所示：<u>2.48%</u>、3.28%、4.06%。

以上参数中加下划线者为基本分析模型中采用的计算条件。

基于图 14.48 对节点全过程火灾下的弯矩（M）- 相对转角（θ_r）关系的分析，得到典型的节点 M-θ_r 关系示意图，如图 14.62 所示。曲线 $AA'D'D_pE'$ 为全过程火灾作用下节点的 M-θ_r 关系，其中曲线 AA' 为常温下节点加载至设计荷载过程，点 A' 为正常使用阶段的状态，曲线 $A'D_a$ 为常温下对节点加载至破坏

图 14.62　节点 M-θ_r 关系曲线示意图

过程。由点 A' 至点 D' 的过程为节点在承受使用阶段荷载作用下经历全过程火灾作用的过程，该过程弯矩和相对转角均发生复杂变化（图 14.48），用虚线给出。点 D' 为全过程火灾结束后状态。曲线 $D'D_pE'$ 为火灾后提高节点荷载至节点破坏过程。

为评价节点火灾后的性能，基于图 14.62 得到的典型 M-θ_r 关系，定义节点火灾后剩余承载力系数、剩余刚度系数、残余转动变形系数和峰值转动变形系数。全过程火灾作用后节点剩余承载力系数（R）的定义如式（10.4）所示，式中，M_{ua} 和 M_{up} 分别为常温下和火灾后节点的极限弯矩承载力，如图 14.62 所示。R 反映了全过程火灾作用后的节点的抗弯承载力的降低程度。

全过程火灾作用后节点剩余刚度系数（K）的定义如式（10.2）所示，式中，k_{oa} 和 k_{op} 分别为常温下和火灾后节点的初始转动刚度，$k_{oa}=\tan\alpha_a$，$k_{op}=\tan\alpha_p$，α_a 和 α_p 如图 14.62 所示。K 反映了全过程火灾作用后的节点的刚度的降低程度。

全过程火灾作用后节点的残余转动变形系数（δ_u）的定义如式（14.5）所示为

$$\delta_u=\frac{\theta_{ru}}{\theta_{ra}} \tag{14.5}$$

式中：θ_{ru} 和 θ_{ra} 分别为火灾后的节点转角和常温下极限抗弯承载力对应的转角，其定义如图 14.62 所示。δ_u 反映了全过程火灾作用后的节点残余转动变形的相对大小。

全过程火灾后节点的峰值转动变形系数（δ_p）的定义如式（14.6）所示为

$$\delta_p=\frac{\theta_{rp}}{\theta_{rs}} \tag{14.6}$$

式中：δ_{rp} 为升、降温后的节点极限承载力对应的转角，δ_{rs} 为常温荷载作用下的转角，如图 14.62 所示。δ_p 反应了全过程火灾作用后节点转动能力的相对大小。

对不同参数下的钢管混凝土叠合柱 - 钢筋混凝土梁节点在荷载和全过程火灾作用下的力学性能进行计算，针对上述四个指标进行分析，评价节点火灾后工作性能。同时，为研究全过程火灾下节点弯矩的变化规律，对特征时刻的弯矩进行分析。

图 14.63 所示为基本算例在升温时间（t_h）在 30～180min 时的弯矩（M）变化情况，基本算例的条件见第 14.4 节，由图 14.63 可知如下几点。

(a) M-θ_r关系曲线

(b) 不同时刻的特征弯矩

图 14.63　典型算例的弯矩（M）变化情况

1）火灾后节点的剩余承载力系数（R）随 t_h 的增加而降低。如当 t_h＝30min 时，R＝0.951，当 t_h＝180min 时，R＝0.719。这说明全过程火灾后节点的抗弯承载力随升温时间增加而降低。

2）火灾后节点的剩余刚度系数（K）随 t_h 的增加而降低。如当 t_h＝30min 时，K＝0.469，当 t_h＝180min 时，K＝0.310。这说明全过程火灾后节点的抗弯刚度随升温时间增加而降低。对比 K 与 R 数值的大小，可知全过程火灾作用使 K 的降低程度更大。这是因为当节点发生梁破坏时，火灾后剩余抗弯承载力由梁节点区横截面上的火灾后的材料剩余强度决定。对于钢筋混凝土梁，其中钢筋在外部混凝土的保护下，其所达到的最高温度较低，如从第 14.4.1 节可知，当 t_h＝60min 时，火灾后节点区底部纵向钢筋的最高温度为 402℃，而根据 Yang 等（2008）采用的钢材本构关系模型，最高温度400℃时，火灾后钢材的屈服强度与常温下的屈服强度相同。相比之下，节点火灾后转动刚度则与试件的抗弯刚度有关，抗弯刚度与材料的火灾后的弹性模量有关。根据本章采用的本构关系模型（具体见第 8 章介绍），虽然火灾后钢材的弹性模量与常温下相同，但火灾后混凝土的弹性模量在其最高温度为 400℃时为常温下的 14%。可见，全过程火灾使节点刚度的降低程度更大。

3）火灾后节点的残余转动变形系数（δ_u）随 t_h 的增加而增加。如当 t_h＝30min 时，δ_u 为 2.244，当 t_h＝180min 时，δ_u 为 5.937。

4）火灾后节点的峰值转动变形系数（δ_p）随 t_h 的增加而增加。如当 t_h＝30min 时，δ_p 为 2.685；当 t_h＝180min 时，δ_p 为 6.357。

基于 14.4.4 节的分析结果，当 t_h＝60min 时，梁弯矩（节点区和非节点区）在升温初期先向顶部受拉方向发展，之后向底部受拉方向发展。节点区负弯矩幅值在升、降温过程中先增大后减小，梁端部正弯矩幅值在升、降温过程中先减小后增大。当 t_h 分别为 30min、90min、120min 和 180min 时的结论类似。

为研究节点弯矩变化，给出不同 t_h 下全过程火灾各特征时刻节点弯矩值，如图 14.63（b）所示。其中"节点常温"为常温加载结束时刻（图 1.14 点 A'）节点区截面的负弯矩，"节点升温"为升温阶段节点区截面的负弯矩最大值，"节点降温"为降温结束时刻（图 1.14 点 D'）节点区截面的负弯矩。"端部常温"为常温加载结束时刻梁端部截面的正弯矩,"端部升温"为升温阶段梁端部截面正弯矩最小值,"端部降温"为降温阶段梁端部截面正弯矩最大值。由图 14.63(b)可知以下几点。

1)升温阶段梁弯矩向负向(顶部受拉方向)发展,使得节点区负弯矩增大。节点区负弯矩值增加了 91kN·m,端部区正弯矩值降低了 154kN·m。两者弹性阶段的理论结果应相等,其差异是由于节点区发生塑性变形和数值计算过程增量步选取的影响。

2)降温结束时刻节点区正弯矩值幅值降低,端部负弯矩幅值增加。节点区正弯矩幅值在 $t_h = 30$min 时仅为常温下的 69%,而在 $t_h = 60 \sim 180$min 时,升、降温之后的弯矩幅值基本不随 t_h 变化,为常温下的 65%。相比之下,端部降温结束时,弯矩与常温下相比增加,且增加的幅度随 t_h 增大而降低。当 $t_h = 30$min 时,降温结束时的弯矩为常温下的 1.54 倍。这种增加可能导致节点区截面在降温阶段负弯矩达到其抗弯极限承载力,导致节点破坏。

14.5.2　剩余刚度系数实用计算方法

表 14.6 所示为钢管混凝土叠合柱 - 钢筋混凝土梁节点参数分析信息表,其中第 1 组为基本算例,第 2～25 组为参数分析模型中各参数的取值,各符号的意义见 14.5.1 节。在变化各参数时,仅该参数发生变化,其他参数与第 1 组的算例的参数取值相同,其中,含管率变化是通过变化钢管厚度实现的,升温时间分别为 30min、60min、90min、120min 和 180min。对不同参数下的节点在全过程火灾作用下的力学性能进行分析,得到其 M-θ_r 关系。进而对全过程火灾作用后节点的剩余刚度、剩余承载力、残余转动变形系数和峰值转动变形系数计算。

表 14.6　节点参数分析信息表

算例编号	n	m	f_{cui}/MPa	f_{cuo}/MPa	f_{yc}/MPa	f_{ybc}/MPa	f_{ybb}/MPa	ρ_a
1	0.4	0.3	80	50	345	400	400	2.48%
2	0.2							
3	0.3							
4	0.5	0.3	80	50	345	400	400	2.48%
5	0.6							
6	0.7							
7		0.2						
8		0.4						
9	0.4	0.5	80	50	345	400	400	2.48%
10		0.6						
11		0.7						
12			50					
13	0.4	0.3	60	50	345	400	400	2.48%
14			70					

续表

算例编号	n	m	f_{cui}/MPa	f_{cuo}/MPa	f_{yc}/MPa	f_{ybc}/MPa	f_{ybb}/MPa	ρ_a
15				30				
16	0.4	0.3	80	40	345	400	400	2.48%
17				60				
18	0.4	0.3	80	50	235	400	400	2.48%
19					420			
20	0.4	0.3	80	50	345	335	400	2.48%
21						500		
22	0.4	0.3	80	50	345	400	335	2.48%
23							500	
24	0.4	0.3	80	50	345	400	400	3.28%
25								4.06%

表 14.7 所示为全过程火灾作用后节点的剩余承载力系数（R）和剩余刚度系数（K），其中算例编号对应于表 14.6 中的算例编号。所有算例中，除 $n=0.7$ 和 $n=0.8$ 时的部分算例出现柱破坏的结果，其余所有算例均出现梁破坏的结果。对于在升、降温过程中发生破坏（包括梁破坏和柱破坏）的情况，其 R 和 K 均定义为 0，对于柱荷载比 $n=0.8$ 时，不同升温时间下的所有算例，节点均在升、降温过程中发生破坏，其 R 和 K 均为 0，在表 14.7 中没有给出。对于在火灾后加载初期即发生破坏的情况，其 R 和 K 也均定义为 0。由表 14.7 可知如下几点。

表 14.7 节点火灾后剩余承载力系数（R）和剩余刚度系数（K）表

算例编号	升温时间 t_h/min									
	30		60		90		120		180	
	R	K	R	K	R	K	R	K	R	K
1	0.951	0.469	0.888	0.463	0.845	0.386	0.762	0.378	0.719	0.310
2	0.951	0.378	0.892	0.365	0.790	0.329	0.686	0.294	0.564	0.244
3	0.951	0.472	0.892	0.363	0.790	0.346	0.689	0.306	0.695	0.233
4	0.955	0.492	0.893	0.470	0.798	0.423	0.713	0.394	0.703	0.306
5	0.954	0.479	0.893	0.473	0.786	0.466	0.701	0.462	0.553	0.398
6	0.843	0.433	0.515	0.433	0.308	0.433	0	0	0	0
7	0.947	0.467	0.893	0.462	0.839	0.406	0.721	0.349	0.621	0.299
8	0.956	0.509	0.894	0.466	0.784	0.354	0.642	0.311	0.521	0.273
9	0.958	0.495	0.889	0.458	0.743	0.337	0.610	0.269	0.536	0.183
10	0.957	0.441	0.878	0.379	0.726	0.287	0.644	0.158	0	0
11	0.955	0.313	0.859	0.224	0	0	0	0	0	0
12	0.949	0.483	0.894	0.471	0.828	0.427	—	—	0.584	0.329

续表

算例编号	升温时间 t_h/min									
	30		60		90		120		180	
	R	K	R	K	R	K	R	K	R	K
13	0.951	0.475	0.893	0.474	0.787	0.397	0.770	0.377	0.608	0.318
14	0.951	0.473	0.892	0.450	0.808	0.378	0.771	0.365	0.556	0.287
15	0.935	0.503	0.889	0.479	—	—	0.792	0.393	0.765	0.313
16	0.955	0.478	0.904	0.471	0.866	0.415	0.793	0.371	0.720	0.301
17	0.947	0.452	0.875	0.422	0.811	0.406	0.533	0.302	0.373	0.278
18	0.956	0.468	0.894	0.458	0.794	0.423	0.683	0.381	0.550	0.320
19	0.943	0.463	0.895	0.456	0.796	0.401	0.690	0.339	0.564	0.326
20	0.950	0.470	0.894	0.453	0.799	0.372	0.779	0.343	0.586	0.290
21	0.954	0.466	0.892	0.454	0.800	0.410	0.692	0.385	0.587	0.262
22	0.965	0.511	0.879	0.455	0.773	0.360	0.747	0.333	0.562	0.293
23	0.957	0.443	0.927	0.450	0.830	0.426	0.825	0.376	0.640	0.320
24	0.946	0.465	0.894	0.444	0.786	0.405	0.692	0.375	0.602	0.279
25	0.945	0.465	0.893	0.443	0.841	0.420	—	0.387	0.716	0.275

1）节点火灾后剩余承载力系数（R）和剩余刚度系数（K）均随着升温时间（t_h）的增大而减小，但 t_h 对 R 和 K 的影响程度不同，如 t_h＝30min 时，R 约为 0.950，而所有算例得到的 K 的结果集中在 0.450 左右，可见 t_h 相同的情况下，与对 R 的影响程度相比，全过程火灾作用使得 R 的降低程度较大。

2）当升温时间（t_h）相同时，不同参数变化时，其对 R 的影响和程度均不同，如 t_h 相同时，随 m 增大，R 呈现降低趋势；但当 t_h 相同时，随 f_{ybb} 增大，R 呈现增加趋势。虽然当 t_h 相同时，随 M 和 n 的增大，R 均呈现降低趋势，但两者的影响程度不同，如在 t_h＝30min 时，当 n 从 0.2 增加至 0.7 时，R 从 0.951 降低至 0.843，降低约 11.3%；当 m 从 0.2 增加至 0.7 时，K 却变化不大。

3）随 t_h 的增加，不同参数对 R 的影响程度不同。如 f_{cuo}＝40MPa（第 16 组算例）时，当 t_h 从 30min 增加至 180min 时，R 由 0.955 降低至 0.720，降低约 25%；而 n＝0.7 时，当 t_h 从 30min 增加至 180min 时，R 由 0.843 降低至 0。

4）当升温时间（t_h）相同时，不同参数变化时，其对 K 的影响和程度均不同，如 t_h 相同时，随 m 增大，K 呈现降低趋势；但随 n 增大，R 呈现增加趋势。

5）随着 t_h 的增加，不同参数对 K 的影响程度不同，如当柱荷载比（n）为 0.2 时（第 2 组算例），随 t_h 的增加，K 减小程度较大，如 t_h 从 30min 增加至 180min 时，K 由 0.378 降低至 0.244，降低约 35%。梁纵筋强度（f_{ybb}）对 K 的影响与 n 类似；梁荷载比（m）较大时，K 减小程度较大，如 m＝0.5 时，t_h 从 30min 增加至 180min 时，K 由 0.495 降低至 0.183，降低约 63%。钢管外部混凝土（f_{cuo}）对 K 的影响与 m 类似。

6）荷载参数及梁材料强度参数对 R 和 K 的影响明显，柱材料强度参数对 R 和 K 的影响不明显。R 和 K 的主要影响参数均为 n、m、f_{cuo} 和 f_{ybb}。

14.5.3 剩余承载力系数实用计算方法

本节采用全过程火灾作用后的残余转动变形系数 δ_u 和全过程火灾作用后的峰值转动变形系数 δ_p 对节点的转动能力进行评估。

表 14.8 所示为不同参数影响下的残余转动变形系数 δ_u，表中标"—"的为升、降温阶段发生破坏的算例或由于模型收敛性问题，没有得到火灾后的相应结果，进而无法得到 δ_u 值。由表 14.8 可知如下几点。

表 14.8 全过程火灾作用后的残余转动变形系数 δ_u 表

算例编号	参数符号	参数取值	升温时间 t_h/min				
			30	60	90	120	180
1			2.244	3.646	4.342	5.185	5.937
2	n	0.2	2.721	4.432	4.440	4.516	4.438
3		0.3	2.480	4.042	3.954	3.967	6.196
4		0.5	2.043	3.187	2.931	3.080	3.922
5		0.6	1.762	2.808	2.421	2.295	1.654
6		0.7	1.153	—	—	—	—
7	m	0.2	2.081	3.323	4.181	3.433	3.289
8		0.4	2.463	3.783	3.590	3.310	3.537
9		0.5	2.624	3.635	3.535	3.670	4.811
10		0.6	2.754	3.608	3.731	5.883	—
11		0.7	2.894	4.096	—	—	—
12	f_{cui}/MPa	50	2.221	3.136	3.636	—	3.220
13		60	2.224	3.622	3.352	5.049	3.048
14		70	2.236	3.461	3.525	5.060	—
15	f_{cuo}/MPa	30	2.167	3.118	—	4.817	6.345
16		40	2.284	3.454	4.45	5.573	4.728
17		60	2.603	3.659	3.913	2.145	1.973
18	f_{yc}/MPa	235	2.168	3.423	3.097	2.954	2.827
19		420	2.136	3.511	3.265	3.117	2.879
20	f_{ybc}/MPa	335	2.244	3.193	3.499	5.132	3.15
21		500	2.292	3.713	3.456	3.395	3.045
22	f_{ybb}/MPa	335	2.575	3.761	3.455	4.418	2.84
23		500	2.322	3.401	3.855	6.097	3.607
24	α	3.28%	2.298	3.286	3.468	3.295	3.25
25		4.06%	2.322	3.833	4.492	—	6.13

1）在所有算例组中，δ_u 均随着升温时间（t_h）的增加而呈现增大趋势，这说明全过程火灾作用时间的增加会使得节点残余变形增加。部分计算结果中，当 t_h 较大时，可能会出现 δ_u 反倒减小的现象，这主要是因为有限元模型中接触分析本身难度较大所致，当结构变形较大时，计算的收敛性降低。

2）当 t_h 相同时，不同参数对 δ_u 的影响规律不同。柱荷载比（n）对 δ_u 的影响明显，当 t_h 相同时，随着 n 的提高，δ_u 呈现降低的趋势。梁荷载比（m）对 δ_u 的影响明显，当 t_h 相同时，随着 m 的提高，δ_u 呈现增加的趋势。材料强度指标和含管率（α）对 δ_u 的影响规律不明显。δ_u 的主要影响参数是 n 和 m。

表 14.9 所示为不同参数影响下的峰值转动变形系数 δ_p，表中标"-"的表示的意义同表 14.8，由表 14.9 可知如下几点。

表 14.9　全过程火灾作用后的峰值转动变形系数 δ_p 表

算例编号	参数符号	参数取值	升温时间 t_h/min				
			30	60	90	120	180
1			2.685	3.588	4.452	5.441	6.357
2		0.2	3.701	5.295	7.190	9.007	11.861
3		0.3	3.145	4.280	5.863	7.035	8.882
4	n	0.5	2.327	2.899	3.508	4.703	4.321
5		0.6	1.961	2.573	3.442	2.655	1.529
6		0.7	1.719	—	—	—	—
7		0.2	2.660	3.688	5.138	5.851	6.213
8		0.4	2.708	3.588	4.563	5.817	8.159
9	m	0.5	2.789	3.967	5.199	6.899	8.450
10		0.6	2.936	3.997	5.553	8.006	—
11		0.7	3.146	4.959	—	—	—
12		50	2.722	3.580	4.586	5.558	6.877
13	f_{cui}/MPa	60	2.684	3.671	4.369	5.559	5.638
14		70	2.693	3.568	4.267	5.500	5.768
15		30	1.908	2.353	—	3.211	3.403
16	f_{cuo}/MPa	40	2.319	2.898	3.663	4.161	4.470
17		60	3.077	4.007	4.558	5.375	7.305
18	f_{yc}/MPa	235	2.583	3.300	4.134	4.862	6.721
19		420	2.598	3.342	4.149	4.737	6.293
20	f_{ybc}/MPa	335	2.682	3.490	4.396	4.980	5.822
21		500	2.693	3.555	4.382	5.472	5.994
22	f_{ybb}/MPa	335	2.806	3.876	4.626	5.321	5.671
23		500	2.555	2.948	4.223	4.302	4.725
24	α	3.28%	2.665	3.349	4.359	4.843	5.898
25		4.06%	2.705	3.701	4.544	5.569	6.055

1）在所有算例组中，δ_p 均随着升温时间（t_h）的增加而呈现增大趋势，这说明全过程火灾作用时间的增加会使得节点火灾后转动能力增加。部分计算结果中，当 t_h 较大时，可能会出现 δ_p 反倒减小的现象，这与 δ_u 的结果类似。

2）当 t_h 相同时，不同参数对 δ_p 的影响规律不同。柱荷载比（n）、梁荷载比（m）、钢管外混凝土强度（f_{cuo}）和梁中钢筋强度（f_{ybb}）对 δ_p 有较大影响。当 t_h 相同时，随着 n 的提高，δ_p 呈现降低的趋势。当 t_h 相同时，随着 m 的提高，δ_p 呈现增加的趋势。当 t_h 相同时，随着 f_{cuo} 的提高，δ_p 呈现增加的趋势。当 t_h 相同时，随着 f_{ybb} 的提高，δ_p 呈现降低的趋势。其余参数对 δ_p 的影响不明显。δ_p 的主要影响参数为 n、m、f_{cuo} 和 f_{ybb}。

14.6　本 章 结 论

本章建立了钢管混凝土叠合柱 - 钢筋混凝土梁节点的有限元模型。模型中合理地选取了不同部件之间的接触关系，选取了恰当的网格密度，对混凝土高温爆裂的分析方法进行了合理的简化。基于试验数据，对有限元模型进行了验证。

对荷载和全过程火灾共同作用下的钢管混凝土叠合柱 - 钢筋混凝土梁节点的耐火性能进行了试验研究，结果表明，节点耐火极限随梁荷载比增大而降低，但柱荷载比对耐火极限的影响不明显。耐火极限随梁柱线刚度比增加而增大，但增幅较小。火灾后剩余承载力系数随着升温时间比的增大而降低，但在试验参数范围内，这种影响较不明显。所有试件均发生梁破坏。水分对温度场存在显著影响，梁端挠度 - 受火时间关系受水分影响明显。梁和柱在节点区的温度低于非节点区的温度。

选取典型的钢管混凝土叠合柱 - 钢筋混凝土梁节点作为分析对象，对其在全过程火灾作用下的工作机理进行分析。对荷载和全过程火灾作用下的钢管混凝土叠合柱 - 钢筋混凝土梁节点的弯矩 - 相对相对转角关系进行了研究。基于参数分析的结果，给出了火灾后剩余承载力系数、剩余刚度系数、残余转动变形系数和峰值转动变形系数的确定方法，可供实际工程参考。

参 考 文 献

吴波，袁杰，李惠，周文松，2002. 高温下高强混凝土的爆裂规律与柱截面温度场计算. 自然灾害学报，11（2）：65-69.

中国工程建设标准化协会标准，2005. 钢管混凝土叠合柱结构技术规程：CECS 188：2005［S］. 北京：中国计划出版社.

中华人民共和国国家标准，2010. 混凝土结构设计规范：GB 50010—2010［S］. 中华人民共和国住房和城乡建设部，中华人民共和国国家质量监督检验检疫总局. 北京：中国建筑工业出版社.

中华人民共和国国家标准，2010. 建筑抗震设计规范：GB 50011—2010［S］. 中华人民共和国国家质量监督检验检疫总局，中国国家标准化管理委员会. 北京：中国建筑工业出版社.

中华人民共和国国家标准，2003. 钢结构设计规范：GB 50017—2003［S］. 中华人民共和国建设部，中华人民共和国国家质量监督检验检疫总局. 北京：中国计划出版社.

中华人民共和国国家标准，2011. 金属材料拉伸试验第 1 部分：室温试验方法：GB/T 228.1—2010［S］. 中华人民共和国国家质量监督检验检疫总局，中国国家标准化管理委员会. 北京：中国标准出版社.

中华人民共和国国家标准，2003. 普通混凝土力学性能试验方法标准：GB/T 50081—2002［S］. 中华人民共和国建设部，中华人民共和国国家质量监督检验检疫总局. 北京：中国建筑工业出版社.

周侃，2017. 钢管混凝土叠合住 — RC 梁节点耐火性能研究［D］. 北京：清华大学.

AN Y F, HAN L H, 2014. Behaviour of concrete-encased CFST columns under combined compression and bending [J]. Journal of Constructional Steel Research, 101: 314-330.

CONCRETE SOCIETY WORKING PARTY, 1990. Assessment and repair of fire-damaged concrete structures [M]. Slough, the Concrete Society.

ABAQUS, 2010. ABAQUS analysis user's manual [CP], SIMULIA, Providence, RI.

EUROCODE 2. EN1992-1-2, 2004. 2004. Design of concrete structures-Part 1-2: General rules-structural fire design [S]. European Committee for Standardization, Brussels.

EUROCODE 4. EN1994-1-2, 2005. 2005. Design of composite steel and concrete structures, Part 1-2: General rules-Structural fire design [S]. European Committee for Standardization, Brussels.

GUO S, BAILEY C G, 2011. Experimental behaviour of composite slabs during the heating and cooling fire stages. Engineering Structures, 33 (2): 563-571.

HAN L H, ZHOU K, TAN Q H, et al., 2016. Performance of steel-reinforced concrete column after exposure to fire FEA model and experiments. Journal of Structural Engineering, 142 (9): 04016055. DOI: 10.1061/ (ASCE) ST.1943-541X.0001511.

ISO-834, 1975. Fire resistance tests-elements of building construction [S]. International Standard ISO 834, Geneva.

ISO-834, 1980. Fire-resistance tests-elements of building construction [S]. International Standard, ISO 834: Amendment 1, Amendment 2.

ISO-834, 1999. Fire resistance tests-elements of building construction-Part 1: General requirements [S]. International Standard ISO 834-1, Geneva.

MAO C J, CHIOU Y J, HSIAO P A, et al., 2010. The stiffness estimation of steel semi-rigid beam-column moment connections in a fire [J]. Journal of Constructional Steel Research, 66 (5): 680-694.

TAO Z, GHANNAM M, 2013. Heat transfer in concrete-filled carbon and stainless steel tubes exposed to fire. Fire Safety Journal, 61: 1-11.

WANG K, YOUNG B, 2013 Fire resistance of concrete-filled high strength steeltubular columns. Thin-Walled Structures, 71: 46-66.

YANG H, HAN L H, WANG Y C, 2008. Effects of heating and loading histories on post-fire cooling behaviour of concrete-filled steel tubular columns [J]. Journal of Constructional Steel Research, 64 (5): 556-570.

第 15 章 钢管混凝土柱 - 钢筋（型钢）混凝土梁平面框架的耐火性能

15.1 引　言

单层、单跨框架是最基本的框架组成单元，研究单层、单跨框架在图 1.13 所示的 ABB′ 升温曲线作用下的耐火性能，是深入研究多层、多跨空间框架结构抗火设计原理的重要基础。

钢管混凝土柱与钢梁、钢筋混凝土梁或组合梁等组成的框架是钢管混凝土结构中常用的形式。作者近年来在单层、单跨钢 - 混凝土组合框架结构耐火性能和抗火设计原理方面进行了一些探索性研究工作，具体内容包括：①建立平面框架结构耐火性能的有限元模型；②进行平面框架结构耐火性能的试验研究；③分析火灾作用下平面框架结构的变形全过程，研究平面框架结构在力和温度作用下的工作机理，剖析火灾下平面框架结构的破坏机制和承载力变化规律；④系统分析影响平面框架结构耐火极限的各种因素。

平面框架结构发生火灾时，其中的单榀门字形框架单元可能会有多种受火形式，如框架梁板下部和左右柱双侧同时受火、框架梁板下部和左右柱单侧受火、框架梁板下部和左（右）柱双侧同时受火等不同情况。

火灾工况不同导致单榀框架的力学反应也有所不同，本章选取如图 15.1（a）所示的具有代表性的底层梁板下部受火，左右柱双侧同时受火的平面框架为研究对象，取框架单跨梁和左、右柱为隔离体，得到如图 15.1（b）所示的简化模型，柱上端受轴向荷载 N_{F}，梁上承受均布线荷载 q_{F}。在进行平面框架受火试验的过程中，结合试验设备所能提供的边界条件，对图 15.1（b）进一步简化，最终得到如图 15.1（c）所示的边界条件，即左右柱下端固结，柱上端受轴向荷载 N_{F}，梁三分点上受竖向荷载 P_{F}。

本章进行平面框架的耐火极限试验时，采用图 15.1（c）所示的边界条件，在进行机理剖析和参数分析时，采用图 15.1（b）所示的边界条件，以使理论分析结果更接近实际情况。

(a) 平面框架结构受火形式　　　　　(b) 框架简化模型　　　　　(c) 试验框架模型

图 15.1　框架试件模型示意图

15.2　单层、单跨平面框架有限元模型

与前述各章中构件和节点的有限元模型类似，框架的耐火性能分析模型同样包括温度场计算和力学性能分析模型两部分。本章建立了钢管混凝土（CFST）柱 - 钢筋混凝土（RC）梁框架和钢管混凝土柱 - 型钢混凝土（SRC）梁框架的耐火极限计算模型。

15.2.1　温度场计算模型

两类框架结构的温度场计算建模时所采用的钢材和混凝土的材料热工性能参见第 9 章和第 11 章的有关论述，此处不再赘述。钢管采用四节点壳单元，盖板、混凝土以及钢牛腿采用三维实体热分析单元。

钢管混凝土柱端按绝热考虑，楼板下部的柱、梁和板表面按第三类边界条件考虑对流传热和热辐射；楼板上表面和楼板上部的柱则考虑与周围空气流体发生对流传热和辐射传热。

框架模型的网格划分和热边界条件如图 15.2（a）和图 15.3（a）所示。采用本章 15.3 节中论述的组合框架试验结果对模型进行验证，如图 15.14 所示。可见，计算结果和试验结果总体吻合。

15.2.2　力学性能分析模型

在温度场模型基础上，进一步建立框架结构相应的力学性能分析模型，为保证可

(a) 整体模型

图 15.2　钢管混凝土柱 - 钢筋混凝土梁框架有限元模型的网格划分和边界条件

图 15.2　（续）

以正确传递各单元节点上的温度值，力学性能分析模型和温度场模型几何位置相同节
点的编号相同。

（1）单元选取和网格划分

进行力学性能分析计算时，将温度场模型中采用的热分析单元替换为力学性能分

(a) 整体模型

图 15.3　钢管混凝土柱 - 型钢混凝土梁框架有限元模型的网格划分和边界条件

(b) 钢管和牛腿

(c) RC 梁板中的钢筋

(d) 牛腿和钢梁

(e) 型钢混凝土梁板跨中截面

图 15.3　（续）

析单元，核心混凝土、混凝土楼板和底梁采用减缩积分格式的三维实体单元，钢管和牛腿采用四节点壳单元，钢筋采用杆单元，钢管混凝土柱顶设置刚性垫板。

计算时，通过不同单元网格密度的模型进行对比分析，可选定合适的单元网格划分密度。图 15.2 和图 15.3 所示分别为钢管混凝土柱 - 钢筋混凝土梁框架和钢管混凝土柱 - 型钢混凝土梁框架的有限元模型及网格划分示意图。

（2）边界条件

钢管混凝土柱顶在加载线中心施加竖向荷载（N_F），在确定加载线时考虑了钢管混凝土柱千分之一的初偏心。钢筋混凝土（型钢混凝土）梁跨三分点处施加竖向荷载（P_F），模拟受火过程中柱顶和梁顶集中荷载维持恒定不变，然后导入温度场的分析结果。钢筋混凝土底梁底面施加固定约束边界条件。

（3）钢和混凝土的热力本构关系

高温下钢材的应力 - 应变关系按式（3.2）确定。钢管混凝土中的核心混凝土，其高温下的应力 - 应变关系按式（5.2）确定；其余部分的混凝土按式（3.6）确定。钢材的热膨胀、高温蠕变，混凝土的热膨胀、高温徐变和瞬态热应变等参照第 3 章相关内容所述。

（4）界面及接触设置

钢管与核心混凝土，钢管与和梁板混凝土之间设置面面接触，界面法向采用硬接触，切向采用库仑摩擦模型，摩擦系数取暂为常温下的 0.6。有限元模型的柱端设置两个刚性垫板来模拟柱端盖板的作用，盖板与核心混凝土顶面或混凝土梁板顶面之间采用法向硬接触，钢牛腿与钢管壁采用"Tie"约束模拟钢牛腿和钢管之间的焊接，钢牛腿和钢筋与混凝土之间采用嵌入约束。

上述有限元模型计算结果与试验结果吻合较好，见 15.3 节中的有关论述。

15.3 单层、单跨平面框架耐火性能试验研究

15.3.1 试验概况

（1）试件设计

参考实际工程并考虑试验室场地条件和加载能力设计了如图 15.1（c）所示的八榀钢管混凝土柱 - 钢筋（型钢）混凝土梁门字型平面框架，进行耐火性能试验研究（Han等，2010a；Han 等，2010b；王卫华，2009）。

试件包括如下参数。

1）钢管混凝土柱的柱荷载比（n）。按照式（3.17）进行计算，计算常温下柱极限承载力（N_u）时考虑框架试件梁对钢管混凝土柱计算长度的影响，按无侧移框架柱进行计算，确定的 $n=0.3$ 或 0.6。

2）梁荷载比（m）。按照式（3.18）进行计算，确定的 $m=0.3$ 或 0.6；钢筋混凝土梁极限弯矩根据实测材料强度按 T 形截面极限弯矩的方法确定。

3）梁柱线刚度比（k）。按照式（9.1）进行计算，确定的 $k=0.45\sim0.95$。

4）梁截面类型。钢筋混凝土梁和型钢混凝土梁。

5）柱截面形式。圆形或矩形。

试件参数汇总于表 15.1，其中试件编号中 CF 代表圆钢管混凝土柱框架；SF 代表方形截面钢管混凝土柱框架；RC 代表钢筋混凝土框架梁；SRC 代表型钢混凝土框架梁；a_c 为柱防火保护层厚度，确定时按照一端固结一端铰支钢管混凝土柱，同时参考韩林海（2016）所示的方法计算使柱耐火极限满足 90min。

表 15.1 钢管混凝土柱 - 钢筋（型钢）混凝土梁平面框架试件信息

试件编号	柱截面尺寸 $D(B)\times t_s$ /（mm×mm）	梁截面尺寸 $D_b\times B_b$ /（mm×mm）	k	N_F/kN	n	P_F/kN	m	a_c/mm
CFRC-1	140×3.85	180×100	0.95	760	0.58	19.5	0.3	7
CFRC-2	140×3.85	180×100	0.95	380	0.29	19.5	0.3	6
CFRC-3	140×3.85	180×100	0.95	380	0.29	39	0.6	3
CFRC-4	40×3.85	160×100	0.45	380	0.29	11.5	0.3	6
CFSRC-1	140×3.85	160×110	0.68	380	0.29	36	0.6	3
CFSRC-2	140×3.85	160×110	0.68	380	0.29	18	0.3	6
SFRC-1	140×3.51	200×120	0.85	330	0.27	22	0.3	4
SFRC-2	140×3.51	200×120	0.85	660	0.54	22	0.3	11

试件 CFRC-1～3 和 SFRC1～2 的钢筋混凝土梁截面上部配筋为 2φ12、截面下部配筋为 2φ16，CFRC-4～6 框架中钢筋混凝土梁截面上部和下部配筋分别为 2φ12 和 2φ10。此外，构件 F5、F6 为型钢混凝土梁，其中型钢截面尺寸分别为型钢高、型钢宽、

型钢翼缘厚度和型钢腹板厚度（$h \times b_f \times t_w \times t_f = 80mm \times 30mm \times 4 \times 4mm$）。

在钢管混凝土柱两端与盖板交接处分别设计了一直径为 20mm 的圆形排气孔，对应每个试件加工两块 250mm×250mm×20mm 的方钢板作为试件的盖板，先在盖板中心的位置开一个直径为 60mm 的圆孔，然后在空钢管底端将盖板焊上，以便于混凝土的浇筑，另一端盖板待混凝土浇灌之后再进行焊接，如图 15.4 所示；钢筋混凝土梁和型钢混凝土梁截面尺寸和配筋设计，如图 15.5 所示。

图 15.4　钢管加工图（尺寸单位：mm）

（2）材料的力学性能

钢筋混凝土梁、板与钢管混凝土柱中采用了同一种混凝土，混凝土水胶比为 0.36，砂率为 0.395，配合比按质量比（kg/m³）为水泥：粉煤灰：砂：石：水＝320：140：680：1046：165。采用的原材料为：42.5 普通硅酸盐水泥；河砂；硅质花岗岩碎石，石子粒径为 5～15mm；矿物细掺料采用Ⅱ级粉煤灰，自来水。混凝土坍落度为 250mm，坍落流动度为 620mm。混凝土 28 天立方体抗压强度 $f_{cu}=47.4$MPa，混凝土的弹性模量为 28 870N/mm²，耐火试验时测得混凝土的立方体抗压强度为 $f_{cu}=56.7$MPa。

防火保护层采用厚涂型钢结构防火涂料，热工性能参数为：密度 $\rho=400$kg/m³；导热系数 $k=0.097$W/（m·K）；比热 $c=1.047 \times 10^3$J/（kg·K）。

钢材材性通过拉伸试验确定，钢材和钢筋的力学性能指标如表 15.2 所示。

图 15.5 混凝土梁截面示意图（尺寸单位：mm）

（3）试件制作和试验装置

试件制作过程中严格控制焊缝和混凝土浇筑质量。完成浇筑的框架构件拆模之后即进行防火涂料的喷涂。图 15.6（a）所示为楼板内部配筋的情况；图 15.6（b）所示为典型框架试件加工完成后的情形，和节点区的构造示意。

框架构件底梁通过地螺栓与炉膛底面连接好后，开始施加柱和梁上的荷载 N_F 和 P_F。柱端加载模拟自由端的情况，因此除了在柱顶垫板安置转动铰支座之外，还安装

表 15.2　钢材力学性能指标

钢材类型	钢管壁厚 t_s/钢筋直径 d/mm	屈服强度 f_y/MPa	弹性模量 E_s/（$\times 10^5$N/mm^2）	泊松比 ν_s
圆钢管	3.85	412	2.11	0.283
型钢梁	3.71	269	2.08	0.273
方钢管	3.51	263	2.05	0.301
Φ16 钢筋	16	427	2.02	0.282
Φ12 钢筋	12	445	2.03	0.270
Φ10 钢筋	10	445	2.00	0.277
Φ8 钢筋	8	388	2.10	0.286

(a) 支好楼面模板之后　　　　　　(b) 浇筑混凝土之后

图 15.6　组合框架结构的加工过程

了滚轴滑动支座。框架左右两柱顶分别用 100t 油压千斤顶同步加载。框架梁采用分配梁来进行加载，在分配梁与混凝土楼板之间分别安装两个转动铰支座。钢管混凝土柱顶和钢筋混凝土板顶的位移测点采用电子位移计采集。构件温度采用预埋在混凝土中的热电偶测量。试件温度和位移测点布置如图 15.7 所示。

（4）试验方法

框架耐火性能试验过程可归纳如下：①用吊车将框架试件吊入炉中，旋紧底梁上的锚固螺栓。②安装滑板支座和柱顶的油压千斤顶。③安装位移计、传感器及其连接线，安置楼板顶面的分配梁及加载千斤顶。④施加梁上和柱顶荷载，恒载 15min 之后开始点火并始终维持柱顶及梁上荷载不变。试验过程中保持柱顶及梁上荷载（N_F 和 P_F）恒定不变，观察试验现象并连续采集温度测点和位移测点的数据，直至试件达到耐火极限后熄火。

与节点类似，目前尚没有对框架耐火极限的判定标准，这里同样采用 ISO-834（1999）对梁、柱构件达耐火极限的判定标准，框架梁或柱达到耐火极限后即认为框架达到耐火极限，具体判定标准如 9.3.1 节所述。

(a) 火灾炉装置示意图

(b) 节点区A测点布置

(c) 钢筋混凝土梁跨中B测点

(d) 钢管混凝土柱中部C测点布置

(e) 型钢混凝土梁跨中B测点

图 15.7　温度和位移测点布置（尺寸单位：mm）

15.3.2　试验结果及分析

（1）试验现象

试验过程中可通过试验炉侧面的观察孔观察炉内的试件的变化情况。对框架试件的试验现象及破坏特征归纳如下。

1）点火升温 3～4min 后，炉内温度达 300～400℃，由于水分的蒸发，梁板混凝土和保护层表面的颜色由先前的青灰色变得更暗一些。10min 左右时炉内温度为 700℃左右，发暗的区域从棱角处逐渐变淡，并由角部向表面中间逐渐缩小，20～30min 后消失，此时炉温达到 800℃左右。试验中圆形柱的保护层表面颜色逐渐变浅，除在保护层和梁底交接的地方之外观察不到特别明显的不同。试验进行到 40～50min 以后，混凝土梁板和保护层的表面大面积发白，最后几乎与炉膛火光融为一体。由于梁顶混凝土板的吸热作用，试验过程中可观察到梁板交接的角部位置混凝土表面颜色明显比梁板底面和外凸的棱角处颜色相对要暗。保护层和混凝土梁板表面的裂缝一般在试件变形较大时才出现，此时构件表面颜色均已达到大面积发白或发红。试验前后防火保护层和混凝土的外观变化如图 15.8 所示。

图 15.8　试验前后防火保护层和混凝土外观变化

2）框架试件中钢管混凝土柱的防火保护层在其弯曲变形处均有不同程度的开裂或剥落现象，如图 15.9（a）所示。切开柱鼓曲处钢管壁后，如图 15.9（b）所示，可以看到内部核心混凝土在最大鼓曲的相应位置也有不同程度的鼓起，但由于外部钢管的存在，鼓曲之后的混凝土整体性保持较好，无明显剥落或大面积破碎现象。

3）试件中的钢筋混凝土楼板对框架梁截面的升温滞后和温度场分布影响明显。对于防火保护层为 3mm 的试件，点火 10min 时，炉温达到 720℃，柱中截面上钢管的温度为 117℃，板顶石棉覆盖层上有水蒸气冒出，此后逐渐增多；升温约 25min 时钢管

(a) 弯曲处柱防火保护层裂缝　　　　　(b) 切开钢管壁后的核心混凝土

图 15.9　框架试件中各构件不同位置的破坏形态

温度达到 230℃，此时水蒸气溢出现象最为明显，一直持续一段时间；当试验进行至 40min 左右时，水蒸气逐渐减少；至 50min 左右时，板顶石棉上仅有少量水蒸气冒出，此时中截面上钢管的实测温度为 350℃左右。对于保护层为 7～11mm 的构件，水蒸气达到旺盛的时间和衰减的时间会随保护层厚度的增加相应延迟，例如，保护层厚度为 11mm 的试件，直到 65min 左右时，板顶石棉上的水蒸气才衰减到仅有少量水蒸气冒出，此时柱中截面上钢管的实测温度为 240℃。试验后可观察到，板顶面混凝土梁正上方位置的混凝土表面颜色与框架平面外混凝土板顶的颜色不同，明显有较深的水渍痕迹，水渍沿梁轴线分布也不完全一致，框架梁跨中区该位置的水渍宽度与梁端相比略窄一些，如图 15.10（a）和（b）所示。

(a) 梁端　　　　　　　　　　　　　　　(b) 跨中

图 15.10　钢筋混凝土板顶面的水渍分布情况

4）试验后可观察到各试件梁底的跨中位置出现垂直于框架平面的裂缝，沿混凝土梁的轴向分布较均匀，间距 10～15cm；由于梁底的节点区附近在试验过程中基本处于受压状态，从所有试验构件看，除 CFRC-1 外，该部位裂缝较少；在钢管混凝土柱内边缘的板顶位置附近出现相应的负弯矩裂缝，根据混凝土梁板破坏位移的大小不同，梁底裂缝宽度和分布宽度也不完全相同，如图 15.11 所示。

5）试件破坏均显现出梁板下凹、柱外凸的破坏形态，钢管混凝土柱在框架平面内呈现明显的"S"形（左柱）和反"S"形（右柱）。当梁或者柱的荷载比（m 或 n）较大时，（CFRC-1、CFRC-3 和 CFSRC-1）框架柱在梁底以下约 1/3～1/5 的位置出现弯曲，弯曲位置的内侧钢管壁出现鼓曲；而荷载比较小的试件（CFRC-2、CFRC-4 和 CFSRC-2），框架破坏时，钢管混凝土柱的弯曲变形较小，弯曲半径较大，且钢管壁未

(a) 节点区（柱先破坏）

(b) 节点区（梁先破坏）

(c) 跨中区（柱先破坏）

(d) 跨中区（梁先破坏）

图 15.11　钢筋混凝土梁板底面的裂缝分布

发现明显的鼓曲现象。

6）试验过程中，由于钢管混凝土柱的约束和支撑作用，即使钢筋混凝土（型钢混凝土）梁变形较大，也不会立即破坏而失去承载能力。但随着钢筋混凝土（型钢混凝土）梁承载力的降低，变形加大，促使钢管混凝土柱弯曲变形进一步加大，最终导致钢筋混凝土（型钢混凝土）混凝土梁变形加剧，钢管混凝土柱同时也失去承载能力而破坏。对于钢管混凝土柱的耐火极限较小的情况，柱将先于梁达到失效状态，此时，钢管混凝土柱已不能向梁端提供转动约束，梁端负弯矩迅速减小甚至出现梁端正弯矩，节点区位置混凝土开裂［图 15.11（a）］，而钢筋混凝土梁下侧的跨中裂缝较细小［图 15.11（c）］，钢管混凝土柱的弯曲较明显；反之，当钢管混凝土柱的耐火极限较大时，钢管混凝土柱能一直为钢筋混凝土梁端提供转动约束，这时试件的破坏特点是节点区位置基本没有裂缝出现［图 15.11（b）］，而钢筋混凝土下侧的跨中裂缝较宽［图 15.11（d）］，钢管混凝土柱的弯曲变形则较小。

试验前后框架试件的全貌如图 15.12 所示，各榀框架试件试验后的破坏形态如图 15.13 所示。图 15.13 还给出了 15.2 节有限元模型计算获得的圆形截面钢管混凝土柱框架的破坏形态，可见计算结果和试验结果总体吻合。

（2）温度实测结果

温度测点布置在三个区域，即钢管混凝土柱非节点区（1/2 柱高位置）、钢管混凝土柱节点区中心（也是钢筋混凝土（型钢混凝土）梁板节点区中心位置）和钢筋混凝土（型钢混凝土）梁板跨中位置（图 15.7）。

框架试件典型的温度（T）- 受火时间（t）关系如图 15.14 所示。可见，柱顶出现水蒸气的时刻，核心混凝土外表面的温度约为 100℃，水蒸气产生之后沿着钢管经由排气孔排出。在100℃后，由于内部水分的流动和蒸发，混凝土内部测点的实测温度曲线出现波动；而靠近表面区域的测点由于升温较快，水分向构件内部迁移并在较短时间内被完全蒸发，因此测点的实测温度曲线在100℃左右时的波动不大。

(a) 试验前框架的整体图

(b) 整体框架的正立面图

(c) 整体框架的斜俯视图

图 15.12　框架试件试验前后全貌

(1) 试验

(2) 计算

(a) CFRC-1试件

图 15.13　框架试件破坏形态

(1) 试验　　　　　　　　　　　　　　(2) 计算

(b) CFRC-2 试件

(1) 试验　　　　　　　　　　　　　　(2) 计算

(c) CFRC-3 试件

(1) 试验　　　　　　　　　　　　　　(2) 计算

(d) CFRC-4 试件

(1) 试验　　　　　　　　　　　　　　(2) 计算

(e) CFSRC-1 试件

图 15.13　（续）

(1) 试验　　　　　　　　　　　　　　　　　　(2) 计算

(f) CFSRC-2 试件

(g) SFRC-1 试件　　　　　　　　　　　　　　(h) SFRC-2试件

图 15.13　（续）

由于有防火涂料的存在，钢管混凝土柱表面比混凝土梁表面温度低，对于节点区内部的温度测点升温曲线，可以看到在 100℃左右时升温曲线上均有一个温度平台，在该处出现一个平直段，这是因为混凝土内部的自由水达到 100℃时的蒸发所致，同样在梁、板内部的温度测点和防火保护层区段的钢管混凝土柱截面上的温度测点也可看到此种波动，而且随温度测点距离受火面距离越大，升温曲线越低，温度波动处平直段的长度也越长。

升温 60min 时梁柱连接处核心混凝土表面温度比钢管混凝土 $H/2$ 高截面处核心混凝土表面温度低约 400℃，而升温 180min 左右时，两处的温度差高达 600℃。在钢筋混凝土（型钢混凝土）框架梁跨中位置的梁板截面上，由于梁高比板厚大得多，梁底和梁顶位置处的温度比相应的板顶和板底位置的温度也低得多。

从图 15.14 中还可以看到，在水蒸气出现之后，核心混凝土外边缘测点的升温曲线略微变缓，但内部测点的升温曲线斜率变化较大。试件 CFRC-1、3 和 CFSRC-1 在试验结束时，柱顶仍有明显的水蒸气溢出，其余试件则仅在柱顶能观察到少量水蒸气。

图 15.14 给出了实测温度和 15.2 节所述有限元模型计算温度的比较情况，可以看出，计算值和实测值总体吻合较好，但在温度到达 100℃左右时计算曲线没出现如实测曲线的平台阶段，这在构件和节点的温度场计算中同样存在，主要是由于有限元模型中尚无法考虑水分迁移影响所致。

沿截面不同深度（到构件表面不同距离）d 处不同时刻的实测温度变化情况对比

（1）非节点区钢管混凝土柱　　　　　（2）跨中梁截面

（a）试件 CFRC-2

（1）非节点区钢管混凝土柱　　　　　（2）跨中梁截面

（b）试件 CFRC-4

（1）非节点区钢管混凝土柱　　　　　（2）跨中梁截面

（c）试件 CFSRC-2

图 15.14　*T-t* 关系计算结果与试验结果对比

如图 15.15 和图 15.16 所示。由图可看到在不同时刻沿构件截面深度方向上的一定深度内，温度几乎呈线性分布，超过一定深度后逐渐趋于水平。对于素混凝土或钢筋混凝土构件截面，温度分布线斜率发生较大变化（温度曲线开始变得接近水平线）的深度在 90～100mm，如图 15.16 所示。

图 15.17 给出了框架试件柱节点区、柱非节点区、梁节点区和梁非节点区位置实测

(a) CFRC-1

(b) CFRC-2

(c) CFRC-3

(d) CFRC-4

(e) CFSRC-1

(f) CFSRC-2

图 15.15　非节点区柱核心混凝土 T-d 关系曲线

(a) 梁高 B_b=180 mm

(b) 梁高 B_b=160 mm

图 15.16　钢筋混凝土梁跨中截面中线上 T-d 关系曲线

T-t 关系的比较，其中柱和梁节点区位置如图 15.7 中 A 所示，柱非节点区如图 15.7 中 C 所示，梁非节点区如图 15.7 中 B 所示。可以看出，由于节点区的钢管混凝土柱外侧有约 30mm 厚的混凝土层，曝火面积较非节点区小，梁或柱节点区的温度低于非节点区温度。

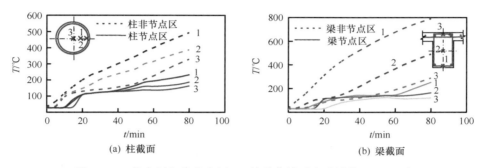

图 15.17　节点区和非节点区 T-t 关系曲线对比（试件 CFRC-2）

（3）耐火极限

表 15.3 给出了框架试件的耐火极限（t_R）与受火时间（t）的对比，可以看出两者差异从 0～12min 不等，产生上述差异的原因在于为超静定结构系统，当钢筋混凝土梁板承载力下降较快首先达到耐火极限时，钢管混凝土柱也会对其产生有利的支撑作用；而当钢管混凝土柱承载力下降比较快时，钢筋混凝土梁板也会反过来对钢管混凝土柱产生有利的互补作用。

从试件 CFRC-1 形态［图 15.13（a）］上可见：右侧的节点区梁底位置产生了类似于跨中梁底面的裂缝，而这种裂缝的形成是由于该处混凝土受拉而引起的，框架在正常的受力状态下该区域的混凝土应处于受压状态。此处框架柱先于钢筋混凝土梁发生了面内破坏弯曲，但另一侧钢管混凝土柱和钢筋混凝土梁还能继续承载，失稳侧的框架柱有一部分外荷载产生的内力反过来传递给了钢筋混凝土梁，在节点区的梁底产生了拉裂裂缝。从梁板顶面和两侧柱顶的位移记录数据来看，试件 CFRC-1 两侧框架柱和梁顶的位移 - 时间变形曲线相差不大，可以判断出，框架梁和框架柱之间的相互支撑作用比较明显。这与单根的柱或梁、板构件的试验现象有所不同。

表 15.3 同时给出了相应各榀框架试件中钢筋混凝土（型钢混凝土）梁和钢管混凝土柱在两端简支边界条件下的耐火极限（t_R），该耐火极限根据 15.2 节有限元模型计算获得。可见看出框架结构整体的耐火极限与单根梁（柱）构件的耐火极限相差较大。组合框架的耐火极限均小于单根钢管混凝土柱的设计耐火极限，原因是试件的钢筋混凝土（型钢混凝土）梁的耐火极限均较小，在受火过程中，不仅未能对钢管混凝土柱提供足够的侧向支撑，还会由于自身的变形和承载力降低，对钢管混凝土柱的耐火性能产生不利影响。除 CFRC-1 框架试件外，所有钢管混凝土框架试件的耐火极限均介于钢管混凝土柱设计耐火极限和简支钢筋混凝土（型钢混凝土）梁的耐火极限之间，这也说明了在受火过程中，钢管混凝土框架柱对钢筋混凝土（型钢混凝土）梁产生了有利的支撑作用。

表 15.3 试验结果汇总表

试件编号	框架耐火极限 t_R/min	单根柱耐火极限 t_R/min	简支梁耐火极限 t_R/min	试件破坏形式	最大竖向位移 /mm	
					柱	梁
CFRC-1	40	90	57	Ⅰ型	15.6	87.5
CFRC -2	79	150	57	Ⅱ型	2.8	91.3
CFRC -3	40	90	13	Ⅱ型	15.6	143.8
CFRC -4	83	150	29	Ⅱ型	14.3	146.0
CFSRC -1	45	90	20	Ⅱ型	8.8	140.8
CFSRC -2	85	150	56	Ⅱ型	5.7	95
SFRC -1	70	90	71	Ⅱ型	2.0	85.9
SFRC -2	72	90	71	Ⅱ型	5.7	88.9

图 15.18 为不同试验参数情况下框架试件的耐火极限（t_R）比较。由图 15.18（a）可见柱和梁荷载比（n 和 m）越大 t_R 越小。相同条件下，梁截面类型对耐火极限的影响不明显，但型钢混凝土梁的耐火极限略高一些，如图 15.18（b）所示。由图 15.18（c）可看出，梁柱线刚度比（k）对耐火极限（t_R）的影响也不明显。但 k 最小的试件 CFRC-4 在达到耐火极限判定标准后仍可继续承载 12min 后才破坏。

图 15.18 不同试验参数下框架试件的耐火极限（t_R）

在相同的钢管混凝土柱保护层厚度（a_c）、柱荷载比（n）和梁荷载比（m）的情况下，梁柱线刚度比（k）越大，框架的耐火极限（t_R）越低。当 k 由 0.95 降至 0.43 时，框架试件的 t_R 由 79min 增加到 83min。

图 15.19 所示为框架试件的耐火极限与试件中单个构件耐火极限的比较情况，可

见，与钢管混凝土柱相比，框架整体的耐火性能会有所降低，最大降低幅度高达55%以上（CFRC-1 和 CFRC-3）。钢管混凝土柱荷载比较大时（$n=0.6$），钢管混凝土框架试件的耐火极限比单根钢管混凝土柱（一端固接一端铰接）或简支条件下混凝土梁的耐火极限还要低。

当钢管混凝土框架柱荷载比（n）较大，框架结构会发生柱破坏，而框架梁未能提供足够的有力支撑作用时，火灾下框架结构破坏的危险性则更大。当钢管混凝土柱荷载比较小（$n=0.3$）时，框架柱自身对混凝土梁产生较好的支撑作用，则框架整体的耐火极限介于单根柱和简支梁的耐火极限之间，混凝土梁对框架柱的梁端负弯矩减弱了框架柱的耐火性能，但梁端负弯矩同时也减小了框架梁跨中截面的正弯矩，从而与简支状态相比又提高了混凝土框架梁的耐火性能。图 15.19（b）给出了框架整体耐火极限与单根柱或梁耐火极限比值的相对变化情况，可见，所有框架试件的整体耐火极限约为单根柱耐火极限的一半左右，而与单个混凝土梁耐火极限的比值从 0.7～3.0 变化。

(a) 耐火极限（t_R）

(b) 耐火极限比

图 15.19　框架试件耐火极限与单个梁、柱构件耐火极限对比

图 15.20 所示为实测耐火极限与有限元计算结果的比较，可见二者吻合良好。

（4）柱轴向变形（Δ_c）和梁挠度（δ_b）

对应图 15.21（a）所示的框架试件位移测点布置图，图 15.21（b）～（i）给出了实测的框架试件柱轴向变形（Δ_c）、梁挠度（δ_b）-受火时间（t）关系。可见，升温初期由于钢管和混凝土的材料性能还未明显退化且材料受热膨胀，柱顶位移会有向上的膨胀变形。对于柱荷载比 $n=0.3$ 的试件，其轴向伸长位移较大，最大可达 5～6mm；对于 $n=0.6$ 的试件，钢管混凝土柱的轴向伸长则较小，只有 1～2mm。

图 15.20　框架耐火极限试验和计算结果对比

（a）框架试件的位移测点布置

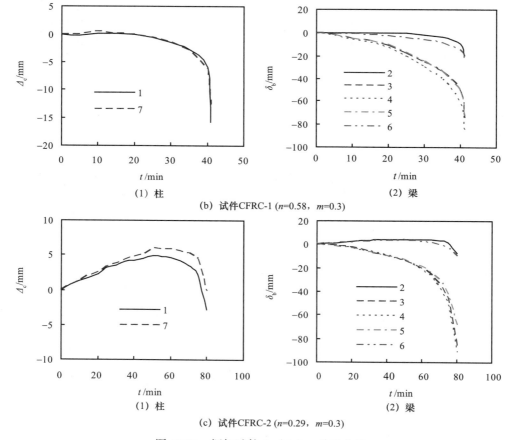

（1）柱　　　　　　　　　　　　　　　　（2）梁

（b）试件CFRC-1 (n=0.58，m=0.3)

（1）柱　　　　　　　　　　　　　　　　（2）梁

（c）试件CFRC-2 (n=0.29，m=0.3)

图 15.21　框架试件 Δ_c（δ_b）-t 关系曲线

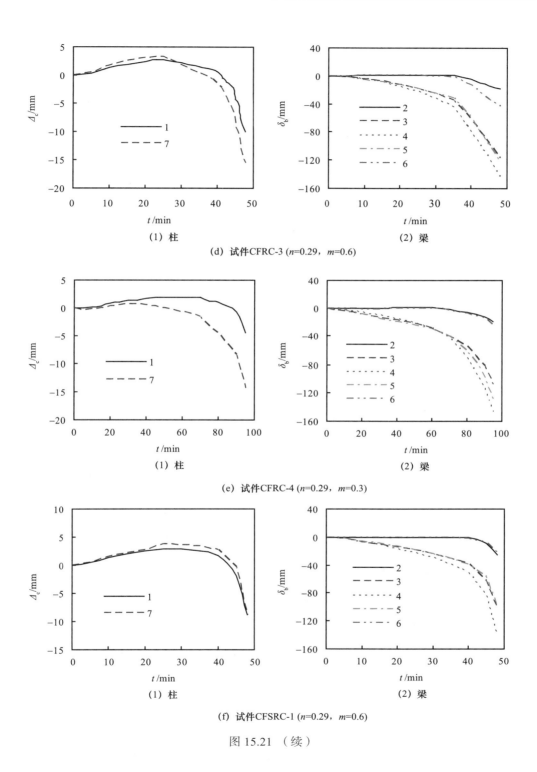

(d)　试件CFRC-3 ($n=0.29$，$m=0.6$)

(e)　试件CFRC-4 ($n=0.29$，$m=0.3$)

(f)　试件CFSRC-1 ($n=0.29$，$m=0.6$)

图 15.21　（续）

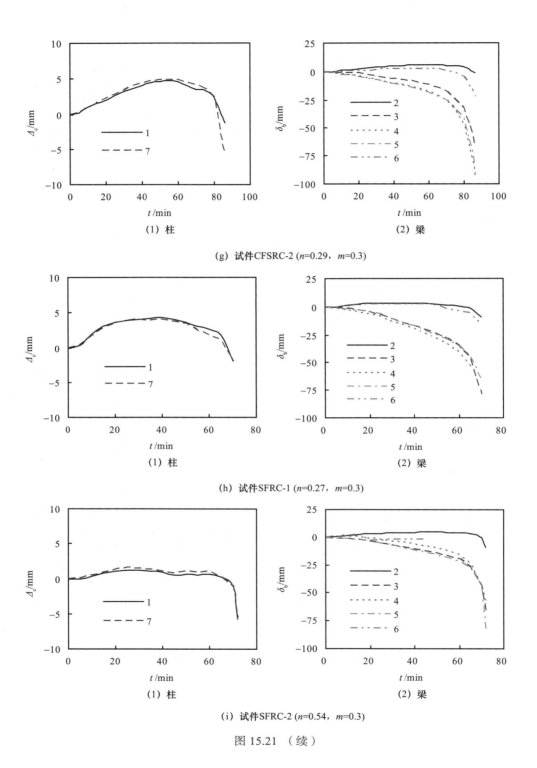

(g) 试件CFSRC-2 ($n=0.29$，$m=0.3$)

(h) 试件SFRC-1 ($n=0.27$，$m=0.3$)

(i) 试件SFRC-2 ($n=0.54$，$m=0.3$)

图 15.21 （续）

　　图 15.22 所示为框架试件柱轴向变形（Δ_c）和梁跨中挠度（δ_b）- 受火时间（t）实测结果与 15.2 节建立的有限元模型计算结果之间的对比，可见受火前期计算曲线与实测曲线吻合较好，后期计算曲线比实测曲线略高。产生上述差异的可能原因是：试验时框架试件在恒载升温的过程中，混凝土梁板受火面外围产生裂缝、剥落等现象，削弱了实际构件在受火后期的截面承载力。

图 15.22　框架试件 Δ_c（δ_b）-t 关系曲线比较

　　柱荷载比（n）对框架试件耐火极限和变形性能影响明显，如试件 CFRC-1（$n=$ 0.58）与试件 CFRC-2（$n=0.3$）的防火保护层（$a_c=7$mm）和框架梁荷载比（$m=$ 0.3）都相同，由图 15.22（a）和（b）可看出，两框架试件的钢管混凝土柱轴向变形

（Δ_c）- 受火时间（t）关系相差较大，框架试件的耐火极限（t_R）也相差较多。比较试件 CFSRC-2 与 CFSRC-1 可见，在相同柱荷载比（$n=0.3$）情况下，防火保护层（a_c）适当增加，框架时间的耐火极限增加了将近一倍。

（5）试件的破坏形态

框架试件的破坏模态总体上可分为两种形式，一种是破坏截面首先发生在钢管混凝土柱构件上（压弯破坏），随着内力重分布，梁对钢管混凝土柱的支撑作用逐渐增强，直至框架试件达到耐火极限，这种破坏为Ⅰ型破坏［图 15.23（a）］。另一种是火灾下试件的破坏截面首先发生混凝土梁构件上。对应于这种破坏形态，钢管混凝土柱对梁产生有利的支撑作用，直至框架试件达到耐火极限状态，为Ⅱ型破坏［图 15.23（b）］。所有框架试件的钢筋混凝土板高温下在垂直于框架梁轴线方向两侧翼缘产生向上的翘起变形，如图 15.23（c）所示。

图 15.23　框架试件的典型破坏形式

如图 15.24(a) 所示，取框架梁和柱塑性铰之间的部分为隔离体Ⅰ，得到图 15.24(b) 所示的隔离体力学平衡简图。

图 15.24　钢管混凝土框架的隔离体模型

图 15.24 中：N_F 和 P_F 分别为柱顶和梁顶的外荷载；N_b 和 M_{bm} 分别为梁截面轴力和弯矩；N_{cR}、M_c 和 V_c 分别为柱截面轴力、弯矩和剪力；L_1 为框架梁长度，δ_b 为框架梁跨中挠度；Δ_{c1} 和 H_1 分别为柱截面距节点中心的水平和竖直距离；Δ_{c2} 为柱外荷载距节点中心的水平距离；

根据隔离体的力学平衡条件获得柱截面内力（N_{cR}、M_c 和 V_c）的表达式为

$$N_{cR} = N_F + P_F \tag{15.1a}$$

$$V_c = N_b \tag{15.1b}$$

$$M_c = N_F \cdot (\Delta_{c1} + \Delta_{c2}) + P_F \cdot L_1/3 - M_{bm} - N_b \cdot (H_1 - \delta_b) \tag{15.1c}$$

假设在火灾下某一临界时刻，梁节点区截面弯矩为 0 的情况下，梁的受力状态为有一定轴力的简支梁，框架柱与梁之间无弯矩内力传递，取图 15.24（a）所示的梁节点区截面和梁跨中截面之间的梁段隔离体 II，得到如图 15.24（c）所示的隔离体受力简图，则根据此时受力平衡可获得梁截面弯矩（M_{bm}）表达式为

$$M_{bm} = P_F \cdot L_1/3 + N_b \cdot \delta_b \tag{15.2}$$

在此临界状态时，如果根据式（15.2）计算所得到的钢筋混凝土梁跨中弯矩值 $M_{bm} > M_{but}$，其中 M_{but} 为钢筋混凝土高温下的抗弯极限承载力，则说明在未达到该临界状态以前，梁跨中就已形成塑性铰而破坏了，即钢管混凝土框架发生了 II 型破坏。

钢筋混凝土梁跨中出现塑性铰以后，两根钢管混凝土框架柱的受力状态分别为通过一个塑性铰连接的两个压弯构件，直至塑性铰在钢管混凝土柱上也形成之后，钢管混凝土框架结构变成机构而破坏。反之，如果 $M_{bm} < M_{but}$，则说明达到该临界状态时，钢筋混凝土梁跨中还未形成塑性铰，塑性铰先出现在钢管混凝土柱截面上，即钢管混凝土框架发生了 I 型破坏。此后，钢筋混凝土梁端负弯矩向正弯矩发展，钢筋混凝土梁对钢管混凝土柱提供有力支撑直至框架破坏。

由表 15.3 可见，当钢管混凝土框架发生 II 型破坏时（CFRC-2，CFRC-3，CFSRC-1 和 CFSRC-2），钢筋混凝土（型钢混凝土）梁跨中的挠度比 I 型破坏时（CFRC-1）的要大；发生 II 型破坏时跨中竖向最大位移为 146mm，其钢管混凝土框架柱破坏时的轴向最大位移要小，为 15.6mm。而发生 I 型破坏的框架试件，钢管混凝土柱轴向位移为 15.6mm，破坏时的梁跨中位移为 87.5mm。发生 II 型破坏时，CFRC-4 的框架梁柱线刚度比最小，钢筋混凝土梁上施加的荷载也最小，破坏时钢管混凝土柱的弯曲变形较小。

对于方形钢管混凝土柱，钢管发生屈曲的位置较高（接近钢筋混凝土梁底面），柱的弯曲变形集中在屈曲位置附近。对应于上述 I 型和 II 型破坏形态的框架试件整体和局部的典型破坏情况对比如图 15.25 所示。混凝土梁板轴线方向的拉应力最大值分布在跨中梁底位置，梁底面上垂直于轴向的裂缝最先出现于梁底跨中的位置。试验后的观察测量发现梁底跨中位置的裂缝宽度最大，向两端裂缝宽度逐渐减小，同时也观察到在节点区板顶的位置混凝土存在不同程度的开裂现象。

图 15.25（d）所示为有限元模型计算得到的两类破坏形态时框架结构混凝土的塑性拉应变分布情况，可以看出楼板上表面与柱连接的区域混凝土塑性拉应变较大，试验结果也表明：该区域的混凝土更易发生开裂。

（6）梁的"悬链线效应"

在构件的受火过程中，钢筋混凝土梁材料软化，承载力不断降低，在钢筋混凝土梁承载力缓慢减小的过程中，框架体系的梁柱构件在不断进行着内力重分布，以使内力与外界荷载达到一个平衡状态，而钢管混凝土柱在试验过程中也在不断地变形，使自身的内力、材料软化、相邻结构内力和外部荷载趋于暂时的平衡状态。

受火初期，除钢筋混凝土梁受热膨胀产生轴力外，梁柱之间的内力以弯矩为主，随

(1) Ⅰ型（试件 CFRC-1）　　　　　　　(2) Ⅱ型（试件 CFRC-4）

(a) 不同破坏模态下的框架整体破坏对比

(1) Ⅰ型（试件 CFRC-1）　　　　　　　(2) Ⅱ型（试件 CFRC-4）

(b) 不同破坏模态下的钢管混凝土柱局部破坏

(1) Ⅰ型（试件 CFRC-1）　　　　　　　(2) Ⅱ型（试件 CFRC-4）

(c) 不同破坏模态下的混凝土梁跨中破坏

图 15.25　不同破坏形态下的框架破坏特征

(1) Ⅰ型（试件 CFRC-1)　　　　　　　　(2) Ⅱ型（试件 CFRC-4)

(d) 有限元计算与实测结果对比

图 15.25　（续）

着温度升高，钢筋和混凝土材料软化，梁截面抗弯能力逐渐下降，下垂变形不断增大，与此同时框架梁截面中和轴上移拉区面积增加压区面积减小，当截面拉压内力不能平衡时就会产生轴向力，另外由于下垂变形引起的梁轴向缩短超过炉内升温带来的梁轴向膨胀时，就会在梁内产生轴向拉力，施加在梁板上的外部荷载维持恒定不变，梁轴向拉力的增加也会相应抵抗一部分外部荷载来弥补截面弯矩的损失，随着试验继续进行和梁挠度增加，虽然仅靠框架梁的抗弯抵抗力已不能维持外荷载作用下的平衡，但随着框架梁竖向变形越来越大，梁内轴向拉力抵抗外界载荷的程度也越来越大，当框架梁主要依靠轴向拉力来抵抗外荷载的时候，也即所谓的"悬链线效应"。

对于型钢混凝土梁中的型钢有较厚的混凝土保护层，因此，在相同升温条件下，型钢的温度较低，材料劣化程度有限，与钢筋混凝土梁相比，在高温下不易出现"悬链线效应"，而且型钢的翼缘和腹板由于外包钢筋混凝土的存在不会发生局部屈曲，型钢截面的抗弯刚度不会明显降低，与钢筋混凝土梁相比"悬链线效应"形成较慢。

试件 CFRC-4 的悬链线效应比较明显，正是这种悬链线效应的有效作用使得试件 CFRC-4 的试验受火时间变长，直至由于梁变形过大而终止试验。

（7）混凝土楼板的影响

试验过程中，钢筋混凝土楼板对框架试件的作用不仅体现在框架梁截面升温滞后和改变温度场分布，而且在试验后期，框架梁和钢筋混凝土板跨中挠度较大时截面温度较高，存在高温下板的"膜效应"。

框架试件受火时，随着楼板挠度的增大，钢筋混凝土的板内拉力（膜拉力）对支撑楼面荷载的作用将增大。膜拉力大小主要取决于楼板内配筋的性能、数量以及板周围的水平支撑能力。对于双向弯曲的钢筋混凝土板，火灾下会产生双向曲率的变形，如果面积足够大则会在受火区域的四周形成一个"压力环"，当板只有单向曲率变形时，膜拉力对楼板承载能力的有效作用将变得较小，在这种情况下，钢筋混凝土板在其达到极限承载力以前，产生的挠度更大，此时的钢筋混凝土板类似于一个宽度较宽的且抗弯能力较弱的扁梁，而板的膜效应也更趋向于高温下悬链线效应的形式。

Huang 等（2004）对 Cardington 结构抗火试验进行了计算和对比，研究表明钢筋混凝土板在火灾下板可能产生膜效应：当钢梁的温度低于 300～400℃时，混凝土板的膜效应对组合结构性能的影响不明显，但是当温度超过 500℃后，板的影响迅速增大，膜作用的影响不能被忽略。

本次试验中钢筋混凝土楼板与钢筋混凝土梁整浇在一起形成一个 T 形梁，在试验的受力过程中框架梁两侧的混凝土板发生近似于单向曲率的变形。由于混凝土板的厚度比框架梁小得多，受热表面的热量在较短的时间内可传到板顶，混凝土板截面的温度比框架梁截面的温度要高，而且截面温度也更均匀，更易于产生膜拉力。对于没有整浇钢筋混凝土板的矩形梁，由于构件截面高度较大，需要更多的受火时间热量才能传递到梁顶，温度分布沿截面的高度也不如钢筋混凝土板截面内的温度分布均匀。

当框架试件发生图 15.23（a）所示的 I 型破坏时，破坏截面先出现在钢管混凝土柱上，此后钢筋混凝土梁对柱提供有力支撑，梁柱内力发生重分布，梁端负弯矩甚至转变为正弯矩，如图 15.26（a）所示，梁节点区下部混凝土在正弯矩作用下产生了裂缝。

（1）局部俯侧视图　　　　　　　　　（2）局部正侧视图

(a) I 型破坏时的变形（试件 CFRC-1）

（1）整体正侧视图

（2）局部斜侧视图

(b) II 型破坏时的变形（试件 CFRC-3）

图 15.26　不同破坏模态下钢筋混凝土板的破坏形态对比

当框架试件发生图 15.23（b）所示的 Ⅱ 型破坏时，如图 15.26（b）所示，框架梁轴线方向上，钢筋混凝土板与框架梁的变形一致。跨中区板底的最大弯曲曲率处出现均匀的裂缝。钢筋混凝土（型钢混凝土）梁下侧变形时距中性轴最远处应变最大，裂缝开展也最宽，最大裂缝宽度可达 2～3mm，在跨中段分布较均匀，间隔为 10～15mm。钢筋混凝土梁侧面的裂缝几乎开裂到板底的位置，跨中挠度较大，"悬链线"或"膜效应"产生。混凝土梁（板）截面开裂会使截面受拉区面积增加、受压区面积减少，中和轴上移。当中和轴上、下垂直于截面的压力和拉力不能自相平衡时，就会在梁（板）截面上产生轴向拉力。对于板类构件来讲，这种各方向的面内拉力即为膜拉力。

15.4　火灾下单层、单跨平面框架工作机理研究

采用本章 15.2 节建立的组合框架在火灾作用下的温度场和力学性能计算有限元模型可对组合框架的耐火性能进行细致剖析。考虑框架结构实际受力的特点，本节选择了单层单跨圆钢管混凝土柱 - 钢筋混凝土梁框架为研究对象，参考某实际工程进行了框架设计，框架的受力和受火情况如图 15.1（b）所示，梁上受均布荷载（q_F），柱上端受轴向荷载（N_F），楼板下部和柱受火，柱下端固结。

算例的基本计算条件为：

圆钢管混凝土柱：$D \times t_s = 600mm \times 12mm$，$H = 5400mm$，

钢筋混凝土梁：$D_b \times B_b \times L = 650mm \times 400mm$，$L = 9000mm$，下部纵筋 8Φ28，双排配筋，上部纵筋 2Φ20，箍筋 Φ8@200mm（加密区 Φ8@50mm）；

钢筋混凝土楼板：$b_{slab} \times t_{slab} = 3000mm \times 120mm$，$L_{slab} = 9000mm$，纵筋 Φ8@200mm，分布筋 Φ8@200mm，双层配筋。

钢管和牛腿的钢材屈服强度 $f_y = 345MPa$，梁纵筋钢筋屈服强度 $f_{yb1} = 335MPa$，箍筋和混凝土板中纵筋和分布筋的屈服强度 $f_{yb2} = 235MPa$，钢管核心混凝土强度 $f_{cu} = 60MPa$，梁板混凝土强度 $f_{cu} = 30MPa$，梁保护层厚度 30mm。梁柱线刚度比 $k = 0.6$，梁柱极限弯矩比 $k_m = 0.59$，柱截面含钢率 $\alpha_c = 8.5\%$，柱荷载比（n）和梁荷载比（m）均为 0.6。

采用上述有限元模型对钢管混凝土柱 - 钢筋混凝土梁平面框架在火灾下结构的变形、内力、应力和应变分布等进行剖析，并对影响该类框架结构耐火性能的影响参数进行分析。

15.4.1　梁柱变形特征

梁荷载比 $m = 0.6$ 和梁柱线刚度比 $k = 0.6$ 保持不变的情况下，柱荷载比 $n = 0.2$、0.4、0.6 和 0.8 时，框架柱轴向变形（Δ_c）和梁跨中挠度（δ_b）- 受火时间（t）关系如图 15.27 所示。可见，随着 n 增加，钢管混凝土柱轴向变形（Δ_c）在升温作用下的轴向膨胀量迅速减小，当 $n \geq 0.6$ 时，钢管混凝土在升温作用下仅发生微小的轴向膨胀；n 越大，Δ_c-t 关系越低，且随 t 的增加，Δ_c 急剧增大。框架梁的跨中挠度（δ_b）随着 n 增

(a) 柱轴向变形（Δ_c）　　　　　　　　(b) 梁跨中挠度（δ_b）

图 15.27　柱荷载比（n）对 Δ_c（δ_b）-t 关系曲线的影响

大而迅速增大，这是由于当 n 较大时，框架的耐火性能变差，钢管混凝土柱对钢筋混凝土框架梁板的约束和支撑作用变弱。

图 15.28 给出柱荷载比 $n=0.6$ 时在两类破坏模态（Ⅰ型和Ⅱ型，如图 15.23 所示）下试件的框架柱轴向变形（Δ_c）和梁跨中挠度（δ_b）- 受火时间（t）关系。

图 15.28 中，柱顶竖向位移曲线可分为两个阶段，AB（AB_1）段为受火膨胀段，BC（B_1C_1）段为下降段，而梁跨中挠度曲线为单调增加。可以看出两类破坏模态下，柱和梁的变形曲线规律没有明显的差别，对于Ⅰ型破坏，柱位移或变形速率先达到耐火极限判定标准，对于Ⅱ型破坏，梁位移或变形速率先达到判定标准。

图 15.28　典型的 Δ_c（δ_b）-t 关系曲线

15.4.2　构件内力

受火时，框架梁、柱相互约束，钢材和混凝土高温下材料力学性能的下降，引起结构内力重分布。下面以柱荷载比 $n=0.6$、梁荷载比 $m=0.6$ 时的情况为例，对框架的梁跨中截面、梁节点区截面、柱底部截面和柱节点区截面内力在火灾下的变化情况进行分析。

（1）梁跨中截面内力

火灾下，当框架梁受热产生轴向伸长时，两侧框架柱的约束作用会在框架梁轴向产生约束力（拉力或压力），且约束力大小会随受火时间和受力状态不同而不断变化。

梁轴力（N_b）和弯矩（M_b）的方向规定如下：轴向拉力为正，轴向压力为负；梁下侧受拉的弯矩为正弯矩，梁上侧受拉的弯矩为负弯矩。

图 15.29 所示为梁跨中截面的轴力（N_b）和弯矩（M_b）随受火时间（t）的变化情况。可见，随着 t 的增加，弯矩大小略有减小，曲线比较平缓；受火 18～20min 时，跨中弯矩迅速增大，如图 15.29（a）所示。由于跨中截面的左右结构和荷载均对称，截面剪力为零。

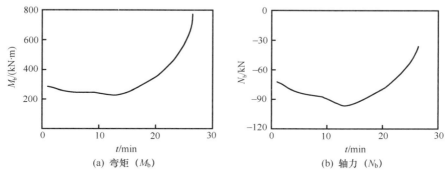

(a) 弯矩（M_b）　　　　　　　　(b) 轴力（N_b）

图 15.29　梁跨中截面 M_b（N_b）-t 关系曲线

（2）梁节点区截面内力

梁节点区截面的轴力（N_b）、弯矩（M_b）和剪力（V_b）-受火时间（t）关系如图 15.30 所示。常温下加载完成后，梁节点区截面负弯矩约为 300kN·m，随 t 增加，

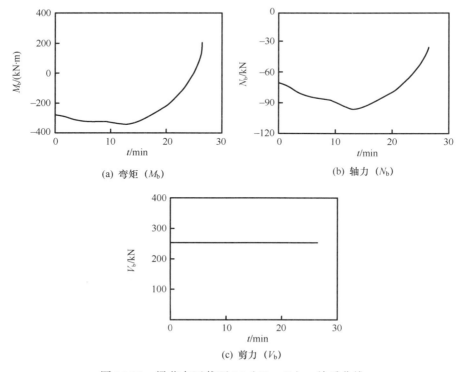

(a) 弯矩（M_b）　　　　　　　　(b) 轴力（N_b）

(c) 剪力（V_b）

图 15.30　梁节点区截面 M_b（N_b、V_b）-t 关系曲线

弯矩略有增大，但幅度不大，曲线变化比较平缓，受火 18～20min 时，梁节点区截面负弯矩由增大变为逐渐减小，最终甚至变成正弯矩，达到耐火极限时，梁节点区截面弯矩约为 200kN·m。梁节点区截面负弯矩由 "—" 变 "+" 的过程也就是框架结构形成Ⅰ型破坏的过程，即塑性铰先在钢管混凝土柱上形成。在初始受火阶段，梁节点区截面弯矩值为负，此后由于节点框架梁、柱的变形，节点区发生了转动，其转动方向与梁节点区截面负弯矩方向一致，梁节点区截面负弯矩逐渐减小。

当受火约 23min 时，梁节点区截面弯矩由负变为正弯矩，说明钢筋混凝土梁节点区截面弯矩开始对钢管混凝土柱产生更明显的支撑作用，但同时这种梁节点区截面正弯矩对钢筋混凝土框架梁又产生不利的抗火作用，增大了梁跨中正弯矩，进一步加速了钢筋混凝土框架梁的破坏。受火过程中作用于框架梁上的荷载大小和方向不变，故梁端负弯矩变化的幅度与跨中弯矩变化规律相似，实际上也就是框架梁轴力对该截面的 "二阶弯矩" 和跨中弯矩变化幅度之和，如图 15.30（b）和（c）所示。

（3）柱底部截面内力

框架中的钢管混凝土柱下端嵌固，柱底部截面的轴力（N_c）、弯矩（M_c）和剪力（V_c）- 受火时间（t）关系如图 15.31 所示，其中轴力和弯矩的方向规定如下：轴向拉力为正，轴向压力为负；使得钢管混凝土柱外侧受拉的弯矩为正弯矩，内侧受拉的弯矩为负弯矩。由图 15.31 可见，随着受火时间（t）增加，框架柱底部截面处的弯矩几乎呈线性增加，将达到耐火极限时，弯矩急剧增大。

由于框架试件没有水平方向外加荷载作用，柱脚底面的截面剪力与框架梁的轴力为

(a) 弯矩（M_c）　　　　　　　　(b) 轴力（N_c）

(c) 剪力（V_c）

图 15.31　柱底部截面 M_c（N_c、V_c）-t 关系曲线

一对平衡力，如图 15.31（c）所示，同时也说明了不论结构的内力如何变化框架整体受力仍是相互平衡的。柱外荷载在受火过程中保持恒定，因此框架柱的轴力在受火过程中基本保持不变，如图 15.31（b）所示，图中同时也给出了钢管壁和核心混凝土在受火过程中各自所承担竖向荷载的变化情况，钢管壁所承担的轴向荷载先增大后减小。

（4）柱节点区截面内力

柱节点区截面的轴力（N_c）、弯矩（M_c）和剪力（V_c）-受火时间（t）关系如图 15.32 所示。可见，随着受火时间（t）增加，柱节点区截面的弯矩（M_c）先增加后逐渐减小，受火约 15min 时，弯矩达到最大值。在火灾和外荷载的共同作用下，框架柱发生弯曲变形，柱外荷载和钢筋混凝土梁轴力的"二阶弯矩"作用，造成了节点区截面钢管混凝土柱弯矩逐渐减小。由于框架柱段内没有外荷载作用，根据力学平衡原理，柱节点区截面的轴力和剪力与柱底部截面的大小和方向均相同，如图 15.32(b）和（c）所示。

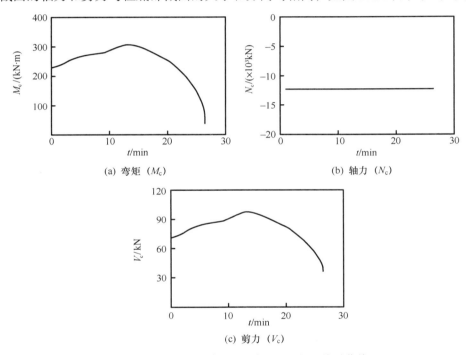

（a）弯矩（M_c）　　　　　（b）轴力（N_c）

（c）剪力（V_c）

图 15.32　柱节点区截面 M_c（N_c、V_c）-t 关系曲线

15.4.3　应力分析

以 $n=0.6$、$m=0.6$ 情况下的框架结构为例，分析不同受火时刻组合框架结构的应力分布及其随时间的变化情况。

对框架中钢筋、钢管和牛腿的 Mises 应力分布分析表明，受火过程中钢筋混凝土梁中纵筋的最大 Mises 应力始终出现在梁跨中位置。由于梁端负弯矩和柱顶荷载的作用，钢管和牛腿中的最大 Mises 应力出现在牛腿下方的钢管壁上，且随着升温作用的增加材料性能有所劣化，梁端负弯矩逐渐减小，最大应力值逐渐减小，钢管截面应力分布越来越均匀。

对框架中混凝土的主拉应力分布分析表明，常温加载结束时最大主拉应力出现在钢筋混凝土梁底跨中外表面的位置。钢管混凝土框架达到耐火极限而破坏时，由于受火面的混凝土温度要高于内部混凝土，高温部分混凝土的热膨胀也大于内部低温区混凝土的热膨胀，最大拉应力出现在混凝土截面的内部。

图 15.33 所示为不同受火时刻节点中心位置钢管核心混凝土截面的应力分布等直线图，图中 f_c' 为常温下混凝土圆柱体的抗压强度。可见常温加载完成后和受火初期核心混凝土截面上的应力分布与偏压构件的截面应力分布类似，随着受火时间持续增加，核心混凝土柱外侧的等应力线出现明显内凹，并且内凹的中心不断向核心混凝土截面中心偏移。在破坏时刻，截面上的等应力线分布形成许多同心圆的形状，这种应力分布类似于轴心受压构件的应力分布。形成这种应力分布的主要原因是在核心混凝土纵向形成的"S"形应力分布带，节点中心处的核心混凝土截面恰好位于"S"形应力带的顶端位置。

(a) 常温加载结束时刻　　　　　　　　(b) 耐火极限时刻

图 15.33　节点中心核心混凝土左柱截面上的应力分布

图 15.34 给出不同受火时刻核心混凝土 $H/2$ 截面上的应力分布情况。可见，常温加载完成后，截面上的应力分布为典型的偏压构件的应力分布形式，最大和最小压应力分别位于核心混凝土截面的内侧和外侧边缘，但随着受火时间的进行，核心混凝土表面受热发生膨胀，截面外边缘的压应力增加，最小压应力由最外侧边缘位置向截面中心偏移。由图可见，受火 10min 以后，核心混凝土截面上的最大压应力数值逐渐增加，应力分布形状变化不大。

(a) 常温加载结束时刻　　　　　　　　(b) 耐火极限时刻

图 15.34　钢管核心混凝土左柱 $H/2$ 截面上的应力分布

图 15.35 给出不同受火时刻框架柱核心混凝土纵向应力 S33（单位：Pa）沿长度的分布云图。常温下施加荷载后，钢管混凝土柱发生轴向压缩和弯曲变形，核心混凝土受拉侧的压应力减小，形成低应力区，受火后由于热膨胀变形的影响和材料力学性能发生劣化，其位置由截面边缘向中心偏移，随着温度升高，钢管的承载力下降更多，这部分荷载转移到了核心混凝土上，使得核心混凝土变形进一步加大，低应力区的宽度逐渐减小，并形成"S"形的应力区，如图 15.35（d）所示。

图 15.35　框架左柱核心混凝土的纵向应力（S33）分布（单位：Pa）

不同受火时刻时钢筋混凝土梁、板跨中截面的纵向应力分布如图 15.36 所示。可见，常温加载完成后，跨中截面上最大拉应力和最大压应力均为 2.9MPa，最大拉应力出现在梁底位置，最大压应力出现在梁顶位置，且应力沿截面高度呈层状分布。火灾下 T 形梁的矩形部分为三面受火，混凝土表面受热后产生热膨胀，使得受火前的拉应力减小，甚至出现了压应力状态。如 $t=10\text{min}$ 时，梁底角部的压应力达到 7MPa，最大压应力出现在板底的位置，这是因为钢筋混凝土板底面受热膨胀而钢筋混凝土板在 T 形截面中处于受压区的位置。同时为保持截面的应力平衡，内部混凝土的拉应力和钢筋的拉应力有所增加。但当钢筋混凝土梁临近耐火极限时，截面上最大压应力达 10MPa 左右，由于跨中向下的快速变形而产生较大的拉应变，梁底的应力由压应力又重新转变为拉应力，梁底下边缘混凝土的拉应力约为 0.7MPa，如图 15.36（d）所示。

图 15.37 给出钢筋混凝土梁板跨中位置截面上 1～7 点的混凝土和钢筋应力随受火时间（t）的变化关系。可见，常温下加载完成后，点 1 处于受拉（"＋"）的应力状态，应力值为 3MPa。随着受火时间的增加，截面上各点的温度不断上升，其中 1 点处由于受到左面和下面受火面的传热作用，温度升高最快，产生的热膨胀也最大，而内部混凝土的的温度较低，膨胀量较小，点 1 处由于热膨胀而会产生压应力，逐渐抵消先前的拉应力，表现为点 1 处的拉应力逐渐减小，甚至向反方向（压应力）过渡。同

(a) 常温加载结束时刻（t=0）

(b) t=10min

(c) t=20min

(d) 达到耐火极限时刻（t=27min）

图 15.36　框架梁板跨中截面上的应力（S11）分布（单位：Pa）

(a) 混凝土

(b) 纵向钢筋

图 15.37　框架梁和板跨中截面上特征点的应力 - 受火时间（t）关系曲线

样，点 2、3 也由于热膨胀使得该点处的压应力有所增加。当受火至 15min 左右时，由于高温下的材料劣化和结构荷载的"二阶效应"的原因，点 1 处所产生的拉应力与该处升温膨胀所产生的压应力变化速率相当，点 1 处的压应力不再随着受火时间而增加，此后由于混凝土和钢材的材料性能随温度升高继续下降，热膨胀随升温速率减小而逐渐减小，点 1 处的压应力由增加转为逐渐减小，如图 15.37（a）所示。

图 15.37（b）给出钢筋混凝土框架梁板跨中截面上受力钢筋的 Mises 应力随受火时间（t）的关系。可见，随着受火时间（t）的增加，由于相邻受火面角部效应的影响，点 6 的升温速率大于点 5 处的升温速率，因此点 6 处的热膨胀量也大于点 5 处的热膨胀，点 5 处的钢筋应力逐渐增加，点 6 处的受力钢筋的应力先略有减小后又增加，点 7 处的受力钢筋的 Mises 应力也是先略有减小，临近达到耐火极限状态时，Mises 应力值则迅速增加，这是由于临近耐火极限时，跨中截面的弯矩迅速增大所致。

图 15.38 给出了框架柱节点区截面和 $H/2$ 高度截面特征点（8～19）的混凝土和钢管的应力 - 受火时间（t）关系。从图 15.38（a，1）和（b，1）中可见，常温下加载完成后，核心混凝土在不同截面处均为全截面受压，受火初期外侧钢管壁先受热发生膨胀，使得内部核心混凝土有卸载现象，其纵向应力值有所减小，同时也可以看到核心混凝土中心点处的压应力减小的幅度较大，而且持续时间也最长，这是由于外围的混凝土受热膨胀后而核心混凝土柱中心的温度还比较低，纵向热膨胀应变内外不一致，从而产生了内部受拉外部受压的附加温度内应力，受火 t=5～10min 后核心混凝土的纵向应力值又逐渐增大，临近耐火极限状态时，应力值又有迅速减小的趋势。核心混凝土外侧边缘测点（如点 10 和点 16）的应力随升温的进行先减小后增大。这是因为随着受火的开始，钢管温度首先升高，钢材受热膨胀，使得核心混凝土所承担的荷载有所减小，大约 t=10min 时钢管混凝土柱轴向膨胀达到最大，此后由于材性劣化，钢管的承载力降低，柱重新发生向下的压缩变形。

图 15.38（a，2）和（b，2）给出了相同升温状况下空钢管（柱荷载比 n=0.6）的 Mises 应力变化规律，可以看到在升温初期由于钢管热膨胀受到边界条件的约束，分担

图 15.38　框架柱截面特征点应力 - 受火时间（t）关系曲线

的荷载增加，其 Mises 应力也相应增加，随着受火时间的增加，钢管材性进一步劣化，应力降低。

15.4.4　应变分析

图 15.39 给出了钢管中核心混凝土和钢筋混凝土梁在不同受火时刻的最大主塑性应变矢量图。

由图 15.39（a）可见，常温加载后框架混凝土的最大主塑性应变主要位于跨中的梁底位置和节点区。随着受火升温，材料力学性能逐渐发生劣化，框架梁柱变形加大，

(1) t=0　　　　　　　　　　　　(2) t=27min

(a) 钢筋混凝土梁

(b) 钢筋混凝土板底面（t=27min）　　　　　　(c) 钢筋混凝土板顶面（t=27min）

(1) t=0　　　　　(2) t=10min　　　　　(3) t=27min

(d) 钢管混凝土柱的核心混凝土

图 15.39　混凝土最大主塑性应变的矢量图

更多区域进入塑性，最大柱塑性应变也不断增大。图 15.39（b）和（c）给出的是钢筋混凝土板底面和顶面中主塑性应变的分布，钢筋混凝土板底受火面受压，塑性应变矢量较小，而钢筋混凝土板顶单元的塑性应变矢量较大，且集中分布在梁端负弯矩区，这与火灾后钢筋混凝土板顶面的裂缝主要在垂于梁轴线的梁端负弯矩区的现象相吻合。框架结构达到耐火极限时，钢管混凝土柱最大弯曲变形处的内侧，最大主塑性应变的矢量形成波形鼓起，也就是说在最大弯曲处的内侧轴向压应变最大，但同时在水平方向也产生了最大的拉应变，如图 15.39（d）所示。

　　由上述分析可见，火灾下混凝土框架梁跨中弯矩先略有减小而后迅速增大，节点区负弯矩则相反，弯矩先有所增大而后减小，因此在实际工程中，框架结构负弯矩区需有足够的安全储备，否则可能在负弯矩增大的过程中发生强度破坏。当框架结构发生 I 型破坏（框架柱先进入破坏）时，框架梁的节点区可能由承受负弯矩变为承受正弯矩，因此设计时，梁底纵筋应伸入支座足够的锚固长度。

15.5　单层、单跨平面框架耐火极限影响因素分析

　　众所周知，边界条件为静定的单个构件（如简支梁或柱）的耐火极限与框架结构中的构件会有所差别，这是因为框架结构中的构件受到相邻构件的制约，在火灾条件下温度变化产生的变形受到相邻构件的制约会在构件上产生内力，使构件的力学边界条件发生变化。结构抗火设计时，通过使单个构件满足耐火极限要求的方法并不能保证结构整体或者框架结构满足要求，因此，进一步展开以框架为基本部件的抗火设计方法将更为安全可靠。

　　采用 15.2 节建立的有限元模型和 15.4 节确定的框架基本计算条件，分析了柱直径（D）、柱截面含钢率（α_c）、柱长细比（λ）、柱钢管屈服强度（f_y）、柱核心混凝土强度（f_{cu}）、柱荷载比（n）、梁荷载比（m）、梁柱线刚度比（k）、梁柱极限弯矩比（k_m）和柱防火保护层厚度（a_c）等参数变化下单层单跨平面框架耐火极限（t_R）的影响规律（王卫华，2009）。

　　参数的变化范围如下。

　　1）柱直径（D）：300mm、450mm、600mm、800mm。

　　2）柱截面含钢率（α_c）：4.1%、7%、8.5%、14.8%。

　　3）柱长细比（λ）：20、23.2、40、60、80。

　　4）钢材屈服强度（f_y）：235MPa、345MPa、420MPa。

　　5）核心混凝土强度（f_{cu}）：30MPa、40MPa、50MPa、60MPa、80MPa。

　　6）柱荷载比 [n，按式（3.17）计算]：0.2、0.4、0.6、0.8。

　　7）梁荷载比 [m，按式（3.18）计算]：0.2、0.4、0.6、0.8。

　　8）梁柱线刚度比 [k，按式（9.1）计算]：0.3、0.6、0.9、1.8。

　　9）梁柱的极限弯矩比 [k_m，按式（9.2）计算]：0.41、0.58、0.78。

　　10）柱防火保护层厚度（a_c）：0、3mm、6mm、10mm、15mm。

　　各参数影响规律如下。

　　（1）柱直径（D）

　　图 15.40 所示为钢管混凝土柱直径（D）对框架耐火极限（t_R）的影响。可见，随

着 D 增大，相同梁柱线刚度比（k）和极限弯矩比（k_m）情况下，梁柱的混凝土体积增大，吸热能力增强，钢管混凝土框架的耐火极限增加。

（2）柱截面含钢率（α_c）

由图 15.41 可知，柱截面含钢率（α_c）增大（通过增加钢管壁厚来实现），钢管混凝土框架的耐火极限（t_R）减小，当钢管壁厚大到一定程度后，对框架 t_R 影响逐渐降低，这是由于钢管壁厚增大到一定值后，钢管约束作用的影响程度降低。

图 15.40　柱直径（D）对 t_R 的影响

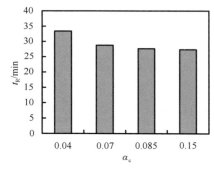

图 15.41　柱截面含钢率（α_c）对 t_R 的影响

（3）柱长细比（λ）

如图 15.42 所示，钢管混凝土柱长细比（λ）对框架耐火极限（t_R）的影响明显，随着 λ 增加，t_R 迅速下降，原因是随着 λ 增大，钢管混凝土柱的稳定承载力降低，同时钢管混凝土柱对梁的约束效应也有所减弱。

（4）柱钢管屈服强度（f_y）

钢管混凝土框架的耐火极限（t_R）随着柱钢管屈服强度（f_y）增加而降低，这是由于钢管强度越高，常温下的承载力越高，而火灾下，钢管又最先受热升温，温度较高，高温下的材料性能劣化程度大，因此 t_R 随柱钢管 f_y 的提高而迅速下降，如图 15.43 所示。

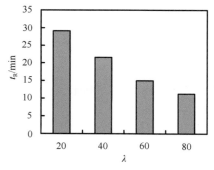

图 15.42　柱长细比（λ）对 t_R 的影响

图 15.43　柱钢管屈服强度（f_y）对 t_R 的影响

（5）柱核心混凝土强度（f_{cu}）

由图 15.44 可见，框架耐火极限（t_R）随着柱核心混凝土强度（f_{cu}）增加略有增大，当影响不明显。这是由于混凝土传热较慢，而且受火时温度场分布由外到内温度逐渐降低，核心混凝土内部的低温区面积较大，同时钢管混凝土柱火灾下为受柱荷载和梁端弯矩的共同作用而破坏，主要受拉区钢材强度变化的影响。

（6）柱荷载比（n）

由图 15.45 可知，钢管混凝土柱荷载比（n）对钢管混凝土框架耐火极限（t_R）的影响明显，随着 n 增大，框架的 t_R 迅速降低，当 $n=0.6$ 时，框架耐火极限 t_R 降低为 $n=0.2$ 时的 1/4 左右。

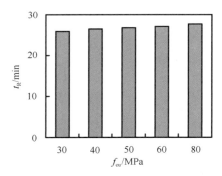

图 15.44　柱核心混凝土强度（f_{cu}）对 t_R 的影响　　　图 15.45　柱荷载比（n）对 t_R 的影响

（7）梁荷载比（m）

在保持其他参数不变的情况下，梁荷载比（m）越大，梁上所施加荷载也越大，框架的耐火极限（t_R）随 m 的增大而逐渐降低，但 t_R 变化幅度随 m 的增大而减小，其原因是施加在梁上的荷载与框架柱顶的荷载相比要小得多，当 m 达到一定程度时，其引起的梁端负弯矩的增加对框架柱压弯状态下耐火性能的影响有所减小，如图 15.46 所示。

（8）梁柱线刚度比（k）

如图 15.47 所示，随着梁柱线刚度比（k）的增加，钢筋混凝土梁对钢管混凝土柱的约束作用加大，梁刚度越大，钢管混凝土柱的计算长度越小，导致框架耐火极限（t_R）增大。

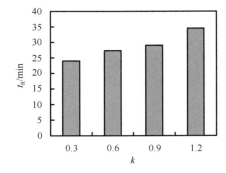

图 15.46　梁荷载比（m）对 t_R 的影响　　　图 15.47　梁柱线刚度比（k）对 t_R 的影响

（9）梁柱极限弯矩比（k_m）

梁荷载比（m）相同的情况下，梁柱极限弯矩比（k_m）越大，梁上的外荷载越大，则梁传递给到柱上的剪力和弯矩越大，框架耐火极限（t_R）越小。由图 15.48 可见，在所研究的参数范围内，t_R 随 k_m 增大线性减小，但降低幅度有限。

（10）柱防火保护层厚度（a_c）

如图 15.49 所示，在所进行的研究参数范围内，随着钢管混凝土柱防火保护层厚度（a_c）的增加，钢管混凝土框架的耐火极限（t_R）呈线性增大，这是由于增加 a_c 会使得钢管与混凝土在相同受火情况下的升温速率降低，从而延缓了钢材与混凝土材料强度的劣化。a_c 由无增加到 15mm，钢管混凝土框架的 t_R 则由 27.7min 增大到 229min。

 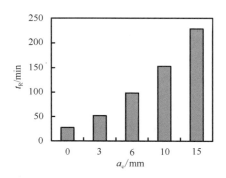

图 15.48　梁柱极限弯矩比（k_m）对 t_R 的影响　　　图 15.49　柱防火保护层厚度（a_c）对 t_R 的影响

上述参数分析表明，影响钢管混凝土框架耐火极限的主要参数有：柱直径（D）、柱长细比（λ）、柱钢管屈服强度（f_y）、柱荷载比（n）、梁荷载比（m）、梁柱线刚度比（k）、梁柱极限弯矩比（k_m）和柱防火保护层厚度（a_c）。其中，柱荷载比（n）和柱防火保护层厚度（a_c）对钢管混凝土框架的耐火极限影响最大。

目前，在进行结构抗火设计时，所依据的规范均是基于对单根构件的抗火计算，通过设计使单根梁或柱满足规范规定的耐火极限，即认为整体结构可达到耐火极限要求。本章前述的试验和理论分析结果表明：对于钢管混凝土柱 - 钢筋混凝土梁框架，按照现有规范计算得到框架结构中柱的计算长度，并对该计算长度下的钢管混凝土柱进行抗火设计，使其满足 1.5h 的耐火极限要求时，框架的耐火极限却大多没有达到 1.5h，这就使得基于单根构件的抗火设计方法应用于整体框架中时存在安全隐患（Han 等，2012）。

框架柱与单根柱的主要差别是框架柱柱端的边界条件会在高温下发生改变，如图 15.50 所示，常温下框架柱下端为固结，上端承受轴力（N_F）和梁端传来负弯矩，在梁荷载作用下柱端轴力有初偏心 e_o，但在高温下，由于梁的作用，梁轴向膨胀产生的变形使得柱产生了 Δ_h 的侧向位移。

为增加可比性，在计算单根柱的耐火极限时，采用图 15.50（b）所示的边界条件，按照如下的步骤进行计算：①计算确定常温下框架中钢筋混凝土梁的梁端负弯矩；②以计算得到常温下的梁端负弯矩为边界条件，按照韩林海（2007）中给出的 M-N 相关曲线计算柱的常温下稳定承载力；③采用有限元模型计算得到火灾下框架结构中梁端的最大负弯矩，以该负弯矩为初始条件计算柱的耐火极限。

表 15.4 所示为不同梁荷载比（m）情况下平面框架耐火极限和单根柱耐火极限的比较情况。可以看出，计算得到的单根柱耐火极限仍然高于框架的耐火极限。这主要是由于火灾下由于温度变形受到框架中不同构件的约束，框架柱的实际边界条件（如

(a) 框架结构　　　　(b) 常温下框架柱边界　　　(c) 高温下框架柱边界

图 15.50　框架柱边界条件

作用在柱上端的梁轴力和弯矩）是在不断变化的，变化的边界条件通常会加速框架的破坏，而在单根柱中边界条件是不变的，从而导致计算的单根柱的耐火极限高于平面框架的耐火极限。从表 15.4 中单根柱耐火极限的计算结果还可以看出，当梁荷载比（m）从 0 增加到 0.8 时，单根柱和框架的耐火极限均逐渐降低，但对框架的耐火极限影响显著，对单根柱的耐火极限影响相对较小。

表 15.4　平面框架和单根柱耐火极限的比较

梁荷载比 m	单根柱耐火极限 /min	框架耐火极限 /min	梁荷载比 m	单根柱耐火极限 /min	框架耐火极限 /min
0.0	90	56	0.6	75	21
0.3	85	36	0.8	69	14
0.4	82	30	—	—	—

15.6　多层、多跨平面框架的耐火极限讨论

在单层、单跨框架结构耐火性能研究的基础上，作者进一步建立了多层、多跨框架结构耐火性能的有限元模型，以局部火灾作用下三层、三跨框架为例，分析了框架结构在火灾下的失效机理、变形性能和耐火极限变化规律（王广勇，2010；王广勇和韩林海，2010）。

图 15.51（a）所示为平面框架的计算模型示意图，其中 H 表示楼层层高；$B1$、$B2$、$B3$ 分别表示框架各跨的跨度，N_i（$i=1$，2，3 和 4）表示作用在柱顶的荷载；q_F 表示作用在梁上的均布荷载，荷载确定时参考了《建筑钢结构防火技术规范》（CECS 200：2006）（2006）的有关规定。为研究荷载参数变化对结构耐火性能的影响规律，适当变化了柱顶荷载和梁均布荷载。

参考某实际住宅结构，分别设计了钢管混凝土柱 - 钢梁、型钢混凝土柱 - 型钢混凝土梁平面框架。两类框架结构的几何尺寸、梁、柱的抗弯和轴心受压承载力、梁、柱截面的抗弯刚度和抗弯承载力基本相等。图 15.51（b）所示为构件截面几何尺寸示意图，两类框架的其他参数汇总于表 15.5。

(a) 框架模型

钢管混凝土柱   钢梁   型钢混凝土柱   型钢混凝土梁

(1) 钢管混凝土柱-钢梁框架   (2) 型钢混凝土柱-型钢混凝土梁框架

(b) 构件横截面

图 15.51　框架模型及构件横截面示意图（尺寸单位：mm）

表 15.5　框架计算参数汇总

框架类别	框架尺寸	构件截面尺寸	材料性能	柱顶荷载	均布荷载
钢管混凝土柱-钢梁框架	$B1=4.8m$ $B2=4.4m$ $B3=4.6m$ $H=2.8m$	钢梁截面：H350×150×6.5×9 圆形柱截面：外径×壁厚＝320×8mm	混凝土：C30 钢梁：Q235 钢管：Q345	$N_1=1024kN$ $N_2=1036kN$ $N_3=1322kN$ $N_4=773kN$（底层左侧中柱荷载比 $n=0.45$）	59kN/m
型钢混凝土柱-型钢混凝土梁框架		矩形梁截面：200×330mm 方形柱截面：300×300mm	混凝土：C30 型钢：Q345 钢筋：HRB335 级		

　　计算时采用了 ISO-834（1975）标准升温曲线。考虑火灾发生范围的偶然性，设计了如图 15.52 所示的 9 种火灾工况。

　　对钢管混凝土柱-钢梁平面框架采用厚涂型防火涂料进行防火保护，梁和柱保护层厚度分别取 20mm 和 12mm，对应单根梁、柱的耐火极限分别为 90min 和 150min。

　　具体分析结果如下：

15.6.1　钢管混凝土柱-钢梁平面框架

　　在表 15.5 所示计算参数的条件下，各火灾工况下均发生了跨度最大的左跨受火梁的整体屈曲破坏。以工况 7 为例，图 15.53 给出了框架结构的破坏形态。

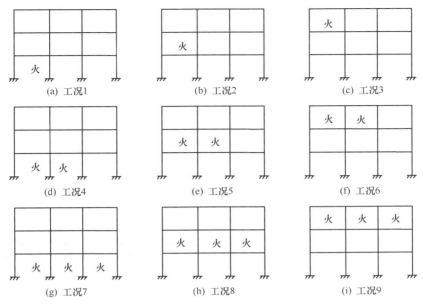

图 15.52　火灾工况示意图

由于缺乏对整体结构耐火极限的定义，为了便于分析，暂通过考察结构特征点的变形确定结构的耐火极限，特征点变形包括受火梁跨中挠度和受火柱顶位移，参考了 ISO-834（1999）关于梁或柱耐火极限的确定方法，即认为只要某个构件达到耐火极限，整体框架结构达到了耐火极限。按此方法确定的不同火灾工况下框架结构的耐火极限汇总于表 15.6。

图 15.53　钢管混凝土柱 - 钢梁平面框架的破坏形态

表 15.6　钢管混凝土柱 - 钢梁平面框架的耐火极限表

火灾工况	1	2	3	4	5	6	7	8	9
耐火极限 /min	110	91	90	121	102	100	112	109	110

从表 15.6 可见，同层火灾下，火灾只作用在左边跨时的耐火极限最大，火灾作用在左边两跨和全部三跨时的耐火极限相近；同跨火灾工况下，除个别情况外，随楼层增高，框架结构的耐火极限增加。分析表明，受火梁的失稳破坏与梁上的荷载有关。由于火灾发生在左边两跨或三跨时，受火梁热膨胀变形较大，梁中产生的内轴压力较大，多跨火灾时框架的耐火极限较单跨火灾时小。同样，低层火灾下受火梁受约束较大，梁受热时产生的内压力越大，耐火极限越小。

从表 15.6 中还可看出，除工况 2、3 外，其余各工况框架的耐火极限均大于单根梁的耐火极限（90min），而各工况框架的耐火极限均小于单个柱的耐火极限（150min）。这与对单层、单跨钢管混凝土柱 - 钢筋混凝土梁平面框架的分析结果相同，计算得到的单层、单跨平面框架的耐火极限小于单根柱的耐火极限。这主要是由于整体框架结构中的梁或柱火灾下受到相邻构件的影响所致。

　　如果提高柱荷载比（n）且适当加强对钢梁的防火保护，会出现框架整体破坏。如当底层左中柱 $n=0.8$ 时，框架整体破坏形态可分为两类，即形态Ⅰ：破坏区域中有两根柱破坏，框架破坏的范围较大；形态Ⅱ：破坏区域中有一根柱破坏，框架破坏的范围较小。分析表明，工况 3、6、7、8 和 9 情况下发生第Ⅰ种破坏形式，其余工况则发生了第Ⅱ种破坏形式。图 15.54 所示为框架整体破坏时的变形图。

(a) 破坏形态Ⅰ（工况3）　　　　　　(b) 破坏形态Ⅱ（工况1）

图 15.54　钢管混凝土柱 - 钢梁平面框架的整体破坏时的变形

15.6.2　型钢混凝土柱 - 型钢混凝土梁平面框架

　　对型钢混凝土柱 - 型钢混凝土梁平面框架进行了计算。以工况 7 为例，图 15.55 给出了框架结构的破坏形态。

　　分析表明，型钢混凝土柱 - 型钢混凝土梁平面框架可能发生受火内柱破坏、受火边柱和受火梁破坏、受火内柱和边柱以及受火梁混合破坏、顶层梁柱破坏导致的框架破坏等四种破坏形态。这是因为型钢混凝土梁中的型钢位于截面内部，温度较低；同

图 15.55　型钢混凝土柱 - 型钢混凝土梁平面框架破坏形态

时，由于包括钢筋和型钢在内的总含钢量较大，受火时出现明显的悬链线效应，型钢混凝土梁的耐火性能较好，多数情况下型钢混凝土平面框架出现了受火柱破坏导致框架破坏。这与同条件下的钢管混凝土柱 - 钢梁平面框架（图 15.55）有所不同。对于钢管混凝土柱 - 钢梁平面框架，受火过程中，由于热膨胀变形，钢梁产生了明显内轴压力，同时，钢梁腹板受剪屈曲导致钢管混凝土平面框架首先出现受火钢梁自下翼缘开始的整体失稳破坏。

　　表 15.7 所示为不同火灾工况下型钢混凝土柱 - 型钢混凝土梁平面框架的耐火极限。

表 15.7　型钢混凝土柱 - 型钢混凝土梁平面框架的耐火极限

火灾工况	1	2	3	4	5	6	7	8	9
耐火极限 /min	419	243	237	442	270	268	213	212	206

　　由表 15.7 可见，型钢混凝土柱 - 型钢混凝土梁平面框架在同层火灾条件下，除顶

层火灾各工况耐火极限较为接近外，非顶层火灾工况下，火灾作用在左边跨的耐火极限明显大于火灾作用在左边两跨和三跨火灾工况，而左边两跨火灾工况和三跨火灾工况的耐火极限接近。

比较表 15.7 和表 15.6 可见，型钢混凝土柱 - 型钢混凝土梁框架较钢管混凝土柱 - 钢梁框架的耐火极限大。但需要说明的是，型钢混凝土框架建模时没有考虑混凝土 "爆裂" 的影响。对组合框架结构更为细致的工作机理还有待于继续深入进行，如进一步深入进行其他工况情况下耐火性能的研究，以及开展空间框架结构耐火性能的研究等。

15.7　本 章 结 论

本章进行了单层、单跨钢管混凝土柱组合框架耐火性能的试验，研究了火灾下组合框架的破坏形态、变形特性和耐火极限等的变化规律。建立并验证了火灾下组合框架的有限元模型。采用该模型，细致分析了火灾下组合框架结构的工作机理，并对柱截面尺寸、长细比、截面含钢率、材料强度、荷载比、梁柱线刚度比和梁柱极限弯矩比等参数对组合平面框架耐火极限的影响规律进行了分析。

在单层、单跨组合框架耐火性能研究的基础上，进一步建立了多层、多跨钢管混凝土柱 - 钢梁平面框架和型钢混凝土柱 - 型钢混凝土梁平面框架的有限元模型，研究了不同受火工况下这两类平面框架的破坏模态和耐火极限。

参 考 文 献

韩林海，2007. 钢管混凝土结构 - 理论与实践 [M]. 2 版. 北京：科学出版社.

韩林海，2016. 钢管混凝土结构 - 理论与实践 [M]. 3 版. 北京：科学出版社.

王广勇，2010. 钢筋混凝土、钢 - 混凝土组合框架结构耐火性能研究 [D]. 北京：清华大学.

王广勇，韩林海，2010. 局部火灾下钢筋混凝土框架结构的耐火性能研究 [J]. 工程力学，27 (10)：81-89.

王卫华，2009. 钢管混凝土柱 - 钢筋混凝土梁平面框架结构耐火性能研究 [D]. 福州：福州大学.

中国工程建设标准化协会标准，2006. 建筑钢结构防火技术规范：CECS 200：2006 [S]. 北京：中国计划出版社.

HAN L H，WANG W H，YU H X，2010a. Performance of RC beam to concrete filled steel tubular column frames subjected to fire [C]. Structures in Fire -Proceedings of the Sixth International Conference (Edited by Venkatesh Kodur and Jean-Marc Franssen)，Michigan State University，East Lansing，MI，USA，2-4 June：358-365.

HAN L H，WANG W H，YU H X，2010b. Experimental behaviour of RC beam to CFST column frames subjected to ISO-834 standard fire [S]. Engineering Structures，32 (10)：3130-3144.

HAN L H，WANG W H，YU H X，2012. Analytical behaviour of RC beam to CFST column frames subjected to fire [J]. Engineering Strucutres，36 (3)：394-410.

HUANG Z H，BURGESS I W，PLANK R J，2004. Fire resistance of composite floors subject to compartment fires [J]. Journal of Constructional Steel Research，60 (2)：339-360.

ISO-834，1975. Fire resistance tests-elements of building construction [S]. International Standard ISO 834. Switzerland，Geneva.

ISO-834，1999. Fire resistance tests-elements of building construction-Part 1：General requirements [S]. International Standard ISO 834-1，Geneva.

第16章 全过程火灾作用下型钢混凝土柱-钢筋（型钢）混凝土梁平面框架的力学性能

16.1 引 言

本章在前述的全过程火灾作用下型钢混凝土构件（第4章）和节点（第10章）力学性能研究结果的基础上，对图1.14所示的全过程火灾作用下单层、单跨型钢混凝土（SRC）平面框架性能进行了研究，揭示其破坏形态和结构变形规律，并分析柱荷载比、梁柱线刚度比和升温时间等重要参数的影响。

16.2 单层、单跨平面框架有限元模型

基于第4章建立的型钢混凝土构件耐火极限的有限元模型，建立了型钢混凝土柱-型钢混凝土梁平面框架和型钢混凝土柱-钢筋混凝土（RC）梁平面框架有限元分析模型。

型钢混凝土柱-型钢（钢筋）混凝土梁平面框架的有限元模型网格划分情况如图16.1所示。平面框架尺寸根据实际情况建模，其网格划分、单元类型、界面处理方法以及材料的热工参数和热力学性能见第4章。钢材常温和升温阶段的应力-应变

图 16.1 型钢混凝土平面框架的有限元模型

关系如式（3.2）所示；降温阶段的应力 - 应变关系如式（4.1）所示；高温后阶段的
应力 - 应变关系如式（4.2）所示；热膨胀模型如式（3.3）所示；高温蠕变模型如式
（3.13）所示。混凝土在常温和升温阶段的应力 - 应变关系模型采用式（3.6）给出的模
型；降温阶段和高温后阶段的应力 - 应变关系模型如式（4.3）所示。

　　上述有限元模型的计算结果得到本书 16.3 节所述试验结果的验证。

16.3　全过程火灾作用下平面框架试验研究

　　开展了型钢混凝土柱 - 钢筋（型钢）混凝土梁平面框架在图 1.14 所示的
A→A′→B′→C′→D′→E′ 的时间 - 温度 - 荷载路径下的力学性能试验，研究了型钢混凝
土平面框架的耐火极限、火灾后剩余承载力、温度 - 受火时间关系和位移 - 受火时间关
系等。

16.3.1　试验概况

（1）试件设计和制作

　　选取图 15.1（c）所示试验框架模型，参考实际工程，并考虑火灾试验炉尺寸和加
载能力等条件设计了 10 榀型钢混凝土平面框架结构试件，柱为型钢混凝土柱，梁为钢
筋混凝土梁或型钢混凝土梁，并设置了钢筋混凝土楼板以考虑楼板的吸热作用及对框
架梁承载力和刚度的贡献，最终确定的框架高度为 2.2m，跨度为 2.1m。试验模型尺寸
及加载布置如图 16.2 所示，其中 N_F 为柱端轴向荷载，P_F 为作用在梁三分点上的集中
竖向荷载。

图 16.2　试验模型尺寸及加载布置示意图（尺寸单位：mm）

　　表 16.1 给出了型钢混凝土平面框架试件的具体参数，其中：D、B 和 H 分别为
型钢混凝土柱截面长、宽和柱高度；h、b_f、t_w 和 t_f 分别为型钢高度、宽度、腹板厚
度和翼缘厚度；D_b、B_b 和 L 分别为梁截面高度、宽度和跨度；k 为梁柱线刚度比，

按式（9.1）计算；n 为柱荷载比，按式（3.17）计算；m 为梁荷载比，按式（3.18）计算；t_h 为升温时间。试件中 7 榀为型钢混凝土柱 - 钢筋混凝土梁平面框架，用 SRCF1 和 SRCF2 标示；3 榀为型钢混凝土柱 - 型钢混凝土梁平面框架，用 SRCF3 标示。

表 16.1　型钢混凝土柱 - 钢筋（型钢）混凝土梁平面框架试件信息表

序号	编号	型钢混凝土柱 $B \times H/$（mm×mm）	柱型钢 $h \times b_f \times t_w \times t_f/$（mm× mm×mm）	梁 $D_b \times B_b \times L/$（mm× mm×mm）	梁配筋（下、上）	k	n	m	t_h	试验类型
1	SRCF1-1						0.50	0.25	t_R	耐火极限
2	SRCF1-2						0.25	0.25	t_R	耐火极限
3	SRCF1-3			200× 100×2100	RC（2Φ18，2Φ16）	0.77	0.50	0.25	$0.3t_R$	全过程火灾后
4	SRCF1-4						0.25	0.25	$0.6t_R$	全过程火灾后
5	SRCF1-5	200×2380	100×80× 3.9×3.9				0.25	0.25	$0.3t_R$	全过程火灾后
6	SRCF2-1			160× 100×2100	RC（2Φ16，2Φ12）	0.36	0.25	0.25	t_R	耐火极限
7	SRCF2-2						0.25	0.25	$0.3t_R$	全过程火灾后
8	SRCF3-1				SRC（80×60× 3.9×3.9）		0.25	0.25	t_R	耐火极限
9	SRCF3-2			160× 100×2100	RC（2Φ16， 2Φ12）	0.61	0.25	0.25	$0.3t_R$	全过程火灾后
10	SRCF3-3						0.25	0.25	$0.6t_R$	全过程火灾后

试验中 4 榀框架为耐火极限试验，6 榀框架为考虑全过程火灾作用的火灾后（以下简称：全过程火灾后）试验，研究的参数包括：柱荷载比（$n=0.25$ 和 0.5），梁柱线刚度比（$k=0.36$、0.61 和 0.77），升温时间（$t_h=0.3t_R$、$0.6t_R$ 和 t_R，t_R 为耐火极限）。

梁柱连接节点参照《型钢混凝土组合结构技术规程》（JGJ 138—2001）（2002）设计，柱型钢贯通，梁角部主筋贯通节点区域，中间主筋在节点区截断并通过钢筋连接器焊接于柱翼缘上。型钢混凝土柱 - 钢筋混凝土梁框架试件的截面配筋及节点连接如图 16.3 所示，型钢混凝土柱 - 型钢混凝土梁框架试件的型钢混凝土梁截面与钢筋混凝土梁截面类似，只是增加了工字型钢。

（2）材料性能

对试件中型钢和钢筋制作标准材性试件进行拉伸试验，以获得钢材的弹性模量（E_s）、屈服强度（f_y）、极限强度（f_u）和泊松比（v_s），如表 16.2 所示。混凝土的配合为水泥 430kg/m³；水：175kg/m³；砂：900kg/m³；粗骨料：975kg/m³；减水剂：6kg/m³。浇筑完 9 个月后开展试验，测得其 28 天和开展试验时的立方体抗压强度分别为 56.1MPa 和 65.6MPa，相应的弹性模量分别为 35 200N/mm² 和 36 800N/mm²。

（3）试验方法

试验在亚热带建筑科学国家重点实验室的水平构件火灾试验炉内进行，试验炉的加载和控制装置参见 15.3.1 节。图 16.4 为试件在火灾试验炉内的布置情况。为保持柱

图 16.3　型钢混凝土柱 - 钢筋混凝土梁框架试件 SRCF1（SRCF2）截面配筋图（尺寸单位：mm）

表 16.2　钢材力学性能指标

材料类型	厚度或直径 /mm	$E_s/（\times 10^5 \text{N/mm}^2）$	f_y/MPa	f_u/MPa	v_s
型钢钢板	3.9	1.72	337	470	0.263
纵筋	Φ18	1.74	382	548	0.289
纵筋	Φ16	1.62	381	520	0.269
纵筋	Φ12	1.91	367	516	0.265
箍筋	Φ8	1.82	259	433	0.263

下端的边界条件恒定以及保护柱顶和梁上部的加载和测试装置，楼板边缘和顶面包裹 6 层陶瓷纤维毯以模拟楼板以下结构受火的情形。

(a) 炉膛内部情景

(b) 炉膛封闭后情景

图 16.4　试件在火灾试验炉的布置

在框架左、右柱顶分别安置 1000kN 液压千斤顶，两个液压千斤顶连接在同一台压力控制机的两个端口来实现同步加载。框架梁上采用分配梁实现两点同步加载，分配梁上安置 300kN 液压千斤顶。在柱顶加载端、分配梁与混凝土楼板之间分别安装刀口铰（转动铰支座）。试验方法与第十章进行的全过程火灾后"十字形"组合节点试验相同，其受力和受火方案可分为以下四个阶段：常温下柱和梁上荷载先后加载至设计荷载；保持柱和梁端荷载恒定，炉膛平均温度按 ISO-834（1975）标准曲线升温，然后自然降温，待框架内部降至常温后，维持柱顶荷载恒定，增大梁上荷载至框架发生破坏。

试验过程中量测的数据包括炉膛温度、试件内部特征点的温度、柱顶轴向位移、梁不同位置处的挠度、试件的耐火极限以及火灾后梁的剩余承载力，各类测点布置如图 16.5 所示。各类测点布置原则如下：为监测柱截面上可能发生的爆裂以及比较梁、柱的节点区和非节点区相同位置温度的差异，在左、右柱对称位置处截面特征点布置热电偶；为观测左、右柱以及梁是否对称变形，分别在柱顶以及梁的六分点

图 16.5　测点布置（尺寸单位：mm）

处安装位移计；为监测柱顶和梁三分点处的外荷载变化情况，在相应位置处安放压力传感器。

16.3.2　试验结果及分析

（1）试验现象与破坏特征

为方便对试验现象进行描述；在平面框架正面图中，左侧和右侧柱分别称为左柱和右柱；左柱或右柱四个面中位于梁内跨所在的面即为内侧面，与内侧面相对的为外侧面，正面和背面与平面框架图正面和背面分别对应。

1）升温阶段。

通过观察孔发现，10 榀框架升温过程中有以下类似的试验现象。

① 升温过程中型钢混凝土柱均发生了高温爆裂现象，型钢混凝土梁或钢筋混凝土梁未发生爆裂现象，如图 16.6 所示；爆裂发生的时间和相关尺寸等统计如表 16.3 所示，图 16.7 给出了框架试件的型钢混凝土柱混凝土高温爆裂情况示意图，试件 SRCF2-1、SRCF2-2 和 SRCF3-1 没有发生爆裂，所以图 16.6 中未给出示意图。可见爆裂时间多集中在升温 10～39min（炉温 619～728℃），爆裂区域和深度多集中在型钢混凝土柱中钢筋的混凝土保护层。爆裂现象与第 4 章全过程火灾后型钢混凝土柱类似。

(1) 正面　　　　　　　　　　　　　(2) 背面

(a) 试件 SRCF1-1

(1) 正面　　　　　　　　　　　　　(2) 背面

(b) 试件 SRCF1-2

(1) 正面　　　　　　　　　　　　　(2) 背面

(c) 试件 SRCF1-3

图 16.6　火灾后（下）型钢混凝土柱 - 混凝土梁平面框架试件整体破坏形态

(1) 正面　　　　　　　　　　　　(2) 背面

(d) 试件 SRCF1-4

(1) 正面　　　　　　　　　　　　(2) 背面

(e) 试件 SRCF1-5

(1) 正面　　　　　　　　　　　　(2) 背面

(f) 试件 SRCF2-1

(1) 正面　　　　　　　　　　　　(2) 背面

(g) 试件 SRCF2-2

图 16.6 （续）

(1) 正面　　　　　　　　　　　　　　　　(2) 背面

(h) 试件 SRCF3-1

(1) 正面　　　　　　　　　　　　　　　　(2) 背面

(i) 试件 SRCF3-2

(1) 正面　　　　　　　　　　　　　　　　(2) 背面

(j) 试件 SRCF3-3

图 16.6 （续）

② 耐火极限试验即试件在升温过程中破坏：试件 SRCF1-1 和 SRCF1-2 分别为柱破坏和梁、柱均发生破坏的破坏形态，分别如图 16.6（a）和（b）所示；试件 SRCF2-1 和 SRCF3-1 为均为梁破坏的破坏形态，如图 16.6（f）和（h）所示。

对火灾下柱破坏的试件（SRCF1-1）：梁靠近节点区附近出现 45°方向斜裂缝，梁整体挠度较小，梁底部裂缝不明显；由于高温爆裂导致纵筋弯曲，型钢翼缘出现局部屈曲，柱绕型钢弱轴方向失稳而造成框架破坏，如图 16.8 所示。

对火灾下梁、柱均发生破坏的试件（SRCF1-2）：钢筋混凝土梁底出现平均间距 100mm 的均匀受拉裂缝，最大宽度 4mm，裂缝延伸至板底；梁靠近节点区附近出现

表 16.3　型钢混凝土柱 - 混凝土梁平面框架高温爆裂情况

序号	试件编号	爆裂开始时间 /min	爆裂开始时炉温 /℃	爆裂结束时间 /min	爆裂结束时炉温 /℃
1	SRCF1-1	17	641	39	768
2	SRCF1-2	26	678	36	722
3	SRCF1-3	18	612	28	687
4	SRCF1-4	16	591	32	750
5	SRCF1-5	14	613	32	746
6	SRCF2-1	—	—	—	—
7	SRCF2-2	—	—	—	—
8	SRCF3-1	—	—	—	—
9	SRCF3-2	14	616	32	680
10	SRCF3-3	10	619	20	737

正面 内侧面 背面 外侧面

（a）试件SRCF1-1（左柱）

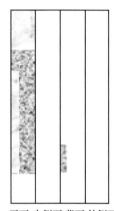

正面 内侧面 背面 外侧面

（b）试件SRCF1-2（左柱）

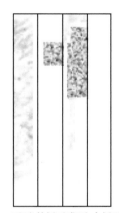

正面 外侧面 背面 内侧面

（c）试件SRCF1-3（右柱）

正面 内侧面 背面 外侧面　　　　正面 内侧面 背面 外侧面

（d）试件SRCF1-4（左柱、右柱）

图 16.7　型钢混凝土框架的柱混凝土高温爆裂情况示意图

正面　内侧面　背面　外侧面　　　　　正面　外侧面　背面　内侧面

(e) 试件SRCF1-5（左柱、右柱）

正面　外侧面　背面　内侧面　　　　　正面　外侧面　背面　内侧面

(f) 试件SRCF3-2（右柱）　　　　　　(g) 试件SRCF3-3（右柱）

爆裂深度：
30mm
20mm
10mm

图 16.7　（续）

（a）左柱侧面　　　　　　　　　（b）左柱破坏区域的内部型钢和钢筋

图 16.8　火灾下柱破坏形态局部照片（试件 SRCF1-1）

(c) 左节点区   (d) 右节点区

(e) 楼板正面   (f) 梁底

图 16.8 （续）

45°方向斜裂缝，并向加载三分点区域扩展；钢筋混凝土梁、板在右侧与柱交界处沿全截面断裂；同时由于高温爆裂导致柱截面有所削弱，纵筋弯曲，型钢翼缘出现局部屈曲，柱压弯外力作用下绕型钢弱轴方向失稳而破坏（柱侧向挠度小于柱破坏形态的试件），如图 16.9 所示。

对火灾下梁破坏的试件（SRCF2-1 和 SRCF3-1）：对钢筋混凝土梁（试件 SRCF2-1，如图 16.10 所示），梁底跨中 900mm 范围内出现平均间距 100mm 的均匀受拉裂缝，最大12mm，裂缝并延伸至板底；对于型钢混凝土梁（试件 SRCF3-1，如图 16.11 所示），梁底跨中 900mm 范围内的裂缝平均间距 80mm，最大 8mm。对比型钢混凝土梁和钢筋混凝土梁梁底裂缝可知，型钢混凝土梁跨中受拉裂缝比钢筋混凝土梁分布更均匀，裂缝宽度更小，这是由于型钢下翼缘和腹板承担了部分拉应力。

(a) 左柱正面   (b) 左柱背面

图 16.9 火灾下梁、柱均发生破坏形态局部照片（试件 SRCF1-2）

(c) 左节点区

(d) 右节点区

(e) 楼板正面

(f) 梁底

图 16.9　（续）

　　两类梁在靠近节点区附近出现 45°方向斜裂缝，并向三分点加载区域扩展；节点区梁底混凝土（距柱内侧 300mm 内）被压溃，梁板在两侧与柱交界处混凝土沿全截面断裂。柱未发生明显的爆裂，在压、弯外力作用下柱中部有较小的面内侧向挠度。

(a) 左柱正面

(b) 左柱背面

(c) 左节点区

(d) 右节点区

图 16.10　火灾下梁破坏形态局部照片（试件 SRCF2-1，钢筋混凝土梁）

（e）楼板正面

（f）梁底

图 16.10　（续）

（a）左柱正面

（b）右柱正面

（c）左节点区

（d）右节点区

（e）楼板正面

（f）梁底

图 16.11　火灾下梁破坏形态局部照片（试件 SRCF3-1，型钢混凝土梁）

2）降温阶段。

开炉后发现，试件 SRCF1-3、SRCF1-4、SRCF1-5、SRCF2-2、SRCF3-2 和 SRCF3-3 共 6 个框架试件在降至常温后有以下类似的试验现象。

① 对于型钢混凝土柱，板底以下整个受火高度范围内（1640mm），出现平均间距

150mm 的细微裂缝并沿柱的四个面发展；正面和背面在纵筋位置处出现沿受火高度的纵向裂缝。

② 对钢筋混凝土梁（试件 SRCF1-3、SRCF1-4、SRCF1-5 和 SRCF2-2），梁底出现比较均匀的受拉裂缝，最大 1.0mm，平均间距 100mm，裂缝并延伸至板底；对型钢混凝土梁（试件 SRCF3-2 和 SRCF3-3），梁底出现比较均匀的受拉裂缝，最大 0.5mm，平均间距 80mm，裂缝并延伸至板底。钢筋混凝土梁（型钢混凝土梁）靠近在节点区附近出现 45° 方向斜裂缝，向三分点加载区域扩展。

③ 梁板在两侧与柱交界处混凝土沿全界面断裂。

④ 打开炉门后，对于爆裂的混凝土面，骨料与空气中的水分发生化学反应，混凝土出现自然掉落的情况；未发生爆裂的混凝土表面呈暗红色。

3）火灾后阶段。

SRCF1-3 和 SRCF1-4 为梁、柱均发生破坏导致试验结束，分别如图 16.6（c）和（d）所示；试件 SRCF1-5、SRCF2-2、SRCF3-2 和 SRCF3-3 均为火灾后梁无法承载而导致试验结束，分别如图 16.6（e）、（g）、（i）和（j）所示。其破坏形态如下。

① 对于火灾后梁、柱均发生破坏的试件（SRCF1-3 和 SRCF1-4），降温后梁和柱上受拉区的裂缝在火灾后加载过程中持续扩大，最大达 4.0mm；梁和柱受压区部分混凝土压溃后导致试件破坏，如图 16.12 所示。

② 对于火灾后梁破坏的试件（SRCF1-5、SRCF2-2、SRCF3-2 和 SRCF3-3），降温后梁和柱上受拉区的裂缝在火灾后加载过程中持续扩大，钢筋混凝土梁和型钢混凝土梁最大裂缝分别达 8.0mm 和 5.0mm；梁两端节点处受压区同时压溃后导致试件破坏，如图 16.13 所示。

试件 SRCF1-1 表现为柱破坏，如图 16.6（a）所示；试件 SRCF1-2、SRCF1-3 和 SRCF1-4 均表现为梁、柱均发生破坏，分别如图 16.6（b）、（c）和（d）所示。混凝土保护层在升温过程中发生了爆裂，导致部分箍筋和纵筋外露，箍筋约束范围内的混凝土和型钢温度进一步升高，加速了试件的破坏。为观察破坏区域内部纵筋、混凝土和

(a) 右柱正面　　　　　　　　　　(b) 右柱破坏区域的内部型钢和钢筋

图 16.12　火灾后梁、柱均发生破坏形态局部照片（试件 SRCF1-4）

(c) 左节点区

(d) 右节点区

(e) 楼板正面

(f) 楼板底面

图 16.12 （续）

(a) 左柱正面

(b) 右柱正面

(c) 左节点区

(d) 右节点区

(e) 楼板正面

(f) 梁底

图 16.13 火灾后梁破坏形态局部照片（试件 SRCF3-2）

型钢的变形情况，试验后将两类破坏形态的典型试件，如试件 SRCF1-1 和 SRCF1-4，在不影响钢筋和型钢变形的情况下，将破坏区域混凝土凿开，查看内部纵筋和型钢的变形情况，分别如图 16.8（b）和图 16.12（b）所示。

由图 16.8（b）可知，对于发生柱破坏形态的试件，纵筋弯曲，型钢翼缘出现局部屈曲并且绕型钢弱轴失稳；破坏区域混凝土压溃并和型钢翼缘分离，其他部分混凝土与型钢、钢筋共同工作良好。由图 16.12（b）可知，对于梁、柱均发生破坏的试件，纵筋弯曲，型钢翼缘出现轻微局部屈曲，除爆裂的混凝土层，其余混凝土与型钢、钢筋工作良好，破坏区域混凝土未出现与型钢翼缘和腹板的分离现象。

采用本节进行的 10 榀全过程火灾后型钢混凝土平面框架的试验数据对 16.2 节建立的有限元模型进行验证。图 16.21～图 16.30 为考虑爆裂后的温度场计算与实测结果的对比。由图 16.21～图 16.30 可知，对于混凝土保护层未爆裂或爆裂时间接近升温 20min 的测点，温度曲线的计算结果与实测结果总体上吻合较好；需指出的是，对于试件 SRCF1-1 和 SRCF1-2 中的测点 6，从实测温度曲线上推断，测点 6 的混凝土保护层爆裂的时间分别在升温 35min 和 30min 时，本章考虑爆裂的时间为具有平均意义的升温 20min 时，因此导致计算结果的温度升高趋势提前，且温度比实测结果略高。

采用有限元模型计算得到的柱轴向位移和梁端挠度 - 受火时间关系曲线如图 16.31 所示。在对型钢混凝土柱 - 混凝土梁平面框架试验中的试件（谭清华，2012）进行模拟时，图 16.1 所示的有限元模型中边界条件为：楼板底面及以下 1640mm 高度范围内柱四面均匀受火；试件其余部分试验时用陶瓷纤维毯包裹，计算时将其考虑为绝热边界。温度场计算时采用图 16.20 中实测炉膛平均温度曲线。钢筋混凝土底梁底部为固支，柱顶约束自由度 RX、RZ、UY 和 UZ。

由图 16.31 可知，由于两侧节点区混凝土楼板（负弯矩区）以及梁底混凝土受拉区在拉力和材性劣化共同作用下逐步开裂，对于升温时间为 $0.3t_R$ 的全过程火灾后试件（如 SRCF1-1、SRCF1-5、SRCF2-2 和 SRCF3-2），其升温时间相对较短，其裂缝相对升温时间为 $0.6t_R$ 的全过程火灾后试件较小；因此，升温时间为 $0.3t_R$ 的试件在降温阶段的梁端挠度（图 16.31 中 Ⅱ 阶段）与实测结果吻合程度比后者好。试验过程中，两侧节点区混凝土楼板（负弯矩区）以及梁底混凝土受拉区的最大裂缝达到了 5～12mm，由于有限元分析中的混凝土采用了塑性损伤模型，该模型不能考虑试验过程中两侧节点区混凝土楼板（负弯矩区）以及梁底混凝土受拉区出现的大裂缝，计算与实测结果的偏差。总体上，柱轴向位移和梁端挠度 - 受火时间关系的计算与实测结果吻合较好。

图 16.14 为型钢混凝土柱 - 混凝土梁平面框架试件整体破坏形态的计算与实测结果的对比。由图 16.14（a）和（b）可知，对于试件 SRCF1-1 和 SRCF1-2，火灾下混凝土发生了不同程度的非均匀爆裂，试件由于柱绕型钢弱轴方向失稳而造成破坏；计算时按实际爆裂情况和"单元生死"方法考虑高温爆裂后，计算结果与实测结果吻合较好；对于其余发生梁、柱均发生破坏或梁破坏的试件，计算的破坏形态也与实测结果一致。

(1) 实测　　　　　　　　　　　　(2) 计算

(a) 试件SRCF1-1

(1) 实测　　　　　　　　　　　　(2) 计算

(b) 试件SRCF1-2

(1) 实测　　　　　　　　　　　　(2) 计算

(c) 试件SRCF1-3

图 16.14　试件整体破坏形态计算与实测结果的对比

(d) 试件SRCF1-4

(e) 试件SRCF1-5

(f) 试件SRCF2-1

(g) 试件SRCF2-2

图 16.14 （续）

(1) 实测　　　　　　　　　　　　(2) 计算

(h) 试件SRCF3-1

(1) 实测　　　　　　　　　　　　(2) 计算

(i) 试件SRCF3-2

(1) 实测　　　　　　　　　　　　(2) 计算

(j) 试件SRCF3-3

图 16.14　（续）

　　图 16.15 为梁破坏试件的梁板变形的计算与实测结果的对比。可知对于框架两端节点区的负弯矩区以及梁底跨中 900mm 长度范围内混凝土最大拉应变达到了 38 680με；试验过程中，这些位置的混凝土的裂缝宽度较大。

　　（2）耐火极限和火灾后剩余承载力

　　随着升温时间的变化，类似全过程火灾后型钢混凝土柱试验，型钢混凝土柱 - 混凝土梁平面框架也存在三种可能的破坏工况，并定义在升、降温过程中破坏的试件其火灾后梁的剩余承载力为 0（宋天诣，2011）。10 榀型钢混凝土柱 - 混凝土梁平面框架的耐火极限或火灾后梁剩余承载力如表 16.4 所示。

(1) 实测　　　　　　　　　　　　(2) 计算

(a) 板顶

(1) 实测　　　　　　　　　　　　(2) 计算

(b) 梁顶

图 16.15　梁、柱均发生破坏的试件梁板变形计算与实测的对比（试件 SRCF1-4）

表 16.4　型钢混凝土柱 - 混凝土梁平面框架试件的耐火极限和火灾后剩余承载力汇总

序号	试件号	试验类型	t_h/min	火灾后梁剩余承载力 /kN	破坏形态
1	SRCF1-1	耐火极限	75	0	柱破坏
2	SRCF1-2	耐火极限	140	0	梁、柱均发生破坏
3	SRCF1-3	全过程火灾后	65	226	梁、柱均发生破坏
4	SRCF1-4	全过程火灾后	85	222	梁、柱均发生破坏
5	SRCF1-5	全过程火灾后	45	256	梁破坏
6	SRCF2-1	耐火极限	137	0	梁破坏
7	SRCF2-2	全过程火灾后	85	139	梁破坏
8	SRCF3-1	耐火极限	122	0	梁破坏
9	SRCF3-2	全过程火灾后	37	216	梁破坏
10	SRCF3-3	全过程火灾后	74	170	梁破坏

　　图 16.16 为柱荷载比对耐火极限和火灾后梁剩余承载力的影响规律。由图 16.16（a）可知，柱混凝土发生了明显的爆裂，但由于爆裂的不均匀性，导致一边柱截面有所削弱从而发生压弯破坏，当梁火灾荷载比 $m=0.25$ 时，柱火灾荷载比 n 由 0.25 增加到 0.50 时，相应耐火极限由 140min 变为 75min，破坏形态由梁、柱破坏变为柱破坏，这表明柱火灾荷载比对平面框架耐火极限影响明显。由图 16.16（b）可知，柱荷载比对火灾后梁剩余承载力的影响不明显，这是由于在升、降温过程中柱未发生破坏，火灾后分级加大梁荷载至梁破坏，梁破坏主要由受拉钢筋屈服强度控制；火灾后钢筋的屈服强度能得到较大程度的恢复。

　　图 16.17 所示为升温时间对型钢混凝土柱 - 混凝土梁平面框架火灾后梁的剩余承

图 16.16　柱荷载比对耐火极限和火灾后梁剩余承载力的影响

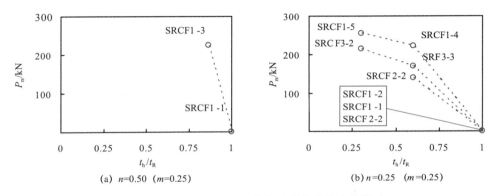

图 16.17　升温时间对梁火灾后剩余承载力的影响

载力的影响规律。由图 16.17（a）可知，当柱、梁荷载比为 0.5 时，随着升温时间从 $0.867t_R$ 增加到 t_R，火灾后梁的剩余承载力从 226kN 变为 0kN。由图 16.17（b）可知，当柱、梁荷载比为 0.25 时，随着升温时间从 $0.3t_R$ 增加到 t_R 时，梁的火灾后剩余承载力随升温时间的增加而减小至 0kN，表明升温时间越长，火灾后梁的剩余承载力越低。

图 16.18 所示为梁柱线刚度比对型钢混凝土柱 - 混凝土梁平面框架耐火极限和火灾后梁剩余承载力的影响规律。由图 16.18（a）可知，当梁柱线刚度比 k 由 0.36 增加到 0.77 时，耐火极限仅增加 3min；这是由于随着线刚度比增加，梁对柱的约束能力增

图 16.18　梁柱线刚度比对耐火极限及火灾后梁剩余承载力的影响

强，框架的破坏形态由梁破坏转变为梁、柱均发生破坏。

由图 16.18（b）可知，当梁柱线刚度比 k 由 0.36 增加到 0.77 时，火灾后梁的剩余承载力增加了近 60%，原因是线刚度比增加（截面高度增加），梁的抗弯能力增加，在升温时间相同的情况下，火灾后剩余承载力越高。

由于型钢混凝土柱 - 钢筋混凝土梁和型钢混凝土柱 - 型钢混凝土梁两类框架的梁柱线刚度比分别为 0.77 和 0.61，两类框架梁柱线刚度比比较接近。为研究不同梁类型（钢筋混凝土梁和型钢混凝土梁）对型钢混凝土柱 - 混凝土梁平面框架耐火极限和火灾后梁剩余承载力的影响规律，图 16.19 给出了相应的对比图。由图 16.19 可知，在梁、柱火灾荷载比相同的情况下，钢筋混凝土梁的耐火极限及火灾后剩余承载力要高于相应型钢混凝土梁，这是由于两类框架梁柱线刚度比相近的情况下，钢筋混凝土梁比型钢混凝土梁高 40mm（两者梁宽相同），在升温时间相同的情况下，导致前者截面内温度较低，耐火极限和火灾后剩余承载力越高。

图 16.19　梁类型对耐火极限及梁火灾后剩余承载力的影响

（3）温度（T）- 受火时间（t）关系

图 16.20 为升、降温过程中实测平均炉膛温度（T）- 受火时间（t）关系，500min 后炉膛平均温度降至 100℃ 以下。

图 16.20　实测炉膛平均温度（T）- 受火时间（t）关系曲线

图 16.21～图 16.30 给出了型钢混凝土柱 - 钢筋混凝土梁平面框架和型钢混凝土柱 - 型钢混凝土梁平面框架共 10 个试件对应图 16.5 所示测温点的实测 T-t 关系，由图可知：

1）比较左、右型钢混凝土柱各测点，其中测点 1～4 和 5～8 分别为右柱和左柱截面上测点。在测点处混凝土保护层未爆裂的情况下，左柱和右柱相对应的测点温度曲线相近，说明左柱和右柱受火比较均匀；同时在按 ISO-834（1980）升温曲线升温 37～140min 时，型钢上测点（3、4、7 和 8）的最高温度在 600 ℃以下；比较同一试件中各测温点的 T-t 关系，型钢上测点以翼缘边缘（测点 3 和 7）最高，腹板中心（测点 4 和 8）温度最低，两者之间的温差在 30～160 ℃，并且升温时间越长温差越大。

2）对于左柱和右柱混凝土保护层发生不同程度爆裂后的各测点，温度较相应未爆裂测点温度高，如测点 6（试件 SRCF1-1 和 SRCF1-2）、测点 2（试件 SRCF1-3）和测点 1（试件 SRCF1-5）；有的测点由于爆裂造成测点热电偶外露，其温度迅速提高，T-t 关系接近升温曲线，如试件 SRCF1-1 中测点 6。

3）比较左柱上型钢混凝土截面测点（如图 16.5 所示），非节点区（测点 5～8）和节点区（测点 9～12）最高温度，可以发现前者比后者高 200 ℃左右。

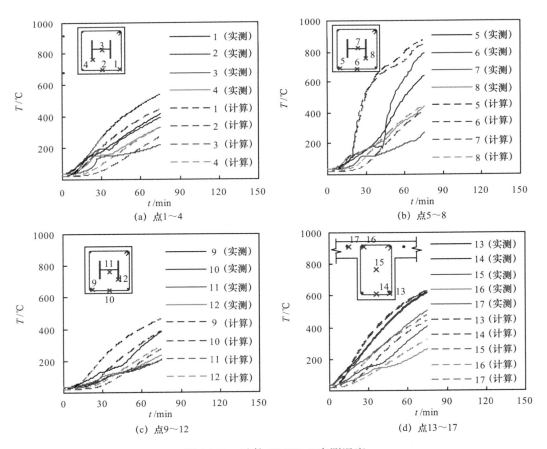

图 16.21　试件 SRCF1-1 实测温度

图 16.22 试件 SRCF1-2 实测温度

图 16.23 试件 SRCF1-3 实测温度

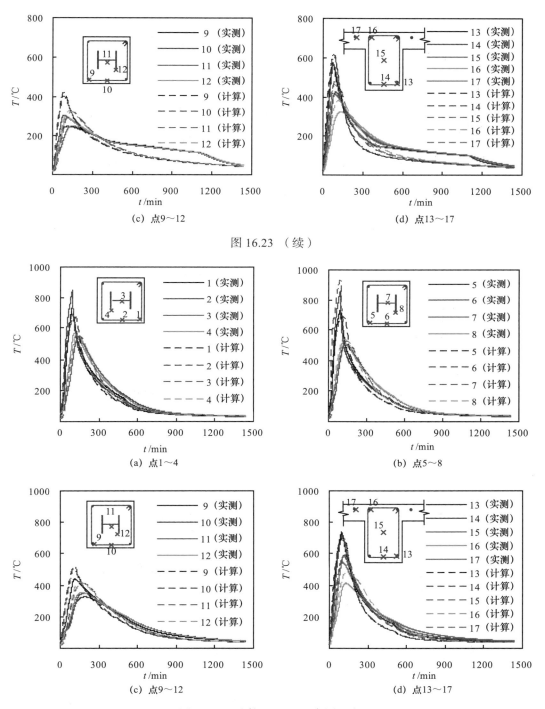

(c) 点9～12

(d) 点13～17

图 16.23 （续）

(a) 点1～4

(b) 点5～8

(c) 点9～12

(d) 点13～17

图 16.24　试件 SRCF1-4 实测温度

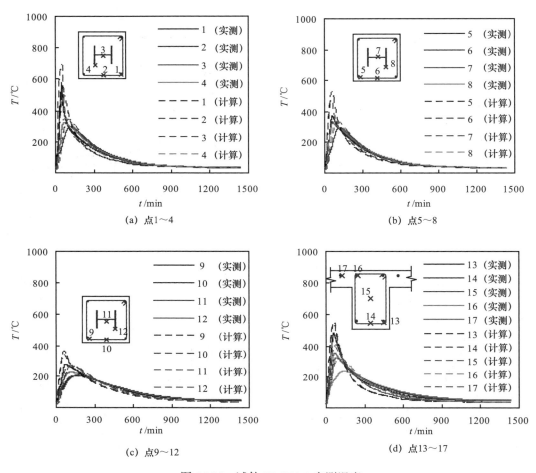

(a) 点1～4

(b) 点5～8

(c) 点9～12

(d) 点13～17

图 16.25　试件 SRCF1-5 实测温度

(a) 点1～4

(b) 点5～8

图 16.26　试件 SRCF2-1 实测温度

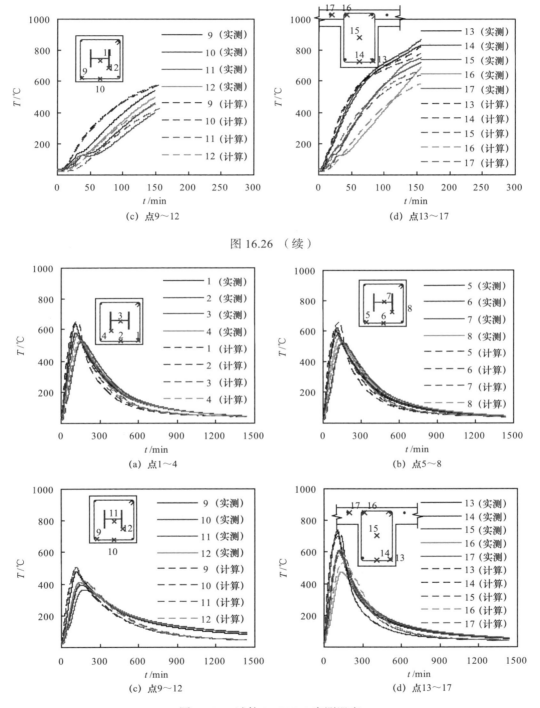

(c)　点9～12

(d)　点13～17

图 16.26　（续）

(a)　点1～4

(b)　点5～8

(c)　点9～12

(d)　点13～17

图 16.27　试件 SRCF2-2 实测温度

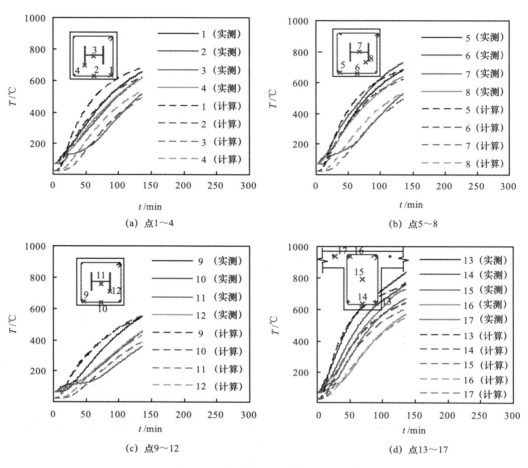

图 16.28　试件 SRCF3-1 实测温度

图 16.29　试件 SRCF3-2 实测温度

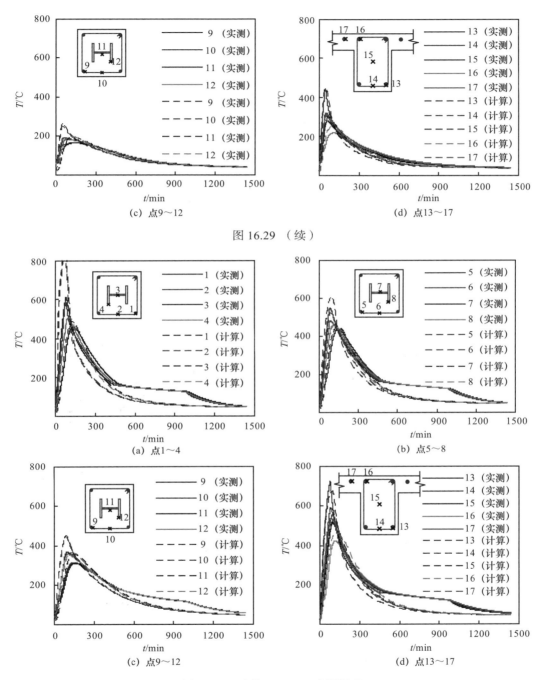

(c) 点9～12

(d) 点13～17

图 16.29 （续）

(a) 点1～4

(b) 点5～8

(c) 点9～12

(d) 点13～17

图 16.30　试件 SRCF3-3 实测温度

4）比较同一试件中钢筋混凝土梁、板中测点 13～17 的温度曲线可以发现，由于混凝土的保护作用，靠近受火面的角部纵筋位置（测点 13）温度最高，测点 14、15 和 16 温度依次降低，测点 17 为板厚度中点处测点，由于板厚度为 60mm，其温度介于点 14 和 15 之间。型钢混凝土梁也表现出类似的规律。

5）综合分析 T-t 关系中可以发现 100℃ 附近出现平台段，以及框架内最高温度的出现时间的滞后性等现象，与第 4 章型钢混凝土柱试验的结果一致。与柱不同的是，平面框架存在节点区与非节点区，由于节点区的曝火面积小于非节点区，以及节点区的楼板、梁和柱共同吸收热量，导致节点区测点的温度均小于相应非节点区。

（4）位移（Δ_c 和 δ_b）-受火时间（t）关系

图 16.31 给出了型钢混凝土柱-混凝土梁平面框架柱轴向位移（Δ_c）-受火时间（t）和梁挠度（δ_b）-受火时间（t）关系。由图 16.31 可知，升温过程中柱端有一定的热膨胀，对于柱火灾荷载比为 0.5 的试件（SRCF1-1 和 SRCF1-3），热膨胀引起的变形不足 2mm；对于柱火灾荷载比为 0.25 的试件，如试件 SRCF1-2、SRCF2-1 和 SRCF3-1，分别为梁、柱均发生破坏、梁破坏和梁破坏，其在破坏前一直处于柱处于热膨胀阶段，最大膨胀变形达 5.4mm。

对于试件 SRCF1-1、SRCF1-2、SRCF2-1 和 SRCF3-1，在升温 30min 左右时，梁跨中底面 900mm 范围内出现明显且分布均匀开裂，梁抵抗变形的能力降低，接着楼板

图 16.31　平面框架试件的柱顶轴向位移（Δ_c）和梁挠度（δ_b）-受火时间（t）关系曲线

（c）试件SRCF1-3

（d）试件SRCF1-4

（e）试件SRCF1-5

（f）试件SRCF2-1

图 16.31　（续）

（1）柱顶　　　　　　　　　　（2）梁顶

（g）试件SRCF2-2

（1）柱顶　　　　　　　　　　（2）梁顶

（h）试件SRCF3-1

（1）柱顶　　　　　　　　　　（2）梁顶

（i）试件SRCF3-2

（1）柱顶　　　　　　　　　　（2）梁顶

（j）试件SRCF3-3

图16.31　（续）

与型钢混凝土柱的交界面开始开裂，混凝土退出工作；随着升温时间的增加和裂缝的进一步增大，最终梁因变形较大无法承载而使单层单跨平面框架发生破坏。

对于全过程火灾后的试件（SRCF1-3、SRCF1-4、SRCF1-5、SRCF2-2、SRCF3-2 和 SRCF3-3）的 Δ_c-t 关系，其变化规律与第 4 章全过程火灾后型钢混凝土柱试验类似；对于 δ_b-t 关系，在升温阶段和降温的初始阶段，由于混凝土、钢筋和钢材材料性能的劣化，型钢混凝土梁或钢筋混凝土梁不同位置处的挠度随受火时间的增加而增加；在降温至 300min 后，梁不同位置处的挠度开始趋于稳定；框架内截面各点降至常温后，维持柱顶荷载恒定，增大梁三分点处荷载至框架破坏。框架可能发生梁破坏（试件 SRCF1-3 和 SRCF1-4）或梁、柱均发生破坏的情况（试件 SRCF1-5、SRCF2-2、SRCF3-2 和 SRCF3-3），前者梁不同位置处的挠度增加较快，柱顶位移变化较小；后者梁不同位置处的挠度和柱顶位移均增加较快。

对于型钢混凝土柱端轴向位移在升温阶段表现为膨胀，与第 4 章全过程火灾后型钢混凝土柱试验类似，由于截面内温度升高使材料产生的膨胀变形大于外荷载作用产生的压缩变形。对降温阶段的柱端位移和梁不同位置处的挠度增量，由截面内部材料性能劣化区域进一步增加而产生的压缩位移和降温产生的收缩位移两部分组成（宋天诣，2011）。在降温至 300min 后，梁端位移开始趋于稳定，这是由于降温至 300 min 后梁截面内的温度已低于 100℃，温度的进一步降低对材料性能劣化影响不明显，在外荷载作用下由于材料性能劣化造成梁挠度的增加量较小。

16.4　工作机理分析

本节分析火灾后型钢混凝土柱 - 型钢混凝土梁平面框架（为表述方便，后面统一称为型钢混凝土平面框架）的温度发展、破坏形态、变形特点和内力重分布规律等，以深入研究其在全过程火灾后的工作机理。

参考图 15.1（b）的从整体框架结构中隔离出来的框架简化模型，建立了接近实际工程的足尺型钢混凝土柱 - 型钢混凝土梁平面框架的有限元模型，对其在图 1.14 所示的 A→A′→B′→C′→D′→E′ 的时间 - 温度 - 荷载路径下的工作机理展开了深入研究。

有限元模型基本计算条件如下。

1）型钢混凝土柱高度 H 为 4000mm、方形截面边长 B 为 600mm、内部型钢尺寸 $h \times b_f \times t_w \times t_f$ 为 360mm×300mm×16mm×16mm、纵筋为 12Φ20。

2）型钢混凝土梁跨度 L 为 8000mm、截面高度 D_b 和宽度 B_b 为 600mm 和 400mm、内部型钢尺寸 $h \times b_f \times t_w \times t_f$ 为 360mm×200mm×14mm×14mm、纵向受拉钢筋为 4Φ20、受压钢筋为 2Φ20。

3）钢筋混凝土楼板跨度为 8000mm、楼板宽度为 3000mm、楼板厚度为 1200mm、纵筋为 Φ10@150。

4）柱采用 C60 混凝土、梁和板则采用 C40 混凝土、柱和梁型钢屈服强度均为 345MPa、纵筋和箍筋屈服强度均为 335MPa。

5）柱荷载比 n 为 0.4、梁荷载比 m 为 0.2、升温时间 t_h 为 45min［按照 ISO-834（1980）标准火灾曲线进行升、降温］。

6）梁柱线刚度比 k 为 1.08、梁柱极限弯矩比 k_m 为 0.65［k_m 按照式（9.2）计算］。

图 16.32 为单层单跨型钢混凝土平面框架的有限元模型，为模拟平面框架的实际受力情况，型钢混凝土柱端作用集中荷载（N_F），型钢混凝土梁沿全跨长作用均布荷载（q_F）。为便于后面的分析对梁、柱的节点区和跨中截面作如下表示：柱节点区截面（CJ）、柱跨中截面或非节点区截面（CM）、梁节点区截面（BJ）和梁跨中截面或非节点区截面（BM），如图 16.32 所示。

图 16.32　单层单跨型钢混凝土平面框架的有限元模型

16.4.1　温度场分布

图 16.33 为升温时间 t_h＝45min 时节点区与非节点区截面上不同特征点的温度

(a) 型钢混凝土柱　　　(b) 型钢混凝土梁

图 16.33　节点区与非节点区截面内特征点的温度（T）- 受火时间（t）关系曲线

（T）- 受火时间（t）关系，楼板底面及以下型钢混凝土柱沿高度范围内四面均匀受火。为使曲线清晰和对比分析，图中仅给出了前 600min 内的温度曲线。

由图 16.33 可知，在升、降温火灾下型钢混凝土柱和梁截面的温度分布与型钢混凝土柱类似，同样存在滞后现象，且内部型钢得到了较好的保护；与其不同的是，型钢混凝土框架的节点区截面温度受到相邻的梁、板和柱的影响，相比非节点区具有更高的热容。因此，节点区截面各点的温度会低于非节点区截面对应点的温度。以型钢混凝土柱中 1 点（角部纵筋）为例，节点区截面 1 点的最高温度为 499℃，非节点区截面 1 点的最高温度为 544℃，二者相差 45℃。

图 16.34 为升温时间 t_h＝45min 并降至室温后，节点区和非节点区截面内各点经历的历史最高温度分布图。由图 16.34 可知，对型钢混凝土柱和梁（柱和梁均为为三面受火），历史最高温度在截面内分布不均匀，越靠近受火面，所经历的历史最高温度越高；同时由于在节点区相邻柱、梁和板的相互影响，该区域温度较低，历史最高温度沿柱高度（梁跨度）方向分布也不均匀。

(1) 节点区（CJ）　　　　　　　　(2) 非节点区（CM）

(a) 型钢混凝土柱

(1) 节点区（BJ）　　　　　　　　(2) 非节点区（BM）

(b) 型钢混凝土梁

图 16.34　截面内各点经历的最高温度分布（t_h＝45min）

16.4.2　破坏形态

在外荷载和升、降温火灾共同作用后平面框架并未发生破坏，但截面内存在残余应力和变形，且组成材料的材料性能均有不同程度的劣化。在火灾后阶段，存在两种可能的加载路径使平面框架破坏：路径 1，保持柱端荷载不变，增大梁上荷载至结构破坏；路径 2，保持梁上荷载不变，加大柱端荷载至结构破坏。

全过程火灾后平面框架的试验研究结果可知，由于受加载路径的限制，试验采用火灾后阶段保持柱端荷载不变，加大梁上荷载至平面框架破坏的加载路径，平面框架存在 2 种可能的破坏形态，即梁破坏和梁、柱均发生破坏。改变柱荷载比、梁荷载比、升温时间和火灾加载路径，火灾后平面框架则存在梁破坏、柱破坏和梁、柱均发生破坏 3 种可能的破坏形态，如表 16.5 所示。由表 16.5 可知，柱火灾荷载比 $n \leqslant 0.4$，梁火灾荷载比 $m < 0.4$，升温时间 $t_h \leqslant 45min$，平面框架的火灾后破坏形态与加载路径密切相关，即加载路径 1 为梁破坏，加载路径 2 为柱破坏；当柱火灾荷载比 $n \geqslant 0.4$，梁火灾荷载比 $m \geqslant 0.4$，升温时间 $t_h \geqslant 45min$ 并且框架未在升温阶段或降温阶段破坏时，火灾后加载按路径 1 或路径 2 平面框架的破坏形态为梁、柱均发生破坏。

表 16.5　型钢混凝土平面框架火灾后的破坏形态汇总

n	m	t_h	加载路径 1	加载路径 2
0.2	0.2	15	梁破坏	柱破坏
		30	梁破坏	柱破坏
		45	梁破坏	柱破坏
		60	梁破坏	柱破坏
0.4	0.2	15	梁破坏	柱破坏
		30	梁破坏	柱破坏
		45	梁破坏	柱破坏
		60	梁破坏	柱破坏
0.6	0.2	15	梁破坏	柱破坏
		30	梁破坏	柱破坏
		45	梁破坏	柱破坏
		60	梁破坏	柱破坏
0.2	0.2	45	梁破坏	柱破坏
	0.4		梁破坏	柱破坏
	0.6		梁破坏	柱破坏
0.4	0.2	45	梁破坏	柱破坏
	0.4		梁、柱均发生破坏	梁、柱均发生破坏
	0.6		梁、柱均发生破坏	梁、柱均发生破坏

当 $n = 0.4$、$m = 0.2$ 且 $t_h = 45min$ 时，在外荷载和升、降温火灾共同作用后按加载路径 1 加载至框架破坏，如图 16.35（a）所示。由图 16.35（a）可知，框架达极限状态时梁柱交界的负弯矩区以及梁跨中塑性变形较大（在试验过程中这些区域出现受拉裂缝），同时节点区梁和柱产生较大的相对转动；楼板混凝土和钢筋的挠度较大，在压、弯外力作用下柱内侧在靠近节点区混凝土和型钢受压变形较大但未达到极限变形；柱顶轴向位移相对较小。

当 $n = 0.4$、$m = 0.2$ 且 $t_h = 45min$ 时，在外荷载和升、降温火灾共同作用后按加载

图 16.35　型钢混凝土平面框架火灾后破坏形态

路径 2 加载至框架破坏，破坏是由于柱中下部混凝土压溃、纵筋出现局部屈曲，其破坏形态如图 16.35（b）所示。由图 16.35（b）可知，由于混凝土对型钢起支撑作用，可防止其发生局部屈曲破坏；随着受火时间增加，荷载在混凝土、型钢和钢筋之间发生了重分布，受损混凝土的内力转由型钢及其周边混凝土承担（宋天诣，2011），当外荷载增加至所能提供的截面抗力已无法承受外荷载时，柱中下部局部变形较大，混凝土被压溃、纵筋弯曲（轴压破坏），并带动梁、板变形；但梁和柱之间相对转动不明显，楼板混凝土和钢筋的挠度较小。

对同一类型的框架，随着柱火灾荷载比、梁火灾荷载比以及升温时间的变化，梁破坏和柱破坏之间存在一种过渡的破坏形态，即梁和柱同时破坏的形态。当 $n=0.4$、$m=0.4$ 且 $t_h=45min$ 时，在外荷载和升、降温火灾共同作用后按加载路径 2 加载至框架破坏，破坏是由于先在节点区梁端形成塑性铰，接着在跨中形成塑性铰；同时随着梁挠度的增加，柱的中上部内侧混凝土被压溃，发生了压弯破坏，其破坏形态如图 16.35（c）所示。因此，对柱破坏形态和梁、柱均发生破坏形态，柱的破坏现象各不相同。前者由于梁变形较小，对柱起支撑作用，柱发生了轴压破坏；后者的梁随着挠度的增大，相当于在柱上施加一不断增大的弯矩，在轴力和弯矩共同作用下发生了压弯破坏。

通过以上 3 种火灾后破坏形态进行简化，分别用点画线和细实线代表梁和柱中轴线变形前后的状态，对三种破坏形态的破坏区域用塑性铰表示。由图 16.35 可知，当单层单跨平面框架中形成足够的塑性铰而使柱或梁变成机构而无法承载，即认为结构达到了火灾后的极限状态。

16.4.3　变形特点

图 16.36～图 16.38 为与图 16.35 中火灾后型钢混凝土平面框架 3 种破坏形态对应的柱轴向位移（Δ_c）和梁跨中挠度（δ_b）与受火时间（t）的关系。图中 A、A′、B′、C′、D′ 和 E′ 分别与图 1.14 所示的 A→A′→B′→C′→D′→E′ 的时间（t）-温度（T）-荷载（N）路径对应，其中 AA′ 代表常温段、A′B′ 代表升温段、B′C′D′ 代表降温段（C′ 点为结构外界温度降到常温时刻点）、D′E′ 代表火灾后阶段。框架升、降温阶段的时间统一为 2400min（A′→B′→C′→D′）；对于常温阶段（AA′）和火灾后阶段（D′E′），为便于这两个阶段的变形与升、降温阶段作区分，均将其放大至 180min。对柱轴向位移，"—"号表示为压缩变形；对梁跨中挠度，"—"号表示挠度增加。本章后续章节均采用上述表示方法，不再重复说明。

图 16.36～图 16.38 中梁柱变形曲线按全过程加载路径可分为以下四个阶段。

1）常温阶段（AA′）：先后施加柱荷载和梁荷载，柱轴向位移和梁跨中挠度增加，Δ_c-t 和 δ_b-t 关系近似为双折线；Δ_c-q 关系在 q 为 0 时有由柱荷载引起的初值。

2）升温阶段（A′B′）：外界处于升温阶段，柱受热温度升高，但由于柱火灾荷载比为 0.4，材料热膨胀产生的拉伸变形小于外荷载产生的压缩变形，柱膨胀位移不明显，表现为柱轴向压缩位移增加。材料升温膨胀对梁挠度的影响不明显，这是由于梁内混凝土材料性能随温度升高而劣化，梁抵抗变形的能力降低，挠度增加。梁和柱上荷载维持恒定，随着温度的提高和材料性能的不断劣化，梁柱变形增加，因此 Δ_c-N_F 关系（δ_b-q 关系）表现为竖直增大。

3）降温阶段（B′C′D′）：B′ 点后外界开始降温，在外界降温初期梁和柱内大部分区域仍然处于升温状态，由于升温导致材料性能劣化以及柱、梁荷载的共同作用，柱轴向位移和梁跨中挠度持续增加；在结构外界温度降为常温后（C′ 点），梁和柱内部区域仍处于升温状态，梁跨中挠度和柱轴向位移仍然持续增加；降温至 600min 时（图 16.36～图 16.38 中时间为 780min），梁和柱内温度均降至 100℃以下，直至降温阶段结束，梁跨中挠度和柱轴向位移保持为恒值，这是由于 100℃以下材料性能差别不

(a) $\varDelta_c$ - t 关系

(b) $\varDelta_c$-N_F关系

(c) δ_b-t关系

(d) δ_b-q关系

图 16.36 火灾后破坏形态为梁破坏时柱轴向位移（$\varDelta_c$）和梁挠度（δ_b）变化规律

(a) $\varDelta_c$-t关系

(b) $\varDelta_c$-N_F关系

(c) δ_b-t关系

(d) δ_b-q关系

图 16.37 火灾后破坏形态为柱破坏时柱轴向位移（$\varDelta_c$）和梁挠度（δ_b）变化规律

图 16.38　火灾后破坏形态为梁、柱均发生破坏时柱轴向位移（Δ_c）和梁挠度（δ_b）变化规律

大。降温阶段混凝土材料性能没有得到恢复（Tan 等，2012）；型钢受到混凝土的保护其经历的历史最高温度在 100℃以下，升温段和降温段材料性能差别不大，因此在降温阶段后期并未出现如韩林海（2007）中钢管混凝土柱的变形恢复现象。这一阶段梁荷载和柱荷载仍保持不变，Δ_c-N_F 和 δ_b-q 关系持续垂直增大。

4）火灾后阶段（D'E'）：火灾后保持柱端荷载不变增加梁荷载（或保持梁上荷载不变增加柱端荷载）至框架破坏，其引起的变形各不相同。对于破坏形态为梁破坏的框架［如图 16.35（a）所示］，梁跨中挠度增加 93.7mm，柱轴向位移相对梁增加较小，仅增加 1.4mm。对于破坏形态为柱破坏的框架［如图 16.35（b）所示］，因柱轴向位移增加较快至柱破坏而不能持载，该阶段柱轴向位移增加达 9.5mm；梁跨中挠度的增加是主要由柱变形引起的，该阶段梁跨中挠度增加 11.7mm，与柱轴向位移增加量相近。对于破坏形态为梁、柱均发生破坏的框架［如图 16.35（c）所示］，此种破坏形态发生的条件是柱和梁荷载比均在 0.4 以上，经前三个阶段后梁、柱变形较大，火灾后阶段柱轴向位移和梁跨中挠度分别增加 7.8mm 和 23.1mm。

16.4.4　截面内力分布

以火灾后梁破坏的平面框架为例［如图 16.35（a）所示］，分析型钢混凝土平面框架的梁和柱不同截面处的弯矩和轴力变化规律，截面内力分布如图 16.39 所示。研究的截面包括梁、柱节点区和跨中截面，截面位置如图 16.32 所示。对图 16.39 中正负号做出如

下规定：对于轴力，"－"和"＋"号分别表示截面受压和受拉；对于弯矩，"－"号表示梁截面上部和柱截面内侧受拉、梁截面下部和柱截面外侧受压，反之则为"＋"号。

（1）梁跨中截面内力

图 16.39（a）为梁跨中截面的轴力和弯矩随受火时间的变化曲线，可分为四个阶段。

1）常温阶段（AA′）：在均布荷载作用下，梁跨中截面承受正弯矩，同时由于梁端受到柱的约束作用，截面内产生了轴压力，轴力和弯矩随荷载的增加近似呈线性增加。

(a) 梁跨中截面（BM）

(b) 梁节点区截面（BJ）

(c) 柱跨中截面（CM）

图 16.39　火灾后平面框架为梁破坏的形态时截面内力分布

（1）轴力   （2）弯矩

（d）柱节点区截面（CJ）

图 16.39 （续）

2）升温阶段（A′B′）：升温时结构的材料产生膨胀，由于梁两远端受到柱的轴向和转动约束，随着升温时间的增加，沿梁跨度方向会产生轴压力，且此轴压力随着升温时间的增加而增加；同时梁底部受热膨胀产生压应力导致截面中和轴下移，梁跨中截面弯矩减小。

3）降温阶段（B′C′D′）：B′点后结构外界开始降温，在外界降温初期梁和柱内大部分区域仍然处于升温状态，类似升温阶段，截面轴力持续增加，弯矩减小。在结构外界温度降为常温后（C′点），温度降低，材料收缩产生拉应力，使截面轴压力减小；同时随着梁挠度的增加，轴压力的存在增大了梁弯矩的二阶效应，跨中截面弯矩增加；降温至 600min 后，截面内温度低于 100℃，同时梁柱变形已比较稳定，截面轴力和弯矩也接近恒值。

4）火灾后阶段（D′E′）：随着梁荷载增加，类似于常温阶段梁跨中截面，其轴力和弯矩逐渐增加。

（2）梁节点区截面内力

图 16.39（b）为梁节点区截面的轴力和弯矩随受火时间的变化曲线。对比图 16.39（b，1）与图 16.39（a，1）可知，梁节点区截面与跨中截面的轴力曲线相同，说明在无水平向外力的作用下，两者满足力学平衡条件。因此，仅对图 16.39（b，2）中节点区截面弯矩的变化曲线进行描述，同样可分为四个阶段。

1）常温阶段（AA′）：在均布荷载作用下，梁节点区截面承受负弯矩，弯矩随荷载的增加近似呈线性增加。

2）升温阶段（A′B′）：梁底部受热膨胀产生压应力导致中和轴下移，梁跨中截面弯矩减小；相对于节点区梁截面，中和轴受压区方向偏移，因此其弯矩增加。由力学平衡条件，节点核心区截面的弯矩与梁跨中截面弯矩之和应等于梁上荷载作用产生的弯矩与轴压力产生的二阶弯矩之和。因此，随着升温时间的增加，弯矩在这两个截面之间发生了重分布。

3）降温阶段（B′C′D′）：由前面的分析可知，节点区截面和跨中截面之间内力发生了重分布，在结构外界开始降温至外界温度降为常温（B′C′），跨中截面正弯矩减小，节点区截面负弯矩增加；在结构外界温度降为常温后（C′ 点），材料收缩减小了截面轴压力，从而减小轴压力引起的梁弯矩的二阶效应，节点区截面负弯矩减小，这表明降温阶段内力的减小对结构受力起有利作用。

4）火灾后阶段（D′E′）：火灾后随着梁荷载增加，类似于常温阶段，梁跨中截面轴力和弯矩逐渐增加。

（3）柱跨中截面内力

图 16.39（c）为柱跨中截面的轴力和弯矩随时间的变化曲线。对于柱，在柱端轴向荷载和梁端负弯矩作用下，柱跨中截面内产生了轴力和弯矩；在升、降温阶段，梁上均布荷载以及柱端荷载保持不变，柱内轴力为恒值。因此，本章分析柱跨中截面弯矩的变化曲线，其曲线同样可分为四个阶段。

1）常温阶段（AA′）：在柱轴向荷载和梁上均布荷载作用下，跨中截面承受压力和正弯矩；其轴力和弯矩随荷载的增加近似呈线性增加。

2）升温阶段（A′B′）：柱跨中截面弯矩随梁节点区截面负弯矩的增加而增加。

3）降温阶段（B′C′D′）：对于降温的 B′C′ 段，同升温阶段，柱跨中截面弯矩随梁节点区截面负弯矩的增加而增加；对于降温的 C′D′ 段，柱跨中截面弯矩随梁节点区截面负弯矩的减小而减小。

4）火灾后阶段（D′E′）：增大梁上荷载至框架梁发生破坏，由于梁上竖向荷载最终传递至柱，柱跨中截面的轴力也同时变大；柱跨中截面弯矩随梁节点区截面负弯矩的增加而增加。

（4）柱节点区截面内力

图 16.39（d）为柱节点区截面的轴力和弯矩随时间的变化曲线。由图 16.39（c，1）和图 16.39（d，1）可知，柱节点区截面和跨中截面轴力变化曲线相同，这与力学平衡条件一致。对于弯矩，在外荷载和升、降温火灾共同作用全过程的四个阶段，柱节点区截面和跨中截面弯矩变化规律相同，前者数值上略大于后者；这是由于柱跨中截面弯矩与柱节点区剪力［等于梁节点区截面的轴力，如图 16.39（b，1）所示］产生的弯矩之和等于柱节点区弯矩与柱节点区轴力产生的二阶弯矩之和；柱节点区轴力在升、降温阶段保持恒定，柱节点区截面和跨中截面弯矩的差别取决于梁节点区截面的轴力变化。

16.4.5　截面应变分布

混凝土塑性应变分布和发展规律可表征型钢混凝土平面框架的工作状态以及混凝土裂缝的开展情况。以火灾后破坏形态为梁破坏的平面框架为例［如图 16.35（a）所示］，研究的特征截面包括梁、柱的节点区和跨中截面，截面位置如图 16.32 所示。图 16.40 和图 16.41 分别为柱和梁上述特征截面塑性应变分布的等值线图，图中"—"号表示压应变，"＋"号表示拉应变。

由图 16.40 可知，在外荷载和升、降温火灾作用的全过程的四个阶段，型钢混凝土柱节点区截面和跨中截面全截面受压，且塑性应变呈偏心分布，表明柱处于小偏压状态。对于柱节点区截面，由于柱处受到轴向外力同时受到梁端传递的负弯矩，混

（1）节点区截面（CJ）　　　　　　　　（2）跨中截面（CM）

（a）A'时刻

（1）节点区截面（CJ）　　　　　　　　（2）跨中截面（CM）

（b）B'时刻

（1）节点区截面（CJ）　　　　　　　　（2）跨中截面（CM）

（c）C'时刻

（1）节点区截面（CJ）　　　　　　　　（2）跨中截面（CM）

（d）D'时刻

图 16.40　型钢混凝土柱截面的混凝土纵向塑性应变分布（梁破坏形态）

(1) 节点区截面（CJ）　　　　　(2) 跨中截面（CM）

(e) E'时刻

图 16.40　（续）

凝土塑性应变主要集中在靠近梁内跨的一侧；在升、降温阶段，纵向塑性应变随受火时间的增加而增大；在火灾后阶段，当框架发生破坏时（E'），最大纵向塑性应变达 −2050με 左右。

对于柱跨中截面，在常温加载结束时刻点（A'），混凝土塑性应变主要集中在靠近梁内跨的一侧；但随着外荷载和升、降温火灾的共同作用下，随着受火时间的增加，纵向塑性应变沿截面逐渐均匀分布，这是由于梁在节点区对柱端表现为压力，该压力减小了梁端传递至柱节点区的负弯矩作用，同时由于跨中截面受梁的约束作用较小，使柱跨中截面处于小偏压状态。在火灾后阶段，随着外荷载的增加，纵向塑性应变逐渐增加，在 E' 时刻，最大纵向塑性应变达 −3425με。

由图 16.41 可知，常温下加载后（A'）梁跨中和节点区截面混凝土应力呈现带状分布，出现明显的拉、压区，跨中截面的混凝土楼板和梁上部均受拉，梁下部受压，受压区无明显塑性应变产生；节点区截面与跨中截面相反。由于混凝土楼板以下包括

图 16.41　型钢混凝土梁截面的混凝土纵向塑性应变分布（梁破坏形态）

图 16.41 （续）

梁侧面和梁底直接受火，温度较高，随着升温时间的增加，由材料性能的劣化，受拉区面积扩大，从梁截面中部向四周扩散，受拉塑性应变增加。对火灾后阶段（D′ 和 E′），梁内塑性应变等值线沿梁截面高度呈条状分布（宋天诣，2011）；对受负弯矩的梁节点区截面，板顶受拉、梁底受压，梁底部压应变达 −4077με 左右；对受正弯矩的梁跨中截面，板顶受压，梁底受拉，梁底部拉应变达 +12 740με 左右。

16.5　约束条件对框架火灾后力学性能的影响

16.5.1　约束刚度计算

16.4 节对不考虑相邻构件约束作用的受火单层单跨平面框架的工作机理和力学性能进行了分析。实际结构中，受火构件通常受到相邻构件的约束作用（宋天诣和韩林海，2008）。因此，为研究相邻构件对受火平面框架的约束作用，在图 15.1（a）所示三层三跨带楼板的型钢混凝土平面框架基础上，将相邻构件对受火单层单跨平面框架的约束作用用线弹簧和转动弹簧代替，计算简图如图 16.42（b）所示。型钢混凝土平

（a）平面框架结构受火形式　　　　　　（b）简化模型

图 16.42　考虑相邻构件约束影响的平面框架模型选取（尺寸单位：mm）

面框架的截面和材料设计等与 16.4 节平面框架完全相同。

以图 16.42（a）中受火的底层中跨平面框架 ABCD 为例，考虑相邻构件约束作用的线弹簧和转动弹簧刚度按如下方法考虑。

1）水平向线弹簧刚度 k_H：表示梁"BC"发生单位水平位移时柱对其的约束反力，按照式（16.1）计算（Huang 和 Tan，2006）。

$$k_H = j\left(\frac{12(EI)_c}{H_1^3} + \frac{12(EI)_c}{H_2^3}\right) \tag{16.1}$$

式中：j 表示受火框架"ABCD"右边隔间数量，对于图 16.42（a）所示框架 $j=1$。

定义水平向线弹簧刚度与单位位移下柱抗剪刚度的比值为水平向约束刚度比 β_H，如式（16.2）所示。由式（16.2）可知，水平向约束刚度比 β_H 与受火框架同层隔间数量相关。

$$\beta_H = \frac{k_H H_1^3}{12(EI)_c} \tag{16.2}$$

对本章研究的图 16.42（a）所示的三层三跨平面框架，$\beta_H = 2.0$。

2）竖直向线弹簧刚度 k_v，表示 B（C）点发生单位竖向位移时上部相邻未受火楼层对受火楼层的约束反力，按照式（16.3）计算（Huang 和 Tan，2006）。

$$k_v = \sum_{i=1}^{j} \frac{12(EI)_b}{L_i^3} \frac{\gamma_i}{2 - \gamma_i} \tag{16.3}$$

式中：j 表示上部楼层的数量，对于本章研究的受火框架"ABCD"，$j=2$。γ_i 为与端部约束相关的系数，$0 \leqslant \gamma_i \leqslant 1$；对于型钢混凝土节点，节点为刚性，取 $\gamma_i = 1$。

定义竖直向线弹簧刚度与单位位移下梁抗剪刚度的比值为竖直向约束刚度比 β_v，如式（16.4）所示。由式（16.4）可知，竖直向约束刚度比 β_v 与受火框架上部楼层数量以及节点类型相关。

$$\beta_V = \frac{k_V L_i^3}{12(EI)_b} \tag{16.4}$$

对本章研究的图 16.42（a）所示的三层三跨平面框架，$\beta_V = 2.0$。

3）面内转动弹簧刚度 k_R，表示梁"BC"端部发生单位转动位移时相邻构件对其的约束反弯矩，按照式（16.5）计算（Huang 和 Tan，2006）。

$$k_R = \frac{2(EI)_c}{H_2} + \frac{2(EI)_b}{L_1} \frac{3\gamma}{4-\gamma^2} \tag{16.5}$$

式中：左边两项分别表示柱"BB_2"和梁"BB_1"对 B 点约束刚度的贡献，γ_i 为与端部约束相关的系数，$0 \leqslant \gamma_i \leqslant 1$；对于型钢混凝土节点，节点为刚性，因此取 $\gamma_i = 1$。

定义面内转动弹簧刚度与单位转角下柱线刚度比的比值为面内转动约束刚度比 β_R，如式（16.6）所示。由式（16.6）可知，面内转动约束刚度比 β_R 反映了相邻构件对受火框架的转动约束程度，它与梁柱线刚度比 k 以及节点类型相关。

$$\beta_R = \frac{k_R H_2}{2(EI)_c} = 1 + \frac{3k\gamma}{4-\gamma^2} \tag{16.6}$$

对本章研究的图 16.42（a）所示的三层三跨平面框架，$\beta_R = 2.1$。

对考虑相邻构件约束作用的平面框架，在其他条件与相应不考虑约束作用的平面框架相同的情况下，考虑全过程火灾加载路径下的温度（T）-受火时间（t）关系、典型破坏形态和应变分布等与 16.4 节分析结果类似，本章不再赘述。以 $n=0.4$、$m=0.2$ 且 $t_h=45$min 时，火灾后破坏形态为梁破坏的平面框架为例，重点分析由于约束作用而引起的梁和柱变形、内力重分布和约束反力等的变化规律。

16.5.2　平面框架变形和约束反力

图 16.43 为型钢混凝土平面框架为梁破坏形态时，约束对柱轴向位移（Δ_c）和梁跨中挠度（δ_b）与受火时间（t）的关系的影响。由图 16.43 可知，与不考虑约束的平面框架类似，考虑约束后的平面框架柱轴向位移（Δ_c）和梁跨中挠度（δ_b）-受火时间（t）关系同样可分为四个阶段；但后者的变形与前者相比较小，表明约束减小了柱的压缩

(a) Δ_c-t 关系　　　　　　　　　　　(b) δ_b-t 关系

图 16.43　约束对柱轴向位移（Δ_c）和梁挠度（δ_b）关系的影响（梁破坏形态）

变形和梁的挠度，对平面框架的耐火性能起有利作用。

图 16.44 为图 16.42 中 B 点约束反力的变化规律，图中"＋"表示线弹簧受拉力，面内转动弹簧为顺时针转动。由图 16.44 可知，B 点的水平向约束反力均为正值，水平约束反力和梁节点区截面轴压力变化规律相同，如图 16.44（a）所示，在无水平向外力作用下，两者满足力学平衡条件；垂直约束反力变化规律与柱轴向位移关系［图 16.43（a）］类似，由于该竖直向约束弹簧为线性弹簧，位移与反力成正比；同样，面内约束转动弯矩与节点区柱和梁截面弯矩变化规律类似。以上结果表明，随着梁挠度和柱压缩变形的增加，约束弹簧内产生拉力以限制框架变形的增加。

（a）水平约束反力　　　　　　　　　　　（b）垂直约束反力

（c）面内约束弯矩

图 16.44　考虑相邻构件约束的型钢混凝土平面框架 B 点的约束反力（梁破坏形态）

16.5.3　截面内力分布

通过分析对比梁、柱节点区和跨中截面的弯矩和轴力变化规律，可分析约束对火灾后型钢混凝土平面框架耐火性能的影响。如图 16.45 所示为相邻约束对型钢混凝土平面框架的截面内力分布规律的影响，其火灾后破坏形态为梁破坏。

由图 16.45 可知，对梁跨中截面和节点区截面，在火灾升、降温阶段，由于梁的轴向膨胀受到柱和水平向弹簧的约束，截面内会产生附加约束应力，导致截面内轴力比相应不考虑约束的高；由于水平向弹簧和转动弹簧的约束作用，一方面减小了梁的

图 16.45　约束对型钢混凝土平面框架截面内力分布的影响（梁破坏形态）

挠度，另一方面也减小了轴力产生的二阶弯矩，考虑约束后使梁跨中截面的弯矩变小，其相应节点区截面弯矩会增大。对于火灾后为梁破坏形态的平面框架，约束的存在对火灾后截面的弯矩影响不明显，这是由于火灾后截面的承载力取决于截面的材料和强度，与边界和约束无关。

对柱跨中和节点区截面，在升、降温阶段，由于柱的压缩变形受到竖直向弹簧的约束，减小了截面内的轴压力；由于转动约束弹簧承担了梁端传递至柱的负弯矩，考虑约束作用后柱截面内的弯矩小于相应不考虑相邻约束的平面框架。

可见，在研究的约束范围内，约束的存在增大了梁截面内的轴力和节点区截面的弯矩，减小了梁跨中截面的弯矩、柱截面内的轴力和弯矩。

16.6　框架柱火灾后剩余承载力计算方法

本节对全过程火灾作用下型钢混凝土平面框架柱计算长度系数的影响因素进行参数分析，确定其影响规律；并在参数分析的基础上给出其实用计算方法。结合第 4 章得到的型钢混凝土柱火灾后剩余承载力系数的实用计算方法，即可得到型钢混凝土框架柱的火灾后剩余承载力。

常温下框架结构中的梁和板对框架柱存在约束作用，框架柱可通过等效计算长度系数 μ_{c0} 与两端简支柱进行等效。如陈骥（2006）给出了采用刚性节点的有侧移多层多跨框架柱计算长度系数的计算公式，该计算公式与梁柱线刚度比相关；另《混凝土结构设计规范》（GB 50010—2002）（2002）也有框架柱计算长度系数的相关规定。

经历升、降温火灾作用后的平面框架，其框架梁和柱刚度均出现不同程度的损失，从而导致相互约束程度发生了变化，随之引起框架柱计算长度的变化。类似常温下的原理，可以通过火灾后计算长度系数 μ_{cp} 将框架柱与简支柱进行等效。本书 4.5.1 节对工程常用参数范围内型钢混凝土柱的火灾后剩余承载力系数进行了参数分析，并得到了如表 4.6 所示的实用计算表格；对于框架柱，以降温阶段的结束点（图 1.14 中 D′ 点）为基准，火灾后阶段（图 1.14 中 D′→E′ 点）保持梁上荷载不变，增加柱端荷载至框架破坏，同样可得到框架柱的火灾后剩余承载力系数。

在其他条件相同的情况下，按火灾后承载力等效的原则，通过调整型钢混凝土柱长细比，使本章 4.5.1 节中火灾后型钢混凝土柱剩余承载力系数与框架柱的剩余承载力系数对应，则该长细比即为框架柱相对于两端简支柱的等效长细比 λ_{cp}。由该等效长细比 λ_{cp} 获得火灾后框架柱的计算长度，该计算长度与原框架柱长之比即为火灾后框架柱的计算长度系数 μ_{cp}，如图 16.46 所示。

如果已知框架柱的火灾后计算长度系数 μ_{cp}，即可通过式（16.7）获得框架柱火灾后的等效长细比 λ_{cp}，再结合框架柱的截面周长、混凝土强度和升温时间等参数从表 4.6 所示的实用计算表格中获得火灾后框架柱的剩余承载力系数 k_{rc}；再根据式（4.4）即可获得其火灾后剩余承载力。

$$\lambda_{cp} = \begin{cases} \dfrac{2\sqrt{3}\mu_{cp}H}{D} & \text{绕强轴} \\[3mm] \dfrac{2\sqrt{3}\mu_{cp}H}{B} & \text{绕弱轴} \end{cases} \qquad (16.7)$$

(a) 约束型钢混凝土平面框架模型　　　　　　　(b) 等效的"简支柱"示意图

图 16.46　火灾后框架柱的等效"简支柱"示意图

16.6.1　火灾后框架柱计算长度系数影响因素

（1）计算条件

影响框架柱火灾后计算长度系数可能的参数包括升温时间（t_h）、柱荷载比（n）、梁荷载比（m）、柱混凝土强度（f_{cuc}）、梁混凝土强度（f_{cub}）、柱型钢屈服强度（f_{yc}）、梁型钢屈服强度（f_{yb}）、柱纵筋屈服强度（f_{ybc}）、柱纵筋配筋率（ρ_c）、梁纵筋屈服强度（f_{ybb}）、梁柱线刚度比（k）、梁柱极限弯矩比（k_m）、柱截面含钢率（α_c）、梁截面含钢率（α_b）、水平向约束刚度比（β_H）、竖直向约束刚度比（β_V）和面内转动约束刚度比（β_R）等。

在进行参数分析时，上述参数的选取均采用实际工程中常用的量值，其变化范围如下。

1）升温时间（t_h）。由于一般建筑室内火灾升温时间处于 15～60min（李国强和韩林海 等，2006；Barnett，2002；Lennon 和 Moore，2003；Pope 和 Bailey，2006），同时需保证在其他参数相同的情况下，平面框架在经历升温阶段和降温阶段时不发生破坏。取 15min、30min、45min 和 60min 四种。

2）柱荷载比（n）：取 0.2、0.4 和 0.6 三种。

3）梁荷载比（m）：取 0.2、0.4 和 0.6 三种。

4）梁柱线刚度比（k）：通过调整梁跨度改变 k 的大小，同时需保证梁的跨高比在工程常用范围内。因此，梁柱线刚度比取 0.87（$L=10\,000$mm）、1.08（$L=8000$mm）和 1.45（$L=6000$mm）三种。

5）柱截面含钢率（α_c）：取 4%、6% 和 8% 三种。通过调整柱型钢翼缘和腹板厚度改变 α_c 的大小。

6）柱混凝土强度（f_{cuc}）：取 40MPa、60MPa 和 80MPa 三种。f_{cuc} 为 40MPa 和 60MPa 时，

为普通混凝土，本章不考虑其高温爆裂；对于 f_{cuc} 为 80MPa 时，采用 Kodur 等（2004）中提出的方法，认为钢筋的混凝土保护层在达 350℃时失效，采用自编的计算程序可考虑高强混凝土高温爆裂的影响。

7）柱型钢屈服强度（f_{yc}）：取 235MPa、345MPa 和 420MPa 三种。

8）柱纵筋屈服强度（f_{ybc}）：取 235MPa、335MPa 和 400MPa 三种。

9）柱纵筋配筋率（ρ_c）：取 1%、2% 和 3% 共三种。通过调整纵筋直径或数量改变 ρ_c 的大小。

10）梁混凝土强度（f_{cub}）：取 30MPa、40MPa 和 50MPa 三种。以上三种梁混凝土强度小于 60MPa 时，为普通混凝土，本章不考虑其高温爆裂。

11）梁截面含钢率（α_b）：取 4%、6% 和 8% 共三种。通过调整梁型钢翼缘和腹板厚度改变 α_b 的目的。

12）梁型钢屈服强度（f_{yb}）：取 235MPa、345MPa 和 420MPa 三种。

13）梁纵筋屈服强度（f_{ybb}）：取 235MPa、335MPa 和 400MPa 三种。

14）梁柱极限弯矩比（k_m）：取 0.4、0.65 和 0.8 共三种。通过调整梁型钢屈服强度（f_{yb}）和纵筋屈服强度（f_{ybb}）实现。

15）水平向约束刚度比（β_H）：与受火框架同层隔间数量相关；取 0、2.0、4.0 和 6.0 四种，分别对应平面框架的跨数为三跨（无约束）、三跨、五跨和七跨。

16）竖直向约束刚度比（β_V）：与受火框架上部楼层数量相关；取 0、2.0、4.0 和 8.0 四种，分别对应平面框架的跨数为三层（无约束）、三层、五层和九层。

17）面内转动约束刚度比（β_R）：与梁柱线刚度比和节点类型相关；对本章研究的框架，β_R 的变化与梁柱线刚度比 k 相同，取 0（无约束，$L=8000$mm）、1.9（$L=10$ 000mm）、2.1（$L=8000$mm）和 2.5（$L=6000$mm）共三种。

（2）参数分析

1）柱荷载比（n）。

图 16.47 为柱荷载比（n）对 μ_{cp} 的影响。由图可知，在柱荷载比相同的情况下，μ_{cp} 随着升温时间的增加而减小，这是由于在升温时间一定的情况下，火灾后柱剩余承载力系数越大，其对应的长细比越小。在升温时间相同的情况下，柱荷载比越大，μ_{cp} 越大，这是由于经历火灾升、降温作用后型钢混凝土框架柱内的残余应力和变形越大，火灾后柱剩余承载力系数越小。总体上，柱荷载比对 μ_{cp} 有一定程度的影响。

2）梁火灾荷载比（m）。

图 16.48 为梁荷载比（m）对 μ_{cp} 的影响。在梁荷载比相同的情况下，μ_{cp} 随着升温时间的增加而减小；在升温时间相同的情况下，梁荷载比越大，μ_{cp} 越大，这是由于梁荷载比越大，经历火灾升、降温作用后型钢混凝土框架柱端的负弯矩越大，火灾后柱剩余承载力系数越小。总体上，梁荷载比对 μ_{cp} 的有一定程度的影响。

3）梁柱线刚度比（k）。

图 16.49 为梁柱线刚度比（k）对 μ_{cp} 的影响。在梁柱线刚度比相同的情况下，μ_{cp} 随着升温时间的增加而减小；在升温时间相同的情况下，梁柱线刚度比越大，梁对柱端的约束就越强，经历火灾升、降温作用后型钢混凝土框架柱的剩余承载力系数越大，

μ_{cp} 越小。

4）柱截面含钢率（α_c）。

图 16.50 为柱截面含钢率（α_c）对 μ_{cp} 的影响。在柱截面含钢率相同的情况下，μ_{cp} 随着升温时间的增加而减小；在升温时间相同的情况下，随着柱截面含钢率的提高 μ_{cp} 有所减小，这是由于火灾后阶段型钢材料性能的恢复，承担的外荷载达一定比例，柱截面含钢率的变化对框架柱火灾后剩余承载力系数有一定的影响。因此，柱截面含钢率对 μ_{cp} 有一定程度的影响。

图 16.47　柱荷载比对 μ_{cp} 的影响　　　图 16.48　梁火灾荷载比对 μ_{cp} 的影响

图 16.49　梁柱线刚度比对 μ_{cp} 的影响　　　图 16.50　柱截面含钢率对 μ_{cp} 的影响

5）柱混凝土强度（f_{cuc}）。

图 16.51 为柱混凝土强度（f_{cuc}）对 μ_{cp} 的影响。在柱混凝土强度相同的情况下，μ_{cp} 随着升温时间的增加而减小；在升温时间相同的情况下，当混凝土强度为 40MPa 和 60MPa 时，混凝土强度对 μ_{cp} 的影响不明显；当混凝土强度为 80MPa 时，由于爆裂造成的截面削弱以及内部混凝土和型钢温度的升高，导致火灾后框架柱承载力降低程度较大，μ_{cp} 增大的程度比普通混凝土大。因此，普通混凝土和高强混凝土对 μ_{cp} 的影响宜分别考虑。

6）柱型钢屈服强度（f_{yc}）。

图 16.52 为柱型钢屈服强度（f_{yc}）对 μ_{cp} 的影响。在柱型钢屈服强度相同的情况下，

μ_{cp} 随着升温时间的增加而减小；在升温时间相同的情况下，随着柱型钢屈服强度的提高 μ_{cp} 有所减小，这是由于火灾后阶段柱型钢材料性能的恢复，承担的外荷载达一定比例，柱型钢屈服强度的变化对框架柱火灾后剩余承载力系数有一定的影响。因此，柱型钢屈服强度对 μ_{cp} 有一定程度的影响。

7）柱纵筋屈服强度（f_{ybc}）。

图 16.53 为柱纵筋屈服强度（f_{ybc}）对 μ_{cp} 的影响。在柱纵筋屈服强度相同的情况下，μ_{cp} 随着升温时间的增加而减小；在升温时间相同的情况下，柱纵筋屈服强度对 μ_{cp} 的影响不明显，这是由于纵筋的体积含量较小，在火灾后阶段承担的外荷载比例较小，对火灾后柱的剩余承载力影响不明显。

8）柱纵筋配筋率（ρ_c）。

图 16.54 为柱纵筋配筋率（ρ_c）对 μ_{cp} 的影响。在柱纵筋配筋率相同的情况下，μ_{cp} 随着升温时间的增加而减小；在升温时间相同的情况下，柱纵筋配筋率对 μ_{cp} 的影响不明显，这是由于纵筋的体积含量不明显，在火灾后阶段承担的外荷载比例较小，对火灾后柱的剩余承载力影响较小。

图 16.51　柱混凝土强度对 μ_{cp} 的影响

图 16.52　柱型钢屈服强度对 μ_{cp} 的影响

图 16.53　柱纵筋屈服强度对 μ_{cp} 的影响

图 16.54　柱纵筋配筋率对 μ_{cp} 的影响

9）梁混凝土强度（f_{cub}）。

图 16.55 为梁混凝土强度（f_{cub}）对 μ_{cp} 的影响。在梁混凝土强度相同的情况下，μ_{cp}

随着升温时间的增加而减小；在升温时间相同的情况下，梁混凝土强度对 μ_{cp} 的影响不明显，这是由于在保证梁柱线刚度比和极限弯矩比相同的情况下，提高梁混凝土强度对柱端的约束影响不明显，从而导致火灾后框架柱承载力变化较小。

10）梁截面含钢率（α_b）。

图 16.56 为梁截面含钢率对 μ_{cp} 的影响。在梁截面含钢率相同的情况下，μ_{cp} 随着升温时间的增加而减小；在升温时间相同的情况下，梁截面含钢率对 μ_{cp} 的影响不明显，这是由于在保证梁柱线刚度比和极限弯矩比相同的情况下，提高梁截面含钢率对柱端约束影响不明显，从而导致火灾后框架柱承载力变化较小。

图 16.55　梁混凝土强度对 μ_{cp} 的影响　　　　图 16.56　梁截面含钢率对 μ_{cp} 的影响

11）梁型钢屈服强度（f_{yb}）。

图 16.57 为梁型钢屈服强度（f_{yb}）对 μ_{cp} 的影响。由在梁型钢屈服强度相同的情况下，μ_{cp} 随着升温时间的增加而减小；在升温时间相同的情况下，梁型钢屈服强度对 μ_{cp} 的影响不明显，这是由于在保证梁柱线刚度比和极限弯矩比相同的情况下，提高梁型钢屈服强度对柱端的约束影响不明显，从而导致火灾后框架柱承载力变化较小。

12）梁纵筋屈服强度（f_{ybb}）。

图 16.58 为梁纵筋屈服强度（f_{ybb}）对 μ_{cp} 的影响。在梁纵筋屈服强度相同的情况下，μ_{cp} 随着升温时间的增加而减小；在升温时间相同的情况下，梁纵筋屈服强度对 μ_{cp} 的影响不明显，这是由于在保证梁柱线刚度比和极限弯矩比相同的情况下，提高梁纵

图 16.57　梁型钢屈服强度对 μ_{cp} 的影响　　　　图 16.58　梁纵筋屈服强度对 μ_{cp} 的影响

筋屈服强度对柱端的约束影响不明显，从而导致火灾后框架柱承载力变化较小。

13）梁柱极限弯矩比（k_m）。

图 16.59 为梁柱极限弯矩比（k_m）对 μ_{cp} 的影响。在梁柱极限弯矩比相同的情况下，μ_{cp} 随着升温时间的增加而减小；在升温时间相同的情况下，梁柱极限弯矩比对 μ_{cp} 的影响不明显，这是由于在梁柱线刚度比相同的情况下，随着梁柱极限弯矩比的增加，尽管梁抗弯能力增强，但其对柱端的约束影响不明显，从而导致火灾后框架柱承载力变化较小。

14）水平向约束刚度比（β_H）。

图 16.60 为水平向约束刚度比（β_H）对 μ_{cp} 的影响。在水平向约束刚度比相同的情况下，μ_{cp} 随着升温时间的增加而减小。在升温时间相同的情况下，水平向约束刚度比 $\beta_H=0$ 与 $\beta_H=2.0$ 时，水平向约束刚度比对 μ_{cp} 影响明显；当 $2.0 \leqslant \beta_H \leqslant 6.0$ 时，水平向约束刚度比对 μ_{cp} 影响不明显。这说明考虑与不考虑水平向约束对 μ_{cp} 影响明显，当水平向约束刚度达到一定量值时对 μ_{cp} 影响不明显。

 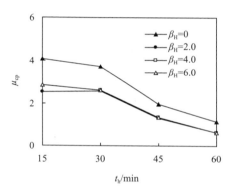

图 16.59　梁柱极限弯矩比对 μ_{cp} 的影响　　图 16.60　水平向约束刚度比对 μ_{cp} 的影响

由 16.5 节分析可知，水平向约束刚度的存在减小了柱端的侧向位移，从而减小了轴力的弯矩二阶效应，使框架柱火灾后剩余承载力增大；当水平向约束刚度达一定量值时，对柱的约束反力不再提高，从而使框架柱火灾后剩余承载力不再增大。

15）竖直向约束刚度比（β_V）。

图 16.61 为竖直向约束刚度比（β_V）对 μ_{cp} 的影响。在竖直向约束刚度比相同的情况下，μ_{cp} 随着升温时间的增加而减小。在升温时间相同的情况下，竖直向约束刚度比越大，μ_{cp} 越小；反之，竖直向约束刚度比越小，μ_{cp} 越大。由 16.5 节分析可知，竖直向约束刚度减小了柱截面内的轴力和弯矩的量值，从而提高了火灾后框架柱的剩余承载力。

16）面内转动约束刚度比（β_R）。

图 16.62 为面内转动约束刚度比（β_R）对 μ_{cp} 的影响。在面内转动约束刚度比相同的情况下，μ_{cp} 随着升温时间的增加而减小。在升温时间相同的情况下，面内转动约束刚度比 $\beta_R=0$ 与 $\beta_R=1.9$ 时，β_R 对 μ_{cp} 影响明显；当 $1.9 \leqslant \beta_R \leqslant 2.5$ 时，β_R 对 μ_{cp} 的影响不明显。这说明考虑与不考虑面内转动约束对 μ_{cp} 影响明显，当面内转动约束刚度达到一定量值时对 μ_{cp} 影响不明显。

图 16.61　竖直向约束刚度比对 μ_{cp} 的影响　　图 16.62　面内转动约束刚度比对 μ_{cp} 的影响

由 16.5 节分析可知，面内转动约束的存在减小了梁端的负弯矩，从而使框架柱火灾后剩余承载力增大；当面内约束刚度达一定量值时，约束刚度的增加并未提高其承担的弯矩，从而使框架柱火灾后剩余承载力不再增大。

可见，柱纵筋屈服强度（f_{ybc}）、柱截面配筋率（ρ_{c}）、梁混凝土强度（f_{cub}）、梁型钢屈服强度（f_{yb}）、梁截面含钢率（α_{b}）、梁纵筋屈服强度（f_{ybb}）和梁柱极限弯矩比（k_{m}）对型钢混凝土框架柱火灾后计算长度系数的影响不明显，即在升温时间相同的情况下，框架柱火灾后计算长度系数最小值与最大值差别在 5% 以内。柱荷载比（n）、梁荷载比（m）、柱型钢屈服强度（f_{yc}）和柱截面含钢率（α_{c}）对型钢混凝土框架柱火灾后计算长度系数有一定的影响，即在升温时间相同的情况下，框架柱火灾后计算长度系数最小值与最大值差别处于 5% 与 10% 之间。升温时间（t_{h}）、梁柱线刚度比（k）、柱混凝土强度（f_{cuc}）、水平向约束刚度比（β_{H}）、竖直向约束刚度比（β_{V}）和面内转动约束刚度比（β_{R}）则是型钢混凝土框架柱火灾后计算长度系数的主要因素，即在升温时间相同的情况下，框架柱火灾后计算长度系数最小值与最大值差别大于 10%。

在本章研究的参数范围内，各主要因素的对框架柱火灾后计算长度系数影响程度各不相同：升温时间（t_{h}）、梁柱线刚度比（k）和竖直向约束刚度比（β_{V}）对框架柱火灾后计算长度系数影响明显；在其他参数不变的情况下，框架柱火灾后计算长度系数随着升温时间的增加而减小；在升温时间一定的情况下，框架柱火灾后计算长度系数随梁柱线刚度比和竖直向约束刚度比的增加而减小；柱混凝土强度（f_{cuc}）为普通混凝土时，框架柱火灾后计算长度系数差别不大，当为高强混凝土时，由于高强混凝土的高温爆裂，框架柱火灾后计算长度系数与普通混凝土差别较大；水平向约束刚度比（β_{H}）和面内转动约束刚度比（β_{R}）分别在 $0 \leqslant \beta_{H} \leqslant 2.0$ 和 $0 \leqslant \beta_{R} \leqslant 1.9$ 范围内对框架柱火灾后计算长度系数影响明显，当超出此范围后对框架柱火灾后计算长度系数影响不明显。

16.6.2　火灾后框架柱计算长度实用计算方法

根据有限元模型计算得到的图 16.47～图 16.62，得到了型钢混凝土平面框架柱火灾后计算长度系数与主要影响因素，如梁柱线刚度比（k）、柱混凝土强度（f_{cuc}）、水平向约束刚度比（β_{H}）、竖直向约束刚度比（β_{V}）和面内转动约束刚度比（β_{R}）的部分计算表格，如表 16.6 所示。该实用计算表格的适用范围为：$k = 0.87 \sim 1.45$，$k_{m} =$

$0.4 \sim 0.8$，$t_h = 15 \sim 60\text{min}$［按 ISO-834（1980）升、降温］，$f_{cuc} = 40 \sim 80\text{MPa}$，$f_{yc} = 235 \sim 420\text{MPa}$，$f_{ybc} = 235 \sim 400\text{MPa}$，$\alpha_c = 4\% \sim 8\%$，$\rho_c = 1\% \sim 3\%$；$f_{cub} = 30 \sim 50\text{MPa}$，$f_{yb} = 235 \sim 420\text{MPa}$，$f_{ybb} = 235 \sim 400\text{MPa}$，$\alpha_b = 4\% \sim 8\%$；$\beta_H = 0 \sim 6.0$，$\beta_V = 0 \sim 8.0$，$\beta_R = 0 \sim 2.5$。该结果可为型钢混凝土框架柱火灾后的力学性能评估和修复加固提供参考。

　　在实际应用时，如获得梁柱线刚度比（k）、柱混凝土强度（f_{cuc}）、水平向约束刚度比（β_H）、竖直向约束刚度比（β_V）和面内转动约束刚度比（β_R），即可由表 16.6 获得升温时间为 t_h 的火灾后该型钢混凝土框架柱的火灾后计算长度系数 μ_{cp}；然后通过式（16.7）获得框架柱火灾后等效长细比 λ_{cp}，再结合截面周长、混凝土强度和升温时间等参数从表 4.6 所示的实用计算表格中获得火灾后框架柱的剩余承载力系数 k_{rc}；最后根据式（4.4）即可获得型钢混凝土框架柱的火灾后剩余承载力。

表 16.6　火灾后型钢混凝土框架柱计算长度系数 μ_{cp} 计算

$f_{cuc}/$ MPa	k	β_H	β_V	β_R	$t_h/$ min	μ_{cp}	$f_{cuc}/$ MPa	k	β_H	β_V	β_R	$t_h/$ min	μ_{cp}
60	0.87	0	0	0	15	5.50	80	1.08	0	0	0	15	7.10
					30	4.82						30	6.34
					45	2.60						45	3.25
					60	1.69						60	2.13
60	1.08	0	0	0	15	4.07	60	1.08	2.0	2.0	2.1	15	2.51
					30	3.72						30	2.55
					45	1.95						45	1.33
					60	1.14						60	0.63
60	1.45	0	0	0	15	3.01	60	1.08	4.0	2.0	2.1	15	2.82
					30	2.81						30	2.59
					45	1.61						45	1.35
					60	0.93						60	0.64
40	1.08	0	0	0	15	3.46	60	1.08	6.0	2.0	2.1	15	2.82
					30	3.07						30	2.59
					45	1.56						45	1.35
					60	0.84						60	0.64
60	1.08	2.0	4.0	2.1	15	2.11	60	1.08	2.0	2.0	1.9	15	2.49
					30	2.15						30	2.56
					45	1.08						45	1.33
					60	0.43						60	0.62
60	1.08	2.0	8.0	2.1	15	1.73	60	1.08	2.0	2.0	2.5	15	2.67
					30	1.58						30	2.61
					45	0.54						45	1.34
					60	0.11						60	0.63

注：对表内中间值，可采用插值确定。

16.7　本章结论

本章对型钢混凝土柱-混凝土梁平面框架全过程火灾后的力学性能进行了深入研究。建立了型钢混凝土柱-混凝土梁平面框架全过程火灾后的力学性能分析有限元模型。进行了外荷载和火灾升、降温共同作用下型钢混凝土平面框架的力学性能试验研究，揭示了该类组合框架结构的温度分布、变形、破坏形态以及火灾后剩余承载力等的变化规律。

试验观察到柱破坏、梁破坏和梁、柱均发生破坏三种破坏形态；全过程火灾后试验观察到梁破坏或梁、柱均发生破坏两种破坏形态。柱破坏的位置发生在由于爆裂造成截面削弱的区域，此区域型钢翼缘发生局部屈曲，纵筋弯曲；梁破坏是由于梁跨中和节点区梁出现塑性铰而破坏；梁、柱均发生破坏兼有前两种破坏形态的特点。在此基础上，采用验证了的有限元模型，对全过程火灾后型钢混凝土平面框架的温度场分布、破坏形态、变形特点和火灾后剩余承载力等进行了分析，揭示了该类结构全过程火灾后的力学性能和工作机理。

对火灾后型钢混凝土平面框架柱计算长度系数的影响因素进行参数分析，结果表明：升温时间、梁柱线刚度比、柱混凝土强度、水平向约束刚度比、竖直向约束刚度比和面内转动约束刚度比是主要影响因素。

参 考 文 献

陈骥，2006. 钢结构稳定理论与设计[M]. 3 版. 北京：科学出版社.

韩林海，2007. 钢管混凝土结构——理论与实践[M]. 2 版. 北京：科学出版社.

李国强，韩林海，楼国彪，等，2006. 钢结构及钢-混凝土组合结构抗火设计[M]. 北京：中国建筑工业出版社.

宋天诣，2011. 火灾后钢-混凝土组合框架梁-柱节点的力学性能研究[D]. 北京：清华大学.

宋天诣，韩林海，2008. 组合结构耐火性能研究的部分新进展[J]. 工程力学，12（S2）：230-253.

谭清华，2012. 火灾后型钢混凝土柱、平面框架力学性能研究[D]. 北京：清华大学.

中华人民共和国国家标准，2002. 混凝土结构设计规范：GB50010—2002[S]. 中华人民共和国建设部，国家质量监督检验检疫总局. 北京：中国建筑工业出版社.

中华人民共和国行业标准，2002. 型钢混凝土组合结构技术规程：JGJ 13—2001[S]. 中华人民共和国建设部. 北京：中国建筑工业出版社.

BARNETT C R, 2002. BFD curve: a new empirical model for fire compartment temperatures[J]. Fire Safety Journal, 37（6-7）：437-463.

HUANG Z F, TAN K H, 2006. Fire resistance of compartments within a high-rise steel frame: New sub-frame and isolated member models[J]. Journal of Constructional Steel Research, 62（10）：974-986.

ISO-834, 1975. Fire resistance tests-elements of building construction[S]. International Standard ISO 834. Switzerland, Geneva.

ISO-834, 1980. Fire-resistance tests-elements of building construction[S]. International Standard, ISO 834: Amendment 1, Amendment 2.

KODUR V K R, WANG T C, CHENG F P, 2004. Predicting the fire resistance behaviour of high strength concrete columns[J]. Cement & Concrete Composites, 26（2）：141-153.

LENNON T, MOORE D, 2003. The natural fire safety concept—full-scale tests at Cardington[J]. Fire Safety Journal, 38（7）：623-643.

POPE N D, BAILEY C G, 2006. Quantitative comparison of FDS and parametric fire curves with post-flashover compartment fire test data[J]. Fire Safety Journal, 41（2）: 99-110.

TAN Q H, HAN L H, YU H X, 2012. Fire Performance of concrete filled steel tubular（CFST）column to RC beam joints[J]. Fire Safety Journal, 51（1）: 68-84.

索 引